# 主动控制中的信号处理

## Signal Processing for Active Control

[英] 史蒂芬·埃利奥特　著
翁震平　吴文伟　王　飞　译

国防工业出版社
·北京·

**著作权合同登记　图字:军 -2014 -137 号**

**图书在版编目(CIP)数据**

主动控制中的信号处理 / (英) 埃利奥特 (Elliott, S.) 著;翁震平,吴文伟,王飞译. —北京;国防工业出版社, 2014.5

书名原文: Signal processing for active control

ISBN 978-7-118-09638-5

Ⅰ. ①主… Ⅱ. ①埃… ②翁… ③吴… ④王… Ⅲ. ①控制信号—信号处理 Ⅳ. ①TN911.2

中国版本图书馆 CIP 数据核字(2014)第 156259 号



※

国防工业出版社出版发行

(北京市海淀区紫竹院南路 23 号　邮政编码 100048)

北京嘉恒彩色印刷有限公司印刷

新华书店经售

*

**开本** 710 ×960　1/16　**印张** 30¼　**字数** 525 千字

2014 年 5 月第 1 版第 1 次印刷　**印数** 1—2000 册　**定价** 120.00 元

**(本书如有印装错误,我社负责调换)**

国防书店: (010)88540777　　发行邮购: (010)88540776

发行传真: (010)88540755　　发行业务: (010)88540717

# 译者序

本书是一本有关主动控制的专业性教科书，也是主动控制领域的一部经典著作。作者 Stephen Elliott 是研究主动控制的先驱人物，作者所处的英国南安普顿大学也是国际上有名的主动控制研究圣地。本书从信号处理的角度阐述主动控制，着重从根本上理解主动控制的优点、缺点，以大量的实际应用为基础，展开讲述搭建实际主动控制系统所需的相关知识，主要为实现自适应控制系统所需的自适应算法，根据具体应用所选的前馈、反馈控制方案，针对单频和随机扰动而需要的不同控制策略，以及单通道、多通道控制的联系与区别，实际系统布置传感器、作动器时的位置优化问题等。作者以实现实时性的自适应鲁棒主动控制系统为核心，有强调也有侧重，详略得当，对于学习、掌握主动控制的相关技术是一本难得的好书。

由于译者水平有限，书中难免有不当之处，敬请读者批评指正。

译　者

2013 年 5 月

船舶振动噪声重点实验室

# 丛书系列序

目前,信号处理的应用非常广泛。借助相对比较便宜的商业化产品和比较昂贵的军用、工业产品,信号处理技术得到非常深入的研究。这种技术的快速发展始于20世纪60年代,当时在一些应用中使用便宜的数字技术实现实时的信号处理算法。从那时起一直到今天,半导体技术的快速发展都为此项技术的流行提供了强有力的支撑。同时,持续发展的数学理论也一直用于设计信号处理算法。然而,作为基础的数学理论在应用到信号处理领域之前就已经发展得很成熟了。

《信号处理及其应用》借助大量的应用实例阐述原理和技术,很好地阐释了信号处理所涉及的广度和深度。这也反映在编委会的组成上,他们主要关注以下几个方面。

(1) 理论,包括对象的物理模型和系统的数学模型。

(2) 实现,包括 VLSI/ASIC 设计,计算机结构,数值方法,系统设计方法和CAE。

(3) 应用,包括语音,声呐,地震学,医药,交流(包括声音和图像),导航,航海,遥感,成像,测绘,归档,无损和非接触检测,以及个人娱乐。

《信号处理及其应用》非常适合研究生,教师及相关领域技术工程人员使用。其中的一些例子对于将毕业的研究生会非常有帮助。

Richard C. Green
The Engineering Practice,
Farnborough, UK

# 献　给

“所有的巨龙都是一端孱弱，然后中间非常粗壮，接着在另一端又很瘦小。这就是我的理论”

(A. Elk,1972)

这本书献给那些创造过经典理论的人们。

# 前　言

主动控制通过引入可控的次级源抑制那些不想要的干扰,其中次级源的输出经调整与原始初级源产生的干扰破坏性地结合在一起。这种技术广泛应用于噪声和振动的控制,而且被称为主动控制用以区别传统的被动控制方法,即那些使用本身不产生功率的装置,主要通过吸收或反射控制噪声、振动的方法。这种,通过叠加一个相等的或相反的干扰实现干扰抑制的方法在科研和工程的一些领域非常常见。然而,对噪声和振动的工程涉及非常专业的知识,主要因为这些干扰的波的属性,从而实现空间中一点的控制并不能保证其他点也满足控制要求。

受益于微电子技术的迅速发展,主动控制可以以合理的价格实现快速、多通道控制器,以及与日俱增的以较小的重量损失解决低频噪声、振动问题的期望,从而在过去的10年得到迅速发展。当前的工业应用主要包括:耳机,空调管路和飞机推进器的主动降噪,以及工业机械和直升机的主动振动隔离。

主动控制的成功应用需要深刻理解系统的物理原理和主动控制的实际限制,以及需要了解实现这样一个系统可用的电子控制技术。与噪声和振动的主动控制有关的物理原理现在已经被研究非常透彻(参见 Nelson 和 Elliott,1992;Fuller,Elliott 和 Nelson,1996;Preumont,1997;Clark,Saunders 和 Gibbs,1998)。本书的目的是阐述这些应用所使用的电子控制的共同原理,以及将这项工作扩展到传统的信号处理和传统的自动控制领域,用以更加清晰明白地解释相关内容。

本书从信号处理的角度,以更加容易让高年级本科生和研究生,以及工程师理解的方式写成。坦白地说,实际主动控制系统所使用的控制技术跟信号处理领域的关系比跟自动控制领域的关系更加密切。虽然两个学科都以不同的着眼点解决类似的问题,但假设方式甚至是表示方式都很难从一个学科转换到另一个学科。信号处理倾向于以快速的采样率实时实现,尤其是使用自适应方法,从而解决相对比较简单的例子。而自动控制则花费了很大的努力用于发展设计具有稳定性质的最优控制器的离线实现方法。这些倾向于运行在比较慢的采样率上,从而它们的计算成本不是很重要。然而,随着最优控制理论的发展,尤其是自适应控制器和那些对系统不确定度鲁棒的控制器,也越来越多地应用在主动控制中,其中的一些发展将会在本文的早期信号处理工作中讨论。

离散时域方法和离散频域方法的对偶性是本书重点强调的内容,不论是计算最优性能还是自适应控制的结构。这两种方法均可用于计算实际控制系统的直接测量参数,尤其是对于随机数据从相关和谱密度的测量数据得到的参数。在绝大多数情况下刻意避免使用状态变量,一方面是因为对于这种方法在别处已经介绍得足够多,另一方面是为了避免对测量系统构建系统的状态空间模型的困难。尤其对于许多声系统构建状态空间模型会非常困难,因为它们的阶数一般很高,而且包括众多显著的延时。

典型主动控制系统的实现可以大概归为以下几个阶段[类似于 Morgan (1991),所描述的性能的几个典型级别],即使一个幸运的设计者从不需要递归使用这几个阶段。

(1) 使用简化的分析模型分析物理系统,是为了确定对给定的应用进行主动控制所面临的基本物理限制。

(2) 在理想条件下,通过利用从被控系统测得的数据,离线使用不同的控制律计算主动控制的最优性能。

(3) 在不同的工作环境中,使用从被控系统测得的数据对不同的控制律进行仿真。

(4) 实现实时性的控制器,并在各种不同的工作环境中进行测试,以保证具有预期的性能。

从而清晰地了解实际系统的物理限制和作用在上面的电子控制律非常重要。在讨论设计主动控制的控制器的内容之前,首先复习噪声和振动的主动控制的物理基础。作者见过许多对被控对象的主动控制都是建立在不切实际的假设上,因此这部分内容对于成功设计控制器非常重要。第 1 章对简单的分析模型的建立提供了一种指导,其可以在许多应用中确定主动控制的可行性。这种模型主要基于被控对象的连续时间表示。对于这些应用可以认为干扰是单频的,这样会简化对象模型的表示,并可以以直观的方式理解主动控制的过程。虽然得到这些模型的详细过程对于具有信号处理或控制专业背景的人来说不是很熟悉,但是作者希望通过将大量的结果以图表的形式表示,可以帮助、加深理解主动控制所涉及的物理限制。

第 2 章在回顾最优和自适应电子滤波器的有关内容后,后续的 3 章(第 4 章,第 5 章,第 6 章)会涉及前馈控制器的设计,以单通道单频或窄带干扰的控制开始,接着是多通道随机或宽带干扰的控制。其中重点强调了最小二乘法在这些应用中的使用,因为搭建控制系统时需要使用从实际系统测得的数据计算特定控制律的最优性能。这种最优性能可以为主动控制系统实际运行时测得的性能提供基准参考。同时还强调了控制作用在系统运行时的重要性,控制作用可以调整控制问题,确保自适应算法对系统响应中的变化具有鲁棒性。起初控制作用是作为待最小化的二次性能函数中的一项,但紧接着讨论实际使用时约束系统的情形,控制作用必须小于一个指定的最大值。文中讨论了各种不同的自适应控制算法,而且重点关注了 filtered - reference 方法和 filtered - error 方法之间的联系。

第 6 和第 7 章主要讨论了反馈控制系统,并重点关注了在一定的简化后可以非常类似前面章节所讨论的前馈控制系统的控制器的特定结构和参数化。反馈控制系统的主要问题是面对被控系统响应的不确定度时的稳定性,这种鲁棒稳定性的需求可以非常方便地作为一种约束集成在已经建立起来的框架中。正如第 6 章所讨论的,对固定反馈控制器的设计已经非常成熟,而使这种控制器变得自适应的理论则有些不足。然而,第 7 章复习了可以用于使这种控制器变得自适应的结构,尤其是那种对非静止的干扰自适应的结构。在主动控制应用中,在自适应的过程中保持控制器的鲁棒稳定性非常重要。同时讨论了模拟控制器和数字控制器的互补特性,这使得我们可以设计一种具有内部固定模拟反馈回路和外部自适应数字反馈的组合控制器。

第 8 章主要关注非线性系统的控制。在主动控制应用中,被控系统通常具有弱的非线性,尤其当使用结构作动器时更是如此。文中讨论了几种补偿弱非线性的方法,而且证明这种弱的非线性不一定会降低主动控制系统的性能。具有挑战性的是对强非线性系统的控制,这种系统可以表现出混沌特性,对于这种系统需要使用完全不同的控制律。

第 9 章讨论主动控制的另一个重要方面——作动器和传感器位置的最优化。这种优化问题完全不同于其他信号处理问题,其往往会归结为组合搜索问题。在此问题中使用最多的是指导随机搜索算法而不是梯度下降法。主要讨论了两种指导随机搜索算法:遗传算法和模拟退火。其中特别强调了为了使控制系统的性能对系统响应和干扰的变换具备鲁棒性而对变换器位置选择的需要。

第 10 章描述了实现实时的主动控制系统所涉及的各种硬件,包括处理器、转换器、抗混叠滤波器,以及对有限精度和其他各种可能在实际主动控制系统产生的数值影响进行了简单讨论。

最后在附录对一直使用的线性代数进行了简单介绍,包括多通道系统所使用的矩阵。

尽管笔者对本书的缺点承担所有责任,但是对那些审阅本书草稿的每个章节并给出了大量有用的建议的人表示最诚挚的感谢,他们是 D. Anthony 博士,

K－H. Baek博士，S. Billings 教授，J. Cook 博士，E. Friot 博士，P. Gardonio 博士，C. H. Hansen 教授，L. Heck 博士，M. Jolly 博士，P. Joseph 博士，A. J. Keane 教授，A. Langley 博士，V. Martin 博士，M. Morari 教授，A. Omoto 博士，B. Petitjean 博士，S. Popovich 博士，B. Rafaely 博士，D. Rosetti 博士，K－H. Shin 博士，R. W. Stewart 博士，T. J. Sutton 博士和 M. C. M. Wright 博士。还要特别感谢 R. L. Clark 教授和 P. A. Nelson 教授，他们对最终稿进行了审阅，而且 D. R. Morgan 博士对整个书稿进行了认真的检查，避免了许多表示和语法的错误。

同样感谢 J. Shotter 女生对手稿的文字整理及公式的录入工作，M. Hichs 先生和 T. Sors 先生及 J. Shotters 先生对文中大量图表的准备工作。最后衷心地感谢妻子及家人的理解和耐心，没有他们的帮助和支持，本书不可能付梓。

Setphen Elliott

# 索　引


ARMAX 模型/90
Duffing 振荡器/328
FFT 控制器/106
Fictitious 传感器噪声
Filtered - error LMS 算法/125
Filtered - reference LMS 算法/117
Filtered - reference LMS 算法的稳定性/129
Filtered - u 算法/145
Filtered - x LMS 算法/122
FIR 滤波器/45
FIR 滤波器的权值/49
FIR 滤波器的误差表面/70
$H_2$ and $H_\infty$ 范数/48
$H_2/H_\infty$ 控制器设计/287
$H_2/H_\infty$ 控制器的离散频率设计/269
Helmhotz 方程/3
Hermitian 二次型/13
Hermitian 转置/26
Hermitian 矩阵/401
Hessian 矩阵/50
Hilbert 变形/59
IIR 滤波器/47
IIR 滤波器的系数/82
Karhunen - Loeve 变形/80
Kronecker delta 函数/45
LMS 的收敛时间/122
LMS 的收敛系数/71
LMS 算法/42
LMS 算法的模态/70
LMS 算法的失调/72
LQG 控制,单通道/262
LQG 控制,多通道/283
NARMAX 模型/331
OGY 方法/353
PC_LMS 算法/190
Q 参数化/259
Q 符号/258
RLMS 算法/85
RLS 算法/73
Sigma - delta 转换器/386
TAG 算法/137
Toeplitz 矩阵/63
Volterra 系列/330
Youla 参数化/258
Z 变换/42
安静区域/38
标称性能/262
标准方程/52
病态矩阵/74
病态条件/384
波动方程/2
波反射/7
波形综合/100

部分更新/225
采样频率/42
采样时间/42
参考传感器/92
参考信号,控制系统/90
乘法输入不确定度/275
惩罚函数方法/175
初级声源/29
初级通道/109
初级源/1
初值定理/44
处理器要求/404
传递函数/11
传递函数的极点/246
传感器布置/92
传感器噪声/107
次级通道/107
次级源/1
单边维纳滤波器/58
单位阶跃函数/60
单位圆/43
单位阵/50
迭代最小二乘/104
叠加/3
动态爬坡/368
对角矩阵/215
对象/1
多层感知/335
多路复用器/399
多通道 filtered - reference LMS 算法的稳定性/220
多通道单频控制/105
多通道电子滤波器/213
多通道反馈控制/197
多通道维纳滤波器/63
多误差 LMS/220
多值非线性/327
耳朵保护装置/322
反馈对消/108
反馈控制/40
反馈伺服控制/309
方程误差方法/82
非结构化的不确定度/278
非线性系统/5
分散控制/194
粉红噪声/53
辐射模式/2
辐射效率/32
复数梯度/164
复数压力/3
改进 filtered - reference LMS 算法/123
干扰的增强/253
功率谱密度/52
共振/2
广义近似理论/337
广义逆/417
过采样/397
过定系统/159
过模拟/101
过拟合/83
行列式/197
后背封闭式耳机/318
后冲函数/333
蝴蝶效应/355
互补敏感度函数/244
互谱密度/52
互相关函数/50
互相关向量/52

回归映射/358
回路增益/243
混叠/150
混沌系统/328
混沌系统的控制/355
间接自适应控制/309
简支板/32
桨叶基频(BPF)/201
交叉验证/343
结构化的不确定度/278
截止频率/8
静态非线性的逆/346
矩阵/12
矩阵的范数/427
矩阵的迹/63
矩阵的经典伴随阵/216
矩阵的逆/65
矩阵的数值秩/427
矩阵二次方程/421
矩阵逆的引理/75
均衡系统/170
抗混叠滤波器/150
控制信号/4
控制作用/91
块 LMS 算法/77
快速 LMS 算法/78
快速 RLS 算法/76
快速傅里叶变换/59
扩散/38
扩展的最小二乘/141
离散傅里叶变换/59
连续域最优化/367
量化噪声/401
零阶保持器/93
零矩阵/413
零空间/164
脉冲传递函数/94
脉冲响应/45
敏感度函数/243
模拟退火/366
模数转换器/150
模型密度/30
模型重叠/30
模型阻尼/30
挠波波数/14
内采样特性/256
内积/49
牛顿法/73
庞加莱截面/357
配置/1
频率窗口/54
频域自适应/76
平面波/1
普通最小二乘/88
谱半径/274
谱密度矩阵/65
奇异阵/422
奇异值分解/165
前馈控制/40
欠定系统/161
欠拟合/83
权值参数的系数/50
全通部分/112
确定性干扰/98
确定性混沌/330
弱非线性/5
神经网络/174
神经网络控制器/354

声波数/194
声波长/17
声单极子/15
声辐射/2
声体积速度/204
声压/2
声阻抗/18
时间提前控制信号/312
收敛因子/68
输出不确定度/276
输出误差方法/82
输入不确定度/275
输入功率和总能量/24
数据转换器/141
数模转换器/93
数字控制器/93
数字滤波器中的截断噪声/408
水床效应/254
损耗/20
特征方程/197
特征轨迹/274
特征增益/424
特征值扩散度/119
特征值－特征向量分解/119
梯度向量/103
体积速度/2
凸函数/259
推广/42
外部输入/108
外积/212
完全反馈控制器/292
完全确定系统/161
伪逆/65
稳定性/4
误差表面的主轴/71
误差传感器/40
稀疏自适应/225
系统辨识/81
系统辨识/81
系统模型/123
线性/3
线性预测/53
相对稳定性/121
相关矩阵/50
相位图/356
相位滞后补偿器/254
向量/12
向量的 2 范数/199
向量的无穷范数/429
小增益理论/274
信噪比/402
压缩空气扩音器/351
延时导致的带宽限制/245
一般性能函数/159
遗传算法/366
遗忘因子/74
抑制/2
因果性/43
影响系数/339
映射/81
有限精度影响/411
有效作用加权/173
与干扰有关的补偿/322
与频率有关的收敛系数/79
圆周卷积/134
在线辨识/142
振动的局部控制/38
正交原理/52

直流漂移/41
指导随机搜索方法/237
秩空间/167
重构滤波器/45
主动耳机/40
主动靠枕/241
主增益/170
驻波/6
转置/13
状态空间表达式/262
自适应 FIR 控制器/116
自适应 IIR 控制器/142
自适应反馈控制/117
自适应逆控制/311
自稳定/86
自相关函数/50
自相关矩阵/50
棕色噪声/53
总动能/25
总声势能/28
组合爆炸/365
最低有效位/409
最速下降法/42
最小方差控制/242
最小相成分/59
最小相系统/22
最优变换器位置/373
作动器布置/381
作用加权参数/172

# 术　语

**信号规范**

| | |
|---|---|
| $x(t)$ | 标量连续信号 |
| $T$ | 采样时间 $t=nT$ $n$ 是整数 |
| $f_s$ | 采样率等于 $1/T$ |
| $x(n)$ | 标量采样信号,离散时间 $n$ 变量的函数 |
| $\boldsymbol{x}(n)=[x_1(n)x_2(n)\cdots x_k(n)]^{\mathrm{T}}$ | 采样信号向量或 $[x(n)x(n-1)\cdots x(n-I+1)]^{\mathrm{T}}$ 单个信号的过去采样的向量 |
| $\boldsymbol{X}(z)$ | 信号 $x(n)$ 的 $z$ 变换 |
| $\boldsymbol{x}(z)$ | $x(n)=[x_1(n)x_2(n)\cdots x_k(n)]^{\mathrm{T}}$ 中信号的 $z$ 变换 |
| $\boldsymbol{X}(\mathrm{e}^{jwT})$ | $x(n)$ 的傅里叶变换 |
| $\boldsymbol{X}(k)$ | $x(n)$ 的离散傅里叶变换(DFT) |
| $\omega$ | 角频率,赫兹形式的实际频率的 $2\pi$ 倍 |
| $\omega T$ | 归一化的无量纲的角频率 |
| $\boldsymbol{R}_{xx}(m)$ | $E[\boldsymbol{x}(n)\boldsymbol{x}(n+m)]$,自相关序列 |
| $\boldsymbol{R}_{xy}(m)$ | $E[\boldsymbol{x}(n)\boldsymbol{y}(n+m)]$,互相关序列 |
| $\boldsymbol{S}_{xx}(z)$ | $\boldsymbol{R}_{xx}(m)$ 的 $z$ 变换 |
| $\boldsymbol{S}_{xy}(z)$ | $\boldsymbol{R}_{xy}(m)$ 的 $z$ 变换 |
| $\boldsymbol{S}_{xx}(\mathrm{e}^{jwT})$ | 功率谱密度 也可以表示为 $E[\|\boldsymbol{X}(\mathrm{e}^{jwT})\|^2]$ 满足附录所描述的条件 |
| $\boldsymbol{S}_{xy}(\mathrm{e}^{jwT})$ | 互谱密度,也可以表示为 $E[\boldsymbol{X}^*(\mathrm{e}^{jwT})\boldsymbol{Y}(\mathrm{e}^{jwT})]$满足附录所描述的条件 |
| $\boldsymbol{R}_{xx}(m)$ | $E[\boldsymbol{x}(n+m)\boldsymbol{x}^{\mathrm{T}}(n)]$,自相关矩阵 |
| $\boldsymbol{R}_{xy}(m)$ | $E[\boldsymbol{y}(n+m)\boldsymbol{x}^{\mathrm{T}}(n)]$,互相关矩阵 |
| $\boldsymbol{S}_{xx}(\mathrm{e}^{jwT})$ | $\boldsymbol{R}_{xx}(m)$ 的傅里叶变换,也可表示为 $E[\boldsymbol{x}(\mathrm{e}^{jwT})\boldsymbol{x}^{\mathrm{H}}(\mathrm{e}^{jwT})]$ 满足附录所列的条件 |
| $\boldsymbol{S}_{xy}(\mathrm{e}^{jwT})$ | $\boldsymbol{R}_{xy}(m)$ 的傅里叶变换,也可表示为 $E[\boldsymbol{y}(\mathrm{e}^{jwT})\boldsymbol{x}^{\mathrm{H}}(\mathrm{e}^{jwT})]$ 满足附录所列的条件 |

| | |
|---|---|
| $\boldsymbol{S}_{xx}(z)$ | $\boldsymbol{R}_{xx}(m)$的 $z$ 变换 |
| $\boldsymbol{S}_{xy}(z)$ | $\boldsymbol{R}_{xy}(m)$的 $z$ 变换 |

**符号**

| | |
|---|---|
| A | 模振幅,IIR 滤波器中的反馈系数 |
| B | IIR 滤波器中的前馈系数 |
| c | 二次型中的常系数 |
| d | 期待的或干扰信号 |
| e | 2.718… |
| e | 误差信号 |
| f | 力,频率 |
| g | 对象冲击响应中的系数 |
| h | 脉冲响应系数 |
| i | 索引 |
| j | $\sqrt{1}$,索引 |
| k | 波数,离散频率变量,参考信号的指数 |
| l | 长度,误差信号的指数 |
| m | 单位面积的质量,控制信号的指数 |
| n | 时间指数,极点的数量 |
| p | 压力 |
| q | 体积速度 |
| r | 滤波后的参考信号,分隔距离 |
| s | 变量的拉普拉斯变换,感应或观测到的参考信号 |
| t | 连续时间,滤波后的输出信号 |
| u | 对象输出,控制信号 |
| v | 速度,噪声信号,变换控制信号 |
| w | FIR 滤波器或控制器系数 |
| x | 坐标,参考信号 |
| y | 坐标,输出信号 |
| z | 坐标,$z$ 变换变量 |
| A | IIR 滤波器分母,波振幅,二次系数 |
| B | IR 滤波器分子,波振幅,带宽,不确定度的界限 |
| C | 噪声滤波器分子,波振幅,变换控制器 |
| D | 方向性,抗弯刚度 |

| | |
|---|---|
| $E$ | 杨氏模量,能量,期望运算 |
| $F$ | 谱因子 |
| $G$ | 对象响应 |
| $H$ | 总的控制器传递函数, Hankel 函数 |
| $I$ | 控制器系数的数量,转动惯量,方向性 |
| $J$ | 对象脉冲响应的系数,性能指标 |
| $K$ | 参考信号的数量,刚度 |
| $L$ | 误差信号的数量,维度 |
| $M$ | 控制信号的数量,迁移率,模型冲调,失调 |
| $N$ | 块尺寸 |
| $P$ | 初级系统响应,控制作用 |
| $\boldsymbol{Q}$ | 特征向量矩阵或右奇异向量 |
| $R$ | 迁移率或阻抗的实部,特征向量矩阵或左奇异向量 |
| $S$ | 面积,谱密度,敏感度函数 |
| $T$ | 传递函数,采样时间,互补敏感度函数 |
| $U$ | 复数控制信号 |
| $V$ | 体积 |
| $W$ | 控制器传递函数 |
| $Z$ | 声阻抗 |
| $\alpha$ | 收敛系数 |
| $\beta$ | 滤波器系数权值 |
| $\gamma$ | 泄漏系数 |
| $\Delta$ | 不确定度 |
| $\delta$ | kronecker delta 函数 |
| $\varepsilon$ | 误差 |
| $\zeta$ | 阻尼比 |
| $\theta$ | 角度 |
| $\kappa$ | 离散频率变量 |
| $\lambda$ | 特征值,遗忘因子,波长 |
| $\mu$ | 收敛因子 |
| $\nu$ | 变换或归一化系数 |
| $\xi$ | 白噪声信号 |
| $\Pi$ | 功率 |
| $\pi$ | 3. 1415 |

| | |
|---|---|
| $\rho$ | 密度,控制作用权值 |
| $\sigma$ | 奇异值 |
| $\tau$ | 延时 |
| $\phi$ | 角度 |
| $\omega$ | 角频率 |
| $L$ | 拉普拉斯变换 |
| $Z$ | $z$ 变换 |

**矩阵规范(参考附录中的方程)**

| | |
|---|---|
| $\boldsymbol{a}$ | 小写粗体变量表示列向量 (A1.1) |
| $\boldsymbol{a}^{\mathrm{T}}$ | 列向量的转置是行向量(A1.2) |
| $\boldsymbol{a}^{\mathrm{H}}$ | 厄尔米特或共轭转置,行向量(A1.3) |
| $\boldsymbol{a}^{\mathrm{H}}\boldsymbol{a}$ | 内积,标量(A1.4) |
| $\boldsymbol{a}\boldsymbol{a}^{\mathrm{H}}$ | 外积,迹等于内积 (A1.5) |
| $\boldsymbol{A}$ | 大写粗体变量是矩阵(A2.1) |
| $\boldsymbol{I}$ | 单位阵(A2.2) |
| $\boldsymbol{A}^{\mathrm{H}}$ | 厄尔米特或共轭转置(A2.12) |
| $\det(\boldsymbol{A})$ | $\boldsymbol{A}$ 的行列式(A3.5) |
| $\boldsymbol{A}^{-1}$ | $\boldsymbol{A}$ 的逆(A3.9) |
| $\boldsymbol{A}^{-\mathrm{H}}$ | $\boldsymbol{A}$ 的厄尔米特转置的逆 (A3.13) |
| $\mathrm{trace}(\boldsymbol{A})$ | $\boldsymbol{A}$ 的迹(A4.1) |
| $\partial J/\partial \boldsymbol{A}$ | 元素是实函数 $J$ 关于矩阵 $\boldsymbol{A}$ 的元素的导数,且尺寸等于实矩阵 $\boldsymbol{A}$ 的矩阵(A4.8) |
| $\lambda_i(\boldsymbol{A})$ | $\boldsymbol{A}$ 的第 $i$ 个特征值 (A7.10) |
| $\rho(\boldsymbol{A})$ | $\boldsymbol{A}$ 的谱因子(A7.12) |
| $\sigma_i(\boldsymbol{A})$ | $\boldsymbol{A}$ 的第 $i$ 个奇异值(A8.4) |
| $\overline{\sigma}(\boldsymbol{A})$ | $\boldsymbol{A}$ 的最大奇异值(A8.7) |
| $\underline{\sigma}(\boldsymbol{A})$ | $\boldsymbol{A}$ 的最小奇异值 (A8.7) |
| $\boldsymbol{A}^{\div}$ | $\boldsymbol{A}$ 的广义逆(A8.13) |
| $\kappa(\boldsymbol{A})$ | $\boldsymbol{A}$ 的条件数(A8.15) |
| $\Vert\boldsymbol{a}\Vert_p$ | 向量 $\boldsymbol{a}$ 的 p 范数(A9.1) |
| $\Vert\boldsymbol{a}\Vert_2$ | 向量 $\boldsymbol{a}$ 等于其内积平方根的 2 范数 (A9.2) |
| $\Vert\boldsymbol{A}\Vert_F$ | 矩阵 $\boldsymbol{A}$ 的 Frobenius 范数(A9.4) |
| $\Vert\boldsymbol{A}\Vert_{ip}$ | 矩阵 $\boldsymbol{A}$ 的包含 p 范数(A9.6) |

| | |
|---|---|
| $\|\boldsymbol{y}(t)\|_p$ | 信号 $\boldsymbol{y}(t)$ 的暂时 p 范数（A9.15） |
| $\|\boldsymbol{H}(s)\|_2$ | 系统传递函数矩阵 $\boldsymbol{H}(s)$ 的 $H_2$ 范数 |
| $\|\boldsymbol{H}(s)\|_\infty$ | 系统传递函数矩阵 $\boldsymbol{H}(s)$ 的 $H_\infty$ 范数 |

**缩写**

| | |
|---|---|
| ADC | 模数转换器 |
| BPF | 桨叶基频 |
| DAC | 数模转换器 |
| FFT | 快速傅里叶变换 |
| FIR | 有限冲击响应 |
| IFFT | 快速傅里叶反变换 |
| IIR | 无限冲击响应 |
| IMC | 内模控制 |
| LMS | 最小均方 |
| LSB | 最低有效位 |
| MIMO | 多输入多输出 |
| MSB | 最高有效位 |
| RLS | 递归最小二乘 |
| SISO | 单输入单输出 |
| SNR | 信噪比 |
| SVD | 奇异值分解 |

# 目　录

第1章　主动控制的物理基础 …… 1
1.1　引　言 …… 1
1.1.1　章节概要 …… 1
1.1.2　波的方程 …… 2
1.1.3　源控制 …… 4
1.2　波传递的控制 …… 5
1.2.1　单个次级作动器 …… 5
1.2.2　两个次级作动器 …… 7
1.2.3　多模态控制 …… 8
1.3　在无限系统中控制功率 …… 11
1.3.1　无限平板中的点力 …… 11
1.3.2　最小化功率输出 …… 12
1.3.3　自由空间中的声单极子 …… 15
1.4　有限系统中的控制律 …… 18
1.4.1　有限导管中的声阻抗 …… 18
1.4.2　压力取消 …… 20
1.4.3　吸收入射波 …… 21
1.4.4　次级源功率吸收的最大化 …… 22
1.4.5　总输入能量的最小化 …… 23
1.5　有限系统中的能量控制 …… 24
1.5.1　输入功率和总能量 …… 24
1.5.2　有限平板中振动能量的控制 …… 26
1.5.3　围场中声能量的控制 …… 27
1.5.4　模型重叠的影响 …… 30
1.6　结构辐射声的控制 …… 31
1.6.1　振动板的声辐射 …… 32
1.6.2　辐射模型 …… 34

1.6.3　降低体积速度 …… 36
1.7　声和振动的局部控制 …… 38
1.7.1　巨型板上的振动对消 …… 38
1.7.2　大房间里的压力取消 …… 39
**第2章　最优自适应数字滤波器 …… 42**
2.1　引　言 …… 42
2.1.1　章节概要 …… 42
2.1.2　$z$ 变换 …… 43
2.2　数字滤波器的结构 …… 44
2.2.1　FIR 滤波器 …… 45
2.2.2　IIR 滤波器 …… 47
2.3　时域中的最优滤波器 …… 48
2.3.1　消除电子噪声 …… 48
2.3.2　维纳滤波器 …… 51
2.3.3　线性预测 …… 53
2.4　S 域中的最优滤波器 …… 54
2.4.1　无约束的维纳滤波器 …… 54
2.4.2　因果约束的维纳滤波器 …… 55
2.4.3　谱因子 …… 56
2.5　多通道最优滤波器 …… 61
2.5.1　时域解 …… 62
2.5.2　变换域的解 …… 64
2.6　LMS 算法 …… 67
2.6.1　最速下降法 …… 67
2.6.2　LMS 算法的收敛率 …… 68
2.6.3　失调和收敛率 …… 71
2.7　RLS 算法 …… 73
2.7.1　牛顿法 …… 73
2.7.2　递归最小二乘法 …… 74
2.7.3　快速 RLS 算法 …… 76
2.8　频域自适应 …… 77
2.8.1　块 LMS 算法 …… 77
2.8.2　与频率有关的收敛系数 …… 79
2.8.3　传递函数域的 LMS …… 80

2.9 自适应IIR滤波器 …… 81
2.9.1 噪声抑制和系统辨识 …… 81
2.9.2 输出误差方法 …… 82
2.9.3 梯度下降算法 …… 84
2.9.4 RLS算法 …… 85
2.9.5 方程误差方法 …… 86
2.9.6 测量噪声造成的偏倚 …… 88
**第3章 单通道前馈控制 …… 92**
3.1 引言 …… 92
3.1.1 章节概要 …… 92
3.1.2 数字控制器 …… 93
3.1.3 前馈控制 …… 94
3.1.4 声和结构对象的响应 …… 95
3.2 对确定性的干扰进行控制 …… 98
3.2.1 波形合成 …… 98
3.2.2 谐波控制 …… 99
3.2.3 自适应谐波控制 …… 102
3.2.4 稳定条件 …… 104
3.2.5 FFT控制器 …… 106
3.3 对随机干扰的最优控制 …… 106
3.3.1 前馈控制框图 …… 107
3.3.2 无约束的频域最优化 …… 110
3.3.3 变换域因果约束的最优化 …… 112
3.3.4 时域最优化 …… 115
3.4 自适应FIR控制器 …… 116
3.4.1 Filtered – Reference LMS算法 …… 117
3.4.2 稳定条件 …… 118
3.4.3 建模误差导致的性能下降 …… 120
3.4.4 对象延时的影响 …… 121
3.4.5 改进的filtered – reference LMS算法 …… 123
3.4.6 Filtered – Error LMS算法 …… 125
3.4.7 Leaky LMS算法 …… 128
3.5 频域自适应FIR控制器 …… 132
3.5.1 通过互谱的互相关估计 …… 132

3.5.2　频域最速下降算法 …… 133
3.5.3　与频率有关的收敛系数 …… 135
3.6　系统辨识 …… 137
3.6.1　系统辨识的需要 …… 137
3.6.2　在线系统辨识 …… 138
3.7　自适应 IIR 控制器 …… 142
3.7.1　最优控制器的形式 …… 142
3.7.2　管道中声波的控制器 …… 144
3.7.3　Filtered – u 算法 …… 145
3.8　实际应用 …… 148
3.8.1　管道内平面噪声的控制 …… 148
3.8.2　梁上挠波的控制 …… 151
**第 4 章　单频干扰的多通道控制 …… 157**
4.1　引　言 …… 157
4.2　单频干扰的最优控制 …… 158
4.2.1　过定系统 …… 159
4.2.2　误差表面的形状 …… 159
4.2.3　完全确定系统 …… 161
4.2.4　欠定系统 …… 161
4.2.5　伪逆 …… 163
4.2.6　一般性能函数的最小化 …… 163
4.3　最速下降算法 …… 164
4.3.1　复数梯度向量 …… 164
4.3.2　主轴变换 …… 165
4.3.3　主轴上的收敛 …… 169
4.3.4　均衡系统 …… 170
4.3.5　控制作用的收敛 …… 171
4.3.6　误差衰减和控制作用间的权衡 …… 172
4.3.7　作用加权参数的调整 …… 174
4.4　对系统不确定度和系统模型误差的鲁棒性 …… 177
4.4.1　收敛条件 …… 177
4.4.2　主轴收敛 …… 179
4.4.3　系统不确定度对控制性能的影响 …… 181
4.4.4　系统不确定变换矩阵的例子 …… 183

4.5 迭代最小二乘算法 …… 187
4.5.1 Gauss – Newton 算法 …… 187
4.5.2 一般自适应算法 …… 189
4.5.3 基于变换信号的控制器 …… 191
4.5.4 处理要求 …… 193
4.5.5 分散控制 …… 194
4.6 自适应前馈系统的反馈表示 …… 195
4.7 任意传感器最大能级的最小化 …… 198
4.8 应　用 …… 200
4.8.1 控制飞机螺旋桨和转子噪声 …… 200
4.8.2 控制固定翼飞机中的螺旋桨噪声 …… 201
4.8.3 直升机内部转子噪声的控制 …… 204
**第5章 多通道随机干扰的控制** …… 207
5.1 引　言 …… 207
5.1.1 一般方框图 …… 207
5.1.2 章节概要 …… 209
5.2 时域最优控制器 …… 209
5.2.1 使用 filtered – reference 信号的公式 …… 210
5.2.2 使用脉冲响应矩阵的表达式 …… 212
5.3 变换域中的最优控制器 …… 214
5.3.1 无约束控制器 …… 214
5.3.2 因果约束控制器 …… 216
5.4 时域中的自适应算法 …… 219
5.4.1 Filtered – Reference LMS 算法 …… 219
5.4.2 Filtered – Error LMS 算法 …… 223
5.4.3 滤波器系数的稀疏自适应 …… 225
5.5 预处理 LMS 算法 …… 227
5.6 频域的自适应算法 …… 232
5.7 应用:控制汽车内的路面噪声 …… 236
5.7.1 选择参考信号 …… 236
5.7.2 预测和测量性能 …… 238
**第6章 反馈控制器的设计和性能** …… 241
6.1 引　言 …… 241
6.1.1 章节概要 …… 242

6.1.2　干扰对消 …… 242
6.1.3　跟随控制信号 …… 244
6.1.4　延时导致的带宽限制 …… 245
6.2　模拟控制器 …… 246
6.2.1　奈奎斯特稳定准则 …… 246
6.2.2　增益和相位裕量 …… 247
6.2.3　非结构化的系统不确定度 …… 248
6.2.4　鲁棒稳定性条件 …… 249
6.2.5　干扰增强 …… 252
6.2.6　模拟补偿器 …… 254
6.3　数字控制器 …… 255
6.4　内模控制 …… 257
6.4.1　精确系统模型 …… 257
6.4.2　鲁棒稳定性约束 …… 259
6.4.3　较远处误差传感器的干扰抑制 …… 260
6.5　时域中的最优控制 …… 262
6.5.1　最优最小二乘控制 …… 262
6.5.2　道路噪声例子 …… 264
6.5.3　鲁棒控制器 …… 266
6.6　变换域中的鲁棒控制 …… 268
6.6.1　鲁棒控制 …… 270
6.6.2　最小方差控制 …… 270
6.7　多通道反馈控制器 …… 272
6.7.1　稳定性 …… 272
6.7.2　小增益理论 …… 274
6.8　多通道系统的鲁棒稳定性 …… 275
6.8.1　不确定描述 …… 275
6.8.2　结构化的不确定度 …… 278
6.8.3　鲁棒稳定性 …… 279
6.9　最优多通道控制 …… 281
6.10　应用:主动降噪耳机 …… 284
6.10.1　系统和系统不确定度的响应 …… 285
6.10.2　$H_2/H_\infty$控制器设计 …… 287
6.10.3　其他控制器设计 …… 289

**第 7 章　自适应反馈控制器** …… 292
7.1　引　言 …… 292
7.1.1　章节概要 …… 292
7.1.2　反馈回路和自适应回路 …… 293
7.1.3　非平稳干扰的自适应 …… 294
7.1.4　系统响应变化的自适应 …… 295
7.1.5　闭环辨识系统响应 …… 296
7.2　时域自适应 …… 297
7.2.1　系统建模误差对自适应控制滤波器的影响 …… 298
7.2.2　不精确系统模型对应的误差表面 …… 300
7.2.3　修正误差方案 …… 301
7.3　频域自适应 …… 303
7.3.1　控制滤波器的直接自适应 …… 303
7.3.2　控制滤波器的间接自适应 …… 305
7.3.3　控制滤波器的约束 …… 306
7.3.4　控制器实现 …… 308
7.4　反馈和前馈的复合控制 …… 309
7.4.1　伺服控制的前馈表示 …… 309
7.4.2　自适应逆控制 …… 311
7.4.3　综合反馈和前馈的伺服控制 …… 311
7.4.4　具有时间提前控制信号的伺服控制 …… 312
7.4.5　综合反馈和前馈干扰控制 …… 313
7.5　复合模拟和反馈控制器 …… 314
7.5.1　数字控制器和模拟控制器的优点和缺点 …… 314
7.5.2　有效系统响应 …… 315
7.5.3　有效系统响应的不确定度 …… 317
7.6　应用:主动降噪耳机 …… 317
7.6.1　后背封闭式耳机的被动性能 …… 318
7.6.2　模拟相位滞后补偿 …… 320
7.6.3　与干扰有关的补偿 …… 322
7.6.4　主动敞式耳机 …… 323
7.6.5　自适应数字反馈系统 …… 324
**第 8 章　非线性系统的主动控制** …… 326
8.1　引　言 …… 326

8.1.1 弱非线性系统 …… 326
8.1.2 混沌系统 …… 328
8.1.3 章节概要 …… 331
8.2 非线性系统的解析描述 …… 332
8.2.1 Volterra 系列 …… 332
8.2.2 NARMAX 模型 …… 333
8.3 神经网络 …… 334
8.3.1 多层感知 …… 335
8.3.2 后向传递算法 …… 337
8.3.3 动态系统的建模 …… 341
8.3.4 辐射基础函数网络 …… 343
8.4 自适应前馈控制 …… 345
8.4.1 静态非线性的逆 …… 346
8.4.2 周期干扰的谐波控制 …… 348
8.4.3 对随机干扰进行控制的神经元控制器 …… 352
8.4.4 间隙函数的控制 …… 354
8.5 混沌系统 …… 355
8.5.1 吸引子 …… 355
8.5.2 李亚普诺夫幂 …… 358
8.6 混沌行为的控制 …… 359
8.6.1 OGY 方法 …… 359
8.6.2 命中目标方法 …… 360
8.6.3 在振动梁中的应用 …… 361
**第9章 变换器的最优布置** …… 364
9.1 最优化问题 …… 364
9.1.1 组合爆炸 …… 365
9.1.2 章节概要 …… 366
9.2 次级源和误差传感器安放位置的最优化 …… 367
9.2.1 性能表面 …… 367
9.2.2 次级作动器缩减集形式的前馈控制公式 …… 369
9.2.3 误差传感器缩减集的前馈控制公式 …… 372
9.3 遗传算法的应用 …… 374
9.3.1 遗传算法的简单介绍 …… 374
9.3.2 应用到变换器选择 …… 376

9.4 模拟退火的应用 …… 378
9.4.1 模拟退火的简单介绍 …… 379
9.4.2 在变换器选择中的应用 …… 381
9.5 源位置的实际最优化 …… 382
9.5.1 所选位置性能的鲁棒性 …… 383
9.5.2 鲁棒性设计 …… 385
9.5.3 搜索算法的最终比较 …… 386
**第10章 主动控制中的硬件** …… 388
10.1 引 言 …… 388
10.1.1 章节概要 …… 388
10.1.2 数字控制器的优点 …… 388
10.1.3 与数字反馈控制的关系 …… 389
10.2 抗混叠滤波器 …… 390
10.2.1 误差信号的应用 …… 392
10.2.2 参考信号的使用 …… 392
10.3 重构滤波器 …… 393
10.4 滤波器延时 …… 395
10.5 数据转换器 …… 397
10.5.1 转换器类型 …… 397
10.5.2 过采样 …… 399
10.6 数据的量化 …… 400
10.6.1 量化噪声 …… 400
10.6.2 信噪比 …… 402
10.6.3 主动控制系统中的应用 …… 403
10.7 处理器要求 …… 404
10.8 有限精度的影响 …… 408
10.8.1 数字滤波器中的截断噪声 …… 408
10.8.2 对滤波器自适应的影响 …… 409
10.8.3 DC 漂移 …… 411
**附录 A** …… 412
**线性代数和多通道系统** …… 412
A1 向量 …… 412
A2 …… 413
A3 行列式和矩阵的逆 …… 415

A4　矩阵的迹和导数 …… 417
A5　外积和谱密度矩阵 …… 419
A6　矩阵和向量的二次方程 …… 421
A7　特征值和特征向量分解 …… 423
A8　奇异值分解 …… 425
A9　向量和矩阵的范数 …… 427
**参考文献** …… 432

# 第1章　主动控制的物理基础

## 1.1　引　言

本章将介绍噪声与振动主动控制的物理基础。在列举大量声和结构主动控制实例的同时,本文会尽可能使用通俗的语言对二者进行描述,并对潜在的物理特性进行阐释。在主动控制的前期给被控对象的物理模型建立简单的分析模型非常重要,其可以为候选的控制策略确定基本的物理限制。本章将介绍一些最基本的物理模型类型,其目的有以下几个方面。

(1) 确定不同控制方法的控制效果,如压力对消或最小化功率输出。

(2) 在控制配置中确定参数对物理性能的影响,如次级源与初级源之间的距离。

(3) 不同种类作动器的作用。

(4) 为传感器测量物理量和维持控制性能,确定传感器的类型与数目。

在假设干扰为单频的情况下,大多数的物理限制能够得到清楚的确定,从而可以大幅简化分析。然而,需要强调的是,在主动控制应用系统中,大量的干扰波形将不会是单频的;但是为了确定物理而不是电子方面导致的性能限制,在初始阶段假设干扰为单频激励是很方便的。本章将默认所有的信号都是时间变量 $t$ 的连续函数。

### 1.1.1　章节概要

在1.2节考虑导管中一维平面波的主动控制之前,会首先复习复数形式的单频信号的声波方程。1.1.2节将会讨论使用一个次级作动器反射声波或两个次级作动器吸收声波的物理效果。

1.3节对主动控制系统利用多个次级源最小化初级源在自由介质中的功率辐射的限制进行了讨论。首先考虑二维的情况,即挠波在平板中的振动传播,然后通过考虑自由空间中的声波将讨论扩展到三维空间。结论表明,为了显著降低功率辐射,单个的次级作动器必须配置在距离初级源0.1个波长以内的范围内;如果使用大量的作动器,则它们之间的距离必须保持在0.5个波长以内。

一个封闭导管可以作为在特定频率处共振的有限声系统,1.4 节利用这样的系统证明各种不同的主动控制律都可以应用于有限的系统,包括:反射和吸收入射波,最大化次级源的功率吸收及最小化初级源和次级源产生的总能量,结果表明在有限的系统中最小化总功率是一个非常有效的方法;同样 1.5 节的讨论表明,这样的一种方法等价于最小化储存在系统中的能量。1.5 节还同时对有限平板中的振动动能和围场中的声势能的最小化进行了仿真;而且通过对响应贡献较大的模态数量进行控制得到性能的物理限制。

尽管在这些章节中,噪声和振动的主动控制被分别加以考虑,但是正如 1.6 节所讨论的,振动控制有时可以用来最小化从振动结构辐射出的噪声。本节还对系统的结构模式与声辐射之间的关系进行了描述,以及对所谓的辐射模式即速度分布相互独立的辐射声进行了叙述。同时对通过抑制最低阶的辐射模式来达到控制噪声辐射的目的进行了简单的描述,这也等价于控制结构的体积速度的方法。

1.7 节使用局部反馈对噪声和振动进行控制,主要通过次级源抑制空间中的一点的干扰。如果目标点与次级源之间的距离比波长小,则在噪声控制的情况下,会在次级源的周围形成一个安静的球形外壳;反之,则仅会在目标点周围,形成一个以目标点为圆心,0.1 个波长为半径的安静球体。

### 1.1.2 波的方程

噪声和振动的主动控制与其他传统的控制问题的最主要区别是,干扰以波的形式从物体一端传到另一端。比如,若波仅在 $x$ 方向传播,则其满足一维波动方程(详见 Morse,1948;kinsler 等人,1982;Nelson 和 Elliott,1992)

$$\frac{\partial^2 p(x,t)}{\partial x^2} - \frac{1}{c_0^2}\frac{\partial^2 p(x,t)}{\partial t^2} = 0 \tag{1.1.1}$$

式中:$p(x,t)$ 为 $x$ 处时间为 $t$ 时的瞬时声压,$c_0$ 为空气中声的传播速度,在标准温度与大气压下约为 $340\text{ms}^{-1}$。在式(1.1.1)中假定声压比气压小得多,在实际操作中噪声级别也非常接近这个假设,其声压大概为 1Pa,而典型的气压则为 $10^5$Pa。一维波动方程满足任意波形的声压波动,但其与时间和空间的关系为

$$p(x,t) = p(t \pm x/c_0) \tag{1.1.2}$$

式中:$(t + x/c_0)$ 指波沿 $x$ 轴的反方向传播,$(t - x/c_0)$ 则是沿正方向传播。这种在无限大的相同介质中传播,而且振幅和波形保持不变的波被假定为没有波源和耗散。若对应所有频率成分的 $p(x,t)$ 均满足式(1.1.1),则它们会以相同的速度无耗散地传播。一个满足正向传播的声波例子是单频压力信号,它可以以

复数 $A$ 表示为

$$p(x,t) = \mathrm{Re}[A\mathrm{e}^{j\omega(t-x/c_0)}] = \mathrm{Re}[A\mathrm{e}^{j(\omega t-kx)}] \tag{1.1.3a,b}$$

式中：Re[ ] 指方括号“[ ]”内数的实部，$\omega$ 为角频率，$k=\omega/c_0$ 代表波数。$A\mathrm{e}^{j(\omega t-kx)}$ 的虚部也满足对应于正弦波而不是余弦波的式(1.1.1)，实际上整个复数为 $A\mathrm{e}^{j(\omega t-kx)}$。在分析分布式声系统时，定义复数形式的压力为

$$p(x) = A\mathrm{e}^{-jkx} \tag{1.1.4}$$

会非常方便。式(1.1.1)满足

$$p(x,t) = A\mathrm{e}^{j(\omega t-kx)}p(x)\mathrm{e}^{j\omega T} \tag{1.1.5}$$

将式(1.1.5)代入式(1.1.1)，把波的方程改写为

$$\left[\frac{\mathrm{d}^2p(x)}{\mathrm{d}x^2}+\frac{\omega^2}{c_0^2}p(x)\right]\mathrm{e}^{j\omega T} = 0 \tag{1.1.6}$$

将仅会在满足

$$\frac{\mathrm{d}^2p(x)}{\mathrm{d}x^2}+k^2p(x) = 0 \tag{1.1.7}$$

的情况下满足上式。

方程(1.1.7)即是著名的一维 Helmholtz 方程。以上叙述了 Helmholtz 方程满足声波正向传播的情况，它也满足复数形式的负向传播的情况，给定振幅 $B$，有

$$p(x) = B\mathrm{e}^{+jkx} \tag{1.1.8}$$

在单频激励的情况下，压力场能够很方便地用复数形式表示。

方程(1.1.7)提供了一个线性的结果，即若复数压力 $p_1(x)$ 和 $p_2(x)$ 均为此方程的解，则 $p_1(x)+p_2(x)$ 也为方程的解。这就是所谓的叠加定理，而且绝大多数的主动控制都工作在此情况下。举一个较为复杂的例子，一个正向传播的波 $p_1(x)=A\mathrm{e}^{-jkx}$，一个负向传播的相等振幅相位相反的波 $p_2(x)=-A\mathrm{e}^{-jkx}$，若两者同时作用在系统中，则在任何时间任何地点的响应均为零。

最早的关于一维波叠加的主动控制的例子出现在 1936 年 Paul Lueg 的专利中。其中的一张阐述性示意图如图 1.1 所示，而且这些一维波在导管中传播的主动控制方法也正如图 1.1(a)所示。在图中初级波源 $S_1$ 用实线表示，通过拾音器 M 测得波形，并通过电子控制器 V 驱动扩音器，即次级源 $L$。次级源产生的波形用虚线表示，其被调整为与初级源产生的波的振幅相同而相位相反的波。这两个波破坏性地相遇在一起，则会大幅度降低往下游传播的波。将会在 1.2 节讨论波对消的物理结果。Lueg 同时考虑了更为复杂的波对消情况，图 1.1(b)是更为复杂的往三维空间辐射的情况，图 1.1(d)则将会在 1.3 节进行简单

的叙述。

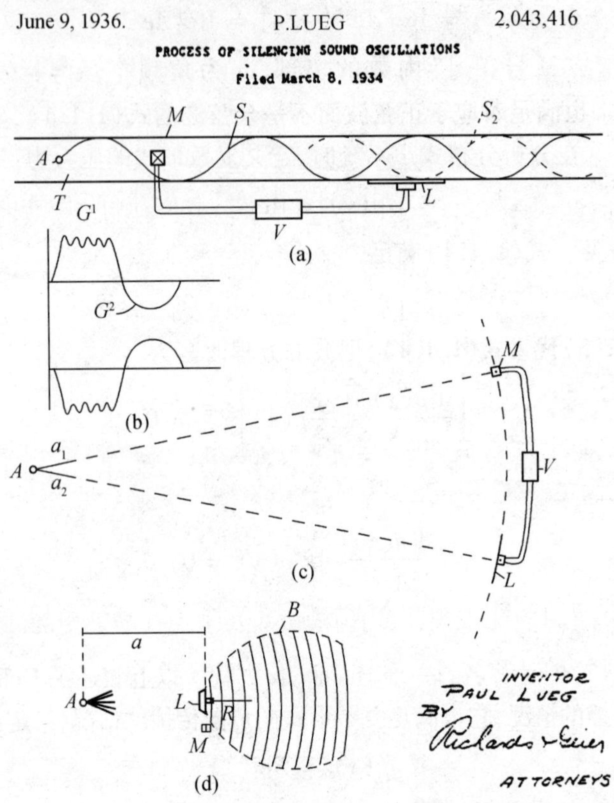


图 1.1 来自早期的 Lueg(1936)主动噪声控制专利的阐述页

### 1.1.3 源控制

然而,以上方程主导的压力变化并不总是满足线性的要求。比如,当声是由流体产生时,将会使用全部非线性的方程描述波的产生情况,在这种情况下,通过简单的叠加原理导出的主动控制将不再适用。然而,有时对变量的一些非常小的改变将会被用来控制波的产生;从而可以通过直接操纵装置来抑制波的产生。这种技巧已经被用来抑制空腔中流体产生的噪声,正如 Ffowcs - Williams 所描述;他同时指出,即使在激荡产生后,需要很大的控制信号,然而在激荡产生的初期,仅仅需要相当小的控制信号。Billout 等人也指出即使在时变环境中,自适应控制器也能够抑制流体的不稳定性。

在 Stothers 等人的研究报告中,通过实践对这些观点进行了确认。这个实验为控制低频情况下汽车顶棚由于不稳定的流体导致的振动。通过拾音器获得车内的压力，并通过数字滤波器反馈给扩音器，数字滤波器被设置为自适应最小化拾音器处的压力。控制系统工作时，若车从静止开始加速，拾音器不会采集到流体产生的激荡，控制信号会相应地很小；然而，若在行驶时将控制系统暂时断开，则会产生激荡，再启动控制系统，驱动扩音器的信号则会很大，直到抑制住激荡。第8章将会对非线性系统的主动控制进行简单的讨论。将假设弱非线性是严格线性响应的扰动，可以通过相应的补偿得到解决；同时，强非线性，如上面提到的流体动力系统，则需要完全不同的控制方法。

然而，在大量的情况下，声和振动的传递接近线性，而且本书大部分工作将围绕此类情况展开。排在第一位的、一个好的近似是叠加定理，用叠加定理来处理此类情况能够从物理的角度对主动控制所面临的性能限制提供非常棒的启示。

## 1.2　波传递的控制

本节会对以波的形式传递的干扰进行主动控制。将从一个一维波的例子开始，如那些传播在具有无限长度、均匀横截面及刚性壁导管中的波（例子可以参考，Nelson 和 Elliott，1992）。更充分地说，在低频激励下，仅平面波可以在导管中传播。在这种情况下，所有波沿导管的界面方向都会有均匀的压力分布，并且满足一维波动方程即表达式(1.1.1)。可以通过这个简单的例子阐述基本的波的主动控制方法，但在本节的结尾也会简单提及一些对其他类型波的复杂控制方法。

### 1.2.1　单个次级作动器

首先，假定入射声波在导管内沿 $x$ 正方向传播，由一个安装在导管壁上的次级源控制，如图1.2所示。假定导管无限长、刚性壁及具有相同的横截面。

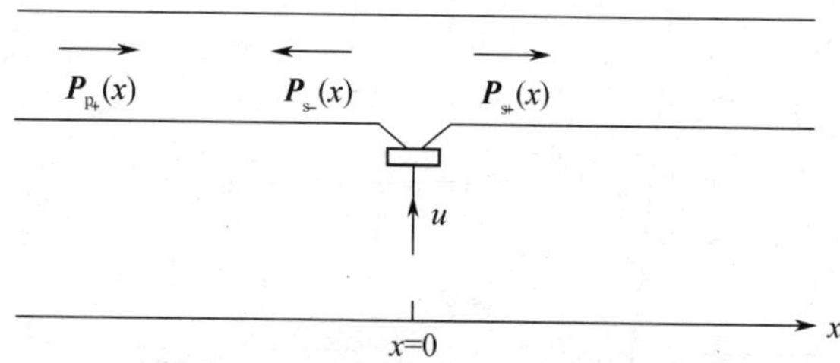


图1.2　无限导管中使用单个次级源的主动噪声控制

入射波的复数表达式为

$$P_{p+}(x) = Ae^{-jkx}, 对于所有的 x \tag{1.2.1}$$

式中:下标 p+指入射波沿 $x$ 正方向或向下游传播。一个声源,如扩音器,产生一个与入射波具有相同频率的波,同时沿 $x$ 的正反方向传播,其复数压力表示为

$$P_{s+}(x) = Be^{-jkx}, x > 0, P_{s-}(x) = Be^{+jkx}, x < 0 \tag{1.2.2}$$

假定次级源的位置在 $x=0$ 处,$B$ 是正比于输入电信号 $u$ 的大小的复数振幅,从而在下游处总声压为

$$P_{p+}(x) + P_{s+}(x) = 0, x > 0 \tag{1.2.3}$$

也就是说下游任何位置的压力均会被完全对消。从中可以得出一个实际可行的方法用来降低下游的声压,即通过检测下游任意位置处的声压自适应地调节控制器输入的振幅与相位直至此处的压力为零。然而,我们对此时的物理结果很感兴趣,计算次级源左侧即上游的总压力为

$$P_{p+}(x) + P_{s-}(x) = Ae^{-jkx} + Be^{+jkx}, x < 0 \tag{1.2.4}$$

如果次级源被调节为使下游的总压力为零,此时 $B = -A$,则上游的压力为

$$P_{p+}(x) + P_{s-}(x) = -2jA\sin kx \tag{1.2.5}$$

其中,$e^{jkl} - e^{-jkl} = 2j\sin kl$。此时在上游由于两个方向相反的波的相干涉会产生一个完美的驻波。注意,这个驻波分别在 $x=0$,即次级源处,$x=\lambda/2$,$x=-\lambda$,…产生压力的节点,其中 $\lambda$ 为波长。并且在 $x=-\lambda/4$,$x=-3\lambda/4$,…处的振幅为入射波的 2 倍。此时导管内压力振幅的分布情况如图 1.3 所示。

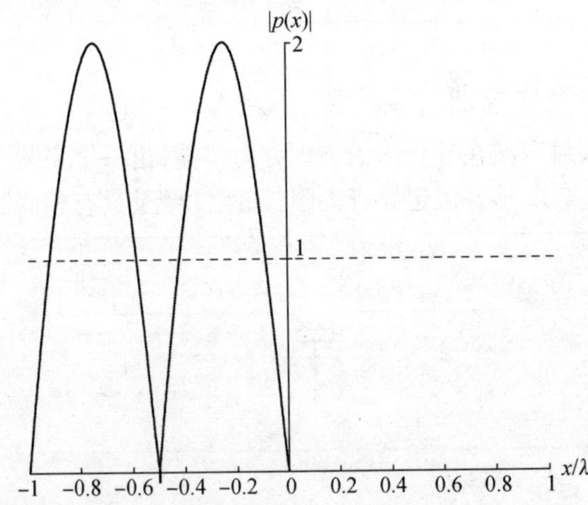


图 1.3　无限导管中,调整位于 $x=0$ 处的次级源对消沿 $x$ 的正方向传播的单位振幅的入射波后的压力分布的振幅

在将下游声压控制为零的同时，次级源处的声压也为零。因此就入射波来说，次级源的作用是产生一个减压边界，并将入射波以相同的振幅、相反的相位反射回去，结果产生如图1.3所示的驻波。扬声器产生的声功率是体积速度与在其之前的声压的乘积在时间上的均值。次级源处的声压为零意味着，此时的次级源没有功率输出，即仅作为一个反应元件。

### 1.2.2　两个次级作动器

若不将入射波反射回去，则可以使用其他的主动控制方法吸收入射波，此时会使用两个次级源。如图1.4所示，作为次级源两个扬声器分别位于 $x=0$ 和 $x=l$ 处，它们分别在上下游处产生的复数声压为

$$P_{s1+}(x) = Be^{-jkx}, x > 0, P_{s1-}(x) = Be^{+jkx}, x < 0 \quad (1.2.6a,b)$$

和

$$P_{s2+}(x) = Ce^{-jk(x-l)}, x > l, P_{s2-}(x) = Ce^{+jk(x-l)}, x < l \quad (1.2.7a,b)$$

$B$、$C$ 是正比于输入电压 $u_1$、$u_2$ 的复数振幅，如图1.4所示。

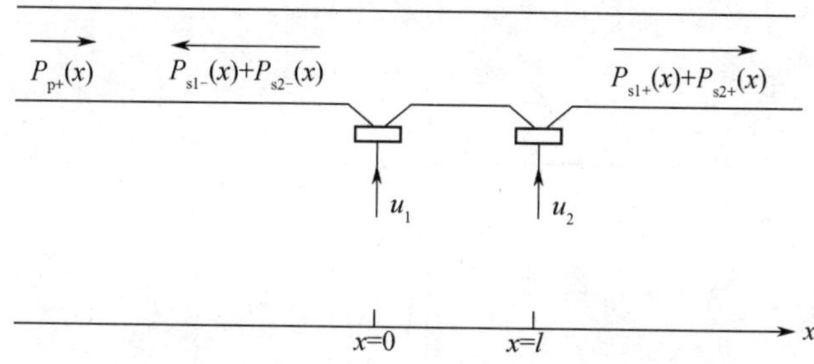


图1.4　无限导管中使用一对次级源的主动噪声控制

可以调制两个次级源仅影响下游的声波，即在上游处的声压为零，即

$$P_{s1-}(x) + P_{s2-}(x) = 0, x < 0 \quad (1.2.8)$$

此时 $u_1$ 的大小与 $u_2$ 有关，从而

$$B = -Ce^{-jkl} \quad (1.2.9)$$

即在 $x=0$ 处的扬声器产生的声波与在 $x=l$ 处的扬声器产生的声波相比，延时而且反相，此时两个扬声器是一个次级源。

下游处的总声压为

$$P_{p+}(x) + P_{s1+}(x) + P_{s2+}(x) = [A + C(e^{jkl} - e^{-jkl})]e^{jkl}, x > l \quad (1.2.10)$$

此时若调节输入 $u_2$ 使下式成立，则可对消入射波的声压。

$$C = \frac{-A}{2j\sin kl} \tag{1.2.11}$$

需要注意的是，在一些频率上 $C$ 会比 $A$ 大很多。在 $\sin kl \approx 0$，即 $l \ll \lambda$，$l \approx \lambda/2$等情况下，会很难实现两个扬声器的输入。从而导致次级源可以达到的频率域是受限的(Swinbanks,1973)，但是由于实际的操作多发生在有限的带宽内，因此这并不是一个问题(Winkler 和 Elliott,1995)。

可通过联立式(1.2.6)和式(1.2.7)及给定式(1.2.9)和式(1.2.11)所表示的条件求得两个扬声器之间的声压，结果是另一驻波的一部分。导管内的压力经两个扬声器吸收入射波后的情况如图 1.5 所示，其中 $l \approx \lambda/10$。此时上游处的次级源的压力振幅不会再因取消下游处入射波的声压而受到影响。在这种情况下，由 $u_2$ 驱动的扬声器由于其前面的声压为零，导致其声功率依然为零；但是另一个由 $u_1$ 驱动的扬声器则需要吸收入射波所产生的声功率。

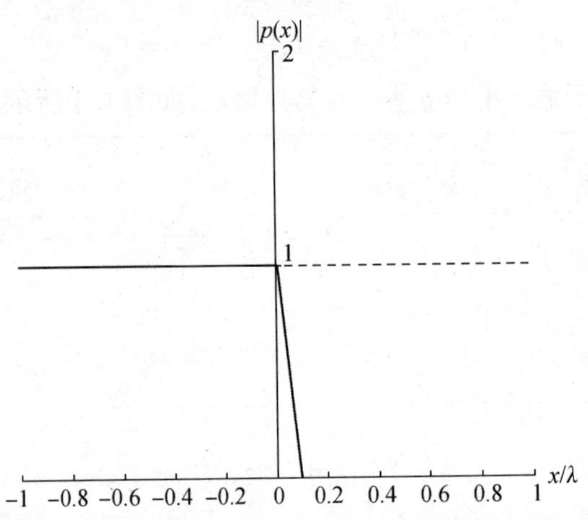


图 1.5 调整一对分别安放在 $x=0$，$x=\lambda/10$ 处的次级源，对消沿 $x$ 的正方向传播的具有单位振幅的入射波，同时抑制次级源产生的沿 $x$ 的负方向传播的波后，无限导管中的压力的振幅

### 1.2.3 多模态控制

随着激励频率的增加，声波的波长相比导管的横截面尺寸也会变得相差不多，从而导致在其内部可以传播更多的波，而不仅仅是平面波。另几类可以在导管内传播的波是具有不均匀压力分布的高阶模态波。假定一个导管，其高为 $L_y$，深度为 $L_z$，并且远小于高度，若激励频率高于下式给定的第一个截止频率，则其一阶模态可在导管中传播。

$$f_1 = \frac{c_0}{2L_y} \tag{1.2.12}$$

则一阶模态在 $y$ 方向(沿矩形导管的高度方向)的压力分布连同平面波(零阶波)的压力分布如图 1.6 所示。以相同的振幅驱动两个安置在导管两侧的相同的扬声器,若同相驱动,则会产生平面波;反之,只会产生高阶波。因此,这两个次级源可以激励出这两个模态的任何组合的振幅,即可以用来对这两个模态进行主动控制。在假定次级源可以相互独立控制的情况下,一般需要 $N$ 个次级源控制 $N$ 个模态。

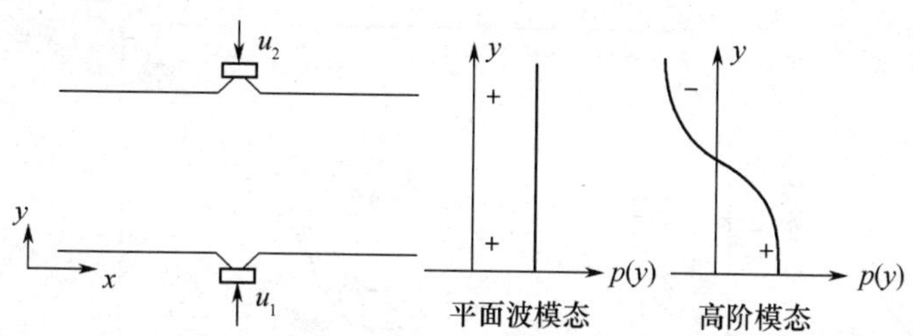


图 1.6　由安装在同一平面的两个扩音器(其既可以同相驱动产生平面波模态,也可反向驱动产生更高阶的模态)驱动的导管的横截面与压力分布图

尽管从原理上讲,可以通过多个次级源控制高阶模态;但是,仍会存在一些控制平面波时所不曾遇到的问题,Fedorynk(1975),Tichy(1988),Eriksson 等人(1989),Silcox 和 Elliott(1990),Stell 和 Bernhard(1991)及 Zander 和 Hansen(1992)对此均有详细的论述。目前,由于在飞机发动机入口处风扇辐射噪声主动控制中的潜在应用(尤其是当飞机着陆时),对短管内噪声的高阶模态的主动控制的研究越来越多(例子请看 Burdisso 等人,1993;Joseph 等人,1999)。然而,需要注意的是,可在导管内传播的高阶模态数随着激励频率的增加而显著增加,如图 1.7 所示。在最低阶截止频率以上,可传播的高阶模态数与激励频率的平方成正比。若这些模态的传播伴随大量的能量传递,则需要大量的通道施加主动控制减小高频处的全部压力。然而,若只以减小矩形导管底部的声辐射为目标,如飞机引擎入口处的导管(它们的底部产生了大量的噪声),则只需控制相当少的模态。这可以通过沿导管的轴线分布的一列传感器检测模态的振幅来实现。

各种类型的波均可沿一维结构,如梁、导管及支架传播。这些波以其最显著的形式即下列三种明显不同的形式沿结构(如刚性梁)传播。

(1) 纵向。与波的传播方向相同,如声波,但是波速却有可能为在空气中传播时的若干倍。

(2) 挠性。包括与传播方向成直角的方向和与沿传播方向平行的平面的扭转的两个方向的运动。这样的波在所有的频率上同时具有耗散与传播两种成分。均匀梁上可产生两个含有两个与传播方向成直角运动成分的相互独立的挠波。由于这两个平面内的挠波均含有耗散与传播成分,因此共有 4 个挠性成分从结构的一端传递到另一端。

(3) 扭转。除了包含在一个与传播方向成直角的平面内的旋转运动外,它的物理机制与纵向波类似。

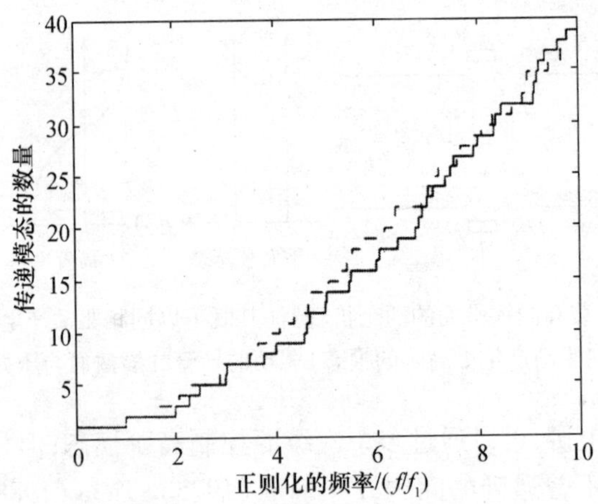


图 1.7　可在矩形导管(a)或圆形导管(b)内传播的作为激励频率的函数的声模态的数量,已经通过导管的最低阶截止频率 $f_1$ 对其正则化

包括 4 个挠波,一个纵向波及一个扭转波,总共 6 个成分能够沿结构传播。一般在需要隔离全部振动的要求下,需要控制所有这些成分(Pan 和 Hansen, 1991);但是实践中,一些成分会被自然地隔离,从而需要更少的控制通道控制剩余的成分。例如,在容许少量扭转成分的情况下,一般可被动地削减扭转成分,假定结构的长度至少与挠波的波长具有同样的尺寸,则挠波耗散成分可沿结构的长度方向自动消散,从而只剩下三种成分需要控制。这种对几种成分的自然滤波,可以用来减少对沿直升机支撑(Brennan 等人,1994;Sutton 等人,1997)传播的振动控制所需的作动器的数目,并可在激励频率从 300Hz ~ 1200Hz 变化时,将动能降低 40dB(此时结构支撑安置在实验设备上)。

在壳体、圆柱及细管内传播的波形将比在实体内传播的波形复杂得多(详见 Fuller 等人,1996)。若细管内充满液体则会使这样的系统更加复杂。若要对此类情况下传播的振动施加主动控制,则需要对所有在液体内传播的波进行控制。然而，实践中，往往有可能通过被动的方法削弱一些波形，从而可以在满足要求的情况下大幅简化控制系统。

## 1.3　在无限系统中控制功率

在前面的讨论中，我们看到，对于沿一个方向传播的波既可以用一个次级源反射掉，也可以用一对次级源吸收掉。本节，我们将对在二维或三维空间以波的形式传播的干扰施加主动控制。为了物理表示的方便，我们将假定主动控制的对象——波，只沿远离波源的方向传播，即假设波在无限的空间中传播。波以这样的方式在二维或三维空间传播，如果需要完全抑制，则只能将次级源与初级源搭配使用。此时即使初级源与次级源之间的距离相比波长不是很大，但仍可在振幅上取得显著的降低。初级源与次级源产生的总功率提供了一个很好的量化空间上或总的各控制律效果的方法。本节，我们将提出一种通过调节次级源强度，最小化测量到的全局性能方法，而不再以完全取消初级场为目的。将首先以一个在无限平板上以二维方式往外传播的弹性干扰开始，接着讨论声在无限介质中以三维形式的传播。

### 1.3.1　无限平板中的点力

如图1.8所示，考虑点力在无限薄板上的速度场。点力可以是安装在薄板上的低频旋转电动机。平板上任何位置处偏离平板的复数域速度都将只与这点与激励点的位置有关，如以单频激励的速度可表示如下

$$v(r) = M(r)f \tag{1.3.1}$$

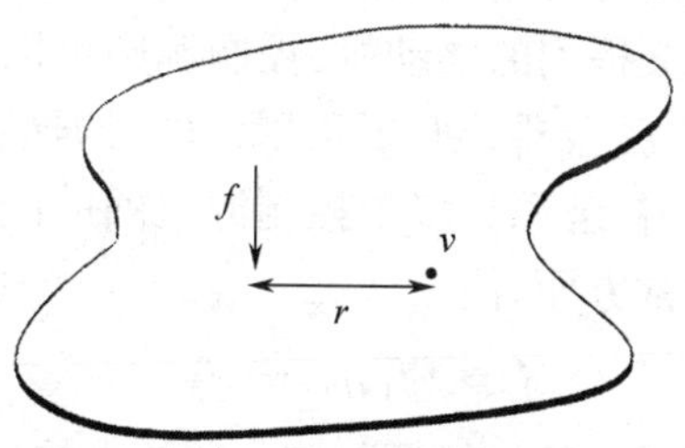


图1.8　由无限平板上距离为 $r$ 的点力 $f$ 产生的平面外的速度 $v$

式中：$f$ 为激励力复数形式的振幅，$M(r)$ 为这两点间的传递函数，对于这个系统来说为机械传递导纳。Cremer 和 Heckl(1988)将在无限薄板上的 $M(r)$ 表示如下

$$M(r) = \frac{1}{8\sqrt{Dm}}[H_0^{(2)}(h_f r) - H_0^{(2)}(-jk_f r)] \tag{1.3.2}$$

式中:$D$ 为平板的弯曲刚度($E$ 和 $v$ 分别为杨氏模量和泊松比,$h$ 为板的厚度),$m$ 为每单位面积的质量($m=\rho h$,$\rho$ 为材料密度),$H_0^{(2)}$ 为第二类 Hankel 函数,$k_f$ 为挠波的数目,表示如下

$$k_f = \left(\frac{\omega^2 m}{D}\right)^{1/4} \tag{1.3.3}$$

式中:$\omega$ 为角激励频率。点力在平板上单独产生的功率是力与相应速度的乘积在时间上的均值,可表示如下

$$\Pi = \frac{1}{2}\mathrm{Re}[v^*(0)f] \tag{1.3.4}$$

式中:上标 * 表示共轭,$v(0)$ 为点力 $f$ 激励处的平面外的速度。利用式(1.3.1)可将输入功率表示为

$$\Pi = \frac{1}{2}|f|^2\mathrm{Re}[M(0)] \tag{1.3.5}$$

联合 Hankel 函数的性质,可以发现

$$M(0) = \frac{1}{8\sqrt{Dm}} \tag{1.3.6}$$

式中所有的量均为实数,而且与频率无关。

## 1.3.2 最小化功率输出

我们现在开始计算通过两个力可以提供给平板的功率。若其中之一为干扰源,另一个作为控制源,则可通过调节控制源的振幅与相位得到最大的可能功率衰减。初级源可以是前文提到的电动机,控制源则可以是工作在与初级源相同频率的电磁激振器,其中激振器的振幅和相位可根据最小化机械功率的要求相应调节,鉴于我们对多个初级源和多个控制源之间的配置比较感兴趣,因此,用矩阵的形式表示则会非常方便,使

$$\boldsymbol{f} = [f_1, f_2, \cdots, f_N]^{\mathrm{T}} \tag{1.3.7}$$

为复数形式的作用在平板上的初级源与控制源的力的向量。

$$\boldsymbol{v} = [v_1, v_2, \cdots, v_N]^{\mathrm{T}} \tag{1.3.8}$$

为复数形式的力的作用点处的速度。则总的施加在平板上的功率为

$$\Pi = \frac{1}{2}\mathrm{Re}(\boldsymbol{v}^{\mathrm{H}}\boldsymbol{f}) \tag{1.3.9}$$

式中:上标 $H$ 表示 Hermitian,即向量的复数共轭转置,如附录所描述。

任意点处的速度取决于施加的力,且可通过式(1.3.1)叠加计算得到总的速度。因此,速度向量可以矩阵形式表示如下

$$\boldsymbol{v} = \boldsymbol{M}\boldsymbol{f} \tag{1.3.10}$$

式中:$\boldsymbol{M}$ 为点激励力之间的输入和传递导纳矩阵。由于相互作用,所以 $\boldsymbol{M}$ 为对称阵(Cremer 和 Heckl,1998),即 $\boldsymbol{M}^T = \boldsymbol{M}$。

可将式(1.3.9)表示的总功率重写为下式

$$\Pi = \frac{1}{2}\mathrm{Re}(\boldsymbol{f}^H\boldsymbol{M}^H\boldsymbol{f}) = \frac{1}{2}\boldsymbol{f}^{\mathrm{H}}\boldsymbol{R}\boldsymbol{f} \tag{1.3.11a,b}$$

式中:$\boldsymbol{R} = \mathrm{Re}(\boldsymbol{M})$。

将速度与力分为初级源与控制源两部分,即

$$\boldsymbol{v} = \begin{bmatrix} \boldsymbol{v}_p \\ \boldsymbol{v}_s \end{bmatrix} = \boldsymbol{M}\boldsymbol{f} = \begin{bmatrix} \boldsymbol{M}_{pp} & \boldsymbol{M}_{ps} \\ \boldsymbol{M}_{sp} & \boldsymbol{M}_{ss} \end{bmatrix} \begin{bmatrix} \boldsymbol{f}_p \\ \boldsymbol{f}_s \end{bmatrix} \tag{1.3.12}$$

并定义分割阵 $\boldsymbol{R}$ 为

$$\boldsymbol{R} = \begin{bmatrix} \boldsymbol{R}_{pp} & \boldsymbol{R}_{ps} \\ \boldsymbol{R}_{sp} & \boldsymbol{R}_{ss} \end{bmatrix} = \mathrm{Re}\begin{bmatrix} \boldsymbol{M}_{pp} & \boldsymbol{M}_{ps} \\ \boldsymbol{M}_{sp} & \boldsymbol{M}_{ss} \end{bmatrix} \tag{1.3.13}$$

则式(1.3.11b)表示的总功率可写为

$$\Pi = \frac{1}{2}(\boldsymbol{f}_s^{\mathrm{H}}\boldsymbol{R}_{ss}\,\boldsymbol{f}_s + \boldsymbol{f}_s^{\mathrm{H}}\boldsymbol{R}_{sp}\,\boldsymbol{f}_p + \boldsymbol{f}_p^{\mathrm{H}}\boldsymbol{R}_{sp}^{\mathrm{T}}\,\boldsymbol{f}_s + \boldsymbol{f}_p^{\mathrm{H}}\boldsymbol{R}_{pp}\,\boldsymbol{f}_p) \tag{1.3.14}$$

其中,由于相互性,$\boldsymbol{R}_{ps} = \boldsymbol{R}_{sp}^{\mathrm{T}}$,式(1.3.14)正如附录所描述的为 Hermitian 二次型,因此功率为向量 $\boldsymbol{f}_s$ 的虚部与实部组合成的二次函数。这个二次函数一定有最小值,而不一定有最大值;若没最小值的话,当次级激励力很大时,总功率将会变为负值,即一系列力从被动板上吸收功率,这是不可能的。如附录所描述,给定 $\boldsymbol{R}_{ss}$ 正定的情况下,可由一系列激励力获得功率的最小值,且最优的激励力表示如下

$$\boldsymbol{f}_{s.\,opt} = -\boldsymbol{R}_{ss}^{-1}\boldsymbol{R}_{sp}\boldsymbol{f}_p \tag{1.3.15}$$

当 $\boldsymbol{f}_s$ 不是搭配使用时,次级源单独提供的功率为 $\boldsymbol{f}_s^{\mathrm{H}}\boldsymbol{R}_{ss}\boldsymbol{f}_s$,一定正定,因此在物理上保证了 $\boldsymbol{R}_{ss}$ 的正定性。因此,从这个最优作动器集合可推出总功率的最小值为

$$\Pi_{\min} = \frac{1}{2}\boldsymbol{f}_p[\boldsymbol{R}_{pp} - \boldsymbol{R}_{sp}^{\mathrm{T}}\boldsymbol{R}_{ss}^{-1}\boldsymbol{R}_{sp}]\boldsymbol{f}_p \tag{1.3.16}$$

式(1.3.10)中 $\boldsymbol{M}$ 的任何元素均可从式(1.3.2)并结合从初级源与次级源的分

布形式的距离计算得出。从而可通过结合式(1.3.2)表示的将$\boldsymbol{f}_s$置为零的控制前的总功率与式(1.3.16)表示的控制后的功率得出最大的功率衰减率。

如图1.9所示分别为一个初级源,与一个、两个、四个、八个次级源的布置方式,所有次级源与初级源之间的距离均为$\boldsymbol{d}$。对这几种情况分别计算最大功率衰减,结果如图1.10所示,其中纵坐标为功率的衰减值,横坐标为距离$\boldsymbol{d}$与波长的比值(Bardou 等人,1997)。需要注意的是,这些结果是在假定声频率合适的情况下,一次一个频率计算得到的。现阶段所做的工作并不能说明宽带衰减,只是为了确定由几何布置导致的物理限制体现出的性能限制。

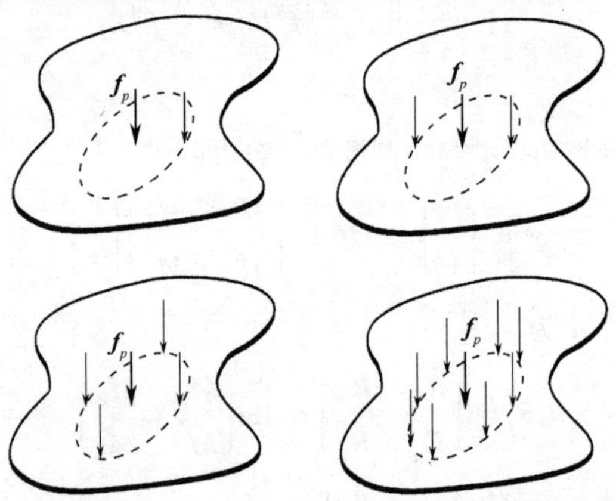


图1.9 分别使用一个、两个、四个和8个次级源计算总功率输出衰减所使用的初级源(粗箭头)和次级源(细箭头)的安放位置。其中每个次级源距离初级源的距离为$d$

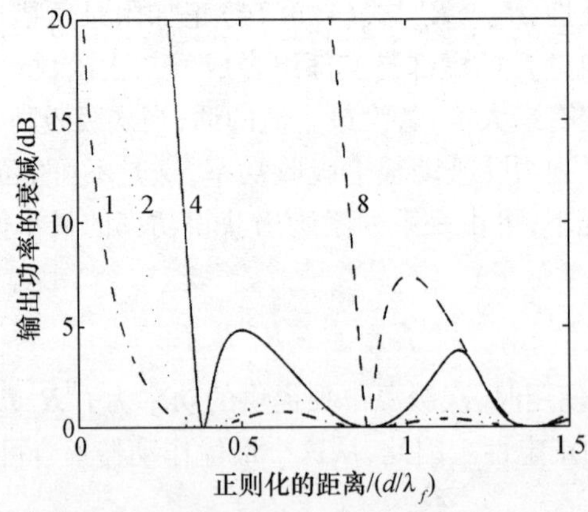


图1.10 当通过一个(点画线)、两个(点线)、四个(实线)和八个(虚线)次级源最优控制无限平板上一个点力提供的总功率时的衰减情况,其中总功率作为初级源与次级源之间距离$d$的函数,并经挠波波长正则化

可以看出，如果次级源与初级源之间的距离小于0.1个波长，则在一个次级源作用的情况下功率的衰减即可达到10dB。薄板上的挠波长为$2\pi/k_f$，$k_f$可由式(1.3.3)确定，从而

$$\lambda_f = 2\pi\left(\frac{D}{\omega^2 m}\right)^{1/4} \tag{1.3.17}$$

式中：$D$为弯曲刚度，等于弹性模量与惯性矩的乘积，$m$为单位面积的质量，等于材料密度与厚度的乘积(Cremer 和 Heckl，1988)。

对于一个2mm厚的钢板，当距离$d$为0.1个波长，频率为100Hz时，$d$等于32mm；频率为1000Hz时，减小为10mm。如果次级源安放的距离大于上面的要求，则仍有可能使用多个次级源大幅衰减输入功率。例如，四个次级源，当距离$d$为0.34个波长时，仍可达到10dB的衰减。

然而，当距离被设置为诸如$d\approx 0.38\lambda_f$时，对称式放置的次级源并不能减少初级源的输出功率。这种病态可以通过轻微地变动次级源之间的相互位置而得到避免。借助以上讨论，对于八个次级源的控制系统，当$d$增加到0.84个波长时，仍可达到10dB的衰减幅度。总的趋势为，对于次级源数量的要求与它们和初级源之间的正则化的距离($d/\lambda_f$)呈线性关系。在满足10dB衰减要求的情况下，次级源之间的最大距离为半个波长。

### 1.3.3　自由空间中的声单极子

在前面的讨论中，已经将波在一维中的传播扩展到二维，现在我们将以一个无限空间中的声源展开波在三维空间的讨论。前面我们已经知道，对于沿一个方向传播的波，可以通过一个次级源得到完全对消，但是对于在二维中传播的波，使用一系列的次级源才只是将其削弱。原因是匹配两个具有不同起源的辐射波阵面非常困难。同样的困难也存在于三维中波的控制，而且因为又多了一维，则会更加困难。

在力学系统中，点激励力对系统的输出功率是单个力与单个速度的乘积在时间上的均值；同时，由于力和速度有可能是分布式的，因此操作中应该更加仔细。然而，如果我们假设振幅在所有的方向都是相等的，如同一个脉动的球体，而且此球的尺寸比波长小，则有理由认为球体表面的压力是均匀的，从而功率可以简单地取为球壳上的压力与声源的体积速度乘积在时间上的均值。体积速度$q$等于辐射表面的速度与表面积的乘积。这样的声源即为单极子，可用来建立类似二维中建立的三维声波传递模型。一个这样的声源例子是低频工作时的发动机排气管，即可以当作主动控制中的初级源。

复数形式的声压与距声单极子距离$d$之间的关系在单频情况下为

$$p(r) = Z(r)q \tag{1.3.18}$$

式中：$q$ 为单极子的体积速度，$Z(r)$ 为声传播阻抗，作用与式（1.3.1）定义的二维中机械传递导纳相同。在无声反射的无限介质的声传递阻抗可表示为下式（Morse，1948，Nelson 和 Elliott，1992）

$$Z(r) = \frac{\omega^2\rho_0}{4\pi c_0}\left(\frac{j\mathrm{e}^{-jkr}}{kr}\right) \tag{1.3.19}$$

式中：$\rho_0$、$c_0$ 分别为材料密度和声速，$k$ 为波数，等于 $\omega/c_0$，或 $2\pi/\lambda$，$\lambda$ 为波长。

声单极子产生的功率为

$$\Pi = \frac{1}{2}\mathrm{Re}[p^*(0)q] \tag{1.3.20}$$

结合式（1.3.18），又可写为

$$\Pi = \frac{1}{2}|q|^2\mathrm{Re}[Z(0)] \tag{1.3.21}$$

$\mathrm{Re}[Z(0)]$ 为声输入阻抗的实部，在自由空间中可以表示为

$$\mathrm{Re}[Z(0)] = \frac{\omega^2\rho_0}{4\pi c_0} \tag{1.3.22}$$

通过类比式（1.3.12），初级源和次级源的声压的向量形式可以写为

$$\begin{bmatrix}\boldsymbol{p}_p\\ \boldsymbol{p}_s\end{bmatrix} = \begin{bmatrix}\boldsymbol{Z}_{pp} & \boldsymbol{Z}_{ps}\\ \boldsymbol{Z}_{sp} & \boldsymbol{Z}_{ss}\end{bmatrix}\begin{bmatrix}\boldsymbol{q}_p\\ \boldsymbol{q}_s\end{bmatrix} \tag{1.3.23}$$

式中：$\boldsymbol{q}_p$、$\boldsymbol{q}_s$ 分别为向量形式的初级源与次级源的体积速度。

上面的分析同样可以用于分析最小化功率，初级源为单极子并通过一系列的次级源得到控制（Nelson 等人，1987；Nelson 和 Elliott，1992）。所不同的是，次级源需要布置在初级源周围的三维空间中，如图 1.11 所示，实心球为初级源，空心球为次级源。一个对应于此的例子是，作为次级源布置在发动机排气管尾部暴露在空气中的一系列扩音器。

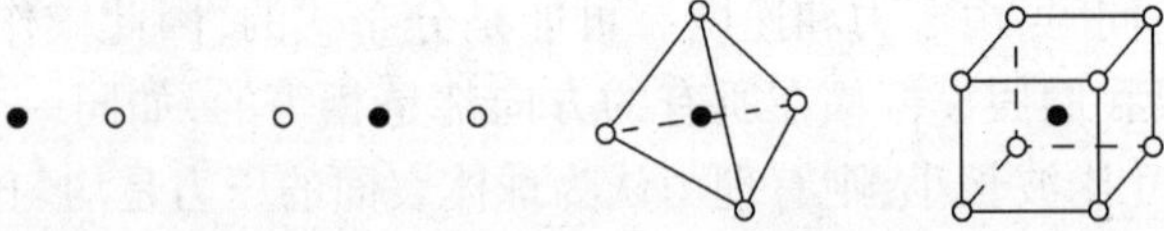

图 1.11　自由空间中计算总功率输出衰减时，所使用的初级源（实心球）和次级单极源（空心球）的安放情况，每个次级源均安放距初级源距离为 $d$ 的位置

通过优化次级源体积速度的实部与虚部达到最小化功率输出的结果绘制在图 1.12 中。次级源与初级源之间的距离相比波长较小时的结果与图 1.10 所示

的二维平板中达到的衰减结果类似。但是,控制效果随距离增大的衰减速度却要远远快于二维时的情况。三维时,在满足给定控制性能的情况下,所需的次级源数目与正则化的距离的平方成比例。满足 10dB 衰减指标的情况下,次级源之间距离的最大值为 0.5 个波长,与二维时相同。

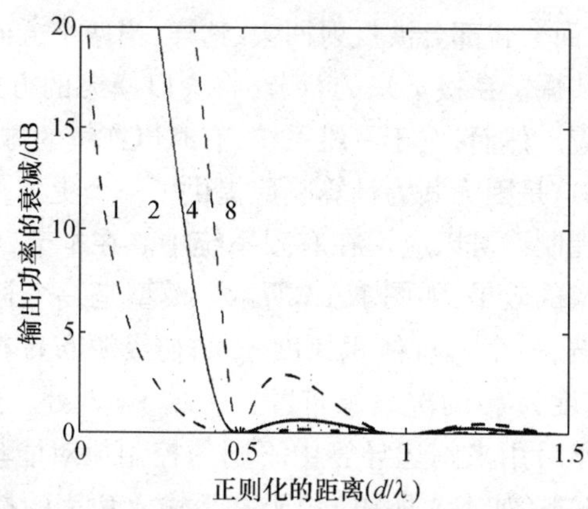


图 1.12　当通过一个(点画线)、两个(点线)、四个(实线)和八个(虚线)次级单极源最优控制自由空间中一个初级单极源辐射的总声功率的衰减情况,其中总功率作为初级源与次级源之间距离 $d$ 的函数,并经声波长正则化

对于一层点激励或者单极子,当所有次级源与初级源的距离均相等时,可以通过将初级源所辐射的波反射回去将其输出功率降低。已经有结论表明此时所有的次级源的功率输出将为零(Elliott 等,1991),仅作为反射作用,类似一维中的情况,如图 1.3 所示的声压分布情况。正如图 1.5 所示一维中的情况,也可使用两层激励力或者单极子分别布置在距初级源不同距离的地方吸收初级源辐射的波。工作在这种情况下的成对的单极子可以看作是一个单点单极子或偶极子(Jessel,1968;Mangiante,1994)。同上面所作的讨论的类似的在二维与三维情况下的吸收问题,Zavadskaya 等人,Konaev 等人分别在 1976 年与 1977 年作过研究,并表明二维时,对于给定的控制指标,所需的次级源数目与 $d/\lambda$ 成正比,三维时与 $(d/\lambda)^2$ 成正比。

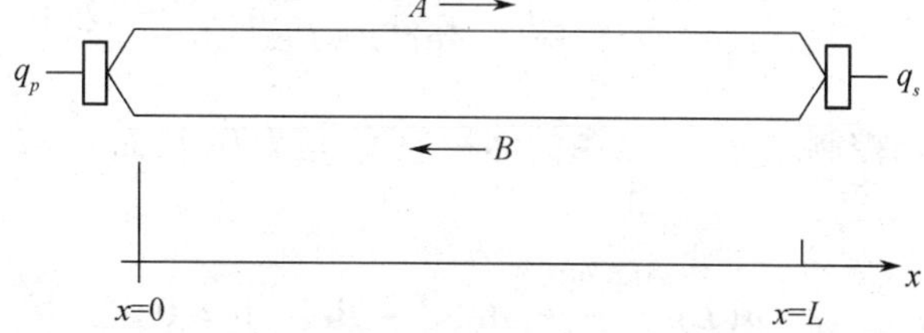


图 1.13　一端由一个体积速度为 $q_p$ 的初级源驱动,另一端由体积速度为 $q_s$ 驱动的长导管的示意图,其用于阐释有限系统中不同控制策略的效果

## 1.4 有限系统中的控制律

无限系统中的激励将会只产生沿远离自己方向传播的波。实际中的大多数系统是有边界的,从而会将部分波反射回去,这样,当两个方向的波相遇时,将会在某些频率处发生共振。在接下来的章节,将会以模态的方式讨论二维及三维中与共振有关的响应。然而,对于一维系统,有时以连续的方式在系统中保持一个模型会更加清晰,这是因为其为计算响应提供了一个更加直接的方式。

有很多种主动控制律可以应用在有限系统中。在本节,将利用简单的一维模型讨论这些控制率的效果,如图 1.13 所示。模型是一个长的刚性壁导管,在其中只能传播平面波,一个具有体积速度 $q_0$ 的初级源布置在导管的左端 $x=0$ 处,同时一个体积速度为 $q_s$ 的次级源布置在右端 $x=L$ 处。这样的简单模型首先被 Curtis 等人(1987)用来阐述导管中不同的控制律对能量的控制效果。Elliott 首先将其改进版本(如本文所用)用于基于输入功率的控制算法中,同时他也考虑了这个模型的等价模型,一个薄壁梁与作用在两端的力矩。一个对结构的更加综合性的处理可参见 Brennan 等人在 1995 年所做的研究。

### 1.4.1 有限导管中的声阻抗

本节将导出导管中的声输入和传递阻抗,以及确定初级源的输出功率。在导管 $x$ 处的复数域声压 $p(x)$ 可写成两类声波的叠加和,一个沿 $x$ 正反向传播,振幅为 $A$,一个沿 $x$ 反方向传播,振幅为 $B$,即

$$p(x) = A\mathrm{e}^{-jkx} + B\mathrm{e}^{+jkx} \tag{1.4.1}$$

平面声波的复数域质点速度为:当波沿 $x$ 正方向传播时,为 $+1/\rho_0 c_0$ 与声压的乘积;当波沿 $x$ 反方向传播时,为 $-1/\rho_0 c_0$ 与声压的乘积,$\rho_0$、$c_0$ 分别为材料密度和声速(Kinsler 等,1982;Nelson 和 Elliott,1992)。从而,导管中的质点速度为

$$u(x) = \frac{1}{\rho_0 c_0}[A\mathrm{e}^{-jkx} + B\mathrm{e}^{+jkx}] \tag{1.4.2}$$

在施加主动控制之前,次级源的体积速度 $q_s$ 为 0,从而 $x=L$ 处的质点速度为 0,可以写为

$$u(L) = \frac{1}{\rho_0 c_0}[A\mathrm{e}^{-jkx} + B\mathrm{e}^{+jkx}] = 0 \tag{1.4.3}$$

从而反射波的振幅可以以入射波的振幅表示为

$$B = A\mathrm{e}^{-j2kL} \tag{1.4.4}$$

导管另一端的质点速度仅由初级源产生，而且等于 $q_p/S$，$q_p$ 为初级源的体积速度，$S$ 为导管的横截面面积。从而，利用式(1.4.2)与式(1.4.4)得

$$u(0) = A[1 - e^{j2kL}]/\rho_0 c_0 = q_p/S \tag{1.4.5}$$

从而可作为初级源体积速度的函数，用来计算下游处的振幅

$$A = \frac{Z_c q_p}{1 - e^{-j2kL}} \tag{1.4.6}$$

$Z_c$ 等于 $\rho_0 c_0/S$，为管道内的声阻抗，导管两端的声压可利用式(1.4.1)和式(1.4.4)表示为

$$p(0) = A(1 + e^{j2kL}) \tag{1.4.7}$$

$$p(L) = 2Ae^{-jkl} \tag{1.4.8}$$

利用式(1.4.6)，可以得到导管内的声的输入与传递阻抗的表达式，即

$$Z(0) = \frac{p(0)}{q_p} = Z_c \frac{1 + e^{-j2kL}}{1 - e^{j2kL}} = -jZ_c \cot kL \tag{1.4.9}$$

和

$$Z(L) = \frac{p(L)}{q_p} = Z_c \frac{2e^{-jkL}}{1 - e^{j2kL}} = -\frac{jZ_c}{\sin kL} \tag{1.4.10}$$

结合以上两式及导管的对称性，可以推导出初级源与次级源所处导管两端的声压方程为

$$p_p = Z(0)q_p + Z(L)q_s \tag{1.4.11}$$

和

$$p_s = Z(L)q_p + Z(0)q_s \tag{1.4.12}$$

式中：$p_p = p(0)$，$p_s = p(L)$，$Z(L)$ 等于次级源至初级源的传递阻抗，也等于从初级源至次级源的传递阻抗。以上方程可以用来求不同控制策略的控制效果，方法是比较不同控制方法下对初级源的输出功率的影响，结合式(1.3.20)可以给出

$$\Pi_p = \frac{1}{2}\mathrm{Re}(p_p^* q_p) \tag{1.4.13}$$

初级源单独作用时的输出功率如图 1.14 中的实线所示，在接下来的图中，无限导管中正则化的初级源的输出功率等于

$$\Pi_{p.\,\mathrm{infinite}} = \frac{1}{2}|q_p|^2 Z_c \tag{1.4.14}$$

正则化的频率等于 $L/\lambda = kL/2\pi = \omega L/2\pi c_0$，$k$ 为波数，$L$ 为导管的长度；正则化的输出功率则作为其函数，绘制于图中。鉴于当导管中没有功率损耗时，式(1.4.9)所代表的输入阻抗将仅作为反作用存在，从而不论是初级源还是次级源都将不再向导管输入功率，因此有必要定义一些损耗，这个可以通过假设一个复数形式的波数

$$k = \frac{\omega}{c_0} - j\alpha \tag{1.4.15}$$

式中：$\alpha$ 是一个比 $\omega/c_0$ 小的正数，代表波在导管中传递的衰减，$\alpha$ 在仿真中提供一个大约为1%的阻尼比。

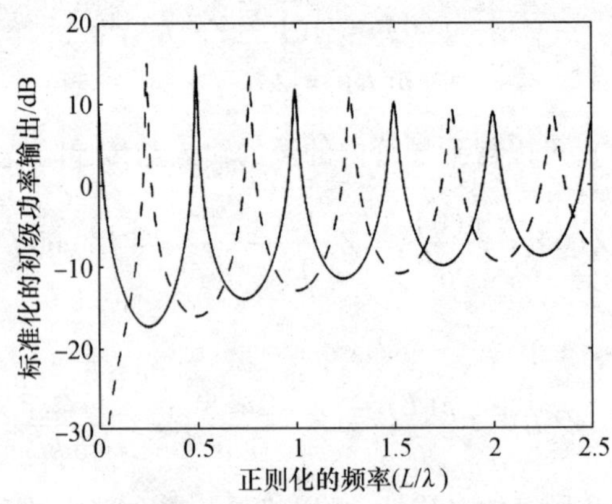


图 1.14　有限导管控制前(实线)初级源的功率输出和在每个频率次级源都经调整对消其前面的压力后的(虚线)初级源的功率输出

## 1.4.2　压力取消

将考虑的第一个控制方案是取消导管右端次级源处的声压，其值在式(1.4.2)中等于 $p_s$，启用次级源时可将其控制为0，从而

$$q_{s1} = -\frac{Z(L)}{Z(0)}q_p \tag{1.4.16}$$

利用式(1.4.9)与式(1.4.10)，可简化为

$$q_{s1} = -\frac{q_p}{\cos kL} \tag{1.4.17}$$

这种控制方案的控制效果如图1.14所示。可以看出，在刚开始的共振频率 $L/\lambda = 0, \frac{1}{2}, 1, \cdots$ 处，初级源的输入功率得到了有效抑制；但在 $L/\lambda = \frac{1}{4}, \frac{3}{4}, \cdots$

处,却得到了更大的值。这是因为次级源的作用是在导管的右端产生一个压力释放边界,而其共振频率与闭、开导管而不是开、闭导管有关。在次级源处的声压被取消后导管仍然共振的事实表明,初级源提供给导管的功率由于主动控制的作用在新的共振频率上显著增加。

### 1.4.3　吸收入射波

在将要讨论的第二种控制方案中,次级源的作用是抑制从导管右端反射的波,即吸收入射波。次级源所需的条件可通过计算反射波的振幅 $B$ 获得,即初级源与次级源的强度的函数

$$B = \frac{Z_c(q_p e^{-jkL} + q_s)}{(e^{+jkL} - e^{-jkL})} \tag{1.4.18}$$

从而当次级源的体积速度满足下式时,$B$ 可为零。

$$q_{s2} = -q_p e^{-jkL} \tag{1.4.19}$$

例子可参见 Nelson 和 Elliott 章节 5.15(1992),其中 $q_{s2}$ 被定义为吸收终端,更早的例子可参见 Beatty(1964)。Guicking 和 Karcher(1984),Orduna - Busamante 和 Nelson(1991),Darlington 和 Nicholson(1992)都将此控制方案在物理上进行了实现。终端对初级源输出功率的作用绘制在图 1.15 中,可以看出,控制后的输出功率等于式(1.4.14)所需要的无限导管中初级源的输出功率。

利用次级源对消次级源处的声压与吸收入射波可以看作是压力反馈方法的两个特例。一般情况下,$q_s$ 被调整为其前面声压 $p_s$ 与一个实数增益的 $-g$ 的乘积,即

$$q_s = -gp_s \tag{1.4.20}$$

利用局部压力反馈,次级源的声阻抗为

$$Z_s = \frac{p_s}{-q_s} = \frac{1}{g} \tag{1.4.21}$$

若增益为零,则次级源的体积速度为零,从而 $Z_s$ 相当于一个硬边界,等同于没有控制时的情况;若增益很大,则次级源处的声压接近于被取消,$Z_s$ 也趋近于零,结果如图 1.14 所示。若增益等于往复的阻抗,即 $g = 1/Z_c$,则次级源所呈现的阻抗等于产生吸收终端的导管阻抗,效果如图 1.15 所示。图 1.15 中的虚线可以看作是一个连续响应集合中两种极端情况的中间情况,并可通过局部压力反馈的增益获得,同时对于这些响应的限制如图 1.14 中的虚线与实线所示。

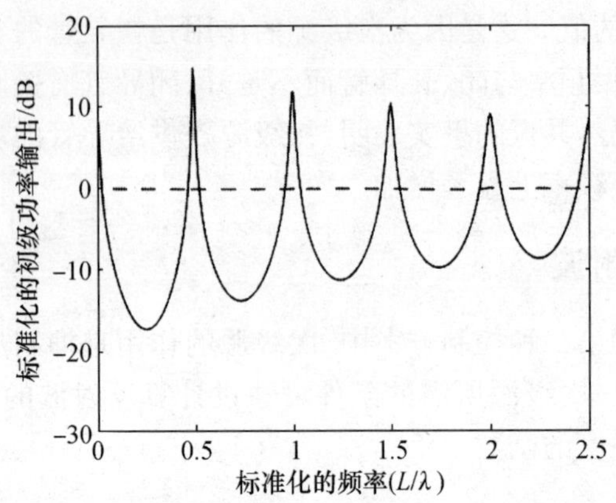


图 1.15 有限导管中施加控制前(实线)初级源的功率输出,以及在每个频率次级源都经调整对消次级源反射的声波后(虚线)的初级源的功率输出

原则上,鉴于在式(1.4.9)控制方程下响应系统为最小相系统,对于任何增益 $g$ 的局部压力反馈都是稳定的。然而,实践中,由于扩音器是动态变化的,其体积速度不会是一个与电子输入频率无关的函数;从而,控制下的系统(或接下来将用的装置)响应,不会像式(1.4.9)所给的声输入阻抗那么简单,而且在维持诸如 Guicking 和 Karcher(1984)、Darlington 和 Nicholson 所描述的反馈系统的稳定性时需更加注意。

## 1.4.4 次级源功率吸收的最大化

本节,将基于初级源与次级源的功率输出得到将要讨论的最后两种控制方案。首先,我们很自然地通过最大化次级源的功率吸收实现比图 1.15 所示仅吸收入射波更好的控制效果(Elliott 等人,1991)。次级源的功率输出为

$$\Pi_s = \frac{1}{2}\mathrm{Re}(p_p^* q_s) = \frac{1}{4}(p_p^* q_s + q_s^* p_s) \tag{1.4.22}$$

利用式(1.4.12),可将上式表示为 Hermitian 二次型

$$\Pi_s = \frac{1}{4}\{2q_s^* \mathrm{Re}[Z(0)] + q_s^* Z(L) q_p + q_p^* Z(L) q_s\} \tag{1.4.23}$$

通过利用 Hermitian 二次型的全局最小值得到的如下式表示的次级源体积速度,可将次级源的输出功率最小化,也即次级源功率吸收的最大化

$$q_{s3} = -Z(L) q_p / 2\mathrm{Re}[Z(0)] \tag{1.4.24}$$

按照式(1.4.24)变化次级源的强度的结果如图 1.16 中的虚线所示,可以看出,在大多数频率处,初级源的输出功率均有所增加。通常,鉴于次级源提升

初级源输出功率的能力，最大化次级源的功率是一个相当激进的控制方法，尤其对于共振频率中的窄带干扰。次级源通过改变初级源处的阻抗及将共振扩展为可在更宽的频率上发生达到提升初级源输出功率的目的。对导管内功率平衡更加详细的分析表明，次级源只吸收了初级源所产生功率的一部分，剩余的部分则耗散在导管中，以致显著增加导管内储存的能量。然而，需要指出的是，若初级源的波形在频率带内随机，则将吸收功率最大化也将取决于初级源的激励频率。

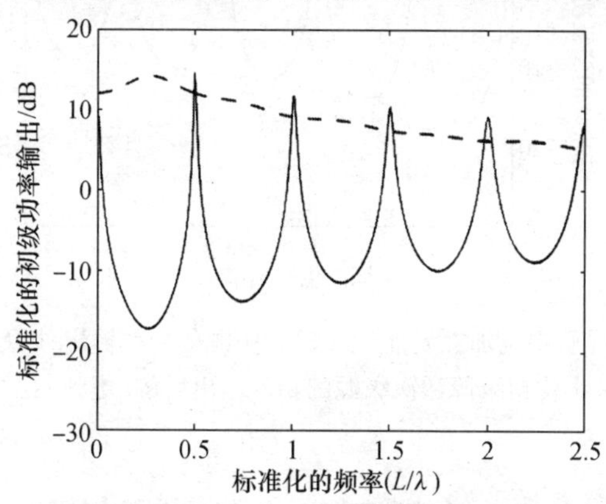


图 1.16　有限导管中施加控制前(实线)初级源的功率输出，以及在每个频率次级源都经调整最大化吸收功率后的(虚线)初级源的功率输出

## 1.4.5　总输入能量的最小化

本节我们将讨论的最后一种控制方法是最小化初级源与次级源对导管的总输入功率。类比式(1.3.14)，可得总的输入功率为

$$\Pi_T = \frac{1}{2}(q_s^* R_0 q_s + q_s^* R_L q_p + q_p^* R_L q_s + q_p^* R_0 q_p) \tag{1.4.25}$$

式中：$R_0 = \mathrm{Re}[Z(0)]$，$R_L = \mathrm{Re}[Z(L)]$，这个 Hermitian 二次型可通过下式中的体积速度最小化。

$$q_{s4} = -R_L q_p / R_0 \tag{1.4.26}$$

控制后的初级源的输出功率如图 1.17 所示，可以看出，初级源的输出功率几乎在所有频率处都得到了衰减，而剩余的输出功率的量级也与反共振得到的结果相同。次级源在这种控制方法中的作用是，改变从次级源至初级源处的阻抗，从而将反共振应用在一个比自然情况更加宽的频率范围内。若想在实际中应用此控制方法，可通过测量初级源与次级源声强度及它们前方的声压或导管内沿两个方向传播的声的振幅得到它们的输出功率。然而，在下节的讨论中，我们会看到,最小化对导管的输入功率与最小化导管内储存的能量非常相似,而这些能量可通过分布在导管内的一系列传感器估计得到。

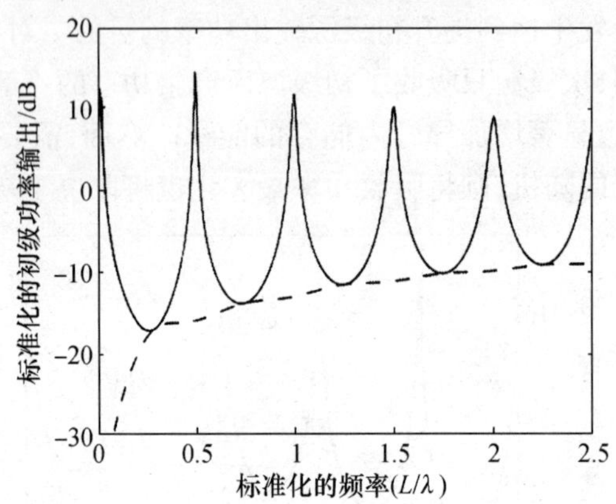


图 1.17　有限导管中施加控制前(实线)初级源的功率输出,以及在每个频率次级源都经调整最小化初级源和次级源的功率输出后的(虚线)初级源的功率输出

## 1.5　有限系统中的能量控制

一个测量有限系统的总响应的方法是测量系统的储存能量。在本节我们将讨论利用主动控制最小化平板和围场中的振动能量。在开始讨论特定的例子之前,有必要建立输入功率与能量存储之间的关系。在系统中,这两个量通过耗散或阻尼联系在一起;因为,稳态时,输入功率必将增加系统存储的能量,一直持续直至系统耗散的能量等于输入功率所提供的能量。从而当我们期望通过主动控制最小化输入功率时,存储在系统中的能量也必将最小。而在实际操作中,也正如此;即使最小化输入功率与存储能量在分析结果中的确有轻微的不同,但这些不同一般都是动态的,而不是实际重要性的不同。

### 1.5.1　输入功率和总能量

输入功率与存储能量之间的联系可通过考虑有限平板上的单点激励的响应得到阐述。这个分析也可用来介绍有限系统的模态模型,同时与声环境中情况精确类似。总可通过叠加各模态得到(Meirovitch,1990)有限分布系统的响应。当平板被频率为 $\omega$ 的单频激励,稳态时在 $x$、$y$ 平面上的速度可写为(Fuller 等人,1996)

$$v(x,y,\omega) = \sum_{n=0}^{\infty} a_n(\omega)\psi_n(x,y) \tag{1.5.1}$$

式中：$a_n(\omega)$为第 $n$ 阶振动模态的振幅，振型为 $\psi_n(x,y)$。所有的振型均正交，而且此处认为均是实数且正则化，从而

$$\frac{1}{S}\int_s \psi_n(x,y)\psi_m(x,y)\,\mathrm{d}x\mathrm{d}y = \begin{cases}1, & n = m\\ 0, & n \neq m\end{cases} \tag{1.5.2}$$

式中：$S$ 为平板的表面积。例如，一个尺寸为 $L_x \times L_y$ 的均匀平板在其边缘被限制为不能有线性运动，却可以有角运动，即简支的振型结构为

$$\psi_n(x,y) = 4\sin\left(\frac{n_1\pi x}{L_x}\right)\sin\left(\frac{n_2\pi y}{L_y}\right) \tag{1.5.3}$$

式中：$n_1$、$n_2$ 为两个模型整数，通过式(1.5.1)的 $n$ 指定。

若平板被位于$(x_0,y_0)$处的点力 $f$ 激励，则模态振幅可以写为

$$a_n(\omega) = \frac{A_n(\omega)\psi_n(x_0,y_0)}{M}f \tag{1.5.4}$$

式中：$M$ 为平板的总质量。$A_n(\omega)$为模型的共振项，并可以表示为

$$A_n(\omega) = \frac{\omega}{B_n(\omega)j(\omega^2 - \omega_n^2)} \tag{1.5.5}$$

式中：$B_n$ 为模带宽，$\omega_n$ 为第 $n$ 阶的自然频率。若有粘滞阻尼，则 $B_n = 2\omega_n\zeta_n$，$\zeta_n$ 为模型的阻尼比。

类似于式(1.3.4)，位于$(x_0,y_0)$的点力的输出功率为

$$\Pi(\omega) = \frac{1}{2}\mathrm{Re}[v^*(x_0,y_0)f] \tag{1.5.6}$$

利用 $v(x,y)$可将模型展开，从而输入功率为

$$\Pi(\omega) = \frac{1}{2}\mathrm{Re}[v^*(x_0,y_0)f]\psi_n^2(x_0,y_0) \tag{1.5.7}$$

存储在平板中的总动能等于局部平板质量与均方速度在表面上的积分。对于均匀平板则为

$$E_k(\omega) = \frac{M}{4S}\int_s |v(x,y,\omega)|^2\mathrm{d}x\mathrm{d}y \tag{1.5.8}$$

若速度分布是以式(1.5.1)所示模态展开的形式给出，利用式(1.5.2)所示的模态的正交特性，则总动能可写为

$$E_k(\omega) = \frac{M}{4}\sum_{n=0}^{\infty}|a_n(\omega)|^2 \tag{1.5.9}$$

从而正比于模态振幅平方的和。利用式(1.5.4)所表示的 $a_n(\omega)$，以及模态的共振项，式(1.5.5)呈现出如下特性

$$|A_n(\omega)|^2 = \frac{\mathrm{Re}[A_n(\omega)]}{B_n} \tag{1.5.10}$$

从而总动能可写为

$$E_k(\omega) = \frac{|f|^2}{2M}\sum_{n=0}^{\infty}\mathrm{Re}[A_n(\omega)]\psi_n^2(x_0,y_0)/2B_n \tag{1.5.11}$$

比较式(1.5.11),可以看出它们的区别为二倍的模带宽。若平板具有轻阻尼特性,且被以接近于第 $m$ 阶模态共振频率的频率激励,则在构成能量和功率的叠加和中第 $m$ 阶模态将起显著作用,这种情况下的总动能可表示为

$$E_k(\omega) \approx \Pi(\omega_m)/2B_m \tag{1.5.12}$$

从而平板中所存储的能量等于输入功率与一个取决于系统阻尼的时间常数的乘积。对于声系统也可获得一个完全等价的结果(Elliott 等人,1991)。若模带宽与和第 $m$ 阶模态毗邻的许多模型是相似的,则式(1.5.12)在包含几个模型的频带上依然成立。从而可以清楚地看出,通过主动最小化系统所存储的能量与最小化输入功率具有相同的效果。

## 1.5.2 有限平板中振动能量的控制

我们现在开始讨论单频激励下有限平板的动能的最小化问题。当平板被初级源和 $M$ 个次级源 $f_{s1},f_{s2},\cdots,f_{sM}$ 激励,则单频下第 $n$ 阶模态的振幅为

$$a_n = a_{np} + \sum_{m=1}^{M} B_{nm} f_{sm} \tag{1.5.13}$$

式中:$B_{nm}$ 为第 $m$ 阶与第 $n$ 阶模态之间的耦合系数,与在第 $m$ 个次级源作用下的 $\psi_n(x,y)$ 成比例,$a_{np}$ 为次级源产生的第 $n$ 阶模态的振幅。

我们现在假定平板的响应能够精确表示为式(1.5.1)表示的有限个模态($N$)的和。从而式(1.5.13)的向量形式为

$$\boldsymbol{a} = \boldsymbol{a}_p + \boldsymbol{B}\boldsymbol{f}_s \tag{1.5.14}$$

式中:$\boldsymbol{a}$ 为 $N$ 个模态的复数振幅,$\boldsymbol{B}$ 为耦合系数矩阵,$\boldsymbol{a}_p$ 为向量形式的初级模态的振幅。

结合式(1.5.9),总的结构动能可以表示为

$$E_k = \frac{M}{4}\boldsymbol{a}^H\boldsymbol{a} = \frac{M}{4}[\boldsymbol{f}_s^{\mathrm{H}}\boldsymbol{B}^{\mathrm{H}}\boldsymbol{B}\boldsymbol{f}_s + \boldsymbol{f}_s^{\mathrm{H}}\boldsymbol{B}^{\mathrm{H}}\boldsymbol{a}_p + \boldsymbol{a}_p^{\mathrm{H}}\boldsymbol{B}\boldsymbol{f}_s + \boldsymbol{a}_p^{\mathrm{H}}\boldsymbol{a}_p] \tag{1.5.15}$$

式中:上标 H 表示 Hermitian 转置。从而动能为作动力的实部与虚部的 Hermitian 二次函数,同时由于 $\boldsymbol{B}^{\mathrm{H}}\boldsymbol{B}$ 一定正定,所以该二次函数必有全局最小值。当作动力满足下式时,平板满足最小动能的要求

$$\boldsymbol{f}_{s.opt} = -[\boldsymbol{B}^{\mathrm{H}}\boldsymbol{B}]^{-1}\boldsymbol{B}^{\mathrm{H}}\boldsymbol{a}_p \tag{1.5.16}$$

最小值为

$$E_{k.\min} = \frac{M}{2}\boldsymbol{a}_p^{\mathrm{H}}[\boldsymbol{I} - \boldsymbol{B}[\boldsymbol{B}^{\mathrm{H}}\boldsymbol{B}]^{-1}\boldsymbol{B}^{\mathrm{H}}]\boldsymbol{a}_p \tag{1.5.17}$$

以上两式均可从附录 Hermitian 二次型的一般情况推导出来。从而，当给定干扰力的分布，平板的性质及边界条件，可以计算出振型和自然频率，以及作动力的位置，在离散的激励频率下，施加主动控制后可以计算出最小动能。

如图 1.18 所示为主动控制最小化动能在计算机仿真时的物理布置。简支钢板的尺寸为 380mm × 300mm × 1mm，所有模态下的阻尼比为 1%。总动能在干扰力 $f_p$ 作用在 $(x,y) = (342,270)$ mm 时的情况，以实线对应离散频率的形式绘制于图 1.19 中。本例中模型的尺寸比前文提及的都要复杂，具有一些特征距离，因此很难以无量纲的形式绘制于图中。从而，选择的尺寸和频率范围仅是为了给这些结果一些直观上的感觉。图 1.19 中的点虚线为在图 1.18中一个作动力 $f_{s1}$ 在(38,30)处作用后的动能剩余情况，短划线为包括 $f_{s1}$，又加上 $f_{s2}$，$f_{s3}$ 分别在(342,30)与(38,270)作用后的情况。显然，单个作动力可在 200Hz 以下有效抑制平板在各共振频率处的响应；然而当激励频率高于 200Hz 时，单个作动力不能完全抑制各共振频率，如在 260Hz 时，平板的响应与干扰力同时达到波峰。三个作动力的使用由于可以结合可以分别耦合为另两个对 260Hz 处的响应有贡献的模态，则完全排除了这种情况的发生。然而，需要注意的是，由于有许多频率都对响应有贡献，在共振频率的中间，只有很小的功率能够得到抑制。

在实际的系统中，可通过大量分散的传感器测得的结果估计总的结构动能。尽管传感器测得的结果可以用来估计结构模态的振幅，但一般在估计总动能时有用的是这些振幅的平方和。如果能够很好地布置大量的这种传感器，则从测量结果的均方能够很好地估计出均方速度的表面积分，而这根据式(1.5.8)可以作为总动能的直接测量值，同时又可作为控制系统实际性能的测量值。

### 1.5.3　围场中声能量的控制

围场中的声源在单频下产生的声压可表征为模态的叠加和，与式(1.5.1)类似(Nelson 和 Elliott，1992)。围场中总的声势能与均方压力在空间上的均值成正比，可以写为

$$E_p(\omega) = \frac{1}{4\rho_0 c_0^2}\int_V |p(x,y,z,\omega)|^2 \mathrm{d}V \tag{1.5.18}$$

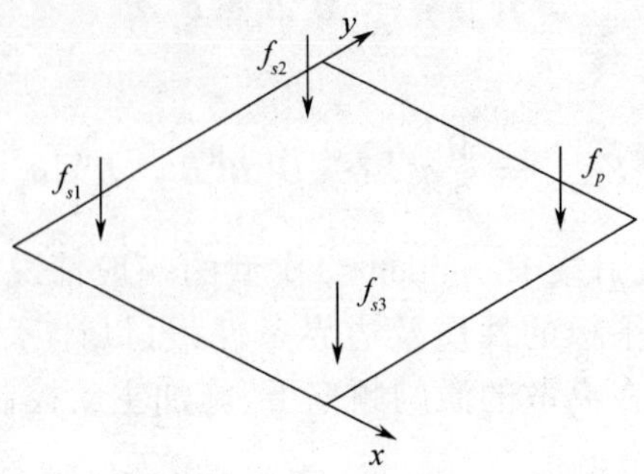


图 1.18　有限平板上,当初级点力 $f_p$ 位于一个角落,或一个次级点力 $f_{s1}$ 位于相对的角落,或者三个点力 $f_{s1}$、$f_{s2}$ 和 $f_{s3}$ 位于其他三个角落时的主动振动控制的物理布置示意图

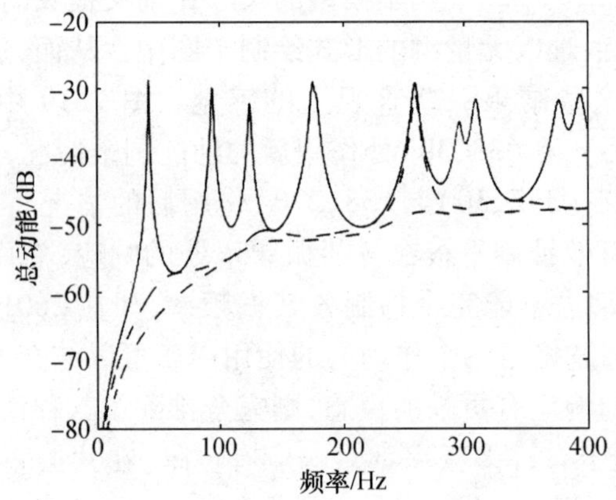


图 1.19　当由一个初级点力 $f_p$ 在离散频率(实线)上驱动一个平板的振动的总动能和在每个频率使用一个次级点力 $f_{s1}$(虚线)或者使用三个次级点力 $f_{s1}$、$f_{s2}$ 和 $f_{s3}$(点画线)最优最小化总动能的情况

式中:$\rho_0$、$c_0$ 分别为密度和介质中的声速,$p(x,y,z,\omega)$ 为在点 $(x,y,z)$ 处、频率 $\omega$ 的复数形式的声压,$V$ 为围场的总体积。总的声势能为估计全部主动控制的效果提供了一个方便的性能函数。鉴于模态之间的正交性,$E_p$ 可以表示为与模态振幅平方和成比例的形式,而这些模态可表示为式(1.5.14)所示干扰源与作动源的贡献的形式。因此,总声势能为作动源强度的 Hermitian 二次函数,可以通过前文讨论的方法最小化(Nelson 和 Elliott,1992)。

如图 1.20 所示,仿真对象围场的尺寸为 1.9m×1.1m×1.0m,目的是最小化声势能,其中假定声模态的阻尼比为 10%,这对于阻尼适合的声围场如低频时的车厢是很典型的。具有刚性墙的围场内的振型与三维空间三个余弦函数的乘积成比例。最低阶模态即零阶模态在整个围场及各点空气均匀压缩的情况下,具有相同的振幅。这个模态与下一个最高的自然频率相当于半个波长在围场中最长的方向,同时图1.20所示围场中的第一个纵向模态有一个大约90Hz的自然频率,其尺寸与以一个小型车车厢的尺寸类似。

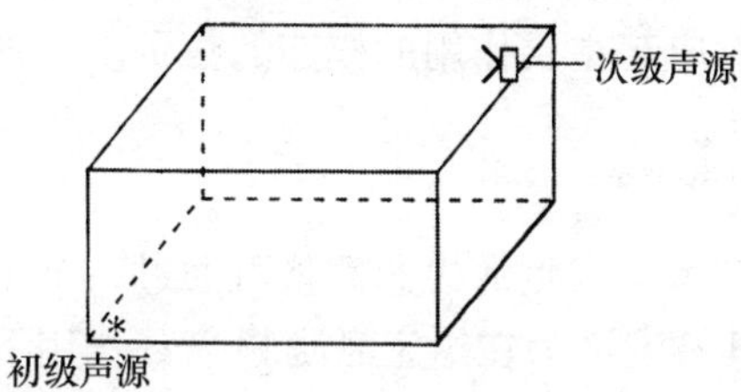


图1.20　矩形围场中主动单频噪声控制仿真的物理示意图,其尺寸大约等于汽车内部的尺寸,由位于一个角落的初级声源和位于相对角落的声源激励

如图1.21所示是位于围场一角的一个干扰源与其相对的一个作动源(短划线)或7个(点划线)位于不同角落的作动源共同作用下的,最小化的声势能变化情况。仅一个作动源作用时,在20Hz以下可以取得显著的衰减效果,此时仅显著激励零阶模态,同时在接近第一个自然频率大约90Hz时也可取得显著的控制效果。

然而,当激励频率超过150Hz时,系统的响应不再显现出清楚的模型迹象,单个作动器作用仅可取得轻微的效果。这是因为三维围场中声模态的自然频率,频率越高时彼此越接近。此时即使引进7个作动器也难以在频率高于250Hz时维持全局的控制效果。

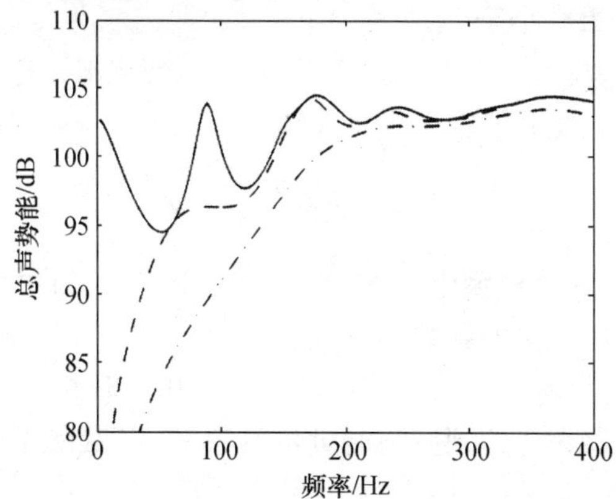


图1.21　分别由初级声源在离散频率单独驱动(实线),使用如图1.20所示的单个次级源(虚线),以及在围场中的所有其他角落使用7个次级声源(点划线)在每个激励频率最优最小化总势能后的围场中的总声势能

物理系统的各独立的振幅可通过单个作动源(假设其没有布置在节线上)达到完全控制,然而,在达到其控制效果时,不可避免会增加系统其余模态的激励。最小化总能量通常包括在对消主要模态和增强其余以及剩余的系统模态之间取得平衡。当达到最小化系统能量时会自动获得这个平衡,通常任何频率处的能量衰减取决于对响应起主要作用的模态的数量。

### 1.5.4 模型重叠的影响

一个系统在任何频率上产生的模态数量可通过一个无量纲的参数即模型重叠 $M(\omega)$ 得到量化。其被定义为在给定激励频率 $\omega$ 作用下所产生的自然频率处在带宽内的模态数量的均值。$M(\omega)$ 等于模态密度(模态的平均数量/Hz)与模带宽(Hz)的乘积,并且这两个量前文的仿真中可以通过计算平板的结构模态和围场的声模态得出。

对于一个三维围场而言,声模型重叠的近似值可通过计算模型密度得出(Morse,1948),即下式(Nelson 和 Elliott,1992)所示。

$$M(\omega) = \frac{2\xi\omega L}{\pi c_0} + \frac{\xi\omega^2 S}{\pi c_0^2} + \frac{\xi\omega^3 V}{\pi^2 c_0^3} \tag{1.5.19}$$

式中:$L$ 为围场线性尺寸的叠加和,$S$ 为总表面积,$V$ 为围场中的体积速度,$\xi$ 和 $c_0$ 分别为阻尼比和声速。高频时,声模型重叠以三次方激励的方式增加。如图 1.20 所示围场中的声模态的模型重叠计算结果示于图 1.22 中。在这种模型中,激励频率低于 150Hz(图 1.21 中单个作动器有全局控制效果的最高频率限制)时,模型重叠小于 1;激励频率低于 250Hz(图 1.21 中 7 个作动器作用的最高频率限制)时,模型重叠小于 7。

对于平板,结构模型的密度与频率无关,但模带宽却在存在固定阻尼比 $\xi$ 时与频率成比例增加。此时的模型重叠大约为

$$M(\omega) = S\xi\left(\frac{m}{D}\right)^{1/2}\omega \tag{1.5.20}$$

式中:$S$ 为平板面积,$\xi$ 为模型阻尼比,$D$ 为弯曲刚度,$m$ 为单位面积的质量。上面描述的模型重叠以频率的函数的形式示于图 1.22 中(短划线)。平板中的模型重叠与激励频率呈线性关系,并在频率超过 250Hz 时大于 1,其中 250Hz 为平板中使用一个作动器无法达到控制能量目的频率,因为在此频率下会产生多个模态。

在指定激励频率下,当刻画系统中模型结构的复杂度时,模型重叠是一个非常有效的方法。同时模型重叠也可用来估计为达到指定控制目标(系统能量落差)时所需的作动器的数量。典型系统经历结构振动或围场中的声激励产生的

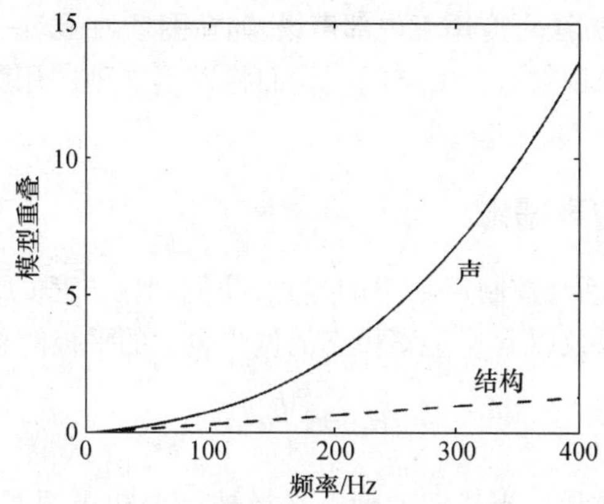


图 1.22　分别对于图 1.19 所示的平板仿真的结构模态
和图 1.21 所示的围场仿真的声模态的模型重叠 $M(\omega)$

模型重叠的频率行为，详细解释了主动控制在这两种模型中的物理性能方面的限制。

围场中的声势能正比于均方压力在体积上的积分，如式(1.5.18)所示。在实际的主动控制系统中，总的声势能可通过分析压力拾音器的输出平方和的结果估计得出。为得出精确结果而需要使用的拾音器的数量正比于围场中被显著激发出的模态的数量，因此在高频时迅速增加。若拾音器用于在三维方向同时测量声压和声压梯度，则使用数量可少些(Sommerfeldt 和 Nasif,1994)。第 4 章将以控制喷气式飞机客舱内的噪声为例讲述多通道主动控制干频噪声，第 5 章将以控制汽车内的路面噪声为例讲述多通道主动控制随机噪声。若只需要控制围场的一部分，则拾音器可集中布置在此区域。

## 1.6　结构辐射声的控制

到目前为止，我们已经讨论了利用声源对噪声辐射进行的主动控制和利用结构作动器对振动进行的主动控制。在大量的实际应用中，结构作动器并不仅仅用来控制结构的振动，而是为了控制结构的辐射噪声。若结构作动器可以完全抑制结构的振动度，则必定不会辐射噪声，从而降低噪声和减振是等同的。然而，在实践中，结构振动仅可通过次级作动器抑制，同时最小化结构的动能通常并不会降低辐射噪声。事实上，正如 Knyazev 和 Tartakovskii 于 1967 年指出的，振动的降低可能伴随声辐射的增加。Fuller 和其同伴(1985,988)深入研究了在结构上使用次级振动作动器降低辐射噪声的情况，并且将这一方法命名为主动结构声控制。这种方法可应用于内部声场,如在围场内驱动一个振动板,以及外部声场,如振动将声辐射进自由空间。我们将以第二种应用为例讨论这种方法的基本原理。

### 1.6.1 振动板的声辐射

为阐述控制振动与控制声功率的差别,我们回到方程(1.5.1)表示的描述平板振动的模型,以及以 $N$ 个显著模态的振幅表示的平板的总动能式(1.5.15)

$$E_k = \frac{M}{4}\boldsymbol{a}^H\boldsymbol{a} \tag{1.6.1}$$

式中,$M$ 为平板的质量。当我们看到若平板被一个初级源激励,产生的模振幅的向量形式为 $\boldsymbol{a}_p$,同时这些模态也被一系列的次级作动力 $\boldsymbol{f}_s$ 通过耦合矩阵 $\boldsymbol{B}$ 激励,从而

$$\boldsymbol{a} = \boldsymbol{a}_p + \boldsymbol{B}\boldsymbol{f}_s \tag{1.6.2}$$

则总动能被以下式形式给出的次级作动力最小化。

$$\boldsymbol{f}_{s.\,opt:E_k} = -\left[\boldsymbol{B}^{\mathrm{H}}\boldsymbol{B}\right]^{-1}\boldsymbol{B}^{\mathrm{H}}\boldsymbol{a}_p \tag{1.6.3}$$

然而,平板所辐射的声功率相比总动能是一个更加复杂的结构模态振幅的函数。若一个模态自发地振动,则其辐射的声功率与平板振动速度(正比于模态的自辐射效率)的均方的比值是振型与激励频率的函数。然而,当平板速度是由不止一个模态激励产生,则各个模态产生的声场将发生交互作用。从而辐射声功率将与结构模态的振幅有关,关系为

$$\Pi_R = \sum_{i=1}^{N}\sum_{j=1}^{N} M_{ij}a_i^*\,a_j \tag{1.6.4}$$

式中:$M_{ij}$为全部实频域数(Fuller 等人,1996),因此辐射声功率的矩阵形式为

$$\Pi_R = \boldsymbol{a}^{\mathrm{H}}\boldsymbol{M}\boldsymbol{a} \tag{1.6.5}$$

注意,$\boldsymbol{M}$ 不要与1.3节中的导纳矩阵混淆。$\boldsymbol{M}$ 对角线上的项与结构模态的自辐射效率成比例,非对角线上的项与互辐射效率或结合模态辐射效率(不同结构模态产生的声场中的相互作用)成比例。辐射效率是一个无量纲的量,等于平板的辐射声功率与一个与其具有相同面积、无限刚度、相同均方速度的平板的辐射声功率的比值。

例如,若我们假定一个简支板的模态的简单形式为

$$\psi_n(x,y) = 4\sin(n_1\pi x/L_x)\sin(n_2\pi y/L_y) \tag{1.6.6}$$

因子4的作用为满足式(1.5.2)表示的模态需要正交条件,$L_x$、$L_y$ 为平板在

$x$、$y$ 的尺寸，$n_1$、$n_2$ 为模型整数。例如，当模型整数 $n_1=2$、$n_2=1$ 时的结构模态，一般认为是(2,1)模态。如图1.23所示为简支板上一些结构模态的形状。

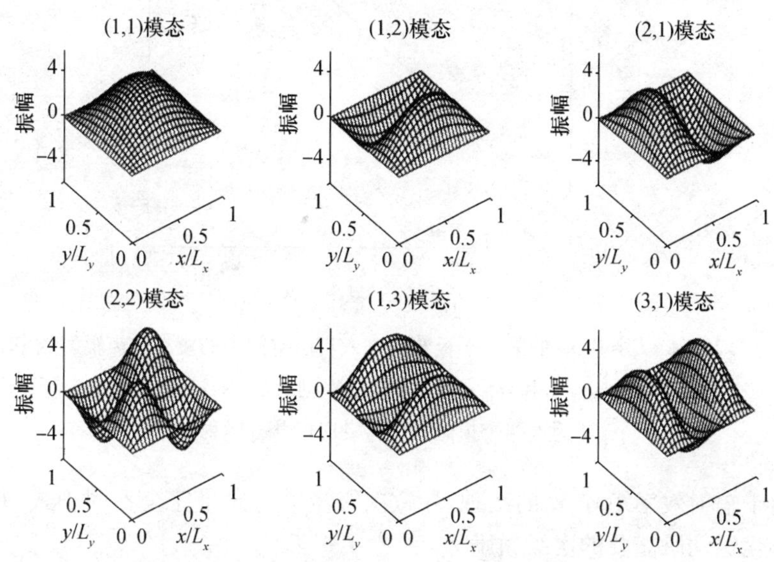


图1.23　简支平板的前6个结构模态的振型

对于一个安装在无限障板中的 $L_y/L_x\approx0.79$ 平板，其(1,1)、(2,1)及(3,1)自辐射效率与互辐射效率如图1.24所示，横坐标为 $L_x/\lambda$。例如，(1,1)结构模态的自辐射效率标记为 $\sigma_{11,11}$，(3,1)结构模态标记为 $\sigma_{11,31}$。可以看出，当 $L_x>\lambda$ 时，所有的模态以相同的效率进行辐射，而且当激励频率增加时，模态之间的交互有所下降。然而，在低频段，当平板的尺寸相比波长要小时，(1,1)和(3,1)要比(2,1)的辐射效率高出许多，但同时，(1,1)和(3,1)之间的交互作用也要显著得多。(1,1)模态、(3,1)模态与(2,1)模态之间的不同主要在于后者没有任何净体积成分。当平板以(2,1)模态低频振动时，平板前部的大部分空气将从平板的一端传递到另一端，产生很小的声音。然而，当模态为(奇,奇)形式时，将会有空间上平均的体积成分，从而当其振动时替代流体进入介质。就是这个体积成分在低频时产生声音，而且(奇,奇)模态的体积贡献量以这种方式加一起造成它们的交互作用。

回到对声辐射的主动控制，我们可以看到若将式(1.6.2)代入式(1.6.5)所表示的声功率的矩阵表达式，则可得到另一个 Hermitian 二次函数，并可当次级源的振幅满足下式时具有全局最小值

$$\boldsymbol{f}_{s.opt.\Pi_R}=-[\boldsymbol{B}^{\mathrm{H}}\boldsymbol{M}\boldsymbol{B}]^{-1}\boldsymbol{M}\boldsymbol{B}^{\mathrm{H}}\boldsymbol{a}_p \tag{1.6.7}$$

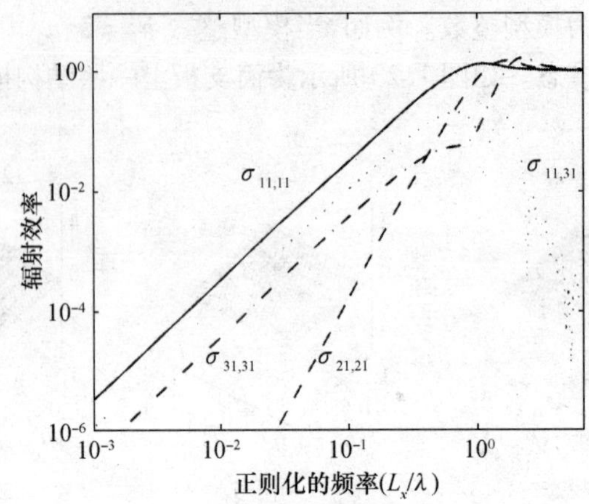


图 1.24　$L_y/L_x \approx 0.79$ 的简支平板辐射进入自由空间中的模态的声辐射效率。$\sigma_{11.11}$，$\sigma_{21.21}$ 和 $\sigma_{31.31}$ 为模态单独振动时的自辐射效率，$\sigma_{11.31}$ 为这两个模态共同振动时的相互辐射效率

由于辐射效率矩阵 $\boldsymbol{M}$ 的出现，导致次级激励力向量完全不同于式(1.6.3)中最小化振动所需要的次级激励力。

对结构的声辐射施加主动控制可以通过测量结构模态的振幅实现，利用式(1.6.5)估计每个频率处的辐射声功率，接着通过调节次级源使这个值达到最小。可以通过对在空间上布置加速度传感器(Fuller 等人,1996)或在结构上安放传感器(Lee 和 Moon,1990)测得的结果进行处理得到结构模态的振幅。不论哪一种方法，为精确估计声功率，都需要大量的传感器，即使在低频时。同时，平板辐射的声功率可以通过对安放在平板周围的拾音器的结果处理得到。为避免近场的影响，拾音器应安放在距平板一定距离的地方，而且为得到声功率的精确值，也需要大量的拾音器。在处理辐射声时，一个更为有效的方法包括控制只测量速度的结构传感器的输出。

## 1.6.2　辐射模型

将主动控制声辐射问题转化为具有更加清晰物理形式的控制机制是可能的，可以同时给出有效的主动控制系统实现，在低频时尤为如此。这种变换包括辐射效率矩阵的特征值与特征向量的分解，即

$$\boldsymbol{M} = \boldsymbol{P\Omega P}^{\mathrm{T}} \tag{1.6.8}$$

式中：由于 $\boldsymbol{M}$ 有实数元素且是对称的，$\boldsymbol{P}$ 为实特征向量的正交矩阵，$\boldsymbol{\Omega}$ 为特征值的对称阵，由于 $\boldsymbol{M}$ 是正定的，所以 $\boldsymbol{\Omega}$ 的所有元素都是正实数。式(1.6.5)所表

示的辐射声功率可以写为

$$\Pi_R = \boldsymbol{a}^{\mathrm{H}}\boldsymbol{M}\boldsymbol{a} = \boldsymbol{a}^{\mathrm{H}}\boldsymbol{P}\boldsymbol{\Omega}\boldsymbol{P}^{\mathrm{T}}\boldsymbol{a} \tag{1.6.9}$$

而且，若我们定义变换模态的振幅的向量为 $\boldsymbol{b} = \boldsymbol{P}^{\mathrm{T}}\boldsymbol{a}$，则辐射声功率为

$$\Pi_R = \boldsymbol{b}^{\mathrm{H}}\boldsymbol{\Omega}\boldsymbol{b} = \sum_{n-1}^{N}\Omega_n |\boldsymbol{b}_n|^2 \tag{1.6.10}$$

从而，这些变换后的模态不具有相互的辐射项，即辐射声相互独立（Borgiotti，1990；Photiadis，1990；Cunefare，1991；Baumann 等人，1991；Elliott 和 Johnson，1993）。

为计算结构模态的平板（Elliott 和 Johnson，1993）的变换后的模态的速度分布如图 1.25 所示。这些速度的辐射效率示于图 1.26 中。图 1.25 中的速度分布是对应 $L_x \approx \lambda/5$ 激励频率的计算结果，但是当频率为 $L_x < \lambda$ 时，这些速度呈现出轻微的不同。当平板的尺寸相比波长小，$L_x \geqslant \lambda$，这些速度的辐射效率具有相同的幅值，但低频时则不同，从而第一速度的辐射相比其他要更加有效。图1.25 中的所有辐射效率为自辐射效率，交互项此时为零。

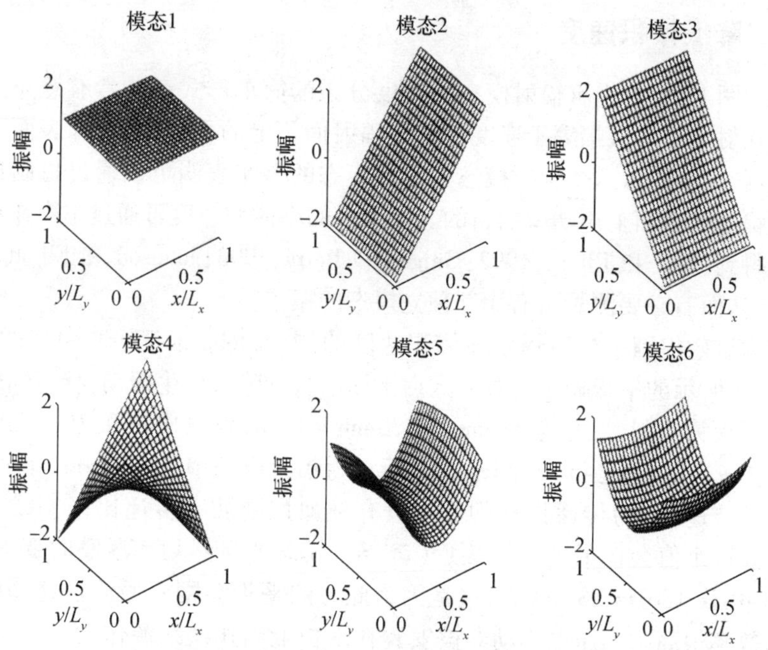


图 1.25　单独辐射声的速度分布，从而对应于前 6 个辐射模态的形状

即使，可以将图 1.25 中的速度表示为振型的函数，然而需要注意的是，若改变平板的边界条件，则结构模态的振型也会改变，而相互独立辐射声的速度的形

状不会改变。这个特性将这类速度描述为辐射模态(Borgiotti,1990;Elliott 和 Johnson,1993)。

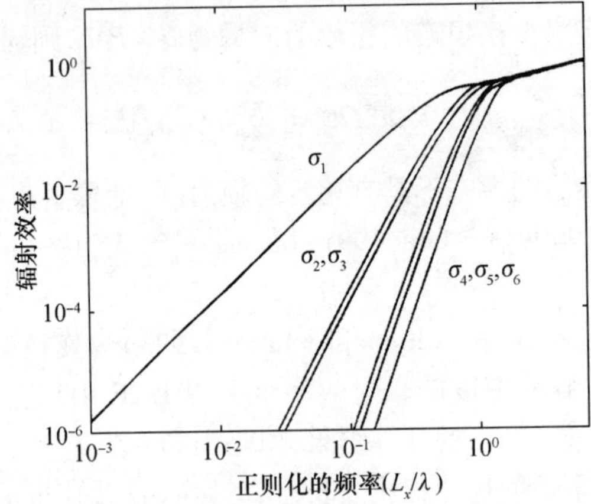


图 1.26　矩形表面的前 5 个辐射模态的声辐射效率

## 1.6.3　降低体积速度

关注图 1.25 中一阶辐射模态的速度分布的简单形式会非常有意思。低频时这个辐射模态的振幅等于速度在整个辐射面积上的面积积分,即表面积的净体积速度。低频时,这个辐射模态为有效模态的事实表明可以通过控制这个量达到大幅降低表面上声功率的目的。固支板的净体积速度可通过单个作动器直接测量得到(Rex 和 Elliott,1992;Guigou 和 Berry,1993;Johnson 和 Elliott,1993,1995a),从而有必要测量所有相互独立模态的振幅。

作为有效控制平板声辐射净体积速度的例子,Johnson 和 Elliott(1995b)对如图 1.27 所示的平板做了仿真。入射平面波激励障板产生振动,将声辐射到另一边。平板为铝制,尺寸为 380mm × 300mm × 1mm,阻尼比为 0.2%,入射波的入射角为 $\theta=45°$、$\phi=45°$。如图 1.28 所示为辐射声功率与入射声功率的比值,等于功率传递比,为传递损耗的逆。没有施加控制功率传递比以实线示于图 1.28中。这个值会在平板被以接近(奇,奇)模态的自然频率激励时变得很大,如大约 40Hz、180Hz、280Hz 等,这是因为此时的平板会剧烈振动且这些模态辐射声的效率很高。当压电作动器被安置在平板上当作次级源作动时,平板的体积速度会得到抑制,再次计算出的功率传递比以点划线示于图 1.28 中。在激励频率低于 400*Hz*(即使是平板的最大尺寸也小于此频率对应波长的一半)时,平板辐射的声功率得到了显著的衰减。控制后仍旧辐射出的声功率主要由弱结构模态产生,而其对体积速度几乎没有贡献。然而,在一些较高的频率处,控制后的声辐射被轻微加强了,这是因为这些弱辐射模态的振幅增加了。

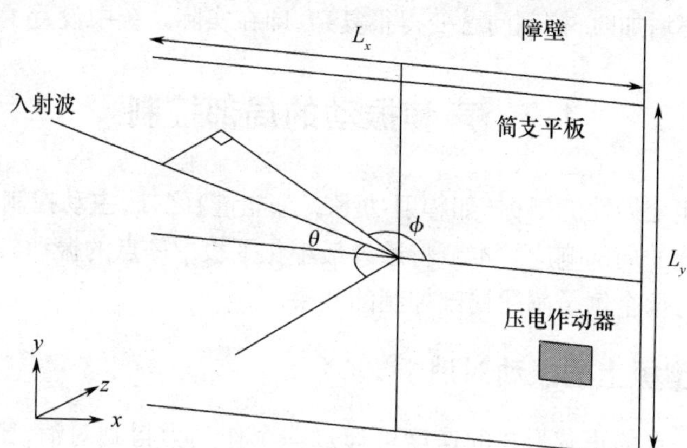


图 1.27　计算通过安装在刚性壁上的矩形平板对消传播声波的体积速度的效果的示意图

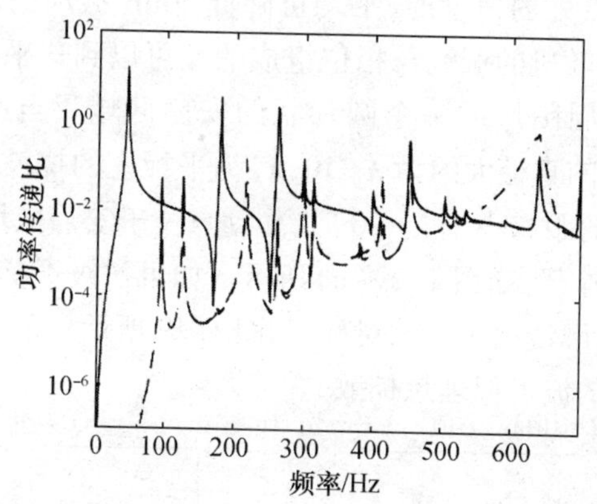


图 1.28　传递声功率与入射平面波入射到平板上的功率的比值作为激励频率的函数在控制前(实线),被最小化辐射声功率后(虚线),以及在对消体积速度后(点划线)的变化情况

使用压电作动器最小化平板辐射声功率的效果——短划线示于图 1.28 中。然而,这在实践中却很难实现,如它需要使用大量的拾音器来估计辐射声功率。然而,它的确给出了使用这种作动器施加主动控制可以达到的最好效果。抛开一些孤立的频率,可以看出,在 400Hz 以下,通过降低速度控制功率的方法几乎达到了使用作动器可以达到的最好效果。在平板上使用压电作动器产生振动的机制可见 Fuller 等人的研究(1996),或者更加详细的对传感器和作动器的介绍可见 Hansen 和 Snyder 的叙述(1997)。

使用结构作动器控制声辐射可以视为振动控制中一个大为不同的策略。当结构的尺寸比波长小时,在低频段使用相对简单的控制系统即可取得显著降噪效果。当频率增加时,控制问题变得很复杂,即在实际系统中设置了一个上限。

## 1.7 声和振动的局部控制

除最小化全局性能指标(如辐射功率或总能量)之外,主动控制同样可以用来最小化系统的局部响应。本节将通过最小化平板中一点的振动与最小化空间中一点的压力两个例子阐述局部控制的效果。

### 1.7.1 巨型板上的振动对消

平板上一点的正弦形式的速度可通过一个作动力得到对消,比如如图 1.8 所示的布置,其中,$r=L$ 在目标点。图 1.29 中的阴影区域为调节位于原点的作动器对消位于交叉点处的速度时,平均可降低 10dB 振动的区域。假设初级干扰是扩散性的,即由随机的振幅与相位组成的波可以到达平板的任何位置。抑制速度在目标点的周围形成一个圆片状的安静区域。当速度满足最低下降 10dB 时的安静区域的直径大约为 $\lambda_f/10$,$\lambda_f$ 为平板上的挠波的波长。从而当作动点与目标点之间的距离小于 $\lambda_f/20$ 时,作动点位于安静区域内,如图 1.29(a)所示;反之,则位于外部,如图 1.29(b)所示。如果初级干扰满足理想扩散性的话,则相同衰减的轮廓线关于 $y$ 轴对称,如图 1.29 所示呈现出的弱对称,是由于在仿真中使用有限的波近似理想扩散。

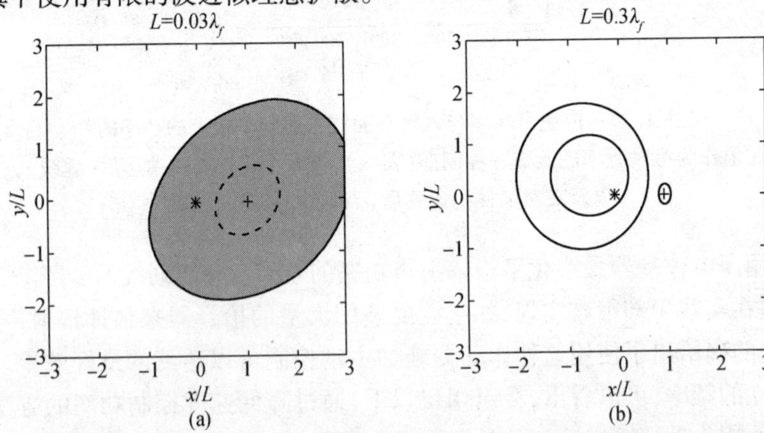


图 1.29 由位于坐标原点的点力驱动无限平板,在 $x=L$ 处对消平面外的体积速度产生的振动“安静区域”的空间范围。以上两图分别对应(a)$L=0.03\lambda_f$ 和,(b)$L=0.3\lambda_f$,其中 $\lambda_f$ 为挠波波长。实线内的阴影区域对应扩展初级声场中 10dB 的衰减,点线对应 20dB 的衰减

### 1.7.2　大房间里的压力取消

如图1.30所示为三维空间中消除一点的声压产生的安静区域的横截面。同样假设在激励频率满足式(1.5.19)表示的模型重叠的值超过1时,空间中的声场理想扩散。在这种情况下,当作动点与目标点之间的距离比波长 $\lambda$ 小时,则会在作动点周围形成一个安静的球壳,如图1.30(a)所示的二维上的横截面。低频时,图1.29(a)和图1.30(a)噪声控制与结构控制之间的不同主要在于声单极子具有非常敏感的近场,在这个区域的声压与其同声源的距离成比例,因此在较短的距离内增加迅速。然而,无限平板上的点激励,会产生所谓的"涟漪",在此范围内的速度对距离的变化反应连续且温和。这个对比示于图1.31中(Garcia - Bonito 和 Elliott,1996)。低频时,若通过在平板上作用点力于近场中消除一点的压力,则初级源场和次级源场都会足够均匀以致在次级源周围的整个圆片状安静区域达到显著的控制效果;然而,若在近场中削除声单极子产生的压力,则仅会在距作动点与目标点相同距离的地方,次级场与初级场大小相等、相位相反,从而产生一个减压壳。在噪声控制中,频率更高时,若作动点与目标点间的距离不小于波长,则在作动点的周围不会形成一个完整的减压壳,但会以目标点为中心,形成一个直径为 $\lambda/10$(Elliott 等人,1988)的减压壳,如图1.30(b)所示。

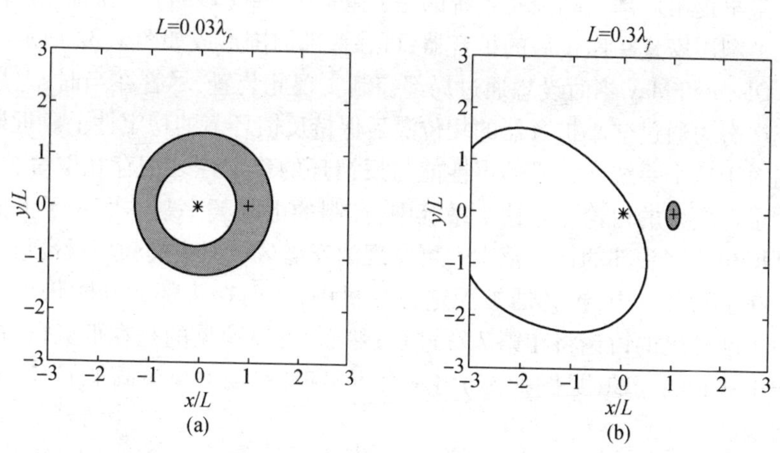


图1.30　三维自由场中,在坐标系统的原点使用一个点单极声次级源在 $x=L$ 处对消声压产生的"安静区域"空间范围的横截面,分别为(a) $L=0.03\lambda$ 和(b) $L=0.3\lambda$ 时的情况,其中 $\lambda$ 为声波长。实线内的阴影区域对应扩展初级声场中10dB的衰减,点线对应20dB的衰减

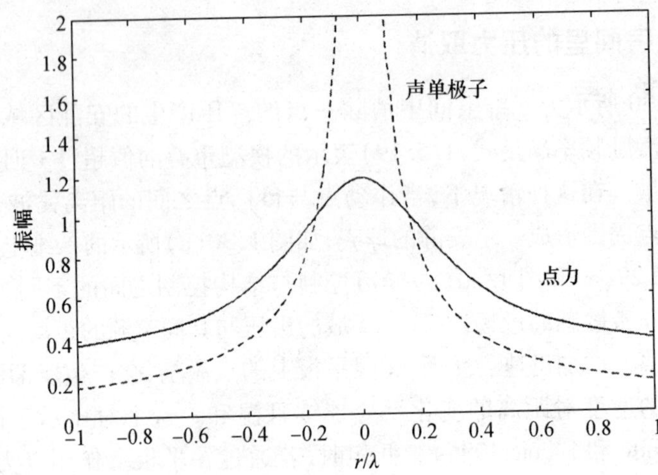


图 1.31　由作用在无限平板(实线)上的点力产生的近场速度和自由空间中的声单极源产生的近场压力(虚线)

局部反馈的优点是,作动力不需要很大的驱动以满足控制,这是因为其与目标点的响应契合得很好。从而通常可在不显著影响系统全部能量的情况下形成局部的安静区域。局部反馈的其他优点是,由于作动器与误差传感器可以配置得很近,因此延时也就很小,从而可以提高不论是前馈控制还是反馈控制系统的性能。最早提出局部主动控制系统的是 Olsen 和 May(1953),他们指出,在汽车或飞机上利用安置在座位后的扩音器,可在头部周围形成如图 1.32 所示的安静区域。Olsen 和 May 当时设想通过局部控制实现此装置,尽管在当时,大量的工作都花在努力通过减小扩音器的相位滞后保持反馈环节的稳定性上。近期的研究表明对于这个系统在优异的声性能与反馈环的稳定性之间存在取舍关系,对此将会进行更多的讨论。在这个系统中,控制的上限频率基本取决于上面所述的声环境与乘客头部的运动范围。可实现的安静区域对应的频率最高可达几百赫兹。在主动耳机中,扩音器被固定在耳机中,从而在头部运动时仍可贴近耳朵。对主动耳机的讨论将在第 7 章进行;然而,可以预见的是在低频段,前面噪声控制中遇到的问题(见图 1.32)将不会再出现,实践中频率低于 1kHZ 时同样不会出现。

本章通过简单介绍主动控制的物理原理阐述了主动控制应用的基本限制、导管和围场中的主动控制及局部噪声控制,其中局部噪声控制可应用在靠枕和耳机上,而且以上讨论都将会在后续的章节中当作实际的应用被引用。然而,在讲述本书的主要内容之前,将在第 2 章(主要关于主动控制实现的算法)回顾数字滤波器的背景材料,包括将在以后章节中用到的分析技术和表示形式。

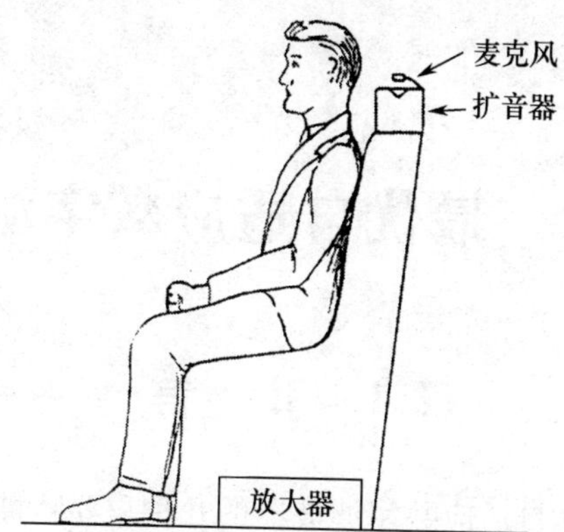


图 1.32　来自 Olsen 和 May(1953)的乘客座位靠近头部位置的主动噪声控制系统的局部示意图

# 第2章　最优自适应数字滤波器

## 2.1　引　言

本章将会介绍最优自适应数字滤波器的几种重要特性。数字滤波器对采样和量化后的数据进行处理。量化的影响将在第10章进行讨论。与前一章变量为连续时间变量 $t$ 的函数不同的是，本章的时间变量是前面讨论的物理信号的离散采样形式。采样时间为 $T$，采样频率为 $1/T$。连续信号在采样点 $t=nT$ 时被采样，其中，$n$ 只能为正整数。严格来讲，连续信号 $x(t)$ 的采样形式为 $x(nT)$，但为了表达的方便，我们使用 $x(n)$ 作为其简化形式。同时，我们假设时间序列全部为实数。

实现利用抽样数据控制器控制连续物理系统时，必须多加注意。对此问题的讨论可参考 Kuo(1980)，Astrom 和 Wittenmark(1997)以及 Franklin 等人(1990)的研究。但是对采样信号物理意义的讨论我们将推迟到后续章节，在此我们将集中于数字滤波器的实现。我们将专注于数字滤波器的线性情况，即当它们不再调整时，在自适应调整时它们通常会呈现出非线性。对设计为具有非线性稳定响应的数字滤波器的叙述将在第8章进行。在很多系统中，自适应数字滤波器是一个系统物理响应的内部模型，而且本章用于主动控制的数字滤波器直接作用是识别系统响应。本章为第3章讨论的自适应控制器提供了很重要的背景材料。

### 2.1.1　章节概要

在本节复习完 $z$ 变换后，将在2.2节介绍数字滤波器的结构及表示形式。就最小化均方误差而言，将分别在2.3节、2.4节讨论最优滤波器的时域与S域公式。这些公式将在2.5节被推广到全新的多通道数字滤波器中，为后续章节将讨论的多通道控制问题做准备。

在2.6节，将从著名的LMS算法开始，对多种通过改变数字滤波器的系数自动最小化均方误差的方法进行讨论。LMS算法是最速下降法的一种，在实际应用中有一些非常吸引人的性质；但是，可能不如最小二乘法收敛得快，如将在2.7节中讨论的RLS算法。在2.8节将对这两种算法在频域的实现进行讨论。

最后，将在 2.9 节对自适应递归数字滤波器的最困难部分进行概括性地介绍。

### 2.1.2　$z$ 变换

序列 $x(n)$ 的双边 $z$ 变换可定义为

$$X(z) = \sum_{n=-\infty}^{\infty} x(n) z^{-n} \tag{2.1.1}$$

式中：$z$ 为复变量。延时或移动序列的 $z$ 将呈现出特别简单的形式。若 $x(n)$ 的 $z$ 变换的定义为上式，则这个序列延时一个采用时间，即 $x(n-1)$ 的 $z$ 变换为

$$\sum_{n=-\infty}^{\infty} x(n-1) z^{-n} = \sum_{m=-\infty}^{\infty} x(m) z^{-(m+1)} = z^{-1} X(z) \tag{2.1.2}$$

式中：$m = n-1$。

序列的 $z$ 变换通常表示为两个 $z$ 的多项式比值的形式

$$X(z) = \frac{N(z)}{D(z)} \tag{2.1.3}$$

$X(z)$ 的极点就是分母的根，即满足 $D(z)=0$ 的 $z$，同样会使 $X(z)$ 无限大。$X(z)$ 的零点就是分子的根，即满足 $N(z)=0$ 的 $z$，同样会使 $X(z)$ 为零。

$z$ 变换的收敛域为式(2.1.1)所定义的 $z$ 值，比如，Oppenheimer 和 Schafer 就讨论过这个问题(1975)。对于一个右序列，即 $x(n)=0, n<n_1$，$X(z)$ 将会对所有在以 $X(z)$ 的极点中离原点最远者为半径的圆的外部的 $z$ 收敛；对于左序列，即 $x(n)=0, n>n_2$，$X(z)$ 将会对所有在以 $X(z)$ 极点中离原点最近者为半径的圆的内部的 $z$ 收敛。

$z$ 的反变换保证可以通过 $X(z)$ 计算 $x(n)$。可以分别利用围道积分或部分分式展开法计算(Oppenheim 和 Schafer，1975)。不论采用哪种方法，在计算时都应注意得到的结果是否具有物理意义，因为在给定的收敛域中可得到不同的序列。比如，若我们假设 $z$ 变换 $(1-az^{-1})^{-1}$ 的收敛域为 $|z|>|a|$，即为右序列，从而 $|a/z|<1$，并可将 $z$ 变换展开为

$$\frac{1}{1-az^{-1}} = 1 + az^{-1} + a^2 z^{-2} + \cdots \tag{2.1.4}$$

由于 $z^{-1}$ 对应一个采样延时，则式(2.1.4)的 $z$ 的反变换为 $x(0)=1, x(1)=a, x(2)=a^2, \cdots$，满足因果关系，即 $x(n)=0, n<0$；同时在 $a<1$ 时，衰减到零，即是稳定的。若同样的序列，在 $a>1$ 时，同样满足因果关系，但随着时间的增加逐渐增加，即是不稳定的。注意，式(2.1.4)若要满足因果性，则其极点必须在 $|z|=1$ 的单位圆内。若一个序列满足完全可求和，即满足下式，则称其为稳

定的

$$\sum_{n=-\infty}^{\infty} |x(n)| < \infty \tag{2.1.5}$$

另一方面，若式(2.1.4)的收敛域是$|z| < |a|$，即左序列，则$|z/a| < 1$，同时可展开为

$$\frac{1}{1 - az^{-1}} = - az^{-1} - a^2z^{-2} - \cdots \tag{2.1.6}$$

这个对应于$x(0) = 0, x(-1) = -a^{-1}, x(-2) = a^{-2}, \cdots$，为完全非因果序列，而且当$a > 1, n \to \infty$时，衰减到零，即式(2.1.6)的极点在单位圆外部。若同样的序列，$a < 1$时，即$X(z)$的极点位于单位圆内部，则此非因果序列将发散，即不稳定(然而，是在负的时间)。

通常，不可能从一个序列的$z$变换同时判断出稳定性与因果性，从而一个$z$变换对应不止一个序列。然而，若已知序列是稳定的，即在正的时间与负的时间均衰减到零，则可从$z$变换根据单位圆内的因果成分与外部的非因果成分确定唯一的序列。这种表示在2.4节讨论最优滤波器时会很重要。

可通过考虑$z$趋近于$\infty$(收敛域内)时式(2.1.1)中的各项给出因果序列的初始值，此时可以看到

$$\lim_{z \to \infty} X(z) = x(0) \tag{2.1.7}$$

这就是所谓的初值定理(例子可见，Tohyama 和 Koike，1998)。对于一个有有限初值的因果序列，而且如式(2.1.5)所示稳定的话，则其必然具有相同的极点与零点数。

$x(n)$的傅里叶变换可以看作是其$z$变换的特例，即$z = e^{j\omega T}$，$\omega T$为无量纲规范化的角频率。真正的频率单位为赫兹，等于$\omega/2\pi$。从而$x(n)$的傅里叶变换为

$$X(e^{j\omega T}) = \sum_{n=-\infty}^{\infty} x(n) e^{-j\omega nT} \tag{2.1.8}$$

采样信号的傅里叶反变换为

$$x(n) = \frac{1}{2\pi} \int_0^{2\pi} X(e^{j\omega T}) e^{j\omega nT} \mathrm{d}\omega T \tag{2.1.9}$$

## 2.2 数字滤波器的结构

图2.1是数字或采样数据系统的一般方框图。若系统是因果的，则输出序

列 $y(n)$ 仅与当前值和过去值，即 $x(n),x(n-1),\cdots$ 有关，可以写为

$$y(n) = H[x(n),x(n-1),\cdots] \tag{2.2.1}$$

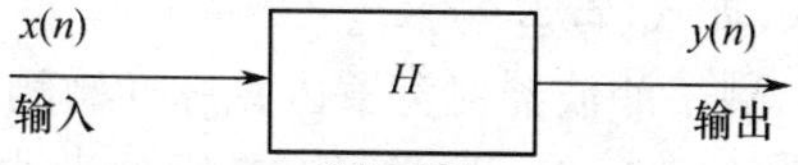

x(n) → H → y(n)
输入　　数字系统　　输出

图 2.1　数字系统的一般框图

式中：$H$ 是一个函数，通常非线性。若数字系统是线性的，则其满足叠加定理，从而函数 $H$ 可以表示为线性叠加和的形式；而且对于线性因果系统，输出信号将与所有过去的信号有关，表示为

$$y(n) = \sum_{i=0}^{\infty} h_i x(n-i) \tag{2.2.2}$$

即 $x(n)$ 与 $h_i$ 的离散时间卷积。

参数 $h_i$ 为系统脉冲响应的采样，即若输入序列为克罗内克函数，$x(n)=\delta(n)$，即当 $n=0$ 时为 1，反之为零，从而

$$y(n) = \sum_{i=0}^{\infty} h_i \delta(n-i) = h_n, n \in [0,\infty) \tag{2.2.3}$$

这里定义的稳定系统指有界输入产生有界的输出。Rabiner 和 Gold(1975)的研究表明，这种稳定性的充要条件是脉冲响应序列满足完全可加和，即在 $x(n)=h_n$ 时，式(2.1.5)成立。

### 2.2.1　FIR 滤波器

要实现数字滤波器，则必须在有限的时间内完成对每个输出采样的计算。其中一种实现方式是将式(2.2.2)截断为

$$y(n) = \sum_{i=0}^{I-1} w_i x(n-i) \tag{2.2.4}$$

式中：$\omega_i$ 为数字滤波器的系数，或权值，并假定为有 $I$ 个。注意，此时的输出 $y(n)$ 取决于当前的输入 $x(n)$。这个式子成立的前提是数字滤波器能够同步计算输出，但这在实时的系统中是不能实现的。从而，一般在实时的系统中假设存在一个采样延时，表示计算时间，可将输出重写为

$$y(n) = \sum_{i=0}^{I} w_i x(n-i) \tag{2.2.5}$$

系统的采样响应一般也具有至少一个采样延时，尤其当图像保真与重构滤

波器投入使用时，有时从采样响应的表达式看不出来(具体例子可见 Astrom 和 Wittenmark，1997)。然而，为了同信号处理中的表述方式相统一，仍将会在下文中使用更一般的表达式，如式(2.2.4)。

如式(2.2.4)所示，数字滤波器对克罗内克脉冲激励$\delta(n)$的响应，是一个有限序列，即$y(n)=w_n$，$0\leqslant n\leqslant I-1$。这类具有有限冲击响应的滤波器，为 FIR 滤波器。通常也称为“移动平均”(MA)、“移动”或“非递归”(即使有时可以实现递归，Rabiner 和 Gold，1975)。

在本书，单位延时以$z^{-1}$表示，如图 2.2 所示。这种表示方式广泛应用于信号处理领域，即使$z$在变换域方程中表示复变量，如式(2.1.2)。在控制领域的一些方面，有时以$q^{-1}$表示单位延时(Astrom 和 Wittenmark，1997；Goodwin 和 Sin，1984；Johnson，1988；Grimble 和 Johnson，1988)，而且这个算子符号还广泛应用于方程形式中，从而，有下式

$$q^{-1}x(n) = x(n-1) \tag{2.2.6}$$

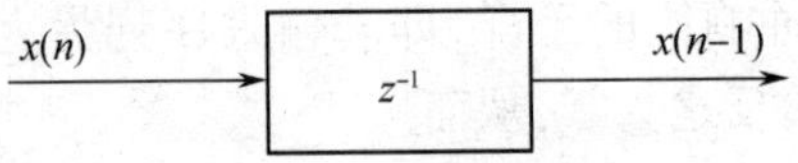

图 2.2　使用$z^{-1}$作为单位延时算子

利用上式，式(2.2.4)可以写为

$$y(n) = W(q^{-1})x(n) \tag{2.2.7}$$

其中

$$W(q^{-1}) = w_0 + w_1 q^{-1} + w_2 q^{-2} + \cdots + w_{I-1} q^{-I+1} \tag{2.2.8}$$

注意，在这种符号规范中，将与 FIR 有关的运算符记为$W(q^{-1})$而不是$W(q)$是很方便的(Astrom 和 Wittenmark，1997；Goodwin 和 Sin，1984；Johnson，1988；Grimble 和 Johnson，1988)，这是因为它是以$q^{-1}$表示的多项式，当然也有其他的表示方法(Ljung，1999)。由于这种表示方法将使 FIR 的传递函数的形式为$W(z^{-1})$，因此，这是一个理性但不方便的选择。从而频率响应的表述形式为$W(\mathrm{e}^{-j\omega T})$，完全不同于信号处理领域中的表示方法。尽管使用式(2.2.5)所给出的卷积表达式作为简写形式非常有吸引力，而且在描述时变系统时会非常简洁，但为了避免同时使用两种表述方式而造成的不一致，本文将不再使用。

从式(2.2.4)可以看出，FIR 滤波器的输出是有限个预先给定值的权值的和。从而可以通过如图 2.3 所示的形式实现 FIR。将 FIR 滤波器的输出序列的$z$变换与输入序列的$z$变换联系起来的传递函数是

$$W(z) = w_0 + w_1 z^{-1} + w_2 z^{-2} + \cdots + w_{I-1} z^{-I+1} \tag{2.2.9}$$

从而，$y(n)$ $z$ 变换的代数方程为

$$Y(z) = W(z)X(z) \tag{2.2.10}$$

式中：$Y(z)$、$X(z)$ 分别为序列 $y(n)$、$x(n)$ 的 $z$ 变换。方程为 $z^{-1}$ 的多项式，同样可以表示为 $z$ 的多项式，即将 $w_0z^{I-1}+w_1z^{I-2}+\cdots+w_{I-1}$ 除以 $z^{I-1}$。可通过 $z$ 的多项式的根得到传递函数的 $I-1$ 个零点，极点则通过当 $z^{I-1}=0$ 时的根得到。一个具有 $I$ 个系数的 FIR 滤波器在 $z=0$ 处有 $I-1$ 个极点，而通常所说的这样的滤波器"全零"是一种完完全全的误导。FIR 滤波器具有如下重要性质：当满足系数有界时，始终保持稳定；系数的小的改变会引起响应的小的变化。

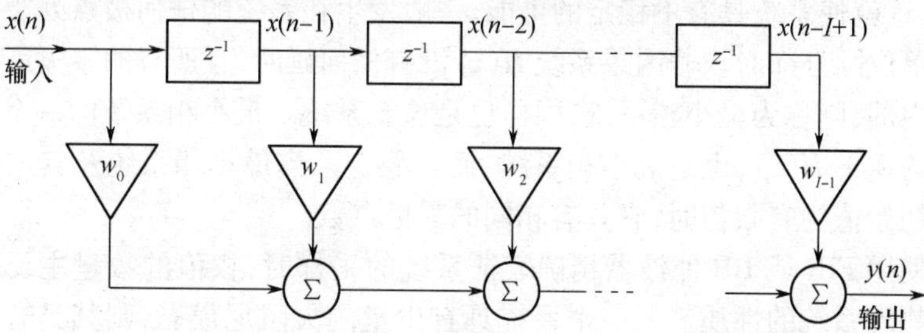


图 2.3　直接计算过去输入的加权和的 FIR 滤波器实现形式

## 2.2.2　IIR 滤波器

当用式(2.2.4)描述一个欠阻尼共振系统的响应时，会需要大量的系数。一个对此类系统更加有效的表征方法可以通过将描述连续系统的微分方程变换为描述离散系统的微分方程，一般线性形式为

$$y(n) = \sum_{j=1}^{J} a_j y(n-j) + \sum_{i=0}^{I-1} b_i x(n-i) \tag{2.2.11}$$

其中，有 $J$ 个反馈系数 $a_j$，$I$ 个前馈系数 $b_i$。

这类系统对脉冲激励的响应将需要无限的时间进行衰减，从而被描述为具有无限的冲击响应，或 IIR 型滤波器。通常也被称为"零极点"、"递归"或"自回归，移动平均系统(ARMA)"(在时间系列分析领域，一般默认 ARMA 具有白噪声激励，Haykin，1996)。

式(2.2.11)的 $z$ 变换可以写为

$$A(z)Y(z) = B(z)X(z) \tag{2.2.12}$$

其中

$$A(z) = 1 - a_1z^{-1}\cdots - a_Jz^{-J} \tag{2.2.13}$$

$$B(z) = b_0 + b_1 z^{-1} + \cdots + b_{I-1} z^{-I+1} \tag{2.2.14}$$

方程可以整理为

$$H(z) = \frac{Y(z)}{X(z)} = \frac{B(z)}{A(z)} \tag{2.2.15}$$

即式(2.2.11)所定义的系统的传递函数。再一次,系统的零点为分子的根,即 $B(z)=0$ 的解;系统的极点为分母的根,即 $A(z)=0$ 的解。根据式(2.1.7),对于一个有限初始值的因果系统,而且满足式(2.1.5),当其稳定时必然具有相同数目的零极点。对比 FIR 滤波器,IIR 滤波器在 $z$ 平面的重要位置具有极点,这就使系统具有不稳定的可能,一般发生在系统的任何极点处于 $|z|=1$ 定义的单位圆外部时。若因果系统 $H(z)$ 没有任何延时,且所有的零极点都在单位圆的内部,则称为最小相系统,同样也是稳定系统。最小相系统的一个重要性质是它的逆 $1/H(z)$,也是最小相系统,而且稳定。当最小相系统及其逆的脉冲响应的初始值为有限值时,它具有相同的零极点数。

当使用 FIR 或 IIR 滤波器精确表征系统的采样时,权值的数量主要取决于被表征物理系统的性质。若一个系统具有少量的欠阻尼模态,则其具有与共振数相同的频率响应,从而可以很有效地被 IIR 滤波器表征。同样地,若一个系统具有大量的过阻尼模态,则在频率响应中不会显示出任何波峰,但会由于在建模中的破坏性干扰而产生急剧的倾斜。这类系统通常会很好地包含脉冲响应,还可以很好地被 FIR 滤波器表示。这些特征将在 3.1 节讨论典型结构和声系统的响应时进行阐述。

## 2.3 时域中的最优滤波器

最优滤波器是在给定条件下给出最优性能结果的滤波器。最优性能通常定义为均方、$H_2$ 或性能函数,因为这些均具有最小化误差信号功率的物理意义,而且可以导出最优 FIR 滤波器的线性方程。同样有可能设计出在任何频率上均最大化误差值的滤波器,即信号处理领域的极小化最优算法(Rabiner 和 Gold,1975)和控制领域的 $H_\infty$ 极小化算法(Skogestad 和 Postlethwaite,1996)。符号 $H_2$ 与 $H_\infty$ 表示不同的信号范数,具体描述可见附录。作为选择,最优参数值可以通过计算数据的随机集合的每个例子得到,从而参数值是其本身的随机变量和可以定义的最大化后验估计(MAP)或最大似然(ML)估计。

### 2.3.1 消除电子噪声

在本节我们将利用如图 2.4 所示的最优 FIR 滤波器最小化典型的电子噪声

的均方误差(例子可见 Kailath,1974;Widrow 和 Stearns,1985;Haylin,1996)。在这个图中,误差信号 $e(n)$ 是期待信号 $d(n)$ 与经具有权值 $w_i$ 的 FIR 滤波器滤波后的参考信号 $x_i$ 的差,即

$$e(n) = d(n) - \sum_{i=0}^{I-1} w_i x(n-i) \tag{2.3.1}$$

参考信号被一些研究者定义为输入信号,在一些情况下可能会引起混淆,因为系统可能不止一个“输入”信号。

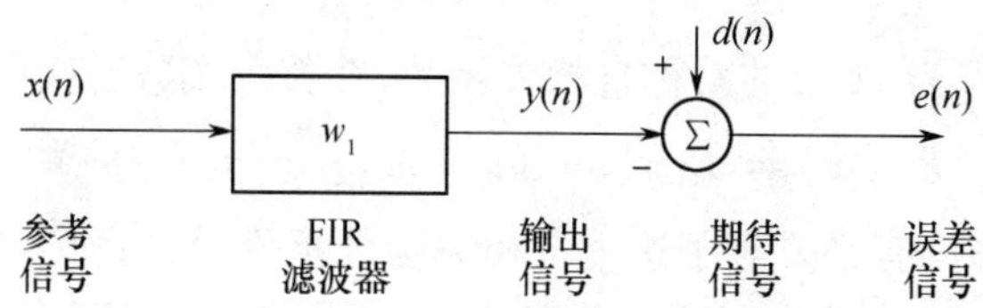


图 2.4　得到最优 FIR 滤波器时的建模问题

式(2.3.1)中 $w_i x(n-i)$ 的和可以方便地表示为向量内积的形式,从而

$$\boldsymbol{e}(n) = \boldsymbol{d}(n) - \boldsymbol{w}^{\mathrm{T}}\boldsymbol{x}(n) = \boldsymbol{d}(n) - \boldsymbol{x}^{\mathrm{T}}(n)\boldsymbol{w} \tag{2.3.2a,b}$$

其中

$$\boldsymbol{w} = [w_0 w_1 \cdots w_{I-1}]^{\mathrm{T}} \tag{2.3.3}$$

$$\boldsymbol{x}(n) = [x(n)x(n-1)\cdots x(n-I+1)]^{\mathrm{T}} \tag{2.3.4}$$

式中:上标 T 表示向量(行向量,具体描述可见附录)的转置。

我们的目的是找到使二次性能函数最小的滤波器系数 $w_0,\cdots,w_{I-1}$,其中性能函数以均方误差的形式给出

$$J = E[\boldsymbol{e}^2(n)] \tag{2.3.5}$$

式中:$E$ 为期望运算(例子可见 Papoulis,1977)。若 $\boldsymbol{x}(n)$、$\boldsymbol{d}(n)$ 均不是固定的,则 $J$ 和滤波器的权值都是时间的函数。在此我们假设所有的信号都是固定且遍历的,从而期望是不变的,可通过平均运算得到。因此式(2.3.5)所表示的性能函数等于误差信号的平均均方值。这种加了限制条件的期望运算将贯穿本书的始终。

结合式(2.3.2a 和 b),性能函数可写为

$$J = \boldsymbol{w}^{\mathrm{T}}\boldsymbol{A}\boldsymbol{w} - 2\boldsymbol{w}^{\mathrm{T}}\boldsymbol{b} + \boldsymbol{c} \tag{2.3.6}$$

其中

$$\boldsymbol{A} = E[x(n)x^{\mathrm{T}}(n)] \tag{2.3.7}$$

$$\boldsymbol{b} = E[x(n)d(n)] \tag{2.3.8}$$

$$\boldsymbol{c} = E[d^2(n)] \tag{2.3.9}$$

在一个具有如式(2.3.6)所示形式的二次方程中,矩阵 $\boldsymbol{A}$ 通常被称为 Hessian 矩阵,而且在这种情况下,它的元素等于参考信号自相关函数的值

$$\boldsymbol{A} = \begin{bmatrix} R_{xx}(0) & R_{xx}(1) & \cdots & R_{xx}(I-1) \\ R_{xx}(1) & R_{xx}(0) & & \\ \vdots & & \ddots & \\ R_{xx}(I-1) & & & R_{xx}(0) \end{bmatrix} \tag{2.3.10}$$

其中,$R_{xx}(m)$ 为 $x(n)$ 的对称自相关函数,在整个实数时间序列中的定义为

$$R_{xx}(m) = E[x(n)x(n+m)] = R_{xx}(-m) \tag{2.3.11}$$

Hessian 矩阵没有必要等于这个自相关函数矩阵,而且为了与后面的讨论保持一致, 仍将 Hessian 矩阵写成 $\boldsymbol{A}$ 的形式,而不是广泛应用于信号处理领域中 $R$ 的表示形式。性能函数的一个更为普遍的形式是包含一个与滤波权值的平方成比例的项,$\boldsymbol{w}^{\mathrm{T}}\boldsymbol{w}$,即

$$J = E[\boldsymbol{e}^2(n)] + \beta\boldsymbol{w}^{\mathrm{T}}\boldsymbol{w} \tag{2.3.12}$$

式中:$\beta$ 为正实数,表示权值参数的系数。这个性能函数也可写为如式(2.3.6)所示的二次方程的形式,但是此时的 Hessian 矩阵变为

$$\boldsymbol{A} = \boldsymbol{R} + \beta\boldsymbol{I} \tag{2.3.13}$$

式中:$\boldsymbol{R}$ 是式(2.3.10)右边表示的自相关矩阵,$\boldsymbol{I}$ 为单位阵。

最小化式(2.3.12)所表示的性能函数,可以避免对于一个具有给定自相关结构的参考信号,即使滤波器的权值已经相当大,但对于均方误差信号的降低却几乎没有贡献的情况发生;然而在参考信号的统计特性发生改变时会增加均方误差值,与权值参数系数的结合可以提高在此情况下最优解的鲁棒性,而且在很多问题中可以在不提高均方误差值的情况下提高鲁棒性。式(2.3.13)中较小的 $\beta$ 值也使得求 $\boldsymbol{A}$ 的逆更加容易,$\beta$ 被称为使合理化最小方解。

回到图 2.4,将会很有意思地发现,若将一个白噪声信号 $v(n)$ 加到原始参考信号 $x(n)$ 上,则修改过的参考信号的自相关函数将与式(2.3.13)精确类似,此时的 $\beta$ 将等于 $v(n)$ 的均方值(Widrow 和 Stearns,1985)。若仅对一定频率段内的调整感兴趣,则等价的噪声信号将为彩色的,更多细节可见第 6 章对反馈控制器设计时的讨论。

式(2.3.8)中向量 $\boldsymbol{b}$ 的元素的值等于参考信号与期望信号的互相关函数的值

$$\boldsymbol{b} = [R_{xd}(0)R_{xd}(1)\cdots R_{xd}(I-1)]^{\mathrm{T}} \tag{2.3.14}$$

在整个实域,稳定时间序列为

$$R_{xd}(m) = E[x(n)d(n+m)] = E[x(n-m)d(n)]$$

最后,$c$ 是一个实域标量常数,其值等于期望信号的均方值。

当写成式(2.3.6)的形式时,很明显,均方误差是 FIR 滤波器权值的二次函数。这个二次函数总有最小值而不一定有最大值;因为,当其中一个滤波器系数变得很大或很小时,$J$ 也将变得非常大。在给定式(2.3.6)中矩阵 $\boldsymbol{A}$ 正定的情况下,其具有唯一的最小值。若以式(2.3.7)的形式给出 $\boldsymbol{A}$,则 $\boldsymbol{A}$ 可以正定(也称非奇异)也可以半正定,这完全取决于参考信号的谱密度和 FIR 滤波器权值的数量。若谱成分的数量有至少一半滤波器权值的数量,则称参考信号持续激励或"谱充裕",确保了式(2.3.7)所给出的自相关距阵的正定性,从而式(2.3.6)具有唯一的最小值(例子可见 Treichler 等人,1987,;Johnson,1988)。当以两个滤波器系数绘制性能函数 $J$ 时,则如图 2.5 所示是一个具有凹碗状的性能曲面或误差表面。若式(2.3.12)中的 $\beta$ 为有限值,则 $\boldsymbol{A}$ 必定正定;因为,是等价的噪声加在参考信号上保证了持续激励。

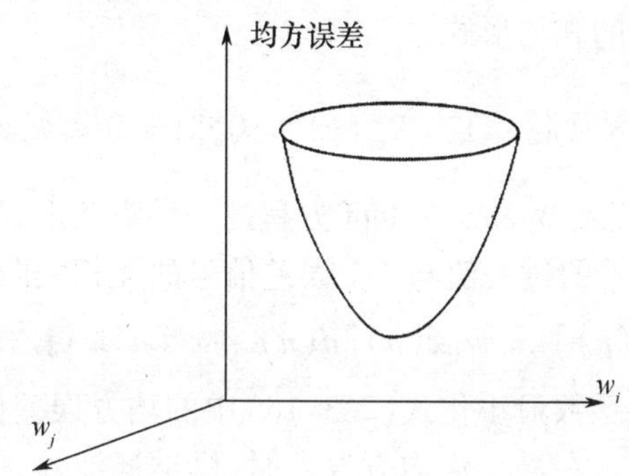


图 2.5　通过绘制图 2.4 中均方差与 FIR 滤波器的两个系数变化的关系得到的二次误差表面

## 2.3.2　维纳滤波器

可通过将性能函数对相应的系数求导,并将导数置零,得到将均方误差信号降低到最小的滤波器系数。可以很方便地将其以向量的形式表示出来,即

$$\frac{\partial J}{\partial \boldsymbol{w}} = \left[\frac{\partial J}{\partial w_0}\ \frac{\partial J}{\partial w_1} \cdots \frac{\partial J}{\partial w_{I-1}}\right]^{\mathrm{T}} \tag{2.3.16}$$

利用式(2.3.6)所定义的性能函数 $J$,以及附录中给出的向量的性质,则式(2.3.16)可表示为

$$\frac{\partial J}{\partial w}=2[\boldsymbol{A}\boldsymbol{w}-\boldsymbol{b}] \tag{2.3.17}$$

假定 $x(n)$ 为持续激励信号，则 $\boldsymbol{A}$ 满足非奇异，可通过将式(2.3.17)中的每个元素置零得到最优滤波器的系数，即

$$\boldsymbol{w}_{opt}=\boldsymbol{A}^{-1}\boldsymbol{b} \tag{2.3.18}$$

通常称这种具有最优滤波器系数的滤波器为维纳滤波器，以纪念 N. Wiener 在 20 世纪 40 年代的先驱性工作(Wiener,1949)，即使这类问题的离散时间显式解是由 Levinson(1947)给出的，Levinson 也给出了利用矩阵 $\boldsymbol{A}$ 的 Toeplize 性质($\boldsymbol{A}$ 的所有元素沿对角线方向相等)解这类问题的有效方法，这个方法被广泛应用于语音编码领域(例子可见 Markel 和 Gray,1976)。Levinson 谦虚地在其文章的序言中写道："在 Wiener 研究的几个月后，作者为了简化计算过程，提出了一种近似的，或者大家可能会说，数学上琐细的方法。"其实，离散形式的维纳公式导出一个简洁的矩阵表达式，非常适合计算有效的数值解。

利用 $\boldsymbol{A}$、$\boldsymbol{b}$ 关于自相关、互相关函数的定义，式(2.3.17)对最优滤波器的表示也可写成下式表示的和的形式

$$\sum_{i=0}^{I-1} w_{i.opt}R_{xx}(k-i)-R_{xd}(k)=0,\text{对于}\,0\leqslant k\leqslant I-1 \tag{2.3.19}$$

即为标准方程，代表 Wiener - Hopf 方程的一种离散形式。

表征 $I$ 个参考信号的过去值与 $I$ 个误差信号的互相关向量，可利用式写成

$$E[\boldsymbol{x}(n)\boldsymbol{e}(n)]=E\{\boldsymbol{x}(n)[\boldsymbol{d}(n)-\boldsymbol{x}^{\mathrm{T}}(n)\boldsymbol{w}]\}=b-\boldsymbol{A}\boldsymbol{w} \tag{2.3.20}$$

当调整滤波器的系数最小化式(2.3.18)中的均方误差值时，显然上式所表示的所有元素均为零。在最小化均方误差时，维纳滤波器在滤波器系数长度上同时将参考信号与误差信号之间的互相关函数置零；从而，残余误差信号不再含有与当前和过去 $I-1$ 个参考信号有关的值，这就是所谓的正交原理(Kailath,1981;Haykin,1996)。

通常可以有效地根据测量数据估计得到自相关矩阵和互相关函数的值，用来确定式(2.3.7)和式(2.3.8)中的 $\boldsymbol{A}$ 和 $\boldsymbol{b}$ 的元素，一般首先计算 $x(n)$ 的功率谱密度及 $x(n)$ 和 $d(n)$ 之间的互谱密度，接着可以利用傅里叶变换得到相关函数(Rabiner 和 Gold,1975)。通过这些参考信号和期待信号的平均特性，利用式(2.3.10,14 和 18)可以计算得到维纳滤波器的系数。可以通过将式(2.3.18)代入式(2.3.6)直接得到均方误差值的最小值，即

$$J_{\min}=\boldsymbol{c}-\boldsymbol{b}^{\mathrm{T}}\boldsymbol{A}^{-1}\boldsymbol{b} \tag{2.3.21}$$

从而，可以通过参考信号与期待信号的统计特性直接计算得到残余均方误

差。这在设计的初始阶段相当有用，比如，可以帮助理解性能与滤波器长度之间的矛盾。

### 2.3.3　线性预测

如图 2.4 所示的模型问题的一种有意思形式是参考信号为延时的期待信号，而这将对反馈控制具有重要的启示作用。此时维纳滤波器的目标是利用参考信号的过去值调整滤波器权值使其尽量接近期待信号，即作为期待信号的线性预测器。这种设计的方框图如图 2.6 所示，其中假设在参考信号与期待信号之间存在 $\Delta$ 个采样延时，而且 $\hat{d}(n)$ 为预测器得到的 $d(n)$ 的估计值。

式(2.3.10)所表示的 $\boldsymbol{A}$ 的所有元素及式(2.3.14)所表示的 $\boldsymbol{b}$ 的所有元素此时仅等于期待信号的自相关函数的不同的值。式(2.3.18)所表示的维纳滤波器及式(2.3.21)所表示的残余均方误差也仅取决于期待信号的自相关结构。在滤波器长度上，期待信号越相关，残余均方误差也越小，具体例子可见 Nelson 的仿真实验(1996)。从而，若 $d(n)$ 为白噪声，则 FIR 滤波器不能预测它的未来值，即 $\hat{d}(n)=0$，同时对任何非零的 $\Delta$ 得到的误差信号将不会做任何衰减。反之，若 $d(n)$ 为正则信号，则可以被完全预测，即可以使 $\hat{d}(n)=d(n)$，从而使误差信号得到尽可能大的衰减。事实上，如图 2.6 所示的结构被广泛应用于增强信号的正则部分(产生谱线)，即所谓的线性增强器。

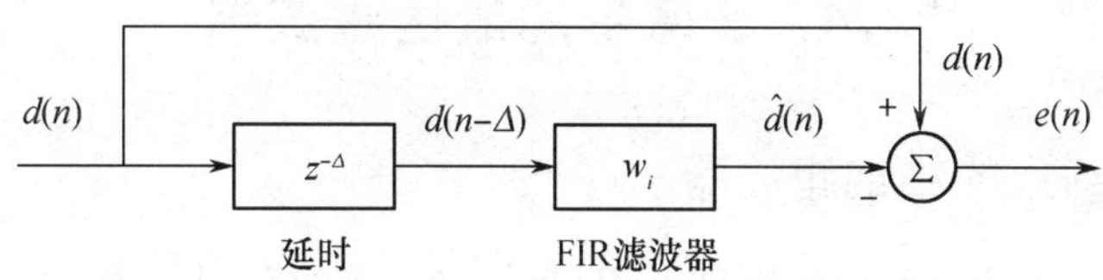


图 2.6　最优预测滤波器的框图

对于给定的期待信号，可利用上面给出的公式通过自相关函数直接计算得出线性预测器的残余均方误差。如图 2.7 所示为此类计算的一个例子，为与期待信号的均方值有关的残余均方误差的能级，对应具有 128 个滤波器权值对两个不同信号在不同采样延时下的最优线性预测。第一种信号为“粉红噪声”，其在每个倍频带均具有相同的能量，从而功率谱密度随频率的变化每倍频降低 3dB。这个也通常称为 $1/f$ 噪声。Buckingham(1983)通过定义此类信号的零频率谱对此类问题进行了有意思的讨论。第二种信号是将白噪声经过积分器获得的，功率谱密度每倍频降低 6dB，有时称这种信号为“棕色噪声”，或者更流行的名称为 Broenian 噪声(Schroeder，1990)。为了仿真得到这些曲线，需要计算功率

谱密度从而得到自相关函数;同时为避免产生奇异值,在零频率窗口内需将功率谱密度置零。可以看出,棕色噪声,其功率谱密度与|频率|$^{-2}$成比例,相比粉色噪声,功率谱密度与|频率|$^{-1}$成比例,更加容易预测。这是由于它更加"彩色化",即更加远离白噪声。在图 2.7 中,利用线性预测器从过去值估计当前值,棕色噪声相比粉色噪声可在误差上取得更大的减小量。

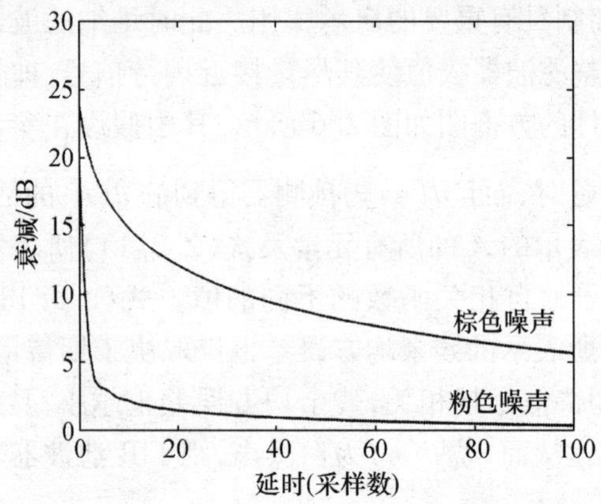


图 2.7　对于功率谱密度以 3dB/倍频下降的"粉红噪声"和以 6dB/倍频下降的"棕色噪声",最优预测得到的误差信号的衰减与预测延时的变化关系

# 2.4　S 域中的最优滤波器

## 2.4.1　无约束的维纳滤波器

回到式(2.3.19)表示的标准方程,我们发现若解除最优滤波器的约束如因果性和有线长度,则可获得更加简单的表示形式,若滤波器是非因果且无限持续的,其标准形式可写为

$$\sum_{i=-\infty}^{\infty} w_{i.\,opt} R_{xx}(k-i) = R_{xd}(k),\ -\infty < k < \infty \tag{2.4.1}$$

对上式进行傅里叶变换,可以将其表示为完全无约束的形式,即所谓的无约束或双边维纳滤波器

$$W_{opt}(\mathrm{e}^{j\omega T}) = \frac{S_{xd}(\mathrm{e}^{j\omega T})}{S_{xx}(\mathrm{e}^{j\omega T})} \tag{2.4.2}$$

式中:$S_{xx}(\mathrm{e}^{j\omega T})$为参考信号的功率谱密度,$S_{xd}(\mathrm{e}^{j\omega T})$为参考信号与期待信号之间的互功率谱密度。$S_{xx}(\mathrm{e}^{j\omega T})$定义为自相关函数 $R_{xx}(n)$的傅里叶变换,但也可以

写为

$$S_{xx}(e^{j\omega T}) = \lim_{N\to\infty}\frac{1}{N}E[X_m^*(e^{j\omega T})X_m(e^{j\omega T})] \tag{2.4.3}$$

式中：$X_m(e^{j\omega T})$是序列$x_m(n)$（假定其具有$N$个采样点且稳定）的第$m$阶的傅里叶变换，期望运算指对整体进行平均操作（Bendat 和 Piersol，1986）。在实践中，功率谱密度的估计值可以在给定信号遍历的情况下通过对有限持续时间的连续数据求平均得到。为表示方便可将式(2.4.3)简写为

$$S_{xx}(e^{j\omega T}) = E[X^*(e^{j\omega T})X(e^{j\omega T})] \tag{2.4.4}$$

其中，均方运算暗示整体平均的数据趋向于无限。这种频域内的期望运算将一直使用下去。很清楚的是，功率谱密度完全是$\omega T$的实函数。

互功率谱定义为互相关函数$R_{xd}(m)$的傅里叶变换，但同样可以利用上面的表示方法写成

$$S_{xd}(e^{j\omega T}) = E[X^*(e^{j\omega T})D(e^{j\omega T})] \tag{2.4.5}$$

式中：$D(e^{j\omega T})$是具有无限长度的$d(n)$的一部分的傅里叶变换。互功率谱密度为复数，但也具有性质$S_{xd}^*(e^{j\omega T}) = S_{dx}(e^{j\omega T})$。为了完整性，我们也将$R_{xx}(m)$的$z$变换定义为$S_{xx}(z)$，可以写成

$$S_{xx}(z) = E[X(z^{-1})X(z)] \tag{2.4.6}$$

同时，$R_{xd}(m)$的$z$变换为$S_{xd}(z)$，可以写为

$$S_{xd}(z) = E[X(z^{-1})D(z)] \tag{2.4.7}$$

同样地，默认期望运算已经计算得到具有无限长度的数据的有限部分，详细的解释可见 Grimble 和 Johnson（1988）。

### 2.4.2　因果约束的维纳滤波器

计算式(2.4.2)所给出的最优滤波器的频率响应是很容易的，但是对它的使用可能会产生误导，这是因为它是非因果的，而且也不可能在实时性的系统中实现。在本节，我们将对具有因果约束条件但不具有有限持续约束的最优滤波器的频率响应的计算进行讨论。实际上这给出求解具有很多权值的FIR滤波器的方程及对脉冲响应做傅里叶变换的等价结果。虽然 Wiener（1949）给出了这种滤波器的原始公式，但是 Bode 和 Shannon（1950）及 Zadek 和 Ragazzini（1950）却给出了其微分的物理形式。

当约束最优滤波器为因果的，而不是有限长时，其规范方程可以利用式(2.3.19)写为

$$\sum_{i=0}^{I-1} w_{i.opt} R_{xx}(k-i) = R_{xd}(k), 0 \leqslant k < \infty \tag{2.4.8}$$

现在,我们假定一种非常特殊的情况为,从序列 $v(n)$ 得到的 $x(n)$ 在采样点之间完全无关,即白噪声,具有零均值和单位方差。从而 $R_{xx}(m) = R_{vv}(m) = \delta(m)$,当 $m=0$ 时,等于 1,反之等于 0。在此情况下,式(2.4.2)具有如下形式

$$\sum_{i=0}^{I-1} w_{i.opt;v} \delta(k-i) = R_{vd}(k), 0 \leqslant k < \infty \tag{2.4.9}$$

而且,由于 $\delta(m)$ 的过滤特性,式(2.4.9)等价于

$$w_{i.opt;v} = R_{vd}(k), 0 \leqslant k < \infty \tag{2.4.10}$$

从而,若参考信号为白噪声,则最优滤波器的脉冲响应等于参考信号与期待信号间的互相关函数的因果部分。在此情况下可以将最优滤波器的 $z$ 变换表示为

$$W_{opt;v}(z) = \{S_{vd}(z)\}_{+} \tag{2.4.11}$$

式中:$S_{vd}(z)$ 是上面提到的互相关函数的 $z$ 变换,$\{\quad\}_{+}$ 是指取出括号内量的 $z$ 反变换的因果部分,从而

$$\{S_{vd}(z)\}_{+} = Z[h(m)R_{vd}(m)] \tag{2.4.12}$$

式中:$Z$ 指 $z$ 变换,$h(m)$ 为离散阶跃函数,$m \geqslant 0$ 时为 1,$m<0$ 时为 0。

### 2.4.3 谱因子

在更一般的情况下,参考信号不是白噪声;然而,通过对参考信号进行白化操作,仍然可以简化为白噪声参考信号。特别地,我们假定参考信号是将一个零均值、单位方差为 1(从而其功率谱密度也是 1)的白噪声通过一个传递函数为 $F(z)$ 的最小相整形滤波器得到的信号。自相关函数 $R_{xx}(m)$ 的双边 $z$ 变换可以写为 $S_{xx}(z)$,而且由于 $R_{xx}(m)$ 在时间上对称,从而 $S_{xx}(z) = S_{xx}(z^{-1})$。若 $S_{xx}(z)$ 是有理数,则其可以表示为分数的形式,即

$$S_{xx}(z) = A\frac{(1-az^{-1})(1-az)(1-bz^{-1})(1-bz)\cdots}{(1-\alpha z^{-1})(1-\alpha z)(1-\beta z^{-1})(1-\beta z)\cdots} \tag{2.4.13}$$

式中:参数 $a, b, \cdots, \alpha, \beta, \cdots$ 或许小于 1(Widrow 和 Walach,1996)。从而 $S_{xx}(z)$ 的零极点分布图为,$z=a, b, \cdots$ 时,零点位于单位圆内部,$z=1/a, 1/b, \cdots$ 时,位于单位圆外部;$z=\alpha, \beta, \cdots$ 时,极点位于单位圆内部,$z=1/\alpha, 1/\beta, \cdots$ 时,位于单位圆外部。我们现在将 $S_{xx}(z)$ 分成两部分,一部分是所有的零极点都在单位圆内部,$F^{+}(z)$,即满足因果性;另一部分,所有的零极点都在单位圆外部,$F^{-}(z)$,即

$$S_{xx}(z) = F^{+}(z)F^{-}(z) \tag{2.4.14}$$

其中

$$F^{+}(z) = \sqrt{A}\,\frac{(1 - az^{-1})(1 - bz^{-1})\cdots}{(1 - \alpha z^{-1})(1 - \beta z^{-1})\cdots} \tag{2.4.15}$$

和

$$F^{-}(z) = \sqrt{A}\,\frac{(1 - az)(1 - bz)\cdots}{(1 - \alpha z)(1 - \beta z)\cdots} \tag{2.4.16}$$

称作 $S_{xx}(z)$ 的谱因子，注意

$$F^{-}(z) = F^{+}(z^{-1}) \tag{2.4.17}$$

从而 $F^{-}(z)$ 可以认为是具有跟 $F^{+}(z)$ 相同的脉冲响应，只是在时间上相反罢了。

若 $x(n)$ 是 $v(n)$ 通过传递函数为 $F(z)$ 的滤波器产生的，则

$$X(z) = F(z)V(z) \tag{2.4.18}$$

从而结合式(2.4.6)所定义的自相关函数的 $z$ 变换，有

$$S_{xx}(z) = F(z)F(z^{-1})S_{vv}(z) \tag{2.4.19}$$

鉴于 $v(n)$ 具有单位方差，$S_{vv}(z)$ 也是单位的，从而上式可以化简成式(2.4.14)，设 $F(z)=F^{+}(z)$ 就是我们要找的最小相整形滤波器。如图2.8所示，为对应一个特定参考信号 $S_{xx}(z)$ 的零极点分布图，以及谱因子 $F(z)$、$F(z^{-1})$ 的零极点分布图。

显然，我们可以通过将参考信号通过一个将上面给出的整形滤波器（由于 $F(z)$ 是最小相的，整形滤波器是稳定的）求逆得出的白化滤波器重新得到白噪声，从而得到 $v(n)$ 的 $z$ 变换形式为

$$V(z) = \frac{X(z)}{F(z)} \tag{2.4.20}$$

这个信号可以认为是对参考信号执行净化操作得到的结果，产生每个采样点包含的新信息，因此这也称为革新过程。

式(2.4.11)给出了可以运行在这类白噪声参考信号上的最优滤波器的传递函数。从而，运行在参考信号 $x(n)$ 上的完整的最优滤波器的传递函数等于

$$W_{opt}(z) = \frac{1}{F(z)}\{S_{vd}(z)\}_{+} \tag{2.4.21}$$

如图2.9所示，利用式(2.4.20)，$v(n)$ 和 $d(n)$ 间互相关函数的 $z$ 变换为

$$S_{vd}(z) = \frac{S_{xd}(z)}{F(z^{-1})} \tag{2.4.22}$$

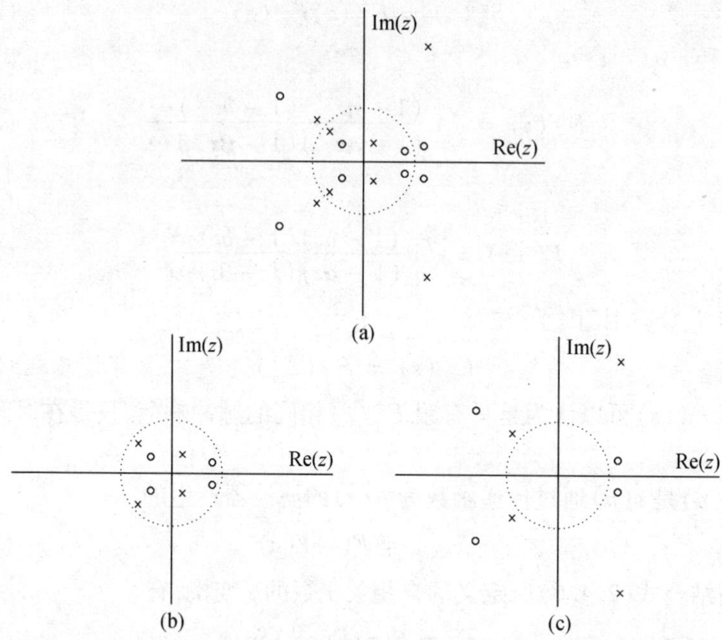


图 2.8 (a)是参考信号的功率谱密度 $S_{xx}(z)$ 的零极点曲线,(b)是参考信号的自相关函数的双边 $z$ 变换,以及具有完整因果冲击响应的谱因子 $F(z)$ 的零极点曲线;(c)是具有完整非因果冲击响应的谱因子 $F(z^{-1})$ 的零极点曲线,其中点线对应于单位圆,即 $|z|=1$

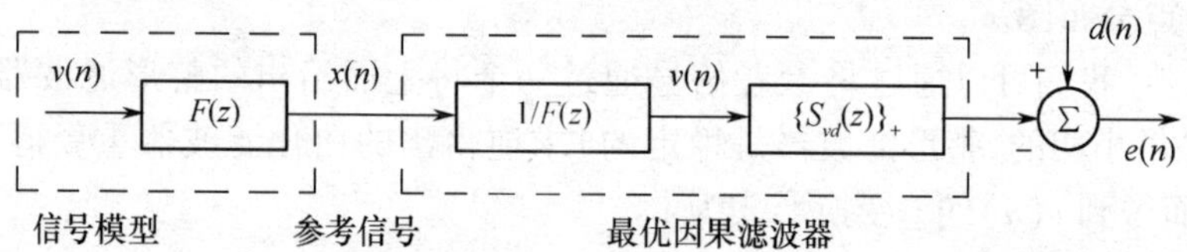


图 2.9 参考信号 $x(n)$,其中假设其由白噪声信号 $v(n)$ 通过一个整形滤波器 $F(z)$ 产生,一同显示的还有最优因果滤波器(其具有前置的白化滤波器 $1/F(z)$ 的形式),以及对 $v(n)$ 和 $d(n)$ 间的互相关函数的因果部分进行傅里叶变换的信号模型

具有因果性而对持续时间无约束的最优滤波器的传递函数为

$$W_{opt}(z) = \frac{1}{F(z)}\left\{\frac{S_{vd}(z)}{F(z^{-1})}\right\}_{+} \tag{2.4.23}$$

式(2.4.23)有时也被称为单边维纳滤波器。$\{\quad\}_{+}$ 表示的因果关系可以直接对 $z$ 操作,通过将 $S_{xd}(z)/F(z^{-1})$ 表示为以 $z^{-1}$ 表示的多项式的比的形式,以接着进行部分分式展开完成。因为 $R_{xd}(m)$ 在 $m$ 趋向于 $+\infty$ 和 $-\infty$ 时一定趋向于0,而且由于 $1/F(z^{-1})$ 对应于时间上相反的 $1/F(z)$,$1/F(z)$ 具有因果性且当 $m$ 趋向于$\infty$

趋向于0,从而$S_{xd}(z)/F(z^{-1})$的$z$反变换在时间指数趋近于正无穷或负无穷时也必定趋近于零。因此,$S_{xd}(z)/F(z^{-1})$具有位于单位圆外的极点部分分式对应于其$z$反变换的非因果部分。从而可以通过将这些非因果部分抛弃掉而只保留那些具有在单位圆内部极点的部分得到展开式$S_{xd}(z)/F(z^{-1})$的因果部分(Kailath,1981;Therrien,1992)。例如,Kucera提出的一个等价计算最优因果滤波器的方法,将滤波器表示为$x(n)$和$d(n)$的多项式,接着求解Diophantine方程。

然而,没有必要如式(2.4.13)所定义的谱因子那样假设$S_{xx}(z)$是有理数。Papoulis(1977)证明,在给定谱密度$S_{xx}(e^{j\omega T})$是实数、非负且满足Paley－Wiener条件的离散形式时,可以将谱因子定义为

$$\int_0^{2\pi} |\ln S_{xx}(e^{j\omega T})| d\omega T < \infty \tag{2.4.24}$$

式中:ln指自然对数。从而可以将谱分解应用于功率谱密度,而不管其零极点结构是否已知。一种实践中可从功率谱密度计算出整形滤波器$F(e^{j\omega T})$的频率响应的方法是利用Hilbert变换计算系统的最小相成分,其中系统的模量等于$\sqrt{S_{xx}(e^{j\omega T})}$(Kailath,1981)。频域内的谱分解可定义为

$$S_{xx}(e^{j\omega T}) = F(e^{j\omega T})F^*(e^{j\omega T}) \tag{2.4.25}$$

从而,在更一般的情况下,最优因果滤波器的频率响应可以写为

$$W_{opt}(e^{j\omega T}) = \frac{1}{F(e^{j\omega T})}\left\{\frac{S_{vd}(e^{j\omega T})}{F^*(e^{j\omega T})}\right\}_+ \tag{2.4.26}$$

若将因果约束移除,同时利用式(2.4.25)所定义的整形滤波器,则式(2.4.26)所表示的单边因果滤波器可以简化为前面导出的式(2.4.2)所表示的非约束、潜在非因果滤波器。

若将规范化的频率$\omega T$分成$N$个相等的增量或窗口,则可以在实践中直接使用频域公式计算最优因果滤波器,正如离散傅里叶变换所做的(DFT),而且离散频率变量为$k=0,1,\cdots,N-1$。通过使用倒谱方法计算离散Hilbert变换可将谱分解直接用于离散频域(Oppenheim和Shafer,1975)。从而可以通过计算$F(k)$的幅值得出幅值等于$S_{xx}(k)$的平方根,从而

$$F(k) = \exp(\mathrm{FFT}[c(n)\mathrm{IFFT}\ln(S_{xx}(k))]) \tag{2.4.27}$$

其中,因果约束通过$c(n)=0, n<0, c(n)=1, n>0$及$c(0)=\frac{1}{2}$给出,快速傅里叶变换(FFT)用来计算DFT。同样可以直接将因果约束施加在离散频域,通过将$S_{xd}(k)/F^*(k)$变换到时域,将非因果部分置零,并且变换回到离散频域,即

$$\left\{\frac{S_{xd}(k)}{F^{*}(k)}\right\}_{+} = \text{FFT}\left[h(n)\,\text{IFFT}\left(\frac{S_{xd}(k)}{F^{*}(k)}\right)\right] \tag{2.4.28}$$

其中，$h(n)$为单位阶跃函数，$h(n)=1, n\geqslant 0, h(n)=0, n<0$。

最优因果滤波器的离散频域形式为

$$W_{opt}(k) = \frac{1}{F(k)}\left\{\frac{S_{vd}(k)}{F^{*}(k)}\right\}_{+} \tag{2.4.29}$$

在给定的每个频率窗口满足频率所对应的$\{S_{xd}(k)/F^{*}(k)\}_{+}$是$\{S_{xd}(e^{j\omega T})/F^{*}(e^{j\omega T})\}_{+}$的精确估计时，式(2.4.29)将等于最优滤波器的连续频率形式。而这在假定DFT的尺寸足够大的情况下可以得到保证，从而$S_{xd}(e^{j\omega T})/F^{*}(e^{j\omega T})$的傅里叶反变换的因果部分的持续时间将少于$N/2$个采样点，如图2.10所示(Elliott和Rafaely,2000)。

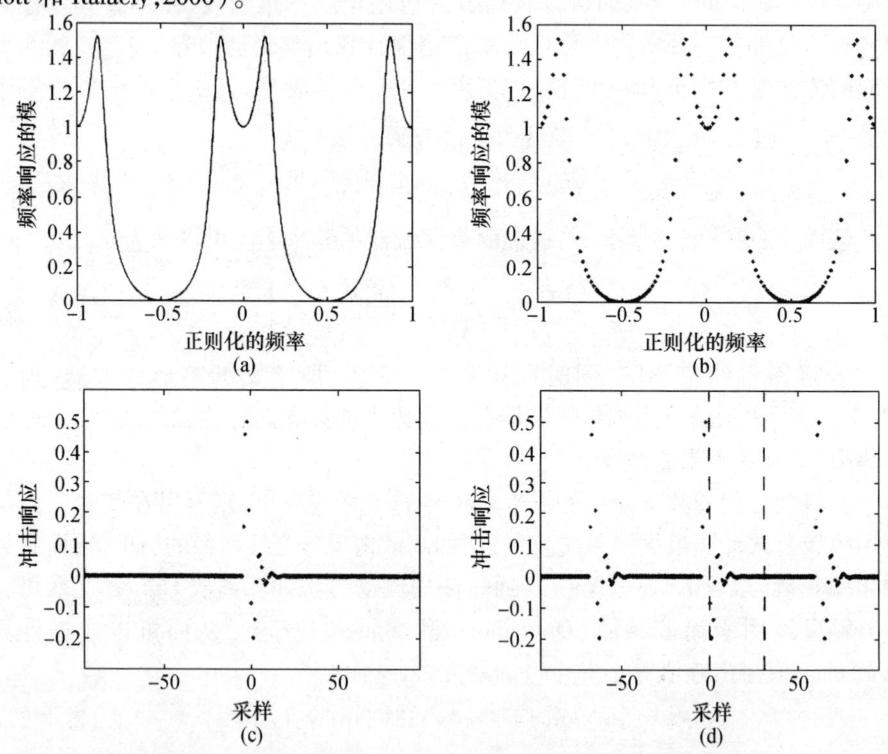


图2.10　(a)$A(e^{j\omega T})=S_{xd}(e^{j\omega T})/F^{*}(e^{j\omega T})$连续频域形式的幅值，伴随其离散频域形式$A(k)$；(b)此时这个函数是具有一个共振结构，且具有64点的DFT尺寸的例子；(c) 等于$n=0\cdots32$时的$A(e^{j\omega T})$的傅里叶反变换；(d)使用DFT，式(2.4.28)，计算维纳滤波器，将精确得到$A(k)$的傅里叶反变换

若以 $S_{xx}(k)+\beta$ 的自然对数代替式(2.4.27)中的 $S_{xx}(k)$,则解的数值条件将得到提高,这是因为将避免在任何频率窗内由于 $S_{xx}(k)$ 变得非常小而导致的 log 变为大的负值的情况的发生。这种形式的调整等价于在参考信号上加一个低能级的白噪声信号,如 2.3 节所讨论的,最小化式(2.3.12)所示的性能函数。最小化这种修正过的性能函数与式(2.4.23)具有相同的形式,但是必须使用的谱因子是

$$S_{xx}(z)+\beta = F(z)F(z^{-1}) \tag{2.4.30}$$

## 2.5　多通道最优滤波器

在处理电子对消问题时,以矩阵形式表示的多个参考信号可以很好地近似大量的期待信号。如图 2.11 所示,其中 $k$ 个参考信号的向量形式定义为

$$\boldsymbol{x}(n) = [x_1(n)\cdots x_k(n)]^{\mathrm{T}} \tag{2.5.1}$$

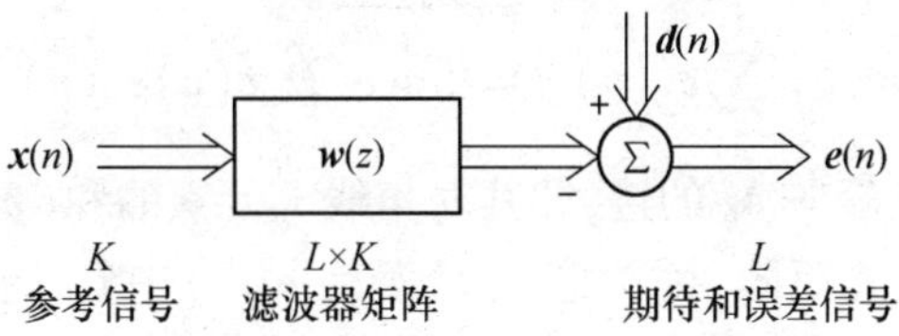


图 2.11　多通道滤波问题的表示

注意,不要与式(2.3.4)所定义的延时形式的单通道参考信号的向量形式混淆。$L$ 个期待信号的向量形式定义为

$$\boldsymbol{d}(n) = [d_1(n)\cdots d_L(n)]^{\mathrm{T}} \tag{2.5.2}$$

而且 $L$ 个误差信号的定义为

$$\boldsymbol{e}(n) = [e_1(n)\cdots e_L(n)]^{\mathrm{T}} \tag{2.5.3}$$

第 $l$ 个误差信号为

$$\boldsymbol{e}_l(n) = \boldsymbol{d}_l(n) - \sum_{k=1}^{K}\sum_{i=0}^{I-1} w_{lki}\boldsymbol{x}_k(n-i) \tag{2.5.4}$$

式中:$w_{lki}$ 为 FIR 滤波器中第 $k$ 个参考信号对第 $l$ 个误差信号贡献的第 $i$ 个系数。式(2.5.4)的矩阵形式为

$$\boldsymbol{e}(n) = \boldsymbol{d}(n) - \sum_{i=0}^{I-1}\boldsymbol{W}_i\boldsymbol{x}(n-i) \tag{2.5.5}$$

其中,$L\times K$ 的第 $i$ 个矩阵为

$$W_i = \begin{bmatrix} w_{11i} & w_{12i} & \cdots & w_{1Ki} \\ w_{21i} & w_{22i} & & \\ \vdots & & \ddots & \\ w_{L1i} & & & w_{LKi} \end{bmatrix} \tag{2.5.6}$$

## 2.5.1 时域解

需要最小化的性能函数可以定义为均方误差信号的叠加和。然而,由于第$l$阶误差信号仅是式(2.5.4)所示的$KI$个滤波器系数的函数,寻找所有$LKI$个滤波器的最优值问题现在可以分解为对应$KI$个系数的$L$个独立的最优问题。然而,以历史的观点来看,这还没有结束,而且大多数的公式使用全矩阵的方法求解整个问题。在此,我们仍然会使用这个方法,这是由于对第5章将讨论的主动控制系统提供了一些必要的表示方法。

最优滤波器的目的是最小化误差平方的期望和,即

$$J = E\left[\sum_{l=1}^{L} \boldsymbol{e}_l^2(n)\right] = \mathrm{trace}(E[\boldsymbol{e}(n)\boldsymbol{e}^{\mathrm{T}}(n)]) \tag{2.5.7}$$

其中,迹$[\boldsymbol{M}]$是矩阵$\boldsymbol{M}$的迹,即其对角线上元素的和(参见附录),可以称$E[\boldsymbol{e}(n)\boldsymbol{e}^{\mathrm{T}}(n)]$为相关矩阵,因为它的元素是$e(n)$中每个元素的自相关与互相关。

利用式(2.5.5)可以将误差信号的相关矩阵写为

$$E[\boldsymbol{e}(n)\boldsymbol{e}^{\mathrm{T}}(n)] = E\Big[\sum_{i=0}^{I-1}\sum_{k=0}^{I-1}\boldsymbol{W}_i\boldsymbol{x}(n-i)\boldsymbol{x}^{\mathrm{T}}(n-k)\boldsymbol{W}_k^{\mathrm{T}} - \sum_{i=0}^{I-1}\boldsymbol{d}(n)\boldsymbol{x}^{\mathrm{T}}(n-i) \\ \boldsymbol{W}_i^{\mathrm{T}} - \sum_{i=0}^{I-1}\boldsymbol{W}_i\boldsymbol{x}(n-i)\boldsymbol{d}^{\mathrm{T}}(n) + \boldsymbol{d}(n)\boldsymbol{d}^{\mathrm{T}}(n)\Big] \tag{2.5.8}$$

鉴于滤波器系数是时不变的,从而式(2.5.8)可写为

$$E[\boldsymbol{e}(n)\boldsymbol{e}^{\mathrm{T}}(n)] = \sum_{i=0}^{I-1}\sum_{k=0}^{I-1}\boldsymbol{W}_i\boldsymbol{R}_{xx}(k-i)\boldsymbol{W}_k^{\mathrm{T}}\boldsymbol{E} - \sum_{i=0}^{I-1}\boldsymbol{R}_{xd}(i) \\ \boldsymbol{W}_i^{\mathrm{T}} - \sum_{i=0}^{I-1}\boldsymbol{W}_i\boldsymbol{R}_{xd}(i) + \boldsymbol{R}_{dd}(0) \tag{2.5.9}$$

其中,假定式(2.5.9)中的信号均是稳定信号,而且自相关与互相关矩阵定义为

$$\boldsymbol{R}_{xx}(m) = E[\boldsymbol{x}(n+m)\boldsymbol{x}^{\mathrm{T}}(n)] \tag{2.5.10}$$

$$\boldsymbol{R}_{xd}(m) = E[\boldsymbol{d}(n+m)\boldsymbol{x}^{\mathrm{T}}(n)] \tag{2.5.11}$$

$$\boldsymbol{R}_{dd}(m) = E[\boldsymbol{d}(n+m)\boldsymbol{d}^{\mathrm{T}}(n)] \tag{2.5.12}$$

正如附录中所定义的，$R_{xx}(m)$具有如下性质

$$\boldsymbol{R}_{xx}^{T}(m) = \boldsymbol{R}_{xx}(-m) \tag{2.5.13}$$

若将所有滤波器系数的 $KI \times L$ 矩阵定义为下式，则式(2.5.9)可以写得更加简洁，即

$$\boldsymbol{W} = [W_0 W_1 \cdots W_{I-1}]^{\mathrm{T}} \tag{2.5.14}$$

互相关系数的 $KI \times L$ 矩阵为

$$\boldsymbol{R}_{xd} = [R_{xd}(0) R_{xd}(1) \cdots R_{xd}(I-1)] \tag{2.5.15}$$

而且，参考信号自相关与互相关系数的 $KI \times KI$ 矩阵为

$$R_{xx} = \begin{bmatrix} R_{xx}(0) & R_{xx}(-1) & \cdots & R_{xx}(1-I) \\ R_{xx}(1) & R_{xx}(0) & & \\ \vdots & & & \vdots \\ R_{xx}(I-1) & \cdots & \cdots & R_{xx}(0) \end{bmatrix} \tag{2.5.16}$$

从而，有

$$\boldsymbol{R}_{xx}^{\mathrm{T}} = \boldsymbol{R}_{xx} \tag{2.5.17}$$

式(2.5.17)即为分块 Toeplitz 矩阵(它以 Toeplitz 的形式分块)。

利用这些定义，式(2.5.9)可以表示成矩阵的形式

$$E[\boldsymbol{e}(n)\boldsymbol{e}^{\mathrm{T}}(n)] = \boldsymbol{W}^{\mathrm{T}}\boldsymbol{R}_{xx}\boldsymbol{W} - \boldsymbol{W}^{\mathrm{T}}\boldsymbol{R}_{xd} - \boldsymbol{R}_{xd}^{\mathrm{T}}\boldsymbol{W} - \boldsymbol{R}_{dd}(0) \tag{2.5.18}$$

利用附录 A.4 节中的规则，这个矩阵的迹关于元素 $\boldsymbol{W}$ 的导数可以计算出来

$$\frac{\partial \boldsymbol{J}}{\partial \boldsymbol{W}} = 2(\boldsymbol{R}_{xx}\boldsymbol{W} - \boldsymbol{R}_{xd}) \tag{2.5.19}$$

将这个矩阵的所有元素置零

$$\boldsymbol{R}_{xx}\boldsymbol{W}_{opt} = \boldsymbol{R}_{xd} \tag{2.5.20}$$

式中：$\boldsymbol{W}_{opt}$是最优滤波器的系数矩阵。

假定 $\boldsymbol{R}_{xx}$正定，则最优滤波器的系数矩阵可以写为

$$\boldsymbol{W}_{opt} = \boldsymbol{R}_{xx}^{-1}\boldsymbol{R}_{xd} \tag{2.5.21}$$

Whittle(1963)首先给出了多通道维纳滤波器的解。Wiggins 和 Robinson(1965)和 Robinson(1978)也给出了利用 Levinson 递归方法求解式(2.5.20)的一般化方法，此时仅需计算$(KI)^2$。注意，$\boldsymbol{W}_{opt}$的每一列均对应一个包含所有用来导出式(2.5.4)中的一个误差信号的向量。从而，为了对应前面讨论的 $L$ 个独立的最小化问题，可将式(2.5.21)分解为 $L$ 个方程，但是需要每次计算相同的 $KI \times KI$ 矩阵 $\boldsymbol{R}_{xx}$的逆，从而在求 $L$ 个独立的解时不具有计算优势。

在单通道问题中，假设参考信号持续激励滤波器，则自相关矩阵是正定的，这在实践中意味着参考信号至少具有与滤波器中系数一半多数目的谱因子。在多通道问题中，每个参考信号都必须持续激励，但也有一个另外的条件，即任两个参考信号都不能完全相关，或者说不能表示成其他参考信号的线性组合。例如，若两个参考信号完全相同，则由这两个参考信号得到的误差信号不能确定是由两个滤波器哪一个得到的，因为任何一个都可给出相同的均方衰减。

再一次，可以在$\boldsymbol{R}_{xx}$的对角元素上加上一个小的正数将最小方解调整为

$$\boldsymbol{W}_{opt} = [\boldsymbol{R}_{xx} + \beta \boldsymbol{I}]^{-1}\boldsymbol{R}_{xd} \tag{2.5.22}$$

这个滤波器系数的集合最小化一个与式(2.3.12)相同的校正性能函数，同时包括$\beta$倍的滤波器系数平方和及误差的平方和。这种在多通道调整过程中的物理实现是在每个参考信号上施加均方值为$\beta$的白噪声。

## 2.5.2 变换域的解

可以很容易地得到多通道问题中最优滤波器的频率响应，而且这也为后面将讨论的多通道控制问题做足了准备。式的$z$变换可以写为

$$\mathbf{e}(z) = \mathbf{d}(z) - \mathbf{W}(z)\mathbf{x}(z) \tag{2.5.23}$$

式中：$\mathbf{e}(z)$、$\mathbf{d}(z)$及$\mathbf{x}(z)$分别为式(2.5.1)～式(2.5.3)中$\boldsymbol{e}(n)$、$\boldsymbol{d}(n)$及$\boldsymbol{x}(n)$元素的$z$变换，$\mathbf{W}(z)$为式(2.5.6)中$\boldsymbol{W}_i$元素的$z$变换。注意，本书将变换域中的矩阵与向量以粗体表示，而时域中的矩阵与向量以粗斜体表示。

假设所有的参考信号是具有单位方差的白噪声信号，而且完全无关。现在，寻找最优$L \times K$滤波器矩阵的问题分解为$L \times K$相互独立的问题，这是因为这种情况下滤波器间没有相互作用。现在鉴于情况已经简化为单通道问题，从而可以分别解决每个问题，单个滤波器的解可以写为

$$W_{lk.\,opt;v}(z) = \{S_{v_k d_l}(z)\}_+ \tag{2.5.24}$$

式中：$S_{v_k d_l}$是第$k$阶参考信号与第$l$阶期待信号之间的互谱密度，$\{\quad\}_+$仍然为括号内量的时域形式的因果部分的$z$变换。

然而，参考信号通常不是不相关的或是白噪声，但是我们可以利用前面介绍的整形滤波器，将真实的参考信号转化为具有这些特性的新信号的集合，其中，我们假设观测得到的$K$个参考信号是将$K$个不相关的具有单位方差的白噪声参考信号$v(n)$通过整形滤波器矩阵得到的，从而

$$\mathbf{x}(z) = \mathbf{F}(z)\mathbf{v}(z) \tag{2.5.25}$$

式中：$\mathbf{x}(z)$和$\mathbf{v}(z)$分别是观测参考信号和不相关参考信号的$z$变换向量。通常

利用谱密度矩阵描述信号集合的谱性质,如附录 A. 5 节所讨论的,观测参考信号集合可以写为

$$S_{xx}(z) = E[\boldsymbol{x}(z)\boldsymbol{x}^{\mathrm{T}}(z^{-1})] \tag{2.5.26}$$

式(2.5.26)是式(2.5.10)中 $\boldsymbol{R}_{xx}(m)$ 的 $z$ 变换,同样地,实践中的期望操作是对分块数据进行操作。利用整形滤波器的定义[式(2.5.25)],观测参考信号的互谱矩阵可以写为

$$\boldsymbol{S}_{xx}(z) = \boldsymbol{F}(z)\boldsymbol{S}_{vv}(z)\boldsymbol{F}^{\mathrm{T}}(z^{-1}) \tag{2.5.27}$$

假设 $\boldsymbol{v}(n)$ 中的元素相互无关、白噪声并且具有单位方差。从而,它的互谱矩阵等于单位阵,因此

$$\boldsymbol{S}_{xx}(z) = \boldsymbol{F}(z)\boldsymbol{F}^{\mathrm{T}}(z^{-1}) \tag{2.5.28}$$

从而,整形滤波器矩阵可以认为是多参考信号互谱矩阵的谱分解的一部分(Youla,1961),其中,整形滤波器 $\boldsymbol{F}(z)$ 满足因果性和最小相的要求,从而,这个矩阵的逆 $\boldsymbol{F}^{-1}(z)$ 也满足以上两个要求。

例如,Bongiorno(1969)对连续时间中存在谱分解的条件问题进行了讨论,同时 Kailath 等人对此处讨论的离散时间下的条件进行了归纳,如:

(1) $\boldsymbol{S}_{xx}(z) = \boldsymbol{S}_{xx}^{T}(z^{-1})$,根据式(2.5.26)的定义是成立的。

(2) $\boldsymbol{S}_{xx}(\mathrm{e}^{j\omega T})$ 对于所有的 $\omega T$ 是可解析的。

(3) $\boldsymbol{S}_{xx}(\mathrm{e}^{j\omega T})$ 对于所有的频率均正定。

当包含调整时,第三个条件可以不用满足,这是因为此时为满足条件(3)必须用 $\boldsymbol{S}_{xx}(z)+\beta\boldsymbol{I}$ 代替 $\boldsymbol{S}_{xx}(z)$。

由于对应整形滤波器逆的所有元素的滤波器均是因果和稳定的,从而,可以通过在这种逆滤波器上操作观测的参考信号得到无关的参考信号集合,从而

$$\boldsymbol{v}(z) = \boldsymbol{F}^{-1}(z)\boldsymbol{x}(z) \tag{2.5.29}$$

若实践中,$\boldsymbol{x}(z)$ 中的 $K$ 个参考信号由小数目的独立进程产生,则 $\boldsymbol{S}_{xx}(z)$ 仅为半正定。然而,若 $\boldsymbol{F}(z)$ 不为平方量,向量 $\boldsymbol{x}(z)$ 仍然可以通过式(2.5.25)所给形式中的一个方程进行建模,在这种情况下,式(2.5.29)中 $\boldsymbol{F}(z)$ 的逆阵将由一个伪逆阵代替。

不相关参考信号的最优滤波器矩阵[其元素可由式(2.5.24)给出],可以写为

$$\boldsymbol{W}_{opt;v}(z) = \{\boldsymbol{S}_{vd}(z)\}_{+} \tag{2.5.30}$$

其中

$$\boldsymbol{S}_{vd}(z) = E[\boldsymbol{d}(z)\boldsymbol{v}^{T}(z^{-1})] \tag{2.5.31}$$

利用式(2.5.29),式(2.5.31)可以写为

$$\boldsymbol{S}_{vd}(z) = \boldsymbol{S}_{xd}(z)\boldsymbol{F}^{-\mathrm{T}}(z^{-1}) \tag{2.5.32}$$

式中:$\boldsymbol{S}_{xd}(z)$是$\boldsymbol{R}_{xd}(m)$的 $z$ 变换,而且,也可写为

$$\boldsymbol{S}_{xd}(z) = E[\boldsymbol{d}(z)\boldsymbol{x}^{\mathrm{T}}(z^{-1})] \tag{2.5.33}$$

式(2.5.33)为观测参考信号与期待信号间的互谱矩阵。

可以通过类比单通道时的情况得到对观测参考信号进行操作以使误差信号的平方和最小化的最优滤波器的矩阵表示。观察如图 2.12 所示的方框图,我们可以看到这个滤波器一定等于

$$\boldsymbol{W}_{opt}(z) = \{\boldsymbol{S}_{vd}(z)\}_+ \boldsymbol{F}^{-1}(z) \tag{2.5.34}$$

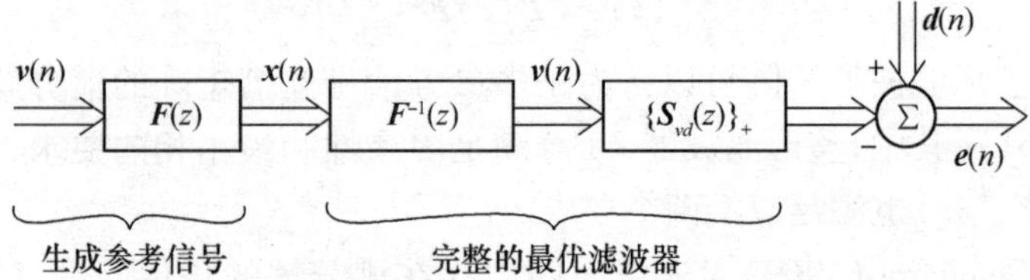


图 2.12 在多通道系统中假设产生参考信号的模型的框图,同时最优因果滤波器中的元素最小化均方差的叠加和

结合式(2.5.32)所表示的$\boldsymbol{S}_{vd}(z)$,$\boldsymbol{W}_{opt}(z)$可以写成

$$\boldsymbol{W}_{opt}(z) = \{\boldsymbol{S}_{vd}(z)\boldsymbol{F}^{-\mathrm{T}}(z^{-1})\}_+ \boldsymbol{F}^{-1}(z) \tag{2.5.35}$$

若图中只有一个参考信号与一个误差信号,则简化为式(2.4.23)表示的单通道情形。

若将参考信号与误差信号之间的互相关矩阵的 $z$ 变换定义为

$$\boldsymbol{S}_{xe}(z) = E[\boldsymbol{e}(z)\boldsymbol{x}^{\mathrm{T}}(z^{-1})] \tag{2.5.36}$$

则利用式(2.5.23,26 和 33)有

$$\boldsymbol{S}_{xe}(z) = \boldsymbol{S}_{xd}(z) - \boldsymbol{W}(z)\boldsymbol{S}_{xx}(z) \tag{2.5.37}$$

可通过将式(2.5.37)中的因果部分置零得到式(2.5.35)。这就是所谓的正交原理,可以写为

$$\{\boldsymbol{S}_{xe}(z)\}_+ = 0, \text{若 } \boldsymbol{W}(z) = \boldsymbol{W}_{opt}(z) \tag{2.5.38}$$

即每个误差信号与每个参考信号的过去值无关(Davis,1963)。若从式(2.5.35)中去除因果约束,则最优滤波器矩阵等于

$$\boldsymbol{W}_{opt}(z) = \boldsymbol{S}_{xd}(z)\boldsymbol{F}^{-\mathrm{T}}(z^{-1})\boldsymbol{F}^{-1}(z) \tag{2.5.39}$$

结合式(2.5.28),可以写为

$$\boldsymbol{W}_{opt}(z)=\boldsymbol{S}_{xd}(z)\boldsymbol{S}_{xx}^{-1}(z) \tag{2.5.40}$$

式(2.5.40)是对式(2.4.2)单通道情况的泛化。

从而,可以通过直接计算原始参考信号与期待信号之间的互谱密度矩阵 $\boldsymbol{S}_{xd}(\mathrm{e}^{j\omega T})$,以及原始参考信号的互谱矩阵的谱因子 $\boldsymbol{S}_{xx}(\mathrm{e}^{j\omega T})$,得到最优因果滤波器的频率响应矩阵。例如,Davis(1963)和 Wilson(1972)均对基于谱密度矩阵表示的多项式计算谱因子的各种方法进行了研究,同时,Cook 和 Elliott(1999)对基于离散频率的表示方法进行了讨论。

## 2.6 LMS 算法

在 2.3 节,我们看到最小化如图 2.4 所示的模型问题的均方误差的最优 *FIR* 滤波器,可以在掌握参考信号的自相关特性及参考信号与期待信号间的互相关特性时直接计算得到。在实践中,一般必须通过这些信号的历史信号估计得到自相关函数与互相关函数。起初,我们假定参考信号和期待信号均是稳定的;因为,如果不稳定,它们的互相关特性将随时间变化。计算具有 $I$ 个系数的最优滤波器同时也包含计算 $I\times I$ 自相关矩阵的逆。即使这个矩阵具有特殊的性质(对称和 Toeplitz),也有有效的算法可以用来求其逆(Levinson,1947),但计算时间仍与 $I^2$ 成比例,因此会非常庞大,尤其对于长滤波器。而且,若矩阵是病态的话,其逆阵也有可能数值不稳定。

另外一种计算滤波器系数的方法是使其自适应。不是通过大量的数据对相关函数进行估计,以及利用得出的相关函数计算最优滤波器系数的一个可能组合,而是顺序地利用数据对滤波器系数进行调整,从而使其往均方误差最小的方向进化。通常,对于每个新的数据集合所有的滤波器系数均做出调整,同时,相比计算真实最优滤波器系数使用的全数量计算,每次采样为这个改进提供的算法会使用相当少的计算量。自适应滤波器不仅对稳定的信号会收敛到最优滤波器,而且当自相关特性随信号变化时,同样会收敛到最优滤波器。从而,对于信号数据变化相比其收敛时间缓慢的情况,自适应滤波器可以进行很好的跟踪。

### 2.6.1 最速下降法

广泛应用于自适应 FIR 滤波器的最速下降法基于如图 2.5 所示的事实,即滤波器的误差表面是二次的。这表明,若滤波器的系数以与性能函数的负局部梯度成比例的量调整,则系数一定沿着朝向全局最小值的方向运动,若使用最速

下降法同时调整所有的系数，则滤波器系数向量的自适应算法可以写为

$$\boldsymbol{w}(\text{new}) = \boldsymbol{w}(\text{old}) - \mu \frac{\partial J}{\partial \boldsymbol{w}}(\text{old}) \tag{2.6.1}$$

式中：$\mu$ 为收敛因子，$\partial J/\partial w$ 如式(2.3.16)所定义。

对于如图 2.4 所示的问题，导数向量由式(2.3.17)给出，而且结合式(2.3.7)与式(2.3.8)给出的定义，可以写为

$$\frac{\partial J}{\partial \boldsymbol{w}} = 2E[\boldsymbol{x}(n)\boldsymbol{x}^{\mathrm{T}}(n)\boldsymbol{w} - \boldsymbol{x}(n)\boldsymbol{d}(n)] \tag{2.6.2}$$

图中测得的误差信号为

$$\boldsymbol{e}(n) = \boldsymbol{d}(n) - \boldsymbol{x}^{\mathrm{T}}(n)\boldsymbol{w} \tag{2.6.3}$$

则导数向量也可写为

$$\frac{\partial J}{\partial \boldsymbol{w}} = -2E[\boldsymbol{x}(n)\boldsymbol{e}(n)] \tag{2.6.4}$$

为了实现真正的最速下降法，需要估计误差信号与延时的参考信号乘积的期望值得到式(2.6.4)，或许是大量数据段的时间上的平均，从而滤波器系数只能间断更新。

在 Widrow 和 Hoff(1960)开创性的论文中提出，与其利用梯度的平均估计间断更新滤波器系数，不如在采样时利用梯度的瞬时估计更新梯度(所谓的统计梯度)，这个更新量等于瞬时误差对滤波器系数的导数，即

$$\frac{\partial \boldsymbol{e}^2(n)}{\partial \boldsymbol{w}} = -2\boldsymbol{x}(n)\boldsymbol{e}(n) \tag{2.6.5}$$

从而，自适应算法变为

$$\boldsymbol{w}(n+1) = \boldsymbol{w}(n) + \alpha\boldsymbol{x}(n)\boldsymbol{e}(n) \tag{2.6.6}$$

式中：$\alpha = 2\mu$ 是收敛系数，即为著名的 LMS 算法。LMS 算法容易实现，并且具有数值鲁棒性，被广泛应用于各个领域，如自适应电子噪声消除、自适应建模与反演、自适应聚束等(Widrow 和 Stearns，1985)。如图 2.13 所示，是 LMS 算法的工作方框图，其中，误差信号和参考信号相乘，结果用来更新滤波器系数。

### 2.6.2 LMS 算法的收敛率

对 LMS 算法收敛率性质的研究具有悠久、跌宕的历史。算法的主要难点在于对式(2.6.5)给出梯度估计对随机数据(意味着当应用于数据集合一个或另一个时会使滤波器系数本身产生随机变量)的统计特性的分析。在下面对收敛率特性的计算中，将考虑滤波器系数的平均特性。然而，即使是对于稳定情况的

分析，这也不能给出算法特性的完整描述，这是因为滤波器系数随时间的变化而不同，虽然它们随时间增加都是收敛的，但它们的均方值却可以变得很大。然而，对于在平均情况下分析滤波器系数，的确可以阐释 LMS 算法的许多重要特性。我们以计算式(2.6.6)中各项的期望值开始，接着计算算法在不同随机数据(假定为具有相同的数据特性)集合下的平均表现，从而有

$$E[\boldsymbol{w}(n+1)] = E[\boldsymbol{w}(n)] + \alpha E[\boldsymbol{x}(n)\boldsymbol{e}(n)] \tag{2.6.7}$$

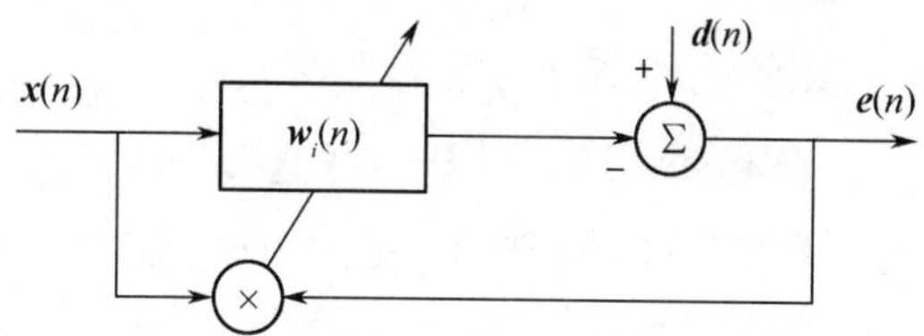


图 2.13　在第 $n$ 次采样使用 LMS 算法自适应调整系数为 $w_i$ 的 FIR 滤波器的图形表示

利用式(2.6.3)将误差信号展开，得

$$E[\boldsymbol{w}(n+1)] = E[\boldsymbol{w}(n)] + \alpha\{E[\boldsymbol{x}(n)\boldsymbol{d}(n)] - E[\boldsymbol{x}(n)\boldsymbol{x}^{\mathrm{T}}(n)\boldsymbol{w}(n)]\} \tag{2.6.8}$$

现在，我们假定在 $I$ 个采样点间滤波器系数仅发生微小的变化，从而 $\boldsymbol{w}(n)$ 方差与 $\boldsymbol{x}(n)$ 相互独立。这种独立假设对于一些数据集合或快速自适应滤波器则很难判定，但这的确给出了描述滤波器系数的简单模型，即给出了实践中 LMS 算法观测特性的合理预测。利用这种独立假设，式(2.6.8)可以写为

$$E[\boldsymbol{w}(n+1)] = E[\boldsymbol{w}(n)] + \alpha\{E[\boldsymbol{x}(n)\boldsymbol{d}(n)] - E[\boldsymbol{x}(n)\boldsymbol{x}^{\mathrm{T}}(n)]E[\boldsymbol{w}(n)]\} \tag{2.6.9}$$

互相关向量和自相关矩阵分别等于 $\boldsymbol{b}$ 和 $\boldsymbol{A}$，如式(2.3.8)和式(2.3.7)所定义。滤波器系数期望值与最优值(维纳)之间的差异定义如下

$$\boldsymbol{\varepsilon}(n) = E[\boldsymbol{w}(n)] - \boldsymbol{w}_{opt} \tag{2.6.10}$$

式中：$\boldsymbol{w}_{opt} = \boldsymbol{A}^{-1}\boldsymbol{b}$，如式(2.3.18)所示，从而，$\boldsymbol{b} = \boldsymbol{A}\boldsymbol{w}_{opt}$。

可以将式(2.6.9)所示滤波器系数的平均进化方程，表示为相对简单的形式

$$\boldsymbol{\varepsilon}(n+1) = [\boldsymbol{I} - \alpha\boldsymbol{A}]\boldsymbol{\varepsilon}(n) \tag{2.6.11}$$

自相关矩阵 $\boldsymbol{A}$ 可以表示为其特征向量 $\boldsymbol{Q}$ 和特征值对角阵 $\boldsymbol{\Lambda}$ 的形式，即

$$\boldsymbol{A} = \boldsymbol{Q}\boldsymbol{\Lambda}\boldsymbol{Q}^{\mathrm{T}} \tag{2.6.12}$$

其中，可以认为特征向量是正交的，因为 $\boldsymbol{A}$ 是对称的，从而有

$$QQ^{\mathrm{T}} = I \tag{2.6.13}$$

而且,$Q^{-1} = Q^{\mathrm{T}}$,$A$ 的特征值是非负实数,在 $\Lambda$ 中的排列为

$$\Lambda = \begin{bmatrix} \lambda_1 & & & \\ & \lambda_2 & & \\ & & \ddots & \\ & & & \lambda_I \end{bmatrix} \tag{2.6.14}$$

利用这些性质,可以将式(2.6.11)写为

$$Q^{\mathrm{T}}\varepsilon(n+1) = [I - \alpha\Lambda]Q^{\mathrm{T}}\varepsilon(n) \tag{2.6.15}$$

向量 $Q^{\mathrm{T}}\varepsilon(n)$ 的元素等于对应于误差表面主轴变换后的规范化的平均滤波器系数(Widrow 和 Stearns,1985)。令 $Q^{\mathrm{T}}\varepsilon(n)$ 等于 $v(n)$,则式(2.6.15)变为

$$v(n+1) = [I - \alpha\Lambda]v(n) \tag{2.6.16}$$

由于 $\Lambda$ 为对角阵,式(2.6.16)表示 $\underline{v}(n) = [v_0(n)v_1(n)\cdots v_{I-1}(n)]$ 中元素的 $I$ 个相互独立方程的集合,即

$$v_i(n+1) = (1 - \alpha\lambda_i)v_i(n) \tag{2.6.17}$$

从而,LMS 算法的规范化和变换后的平均收敛特性是独立的,即它们相当于算法的模态。每个模态的收敛速度取决于其对应的相关矩阵的特征值 $\lambda_i$,即对应于较大特征值的模态比较小特征值的模态在误差表面上具有更陡的斜率,即更快的收敛速度。如图 2.14 所示,是具有两个特征值的 FIR 滤波器的误差表面,其中一个特征值大于另一个 100 倍。图中实线是 LMS 算法的滤波器系数收敛的平均轨迹,与式(2.6.1)中的最速下降法的收敛路径相同。对于任意给定的初值,$v_i(n)$ 在给定以下条件时,将衰减到零

$$|1 - \alpha\lambda_i| < 1, \text{即}\ 0 < \alpha < 2/\lambda_i \tag{2.6.18}$$

从而,在保证所有特征值非零的情形下,LMS 算法定能收敛到最优维纳滤波器。

假设持续激励自适应滤波器,则矩阵 $A$ 必定正定,而且必然具有正实根。为保证滤波器系数的所有成分均是收敛的,则式(2.6.18)对于所有的 $\lambda_i$ 必定成立,而且由于对于最大的特征值 $\lambda_{\max}$ 式(2.6.18)也是严格成立的,所以从滤波器系数均值的收敛性导出的稳定条件可以写为

$$0 < \alpha < 2/\lambda_{\max} \tag{2.6.19}$$

例如,Widrow 和 Walach(1996)认为,滤波器系数均方值的收敛对于收敛系数的要求更加严格,即

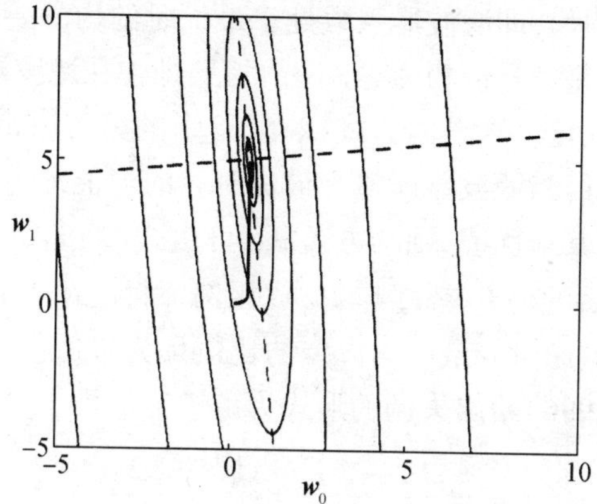


图2.14　具有两个系数的LMS算法的误差表面的轮廓图，显示常数均方的轮廓的步长为5dB及算法的平均特性的轨迹。同时显示的还有误差表面的主轴 $\boldsymbol{v}_i$ 和 $\boldsymbol{v}_j$

$$0 < \alpha < 2\Big/\sum_{i=0}^{I-1}\lambda_i \tag{2.6.20}$$

矩阵特征值的和等于它的迹，迹为矩阵主对角线上元素的和。同时矩阵的特征向量矩阵 $\boldsymbol{Q}$ 为正交阵，从而迹 $\boldsymbol{\Lambda}$ 等于迹($\boldsymbol{A}$)。由于式(2.3.10)中自相关矩阵 $\boldsymbol{A}$ 的所有对角元素等于参考信号的均方值，从而式(2.6.20)等价于条件

$$0 < \alpha < 2/\boldsymbol{I}\,\overline{x^2} \tag{2.6.21}$$

式中：$\overline{x^2}$ 等于 $E[x^2(n)]$，即均方值 $x(n)$。式(2.6.21)给出的稳定条件比起式(2.6.19)要容易计算的多，而且已在大量的仿真找出一个对收敛系数最大稳定值的估计值(Clakson，1993)。

式(2.6.21)给出的收敛系数的上边界条件可以导出对规范化的收敛系数 $\tilde{\alpha}$ 的定义，即在LMS算法中收敛系数的定义为

$$\alpha = \tilde{\alpha}/\boldsymbol{I}\,\widetilde{x^2} \tag{2.6.22}$$

从而，从式(2.6.21)所得到的 $\tilde{\alpha}$ 的稳定边界为

$$0 < \tilde{\alpha} < 2 \tag{2.6.23}$$

实践中，必定从测量的数据估计得到 $\overline{x^2}$，一般通过平均过去 $I$ 个数据点得到，通常称这种利用式(2.6.22)估计 $\overline{x^2}$ 的改进的LMS算法为标准化LMS算法，Haykin(1996)和Glentis等人(1999)对此算法进行了有趣的讨论。

### 2.6.3　失调和收敛率

滤波器系数随机变化导致的另一种结果是，在一个稳定的环境收敛后，均方

差一般高于它的期望值,即滤波器系数处于最优时的均方差。除非在自适应滤波器收敛结束后,误差信号恰巧为零,不然的话,即使在滤波器系数结束收敛后,系数仍会有随机的变化。这是因为式(2.6.6)中的更新项 $\boldsymbol{x}(n)\boldsymbol{e}(n)$ 在每个时间点会产生非零值,但当滤波器调整为最优时它的均值却为零。若滤波器系数是稳定的,而且等于其最优值,则均方差 $J_{\min}$ 可由式(2.3.21)给出。可以发现,LMS 算法收敛结束后的均方差 $J_{\infty}$ 与 $J_{\min}$ 成比例,而且,$J_{\infty}-J_{\min}$ 被称为滤波器的均方差超量。均方差超量与最小均方差的比值称为自适应算法的失调,如对于 LMS 算法,Haykin(1996)给出失调的形式为

$$M=\frac{J_{\infty}-J_{\min}}{J_{\min}}=\sum_{i=0}^{I-1}\frac{\alpha\lambda_i}{2-\alpha\lambda_i} \tag{2.6.24}$$

对于小的 $\alpha$ 等于 $aI\overline{x^2}/2$(Widrow 和 Stearns,1985)。可以看出,通过降低收敛系数失调 $\alpha$ 可以将失调调整为任意小,但滤波器需要更长的时间收敛。从而对于 LMS 及其他各种自适应算法,在收敛速度与收敛系数的精度之间存在着矛盾。因此对于收敛系数 $\alpha$ 的最优值是专用的。

式(2.6.17)描述了 LMS 算法每个独立模式的平均收敛特性。假定所有的模式都是稳定的,则与每个模式对应的均方差的平均特性将由时间常数 $\tau$ 为主导的指数形式进行衰减,$\tau$ 由下式给出

$$\tau_i\approx\frac{1}{2\alpha\lambda_i}(samples) \tag{2.6.25}$$

从而,与最大特征值对应的模式将衰减最快,其时间常数为 $\tau_{\min}$,同样与最小特征值对应的模式将衰减最慢,其时间常数为 $\tau_{\max}$。如图 2.15 所示,是 LMS 算法收敛时的平均误差值,其误差表面如图 2.14 所示,具有两个收敛模态:其一,收敛非常快速直至减小了大约 3dB;其二,收敛非常缓慢直至误差减小了大约 25dB。利用式(2.6.25),最小时间常数与最大时间常数的比值可以写成

$$\frac{\tau_{\min}}{\tau_{\max}}=\frac{\lambda_{\max}}{\lambda_{\min}} \tag{2.6.26}$$

与 $\alpha$ 相互独立。因此,各个模式收敛率的范围取决于参考信号的相关特性(决定自相关矩阵的特征值)。然而,需要注意的是,若这些模式在开始时没有获得显著激励,即式(2.6.17)中 $v_i(0)$ 的值对于各个模式(取决于期待信号 $d(n)$ 的性质)都非常小,则缓慢的收敛将不会是问题。

可以从信号的功率谱密度与自相关矩阵对应的特征值之间的有趣的关系得到(Gray,1972)对特征值范围的物理描述,可以表示为(例子可见 Haykin,1996)

$$\frac{\lambda_{max}}{\lambda_{min}} \leqslant \frac{S_{xx}(\max)}{S_{xx}(\min)} \tag{2.6.27}$$

式中：$S_{xx}(\max)$、$S_{xx}(\min)$是参考信号在任何频率下最大与最小功率谱密度值。当自相关矩阵的规模变大时，对于 FIR 滤波器的许多系数，$\lambda_{max}$将接近$S_{xx}(\max)$，$\lambda_{min}$将接近$S_{xx}(\min)$，从而，$\lambda_{max}/\lambda_{min}$将几乎等于$S_{xx}(\max)/S_{xx}(\min)$。因此，当参考信号的功率谱密度具有大的动态范围，则可以估计出收敛的缓慢模式的潜在问题。

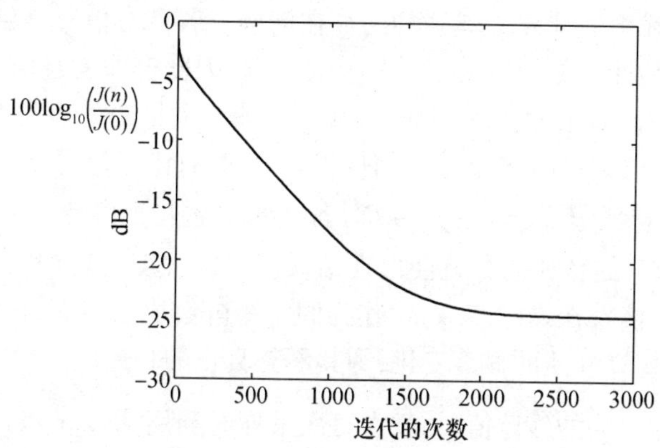


图 2.15　两个模态以不同速率收敛时 LMS 算法的平均收敛特性

# 2.7　RLS 算法

## 2.7.1　牛顿法

Hessian 矩阵 $\boldsymbol{A}$ 的小特征值对应的模式的慢收敛特性是最速下降法所固有的一种特性，如式(2.6.1)所示。为避免这些问题的发生，可以使用牛顿法更新滤波器系数，即可以写为

$$\boldsymbol{w}(\text{new}) = \boldsymbol{w}(\text{old}) - \mu\boldsymbol{A}^{-1}\frac{\partial J}{\partial \boldsymbol{w}}(\text{old}) \tag{2.7.1}$$

式中：Hessian 矩阵 $\boldsymbol{A}$ 等于式(2.3.7)中参考信号的自相关矩阵。

观察式(2.3.17)，可以得出这种算法的收敛特性，即

$$\frac{\partial J}{\partial \boldsymbol{W}} = 2[\boldsymbol{A}\boldsymbol{w} - \boldsymbol{b}] \tag{2.7.2}$$

在这种情况中，$\boldsymbol{b}$ 为式(2.3.8)给出的互相关向量。将其代入式(2.7.1)，同时注意到$\boldsymbol{A}^{-1}\boldsymbol{b} = \boldsymbol{w}_{opt}$，则式(2.7.1)可以写为

$$w(\mathrm{new}) = (1-\alpha)w(\mathrm{old}) + w_{opt} \tag{2.7.3}$$

式中：$\alpha = 2\mu$，在此处所假设的理想情况下（知道 $A^{-1}$ 的精确值，同时使用 $\partial J/\partial w$），则使用牛顿算法可以使所有的滤波器系数相互独立而且以相同的速率收敛。最速下降法中小特征值对应的收敛问题通过利用 $A^{-1}$ 预先给定梯度得到了解决。若对 $A^{-1}$ 及式(2.7.1)中的 $\partial J/\partial w$ 的估计可以令人完全满意，则我们可令 $\mu$ 等于 $\frac{1}{2}$，从而可以单步收敛到最优值。

通常在实践中估计 $A$ 及其逆均会存在问题。若参考信号是稳定的，则需要大量的数据来估计自相关矩阵，即 $A$ 中的元素，因此会非常耗时。而且需要计算 $A$ 的逆，当滤波器系数及 $A$ 都非常大时，将消耗大量的处理能力。同时，当 $A$ 是病态矩阵时，求其逆时将出现数值问题。若 $A$ 的特征值等于 $\lambda_i, i = 0,1,\cdots,I-1$，则 $A^{-1}$ 的特征值等于 $1/\lambda_i$。从而，若 $A$ 的一些特征值特别小而且没有很好估计时，计算 $A^{-1}$ 的特征值时就会出现错误。一定程度上这些问题可以在初始阶段预先计算，接着在式(2.7.1)中作为固定矩阵解决。然而，这种算法将不能适应参考特性统计性质的显著变化，即其不是真正的自适应。

假设 $\hat{A}^{-1}$ 是 $A^{-1}$ 的估计值，并且在每次采样时利用式(2.6.5)给出的梯度的瞬时估计值，如在 LMS 算法中，则可得到一个修正的牛顿法，即

$$w(n+1) = w(n) - \alpha\hat{A}^{-1}x(n)e^2(l/n) \tag{2.7.4}$$

### 2.7.2 递归最小二乘法

式(2.7.4)与递归最小二乘法（RLS）具有许多相似之处，即使通常从完全不同的角度得到 RLS（例子可见 Haykin，1996）。RLS 给出性能函数在每次采样时的精确最小。在采样时间 $n$ 处，性能函数通常表示为均方差的指数加权形式

$$J(n) = \sum_{l=0}^{n} \lambda^{n-l} e^2(l/n) \tag{2.7.5}$$

其中，$e(l|n)$ 是误差随时间的变化形式，而且当滤波器系数固定为那些值时可以从当前时刻计算出，即

$$e(l/n) = d(l) - w^{\mathrm{T}}(n)x(l) \tag{2.7.6}$$

注意，在定义 $J(n)$ 时用到的方差 $e^2(l|n)$ 的所有过去值，通过遗忘因子 $\lambda$（在 0 与 1 之间，不要与前面提到的特征值搞混）逐渐加权到更高的指数。

式(2.7.5)给出的与时间有关的性能函数可以表示为二次形式为

$$J(n) = w^{\mathrm{T}}(n)A(n)w(n) - 2w^{\mathrm{T}}(n)b(n) + c(n) \tag{2.7.7}$$

其中

$$\boldsymbol{A}(n) = \sum_{l=0}^{n} \lambda^{n-l} \boldsymbol{x}(l) \boldsymbol{x}^{\mathrm{T}}(l) \tag{2.7.8}$$

$$\boldsymbol{b}(n) = \sum_{l=0}^{n} \lambda^{n-l} \boldsymbol{x}(l) \boldsymbol{d}(l) \tag{2.7.9}$$

和

$$\boldsymbol{c}(n) = \sum_{l=0}^{n} \lambda^{n-l} \boldsymbol{d}^{2}(l) \tag{2.7.10}$$

这个二次型在第 $n$ 个采样点通过下面给出的滤波器系数达到最小化。RLS 算法依赖于式(2.7.11)在每个采样点的精确实现。

$$w_{opt} = \boldsymbol{A}^{-1}(n) \boldsymbol{b}(n) \tag{2.7.11}$$

应该注意的是,不论是 $\boldsymbol{A}(n)$ 还是 $\boldsymbol{b}(n)$ 都包含第 $n$ 个采样时刻的数据,从而也只有在获得这些采样数据后,才可以计算出 $\boldsymbol{w}_{opt}$。为了与式(2.6.6)中 LMS 算法的性质保持一致,即利用第 $n$ 个采样点的数据计算 $w(n+1)$,我们必须利用式(2.7.11)计算 $\boldsymbol{w}(n+1)$,即 RLS 算法的目的是令 $\boldsymbol{w}(n+1)$ 等于

$$\boldsymbol{w}(n+1) = \boldsymbol{A}^{-1}(n) \boldsymbol{b}(n) \tag{2.7.12}$$

式中:$\boldsymbol{A}(n)$ 与 $\boldsymbol{b}(n)$ 分别由式(2.7.8)与式(2.7.9)给出。

对 $\boldsymbol{w}(n+1)$ 的计算主要基于滤波器系数的过去值 $\boldsymbol{w}(n)$,结合式(2.7.12),即

$$\boldsymbol{w}(n) = \boldsymbol{A}^{-1}(n) \boldsymbol{b}(n-1) \tag{2.7.13}$$

从式(2.7.9)中的定义,我们可以看出 $\boldsymbol{b}(n)$ 仅通过第 $n$ 个采样时刻的 $\boldsymbol{b}(n-1)$ 计算出来,即

$$\boldsymbol{b}(n) = \lambda \boldsymbol{b}(n-1) + \boldsymbol{x}(n) \boldsymbol{d}(n) \tag{2.7.14}$$

同样地

$$\boldsymbol{A}(n) = \lambda \boldsymbol{A}(n-1) + \boldsymbol{x}(n) \boldsymbol{x}^{\mathrm{T}}(n) \tag{2.7.15}$$

以及利用 $\boldsymbol{A}(n)$ 的逆计算 $\boldsymbol{w}(n+1)$。然而,在每个采样点计算 $\boldsymbol{A}(n)$ 的逆也是一个非常庞大的计算量,从而通过 $\boldsymbol{A}(n-1)$ 计算 $\boldsymbol{A}(n)$ 变得非常可取,这可以通过 Woodbury 逆公式的特例,矩阵逆的引理实现,具体可见附录的讨论,其形式为

$$\boldsymbol{A}^{-1}(n) = \lambda^{-1} \boldsymbol{A}^{-1}(n-1) - \frac{\lambda^{-2} \boldsymbol{A}^{-1}(n-1) \boldsymbol{x}(n) \boldsymbol{x}^{\mathrm{T}}(n) \boldsymbol{A}^{-1}(n-1)}{1 + \lambda^{-1} \boldsymbol{x}^{T}(n) \boldsymbol{A}^{-1}(n-1) \boldsymbol{x}(n)} \tag{2.7.16}$$

将式(2.7.16)与式(2.7.14)代入式(2.7.12),可得,

$$\boldsymbol{w}(n+1) = [\boldsymbol{\lambda}^{-1}\boldsymbol{A}^{-1}(n-1) - \lambda^{-1}\boldsymbol{\alpha}(n)\boldsymbol{A}^{-1}(n-1)\boldsymbol{x}(n)\boldsymbol{x}^{\mathrm{T}}(n)\boldsymbol{A}^{-1}(n-1)] \times [\lambda\boldsymbol{b}(n-1) + x(n)\boldsymbol{d}(n)] \tag{2.7.17}$$

其中

$$\alpha(n) = \frac{1}{\lambda + \boldsymbol{x}^{\mathrm{T}}(n)\boldsymbol{A}^{-1}(n-1)\boldsymbol{x}(n)} \tag{2.7.18}$$

将式(2.7.17)展开,利用式(2.7.13)与式(2.7.18),经过一些变换,新的滤波器系数可以利用先前的滤波器系数表示为

$$\boldsymbol{w}(n+1) = \boldsymbol{w}(n) + \alpha(n)\boldsymbol{A}^{-1}(n-1)\boldsymbol{x}(n)\boldsymbol{e}(n) \tag{2.7.19}$$

其中

$$\boldsymbol{e}(n) = \boldsymbol{d}(n) - \boldsymbol{x}^{\mathrm{T}}(n)\boldsymbol{w}(n) \tag{2.7.20}$$

式(2.7.19)连同式(2.7.16)、式(2.7.18)和式(2.7.20)组成了 RLS 算法。式(2.7.20)对 $e(n)$ 的定义与在 LMS 算法中得出的形式保持一致,在 LMS 算法中利用从前一个采样点数据得到的滤波器系数计算出来。这就是所谓的先验误差。在一些算法中,尤其是用于自适应 IIR 滤波器时,也有所谓的后验误差,利用从新的采样点数据计算出来的滤波器系数 $\boldsymbol{w}(n+1)$ 重新计算误差信号。

### 2.7.3 快速 RLS 算法

RLS 在每个采样点需要 $O(I^2)$ 次计算,即需要 $I^2$ 阶计算,其中 $I$ 为滤波器数目;对比,LMS 算法在每个采样点只需要 $O(I)$ 次计算。已经做了相当多的工作去实现利用更新方程中存在的对称性与冗余量将 LMS 在每个采样点的计算量降低为 $O(I)$ 次,即所谓的快速 RLS 算法(Haykin,1996)。早期的算法由于摄入误差的加剧往往不稳定,但现在利用误差反馈或固有鲁棒的 QR 晶格结构可使算法变得更加具有鲁棒性(Haykin,1996)。由于对于 $n$ 中的小值,自相关矩阵的估计 $A^{-1}(n)$ 往往不够精确,从而 RLS 算法通常由 $A^{-1}(0) = \boldsymbol{\delta}^{-1}I$ 初始化,其中 $\delta$ 是一个小的正常数。从而,RLS 算法的初始收敛率不如式(2.7.1)所示的牛顿法简单,这不仅是因为牛顿法使用梯度的瞬时有效估计,而且因为自相关矩阵是递归估计的。

当信号是稳定的而且自相关矩阵具有宽范围的特征值时,RLS 算法相比 LMS 算法具有更优异的收敛性能,具体的例子可见 Haykin(1996)和 Clarkson(1993)。正如在 LMS 算法中的作用,遗忘因子的大小决定了 RLS 算法对收敛速度和失调之间的偏重。然而,需要注意的是,当信号不稳定时,RLS 算法和 LMS 算法对非稳定信号的跟踪能力则取决于应用场合(Haykin,1996)。例如,对于啁啾信号,Bershad 和 Macchi(1989)证明 LMS 算法要比 RLS 算法优异。从

而,RLS 算法除了在稳定信号的情况下,一般不能保证比 LMS 算法优异。

## 2.8　频域自适应

另一种潜在的可以用于提高时域 LMS 算法收敛特性的方法是使用正则化的频域 LMS 算法。这个算法可在滤波器具有大量系数时显著降低更新系数所需的计算量。对于我们在第 3 章和第 5 章将讨论的前馈与反馈控制器,频域算法也具有其他的一些优点,因此,本节是对频域算法的一般性介绍。对频域算法的更详细介绍可见 Shynk(1992)和 Haykin(1996,第 10 章)。

### 2.8.1　块 LMS 算法

我们以复习式(2.6.1)开始,其描述了使用最速下降法自适应的一般原理

$$\boldsymbol{w}(\text{new}) = \boldsymbol{w}(\text{old}) - \mu \frac{\partial J}{\partial \boldsymbol{w}}(\text{old}) \tag{2.8.1}$$

同时,式(2.6.4)对导数向量的表示

$$\frac{\partial J}{\partial \boldsymbol{w}} = -2E[\boldsymbol{x}(n)\boldsymbol{e}(n)] \tag{2.8.2}$$

在导出 LMS 算法时,我们利用这些导数的瞬时项更新滤波器系数。另一种方法是利用 $N$ 个采样点计算 $x(n)e(n)$ 的平均值,同时每隔 $N$ 个采样点,利用这个值更新滤波器系数,即

$$\boldsymbol{w}(n+N) = \boldsymbol{w}(n) + \frac{\alpha}{N}\sum_{l=n}^{n+N-1}\boldsymbol{x}(l)\boldsymbol{e}(l) \tag{2.8.3}$$

式中:$\alpha=2\mu$。这就是所谓的块 LMS 算法,当滤波器系数的收敛速度相比块的尺寸不是特别快时,它与 LMS 算法具有相同的收敛性质(Clark 等人,1980,1981),这是因为滤波器系数更新的频率要小于 LMS 算法,但每次更新的幅度却要更大。块 LMS 算法与 LMS 算法的主要区别为:LMS 算法使用梯度估计的递归估计,而块 LMS 算法使用有限的移动平均。用来更新式(2.8.3)中的滤波器系数的量可以认为是参考信号 $\boldsymbol{x}(n)$ 与误差信号之间的互相关函数的估计,即

$$\hat{\boldsymbol{R}}_{xe}(i) = \frac{1}{N}\sum_{l=n}^{n+N-1}\boldsymbol{x}(l-i)\boldsymbol{e}(l) \tag{2.8.4}$$

对互相关函数的估计需要计算从 $i=0$ 直至 $I-1$,其中 $I$ 是将要更新的滤波器系数的数目。对块 LMS 算法的最有效设置是当 $N=I$ 时,块 LMS 算法在每个采样点需要计算 $N^2$ 次乘法,从而与传统的 LMS 算法具有相同的计算量。当 $N$ 相当时,利用功率谱密度计算互相关函数的估计及利用快速傅里叶变换计算参

考信号与误差信号的块离散傅里叶变换会更加有效。然而,为了实现互相关函数估计的无偏性,需要注意避免圆周相关的影响,如可以使用保存重叠方法(Rabiner 和 Gold,1975)。这包括对 $2N$ 个点进行傅里叶变换及在进行傅里叶变换之前在误差数据块中加入 $N$ 个零点。只有互相关函数的因果部分用来更新滤波器系数,从而 $2N$ 互相关函数的一半都被摒弃了。这需要与 2.4 节中$\{\quad\}_+$同样的操作,以及包括对谱密度的傅里叶反变换,置零或将互相关函数的非因果部分经“窗口”滤掉,最后对结果进行傅里叶反变换。第 $m$ 次迭代时在第 $k$ 个频率窗口对滤波器系数更新的自适应算法可以写为

$$W_{m+1}(k) = W_m(k) + \alpha\{X_m^*(k)E_m(k)\}_+ \tag{2.8.5}$$

式中:$X_m(k)$ 是 $x(n)$ 在第 $2N$ 点数据段的离散傅里叶变换,$*$ 指复数共轭,$E_m(k)$ 假定已使用保存重叠方法预防圆周重叠,$e(n)$ 的第 $m$ 次 $N$ 点的数据段加上 $N$ 个零点的离散傅里叶变换。这个算法由 Clark 等人(1980)和 Ferrara(1980)给出,并称为快速 LMS 算法(FLMS),并证明其等价于块 LMS 算法。

如果在频域内获得参考信号和滤波器响应,把为获得滤波器输出而进行的卷积改在频域内进行的话,则可进一步降低计算时间,即

$$Y_m(k) = W_m(k)X_m(k) \tag{2.8.6}$$

随时间的变化关系则只能通过傅里叶反变换(IFFT)获得,而且为避免圆周重叠仅使用最后 $N$ 个数据点。这个过程不可避免地为滤波器计算引进一个块长度的延时。频域 LMS 算法的框图如图 2.16 所示(Ferrara,1985;Shynk,1992)。

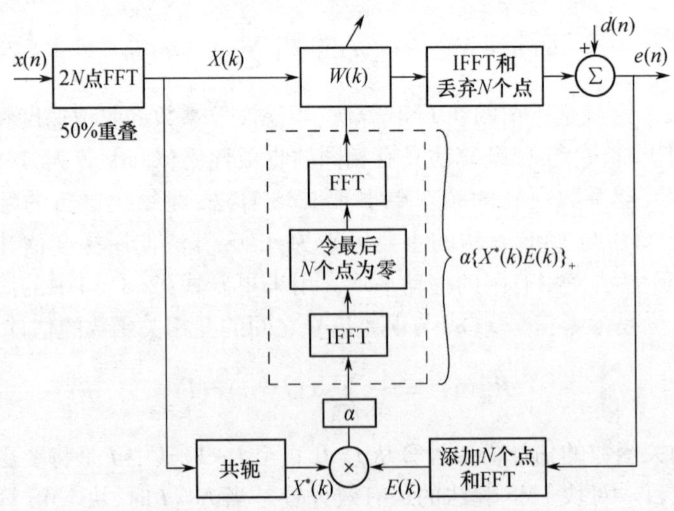


图 2.16　LMS 算法频域实现的框图

从而,滤波器在频域的实现及参考信号与参考信号的卷积将需要 5 个 $2N$ 点的 FFT,其中 $N=I$,$I$ 为滤波器系数的数目。若每 $2N$ 点的傅里叶变换需要 $2N\log_2 2N$ 次运算(Rabiner 和 Gold,1975),则频域滤波器每隔 $N$ 个采样需要计算 $10N\log_2 2N$ 次,或者是每个采样需要计算 $10\log_2 2N$ 次。传统 LMS 算法每次采样需计算 $N$ 次更新滤波器系数,以及在时域计算参考信号与滤波器系数的卷积时,每个采样点需计算 $N$ 次。从而,在频域实现 *LMS* 算法的计算次数比直接实现时要少 $N/5\log_2 2N$ 倍。对于一个具有 512 个系数的滤波器,则大约节省了 10 倍的计算量。

### 2.8.2　与频率有关的收敛系数

抛开计算上的优势,在频域实现滤波器也有可能改进 LMS 算法的收敛性质。这个观点首先由 Ferrara(1985)提出,他认为在频域,以频率窗口给出的误差信号 $E_m(k)$ 仅是同样窗口中滤波器系数 $W(k)$ 的函数,从而频率域内的滤波器系数相互独立地收敛。若事实如此的话,则可以对于每个窗口独立选择收敛系数,从而自适应算法变为

$$W_{m+1}(k) = W_m(k) + \{\alpha(k)X_m^*(k)E_m(k)\}_+ \tag{2.8.7}$$

例如,每个独立频率窗口中用于自适应的收敛系数可以用窗口平均功率正则化,即

$$\alpha(k) = \frac{\tilde{\alpha}}{E[\,|X(k)|^2]} \tag{2.8.8}$$

式中:$\tilde{\alpha}$是一个正则化收敛系数。在一些应用中,这种对频率有关的收敛系数的正则化,可以大幅改进自适应滤波器的收敛率。

不幸的是,若将与频率有关的收敛系数用于式(2.8.7),不能保证自适应滤波器往最优处(维纳滤波器)收敛(Feuer 和 Cristina,1993)。而且当具有因果约束的最优滤波器与非因果约束的滤波器相当不同时会使这个问题变得更加严重,如在线性预测问题中(Elliott 和 Rafaely,2000)。

解决这个问题的方法是直接从牛顿法[式(2.7.3)]推出一个自适应算法,在 $z$ 域内可以写为

$$W_{m+1}(z) = (1-\alpha)W_m(z) + \alpha W_{opt}(z) \tag{2.8.9}$$

式中:$\alpha$ 为收敛系数,$W_{opt}(k)$ 为最优因果滤波器。第 $m$ 次迭代参考信号和误差信号之间的互相关函数的 $z$ 变换可以写为

$$S_{xe}(z) = S_{xd}(z) - W_m(z)S_{xx}(z) \tag{2.8.10}$$

从而,可将式(2.4.23)所表示的最优维纳滤波器的传递函数写为

$$W_{opt}(z) = \frac{1}{F(z)}\left\{\frac{S_{xe}(z)}{F(z^{-1})}\right\}_{+} + \frac{1}{F(z)}\left\{W_m(z)\ \frac{S_{xx}(z)}{F(z^{-1})}\right\}_{+} \tag{2.8.11}$$

但是，$S_{xx}(z) = F(z)F(z^{-1})$，而且，$W(z)$和 $F(z)$均是因果的，式(2.8.11)的最终项正好等于 $W_m(z)$。将 $W_{opt}(z)$的结果代入式(2.8.9)可以将牛顿法写为

$$W_{m+1}(z) = W_m(z) + \frac{\alpha}{F(z)}\left\{\frac{S_{xe}(z)}{F(z^{-1})}\right\}_{+} \tag{2.8.12}$$

若我们通过利用当前的数据块 $X^*(k)E(k)$对 $S_{xe}(k)$进行近似估计，考虑这个算法的离散频域形式，则可以从每个新的数据块计算出牛顿法的离散频域估计，即

$$W_{m+1}(k) = W_m(k) + \alpha_m^k\{\alpha_m^-(k)X_m^*(k)E_m(k)\}_+ \tag{2.8.13}$$

其中，$\alpha_m^+(k) = \sqrt{\alpha}/\hat{F}_m(k)$相当于一个完整的因果时间序列，$\alpha_m^-(k) = [\alpha_m^+(k)]^*$相当于非因果时间序列，以及在应用中可以通过对$\sqrt{\hat{S}_{xx.m}(k)}$进行 Hilbert 变换得到，$\hat{F}_m(k)$参考信号的功率谱密度在第 $m$ 个块的实际估计的谱因子$\hat{S}_{xx.m}(k)$。

在式(2.8.13)中，由式(2.8.8)给出的窗口正则化的收敛系数被分成了两个部分。由于在式(2.8.3)中的因果约束只用到了因果部分，从而不影响 $X^*(k)E(k)$的傅里叶变换的因果部分对滤波器的自适应产生的影响，因此可以收敛到最优因果滤波器(Elliott 和 Rafaely，2000)。

### 2.8.3 传递函数域的 LMS

除了通过对块数据操作在频域实现 LMS 算法，也可通过每个采样对数据向量进行变换，从而给出信号的校正集合，因此可以基于连续抽样自适应滤波。这种算法被称为传递函数域 LMS 算法(Narayan 等人，1983；Haykin，1996)，有时也被称为滑行频域 LMS 算法。

这个变换产生完全无关的信号集合就是所谓的 Karhunen - Loeve 变换(KLT)，但是这个变换却与信号有关。在一定程度上，其他的一些变换也具有这种无关的性质。特别地，离散傅里叶变换对于长的数据向量渐进地等价于 KLT。对于有限长度的滤波器，余弦变换(DCT)对于各种低通信号表现出优异的性能(Beaufays，1995)。然而，上面所使用的 DFT 的优点是，在传递函数域的滤波器系数可以表现出物理意义，这对于将在第 7 章讨论的对控制滤波器响应施加约束会非常有帮助。另一类算法是通过对数据进行预处理得到信号的变换集合，这些集合建立在晶格结构比原始参考信号具有更少的相关性(例子可见 Friedlander,1982)。

## 2.9　自适应 IIR 滤波器

在主动控制的应用中,自适应滤波器可以用来抑制干扰或建立系统的响应模型。IIR 滤波器相比 FIR 滤波器对于欠阻尼共振系统的建模更加有效。例如,IIR 滤波器相比 FIR 滤波器需要更少的滤波器系数建立欠阻尼结构的振动模型。这是因为,如式(2.2.15)所示,IIR 滤波器的传递函数既具有零点也具有极点。因此,由于 IIR 滤波器是对描述物理系统的微分方程或系统状态空间的直接映射,其对一些物理系统响应的建模更具有吸引力。我们将看到在一些主动控制应用中具有自然 IIR 结构的理想控制器的响应。

### 2.9.1　噪声抑制和系统辨识

自适应滤波器有两种可能结构,分别为抑制干扰和对未知系统建模,如图 2.17 所示。可以称第一种功能为自适应噪声抑制,如图 2.17(a)所示,其主要目的是减小误差信号 $e(n)$,一般为均方的形式,通过取消干扰 $d(n)$ 的成分,$d(n)$ 与参考信号 $x(n)$ 有关。在主动控制系统中,自适应对消机构在自适应滤波器的输出与误差信号的观测点之间具有另外的复杂对象响应。本节所讨论的自适应噪声抑制,均指的是对电子噪声的处理。第二种功能是自适应系统辨识,如图 2.17(b)所示,其主要目的是保证滤波器 $H(z)$ 的系数与要辨识系统中的系数尽可能接近,其中,系统的传递函数为 $H_*(z)$,经 $x(n)$ 产生 $d(n)$,即使 $d(n)$ 可能含有噪声 $v(n)$。严格来讲,$H(z)$ 仅对时不变系统的传递函数而言,但是,在这里我们仍用它来表示系数在时间中被"冻住"的自适应滤波器的传递函数。

若 $x(n)$ 与 $v(n)$ 不相关,且 $x(n)$ 为白噪声信号,则上面两种功能具有相同的解,即当 $H(z)$ 的结构和阶次与 $H_*(z)$ 中的相同,并且两个滤波器中的系数的值相等时,均方误差将最小。然而,如果 $x(n)$ 是定则信号,则噪声抑制任务可以通过 $H(z)$ 的各种响应精确完成,$H(z)$ 与 $H_*(z)$ 具有不同的系数,但在激励频率下却有相同的振幅和相位。从而,系统辨识可以认为是一个比噪声抑制更加精确的任务,为了得到精确的 $H_*(z)$ 的模型,需要对参考信号和滤波器的系数均有限制。图 2.17 给出的自适应滤波器的两种功能导致两种截然不同的设计方法,对 IIR 滤波器尤为如此。在本节,我们将简要复习两者的历史,从而会更加清楚自适应 IIR 滤波器在主动控制领域的应用。具体资料可参考 Treichler (1985),Treichler 等人(1987),Shunk(1989)和 Netto 等人(1995)。

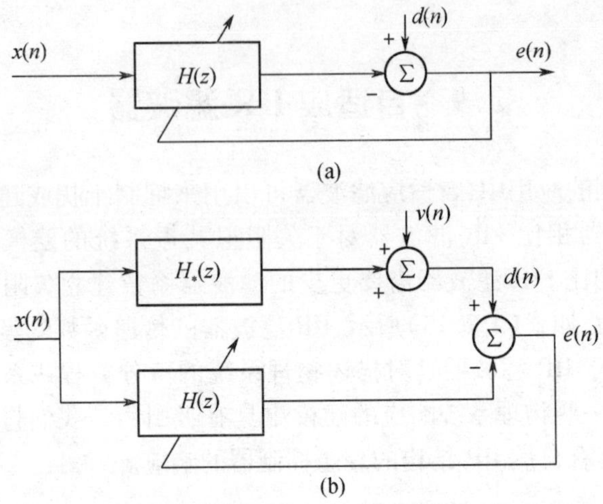


图 2.17　用于自适应噪声对消器(a),自适应系统辨识(b)的自适应滤波器

不幸的是,设计一个可靠且无偏重的算法去更新 IIR 滤波器的系数要比找到这样的算法困难得多。部分是由于保证收敛问题,同时也因为对滤波器结果稳定性的关注。若 IIR 滤波器的任何极点都位于 $z$ 平面的单位圆的外部,则滤波器将不稳定。然而,自适应 IIR 滤波器的稳定性比这更复杂,因为滤波器的系数即等价固定滤波器的极点将随时间而改变。我们将看到,自适应 IIR 滤波器是否会当其中的一些极点(严格地讲,为其等价冻住系数滤波器的极点)迁移到单位圆而变得不稳定取决于其使用的是哪一种自适应算法。

## 2.9.2　输出误差方法

在 IIR 滤波器中用于更新系数的两种基本理念是输出误差方法和方程误差方法。输出误差方法是在信号处理领域应用最为广泛的一种方法,如图 2.18 所示,其中自适应滤波器输出的形式为

$$y_o(n) = \sum_{j=1}^{J} a_j(n) y_o(n-j) + \sum_{i=0}^{I-1} b_i(n) x(n-i) \tag{2.9.1}$$

从而输出误差可以定义为

$$e_o(n) = d(n) - y_o(n) \tag{2.9.2}$$

对于自适应噪声抑制来说这是最直白的定义方式,但是不幸的是却存在许多问题。这些问题与式(2.9.1)的递归特性有关,意味着当前的输出结果不仅是过去输入的函数,而且是过去输出的函数,即取决于滤波器的系数。鉴于,FIR 滤波器的瞬时输出是其系数的线性函数,$y_o(n)$ 对于递归滤波器的系数有着

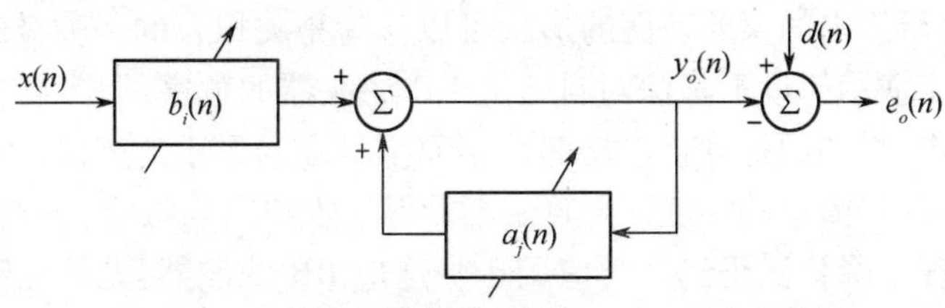


图2.18　自适应滤波器输出误差$e_0(n)$的定义结构

更为复杂的关系。这意味着输出误差的均方值不再是滤波器系数的二次形式，而且误差表面可能也不是单峰的(Stearns,1981)。例如，如图2.19所示，是一个一阶IIR滤波器的均方误差表面，其在式(2.9.1)中只含有$a_1$与$b_0$两个系数，其中当图2.18的信号$d(n)$通过将白噪声参考信号$x(n)$通过一个系数分别为$a_{*1}=1.1314$、$a_{*2}=-0.25$、$b_{*0}=0.05$、$b_{*1}=-0.4$的二阶IIR滤波器产生(Johnson和Larimore,1977)。显然，在此情况下误差表面具有两个最小值：一个局部最小均方误差值为0.976在$a_1=0.114$、$b_0=-0.519$处；一个全局最小均方误差值为0.277在$a_1=-0.311$、$b_0=0.906$处。这是自适应滤波器欠拟合产生的$d(n)$系统，因为它的阶次比系统低。Shynk(1989)列出了误差表面不存在局部最小值的条件：参考信号为白噪声；自适应滤波器具有足够的系数对产生$d(n)$的系统进行精确识别；自适应滤波器中的非递归系数要多于产生$d(n)$的系数的递归系数。若模型的阶次高于待识别的系数的阶次，则称为过拟合。这在实践中很难保证，因为一般不知道要识别系统的阶次。同时，若自适应滤波器含有对系统建模所不需要的极点和零点，则它们将由于零极点对消而产生隐藏的动态，这在零极点对位于单位圆内时会极其糟糕。

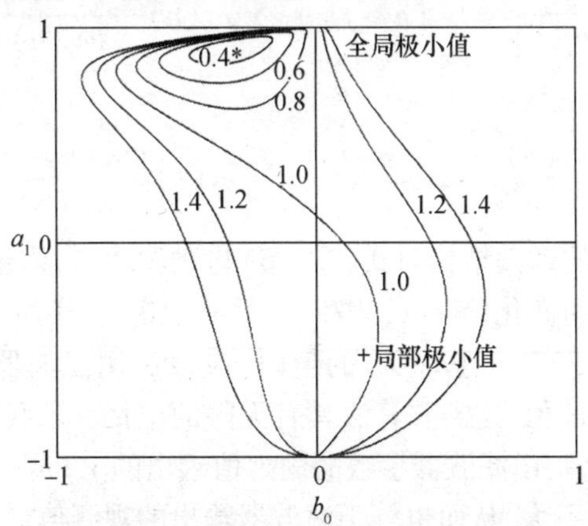


图2.19　欠建模IIR滤波器的均方误差表面：常数均方差的轮廓和一个局部、一个全局两个最小点的存在

图2.19所给出的误差表面的形状可以认为是欠拟合的一种极端情形。它同时也可用来演示梯度下降法对自适应IIR滤波器的危害,因为当自适应滤波器的系数为零时,局部梯度将沿局部最小而不是全局最小的方向移动。当误差表面不是单峰时,简单的梯度下降算法不能保证收敛到全局最小。然而,各种不同形式的梯度下降算法仍然广泛应用于自适应IIR滤波器,尤其在噪声抑制领域。在这些应用中,只要残余误差已经显著降低,则对于滤波器收敛到局部最小而不是全局最小或许不是那么重要。然而,应该将欠拟合的危害铭记在心,确保收敛到局部最小时不会显著影响滤波器的性能。

### 2.9.3 梯度下降算法

我们将通过把性能函数表示为输出误差平方的期望的形式继续讨论方程误差算法,即

$$J = E[e_o^2(n)] \tag{2.9.3}$$

对系数 $a_j$、$b_i$ 的导数分别为

$$\frac{\partial J}{\partial a_j}(n) = -2E\left[e_o(n)\frac{\partial y_o(n)}{\partial a_j(n)}\right] \tag{2.9.4}$$

和

$$\frac{\partial J}{\partial b_i}(n) = -2E\left[e_o(n)\frac{\partial y_o(n)}{\partial b_i(n)}\right] \tag{2.9.5}$$

输出信号对滤波器系数的导数利用式(2.9.1)可以写为

$$\frac{\partial y_o(n)}{\partial a_j(n)} = y_o(n-j) + \sum_{k=1}^{J} a_k(n)\frac{\partial y_o(n-k)}{\partial a_j(n)} \tag{2.9.6}$$

和

$$\frac{\partial y_o(n)}{\partial b_i(n)} = x(n-i) + \sum_{k=1}^{J} a_k(n)\frac{\partial y_o(n-k)}{\partial b_i(n)} \tag{2.9.7}$$

利用它们自己的递归结构对式(2.9.6)与式(2.9.7)求值会非常复杂,同时滤波器系数也随时间变化(White,1975)。严格地讲,对于所有的过去时间,求式(2.9.6)与式(2.9.7)中 $y_o(n-k)$ 的值时,应该利用滤波器系数的固定值,即 $a_j(n)$ 和 $b_i(n)$ 的当前值,这需要算法具有无限的记忆。若我们假设滤波器的系数随时间缓慢变化,则由滤波器参数的固定值求出的 $y_o(n-k)$ 与由时变参数求出的 $y_o(n-k)$ 区别不大,从而也等于滤波器输出的观测值。

例如,若滤波器系数随时间变化则意味着 $\partial y_o(n-k)/\partial a_j(n)$ 不仅是 $\partial y_o(n)/\partial a_j(n)$ 的延时形式。然而,若我们假设在每次迭代时滤波器系数仅发生微小的

变化，即满足准静态，则我们可以忽略这些复杂性，写为

$$\frac{\partial y_o(n)}{\partial a_j(n)} \approx u_j(n) = y_o(n-j) + \sum_{k=1}^{J} a_k(n) u_j(n-k) \tag{2.9.8}$$

和

$$\frac{\partial y_o(n)}{\partial b_i(n)} \approx v_i(n) = \boldsymbol{x}(n-i) + y/\sum_{k=1}^{J} a_k(n) v_i(n-k) \tag{2.9.9}$$

式中：$u_j(n)$ 和 $v_i(n)$ 为 $\partial y_o(n)/\partial a_j(n)$、$\partial y_o(n)/\partial b_k(n)$ 的近似信号，$a_j(n)$、$b_i(n)$ 是当前采样时刻的滤波器系数。

从而，这些递归梯度估计值可以作为最速下降法改进滤波器系数时所利用的式(2.9.4)与式(2.9.5)给出的瞬时梯度估计的基础，即

$$a_j(n+1) = a_j(n) + \alpha e_o(n) u_j(n) \tag{2.9.10}$$

和

$$b_i(n+1) = b_i(n) + \alpha e_o(n) v_i(n) \tag{2.9.11}$$

基于滤波器系数缓慢变化的事实，利用 $u_0(n-j)$ 近似 $u_j(n)$，$v_0(n-i)$ 近似 $v_i(n)$，可以进一步简化算法，此时仅需要对一对信号进行递归估计(Shynk，1989)。

### 2.9.4　RLS 算法

可以通过忽略式(2.9.6)与式(2.9.7)中的递归部分得到一种对梯度的更加粗糙的近似算法，在此情况下自适应方程简化为(Feintuch，1976)

$$a_j(n+1) = a_j(n) - \alpha e_o(n) y_o(n-j) \tag{2.9.12}$$

和

$$b_i(n+1) = b_i(n) - \alpha e_o(n) x(n-i) \tag{2.9.13}$$

这就是信号处理中所谓的递归 LMS 算法(RLMS)。它的原理与 Landau(1976)提出的虚拟线性递归(PLR)非常类似(也可参见 Ljung，1999 和 Harteneck 和 Stewart，1996)。为达到最快的收敛速度，通常有必要在式(2.9.12)与式(2.9.13)中使用不同的收敛系数。Billout 等人(1989)和 Crawford 等人(1996)对一种全反馈递归结构进行了讨论，在此结构中输出被反馈到滤波器的非递归部分作为其输入而不是输出。

尽管在一些应用中，RLMS 算法可以收敛到有所偏重的解，如图 2.19 所示的模型问题(Johnson 和 Larimore，1977；Widrow 和 McCool，1977；Hansen 和 Snyder，1997)，但是它很容易实现而且对于很多系统可以较大程度地降低输出误

差,从而应用非常广泛。

对于缓慢的自适应,式(2.9.10)与式(2.9.11)表示的真实梯度算法与式(2.7.12)与式(2.9.13)表示的 RLMS 算法中的梯度估计的不同是,梯度估计通过在前一种算法中一个在时间中被冻住的系统滤波得出,传递函数为

$$\boldsymbol{A}(z) = 1 - \sum_{k-1}^{J} a_k(n) z^{-k} \tag{2.9.14}$$

若自适应滤波器从零系数收敛到与产生 $d(n)$ 的系统[假设其响应为 $H_*(z)=B_*(z)/A_*(z)$]精确匹配,则 $A(z)$ 会从开始收敛时的等于零到最终等于 $A_*(z)$。已经通过多种方法研究了 RLMS 算法的稳定性(具体例子可见 Treichler,1985;Ren 和 Kumar,1992),其稳定性主要依赖对传递函数 $1/A_*(z)$ 是实数且严格正定(SPR)的假设,即

$$\mathrm{Re}\left[\frac{1}{\boldsymbol{A}_*(\mathrm{e}^{j\omega T})}\right] > 0, \text{对于所有的 } \omega T \tag{2.9.15}$$

这意味着对于所有频率 $1/A_*(z)$ 的频率响应的相位必须在 ±90°以内,从而也意味着在收敛的过程中,自适应滤波器的递归部分的相位响应也应满足此条件。在前馈自适应控制器中也可导出相似的条件,其中对象与内部模拟对象的相位响应的不同是很重要的。自适应滤波器除了可对参考信号进行滤波,如式(2.7.8,9)在梯度下降算法的作用,还可通过对误差信号进行滤波达到稳定,此时的响应为 $C(z)$,从而稳定性条件为 $C(z)/A_*(z)$ 是 SPR(Treichler,1985),$C(z)$ 的相位响应也必定在 $A_*(z)$ 的 90°以内。

Macchi(1995)对 RLMS 算法及使用式(2.9.8)与式(2.9.9)中的更加完整形式的梯度的最速下降算法的收敛特性进行了研究,证明 RLMS 具有显而易见的粗糙性,但其具有很重要的自稳定性质。对这个性质目前还没有完全弄明白,但是其效果是,当其等价冻住的滤波器的一个极点迁移到单位圆外时,经过 RLMS 算法的运算,其又会被赶回到单位圆内部。这种滤波器系数的周期性漂移趋向于不稳定,接着又被恢复,这种现象可在自适应回声抑制应用及自适应控制系统中观察到,即所谓的“bursting”现象(Johnson,1995)。另一种自适应 IIR 算法没有这种自稳定性质,当其中一个极点迁移到单位圆外部时就会变得不稳定,即使可以监测其稳定情况及可以通过各种策略防止不稳定的发生(Clarkson,1993;Stonick,1995)。

### 2.9.5 方程误差方法

如图 2.18 所示,当输出误差很小时,输出 $y_o(n)$ 将接近等于干扰 $d(n)$,这

种情况启发得到在IIR滤波器中更新系数的另一种方法。这种方法可以调整滤波器系数最小化$d(n)$与信号

$$y_e(n) = \sum_{j=1}^{J} a_j(n)d(n-j) + \sum_{i=0}^{I-1} b_i(n)x(n-i) \tag{2.9.16}$$

之间的差别。

这种差值信号即所谓的方程误差，其定义为

$$e_e(n) = d(n) - y_e(n) \tag{2.9.17}$$

它有一个重要性质是$a_j$与$b_i$均是线性的。这是因为如图2.18所示的递归已经通过使用$d(n)$而不是$y_o(n)$导出$a_j(n)$而得以避免，如图2.20所示。鉴于方程误差对于滤波器系数是线性的，从而均方方程误差是这些参数的二次函数，因此可以设计出保证收敛到均方方程误差的唯一全局最小值的自适应算法。这种算法被广泛应用于控制领域中的系统辨识中（Goodwin 和 Sin，1984；Norton，1986；Ljung，1999）。

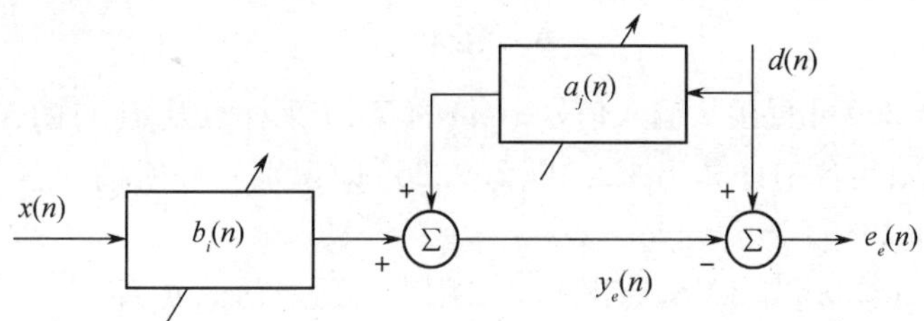


图2.20　自适应IIR滤波器中方程误差$e_e(n)$的定义框图

在系统识别领域，对未知系统的参数的估计方法称为离线（批）算法。在讨论周期性的更新未知系统的参数，即在线识别算法之前，我们将利用方程误差简单复习这种算法。我们以重写方程误差系统——式(2.9.16)的输出开始，具有固定系数的向量形式为

$$\boldsymbol{y}_e(n) = \boldsymbol{\theta}^{\mathrm{T}}\boldsymbol{\phi}(n) \tag{2.9.18}$$

其中

$$\boldsymbol{\theta} = [a_1 \cdots a_J, b_0 \cdots b_{I-1}]^{\mathrm{T}} \tag{2.9.19}$$

是滤波器参数的向量，和

$$\boldsymbol{\phi}(n) = [d(n-1) \cdots d(n-J), x(n) \cdots x(n-I+1)]^{\mathrm{T}} \tag{2.9.20}$$

是回归因子向量的向量形式，广泛应用于辨识领域。

从而，式(2.9.16)表示的方程误差等于

$$\boldsymbol{e}_e(n) = \boldsymbol{d}(n) - \boldsymbol{\theta}^{\mathrm{T}}\boldsymbol{\phi}(n) \tag{2.9.21}$$

鉴于 $\boldsymbol{\phi}(\boldsymbol{\theta})$ 不是 $\boldsymbol{\theta}$ 的函数，$\boldsymbol{\theta}$ 中的所有参数均是线性的。从而有限时间中估计出的均方方程误差值的二次型为

$$\sum_{n=0}^{N-1} \boldsymbol{e}_e^2(n) = \boldsymbol{\theta}^{\mathrm{T}} A \boldsymbol{\theta} - 2\boldsymbol{b}^{\mathrm{T}} \boldsymbol{\theta} + \boldsymbol{c} \tag{2.9.22}$$

其中

$$\boldsymbol{A} = \sum_{n=0}^{N-1} \boldsymbol{\phi}(n) \boldsymbol{\phi}^{\mathrm{T}}(n) \tag{2.9.23}$$

$$\boldsymbol{b} = \sum_{n=0}^{N-1} \boldsymbol{\phi}(n) \boldsymbol{d}(n) \tag{2.9.24}$$

和

$$\boldsymbol{b} = \sum_{n=0}^{N-1} \boldsymbol{d}^2(n) \tag{2.9.25}$$

假设 $\boldsymbol{A}$ 非奇异，当给定如下条件时式(2.9.22)有全局最小值。

$$\boldsymbol{\theta}_{opt} = \boldsymbol{A}^{-1} \boldsymbol{b} \tag{2.9.26}$$

式(2.9.26)可直接从输入信号 $x(n)$ 的 $N+I$ 采样点及 $\boldsymbol{d}(n)$ 的 $N+J$ 个采样点的一个有限集合中计算出来。式(2.9.26)即识别领域所谓的普通最小二乘估计(Norton,1986)。

梯度估计算法，如 LMS，原则上可以用于自适应估计 $\boldsymbol{\theta}$，即

$$\boldsymbol{\theta}(n+1) = \boldsymbol{\theta}(n) + \alpha \boldsymbol{\phi}(n) \boldsymbol{e}_c(n) \tag{2.9.27}$$

然而，在系统辨识领域，更经常使用的是精确最小二乘算法，其类似于递归最小二乘(RLS)方法及本书 2.4 节讨论的 FIR 滤波器。此时的精确最小二乘法可以写为

$$\boldsymbol{\theta}(n+1) = \boldsymbol{\theta}(n) + \alpha \boldsymbol{A}^{-1} \boldsymbol{\phi}(n) \boldsymbol{e}_c(n) \tag{2.9.28}$$

其中，式(2.9.23)给出了 $\boldsymbol{A}$ 的定义。

## 2.9.6 测量噪声造成的偏倚

方程误差在系统辨识中存在的主要问题是测量噪声的影响。利用方程误差辨识未知系统 $H_*(z)$ 的递归参数及包含输出噪声 $v(n)$ 的等价的方框图如图 2.21所示。与图 2.20 具有完全不同的形式，借助式(2.9.17)，可将式(2.9.16)所表示的方程误差 $z$ 变换为

$$E_e(z) = A(z)D(z) - B(z)X(z) \tag{2.9.29}$$

其中，如在式(2.2.13)

$$A(z) = 1 - a_1 z^{-1} \cdots - a_J z^{-J} \tag{2.9.30}$$

和

$$B(z) = b_0 + b_1 z^{-1} + \cdots + b_{l-1} z^{-l-1} \tag{2.9.31}$$

通过观察可以发现 $A(z)$ 中的系数最小化方程误差 $e_e(n)$ 的均方值，将不仅取决于未知系统 $H_*(z)$ 的性质，而且取决于测量噪声 $v(n)$ 的大小和性质。这是因为 $A(z)$ 可以以两种方式减小 $e_e(n)$ 的均方值，而且相互对立。一方面，$A(z)$ 通过对未知系统的递归部分进行建模最小化 $e_e(n)$ 的均方值，从而尽可能减小 $e_e(n)$ 中与 $x(n)$ 有关的部分。另一方面，若 $v(n)$ 不是白噪声，$A(z)$ 仍可减小 $e_e(n)$ 中与 $x(n)$ 有关的部分。

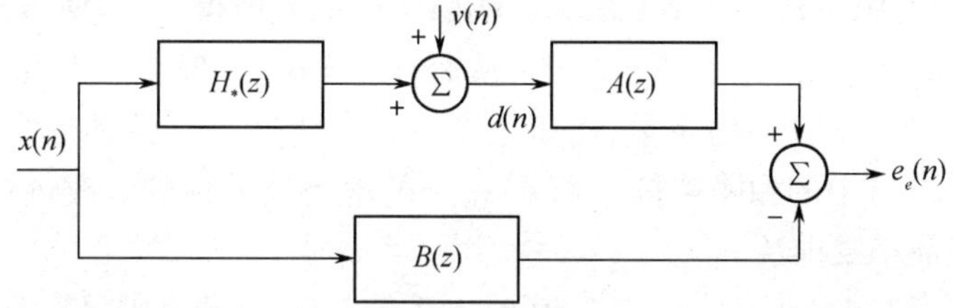


图 2.21　用于辨识未知系统的输出噪声的方程误差方法的框图

最小化方程误差的均方值时，$A(z)$ 的系数被迫包括这两个对立的信号。从而，由于相关输出噪声的出现这些系数偏离辨识系统所需要的值。然而，需要注意的是，当 $v(n)$ 是白噪声信号时，$A(z)$ 不能减小 $e_e(n)$ 中的 $v(n)$ 的成分。这就促进了对普通最小二乘算法的改进，使其在辨识未知系统时可同时辨识噪声的性质。

特别地，现在我们假设未知系数的噪声输出可表示为

$$d(n) = \sum_{j=1}^{J} a_{*j} d(n-j) + \sum_{i=0}^{I=1} b_{*i} x(n-i) + \xi(n) + \sum_{k=1}^{K} c_{*k} \xi(n-k) \tag{2.9.32}$$

式中：下标 * 仍表示待辨识系统中的系数的值，噪声信号 $v(n)$ 为白噪声序列 $\xi(n)$［与 $x(n)$ 无关］经滤波产生的，我们假设未知系统的阶次与自适应滤波器［见式(2.9.16)］的阶次相等。现在，我们定义参数及输入信号的扩展集合为

$$\boldsymbol{d}(n) = \boldsymbol{\theta}_{*e}^{\mathrm{T}} \boldsymbol{\phi}_e(n) + \boldsymbol{\xi}(n) \tag{2.9.33}$$

其中

$$\boldsymbol{\theta}_{*e} = [a_{*1} \cdots a_{*J}, b_{*0} \cdots b_{*I-1}, c_{*1} \cdots c_{*k}]^{\mathrm{T}} \tag{2.9.34}$$

和

$$\boldsymbol{\phi}_e(n) = [d(n)\cdots d(n-J), x(n)\cdots x(n-I+1), \xi(n-1)\cdots\xi(n-k)]^{\mathrm{T}} \tag{2.9.35}$$

同样地,我们定义仅可通过观测辨识的未知参数的扩展集合为

$$\boldsymbol{\theta}_e = [a_1\cdots a_{l-1}, b_0\cdots b_J, c_1\cdots c_k]^{\mathrm{T}} \tag{2.9.36}$$

从而方差误差为

$$y_e(n) = \boldsymbol{\theta}_c^{\mathrm{T}}\boldsymbol{\phi}_c(n) \tag{2.9.37}$$

式中:$\boldsymbol{\phi}_e(n)$由式(2.9.35)给出。注意,式(2.9.36)中,我们假定不能得到观测信号的过去值,仅可得到生成噪声的白噪声序列的过去值。实际上,这通常可通过式(2.9.33)中的$d(n)$及式(2.9.37)中$y_e(n)$的差值得到,即使当辨识算法精确匹配真实的参数时,这仅等于$\xi(n)$,从而有$\boldsymbol{\theta}_e=\boldsymbol{\theta}_{*e}$。现在可使用最小二乘算法辨识出式(2.9.37)中的参数,由于这个方程对于所有参数都是线性的,而且对于式(2.9.33)中的白噪声信号$\xi(n)$得到的解是无偏倚的。改进过的算法即所谓的扩展最小二乘法。

式(2.9.32)描述的信号产生模型为系统辨识中的 ARMAX 模型(Ljung,1999),即具有 eXogenous 输入$\xi(n)$的 ARMAX 模型,对式(2.9.32)进行$z$变换可以写为

$$A_*(z)D(z) = B_*(z)X_*(z) + C_*(z)\Xi(z) \tag{2.9.38}$$

其中

$$A_*(z) = 1 - \sum_{j=1}^{J} a_{*j}z^{-j} \tag{2.9.39}$$

$$B_*(z) = 1 - \sum_{i=0}^{I-1} b_{*j}z^{-j} \tag{2.9.40}$$

$$C_*(z) = 1 + \sum_{k=1}^{K} c_{*k}z^{-k} \tag{2.9.41}$$

式中:$\Xi(z)$为$\xi(n)$的$z$变换,从而

$$D(z) = \frac{B_*(z)}{A_*(z)}X(z) + \frac{C_*(z)}{A_*(z)}\Xi(z) \tag{2.9.42}$$

可以看出,ARMAX 模型假设信号模型和噪声模型具有相同的极点结构。这个假设经常出现在控制领域,对其在主动控制中的有效性将在第 7 章进行讨论。

综上,对于自适应 IIR 滤波器要比自适应 FIR 滤波器更难找到鲁棒性的算法。有两种不同的方法可用于更新 IIR 滤波器。输出误差方法可使算法变得相

对比较简单,却有可能收敛到误差表面的局部最小值。它们经常应用于自适应噪声抑制。基于方程误差的算法则经常用于系统识别。这个方法可以保证算法收敛到误差表面的全局最小值,但当彩色噪声存在时,滤波器的系数与待识别系统的系数有可能不同。假设这两个系统具有相同的极点结构,这个问题可通过使用改进的算法识别控制作用下系统的参数,假设系统产生测量噪声。

# 第3章　单通道前馈控制

## 3.1　引　言

我们将以单通道前馈控制器开始讨论主动控制系统。前馈控制在主动控制中拥有悠久而重要的历史。这可以回溯到 Lueg 的导管控制器,如第 1 章所讨论的,一个上游的拾音器用来给出往下游传播的干扰声压的提前信息。在这种应用中,只要参考传感器布置在上游的足够远处就可以克服过程中的任何延时,即最优控制器是因果的,因此对于可以抑制何种干扰没有限制。在没有噪声的环境中,假设可从检测信号获得充分的提前信息,则能够完全抑制随机或暂态信号。

另一种前馈控制器可广泛应用的情况是信号是周期性的。在这种情况中,原则上信号波形的未来值可从其过去周期性的波形预测出来。然而,实践中,测量的波形永远不可能精确地用于预测,却可以与产生它的系统接近同步;例如,一个旋转或做往复运动的机械。在这种情况下,参考信号一般从机械获得,可以代替从参考传感器获得的信号。即使事实上波形在几个周期后不可能不变,但从波形得到的“提前”警告却仍然可用于控制器。

### 3.1.1　章节概要

在本节对前馈控制问题的性质进行讨论后,将在 3.2 节对主要干扰进行控制,尤其是具有周期性波形的干扰。对于自适应控制系统的许多重要内容,如收敛性和稳定性,可以通过正弦信号的叠加而得到更清晰的介绍。在 3.3 节,将对更为复杂的控制问题,如随机干扰进行讨论,其中将重点讨论对控制器因果性的要求。

3.4 节对于如何利用各种算法使控制器自适应跟踪时变信号干扰进行阐述。这些算法已经在第 2 章中讨论过,主要基于自适应滤波器。在前馈控制应用中,算法主要用来处理动态响应、延时,以及滤波器的输出和误差传感器的测量值之间的物理系统所产生的不确定因素。这类自适应控制器的计算效率及收敛速度可以通过在频域内更新得到提升,如在 3.5 节所论述的。

大多数的这种自适应算法通过内部的一个待控物理系统响应的内部模型起

作用。对这种响应的识别将在3.6节讲述，主要集中在许多主动控制问题中实际系统的响应具有相对良好的阻尼，而且可以通过数字FIR滤波器得到有效匹配。

接下来3.7节将对自适应IIR滤波器进行讨论，在章节的最后以两个单通道前馈控制器的实际应用例子结尾：导管中平面波传播的主动控制及梁上弹性波传播的主动控制。

### 3.1.2　数字控制器

本章讨论的所有控制器都认为是“数字”的，即它们对离散时间信号进行运算。显然，被控制的物理信号，不论是导管中的声压变量或结构中的速度都是“模拟”或连续时间信号。从而，有必要知道被控物理系统中的连续时间信号与控制器中的离散时间信号之间的关系。即使有关采样数据系统的理论已经得到了很好的发展（Kuo，1980；Frank 等人，1990；Astrom 和 Witenmark，1997），我们在这里仍然会对相关的过程及从离散时间信号推测出原连续时间信号的条件进行物理描述。

如图3.1(a)所示，为离散前馈控制器作用下，具有干扰 $d_c(t)$ 的线性连续时间对象的系统框图。“对象”广泛应用于控制领域指代被控物理系统，在主动控制领域则表示次级作动器输出与误差传感器输入之间的系统。在没有施加主动控制时，误差传感器的输出被定义为干扰信号，受初级源的影响。注意，干扰信号与2.3节讨论的电子噪声抑制问题中的期待信号具有相同的作用。然而，在图3.1中，控制器的输出加在干扰上，这是因为在线性控制系统中物理信号满足叠加原理；而不是在图2.4中的电子噪声抑制问题中，从期待信号减去控制器的输出。完整的离散控制系统不仅包括数字控制器 $W(z)$，而且还包括数模转换器、模拟保真器及重构滤波器。连续系统的传递函数在拉普拉斯域等于 $G_C(s)$，模拟重构滤波器的传递函数为 $T_R(s)$，位于数模转换器（DAC）的后面。数模转换器本身带有一个零阶保持器（可见 Franklin 等人，1990），拉普拉斯域的传递函数为

$$T_Z(s) = \frac{(1 - \mathrm{e}^{-sT})}{s} \tag{3.1.1}$$

式中：$T$ 为采样周期。

我们假设在此频率下，重构滤波器与对象的响应可以对DAC产生的频域成分提供足够的衰减，DAC的输出为在超过 $\frac{1}{2}$ 采样频率下对有限带宽对象输出的处理。同样地，我们假设传递函数为 $T_A(s)$ 的图形保真滤波器，滤除掉超过 $\frac{1}{2}$ 采

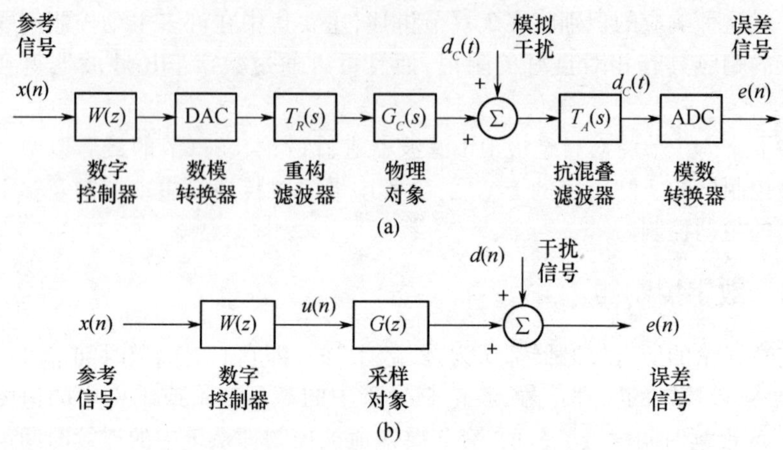


图 3.1 (a)由采样数字前馈控制器控制连续模拟对象的系统框图和(b)其等价的采样表示

样频率的连续时间干扰。在此情况下,离散误差信号是对连续误差信号的精确表示,而且更重要的是,经过滤波的连续误差信号在采样点之间也更加平滑。

假设没有干扰,则从采样输入 $u(n)$ 到采样输出 $e(n)$ 的 $z$ 域传递函数是数字控制器可见的对象响应,即所谓的脉冲传递函数(Franklin 等人,1990)。这个传递函数 $G(z)$ 相当于控制器可见的对象响应,包括连续被控系统、数模转换、模拟图形保真及重构滤波器的响应。同样也可很方便地在此采样系统响应中包括控制器中的任何延时。这对于同步和相对较高采样率运行的主动控制系统是非常典型的全采样延时,但也可以是具有较低采样率且控制器的输入输出非同步采样的系统的采样延时的一部分。控制器可见的有效对象响应可以通过对连续信号的采样脉冲响应进行 $z$ 变换得到,其自动给出 $s$ 域传递函数的拉普拉斯反变换。从而

$$G(z) = ZL^{-1}[T_Z(s)T_R(s)G_C(s)T_A(s)] \tag{3.1.2}$$

式中:$Z$ 指 $z$ 变换,$L^{-1}$指拉普拉斯反变换。如图 3.1(b)所示为离散前馈控制器的等价方框图,其中离散对象响应 $G(z)$ 包括所有数字转换器和模拟滤波器的响应。

### 3.1.3 前馈控制

为了更加清楚地描述前馈控制中的各种不同方法,本章我们将把对数字控制系统的讨论限制为仅有一个参考信号,其可以是从参考传感器得到也可从同步装置得到,一个次级作动器,其输出为 $u(n)$,以及一个误差传感器,其输出为

$e(n)$。从如图3.1(b)所示的这种系统的框图可以看出,驱动次级源的信号的 $z$ 变换,$U(z)$可以表示为参考信号 $X(z)$的形式,即

$$U(z) = W(z)X(z) \tag{3.1.3}$$

若我们暂时假设数字控制器是FIR滤波器,系数分别为 $w_0,\cdots,w_{I-1}$,则驱动次级作动器的控制信号的离散形式为

$$u(n) = \sum_{i=0}^{I-1} w_i x(n-i) \tag{3.1.4}$$

注意,参考信号 $x(n)$的当前采样用于计算控制信号的当前采样值,从而可以认为控制器瞬时动作。虽然实际的控制器不可避免地具有处理延时,但我们假设离散对象的响应已经包含这种延时。正如上面所讨论的,图3.1(b)中的 $G(z)$允许将式(3.1.4)表示为与信号处理领域中一致的形式。

图3.1(b)中的最终误差信号的 $z$ 变换 $E(z)$是干扰 $D(z)$和经被控系统[离散对象 $G(z)$]的响应调整后的控制输入 $U(z)$的线性叠加结果,即

$$E(z) = D(z) + G(z)U(z) \tag{3.1.5}$$

被控对象响应具有单输入单输出,被称为SISO。前馈控制系统与电子噪声抑制系统的区别是存在于控制滤波器的输出与参考信号观测点之间的对象响应。若可获得精确的预测及满足最小相系统,则对象响应几乎不表现出任何问题,这是因为控制器的输出包括对象响应的逆;而且控制器输出与误差观测点之间的净响应为单位值,如在电子噪声抑制中所发生的。然而,在实践中,系统响应很少是最小相的,同时也不可能得到精确的预测,即使其不随时间变化。主动控制中对象表现出的非最小相性质基本是由被控系统的分布特性导致的,其使干扰以波的形式传播。在最简单的情况中,这相当于对象响应中的一个延时。这种在滤波器输出和误差观测点之间的延时将使前面所讨论的自适应滤波算法不稳定。从而,自适应滤波问题将重新考虑系统响应的影响。在自适应前馈系统中用于调整控制滤波器的算法主要基于前面对自适应数字滤波器所概括的原则,但是考虑到对象,则通常需要对象响应的内部模型。对于需要稳定的自适应算法,这个模型通常需要以一定的精度表征系统的响应。对象的响应通常随时间变化或随环境变化,所以需要表征对象响应的内部模型的精度是一个重要的问题。

### 3.1.4　声和结构对象的响应

如图3.2和图3.3所示,分别为测量的典型声系统和结构系统的响应。如图3.2所示,在一个中等大小的车中测得的作为次级源的扩音器的输入与作为

误差传感器的压力麦克风的输出之间的响应，虽然这在围场中的声响应如在第1章所描述的那样可以表示为一系列模态共振的形式，但这些共振在车中具有良好的阻尼，这是因为阻尼比最小为10%，而且这些共振彼此接近。由于各种不同的波模态与拾音器测得的声压的作用产生的破坏性的干涉导致如图3.2所示具有很多的零点，结果显示频率响应没有定义明确的峰。除了在±180°处不连续以外，相位响应显示随频率增加的滞后伴随5ms的总延时，这也可从脉冲响应的开始部分看出来。这个延时部分是声传播的时间，在此处的声传播时间大约是3ms，部分是在数字信号处理系统中用于测量响应的处理延时，还有就是涉及的转换器和图像保真器及重构滤波器。如图3.2所示的脉冲响应同样具有

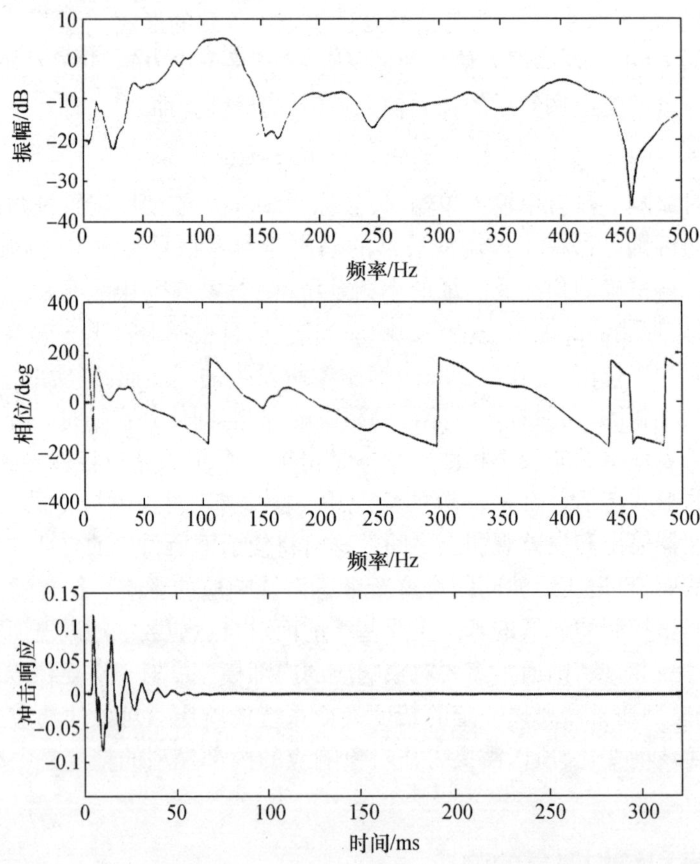


图3.2　由扩音器激励的声围场和使用压力拾音器测量得到的频率响应的模和相位。同时绘制的还有系统的冲击响应

良好的阻尼，而且使用具有50个系数的FIR滤波器以1kHZ的采样频率可以得到精确的匹配。即使围场不具有良好的阻尼，在声响应中使用一个FIR模型在三维空间也可以得到与具有相同数目系数的IIR模型的相同效果，这一点在许多对回声抑制的研究中已经得到证明（例子可见Gudvangen和Flockton，1995；Liavas和Regalia，1998）。从而，FIR对象模型广泛用于对三维围场中噪声的主动控制。

如图3.3所示，在粘贴在铝板（278mm×247mm×1mm）上的压电（PZT）作动器结构响应与设计测量体积速度的聚偏二氟乙烯传感器的输出之间的响应（Johnson和Elliott，1995a）。在此情况下，系统是欠阻尼的（$\xi=3\%$），同时各模态在频率上是分开的，从而可在频率响应中看到不同的峰。频率响应由共振导

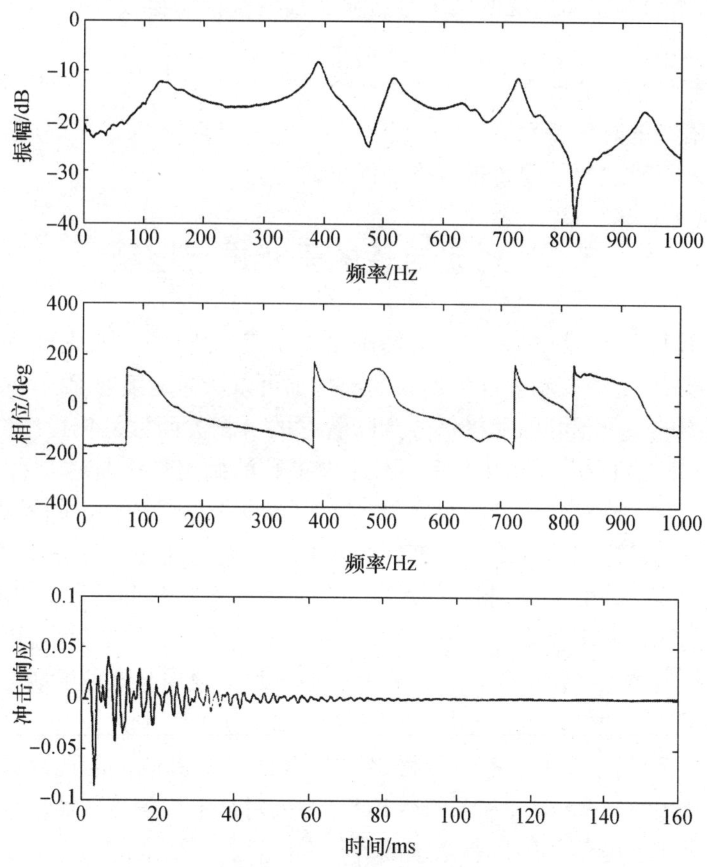


图3.3　由压电作动器激励的铝板和使用分布压电薄膜传感器测量得到的频率响应的模和相位。同时绘制的还有系统的冲击响应

致的响铃主导,而且由采样频率为 2kHz 具有 24 个直接与 24 个递归系数的 IIR 滤波器精确匹配。使用 2 倍数目系数的 FIR 滤波器可达到同样的建模精度,而且实践中 FIR 滤波器的系数较 IIR 更加容易辨识。从而,对于工程结构,FIR 滤波器在阻尼比不是非常小以至响应完全由模共振组成时,也可非常方便地对对象建模。例如,对具有非常小的阻尼($\xi \approx 0.1\%$)的空间结构,IIR 滤波器会非常适合。在辨识中,不论是 IIR 还是 FIR 对象模型,辨识噪声都将进入到次级源中,而且传感器输出与对象模型输出间的差别将通过合适的自适应算法最小化。若在整个频带上对对象进行辨识,则辨识噪声将是典型的宽带白噪声,而当时间控制时将是定则噪声,从而只需要对单频的干扰进行辨识,此时的 FIR 滤波器仅需要两个系数即可实现精确辨识。

综上,对象响应的出现使设计自适应算法调整控制滤波器在以下两个方面变得更为复杂。

(1) 非最小相的性质。

(2) 潜在的时变特性。

接下来将对这两个问题进行更加详尽的讨论。

## 3.2 对确定性的干扰进行控制

若一个干扰可从其过去的行为精确预测出其将来的行为,则称其为确定性干扰。实践中,主动控制中许多形式的干扰都可以认为是接近确定性的,从而信号是可预测的。可预测的随机信号意味着它的自相关函数是长持续的,反过来也意味着它的谱有相对陡峭的峰。因此大多数的确定性干扰也被称为窄带干扰。主动控制中确定性信号的重要例子是旋转或往复机械产生的噪声或振动,在精度许可的范围内可认为是周期性的。若干扰是精确的周期信号而且对象响应不随时间变化,则最优控制可使用固定的时不变控制器实现。实践中,在主动控制遇到的大多数干扰都是缓慢变化的,从而不是精确的周期信号,因此需要使用自适应控制器保持控制性能。可在时域或频域实现控制这种周期性干扰的自适应控制系统。通常需要假定控制作用在已知干扰的基本频率以下。这种信息通常可从外部的周期性参考信号得出,如旋转、往复机械上的速度计。Bodson 和 Douglas(1997)、Meurers 和 Veres(1999)等人对从干扰信号估计出基本频率及使用没有外部参考信号的控制系统的各种方法进行了研究。

### 3.2.1 波形合成

在时域,可通过将周期性的参考信号通过 FIR 数字控制器产生控制信号,其中数字控制器的响应要求具有与干扰的基本周期同样的长度。调整滤波器的系数则可在数字系统的采样要求内产生任何周期性的波形。若采样率可以调整为干扰周期的整数倍则可实现一个相当精确的周期性控制器。对于恒速运行的机械,实践中可通过使用一个锁相环产生采样率,即与此旋转速率上的速度信号同步。此时FIR控制滤波器只需具有与被采样率平分的干扰的周期数目相同的系数。进一步讲,若参考信号可认为是干扰基本频率的周期性脉冲序列,则控制器的实现变得相当有效(Elliott 和 Darlington,1985)。

观察如图3.4所示的这种控制系统的框图,控制滤波器 $u(n)$ 的采样输出,由参考信号 $x(n)$ 通过一个 $I$ 阶的FIR滤波器产生,从而

$$u(n) = \sum_{i=0}^{I-1} w_i x(n-i) \tag{3.2.1}$$

当参考信号是一个周期性的脉冲序列时

$$x(n) = \sum_{k=-\infty}^{\infty} \delta(n-kN) \tag{3.2.2}$$

其中,信号在每个周期具有 $N$ 个采样,$\delta(n)$ 为克罗内克脉冲函数,当 $n=0$ 时等于1,反之为0。若控制器也含有 $N$ 个系数,则其输出可写为

$$u(n) = \sum_{k=-\infty}^{\infty} \sum_{i=0}^{N-1} w_i \delta(n-kN) = w_p \tag{3.2.3}$$

式中:$p$ 为对于任意 $k$,$(n-kN)$ 的最小值,也可称为 $u(n)$ 关于 $x(n)$ 的"相位"。从而输出信号是控制滤波器的脉冲响应的周期性的复制结果,如图3.4所示,而且存储于控制滤波器中的波形在每个周期经脉冲参考信号触发后发射出去。从而仅需要检索 $N$ 个系数 $w_i$,而不需要计算即可实现控制器。这种控制器形式首先由Chaplin(1993)提出,并将其称为波形合成。Chaplin提出了一种"尝试和报错"或功率感知的方法用于更新控制滤波器的系数,检测误差信号的均方值,依次分别调整每个系数直至误差信号的均方值最小。后来,出现了更为复杂的算法,使用误差序列的各个采样同时更新全部滤波器系数(Smith 和 Chaplin,1983)。其中的一些算法可以认为是LMS算法的变形——当参考信号为周期性脉冲序列时的简单形式(Elliott 和 Darlington,1985)。

### 3.2.2　谐波控制

一个更加通用的控制周期干扰的方法是在频域实现控制器,即分别对干扰的每个谐波进行处理。经采样的周期干扰可以表示为谐波的叠加和

$$d(n) = \sum_{k=-K}^{K} D_k e^{jk\omega_0 Tn} \tag{3.2.4}$$

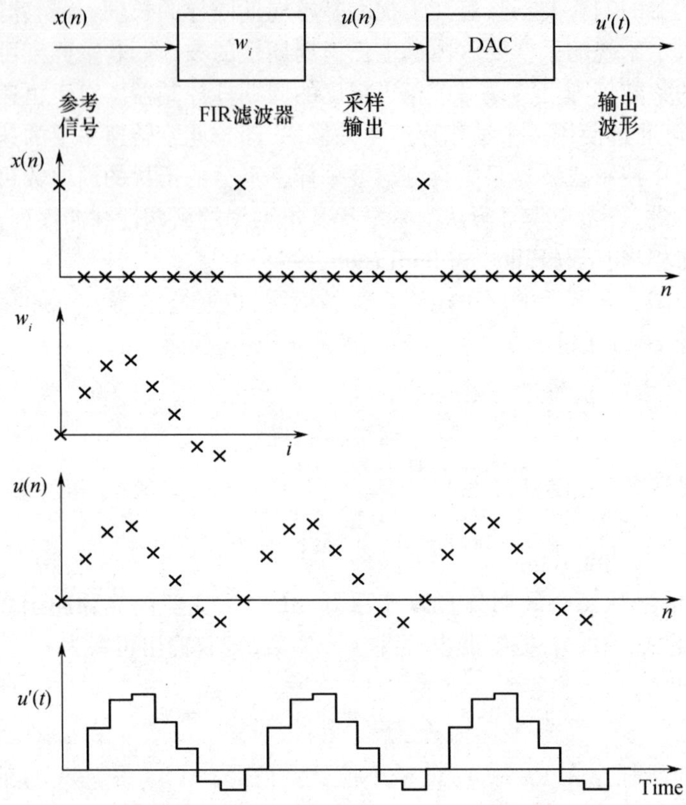


图 3.4　FIR 数字滤波器对包含周期冲击序列的参考信号进行滤波的波形综合

式中：$k$ 是谐波数，$D_k$ 是第 $k$ 个谐波的复振幅，具有负值的复振幅与具有正值的复振幅互为共轭，即 $D_{-k}=D_k^*$，而且假设共有 $k$ 个谐波。$\omega_0 T$ 为 $2\pi$ 倍的正则化基频数即真正的基频 $\omega_0/2\pi$ 除以采样频率 $1/T$。

若被控系统是线性的，则某一谐波处的误差信号的振幅将仅与此谐波处的干扰和控制输入有关。控制算法可分解为 $k$ 个相互独立的环节，每一个环节都处理不同的谐波，在稳态时无相互作用。在第 8 章将讨论更复杂的非线性系统，其在各谐波之间具有显著的相互作用。

选择多少谐波进行控制与应用有关。对相对较少的谐波干扰而言，最简单的控制器或许是使每个谐波含有一个分开的单频参考信号。从而，或许对每个谐波只应用一个独立的控制滤波器，其仅调整一个频率上的误差信号的振幅和相位。这种形式的控制器首先由 Conover(1956) 提出，其使用的最初方案如图 3.5 所示，其中模拟电路用于产生参考信号及对振幅和相位进行调整。Conover 关注的是对变压器噪声的主动控制。这在更加谐波化的线性频率中最为流行，因为其主要由变压器芯中的磁致伸缩产生。1956 年,Conover 在实验中采用的变压器的线性频率为 660Hz,或 60cps,同时,他使用全波整流器二倍化基频,产生具有大量谐波的信号。接着通过滤波器对这些谐波进行选择,在 120Hz、240Hz 和 360Hz 产生定则参考信号,它们的振幅和相位经过调整后相加用于驱动次级扩音器。

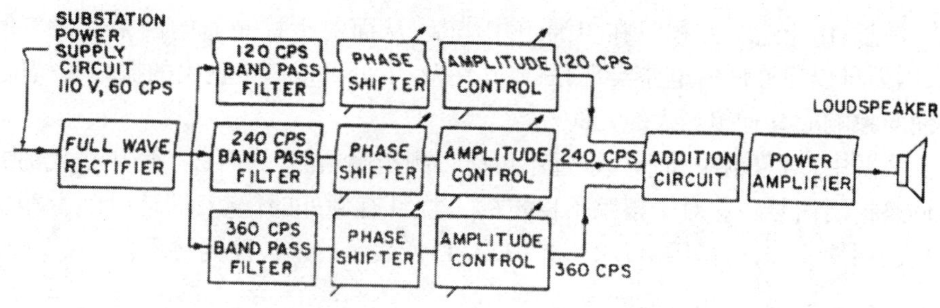


图 3.5　使用单独的谐波控制周期信号(来自 Conover,1956)

Conover 在 1956 年的论文中提出了一种人工调整各谐波振幅和相位的方法,如图 3.6 所示。然而,Conover 在其方法中对实现自动调整的需要进行了讨论,而且也说明了通过模拟技术实现的困难性。利用数字技术,可以非常容易地实现自动调整正弦参考信号的振幅和相位,而且正由于此也导致了这些年频域控制器的快速发展。在现代系统中,实践中通常调整复控制信号的实部和虚部,对应物理信号的同相和二次部分,而不是调整振幅和相位。

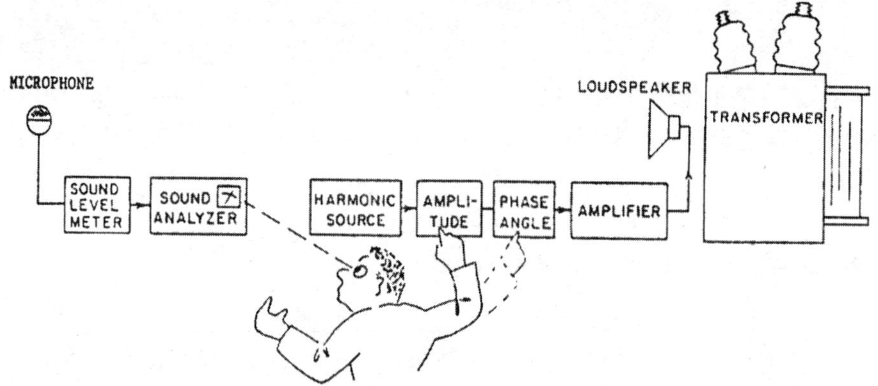


图 3.6　对于谐波干扰手动自适应调整前馈控制器的振幅和相位(来自 Conover,1956)

稳态误差信号在第 $k$ 个谐波处的复成分可以写为

$$E_k = D_k + G(\mathrm{e}^{jk\omega_0 T})U_k \tag{3.2.5}$$

式中：$D_k$ 如式(3.2.4)所示，$G(e^{jk\omega_0 T})$ 为正则化角频率 $k\omega_0 T$ 处对象的复频率响应，$U_k$ 为此频率时的复控制信号。

显然单通道时此谐波下的误差信号可以在控制输入等于如下最优值时为零

$$U_{k.opt} = -\frac{D_k}{G(e^{jk\omega_0 T})} \tag{3.2.6}$$

注意，由于这个方程只在单通道中满足，从而对于控制器的因果性没有问题，因而可以通过任何电路实现，只要其在 $k\omega_0 T$ 处可以产生正确的振幅和相位，即使对象响应具有相当大的延时。

实践中，对象响应和干扰永远不可能得到精确预测，从而必须使用迭代的方法调整控制信号。这对于跟踪不稳定的干扰具有额外的优势，即使时间上相比干扰的周期要长，这是因为反之，式(3.2.4)所表示的谐波序列将不再成立。

### 3.2.3 自适应谐波控制

一种最简单的迭代自适应算法为最速下降法，其中，控制信号的实部和虚部分别以与性能函数对控制变量的负梯度成比例的方式变化。将复控制变量写成其实部和虚部的形式为

$$U_k = U_{kR} + jU_{kI} \tag{3.2.7}$$

最速下降法也可写为两个方程

$$U_{kR}(n+1) = U_{kR}(n) - \mu\frac{\partial J}{\partial U_{kR}(n)}, U_{kI}(n+1) = U_{kI}(n) - \mu\frac{\partial J}{\partial U_{kI}(n)} \tag{3.2.8a,b}$$

式中：$J$ 是待最小化的性能函数，$n$ 是迭代次数，$\mu$ 是系数因子，或步长。相应地，我们也可通过定义一个复梯度将式(3.2.8a 或 b)写为一个方程，其中复梯度为

$$g_k(n) = \frac{\partial J}{\partial U_{kR}(n)} + j\frac{\partial J}{\partial U_{kI}(n)} \tag{3.2.9}$$

其中，最速下降法——式(3.2.8)可以写为

$$U_k(n+1) = U_k(n) - \mu g_k(n) \tag{3.2.10}$$

由于在本书我们将讨论的性能函数限制为实数，从而我们没有必要关注如 Jolly(1995)或 Haykin(1996)所讨论的解析梯度形式。

若我们现在假设性能函数等于误差信号的均方值，则等于误差信号在每 $K$ 个谐波处的误差信号的平方模的叠加和，即

$$J = \sum_{k=1}^{K} |E_k|^2 \tag{3.2.11}$$

线性系统中,控制输入 $U_k$ 将只影响误差信号的第 $k$ 个谐波,从而复梯度可以写为

$$g_k(n) = \frac{\partial |E_k|^2}{\partial U_{kR}(n)} + j\frac{\partial |E_k|^2}{\partial U_{kI}(n)} \tag{3.2.12}$$

若 $E_k$ 由式(3.2.5)给出,则性能函数为附录中讨论的 Hermitian 二次型的特殊形式,从而附录所讨论的复梯度向量等于

$$g_k(n) = 2G^*(e^{jk\omega_0 T})E_k(n) \tag{3.2.13}$$

式中:* 指共轭,式(3.2.13)可通过对 $|E_k|^2$ 的表达式求关于 $U_{kR}$ 与 $U_{kI}$ 的导数得出,其表示为式(3.2.7)中实部与虚部的形式。从而最速下降法可以写为

$$U_k(n+1) = U_k(n) - \alpha G^*(e^{jk\omega_0 T})E_k(n) \tag{3.2.14}$$

式中:$\alpha = 2\mu$ 是收敛系数。

若自适应过程缓慢,误差信号在每次迭代中仍旧处于稳态,则有

$$E_k(n) = D_k + G(e^{jk\omega_0 T})U_k(n) \tag{3.2.15}$$

其中,假设干扰是稳定的。利用式(3.2.15)与式(3.2.6),式(3.2.14)可写为

$$[U_k(n+1) - U_{k.opt}] = [1 - \alpha|G_k|^2][U_k(n) - U_{k.opt}] \tag{3.2.16}$$

式中:$|G_k|^2 = G(e^{jk\omega_0 T})G^*(e^{jk\omega_0 T})$。若 $\alpha|G_k|^2$ 远小于1,为确保缓慢更新,则

$$(1 - \alpha|G_k|^2) \approx e^{-\alpha|G_k|^2} \tag{3.2.17}$$

而且,若 $U_k(0) = 0$,则

$$U_k(n) \approx (1 - e^{-\alpha|G_k|^2 n})U_{k.opt} \tag{3.2.18}$$

将式(3.2.18)代入式(3.2.15),则作为使用最速下降法的结果,得到误差信号的收敛表达式,即

$$E_k(n) = D_k e^{-\alpha|G_k|^2 n} \tag{3.2.19}$$

从而,误差信号的实部和虚部将以相同的时间常数指数式衰减到0,时间常数等于 $1/(\alpha|G_k|^2)$ 采样。

实际操作中,由于不能获得对象的精确模型,则最速下降法变为

$$U_k(n+1) = U_k(n) - \alpha\hat{G}^*(e^{jk\omega_0 T})E_k(n) \tag{3.2.20}$$

式中:$\hat{G}(e^{jk\omega_0 T})$ 是对象响应或用于控制算法中的对象模型的实际估计。

一个更加激进的自适应算法将包含式(3.2.6)所示的最优解的迭代估计

$$U_k(n+1) = U_k(n) - \tilde{\alpha}\hat{G}^{-1}(e^{jk\omega_0 T})E_k(n) \tag{3.2.21}$$

式中：$\tilde{\alpha}$为另一个收敛系数。然而，需要注意的是，$\hat{G}^{-1}(\mathrm{e}^{jk\omega_0T})$与$G^*(\mathrm{e}^{jk\omega_0T})$具有相同的相位。从而，在两种算法中控制信号可以使用相同的方向调整，唯一的区别是调整的幅度。这将取决于两种算法中的收敛系数的相对值，但有意思的是，在这种情况中，若

$$\alpha = \frac{\tilde{\alpha}}{|\hat{G}(\mathrm{e}^{jk\omega_0T})|^2} \tag{3.2.22}$$

则式(3.2.20)表示的最速下降法同式(3.2.21)所表示的迭代最小二乘法相同。从而，在频域，最速下降法等价于最小二乘法对单通道系统的迭代解。

### 3.2.4 稳定条件

现在可以确定式(3.2.20)表示的自适应算法的稳定条件。利用式(3.2.5)表示$E_k$(在第$n$次迭代)，我们将式(3.2.20)写为

$$U_k(n+1) = U_k(n) - \alpha[\hat{G}^*(\mathrm{e}^{jk\omega_0T})D_k + \hat{G}^*(\mathrm{e}^{jk\omega_0T})G(\mathrm{e}^{jk\omega_0T})U_k(n)] \tag{3.2.23}$$

现在可以用式(3.2.6)来表示$D_k$作为$-G(\mathrm{e}^{jk\omega_0T})U_{k.opt}$，在这种情况下，从式(3.2.23)两边同时减去$U_{k.opt}$，则可将此方程写为

$$[U_k(n+1) - U_{k.opt}] = [1 - \alpha\hat{G}^*(\mathrm{e}^{jk\omega_0T})G(\mathrm{e}^{jk\omega_0T})][U_k(n) - U_{k.opt}] \tag{3.2.24}$$

从而当给定

$$|1 - \alpha\hat{G}^*(\mathrm{e}^{jk\omega_0T})G(\mathrm{e}^{jk\omega_0T})| < 1 \tag{3.2.25}$$

式(3.2.20)所示的自适应算法必定收敛到最优解。

若将$\hat{G}^*(\mathrm{e}^{jk\omega_0T})G(\mathrm{e}^{jk\omega_0T})$的实部与虚部写为$R+\mathrm{j}X$的形式，则式(3.2.25)可写为

$$|1 - \alpha R - j\alpha X|^2 < 1 \tag{3.2.26}$$

或者

$$(1-\alpha R)^2 + (\alpha X)^2 < 1 \tag{3.2.27}$$

从而，稳定条件为

$$0 < \alpha < \frac{2R}{R^2 + X^2} \tag{3.2.28}$$

这是一个在接下来的场合频繁用到的重要结论。在单通道情形中，通过假

设 $k\omega_0 T$ 处的对象响应估计可以使用如下的形式表示，则可得到充足的稳定条件的物理解释

$$\hat{G}(\mathrm{e}^{jk\omega_0 T}) = MG(\mathrm{e}^{jk\omega_0 T})\mathrm{e}^{j\phi} \tag{3.2.29}$$

式中：$M$ 是正实数表示误差的大小，$\phi$ 表示对象响应估计的误差的相位。从而，我们可以写成

$$\hat{G}^*(\mathrm{e}^{jk\omega_0 T})G(\mathrm{e}^{jk\omega_0 T}) = M|G(\mathrm{e}^{jk\omega_0 T})|^2\mathrm{e}^{j\phi} \tag{3.2.30}$$

而且，式(3.2.30)所表示的稳定条件可以写为

$$0 < \alpha < \frac{2\cos\phi}{M|G(\mathrm{e}^{jk\omega_0 T})|^2} \tag{3.2.31}$$

式(3.2.31)中有两点需要注意：第一，若 $\cos\phi$ 为负值，则稳定条件永远不可能满足，从而自适应算法将不稳定，除非对象响应估计的误差相位在 $\pm 90°$ 以内，即

$$|\phi| < 90°，对于稳定性 \tag{3.2.32}$$

在接下来的章节也会得出这个重要结论；第二，假设在 $\hat{G}^*(\mathrm{e}^{jk\omega_0 T})$ 时满足相位条件，则通过调整收敛系数 $\alpha$ 的大小可对任意大小的误差进行补偿。

显然，最快的收敛速率是在 $\hat{G}^*(\mathrm{e}^{jk\omega_0 T})$ 处无相位和幅值误差，且收敛系数等于

$$\alpha_{opt} = \frac{1}{|G(\mathrm{e}^{jk\omega_0 T})|^2} \tag{3.2.33}$$

相当于将式(3.2.21)所示的迭代最小二乘法的收敛系数置1。在这些条件下，$|1-\alpha\hat{G}^*(\mathrm{e}^{jk\omega_0 T})G(\mathrm{e}^{jk\omega_0 T})|$ 等于0，而且式(3.2.20)所表示的自适应算法将一步收敛到最优解。然而，$\hat{G}(\mathrm{e}^{jk\omega_0 T})$ 中的潜在误差即收敛系数通常也经过了调整，从而它是式(3.2.33)中的一部分。没有建模误差时，根据式(3.2.30)稳定时的收敛误差的最大值将等于 $2\alpha_{opt}$。观察式(3.2.24)将很有意思地看到，给定算法是稳定时，在单通道、单频时，不管对象响应估计误差的相位和大小是多少，它都将收敛到最优解。我们将看到这对于宽带控制器或多通道单频控制器都是不成立的。

若仅需要对单频进行控制，则将采样率设为此频率的4倍可有效实现此控制(Elliott 等人，1987)。从而，序列0，+1，0，−1，0，+1，…对应于参考频率的定则参考信号。通过将此参考信号经过一个具有两个系数的FIR滤波器可得到时

域控制信号,FIR 滤波器的系数对应于上面使用的复控制信号的实部和虚部。Boucher(1992)对使用此方法对三个谐波进行控制进行了详细的研究,其中信号以 8 倍于基频的采样率采样。

### 3.2.5 FFT 控制器

当采样率为干扰周期的整数倍($N$)时可得到对所有谐波均有效的控制器。从而,正则化的基频为 $\omega_0 T = 2\pi/N$,而且式(3.2.4)所表示的干扰可被 $N/2$ 个谐波精确表示。从而时域的控制信号可以表示为

$$u(n) = \sum_{k=-N/2}^{N/2} U_k e^{j2\pi kn/N} \tag{3.2.34}$$

式中:$n$ 为采样时间而不是迭代次数。此时 $e^{j2\pi kn/N}$ 为复参考信号。式(3.2.34)为 $U_k$ 的离散傅里叶(DFT)反变换,可通过快速傅里叶变换(FFT)有效实现,尤其对于大 $N$。同样地,误差信号在第 $k$ 个谐波处的当前估计可从误差序列过去的 $N$ 个采样点中得到,即

$$E_k = \sum_{n=1}^{N} e(n) e^{-j2\pi kn/N} \tag{3.2.35}$$

为 $e(n)$ 的 DFT。从而,根据式(3.2.33)使用式(3.2.34)计算自适应算法中的复误差信号如图 3.7 所示,则在没有明确产生 $N/2$ 个参考信号的情况下,可通过使用 FFT 计算法输出信号的 $N$ 个采样块实现对 $N/2$ 个谐波的控制。

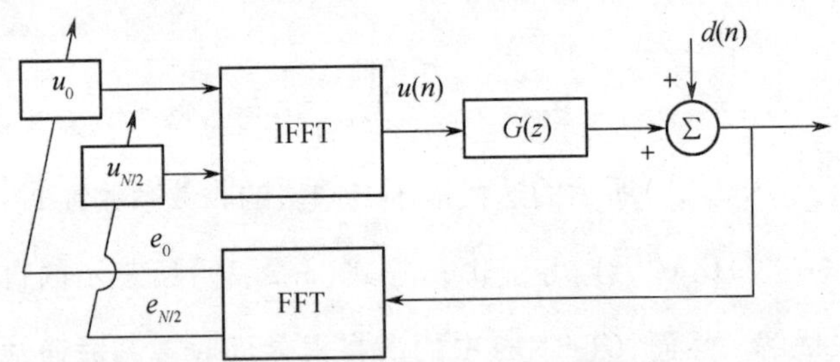


图 3.7 对所有的谐波,使用 FFT 在频域对谐波进行有效控制

## 3.3 对随机干扰的最优控制

随机干扰的特征是具有随机的波形。若它们包含相对较好的相关函数,则为宽谱干扰,从而有时称它们为宽带干扰。对随机干扰的主动控制要比对确定性干扰的主动控制复杂得多。这部分是由于参考信号和误差信号不再完全相

关,如在确定性干扰中;部分是由于一次需要控制整个范围内的频率。然而,不能独立控制每个频率处的控制器响应,因为控制器必须满足因果性约束。本节,我们将通过提出一个比较普通的框图讨论主动控制对这类信号的控制,接着在频域和时域对单通道控制器进行最优化。

### 3.3.1　前馈控制框图

虽然此处给出的框图具有非常广泛的应用,但通过举一个特例可以得出其一般情形。我们将要讨论的例子在第1章已经描述过,属于均匀导管中平面波的主动控制。这种例子的实际应用场合将在3.8节讨论,此处我们仅讨论最简单的情况,如图3.8所示。在此框图中,通过一个参考传感器获得入射波的波形 $s$,经过前馈控制器 $H$,输出 $u$ 将驱动次级源。在图3.8中次级源是一个扩音器,实践中或许为一列声源;同样地,实践中的参考和误差传感器也要比图3.8中的拾音器复杂得多。主动控制的效果通过下游的误差传感器测得,输出为 $e$,不需要直接驱动次级源,而是用其调整前馈控制器的响应。可从此例得到对不同传感器和信号的物理意义的清楚说明。

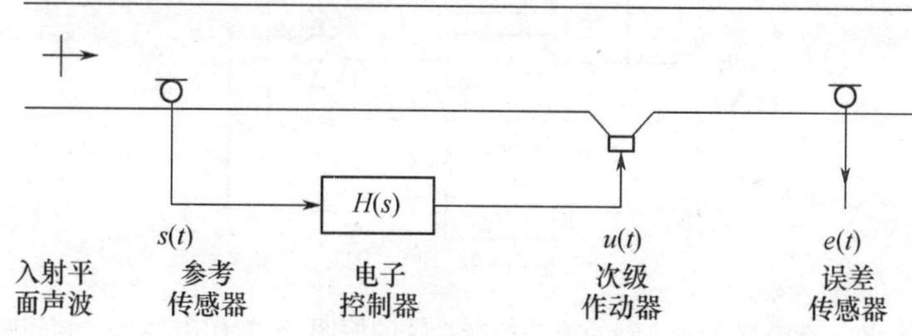


图3.8　对管道中的噪声进行单通道前馈控制

单通道前馈控制器的框图如图3.9所示(Ross,1982;Elliott 和 Nelson,1984;Roure,1985)。其中,导管内的原始干扰由信号 $v$ 产生,其一方面经过干扰通道 $P_e$ 生成 $d$,一方面由参考传感器经传感通道 $P_s$ 测得 $z$。次级源的输出经次级通道"误差通道"$G_e$,同时经反馈通道 $G_s$ 影响传感信号。

如图3.9所示的框图也可改写为更加一般的 Doyle(1983)形式,如图3.10所示,经常作为许多自动控制问题的起始问题进行讨论,比如,Clark 等人(1998)。在此图中,物理系统的输入被分成控制系统外部的输入,在此图中仅有一个 $v$,以及作动器对物理系统的输入 $u$。输出也被分为传感输出 $s$ 和调整输出为 $e$。图3.9中的干扰、传感器、次级源和反馈通道的结合被整合成一个矩阵,即一般对象。事实上,如图3.9或3.10所示的控制系统框图并不完整,这是因为在参考和误差传感器处均会产生传感器噪声。图3.10中的传感器噪声可以作为附加的外部输入存在,但为了叙述的清楚省略了。

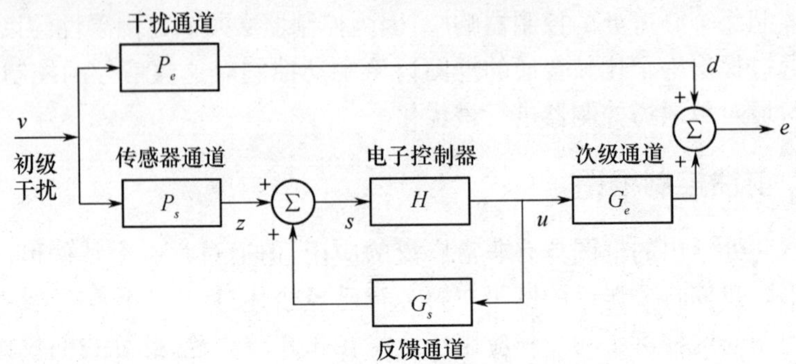


图 3.9　单通道前馈主动控制系统一般框图

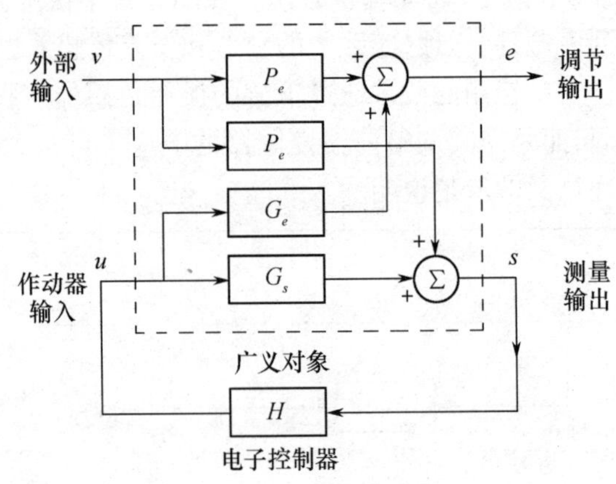


图 3.10　以一般控制方案绘制的前馈控制系统的框图,经常作为许多控制问题的开始

在图 3.8 中,若将参考拾音器与次级扩音器移至同一个平面,则控制系统变为反馈控制系统,因为从参考传感器不能再获得提前信息。驱动参考传感器的输出而不是误差传感器的输出为零,同样会通过在次级源的周围形成一个压力消除表面而阻塞导管中的声传播。推广对象中决定反馈系统的最重要部分是反馈通道 $G_s$,在第 6 章和第 7 章将讨论反馈控制器,$G_s$ 将被作为对象进行处理。

若现在我们假设数字化实现控制系统,并且图形保真和重构滤波器都已包含在系统中,则可以使用离散信号精确表征连续信号,如 3.1 节所讨论的,如图 3.9 所示的框图可以重新画为图 3.11;在此图中,对象响应 $G_e(z)$,作为离散形式的次级通道,与数模转换器和模拟滤波器一起作为数字实现的必需部分。假设通过使用反馈对消结构实现控制器 $H(z)$,其中,反馈通道$\hat{G}_s(z)$的内部模型用于消除真实的反馈通道和相关转换器 $G_s(z)$ 的影响。若可完全消除这种影响，则控制滤波器 $W(z)$ 的输出将等于参考信号 $x(n)$，其中 $x(n)$ 由参考传感器测得的初级源干扰 $z(n)$ 和参考传感器处的测量噪声 $n_1(n)$ 组成；从而，其 $z$ 变换可以写成

$$X(z) = Z(z) + N_1(z) \tag{3.3.1}$$

在自适应前馈控制系统中，经调整的输出用于调节电子控制器，从而推广对象中影响自适应控制器最为显著的部分是次级通道 $G_e$。在本章提及的对象响应特指次级通道的响应。

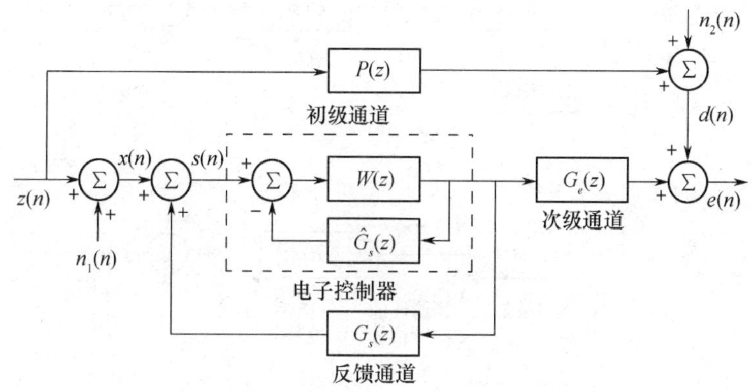


图3.11　前馈控制系统的框图，其中在控制器中使用前馈对消结构，$x(n)$ 和 $d(n)$ 为不施加控制，即 $W(z)=0$ 时参考传感器和误差传感器的输出

没有控制时误差拾音器处测量得到的干扰信号为 $d(n)$，通常这个信号将包含初级源干扰和测量噪声。通常假设此信号由初级干扰产生，部分与参考传感器处的测量值线性相关，从而我们可将此干扰信号的 $z$ 变换写为

$$D(z) = P(z)Z(z) + N_2(z) \tag{3.3.2}$$

式中：$N_2(z)$ 为误差传感器处测量噪声的 $z$ 变换。

关于图3.9中的变量，我们可以看到组合初级通道的传递函数 $P(z)$ 必定等于

$$P(z) = \frac{P_e(z)}{P_s(z)} \tag{3.3.3}$$

然而，对此组合初级通道的表示形式必须多加注意，因为 $P(z)$ 在很多主动控制应用中是稳定的、因果的，如在图3.8中声导管的例子，却不能保证一直如此。

### 3.3.2 无约束的频域最优化

本节的目的是计算最优控制的性能。我们假定反馈通道的内部模型是精确的,从而在图 3.11 中,$\hat{G}_s(z)=G_s(z)$,因此其是前馈控制系统,如图 3.12(a)所示。由于在图 3.12 中仅有一个对象响应,从而将其表示为 $G(z)$ 和对应的 $G_e(z)$。进一步假设对象和控制器均是线性时不变的,则控制器和对象在参考信号上的作用可以转化为如图 3.12(b)所示的框图。

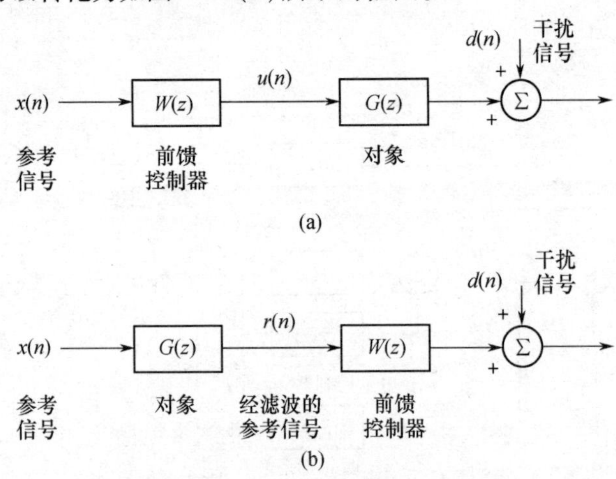


图 3.12 (a)精确反馈对消单通道前馈控制系统的一般框图的简化形式;(b)对于线性和时不变系统重新整理后的形式

图 3.12(b)的右边为标准形式的电子滤波问题,如第 2 章所讨论,误差信号的 $z$ 变换为

$$E(z)=D(z)+W(z)R(z) \tag{3.3.4}$$

式中:$R(z)$ 为参考信号 $X(z)$ 经对象响应 $G(z)$ 滤波产生。

误差信号可获得的最大衰减与两个因素有关:第一,参考信号与干扰信号的一致性程度;第二,对于完全控制前馈控制器提供所需频率响应的实际能力。这些限制将首先通过计算频域内最优控制器对随机干扰的控制性能及时域内的性能进行阐述。频域分析首先用来确定无因果约束或为有限持续的最优控制器,从而其性能仅与参考信号与干扰信号之间的一致性有关。再对具有因果约束的无限持续控制器进行频域分析;将在时域内分析同时具有因果约束和有限持续的控制滤波器的性能。

在频域,我们可将 $e(n)$ 的傅里叶变换写成

$$E(e^{j\omega T}) = D(e^{j\omega T}) + W(e^{j\omega T})R(e^{j\omega T}) \tag{3.3.5}$$

这步分析的目的是在每个独立的频率处调整 $W(e^{j\omega T})$ 使误差信号的功率最小化。从而,对控制器关注的结果频率响应的复杂度没有约束;或者,更重要的是,它的因果性没有约束。然而,频域内的计算确实提供一些有关控制限制的简单规则。误差信号的功率密度定义为

$$S_{ee}(e^{j\omega T}) = E[E^*(e^{j\omega T})E(e^{j\omega T})] \tag{3.3.6}$$

可以写为

$$S_{ee}(e^{j\omega T}) = W^*(e^{j\omega T})S_{rr}(e^{j\omega T})W(e^{j\omega T}) + W^*(e^{j\omega T})S_{rd}(e^{j\omega T}) + S_{rd}^*(e^{j\omega T})W(e^{j\omega T}) + S_{dd}(e^{j\omega T}) \tag{3.3.7}$$

其中

$$S_{dd}(e^{j\omega T}) = E[D^*(e^{j\omega T})D(e^{j\omega T})] \tag{3.3.8}$$

$$S_{rd}(e^{j\omega T}) = E[R^*(e^{j\omega T})D(e^{j\omega T})] = G^*(e^{j\omega T})E[X^*(e^{j\omega T})D(e^{j\omega T})] \tag{3.3.9}$$

$$S_{rr}(e^{j\omega T}) = E[R^*(e^{j\omega T})R(e^{j\omega T})] = |G(e^{j\omega T})|^2E[X^*(e^{j\omega T})X(e^{j\omega T})] \tag{3.3.10}$$

$E[\quad]$ 为期望运算,原则上需要计算一整列的统计数据,而实际上通过计算许多数据段有限时间数据段得到的谱乘积平均值得到,如第 2 章所讨论的。

式(3.3.7)如附录所讨论的,是 Hermitian 二次型的标准型,在每个频率经最优控制器响应最小化,即

$$W_{opt}(e^{j\omega T}) = -\frac{S_{rd}(e^{j\omega T})}{S_{rr}(e^{j\omega T})} = \frac{-S_{xd}(e^{j\omega T})}{G(e^{j\omega T})S_{xx}(e^{j\omega T})} \tag{3.3.11}$$

假设在每个频率均实现了最优控制,则可通过将式(3.3.11)代入式(3.3.7)得到误差信号的功率谱密度的最优结果,即

$$S_{ee.\min}(e^{j\omega T}) = S_{dd}(e^{j\omega T}) - \frac{|S_{rd}(e^{j\omega T})|^2}{S_{rr}(e^{j\omega T})} \tag{3.3.12}$$

使用控制前的误差信号的功率谱密度将最小误差最小化,等于 $S_{dd}(e^{j\omega T})$,使用式(3.3.9)与式(3.310)以测量参考误差的形式表示这个比值,得

$$\frac{S_{ee.\min}(e^{j\omega T})}{S_{dd}(e^{j\omega T})} = 1 - \frac{|S_{xd}(e^{j\omega T})|^2}{S_{xx}(e^{j\omega T})S_{dd}(e^{j\omega T})} = 1 - \gamma_{xd}^2(e^{j\omega T}) \tag{3.3.13}$$

式中:$\gamma_{xd}^2(e^{j\omega T})$ 是没有施加主动控制时参考传感器与误差传感器之间的一致性函数。

从而,使用式(3.3.13)可得到由测量噪声导致的性能限制,方法是通过测

量实际系统中参考和误差传感器的初始输出 $d(n)$ 和 $x(n)$，而不需要使用任何形式的控制器。若使误差信号的功率谱密度显著地降低，则式(3.3.13)对于一致性要有严格要求。例如，取得 10dB 的衰减在此频率下的一致性为 90%，$\gamma_{xd}^2(e^{j\omega T})=0.9$，20dB 时为 99%，$\gamma_{xd}^2(e^{j\omega T})=0.99$。虽然式(3.3.13)对于估计任何前馈控制系统可获得的最大衰减提出了一种简单有效的方法，但它确实对被控物理系统和控制的性质作了假设。尤其是它假设误差传感器测量的信号是稳定的，且真实表征了被控物理干扰。若干扰是时变的，控制器是自适应的，则对于时不变的假设不再有效，而且性能将优于式(3.3.13)所预测的性能。若式(3.3.13)所给出的控制器响应对于实际所使用的控制器不再可靠，这是因为所需要的控制的频率响应已变得太过复杂，或更重要的是它不是因果的；则实际性能将比式(3.313)所预测的糟糕。

### 3.3.3 变换域因果约束的最优化

2.4 节讨论的计算最优因果滤波器的伯德—香农公式在这里可以用来计算 $z$ 域的最优因果控制器。计算过程与 2.4 节非常相似，除了在图 2.4 中计算关于参考信号，$x(n)$ 的滤波器用来抑制干扰，现在我们计算关于滤波后的参考信号的控制器来取消干扰，如图 3.12(b)所示。我们再一次假设参考信号是通过将具有单位方程的白噪声序列经一个因果、最小相整形滤波器 $F(z)$ 产生，即

$$X(z) = F(z)V(z) \tag{3.3.14}$$

其中

$$S_{xx}(z) = F(z)F(z^{-1}) \tag{3.3.15}$$

与在第 2 章一样。

从而，图 3.12(b)中滤波后的参考信号可表示为

$$R(z) = G(z)F(z)V(z) \tag{3.3.16}$$

为了进行下一步处理，现在我们定义一个对 $r(n)$ 进行处理以产生白噪声序列的白化滤波器。在 2.4 节，这个白化滤波器是参考信号的整形滤波器——$F(z)$ 的逆，其中定义 $F(z)$ 为最小相，即具有稳定的逆。现在，我们同样对对象响应 $G(z)$ 进行处理，$G(z)$ 通常不为最小相，因此其没有稳定的逆。然而，我们通过使用 $G(z)$ 的最小相部分的逆及 $F(z)$ 的逆，仍然对 $r(n)$ 进行操作以生成白噪声序列。虽然，这个白噪声序列与假设生成的参考信号 $v(n)$ 的白噪声序列相同，但其仍然具有采样点之间彼此无关的重要性质，而这正是驱动最优因果控制器所需要的。特别地，我们假定将对象响应分成最小相部分 $G_{\min}(z)$ 与全通部分 $G_{all}(z)$，即

$$G(z) = G_{\min}(z)G_{all}(z) \tag{3.3.17}$$

正如贯穿本章我们所假设的,对象是稳定的,则 $G(z)$ 的极点将都位于单位圆内部。从而,最小相传递函数 $G_{\min}(z)$ 将具有与 $G(z)$ 中除了与位于原点的极点延时以外的相同的极点,而且与 $G(z)$ 在单位圆内部的零点相同。$G(z)$ 中位于单位圆外部的零点将出现在 $G_{\min}(z)$ 中共轭相反的位置,即它们关于单位圆对称。如在2.1节所阐述的,对于 $G_{\min}(z)$ 和 $1/G_{\min}(z)$,若具有有限的初值,则 $G_{\min}(z)$ 中的零极点数目必须相等。$G_{\min}(z)$ 中的零极点远离上面所确定的原点后,有必要在原点位置配置额外的极点以满足这个条件。通常可定义一个零极点均在单位圆内部的数字最小相系统,但此定义下的单位延时也是最小相的,即使它不具有稳定的因果逆。因此,我们假设在原点有额外的极点,其与对象传递函数的纯延时有关,属于全通部分。从而,最小相对象响应 $G_{\min}(z)$ 在单位圆内部具有等数目的零极点,$1/G_{\min}(z)$ 也如此,均表示稳定的因果系统。全通系统的极点在单位圆内部的对称位置,以及 $G(z)$ 原点处的极点,全通系统的零点的位置则与 $G(z)$ 单位圆外部的零点的位置相同(Oppeneim 和 Shafer,1975)。如图3.13所示,是一个将 $G(z)$ 分为最小相与全通部分的例子。同时显示在图3.13中的还有 $G(z^{-1})$ 的零极点分布情况,是将 $G(z)$ 中位于原点的极点用零点代替的关于单位圆的映象。可以用同样的方法得到 $G_{\min}(z^{-1})$ 与 $G_{all}(z^{-1})$ 的零极点,如图3.13所示;通过与 $G_{\min}(z)$、$G_{all}(z)$ 的零极点分布图进行比较,我们可以看到 $G_{\min}(z)G_{\min}(z^{-1}) = G(z)G(z^{-1})$ 以及 $G_{all}(z)G_{all}(z^{-1}) = 1$。从而,最小相成分 $|G_{\min}(e^{j\omega T})|$ 的频率响应与对象的频率响应 $|G(e^{j\omega T})|$ 相同,但与 $G_{\min}(e^{j\omega T})$ 一致的最小可能相累加和仍然是因果的,则全通成分具有的性质为

$$|G_{all}(e^{j\omega T})|^2 = 1,对于所有的\ \omega T \tag{3.3.18}$$

经白化后的参考信号现在可以表示为

$$V'(z) = \frac{1}{F(z)}\frac{1}{G_{\min}(z)}R(z) \tag{3.3.19}$$

如图3.14所示,通过直接类比2.4节中的结果,对 $v'(n)$ 进行操作最小化均方差的最优滤波器为

$$W_{v'opt}(z) = -\{S_{v'd}(z)\}_+ \tag{3.3.20}$$

同样如图3.14所示,其中 $S_{v'd}(z)$ 为 $v'(n)$ 与 $d(n)$ 间的互功率谱密度,$\{\}_+$ 表示对括号内量的时域形式的因果部分进行 $z$ 变换。分析的目的是以直接测量量的形式表示因果滤波器。

一同绘制的还有 $G(z^{-1})$、$G_{\min}(z^{-1})$ 和 $G_{all}(z^{-1})$ 的零极点,从图可以看出

$$G_{\min}(z)G_{\min}(z^{-1}) = G(z)G(z^{-1})\ 和\ G_{all}(z)G_{all}(z^{-1}) = 1$$

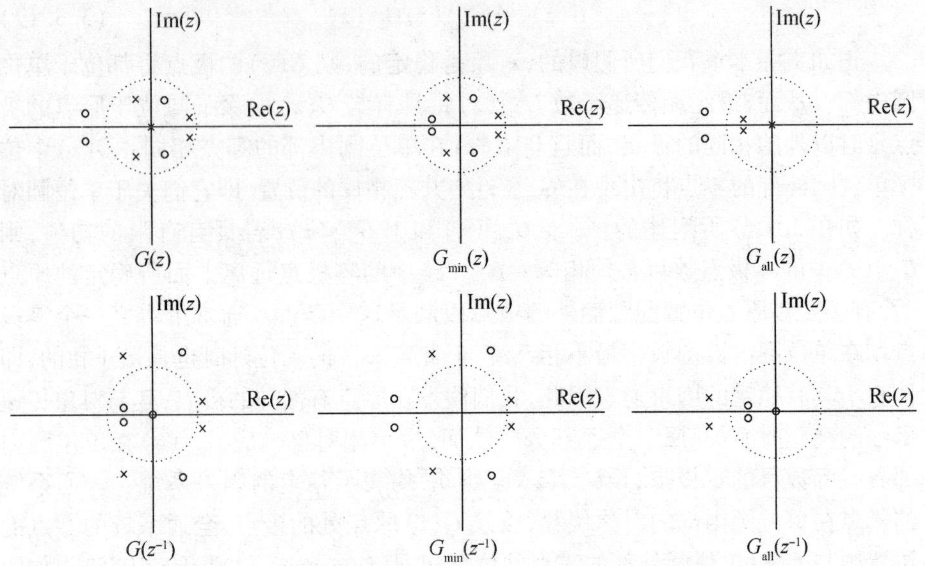


图 3.13　稳定系统的零极点分布情况，将其分为最小相部分 $G_{\min}(z)$ 和全通部分 $G_{all}(z)$

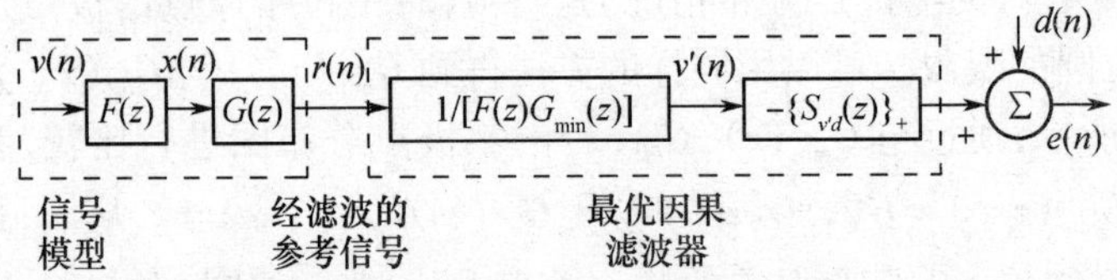


图 3.14　前馈控制问题中最优因果滤波器的框图，其中假设通过将白噪声序列 $v(n)$ 经过一个整形滤波器 $F(z)$ 产生参考信号，接着经过系统响应 $G(z)$ 得到 filtered reference 信号

利用 $R(z)=G(z)X(z)$ 及式(3.3.17)，则式(3.3.19)中的 $V'(z)$ 可以写为

$$V'(z) = \frac{G_{all}(z)X(z)}{F(z)} \tag{3.3.21}$$

而且，我们可将式(3.3.20)中的互功率谱密度表示为

$$S_{v'd}(z) = \frac{G_{all}(z^{-1})S_{xd}(z)}{F(z^{-1})} \tag{3.3.22}$$

由于 $G_{all}(z)G_{all}(z^{-1})=1$，则

$$S_{v'd}(z) = \frac{S_{xd}(z)}{F(z^{-1})G_{all}(z)} \tag{3.3.23}$$

从而，最优因果前馈控制器的完整表示为

$$W_{opt}(z) = \frac{-1}{F(z)G_{\min}(z)}\left\{\frac{S_{xd}(z)}{F(z^{-1})G_{all}(z)}\right\} \tag{3.3.24}$$

将约束条件从式(3.3.24)中去除，以及使用式(3.3.15)与式(3.3.17)，最优控制器的频域响应将简化为

$$W_{opt}(e^{j\omega T}) = \frac{-S_{xd}(e^{j\omega T})}{G(e^{j\omega T})S_{xx}(e^{j\omega T})} \tag{3.3.25}$$

等于式(3.3.11)中得到的无约束结果。

若无法得到 $S_{xx}(z)$、$S_{xd}(z)$ 和 $G(z)$ 的零极点计算 $W_{opt}$，则可利用上面的公式直接从功率、互谱密度及对象的频率响应的测量估计计算离散频域的最优因果滤波器。然而，为了在离散频域中正常工作，类似于2.4节文末所讨论的，必须在离散傅里叶变换的最小尺寸上施加限制。特别地，我们要求 DFT 的尺寸，$N$ 必须足够大使 $S_{xd}(e^{j\omega T})/F^*(e^{j\omega T})G_{all}(e^{j\omega T})$ 的脉冲响应的因果部分能够通过 $N/2$ 个采样点衰减到零。此时，最优因果控制器的频率响应等于

$$W_{opt}(k) = \frac{1}{F(k)G_{\min}(k)}\left\{\frac{S_{xd}(k)}{F^*(k)G_{all}(k)}\right\} \tag{3.3.26}$$

式中：$k$ 为离散频率窗口数目，而且

$$\left\{\frac{S_{xd}(k)}{F^*(k)G_{all}(k)}\right\} = \mathrm{FFT}\left[h(n)\,\mathrm{IFFT}\left\{\frac{S_{xd}(k)}{F^*(k)G_{all}(k)}\right\}\right] \tag{3.3.27}$$

式中：$h(n)$ 为单位阶跃函数，$h(n)=1, n\geqslant 0$，反之，等于0，如在2.4节所讨论的，离散频率域中谱因子可从参考信号的功率谱密度计算而得，即

$$F(k) = \exp(\mathrm{FFT}[c(n)\,\mathrm{IFFT}\ln(S_{xx}(k))]) \tag{3.3.28}$$

式中：ln 为自然对数，$c(n)=0, n<0, c(n)=1, n>0$，且 $c(0)=\frac{1}{2}$。对象响应的最小相部分也可通过离散 Hilbert 变换的倒谱实现计算得到（Oppenheimer 和 Shafer，1975），从而

$$G_{\min}(k) = \exp(\mathrm{FFT}[2c(n)\,\mathrm{IFFT}\ln(|G(k)|)]) \tag{3.3.29}$$

一旦计算得到最优因果滤波器的频率响应，将其代入误差信号的功率谱密度表达式[式(3.3.6)]，则可确定控制器因果约束下的最大可能衰减。这将小于或最多等于无因果约束下的衰减效果。

### 3.3.4　时域最优化

通过重新在时域考虑最优问题可得到使用因果、有线长度的可靠滤波器的最优性能。回到框图3.12(b)，我们现在假设前馈控制器是因果的而且具有有

限脉冲响应(FIR),则误差信号可以表示为

$$\boldsymbol{e}(n) = \boldsymbol{d}(n) + \sum_{i=0}^{I-1} \boldsymbol{w}_i \boldsymbol{r}(n-i) = \boldsymbol{d}(n) + \boldsymbol{w}^{\mathrm{T}} \boldsymbol{r}(n) \tag{3.3.30}$$

其中

$$\boldsymbol{w} = [w_0 \cdots w_{I-1}]^{\mathrm{T}} \tag{3.3.31}$$

是控制系数向量,以及

$$\boldsymbol{r}(n) = [r(n) \cdots r(n-I+1)]^{\mathrm{T}} \tag{3.3.32}$$

是滤波后的参考信号的过去值,从而,类似于2.3节电子滤波器情形中均方差的表示形式,平方误差的期望可以表示为

$$\boldsymbol{R}_{ee}(0) = \boldsymbol{w}^{\mathrm{T}} \boldsymbol{R}_{rr} \boldsymbol{w} + 2\boldsymbol{w}^{\mathrm{T}} \boldsymbol{r}_{rd} + \boldsymbol{R}_{dd}(0) \tag{3.3.33}$$

其中

$$\boldsymbol{R}_{ee}(0) = E[\boldsymbol{e}(n)\boldsymbol{e}(n)] \tag{3.3.34}$$

$$\boldsymbol{R}_{dd}(0) = E[\boldsymbol{d}(n)\boldsymbol{d}(n)] \tag{3.3.35}$$

$$\boldsymbol{r}_{rd} = E[\boldsymbol{r}(n)\boldsymbol{d}(n)] \tag{3.3.36}$$

$$\boldsymbol{R}_{rr} = E[\boldsymbol{r}(n)\boldsymbol{r}^{T}(n)] \tag{3.3.37}$$

从而,$\boldsymbol{r}_{rd}$为干扰信号与滤波后的参考信号间的互相关向量,$\boldsymbol{R}_{rr}$是滤波后的参考信号的自相关矩阵。式(3.3.33)与2.3节中得到的最优数字滤波器非常相似,假设滤波后的参考信号持续激励,则$\boldsymbol{R}_{rr}$正定,在此例中最小化均方差的滤波器系数集合为

$$\boldsymbol{w}_{\mathrm{opt}} = -\boldsymbol{R}_{rr}^{-1} \boldsymbol{r}_{rd} \tag{3.3.38}$$

从而,最小化均方差的期望可表示为

$$R_{ee.\min}(0) = \boldsymbol{R}_{dd}(0) - \boldsymbol{r}_{rd}^{\mathrm{T}} \boldsymbol{R}_{rr}^{-1} \boldsymbol{r}_{rd} \tag{3.3.39}$$

因此,可通过对干扰和滤波后参考信号的自相关和互相关性质的了解计算得到最优滤波器和最小残余误差,即使这些相关函数通常可以很方便地由功率谱密度和互谱密度的离散频域估计计算得到。

## 3.4 自适应 FIR 控制器

可利用式(3.3.38)直接计算得到最优因果 FIR 控制器的系数,但是,利用这个方程构造一个实时控制器却存在一些问题,尤其是求导中对稳定性的假设,而且求解的过程中也需要一个矩阵的逆,通常又非常大。从而,自适应算法可以使具有有线长度 FIR 控制滤波器的控制器在给定稳定的情况下达到最优维纳滤

波器，并且可在非稳定的情况下跟踪干扰统计特性的变化。这也正是促使第2章中对电子噪声抑制中LMS讨论的原因，现在我们开始讨论改进的LMS算法，其广泛应用于主动控制系统。我们将在本节继续假设图3.11中的反馈通道$G_s(z)$被对反馈通道的内部估计，$\hat{G}_s(z)$，精确抑制。若$\hat{G}_s(z)$不等于$G_s(z)$，则会在自适应滤波器的周围建立一个残余反馈通道，鉴于闭环增益，$W(z)[\hat{G}_s(z)-G_s(z)]$的影响会非常小，在所有频率均如此(Rafaely和Elliott,1996b)。这个问题同样会出现在第7章自适应反馈控制器的使用中，那时我们将对其进行更加详细的讨论。

### 3.4.1　Filtered-Reference LMS算法

首先，我们假设图3.12(a)中的误差仍可通过图3.12(b)中的输出在滤波运算移项后精确表示，虽然控制器是自适应的，但其系数的变化速度相比对象的变化幅度较小。从而，误差信号可以表示为

$$\boldsymbol{e}(n)=\boldsymbol{d}(n)+\boldsymbol{w}^{\mathrm{T}}\boldsymbol{r}(n) \tag{3.4.1}$$

式中：$\boldsymbol{w}$和$\boldsymbol{r}(n)$由式(3.3.31)与式(3.3.32)给出，且$\boldsymbol{w}$接近时不变，因此其与时间索引$n$之间的关系被省略了。

LMS算法的原理是以与均方误差对系数的瞬时梯度的相反方向改进系数。此时梯度可写为

$$\frac{\partial \boldsymbol{e}^2(n)}{\partial \boldsymbol{w}}=2\boldsymbol{e}(n)\frac{\partial \boldsymbol{e}(n)}{\partial \boldsymbol{w}}=2\boldsymbol{e}(n)\boldsymbol{r}(n) \tag{3.4.2}$$

其中，式(3.4.1)和向量导数的性质在附录中有所讨论，而且被用于求取式(3.4.2)的最终结果。从而LMS在此例中的合适形式可写为

$$\boldsymbol{w}(n+1)=\boldsymbol{w}(n)-\alpha\boldsymbol{r}(n)\boldsymbol{e}(n) \tag{3.4.3}$$

即所谓的filtered-reference LMS，或filtered-$x$ LMS(FXLMS)，这是因为参考信号一般以$x$表示。这个算法首先由Morgan(1980)提出，同时Widrow等人(1981)独立提出应用于前馈控制的这个算法，Burgess(1981)在导管噪声的主动控制中提出此算法。

实践中，filtered-reference信号将由真实对象响应的估计形式，对象模型产生。如图3.15所示，这可通过建立分立的实时滤波器$\hat{G}(z)$产生filtered-reference信号$\hat{r}(n)$。从而这个用于实际的filtered-reference LMS算法可以写为

$$\boldsymbol{w}(n+1)=\boldsymbol{w}(n)-\alpha\hat{\boldsymbol{r}}(n)\boldsymbol{e}(n) \tag{3.4.4}$$

通过比较图3.15与对应的图21.3中的LMS算法的方框图，可以获得这个

算法的物理表示。在 LMS 算法中,误差信号由参考信号直接相乘得到互相关估计用于更新滤波器。若在前馈控制中应用此算法,则误差信号将由对象响应滤波,而且这将扭曲对互相关的估计。filtered - reference LMS 算法先对参考信号进行对象响应滤波,从而测量误差信号和滤波后的参考信号在时间上一致,可给出有效的互相关估计。

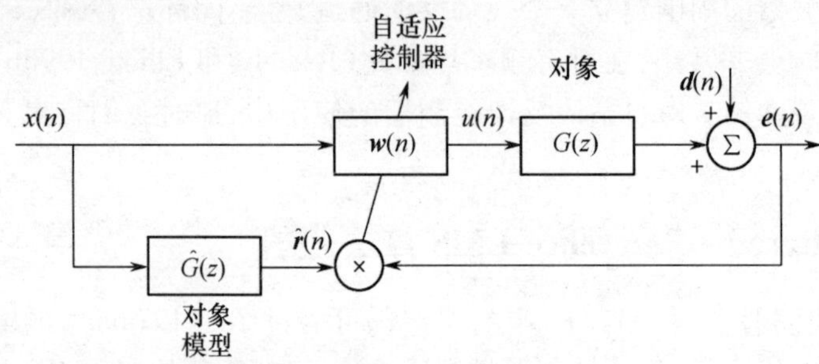


图 3.15 Filtered - reference LMS 实际实现时的框图,其中系统响应 $G(z)$ 的模型 $\hat{G}(z)$ 用于产生 filtered - reference 信号 $\hat{\boldsymbol{r}}(n)$

在式(3.4.4)中,对分立的滤波器产生 filtered - reference 参考信号的需要,增加了 filtered - reference LMS 算法的计算负担,从而需要更加有效地表示对象响应的方法。即使 filtered - reference LMS 的出现是出于控制随机干扰的要求,但它对于单频干扰的自适应前馈控制器的实现也提供了一个有效的方法。此时,参考信号是单频信号,而且在自适应滤波器中仅需两个系数。此时仅需在对象的干扰频率上精确匹配对象模型即可,从而可通过两个系数实现。

## 3.4.2 稳定条件

有必要知道对象响应需要如何估计对象才能使算法以稳定、可靠的方式运行。假设滤波器缓慢改变,则对 filtered - reference LMS 算法实际性质的分析与第 2 章的 LMS 算法类似。此时,我们将式(3.4.1)表示的 $\boldsymbol{e}(n)$ 代入式(3.4.4)可得

$$\boldsymbol{w}(n+1) = \boldsymbol{w}(n) - \alpha[\hat{r}(n)\boldsymbol{d}(n) + \hat{\boldsymbol{r}}(n)\boldsymbol{r}^T(n)\boldsymbol{w}(n)] \tag{3.4.5}$$

若算法是稳定的,则它将收敛到一个解,此时式(3.4.5)方括号中的更新项的期望等于零。将此收敛解定义为 $\boldsymbol{w}_\infty$,我们可写出

$$\boldsymbol{w}_\infty = -[E[\hat{\boldsymbol{r}}(n)\boldsymbol{r}^T(n)]]^{-1}E[\hat{\boldsymbol{r}}(n)\boldsymbol{d}(n)] \tag{3.4.6}$$

从而,实际所用的 filtered - reference LMS 是稳定的,它通常不能收敛到式(3.3.38)所给出的滤波器系数的真正最优集合,除非对象模型完全精确,即

$\hat{\boldsymbol{r}}(n)=\boldsymbol{r}(n)$。

由于控制作用缓慢变化，我们可作出相互独立的假设，如在2.6节对LMS算法所讨论的。从式(3.4.5)的两边同时减去$\boldsymbol{w}_\infty$的一个因子，并进行期望运算，则自适应算法的平均值可写为

$$E[\boldsymbol{w}(n+1)-\boldsymbol{w}_\infty]=[\boldsymbol{I}-\alpha E[\hat{\boldsymbol{r}}(n)\boldsymbol{r}^{\mathrm{T}}(n)]]E[\boldsymbol{w}(n)-\boldsymbol{w}_\infty] \tag{3.4.7}$$

除了矩阵$E[\hat{\boldsymbol{r}}(n)\boldsymbol{r}^{\mathrm{T}}(n)]$不对称外，在附录式(A7.6)中其具有更一般的特征值特征向量分解形式而不是分析LMS算法式(A7.16)中使用的特殊形式，这个方程类似于式(2.6.11)中的LMS算法。然而，式(3.4.7)中一般形式的相关矩阵仍可分解为

$$E[\hat{\boldsymbol{r}}(n)\boldsymbol{r}^{\mathrm{T}}(n)]=\boldsymbol{Q}\boldsymbol{\Lambda}\boldsymbol{Q}^{-1} \tag{3.4.8}$$

从而，如在LMS算法中，式(3.4.7)可以表示为

$$\boldsymbol{v}(n+1)=[\boldsymbol{I}-\alpha\boldsymbol{\Lambda}]\boldsymbol{v}(n) \tag{3.4.9}$$

此时的平均、规范和旋转的系数向量等于

$$\boldsymbol{v}(n)=\boldsymbol{Q}^{-1}E[\boldsymbol{w}(n)-\boldsymbol{w}_\infty] \tag{3.4.10}$$

然而，此时组成$\boldsymbol{\Lambda}$的对角部分的特征向量不再要求为实数，而且其大小为$1-\alpha\lambda$，算法稳定时全部小于1，类似于前面单频时的式(3.2.26)。从而filtered-reference LMS算法的稳定条件为Morgan(1980)

$$0<\alpha<\frac{2\mathrm{Re}[\lambda_i]}{|\lambda_i|^2},\text{对于所有的}\ i \tag{3.4.11}$$

从而算法的稳定性与矩阵$E[\hat{\boldsymbol{r}}(n)\boldsymbol{r}^{T}(n)]$的特征值实部的符号有关。

若对象模型是精确的，则这个均值正定，且所有的特征值都是正实数。然而，此时算法的收敛模式将由filtered - reference信号的自相关矩阵的特征值决定，而不是由其本身的特征值决定；从而参考信号近似白噪声，滤波后的参考信号的自相关矩阵由于对象响应将具有大的特征值扩散度。在第2章，对于LMS算法我们注意到，最大最小特征值的比值由参考信号的功率谱密度的最大与最小特征值的比值确定。此时的范围为

$$\frac{\lambda_{\max}}{\lambda_{\min}}\leqslant\frac{[\,|G(\mathrm{e}^{j\omega T})|^2S_{xx}(\mathrm{e}^{j\omega T})\,]_{\max}}{[\,|G(\mathrm{e}^{j\omega T})|^2S_{xx}(\mathrm{e}^{j\omega T})\,]_{\min}} \tag{3.4.12}$$

从而，$S_{xx}(\mathrm{e}^{j\omega T})$对于$\omega T$保持不变，由于对象频率响应的峰值与波谷间的不同也可产生较大的特征值扩散度。在单频参考信号驱动仅有两个系数的自适应滤波器，且两个系数响应的时间延时在定则干扰周期的1/4内时，自相关矩阵的两个特征值将相等，此时有最快的收敛速度。两个系数相互独立进行调整，且有

效地调整控制信号的同相和二次成分，如3.2节的频域自适应方法。

若对象模型与物理对象的响应不同，则 $E[\hat{\boldsymbol{r}}(n)\boldsymbol{r}^{\mathrm{T}}(n)]$ 矩阵的特征值不再为实数或具有正实部分。若特征值是复数，则与特征值有关的收敛模式将不能平均以指数式收敛，而且具有振荡成分。然而，若假设特征值的实部为正，则这个振荡将渐渐消失而且算法将仍然稳定。若其中一个特征值的实部为负数，则算法不稳定。不能直接将对象模型与物理对象间的不同与 $E[\hat{\boldsymbol{r}}(n)\boldsymbol{r}^{\mathrm{T}}(n)]$ 矩阵的特征值实部的符号联系起来。然而，Ren 和 Kumar（1989），Wang 和 Ren（1999）等证明了 $\hat{G}(e^{j\omega T})/G(e^{j\omega T})$ 的值满足严格正实数是算法稳定的充分但不必要条件，这类似于 filtered - reference LMS 算法。我们在第2章看到，这个条件意味着所考虑的量的相位必须对于所有频率均在 ±90°以内。本节，$\hat{G}(e^{j\omega T})/G(e^{j\omega T})$ 的值所满足的条件意味着对象模型的相位必须在所有频率下的对象真实相位的 ±90°以内。这是3.2节单频时自适应控制器对对象模型稳定所得出的相位条件的扩展。

实践中，所实现的稳定控制器可在部分频率处不满足相位条件，即使参考信号是宽带的。然而，一般我们预先不知道参考信号的频谱，从而有可能对象模型的相位误差超过90°以至此频率下的频谱含有过高的能量。在极端情况下，此频率下的参考信号将近似为单频信号，则如3.2节所讨论的自适应算法将变得不稳定。从而，若无法知道参考信号的统计特性，则对于缓慢变化的控制器唯一可保证的是对于所有频率满足90°的相位精度。算法对建模误差的鲁棒性，可通过使用“泄漏”形式的自适应算法得到改进（Widrow 和 Stearns，1985），在3.4.7节将对此“泄漏”的效果进行详细的讨论。

### 3.4.3 建模误差导致的性能下降

在上面我们注意到，若用于实际的 filtered - reference LMS 算法的对象模型是不精确的，则当控制器稳定时将收敛到式（3.4.6），一般不等于式（3.3.38）所给出的最优解。从而算法完成收敛后的残余均方差必将高于最优滤波器收敛下的最小均方差。Saito 和 Sone（1996）通过仿真给出了建模误差导致的性能下降的程度。

这些研究者同时研究了 filtered - reference LMS 应用于车辆驾驶室的情况，其中，当以2kHz采样时，扩音器的输入和拾音器输出的脉冲响应持续了150个采样点。从而，当用于算法的对象模型渐进天然时（通过将对象脉冲响应系数的较小值置零得到），可计算得到 filtered - reference LMS 对宽带参考信号的收敛性能。在 Saito 和 Sone（1996）研究的例子中，使用精确对象模型时得到的最大干扰衰减为 9dB。当对象脉冲响应模型中的非零系数数目减少时，衰减降低，直到只有 20 个系数时衰减降低都不是十分明显，当对象模型的脉冲响应中的非零系数进一步从 20 减少为 10 时算法的性能开始急剧下降，此时对象模型已不能保持算法的稳定性。

这些结果表明，filtered - reference LMS 算法的性能对物理对象的响应和对象模型的响应之间的不同具有相对稳定性，却不如算法稳定。这个结论对于实际应用具有重要的意义，在主动控制系统中为保持充足的性能要求，需要精确实现对象模型，减少对算法处理的要求。鲁棒和鲁棒稳定性之间的不同将推迟到第 6 章进行讨论。

### 3.4.4　对象延时的影响

可从方程(3.4.7)与对应的 LMS 方程的类比中推出具有精确对象模型的 filtered - reference LMS 算法的最大收敛系数，即可得到的最大收敛系数的估计为

$$\alpha_{\max} \approx \frac{2}{I\,\bar{r}^2} \tag{3.4.13}$$

式中：$I$ 为控制器中系数的数目，$\bar{r}^2$ 是 filtered 参考信号的均方值。然而，由于对象响应是动态的，意味着上面所作的分析对于快速自适应没有效果，而且式(3.4.13)所给出的收敛系数的值对于确保系统的稳定而言过大。在实际的系统中，对象动态行为中最重要的部分是其总的延时 $\Delta$ 和对白噪声参考信号的仿真(Elliott 和 Nelson，1989)，这就表明此时收敛系数的更加实用上限为

$$\alpha_{\max} \approx \frac{2}{(I+\Delta)\,\bar{r}^2} \tag{3.4.14}$$

即使当参考信号更为带彩或当系统共振时，需要使用更加小的值。filtered-reference LMS 算法的简单形式即所谓的延时 LMS(DLMS)，即滤波器输出信号和观测误差信号间具有纯延时的形式，经常应用在无线电应用中(Quershi 和 Newhall;1973;Kabal，1983;Long 等人，1989)。在这些应用中分析得到的最大收敛系数与式(3.4.14)相似。

Boucher 等人(1991)对对象中的延时，估计对象响应中的相位误差及自适应控制器的收敛特性的综合效果进行了研究。他们假定单频参考信号如 3.2 节以每周期 4 点的采样率进行采样。对象模型中不同的相位误差和对象中不同的延时下最快收敛速度所需的收敛系数如图 3.16(a)所示。如式(3.2.31)所表示，当无相位误差，以及如式(3.4.14)所示小的对象延时收敛系数显然最大。使用此收敛系数可获得如图 3.16(b)所示的最小收敛时间，观察可以看出，当对

象模型的相位误差小于±40°收敛时间时不受相位误差的影响；但当相位误差接近±90°时，收敛时间将显著增加直至接近无穷，此时算法对于收敛系数的任何有限值将变得不稳定。Snyder 和 Hansen(1994)对不同采样率下单频参考信号的相位误差的影响进行了研究，结果表明一般很难预测对象模型中的相位误差效果，尤其对于小的对象延时，除非相位误差小于±90°，不然将很难保证系统的稳定性。

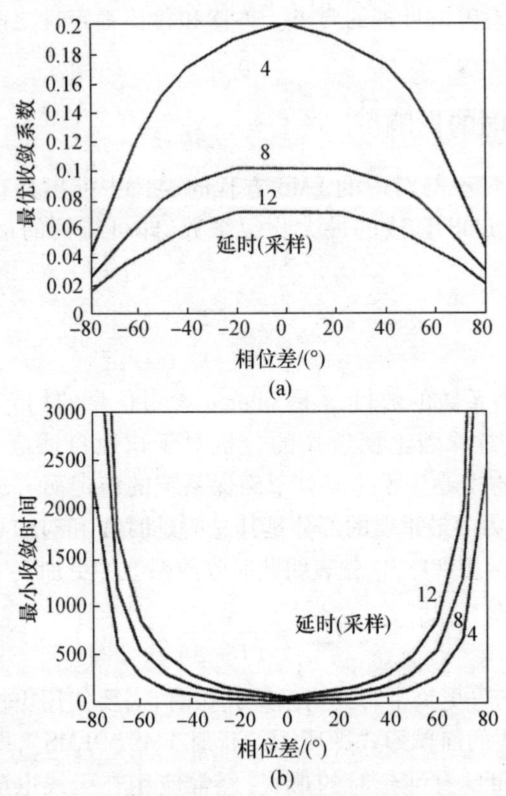


图 3.16　在 filtered－$x$ LMS 算法的仿真中(a)为得到最短收敛时间所需的收敛系数和(b)使用这些收敛系数所得到的收敛时间，其中，正弦参考信号每个周期有 4 个采样。假设在估计次级通道$\hat{G}(z)$和真实的次级通道 $G(z)$之间存在不同的相位误差。三条曲线分别对应系统 $G(z)$ 中 4、8 和 12 个采样的纯延时

同样地，最大收敛系数现在与滤波后的参考信号有关，而不是与参考信号有关，可通过 2.6 节中给出的 LMS 算法的一般形式计算得到 filtered－reference LMS 的失调，即

$$M \approx \frac{\alpha I \tilde{r}^2}{2} \tag{3.4.15}$$

式中：$\tilde{r}^2$为滤波后参考信号的均方值，一般假设$\alpha$相比式(3.4.13)非常小。由于在主动控制问题中为避免不稳定的发生$\alpha$通常非常小，通常失调在自适应前馈控制系统中不如在使用LMS算法的电子噪声抑制问题中重要。

filtered－reference LMS算法通过假设自适应控制器的系数相比对象的动态变化非常缓慢而得到。实践中发现，假定式(3.4.12)所给出的特征值扩散度不大，而且根据式(3.4.14)调整收敛系数，则算法将收敛到类似对象动态变化的时间尺度。尽管需要多加小心，但filtered－reference LMS算法却表现出对缓慢变化控制器系数笼统假设令人惊讶的鲁棒性。快速自适应算法相比基于最速下降法的算法，如第2章讨论的RLS算法，更适合用于提升收敛速度，但控制器系数缓慢变化这一filtered－reference方法的核心将变得更加重要。这个问题的出现是因为控制输出与误差观测点间的对象动作的动态响应，如图3.12(a)所示。

### 3.4.5　改进的filtered－reference LMS算法

按如图3.12(b)所示的自适应运算方案重新调整自适应前馈控制器的框图，即对象响应在参考信号通过自适应控制器前对其进行操作。从而，控制滤波器的更新等价于第2章讨论的电子噪声抑制问题。这样的一个系统的框图如图3.17所示，其中，对象模型$\hat{G}(z)$用于减去来自误差信号的控制信号导致的对象输出的估计，从而得出干扰信号的估计，即$\hat{d}(n)$。则这个干扰估计可用来生成新的误差信号$e_m(n)$，其用来调整控制器使其等价于电子噪声抑制问题，如图3.17的下部所示，将自适应滤波器的系数复制进控制器。

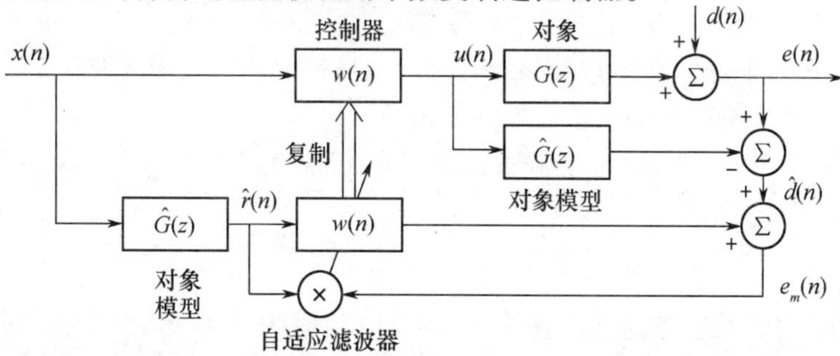


图3.17　改进的filtered－reference LMS算法的框图，其中若使用系统的内部模型获得的当前控制器系数在所有时间上是固定的，则可获得误差的预测，从而得到干扰的估计$\hat{d}(n)$，接着被加到参考信号上，被系统模型和自适应控制器滤波

这个快速自适应控制器结构由几个人几乎在同一时间提出(Bjarnason,1992;Bao 等,1992;Bronzel,1993;Doelman,1993;Flockton,1993;Kim 等人,1994)。Bjarnason 称这个算法为改进的 filtered－$x$ LMS 算法。图 3.17 中干扰信号的估计为

$$\hat{d}(n) = e(n) - \sum_{j=0}^{J-1} \hat{g}_j u(n-j) \tag{3.4.16}$$

式中:$\hat{g}$ 是第 $J$ 阶对象模型的脉冲响应,其 $z$ 变换为$\hat{G}(z)$,且

$$u(n) = \sum_{i=0}^{I-1} w_i(n) x(n-j) \tag{3.4.17}$$

式中:$w_i(n)$为第 $I$ 阶控制器的瞬时脉冲响应,从而输出误差可以表示为

$$e(n) = d(n) + \sum_{j=0}^{J-1} \sum_{i=0}^{I-1} g_j w_i(n-j) x(n-i-j) \tag{3.4.18}$$

式中:$g_j$ 为物理对象的脉冲响应,其 $z$ 变换为 $G(z)$,从而干扰信号的估计可以表示为

$$\hat{d}(n) = d(n) + \sum_{j=0}^{J-1} \sum_{i=0}^{I-1} (g_j - \hat{g}_j) w_i(n-j) x(n-i-j) \tag{3.4.19}$$

在第 6 章的反馈控制中比较算法的这部分和内部模型的控制设置将会很有意思。

系数为 $w_i(n)$的自适应控制滤波器的时变特性表明式(3.4.18)中的输出误差与这些系数的一些时间以前值有关,现在将图 3.17 中的校正误差定义为

$$e_m(n) = \hat{d}(n) + \sum_{i=0}^{I-1} \sum_{j=0}^{J-1} w_i(n)\, \hat{g}_j x(n-i-j) \tag{3.4.20}$$

即仅与当前控制滤波器系数的集合有关。若在控制器中使用滤波器系数的当前集合,则其等于将产生的误差信号的预测值。

图 3.17 中较低环节的控制滤波器现在可以使用校正的 filtered－reference LMS 算法实现自适应

$$\boldsymbol{w}(n+1) = \boldsymbol{w}(n) - \hat{\boldsymbol{r}}(n) \boldsymbol{e}_m(n) \tag{3.4.21}$$

式中:$\hat{\boldsymbol{r}}(n)$为滤波参考信号向量,式(3.4.21)为瞬时最速下降法的直接形式,可以通过类比无滤波器系数缓慢变化这一假设的 LMS 算法得到,一旦此环内的滤波器系数得到更新,其就可以被复制进控制滤波器中,且可用于对 $x(n)$的采样进行滤波。

可以通过对缓慢变化的滤波器系数分析得到改进的 filtered－reference LMS

算法对建模误差的敏感度,这是因为此时可以忽略控制器的时变因素,且式(3.4.19)简化为

$$\hat{d}(n) = d(n) + \sum_{j=0}^{J-1}\sum_{i=0}^{I-1}(g_j - \hat{g}_j)w_i x(n-i-j) \tag{3.4.22}$$

及改进误差简化为

$$e_m(n) = \hat{d}(n) + \sum_{i=0}^{I-1}\hat{g}_j w_i x(n-i-j) \tag{3.4.23}$$

将式(3.4.22)表示的$\hat{d}(n)$代入式(3.4.23),缓慢变化的控制器系数的改进误差为

$$e_m(n) = d(n) + \sum_{i=0}^{J-1}\sum_{i=0}^{I-1}\hat{g}_j w_i x(n-i-j) \tag{3.4.24}$$

其与在假设条件下得出的真实误差信号$e(n)$精确相似。从而,式(3.4.21)所表示的 filtered – reference LMS 算法的特性与式(3.4.4)所表示的具有建模误差的标准 filtered – reference LMS 相类似,在缓慢变化条件下,对于小$\alpha$值所表现出的稳定性再一次由$E[\hat{\boldsymbol{r}}(n),\boldsymbol{r}(n)]$的特征值的实部是否全为实数决定,如式(3.4.7)。

然而,改进 filtered – reference LMS 算法的收敛系数的最大值与式(3.4.13)有关,而不是与式(3.4.14)有关,这是因为控制器滤波器更新环节和误差观测点之间的延时已经被消除。仿真结果证明即使对于快速变化的滤波器的收敛分析相当困难,此类情况下改进 filtered – reference LMS 算法的收敛速度与 LMS 算法的收敛速度也相似(Bjarnason1992;Bao 等人,1992)。Rupp 和 Sayed(1988)进一步对改进的 filtered – reference LMS 算法进行发展,减少了算法的计算量。

一旦不再需要滤波器系数缓慢变化这一条件,就可以在图 3.17 中使用更加快速的自适应算法调整控制滤波器的系数$w_i$。Flockton(1993)和 Bronzel(1993)重点研究了第 2 章讨论的 RLS 算法在此类情况中的应用,收敛速度和稳定性之间的矛盾类似于传统的自适应滤波器。

### 3.4.6　Filtered – Error LMS 算法

用对误差信号滤波代替对参考信号滤波可更好地解释前馈控制中对象响应的出现。然而,为得到这种 filtered – error LMS 算法,必须回到如图 3.12(a)所示的前馈控制系统的框图,并将误差信号表示为控制器脉冲响应和对象的脉冲响应的函数。

假设控制器系数是固定的,则根据式(3.4.18),误差信号可表示为

$$e(n) = d(n) + \sum_{i=0}^{I-1}\sum_{j=0}^{J-1} g_j w_i x(n-i-j) \tag{3.4.25}$$

时间均方误差信号对第 $k$ 阶控制系数的导数可表示为

$$\lim_{N\to\infty}\frac{1}{2N}\sum_{n=-N}^{N}\frac{\partial e^2(n)}{\partial w_k} = \lim_{N\to\infty}\frac{1}{N}\sum_{n=-N}^{N}\frac{\partial e(n)}{\partial w_k}$$

$$= \lim_{N\to\infty}\frac{1}{N}\sum_{n=-N}^{N} e(n)\sum_{j=0}^{J-1} g_j x(n-i-j) \tag{3.4.26}$$

式中:式(3.4.26)的最终形式已经通过式(3.4.25)对 $w_k$ 求导得到的$\partial e(n)/\partial w_k$给出。filtered - reference LMS 算法可以通过在式(3.4.26)中定义滤波后的与 $g_j$ 有关的参考信号为 $x(n)$ 导出。然而,通过将虚拟时间变量定义为下式,可将式(3.4.26)表示为另外一种形式

$$n' = n - j, \text{从而 } n = n' + j \tag{3.4.27}$$

式(3.4.26)现在可表示为

$$\lim_{N\to\infty}\frac{1}{2N}\sum_{n=-N}^{N}\frac{\partial e^2(n)}{\partial w_k} = \lim_{N\to\infty}\frac{1}{N}\sum_{j=0}^{J-1}\sum_{n'+j=-N}^{N} x(n'-k) g_j e(n'+j) \tag{3.4.28}$$

误差信号与对象的时间相反的脉冲响应经非因果滤波器滤波的信号现在可表示为

$$f(n') = \sum_{j=0}^{J-1} g_j e(n'+j) \tag{3.4.29}$$

同时注意,由于 $j$ 总是有界的,则式(3.4.28)的右边的假设从 $-N$ 到 $N$,$N$ 趋近于∞时将与 $n'=-\infty$ 到∞,$n'+j=-\infty$ 到∞相似。从而在式(3.4.28)中时间平均导数可写为

$$\lim_{N\to\infty}\frac{1}{2N}\sum_{n=-N}^{N}\frac{\partial e^2(n)}{\partial w_k} = \lim_{N\to\infty}\frac{1}{N}\sum_{n-N}^{N} f(n)x(n-k) \tag{3.4.30}$$

假定式(3.4.30)中的所有项随时间均缓慢更新控制器系数,则使用式(3.4.30)的自适应算法的平均特性将类似于使用 filtered - reference 信号的最速下降法(Wan,1993,1996;也可见于 Elliott,1998)。在实时算法中使用式(3.4.30)的问题是对式(3.4.29)中 $f(n)$ 的瞬时估计不能用于因果系统。这个问题可以通过在式(3.4.30)中将 $f(n)$ 和 $x(n-k)$ 均延时 $J-1$ 个采样点得到克服。从而 filtered - error LMS 算法的最终形式可通过利用式(3.4.30)延时 $J-1$ 个采样点的导数的瞬时形式更新控制器系数得到,即

$$w(n+1) = w(n) - \alpha f(n-J+1)x(n-J+1) \tag{3.4.31}$$

其中

$$x(n-J+1) = [x(n-J+1), x(n-J), \cdots, x(n-J-I+2)]^{\mathrm{T}} \tag{3.4.32}$$

将用在实际系统中的延时 filtered - error 信号等于

$$\hat{f}(n-J+1) = \sum_{j=0}^{J-1} \hat{g}_j e(n+j-J+1) = \sum_{j=0}^{J-1} \hat{g}_{J-1-j'} e(n-j') \tag{3.4.33}$$

式中：$\hat{g}_j$ 为 FIR 对象模型的脉冲响应的系数，为了表示的方便一般假设其具有 $J$ 个系数。令 $j' = J-1-j$，同时强调误差现在使用对象脉冲响应的内模型的时间相反的形式进行因果滤波，则可获得式(3.4.33)的最终形式。若对象模型的 $z$ 变换写

$$\hat{G}(z) = \sum_{j=0}^{J-1} \hat{g}_j z^{-j} \tag{3.4.34}$$

则需要产生延时滤波后的误差信号 $f(n-J+1)$ 的滤波器的传递函数可表示为

$$z^{-J+1}\hat{G}(z^{-1}) = \sum_{j=0}^{J-1} \hat{g}_j z^{j-1-J} \tag{3.4.35}$$

完整的 filtered - error LMS 算法的方框图现在可以表示成如图 3.18 所示的形式。

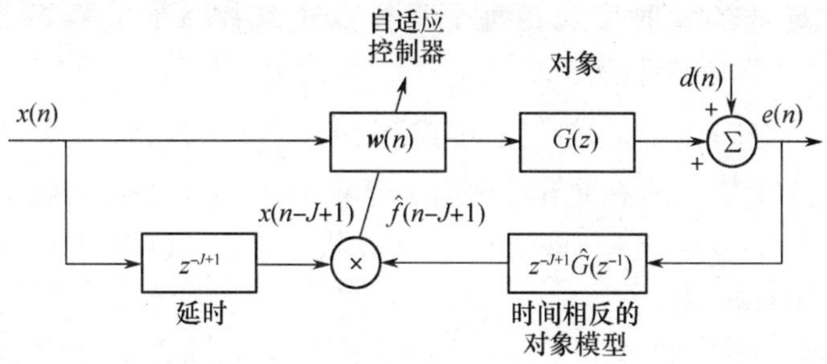


图 3.18　Filtered - error LMS 算法的框图，其中误差信号经系统模型时间相反和延时形式的冲击响应 $z^{-J+1}\hat{G}(z^{-1})$ 滤波，用以产生 filtered - error 信号 $\hat{f}(n-J+1)$

由于需要计算误差信号与对象模型的脉冲响应的所有系数的卷积，则意味着在单通道系统中，filtered - error LMS 算法与 filtered - reference LMS 相比，不具有计算上的优势。然而，我们将在第 5 章看到，在多通道系统中则完全不同，而且此处讨论 filtered - error LMS 算法的主要目的是为多通道系统做铺垫。

在缓慢更新的限制下,使用梯度估计的 filtered - error LMS 算法类似于同样使用梯度估计的 filtered - reference LMS 算法。从而,为确保对象模型稳定而施加的条件对于两种算法是一样的(Elliott,1998)。Wan(1996)对于两种算法进行的仿真同样证明了两种算法性能的相似性,即使为确保 filtered - error 运算稳定而附加的 $J-1$ 个采样点延时对最大收敛系数有限制,在一些应用中也有可能降低自适应的速度。

### 3.4.7 Leaky LMS 算法

Filtered - reference LMS 算法试图最小化测量误差信号的均方值,从而实现 3.3 节讨论的最优最小二乘控制器。另一个目的是最小化均方差的加权和与平方控制滤波器系数的和,对此我们将看到一些实际的优点,用于最小化性能函数从而可以表示为

$$J_2 = E[\boldsymbol{e}^2(n)] + \beta \boldsymbol{w}^{\mathrm{T}} \boldsymbol{w} \tag{3.4.36}$$

式中:$\beta$ 是一个正的系数权参数,如式(3.3.33),将此式展开为二次型,即

$$J_2 = \boldsymbol{w}^{\mathrm{T}}(\boldsymbol{R}_{rr} + \beta \boldsymbol{I})\boldsymbol{w} + 2\boldsymbol{w}^{\mathrm{T}}\boldsymbol{r}_{rd} + \boldsymbol{R}_{dd}(0) \tag{3.4.37}$$

式中:$\boldsymbol{R}_{rr}$,$\boldsymbol{r}_{rd}$与 $\boldsymbol{R}_{dd}(0)$已在式(3.3.35 - 37)中定义。这个新性能函数对于元素 $\boldsymbol{w}$ 的导数可以表示为

$$\frac{\partial J_2}{\partial \boldsymbol{w}} = 2E[\boldsymbol{r}(n)\boldsymbol{e}(n)] + 2\beta \boldsymbol{w} \tag{3.4.38}$$

使用此导数的瞬时形式在每个采样点更新控制滤波器系数可以给出 filtered - $x$ LMS 算法的改进形式

$$\boldsymbol{w}(n+1) = (1 - \alpha\beta)\boldsymbol{w}(n) - \alpha \boldsymbol{r}(n)\boldsymbol{e}(n) \tag{3.4.39}$$

若误差信号为零,则在此算法中由于泄漏项$(1-\alpha\beta)$系数将逐渐泄漏,从而算法被称为 leaky filtered - reference LMS 算法。对上面讨论的其他单通道控制算法也可作相同的改进。

当将算法用于实践时,filtered - reference 信号,如图 3.12 所示,由真实对象响应的模型$\hat{G}(z)$产生,即

$$\boldsymbol{w}(n+1) = (1 - \alpha\beta)\boldsymbol{w}(n) - \alpha \hat{\boldsymbol{r}}(n)\boldsymbol{e}(n) \tag{3.4.40}$$

对前面导出式(3.4.7)的过程进行同样的分析,我们发现泄漏型算法的收敛假定矩阵 $E[\hat{\boldsymbol{r}}(n)\boldsymbol{r}^T + \beta \boldsymbol{I}]$的特征值是正的。从而泄漏项的作用是在 $E[\hat{\boldsymbol{r}}(n)\boldsymbol{r}^T]$的每个特征值上加上一个 $\beta$ 项,即以前具有小的负实部现在变为具有大的正实部。然而,若对象模型是精确的,则泄漏项在算法中不可避免地降低可在均方

差信号获得的衰减。从而,实践中在式(3.4.40)中使用的$\beta$值表示标准性能和鲁棒性之间的矛盾,在很多应用中,一个小的$\beta$值即可显著提高鲁棒性而对标准性能影响较小。

标准 filtered－reference LMS 缓慢变化时的稳定条件为$\hat{G}(z)/G(z)$的比值是严格正实数(SPR),如在上面讨论过的(Ren 和 Kumar,1989)。此时的稳定条件可写为

$$\mathrm{Re}[\hat{G}(\mathrm{e}^{j\omega T})G^*(\mathrm{e}^{j\omega T})] > 0,\text{对于所有的 }\omega T \tag{3.4.41}$$

若对象模型以幅值因子$M(\omega T)$和相位漂移$\phi(\omega T)$处于错误之中,则

$$\hat{G}(\mathrm{e}^{j\omega T}) = M(\omega T)G(\mathrm{e}^{j\omega T})\mathrm{e}^{j\phi(\omega T)} \tag{3.4.42}$$

从而,严格正实数条件简化为

$$\cos(\phi\mathrm{e}^{j\omega T}) = G_0(\mathrm{e}^{j\omega T}) \tag{3.4.43}$$

如上面所讨论的,假设对象模型中的相位误差在所有频率下均小于90°,则可确保缓慢自适应 filtered－reference LMS 算法的稳定性。

规范条件下的对象模型可以使用对象响应精确表示,即

$$\hat{G}(\mathrm{e}^{j\omega T}) = G_0(\mathrm{e}^{j\omega T}) \tag{3.4.44}$$

但物理对象响应可能导致的变化或不确定可由复杂因子$\Delta(\mathrm{e}^{j\omega T})$表示,即

$$G(\mathrm{e}^{j\omega T}) = G_0(\mathrm{e}^{j\omega T})(1+\Delta(\mathrm{e}^{j\omega T})) \tag{3.4.45}$$

其中

$$|\Delta(\mathrm{e}^{j\omega T})| < B(\mathrm{e}^{j\omega T}) \tag{3.4.46}$$

且$B(\mathrm{e}^{j\omega T})$为在规范频率$\omega T$上对象乘积不确定度的上界。

若由式(3.40)～式(3.44)表示$G(\mathrm{e}^{j\omega T})$与$\hat{G}(\mathrm{e}^{j\omega T})$,则稳定条件变为

$$1+\mathrm{Re}[\Delta(\mathrm{e}^{j\omega T})] > 0,\text{对于所有的 }\omega T \tag{3.4.47}$$

乘积不确定度的最差条件是当其相位是180°及大小等于上界时。式(3.4.42),在 filtered－reference LMS 算法对于慢收敛的稳定条件变为(Ren 和 Kumar,1989)

$$B(\mathrm{e}^{j\omega T}) < 1,\text{对于所有的 }\omega T \tag{3.4.48}$$

时,可以直接与第6章讨论的反馈控制系统的鲁棒稳定性进行比较。然而,这个条件或许不能满足,当$G_0(\mathrm{e}^{j\omega T})$的值在一些频率上比较小时,从而表示对象响应中更小的绝对值,$\Delta(\mathrm{e}^{j\omega T})$一定要比1大得多。

若 filtered－reference LMS 算法中已经包含泄漏项,则式(3.4.41)所表示的

稳定条件可以调整为

$$\mathrm{Re}[\hat{G}(e^{j\omega T})G^*(e^{j\omega T})] + \beta > 0 \tag{3.4.49}$$

若对象模型产生 $\phi(\omega T)$ 的相位误差,则这些误差必须为(Elliott,1998b)

$$\cos[\phi(\omega T)] > \frac{-\beta}{|G(e^{j\omega T})|},\text{对于所有的 }\omega T \tag{3.4.50}$$

若 $|G(e^{j\omega T})|^2$ 在一些频率处非常小,尤其小于 $\beta$,则式(3.4.50)的右边将小于 $-1$,而且对于对象模型中的任何相位误差都将满足稳定条件。另外,若对象和对象模型由式及最差情况 $\Delta(e^{j\omega T}) = -B(e^{j\omega T})$ 表示,则稳定的充分条件变为

$$B(e^{j\omega T}) < 1 + \frac{\beta}{|G_0(e^{j\omega T})|^2} \tag{3.4.51}$$

若 $|G_0(e^{j\omega T})|^2$ 在某些频率上比 $\beta$ 小,我们可以看到 $B$ 要比 1 大得多,而且缓慢变化的算法将仍然保持稳定(Elliott, 1998b)。

当在实践中使用 filtered - reference LMS 算法时,其不仅在鲁棒稳定性方面提供了一个有用的改进,而且泄漏项的使用也可以在设计阶段的计算中帮助给定最小二乘解的条件。例如,在时域中最小化式(3.4.36)的滤波器为

$$\boldsymbol{w}_{opt.2} = [\boldsymbol{R}_{rr} + \beta\boldsymbol{I}]^{-1}\boldsymbol{r}_{rd} \tag{3.4.52}$$

其中,相比于式(3.3.38)其在参考信号不是持续激励时仍具有唯一解。在式(3.4.52)中对相关矩阵的改进意味着在图3.12(b)中当一个均方值等于 $\beta$ 的不相关白噪声信号加在 filtered - reference 信号上时,将产生一个等价的结果。

这个改进的 filtered - reference 信号的功率谱密度可以写成

$$S_{rr}(z) + \beta = G(z)G(z^{-1})S_{xx}(z) + \beta \tag{3.4.53}$$

为了得到 $z$ 域最优滤波器的表达式,式(3.4.53)可以表示为 $G_{\min}(z)G_{\min}(z^{-1})$ 和 $F'(z)F'(z^{-1})$ 的乘积,其中前者等于 $G(z)G(z^{-1})$,且后者中的 $F'(z)$ 是一个修正的谱因子分解项,由下式给出

$$F'(z)F'(z^{-1}) = S_{xx}(z) + \beta/G(z)G(z^{-1}) \tag{3.4.54}$$

且 $F'(z)$ 必须在式(3.3.24)所表示的最优滤波器的传递函数中代替 $F(z)$。另外,可以在 $G_{\min}(z)$ 的定义中做等价的改进。

在离散频率中,修正性能函数的作用是将式(3.3.28)所表示的谱因子的定义变为

$$F'(k) = \exp(\mathrm{FFT}[c(n)\mathrm{IFFT}\ln(S_{xx}(k) + \beta/|G(k)|^2)]) \tag{3.4.55}$$

其效果为避免在某些频率窗口中 $S_{xx}(k)$ 不是很大时产生与使用很小的数值

算法有关的数值问题。

对应于式(3.4.36),另一种性能函数是均方差和控制滤波器的均方输出加权和,其具有更加清楚的物理意义而且与最优反馈控制领域中的表示保持一致(Darlington,1995),即

$$J_3 = E[e^2(n)] + \rho E[u^2(n)] \tag{3.4.56}$$

式中:$\rho$ 是一个正的作用权值参数。控制滤波器的均方输出 $E[u^2(n)]$,与如图 3.12(a)所示对象中的次级作动器均方输入相等,即所谓的控制作用。这个输出信号可以表示为

$$\boldsymbol{u}(n) = \boldsymbol{w}^{\mathrm{T}}\boldsymbol{x}(n) \tag{3.4.57}$$

其中

$$\boldsymbol{x}(n) = [x(n), x(n-1), \cdots, x(n-I+1)]^{\mathrm{T}} \tag{3.4.58}$$

从而,式(3.4.56)的二次型形式为

$$J_3 = \boldsymbol{w}^{\mathrm{T}}(\boldsymbol{R}_{rr} + \rho\boldsymbol{R}_{xx})\boldsymbol{w} + 2\boldsymbol{w}^{\mathrm{T}}\boldsymbol{r}_{rd} + \boldsymbol{R}_{rd}(0) \tag{3.4.59}$$

式中:$\boldsymbol{R}_{xx} = E[\boldsymbol{x}(n)\boldsymbol{x}^{\mathrm{T}}(n)]$。

从而最小化 $J_3$ 最优滤波器系数向量为

$$\boldsymbol{w}_{opt.3} = [\boldsymbol{R}_{rr} + \rho\boldsymbol{R}_{xx}]^{-1}\boldsymbol{r}_{rd} \tag{3.4.60}$$

若一个与 $x(n)$ 无关的噪声信号(其均方值与 $\rho$ 成比例,功率谱密度与参考信号相同),加在图 3.12(b)中的 filtered - reference 信号上,则可得到一个完全相同的结果。这个修正的 filtered - reference 信号的功率谱密度等于

$$S_{rr}(z) + \rho S_{xx}(z) = [G(z)G(z^{-1}) + \rho]S_{xx}(z) \tag{3.4.61}$$

为了得到谱因子分解,需要得到此时最优滤波器的传递函数,更加容易作为 $F(z)F(z^{-1})$ 保留 $S_{xx}(z)$ 中的谱因子,但是更改对象中最小相部分的定义即

$$G'_{\min}(z)G'_{\min}(z^{-1}) = G(z)G(z^{-1}) + \rho \tag{3.4.62}$$

用 $G'_{\min}(z)$ 代替 $G_{\min}(z)$,在式(3.3.24)中用 $G'_{all}(z) = G(z)/G'_{\min}(z)$ 代替 $G_{all}(z) = G(z)/G_{\min}(z)$。

式(3.4.56)所表示的性能函数对系数 $w$ 的导数可以表示为

$$\frac{\partial J}{\partial w} = 2E[r(n)e(n)] + 2\rho E[x(n)u(n)] \tag{3.4.63}$$

使用上式的瞬时形式在每个采样点处更新控制滤波器的系数可以得到 filtered - reference LMS 算法的另一种改进形式,即

$$w(n+1) = w(n) - \alpha[r(n)e(n) + \rho x(n)u(n)] \tag{3.4.64}$$

比较式(3.4.59)与式(3.4.37)中的二次形式可以看出算法的泄漏形式是式(3.4.64)的特殊形式,即假设参考信号是白噪声,其中$E[u^2(n)]$与$\boldsymbol{w}^T\boldsymbol{w}$成比例。然而,式(3.4.64)所给出的更一般形式的算法相比泄漏型算法需要更多的计算量,因此在实践中应用不多(Darlington,1995)。

## 3.5 频域自适应 FIR 控制器

通常在每次采样时都需要计算 Filtered - reference LMS 算法的自适应方程——式(3.4.4),对于长控制滤波器来说,这是一个相当大的计算量;而且,若被控对象$G(z)$的响应复杂,则用在 filtered - reference LMS 算法中的对象模型必须非常精确,即在图 3.15 中需要很长的滤波器$\hat{G}(z)$。从而与产生滤波后的参考信号有关的计算量会非常大。一种改进这种长滤波器的方法是在频域更新控制滤波器的系数,从而时域中的卷积可以变为频域中的乘法运算,这对于在时域中实现的控制滤波器同样适用。

许多作者对频域中的控制滤波和自适应进行了研究(例子可见 Shen 和 Spanias,1992),而且,这种方法被广泛应用于自适应滤波器(Shynk,1992),可以更加有效地实现。不幸的是,频域中实现与控制滤波器有关的卷积会产生最少一个 FFT 块大小的延时,这在随机干扰的主动控制中非常常见,而且对于任何控制器中的任何延时都将导致性能的下降。因此,是在时域中实现控制器最小化延时还是在频域中实现控制器最小化计算量是主动控制中一个非常吸引人的问题(Morgan 和 Thi,1995)。

为了得到 filtered - reference LMS 算法的频域形式,我们首先考虑均方差关于第$i$个控制器系数的导数的表达式,即根据式(3.4.2)可以写为

$$\frac{\partial \overline{e^2}}{\partial w_i} = 2\,\overline{e(n)r(n-i)} = 2\,\overline{r(n)e(n+i)} \qquad (3.5.1)$$

这等于滤波后的参考信号与误差信号的互相关$R_{re}$的二倍。

每次采样使用式(3.5.1)中的梯度的瞬时估计更新控制滤波器系数的 filtered - reference LMS 算法如图 3.15 所示。另外,通过对后$N$个采样点求平均及在每步中用"块"自适应更新系数可以得到梯度的更精确估计,如 Elliott 和 Nelson(1986)所观察到的,对收敛系数使用更加精准的调整,这两种算法都将具有相似的收敛率。

### 3.5.1 通过互谱的互相关估计

现在的问题是,是否有更加有效的估计式(3.5.1)所表示的互相关函数的

方法。为更新控制滤波器的所有 $I$ 个系数，我们需要 $R_{re}(i)$ 中的 $I$ 项。若控制滤波器没有这么多的系数，则正如上面所讨论的，直接在时域内进行平均运算或许是一种合理的方法。对于较大的 $I$，通过估计互相关函数的傅里叶变换，如下式所示，在频域内计算互相关函数会更加有效。

$$S_{re}(e^{j\omega T}) = E[R^*(e^{j\omega T})E(e^{j\omega T})] \tag{3.5.2}$$

式中：$E(e^{j\omega T})$ 和 $R(e^{j\omega T})$ 是 $e(n)$ 和 $r(n)$ 的傅里叶变换，$E$ 为期望运算。若对信号 $e(n)$ 和 $r(n)$ 的数据段进行 $2N$ 点的离散傅里叶变换（DFT），则互谱密度的估计可以计算为

$$\hat{S}_{re}(k) = R^*(k)E(k) \tag{3.5.3}$$

式中：$k$ 为离散频率指标。

为良好估计互谱密度的和减少谱"泄漏"，$e(n)$ 和 $r(n)$ 的 $2N$ 点数据段在变换之前通常需要进行光滑处理。然而，此时，我们仅对得到互谱函数的限制部分的精确估计感兴趣，其可以通过对 $N$ 个误差信号数据点与 $N$ 个零点，以及滤波后的参考信号中的 $2N$ 个数据点进行变换以实现第2章所介绍的重叠保留方法得到（Rabiner 和 Gold，1975）。这确保了得到互相关的线性而不是环形估计。

从而，式(3.5.3)表示的 DFT 反变换的点数的一半将等于

$$\hat{R}_{re}(i) = \sum_{n=1}^{N} e(n)r(n-i), \text{对于 } 0 < i < N \tag{3.5.4}$$

即为互相关函数的因果部分的块平均估计。对于较大的 $N$，$i$ 从 0 到 $I$ 利用频域表示式(3.5.3)计算式(3.5.4)更加有效，这是因为其需要 3 个 $2N$ 点的 $FFT$ 计算，每个需要 $2N\log_2 2N$ 阶的乘法运算和每个数据块的 $2N$ 次的复数乘法（$8N$ 次的实数乘法运算）运算，而直接从 $i=1$ 到 $N$ 对 $N$ 个数据采样计算式需要 $N^2$ 次乘法运算。当需要更新长控制滤波器系数时则体现出显著的计算优势，而且我们可以将控制滤波器的长度 $I$ 调整为 DFT 块长度 $N$ 的一半。如在 2.6 节所讨论的那样，Clark 等(1980)和 Ferrara(1980)讨论的 LMS 中提出计算梯度的块估计方法，即所谓的快速 LMS(FLMS)算法，而且证明其精确等价于梯度下降算法的块实现形式。

### 3.5.2　频域最速下降算法

若 $R(k)$ 通过参考信号 $X(k)$ 的 DFT 与对象的估计频率响应 $\hat{G}(k)$ 直接相乘得到，则对于应用于主动控制中的 filtered－reference 算法可进一步减少计算量。例如，可从系数的数目等于块长度的一半，即 $J=N$ 的对象响应的 FIR 模型 $\hat{g}_j$ 计

算得到。严格来讲，$X(k)$与$\hat{G}(k)$相乘产生的圆周卷积的影响应该通过对乘积进行逆 FFT 操作，将结果的后 $N$ 个点加到先前块的计算的后 $N$ 个点上及对此生成序列进行 FFT 操作得以去除。这个过程将会增加两个额外的 FFT 计算，即使考虑到 filtered – reference LMS 算法对对象不确定性的固有鲁棒性，但对于圆周卷积是否会严重偏移自适应却不清楚，在下面的讨论中将忽视此复杂性。

由于仅计算一次 $G(k)$，从而频域中的 filtered – reference 信号每 $N$ 点数据块仅计算 $2N$ 次复数乘法（$8N$ 次实数乘法），而在时域中计算 filtered – reference 信号的 $N$ 个值将需要 $N^2$ 次乘法。另外，为在频域实现 filtered – error 算法，将误差信号的傅里叶变换与对象频率响应的共轭相乘也是可能的，即使这在单通道中需要与上面讨论相同次数的计算。

如图 3.19 所示为自适应调整时域控制滤波器的频域方法的框图。每 $N$ 个采样点，对参考信号和补零的误差信号的 $2N$ 点进行 FFT 操作，前者每个频率处与对象频率响应相乘，后者则取共轭，然后二者相乘即为式(3.5.3)所表示的互谱密度。现在，这个频域函数的反 FFT 变换可以用于估计式(3.5.4)所给出的互相关函数。而这用于更新控制滤波器的时域系数，使用来自信号的第 $m$ 块数据，利用下式

$$w_i(m+1) = w_i(m) - \alpha \mathrm{IFFT}\{R_m^*(k)E_m(k)\}_+ \tag{3.5.5}$$

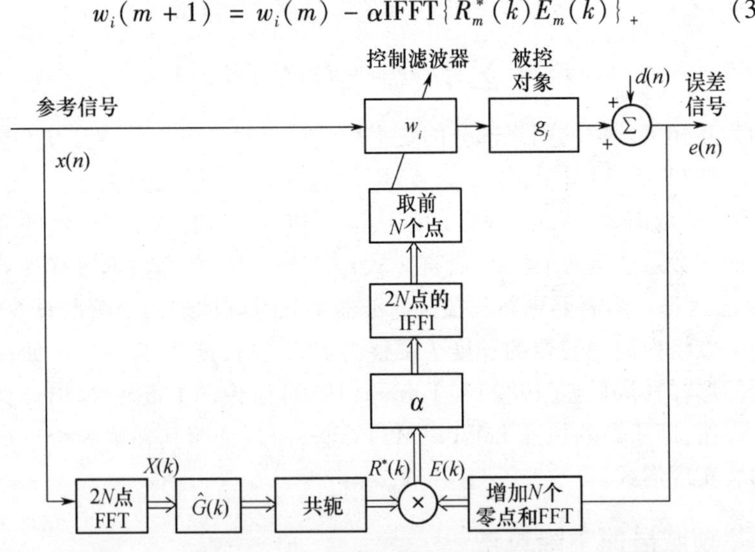


图 3.19　自适应调整时域控制滤波器的频域方法的框图

式中：$\{\ \}_+$的意思与前文相同。时域和频域中自适应方法的计算量对比于表 3.1 中，其中假设 $2N$ 点的 DFT 利用需要使用 $2N\log_2 2N$ 次乘法运算的 FFT 实现。

表3.1 在时域和频域实现 $N$ 个采样的 filtered - reference 算法的自适应所需实数乘法运算的次数，其中假设控制滤波器的系数数目为 $I$，系统模型的系数为 $J$，均等于 $N$ 和 $2N$ 点的 FFT，用以避免圆周卷积。注意对于以上两者而言，控制滤波器本身的时域实现均需要 $N^2$ 次乘法运算，因此在表中不包含此数量

| | 经滤波的参考信号的生成 | 控制滤波器更新 | 总的运算次数 |
|---|---|---|---|
| 时域 | $N^2$ | $N^2$ | $2N^2$ |
| 频域 | $8N$ | $6N\log_2 2N+8N$ | $(16+6\log_2 2N)N$ |

前面已经假设使用 $N$ 个点的数据块更新控制滤波器。如图 3.19 所示，时域中产生控制信号 $u(n)$ 的函数与频域中自适应控制滤波器之间的隔离，表明若控制信号的自适应不需要很快，如控制滤波器可以使用每隔一个的数据块更新，而且即使控制滤波器需要更长的收敛时间，它的最终响应也必将是相同的。若控制下的干扰是稳定的，则可设想更加稀疏的自适应。此时，进程中最消耗计算时间的是控制信号的产生，其可以由更加有效的硬件或软件实现，且自适应可以委托给需要更小和更少临界时间的后台任务。

### 3.5.3 与频率有关的收敛系数

频域中自适应控制器响应的另一个潜在优点是调整频域中每个控制器系数时可使用不同的收敛系数。这在 filtered - reference 信号具有较大的动态范围时可显著提高收敛速率。

从而式(3.5.5)所表示的时域控制滤波器的自适应变为

$$w_i(m+1) = w_i(m) - \mathrm{IFFT}\{\alpha R_m^*(k)E_m(k)\}_+ \tag{3.5.6}$$

这种对频域中更新的改进由 Reichard 和 Swanson(1993)、Stothers 等人(1995)提出，同时他们认为也可在频域中对对象响应进行有效的识别。

不幸的是，当无约束的控制具有显著的非因果性成分时这个算法将收敛到一个偏置解。这是因为 $\alpha(k)$ 的傅里叶变换的因果成分与 $R^*(k)E(k)$ 的傅里叶变换的因果部分相互作用，从而影响乘积的因果成分，其由式(3.5.6)驱动至零。这个问题与 2.8 节讨论自适应电子滤波器的频域形式时遇到的问题相同，并且解决问题的方法也相同，可以将频域收敛系数 $\alpha(k)$ 分为具有相同振幅响应但全为因果部分和非因果部分的“谱因子”$\alpha^+(k)$，$\alpha^-(k)$，即

$$\alpha(k) = \alpha^+(k)\alpha^-(k) \tag{3.5.7}$$

从而，控制滤波器时域系数的自适应变为(Elliott 和 Rafaely,2000)

$$w_i(m+1) = w_i(m) - \text{IFFT}\alpha_m^+(k)\{\alpha_m^-(k)R_m^*(k)E_m(k)\}_+ \quad (3.5.8)$$

若在每个频率窗口中使用频域收敛系数校正 filtered – reference 信号的均方水平，则式(3.5.8)的自适应速度比在每个频率窗口中使用固有固定收敛系数的自适应快得多。此时

$$\alpha_m(k) = \hat{S}_{rr.m}^{-1}(k) \quad (3.5.9)$$

式中：$\hat{S}_{rr.m}(k)$ 为 filtered – reference 信号对第 $m$ 个数据块的估计功率谱密度，比如，其可使用下式递归计算出来

$$\hat{S}_{rr.m}(k) = (1-\lambda)\hat{S}_{rr.m-1}(k) + \lambda|R(k)|^2 \quad (3.5.10)$$

式中：$\lambda$ 为遗忘因子。严格来讲，应该小心，如可以使用更长的 FFT 降低相关的离散频域量与 $\alpha^+(k)$、$\alpha^-(k)$ 相乘产生的圆周卷积的影响；但在实践中，这些并不会过分偏置结果。事实上，在很多自适应前馈控制应用中，无约束的最优控制器具有很小的非因果成分，而且这个偏置结合式(3.5.6)中的更简单的窗口正则化算法更新控制器将变得更小。然而，对于第 7 章将讨论的离散频域中的自适应反馈控制器却不是这样。

若 filtered – reference 的功率谱密度可以精确估计，则

$$\alpha(k) = S_{rr}^{-1}(k) \quad (3.5.11)$$

其中

$$S_{rr}(k) = E[R^*(k)R(k)] = |G(k)|^2 S_{xx}(k) \quad (3.5.12)$$

假设功率谱密度可以分为 $F(k)$ 和 $F^*(k)$ 两部分，同时注意到对象的最小相部分的均方响应，$G_{\min}(k)$ 等于对象本身，则 filtered – reference 信号的功率谱密度等于

$$S_{rr}(k) = G_{\min}(k)G_{\min}^*(k)F(k)F^*(k) \quad (3.5.13)$$

由于 $G_{\min}(k)$ 和 $F(k)$ 的傅里叶变换及它们的逆都是完全因果的，而 $G_{\min}(k)$ 和 $F^*(k)$ 的傅里叶变换及它们的逆都是完全非因果的，显然在令下式成立的情况下可获得满足式(3.5.9)的谱因子 $\alpha(k)$

$$\alpha^+(k) = [G_{\min}(k)F(k)]^{-1} \text{ 和 } \alpha^{-1}(k) = [G_{\min}^*(k)F^*(k)]^{-1} \quad (3.5.14)$$

在这些情况下，将式(3.5.8)中更新项的期望置零，则产生式(3.3.26)所给出的最优因果滤波器。Bouchard 和 Paillard(1996)提出了可使用离散余弦变换(DCT)实现 filtered – reference LMS 算法的滑动变换域方法，同时表明鉴于 filtered – reference 信号的自相关矩阵的特征值扩散度的减小可提高收敛速度。另一种提高收敛速度的方法是使用晶格结构，如 Park 和 Sommerfeldt(1996)在主动噪声控制应用中讨论的。

# 3.6　系统辨识

## 3.6.1　系统辨识的需要

上面讨论的自适应控制算法需要系统响应的估计，作为内模型进行校正操作。这个模型必须包括自适应控制器和测量的残余误差间的全部响应。这个内模型需要快速复现误差信号受控制器系数的变化的影响如何变化。然而，可以实现一种不需要系统响应的算法。例如，缓慢调整控制器系数最小化均方差的测量估计值(Chaplin,1983)。然而，这个连续的自适应必须进行得非常迅速；因为，如在第 2 章解释的，这个误差表面并不是物理滤波器系数的轴，从而某个控制滤波器系数的最优值与其他的系数也有关。因此，这个算法对于被控系统没有任何假设，但在线性区域外面，它需要非常长的收敛时间，对于具有大量系数的控制滤波器而言更是如此。另一种不需要系统的显式模型的方法是 Kewley 等人(1995)提出的时间平均梯度算法或 TAG 算法，也可参考 Clark 等人(1998)的研究。在 TAG 算法中，使用有限差分技术估计梯度向量的元素和估计实现牛顿算法中的 Hessian 矩阵。同步摄动方法(Maeda 和 Yoshida,1999)给出了梯度向量中元素的连续估计的变异形式；在每次迭代中控制器参数的每个值均随机摄动，但参数间的摄动相互无关。使用此方法的梯度向量中各独立元素的有限差分估计平均来看是正确的；因为，所有其他参数的摄动可以看作是不相关的噪声而且均值为零。

在主动控制应用中，对被控系统具有非常详尽和精确的认识，以致能够在对输入输出信号没有直接测量的情况下对系统的响应有准确的预测是不常见的。从而，系统模型一般通过直接测量系统推导出来。这个问题在控制领域得到广泛研究，即所谓的系统辨识[例子可见，Norton(1996)；Ljung(1999)]。在许多应用中，施加控制时系统响应随时间的变化并不显著。此时，系统辨识可以先于控制系统运行而进行，即所谓的离线系统辨识。对一个特定的控制系统，定义何为显著的变化非常重要。这与变化的幅度和速度有关。一般来讲，系统的变化不应该导致系统的不稳定，其变化范围应在合理的范围内。因此，显著的系统变化与控制器所使用的自适应算法有关。如在 3.5 节所讨论的伴随单频参考信号的 filtered – reference LMS 算法就符合上述要求，可将干扰频率下系统响应的内部模型的相位响应保持在 ±40°以内(Boucher 等人,1991)。离线系统辨识在给定初始条件精确和系统响应的变化不显著而且控制算法鲁棒的情况下可满足实际应用。若系统响应的变化比这大,则响应必须重新辨识。在主动控制中系统响应中出现相对较快但较小的变化是非常常见的,此时的控制算法必须具备鲁棒性,但当在更长的时间尺度上出现更大的响应变化时,则必须在保证可靠的控制之前重新辨识。对于选择使自适应控制滤波器的算法对对象的变化具备鲁棒性,还是选择一种重新辨识系统的方法,在自适应反馈系统的讨论中会更加密切,在 7.1 节将讨论得更加详尽。

离线系统辨识可以使用第 2 章讨论的自适应滤波方法,利用 FIR 滤波器,对于声系统和工程结构更加适合,或 IIR 滤波器,对于欠阻尼结构系统更加适合,如在 3.1 节所讨论的。

## 3.6.2 在线系统辨识

在一些主动控制应用中,控制系统运行时,系统响应的变化会非常大可导致固定系统模型的控制算法不稳定。一个简单的例子是具有欠阻尼共振的系统其自然频率的变化在共振带宽之外,如图 3.20 所示。例如,欠阻尼机械系统由于温度上相对较小的变化或静载荷的变化均有可能导致这种程度的变化。即使在图 3.20 中,振幅和相位在大多数频率范围内的变化也是很小的,但振幅上超过 6$dB$ 的变化和相位上超过 90°的变化可导致激励频率接近自然频率。另外大的系统响应变化的例子发生在工业生产过程的空气管路中,温度或流速的显著变化会大幅度改变声的传播速度。

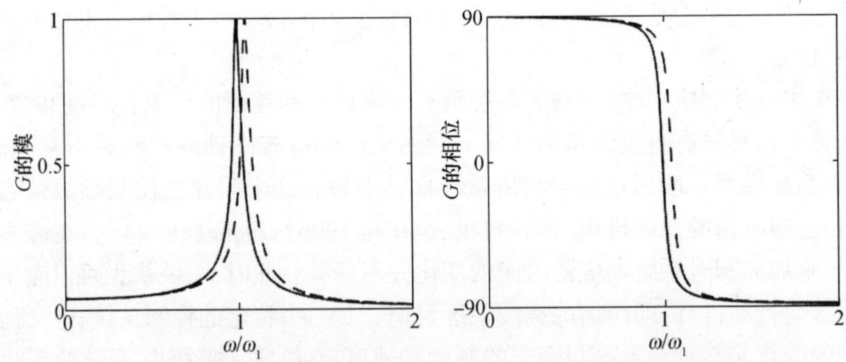


图 3.20　当共振频率以共振带宽变化时,具有单个欠阻尼共振的系统的振幅和相位响应的变化。实线为变化前,虚线为变化后

在这些情况下，为保持控制效果，系统响应必须在变化可能发生的时间范围内重新测量。若在反复的测量中，控制系统仍然工作，则称为在线系统辨识。为了在无持续激励的控制信号下，如第 7 章讨论的类型，清楚地执行在线系统辨识，通常有必要给输入信号增加一个辨识信号用以驱动次级作动器（Ljung, 1999）。在主动控制领域中对于无辨识信号的在线系统辨识已经有一些讨论（Sommerfeldt 和 Tichy, 1990；Tapia 和 Kuo, 1990）。这些技术对系统响应和初级通道响应以全模拟的方法进行辨识。Kuo 和 Morgan（1996）证明这些方法通常由于初级通道的估计误差对于系统响应的估计没有唯一的解和误差能够补偿。然而，若控制滤波器的响应随时间变化，将破坏对称性，允许待辨识的系统响应和初级通道在一定情况下分开辨识（Nowlin 等人, 2000）。

如图 3.21 所示为具有前馈控制器的在线系统辨识的框图。在图 3.21 中，假定使用 filtered - reference LMS 算法调整系统，一个类似的框图将对于许多自适应算法有效。辨识噪声为 $v(n)$。控制算法的系统辨识部分使用测量误差信号 $e(n)$ 和系统模型的输出 $y_p(n)$ 的差生成建模误差

$$e_p(n) = e(n) - y_p(n) \tag{3.6.1}$$

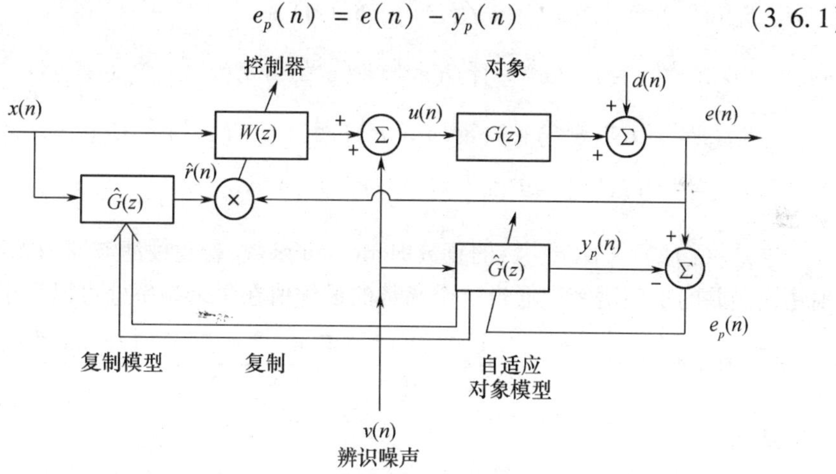


图 3.21　使用辨识信号 $v(n)$ 的在线系统辨识的自适应前馈主动控制系统的框图

在系统辨识过程中最小化。接着系统模型的辨识系数传递给控制滤波器的自适应算法，在此例中用以产生滤波后的参考信号。

假设需要宽带辨识，则 $v(n)$ 将为白噪声信号，将 $v(n)$ 整形为与干扰信号或残余误差信号类似的信号可达到非常精确的辨识，从而控制也更加有效（Coleman 和 Berkman, 1995）。最重要的是，辨识信号 $v(n)$ 要与参考信号 $x(n)$ 无关，若不满足此条件，则系统的辨识模型将与真正的响应不同。此时，这可以通过在

图 3.21 中对测量误差进行 $z$ 变换得以展示

$$E(z) = D(z) + G(z)[V(z) + W(z)X(z)] \tag{3.6.2}$$

且系统模型的输出辨识为

$$Y_p(z) = \hat{G}(z)V(z) \tag{3.6.3}$$

从而,式(3.6.1)所表示的建模误差等于

$$E_p(z) = [G(z) - \hat{G}(z)]V(z) + D(z) + G(z)W(z)X(z) \tag{3.6.4}$$

因此,在频域中,它的频谱为

$$E_p(e^{j\omega T}) = [G(e^{j\omega T}) - \hat{G}(e^{j\omega T})]V(e^{j\omega T}) + D(e^{j\omega T}) + G(e^{j\omega T})W(e^{j\omega T})X(e^{j\omega T}) \tag{3.6.5}$$

假设干扰通过频率响应 $P(e^{j\omega T})$ 与参考信号有关,如在式(3.3.2)中定义的,而且没有测量噪声,则建模误差的功率谱密度为

$$\begin{aligned} S_{pp}(e^{j\omega T}) = & |G(e^{j\omega T}) - \hat{G}(e^{j\omega T})|^2 S_{vv}(\omega) + \\ & [G^*(e^{j\omega T}) - \hat{G}^*(e^{j\omega T})][G(e^{j\omega T})W(e^{j\omega T}) + P(e^{j\omega T})]S_{vx}(e^{j\omega T}) + \\ & S_{vx}^*(e^{j\omega T})[G^*(e^{j\omega T})W^*(e^{j\omega T}) + P^*(e^{j\omega T})][G(e^{j\omega T}) - \hat{G}(e^{j\omega T})] + \\ & |G(e^{j\omega T})W(e^{j\omega T}) + P(e^{j\omega T})|^2 S_{xx}(e^{j\omega T}) \end{aligned} \tag{3.6.6}$$

这是 $[G(e^{j\omega T}) - \hat{G}(e^{j\omega T})]$ 的复数 Hermitian 函数,若建模滤波器为无约束的,则建模误差的功率谱密度通过这个函数的最优值在每个频率处可以最小化,即

$$G(e^{j\omega T}) - \hat{G}_{opt}(e^{j\omega T}) = -\frac{[G(e^{j\omega T})W(e^{j\omega T}) + P(e^{j\omega T})]S_{vx}(e^{j\omega T})}{S_{xx}(e^{j\omega T})} \tag{3.6.7}$$

从而

$$\hat{G}_{opt}(e^{j\omega T}) = G(e^{j\omega T}) + \frac{[G(e^{j\omega T})W(e^{j\omega T}) + P(e^{j\omega T})]S_{vx}(e^{j\omega T})}{S_{xx}(e^{j\omega T})} \tag{3.6.8}$$

因此,若辨识信号 $v(n)$ 和参考信号 $x(n)$ 之间有任何互相关,则 $S_{xx}(e^{j\omega T})$ 为有限值且 $\hat{G}_{opt}(e^{j\omega T})$ 不等于 $G(e^{j\omega T})$。唯一的不同发生在主动控制系统完全对消掉初级干扰时,此时 $G(e^{j\omega T})W(e^{j\omega T}) = -P(e^{j\omega T})$,若无辨识噪声则误差信号为零。我们在第 7 章将看到在辨识反馈系统的响应时需特别注意,因为测量噪声被反馈给参考信号,所以这些信号不再无关。

这些分析显示独立的辨识噪声或注入到在线控制系统中的探针噪声的重要

性,如 Laugesen 所讨论的(1996)。然而,式(3.6.2)也显示这些辨识噪声会出现在主动控制系统的输出中。若辨识噪声对误差传感器测得的信号贡献相比残余干扰大得多,即控制后的干扰,则主动控制系统的性能将显著降低。这些听得见的影响可以通过调整测量的辨识噪声的频谱使其与在误差传感器处的残余干扰的谱相似得到最小化(Coleman 和 Berkman,1995),但当存在高能级的辨识噪声时则会一直存在。不幸的是,若系统模型需要精确跟踪系统的变化,则必须使用高能级的辨识噪声。这是因为即使参考信号和干扰信号与辨识信号无关,这些信号在式(3.6.4)所给出的需要最小化的建模误差中也会呈现噪声性质,即当辨识信号非常小时具有较大的振幅。从而必须使用大量的平均运算将与建模误差成比例的信号提取出来。若在系统辨识中使用 LMS 算法,则如在第 2 章所讨论的,为防止高量级的失调误差,必须使用小的收敛系数,对于自适应滤波器需要较长的收敛时间。一种减少这种随机误差的方法是模拟干扰和模拟扩展辨识方案中的系统,这与 2.9 节中的扩展的最小二乘法相似。Snyder(1999)对于如何将辨识冲击响应中的初始部分驱使为零进行了讨论,对于系统中已知的延时当使用扩展的辨识方法时可显著改进系统冲击响应的估计。

若系统响应在较短时间内发生显著变化,则缓慢的系统辨识算法直到自适应算法变得不稳定都不会纠正系统模型。理论上,也许会有人说,辨识算法最终将会为控制滤波器自适应算法的建立测量到足够的新系统响应,从而在线建模不是真正的不稳定。然而,实践中,控制滤波器的自适应算法将会在此周期内把其系数增大到使数据转换器和传感器发散至饱和及使系统变为非线性的程度。观察不稳定控制算法和稳定中的辨识算法之间的竞赛必定不是一个令人愉悦的经历。

一种简单的防止自适应控制算法和自适应辨识算法在不同时间尺度下产生的这类问题的方法是,在系统响应中使自适应控制算法对短期变化具有鲁棒性,辨识算法则主要应对长期的变化趋势。不幸的是,短期系统变化在所有的应用中并不能保证足够的小,从而使自适应控制器对其具有鲁棒性。此时的一种可行方案为对应测量的自适应控制器的稳定性调整辨识噪声的量级。例如,Wright(1989)提出的一种方法就包括根据由误差传感器测量得到的信号的量级对辨识噪声的量级进行相应的调整。当误差信号的均方值变大时,辨识噪声也同时增大,此时要么初级干扰的量级开始变大、增加的辨识噪声不能被测量到,要么自适应控制器变得不稳定、应该快速重新辨识系统响应以重建稳定性。然而,这种“自适应辨识”方法的应用是一种非常特殊的问题,且难以在一般情形中进行分析。

可以说,通常在线系统辨识仅是必需的,且实际上仅在可获知的干扰中无显著增加,同时系统的响应变化相比用来自适应调整控制滤波器的算法的时间尺度慢时才是可行的。在这些条件下,可以使用各种不同的在线辨识方法,利用与输入信号混合的辨识信号将在系统模型的结构允许的范围内跟踪系统响应的不同变化。系统响应中的短期变化通常在没有辨识噪声的额外量级的情况下得不到辨识,用来自适应调整控制滤波器的算法必须对这些变化具有鲁棒性。从而本节主要提供了一种框架,在此框架内可对时变系统中主动控制系统的设计的成功性进行判断。它表明,在考虑对系统进行辨识时,为得到系统模型的一种合适形式,不仅要确立系统响应的标称形式,而且要确定系统响应中可能变化的大小和形式,以及变化的变化速度,从而保证控制系统既可以跟踪长期的系统变化,同时对短期的变化也具有鲁棒性。

## 3.7 自适应 IIR 控制器

在第 2 章我们看到,有两种方法可用于自适应调整数字 IIR 滤波器。方程误差方法最小化经 IIR 滤波器的分母 $B(z)$ 滤波的参考信号和经 IIR 滤波器的分子 $A(z)$ 滤波的干扰信号之间的差值,如图 3.22(a)所示,与图 2.21 相似。这种方法的优点是方程误差 $e_e(n)$ 与系数呈线性关系,从而可使用基于最小二乘法的经典的梯度算法调整系数,保证收敛到二次误差表面的全局唯一的极小值。方程误差方法广泛用于系统辨识领域,但通常对于电子噪声对消却不适合,这是因为此方法等价于如图 3.22(b)所示的最小化输出误差 $e_o(n)$ 的滤波后形式。对于噪声对消,相比对系统的参数进行辨识,减小输出误差的大小更加重要,这可以从图 3.22(a)看出,当 $A(z)$ 的响应很小时,虽然在一些频率上方程误差可能非常小但输出误差却可能很大。某些频率处 $A(z)$ 的较小响应对应于 IIR 滤波器的欠阻尼极点,从而方程误差方法在这些频率下可产生较大的输出误差,此时的干扰可能最大。因此,输出误差方法由于其优点而广泛应用于电子噪声对消中,同样在自适应前馈控制中也有广泛应用。

### 3.7.1 最优控制器的形式

含有一个 IIR 控制器且无测量噪声的单通道前馈控制系统的框图如图 3.23 所示,与图 3.11 相似,其中 $P(z)$ 为组合的初级通道,$G_s(z)$ 是从次级作动器到参考传感器的物理反馈通道,$G_e(z)$ 是从次级作动器到误差传感器的次级通道。电子控制器的传递函数为 $H(z)$,等于 $B(z)/A(z)$。然而,与图 3.11 相比,在控制器中无明显的反馈对消。假定,IIR 控制器的递归特性可为初级通道、次级通道和反馈通道提供精确的模型。这可通过将图 3.23 中的原始输入到输出误差的

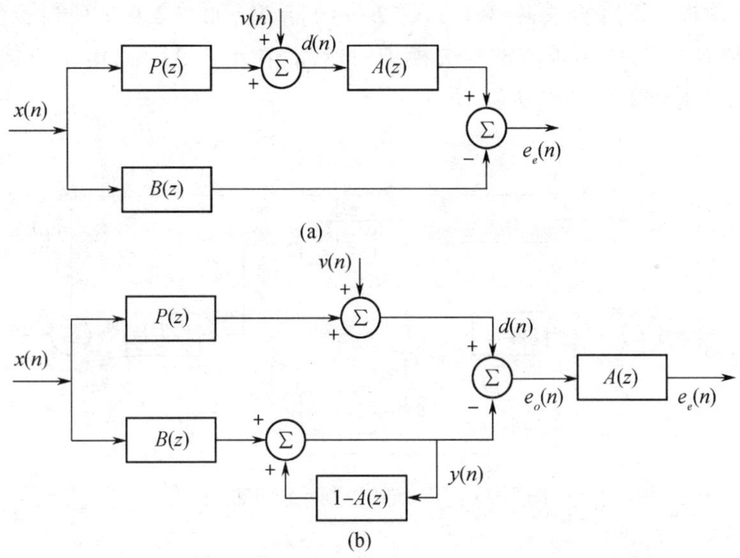


图3.22　(a)用于自适应IIR滤波器的方程误差方法的框图和(b)阐释方程误差方法如何是输出误差的一种滤波形式的框图

传递函数表示为下式得到解释

$$\frac{E(z)}{X(z)} = P(z) + G_e(z)\left[\frac{B(z)}{A(z) - B(z)G_s(z)}\right] \tag{3.7.1}$$

利用大量的系数,可近似任意稳定的传递函数,从而,利用多项式的多种结合,式(3.7.1)可以被置零。一种可能的$A(z)$和$B(z)$将式(3.7.1)置零的解为

$$B(z) = -\frac{P(z)}{G_e(z)} \tag{3.7.2,3}$$

这具有引人注目的物理解释,因为不存在反馈此时的$B(z)$为最优控制的响应,且$A(z)$是对反馈通道的补偿。Billout 等人(1989)和 Crawford 等人(1996)同时考虑了另一种自适应滤波器的布置方式,在图3.23中,反馈通道$1-A(z)$作为滤波器$1-A(z)$的输入,而不是它自己的输出。Crawford 等人(1996)证明在主动控制系统的仿真中这种全反馈自适应相比传统的IIR布置方案要快得多。

然而需要强调的是,式(3.7.2)和式(3.7.3)并不是可将式(3.7.1)置零的$A(z)$和$B(z)$的唯一值,而且对于实际的控制器可能并不是最有效的解。例如,在式(3.7.2)中,IIR滤波器的分子必须对初级通道和系统响应的逆进行模拟,这可能需要大量的系数。从而最重要的问题不是将式(3.7.1)的值变小的$A(z)$和$B(z)$的可能值,而是为达到此目的IIR控制器的这两部分的最有效的结合,即如何能得到最少的系数。然而,我们关心的是误差表面将具有唯一的最小值,从而可使用梯度下降方法调整 $A(z)$ 和 $B(z)$ 的系数，如在 2.9 节所讨论的，这需要 $A(z)$ 和 $B(z)$ 对传递函数没有欠模拟。然而，在图 3.23 中，由于反馈通道的存在这个问题会变得更加复杂。

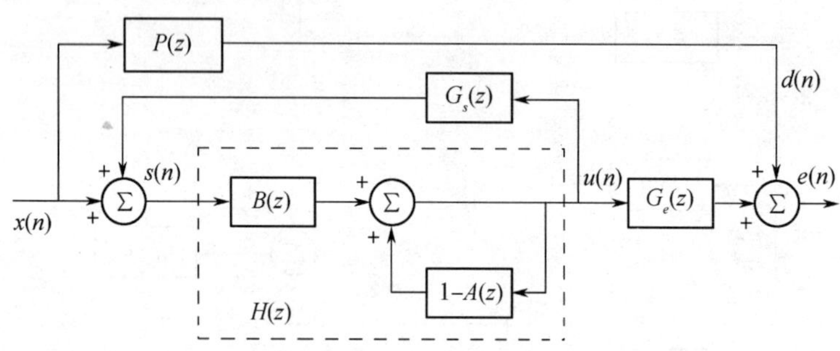


图 3.23　IIR 前馈控制系统的框图

### 3.7.2　管道中声波的控制器

如图 3.23 所示的含有 IIR 控制器的前馈控制系统的一般框图对于确定 IIR 控制器中 $A(z)$ 和 $B(z)$ 具有最有效的系数数量是没有多大帮助的。这是因为通常情况下，初级通道、系统响应和反馈通道中的每一个都具有不确定的结构。从而，设计一个 IIR 控制器相比设计一个 FIR 控制器要更加麻烦。一个 IIR 控制器成功应用的领域是，在均匀管道中对平面声波的主动控制，如在空调管路中。我们将在 3.8 节对这个例子进行更加详细的讨论，现在我们将集中于讨论最优控制器。对于有限管道中的噪声主动控制系统，初级通道、反馈通道和系统响应将面临大量的反射。换句话说，若管道中几乎没有被动阻尼，则 $P(z)$、$G_s(z)$ 和 $G_e(z)$ 的冲击响应将持续相当长的时间。然而，Roure（1985）、Elliott 和 Nelson（1984）的研究表明，当在无噪声的环境中将这些单独响应结合在一起计算最优控制器的频率响应时，得到的控制器相比分开计算时得到的控制器要更加简单。这是因为，此时的单独响应具有大量的相同的极点，而这在计算最优控制器时将消掉，而且这些响应的零点具有一个非常特殊的形式。此时的最优控制器的响应具有如下的形式（Nelson 和 Elliott，1992）

$$H_{\mathrm{opt}}(\mathrm{e}^{j\omega T}) = \frac{-1}{G_L(\mathrm{e}^{j\omega T})G_M(\mathrm{e}^{j\omega T})}\frac{\mathrm{e}^{-j\omega\Delta T}}{1 - D(\mathrm{e}^{j\omega T})\mathrm{e}^{-j\omega\Delta T}} \tag{3.7.4}$$

式中；$G_L(\mathrm{e}^{j\omega T})$ 为次级源的频率响应；$G_M(\mathrm{e}^{j\omega T})$ 为参考传感器的频率响应；$D(\mathrm{e}^{j\omega T})$ 为次级源和参考传感器方向性的乘积；$\Delta$ 为参考传感器和次级源在采样点间的传播延时。

最优控制器的这种表示的一个最吸引人的地方是它阐释如何仅决定于管道的局部性质。由管道的末端的反射导致的回响对于最优控制器没有任何影响。Nelson 和 Elliott(1992)给出了这种结果的物理表示。若我们假定参考传感器和次级源的频率响应与频率相对无关,则 $G_L(\mathrm{e}^{j\omega T}) \approx G_L$、$G_M(\mathrm{e}^{j\omega T}) \approx G_M$,且它们的方向也与频率无关,从而 $D(\mathrm{e}^{j\omega T}) = D$,其中 $D \leqslant 1$,则最优控制器的频率响应等于

$$H_{\mathrm{opt}}(\mathrm{e}^{j\omega T}) = \frac{1}{G_L G_M} \frac{\mathrm{e}^{-j\omega\Delta T}}{1 - D\mathrm{e}^{-j2\omega\Delta T}} \tag{3.7.5}$$

给定声延时 $\Delta$ 接近于采样的整数倍,则式(3.7.5)所表示的频率响应可由低阶 IIR 滤波器有效实现,因为图 3.23 中的 $A(z)$ 和 $B(z)$ 仅用于实现增益和简单的延时。从而简单的 IIR 的结构对具有声反馈的管道中的平面波的控制问题非常适合,而且本节的剩余内容将主要讨论自适应调整此滤波器的系数的算法。

### 3.7.3　Filtered－u 算法

图 3.23 的完整框图的简单形式如图 3.24 所示,其中修改形式的参考信号用于与图 3.12(a)中具有反馈对消的 FIR 控制器的等价框图进行比较。这个修改的参考信号 $s(n)$ 包括反馈通道的 $G_s(z)$ 的影响且是在参考传感器的输出中唯一可以观测到的。此观测参考信号的 $z$ 变换为

$$S(z) = \left[\frac{1}{1 - G_s(z)H(z)}\right]X(z) \tag{3.7.6}$$

式中:$X(z)$ 为外部参考信号的 $z$ 变换,$G_s(z)$ 为物理反馈通道的传递函数,$H(z)$ 为 IIR 控制器的传递函数,并假定其系数相比被控系统的脉冲响应的持续时间变化非常慢,从而,其任何瞬时的传递函数可以写成

$$H(z) = \frac{B(z)}{A(z)} \tag{3.7.7}$$

鉴于自适应控制器 $H(z)$ 在其自适应调整中会发生变化,控制器的输入信号 $s(n)$ 的性质由于反馈通道 $G_s(z)$ 的作用也会发生变化。从而,自适应控制器的输入信号在自适应的调整过程中是不稳定的,这就使得自适应过程的分析变得复杂。注意,当 $G_s(\mathrm{e}^{j\omega T})H(\mathrm{e}^{j\omega T})$ 在任何频率上接近于 1 时,观测参考信号都会受到相当的影响,此时图 3.23 中的反馈回路接近于不稳定。这就是为什么需要尽可能降低物理反馈通道 $G_s(z)$ 的幅值,如使用直接参考传感器或次级源。

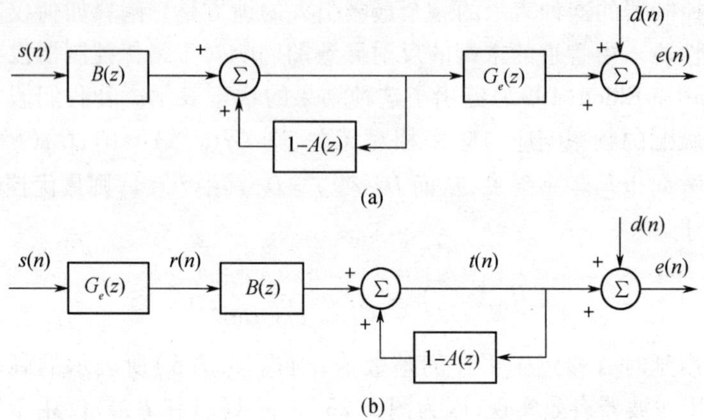


图 3.24 (a)对观测参考信号进行操作的具有 IIR 控制器的单通道前馈系统的简化形式;(b)控制器几乎是定常时的等价形式

即使是从次级作动器到误差传感器件的系统响应的传递函数 $G_e(z)$ 出现在图 3.24(a)中的信号流程图中,当考虑自适应调整 $A(z)$ 和 $B(z)$ 的系数时也不可忽视图 3.23 中的反馈通道 $G_s(z)$,如 Flockton(1991)和 Crawford 和 Stewart(1997)所验证的。Crawford 和 Stewart(1997)以在 2.9 节得到 IIR 滤波器使用输出误差自适应调整的方程类似的方法得到均方误差关于这些系数的梯度的表达式(2.9.10,11)。在 IIR 控制滤波器中,计算瞬时梯度之前,梯度下降算法需递归控制器输入和输出信号在与误差信号相乘之前经如下修改的系统响应滤波

$$G'(z) = \frac{G_e(z)}{A(z) - B(z)G_s(z)} \tag{3.7.8}$$

Crawford 和 Stewart(1997)同时证明若在给定递归控制器经 $G_e(z)$ 而不是 $G'(z)$ 滤波时,梯度的表达式可得到进一步简化,这就得到了在自适应调整递归控制器中广泛应用的 filtered-u 算法。这个算法也可通过假定图 3.24(a)中的控制器系数相比被控系统的脉冲响应的持续时间变化慢时得到,从而对观测参考信号的滤波操作可以转换为图 3.24(b),且可忽略掉图 3.23 中 $G_s(z)$ 的影响。

从而,如在第 2 章所讨论的,图 3.24(b)可用于得到 RLMS 算法的改进形式,这可用于自适应调整控制器的系数。然而,需要再一次强调的是,由于反馈通道的作用,观测参考信号式(3.7.6)会与控制器的响应有关,且在控制器的调整中将会发生变化。从而,对于控制器缓慢变化相比 2.5 节中自适应 IIR 电子滤波器或 3.4 节中的等价的自适应 FIR 滤波器更加严格。

将图 3.24(b)与图 2.18 比较,我们可以看到对 RLMS 算法改进的必要性,式(2.9.12)和式(2.9.13)对修改的参考信号的产生的解释为滤波后的输出信

号应该用于更新 $A(z)$ 的系数且滤波后的参考信号应该用于更新 $B(z)$ 的系数，从而 RLMS 这种改进形式可表示为

$$a_j(n+1) = \gamma_1 a_j(n) - \alpha_1 e(n) t(n-j) \tag{3.7.9}$$

$$b_i(n+1) = \gamma_2 b_i(n) - \alpha_2 e(n) t(n-i) \tag{3.7.10}$$

其中在图 3.24(b) 中 $\alpha_1$ 和 $\alpha_2$ 为收敛系数，$t(n)$ 和 $r(n)$ 为滤波后的输出和参考信号。式(3.7.9)和式(3.7.10)中的参数 $\gamma_1$、$\gamma_2$ 被调整为稍微比 1 小，同时当更新项太小时允许系数“泄漏”。这可在实际的算法中产生重要的稳定效果。这个算法首先由 Eriksson 和他的合作伙伴(1987,1989,1991a)提出，并称其为 filtered - u 算法；因为在经系统响应滤波之前，参考和输出信号被整理为一个向量 $u$。Wang 和 Ren(1999a)证明 filtered - u 算法的收敛与一个严格正实的传递函数有关，为在 2.9 节讨论的 RLMS 算法的收敛条件的推广形式。

在 2.9 节我们看到虽然对于 IIR 滤波器 RLMS 算法表现为真实的梯度下降算法的简化形式，但它具有自己的重要的稳定性质。至于其为什么具有这个性质则不是十分清楚(Macchi,1995)，从而其是否完全继续了在 filtered - reference 信号中使用的情况很难说。然而，管路内的主动噪声的控制实践中，这个算法在很多情形下呈现出自稳定(Billet,1992)，且广泛应用于实践(Eriksson 和 Allie,1989)。

自适应递归控制器执行的框图如图 3.25 所示，其中反馈通道 $G_s(z)$ 被保留用以强调观测参考信号 $s(n)$ 是如何产生的，且 $\hat{G}'(z)$ 是用于产生滤波后的参考和输出信号的修改的系统的实际估计。

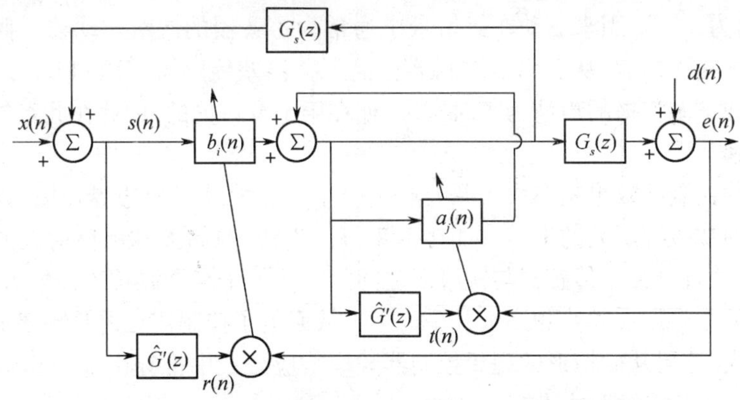


图 3.25　用于自适应调整 IIR 前馈控制器的 filtered - u 算法的框图

Eriksson 等(1987,1989,1991a)描述了对管道内的噪声进行主动控制的完整的控制系统，如图 3.26 所示，包括对系统响应在线辨识所需的设备。这个辨

识通过闭环实现,从而在反馈存在且控制器具有非零系数的条件下可测量校正的系统响应。在图 3.26 中,若在递归控制器的输出中加入辨识噪声(Eriksson 和 Allie,1989),则式(3.7.8)给出了估计的系统响应,正如实现 Crawford 和 Stewart(1997)所描述的算法所需要的。然而,Eriksson(1991a)同时注意到,在图 3.26 中将辨识噪声加在另外的地方,通过使用辨识的系统估计可成功实现控制系统,这表明式(3.7.9,10)所给出的算法在实践中会具有相当好的鲁棒性,尤其当使用泄漏项时。

## 3.8 实际应用

本节,我们将讨论两个单通道反馈控制系统的实际应用:管道内平面噪声的主动控制和梁上结构弯曲波的主动控制。这两个应用具有不同的物理问题而且使用不同的自适应控制算法。在大量的反馈控制应用中,有必要使算法变得自适应,从而对于干扰的变化或系统响应中的小的变化可保持优异的性能。单频下误差信号 20dB 的衰减需要控制器在振幅 ±0.6dB、相位 ±4°的变化范围内保持精度。反馈控制器的自适应意味着控制器不再是经常描述的“开环”。

### 3.8.1 管道内平面噪声的控制

首先讨论管道内平面噪声的主动控制。这个系统的主要元素如图 3.8 所示,其实际实现时更加详细的形式如图 3.26 所示。参考传感器,通常为拾音器,用来测量输入声波的波形,并且在采样后产生的信号 $s(n)$ 被输入到电子控制器,输出为 $u(n)$,用来驱动在此情景中通常为扩音器的次级作动器。假定在管道中只存在平面波,从而调整控制器对消下游误差传感器声压 $e(n)$,这仅当从次级源往下游传播的声波为零时实现,如在第 1 章讨论的,因此在此点外为叠加的声传递。

主动控制的效果是在次级源处产生一个声压取消释放边界环境,其将入射波反射回初级源所处的上游。如在 1.2 节讨论的,原始波和此反射波的干涉产生驻波,并且当参考传感器与次级源之间的距离等于半个波长的整数倍时,参考传感器处的声压在某些频率上几乎为零。从而电子控制器在这些频率上的增益必须很大,这可从此情形的理想控制器频率响应公式中推导出来(Elliott 和 Nelson,1984),其连续形式为

$$H_{opt}(j\omega) = \frac{-1}{G_L(j\omega)G_M(j\omega)}\frac{\mathrm{e}^{-jkl_1}}{1-\mathrm{e}^{-j2kl_1}} \tag{3.8.1}$$

假定参考传感器和次级源均不具有方向性,$G_L(j\omega)$ 和 $G_M(j\omega)$ 为次级源和参

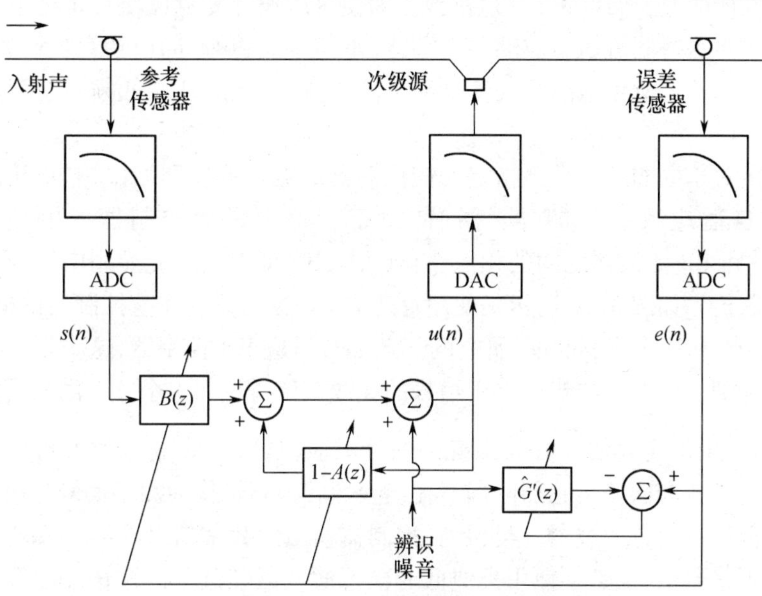


图 3.26 对于管道内的噪声主动控制,包括辨识噪声和在线辨识误差通道,Eriksson 等(1989)所使用的自适应递归控制器

考传感器的连续频率响应,$k=\omega/c_0$ 为波数,与在第一章讨论的相同,$c_0$ 为波速,$l_1$ 为从参考传感器到次级源的距离。当包括一般直接函数且延时等于 $\Delta=f_s l_1/c_0$ 采样理想控制器的这种连续频率响应形式等价于式(3.7.5)所表示的离散形式,其中 $f_s$ 为采样率。注意以 $e^{-jkl_1}$ 表示的声波的传递对应于纯延时,这是由于声速接近独立于频率。

若管道中的激励频率低于第一个截止频率(如在1.2节讨论的,对应于此频率下的半个波长等于矩形管道的高或宽的一半),则管道仅可传递平面波。在此截止频率上,可传递更高阶的声模态,其沿管道横截面没有均匀的声压分布。单个参考和误差麦克风将不能精确测量此情况下的声波振幅,从而第一个截止频率设置了一个基本的频率上限,在管道中不能期望单通道控制系统对此限制以上的声传递进行抑制。

这个主动控制系统的基本低频限制通常由湍流压力波动设置。这由管路内的空气流产生,如在空调系统中就不可避免地产生。这些湍流压力波动延时通常沿管路的纵向传播,从而与它们在参考和误差传感器上的贡献无关。因此,湍流压力波动在主动控制系统中作为测量噪声的一个源,因为在较低的频率上变大,它们将基本较低频率限制调低,参考和误差传感器输出间的一致性变小,从而控制性能变差，与式(3.3.13)一致。即使可以设计麦克风使其相比正常的压力麦克风对这些湍流压力波动不太敏感，如 Nelson 和 Elliott(1992)所研究的，湍流压力波动不可避免地随空气流量和下降的频率增加，从而低频限制不能完全被消除。

必定对于好的衰减精确指定反馈控制器的振幅响应和相位响应，从而接近使用于自适应数字控制器。同时，由于管道中最优控制器的响应——式(3.7.4)和 IIR 滤波器之间的相似性，自适应 IIR 滤波器在此应用中称为相当有效的控制器。如图 3.26 所示是使用自适应 IIR 控制器的完整控制器的框图，正如 Eriksson 和 Allie(1989)所研究的。正如自适应 IIR 控制器，这个系统也结合了使用加到次级源中的辨识噪声信号的在线系统辨识。一个分开的自适应滤波器，$\hat{G}'(z)$，用来连续估计有效系统的估计响应，从次级源输入到误差传感器输出。来自参考和误差传感器的信号在经模数转换器转换为数字信号之前必须经过模拟低通抗混叠滤波器。类似地，控制器输出的数字信号在经数模转换器转换为模拟信号后，也必须使用类似低通模拟滤波器经过平滑操作。图像保真和重构滤波器的更多细节将在第 10 章讨论。即使在式(3.7.4)中关于理想控制器出现的声传递的延时，将会一直保证最优数字控制器是因果的，但在实际的数字系统中，为达到好的控制衰减则必须考虑模拟滤波器和数字转换器中的延时。在第 10 章，经过模拟滤波器和数字转换器的近似延时的公式为

$$\tau_A = \left(1.5 + \frac{3n}{8}\right)T \tag{3.8.2}$$

式中：$T$ 为数字系统的采样时间，$n$ 为参考传感器的抗混叠滤波器和次级源的重构滤波器中极点的总数目。式(3.8.2)中计算时假定存在一个采样处理延时，由于 DAC 中采样和保持电路的半个采样延时，转换器的截止频率为 1/3 采样率，以及模拟滤波器在截止频率上的 45°相移。

对于一个宽度为 0.5m 的方形管道，当管道中的温度和压力为标准状况时，其第一个截止频率大约为 340Hz，声速大约为 340ms$^{-1}$。从而数字控制器的采样率必须为 1kHz，即 $T=1$ms，且抗混叠滤波器和重构滤波器可能均有 6 个极点，在式(3.8.2)中使 $n=12$。因此通过控制器的模拟部分的延时大约为 6ms。为保证最优控制器对于宽带干扰是因果性的($l=\tau_A c_0$)，从而参考传感器和次级源之间的最小距离必须大于等于 2m，即 4 倍于管道的宽度。

图 3.27 中空调管路中的空气流量为 14ms$^{-1}$时主动控制系统的声传递控制效果的性能如图 3.26 所示，如 Eriksson 和 Allie(1989)的研究结果。如图 3.27 所示为施加控制前后误差拾音器输出信号的功率谱密度。这个系统含有一个

IIR 控制器，工作在 875Hz 的采样率，并在 $A(z)$ 中有 64 个递归系数，在 $B(z)$ 中有 32 个前馈系数。它以 3.7 节讨论的 filtered - u LMS 算法进行自适应调节，使用具有 64 个系数的系统响应的 FIR 模型。控制系统布置在横截面为 0.86m × 1.12m 的加衬空调管道内距离风扇大约 12m 的位置。从图 3.27 中可以明显看出，在 40Hz 以下，几乎无控制效果。这是由于这些频率处的高能级的湍流压力波动，其显著降低了参考传感器和误差传感器之间的一致性。同样地，在 140Hz 以上，也几乎无控制效果，这是因为设计控制系统时没有考虑第一个截止频率以上的控制效果，在此例中其大约为 150Hz。然而，在此范围内，从风扇往下游传递的随机噪声可以实现 15dB 的控制效果，这在工业环境中是非常典型的控制效果。

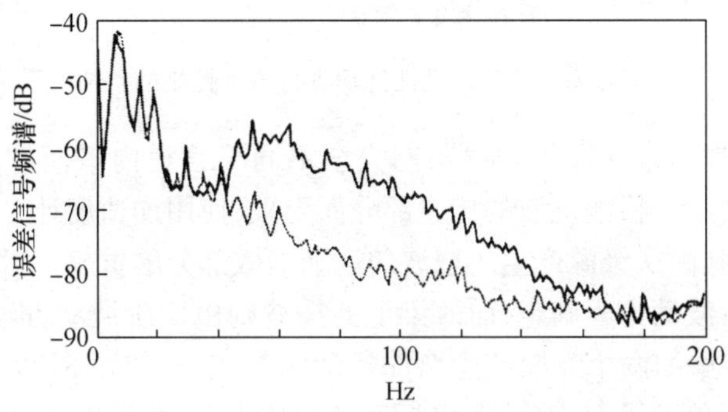


图 3.27　对空气流量 $14ms^{-1}$ 空调管路应用递归自适应控制器，控制前（实线）和控制后（虚线）误差信号的频谱（来自 Eriksson 和 Allie，1989）

### 3.8.2　梁上挠波的控制

本节将讨论的第二个实际应用例子是利用单通道前馈主动控制系统抑制沿薄梁传递的挠波。结构上的扰动通常以挠波的形式从一点传到另一点，而且许多结构具有梁单元，从而可以对这些挠波进行控制。这种系统的一个潜在应用是隔离宇宙飞船上振动对敏感望远镜的影响，通过主动控制振动沿可伸缩动臂的传递。另一个应用是控制通过一系列梁单元安置在船的壳体上的动力机械振动产生的声辐射。

薄梁上的挠波引起平面外的运动，以与梁的长度方向成直角的方向传递，在梁内发生弯曲对这种波可以采取许多方式进行检测和控制，如 Fuller 等人的研究（1996）。如图 3.28 所示，此处讨论的系统使用加速度传感器，其对平面外的运动比较敏感，用于检测入射挠波的波形，以及在误差传感器处测量残余的波振幅。此例中的次级作动器是一个电磁激振机，其对梁产生平面外的力。这在低频时非常有效，却需要一个平台用以产生反作用力。在较高的频率上，粘贴在梁上的压电作动器会非常有效，产生挠波，而且由于其直接使梁发生弯曲，从而不需要外部的反作用点，可以集成在梁的结构中。

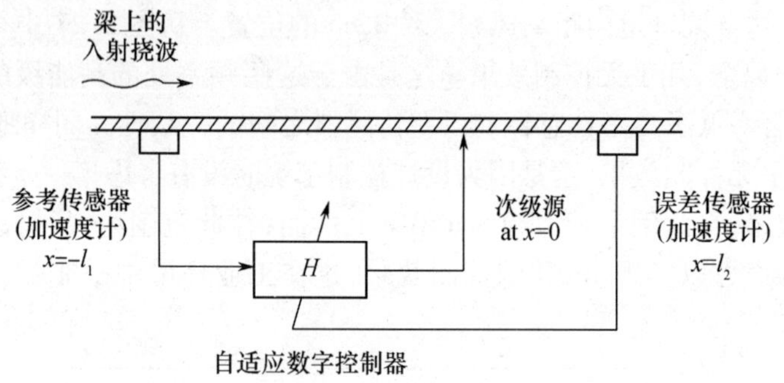


图 3.28　对梁上的宽带挠性扰动进行主动控制的自适应系统

此例中物理约束导致的频率限制完全不同于管道内平面波的控制。低频时，控制性能会由于检测挠波的传递部分而受限，使用加速度计工作的误差传感器同时会检测到由次级源产生的挠波的逐渐消散部分的贡献。对比于管道内的声波，其由二阶波动方程确定，而薄梁上的挠波则由四阶波动方程确立，从而次级作动力 $F_s$ 在梁的两个方向产生弯曲运动两个成分，如图 3.29 所示。次级作动力 $F_s$ 作用在单频下，且当位于坐标系统的原点时，由挠波下游导致的总的复平面外的加速度可以表示为

$$\ddot{w}(x) = \frac{j\omega^2}{4Dk_f^3}(\mathrm{e}^{-jk_f x} - j\mathrm{e}^{-k_f x})F_s \tag{3.8.3}$$

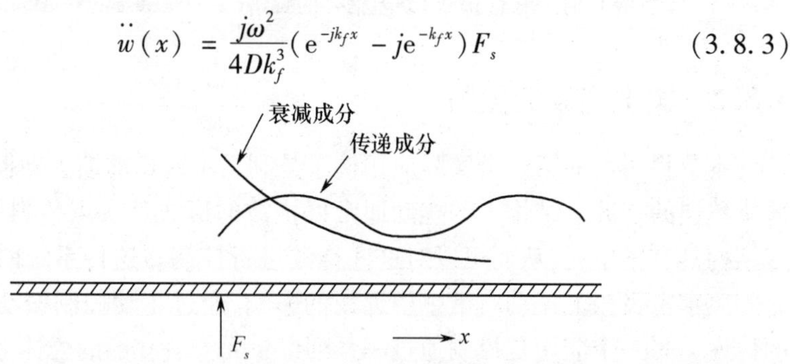


图 3.29　由次级力激励的梁上，沿梁传播挠波的耗散和传播成分的平面外的加速度分布

式中：$D$ 为梁的弯曲刚度（$D = Ebh^3/12$，其中 $E$ 为梁的材料的杨氏模量，$b$ 为梁宽，$h$ 为梁的厚度），$k_f$ 为挠波数

$$k_f = \left(\frac{\omega^2 m}{D}\right)^{1/4} \tag{3.8.4}$$

式中:$m$ 为均匀梁的单位长度的质量($m=\rho bh$,$\rho$ 为梁材料的密度),注意,与声波对比,其波数直接与频率有关,挠波数与$\sqrt{\omega}$成比例。从而挠波的传递速度随频率增加,其传递是扩散的,而声波的波传递则基本与频率有关。式(3.8.3)中与 $e^{-jk_fx}$ 成比例的项给出的平面外的加速度将以恒定的振幅和持续增加的相移沿梁的长度方向传播。与 $e^{-jk_fx}$ 成比例的项为逐渐消散成分,其以指数式衰减,从梁的一点到另一点没有相移。

回到图3.28中的主动控制系统,控制器的目标是使误差传感器处 $x=l_2$ 的总的加速度为零。通常,由于这点处的加速度包含初级源和次级源产生的传递挠波的贡献成分,以及含有次级作动器响应的近场成分,从而当使此信号为零时,也不能抑制挠波的传递成分。这些情况下的传递成分的衰减可通过将误差传感器处的净加速度表示出来,其中假定其远离任意的非连续为

$$\ddot{w}(x) = Ae^{-jk_fl_2} - B(e^{-jk_fl_2} - je^{-jl_2}) \tag{3.8.5}$$

式中:$A$ 为当入射波通过次级作动器时的波振幅,$B$ 为次级源的贡献。若调整次级源使$\ddot{\omega}(l_2)$为零,则

$$B = \frac{-Ae^{-jk_fl_2}}{e^{-jk_fl_2} - je^{-jl_2}} \tag{3.8.6}$$

残余的波振幅将等于 $A+B$,从而其与原始入射波振幅的比值可以推导出来,利用式(3.8.6)(Elliott 和 Billet,1993)为

$$\frac{A+B}{A} = \frac{je^{-jl_2}}{(e^{-jk_fl_2} - je^{-jl_2})} \tag{3.8.7}$$

将加速度控制为零的衰减量级以频率函数的形式示于图3.30中,其中钢梁的厚度为6mm,$l_2=0.7$m。此时可以看到,假设所期望的控制效果不超过20dB,则在12Hz以上时次级作动器的近场在误差传感器处的影响可以忽略。此频率下,从次级源至误差传感器的距离大约为3/8个挠波长。假设控制系统运行在此频率以上,则我们作出 $e^{-k_fl_2} \ll 1$ 的近似,且理想控制器的表示变为(Elliott 和 Billet,1993)

$$H_{opt}(j\omega) = \frac{4Dk_f^3}{j\omega^3}\frac{-e^{-jk_fl}}{1-e^{-jk_fl_1}(e^{-jk_fl_1} - je^{-k_fl_1})} \tag{3.8.8}$$

然而,次级作动器响应的近场成分在此种控制系统的性能上给出了基本的低频限制,挠波传递的扩散性质通常给出基本的高频限制。这可以通过计算从参考传感器到次级源,在中距离为 $l_1$ 的群延时得到

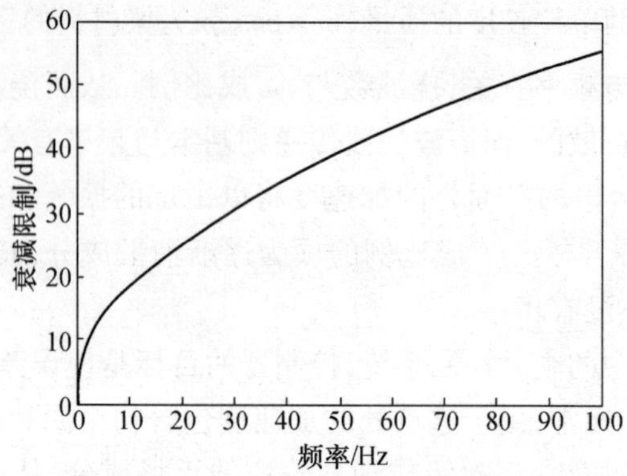


图 3.30　在一个 6mm 厚的钢梁上，使用具有距离次级源 0.7m 的单个误差传感器的控制系统可对传播中的挠波获得的最大衰减。衰减量受到次级力作用点的近场的限制

$$\tau_g = l_1 \frac{\partial k_f}{\partial \omega} = \frac{l_1}{2\sqrt{\omega}}\left(\frac{m}{D}\right)^{1/4} \tag{3.8.9}$$

其以频率函数的形式示于图 3.31 中，其中钢梁厚度为 6mm，$l_1 = 1$m。在这个应用中，电子控制器再一次需要对复杂的频率响应进行建模，而且最精确和最灵活的实现这种控制器的方法是使用数字滤波器。然而，这种数字控制器，如前面所讨论的，由于数字设备处理时间及必须使用的模拟图像保真和重构滤波器中的相位滞后会使其响应中存在固有的延时。在图 3.31 中从群延时的下降可以看到，在较高的限制频率处，沿梁的群延时将变得比控制器中的固有延时少，从而对随机波形的挠波的主动控制变为不可能。例如，在 Elliott 和 Billet（1993）的实验中，处理器中的延时为 2.4ms，因此，对于 6mm 厚的钢梁宽带控制被限制在 800Hz 频率以下。一个有意思的事实是，若在钢梁上使用固有延时为2.4ms

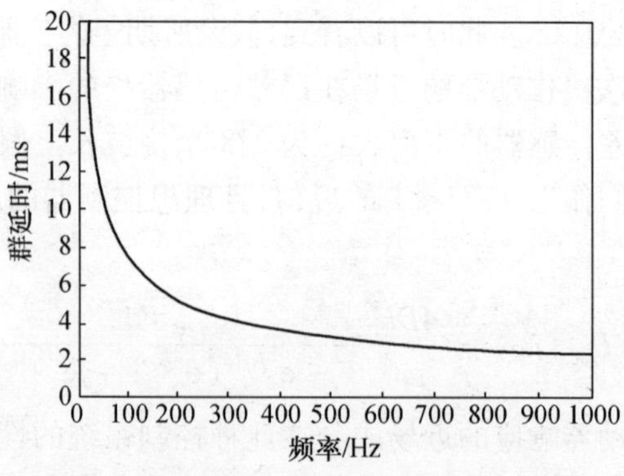


图 3.31　对于 6mm 厚的钢梁，挠波从检测传感器传播 1.0m 的群延时

的控制器利用宽带前馈控制对纵波进行控制，则参考传感器与次级作动器之间的距离要超过12m。这是因为，使纵波不扩散，但其具有较高的波速，在钢梁上大约为5000$ms^{-1}$。当梁变得更薄时，控制挠波的频率上限也随之增加（由于波的扩散），且频率下限随之降低（由于次级作动器的近场），从而对于一个给定的控制器，薄梁的宽带控制要比厚梁的效果好。

如图3.32所示，是在6mm厚的钢梁上利用具有自适应控制器的主动前馈控制系统对挠波进行控制的实际效果（Elliott 和 Billet，1993）。在此实验中，梁被固定在沙箱中，其主要在几百赫兹上对挠波提供消声终止。如图3.32所示是控制前后在误差传感器处测得的平面外加速度的功率谱密度，可以看出在100Hz和800Hz之间可达到30dB的控制效果。在监控传感器处同样测得平面外加速度的减少量，处于比误差传感器更远的位置，测得的结果类似于在误差传感器处测得的结果。频率低于100Hz时，外部源的振动对于参考和误差传感器的输出均有显著贡献，伴随其输出一致性的降低。如在3.3节，这对任意控制系统可获得的性能进行了限制。在此实验中，如图3.30所示，由于与外部噪声源影响有关的一致性问题而并不没有达到逐渐消散导致的低频限制。在800Hz以上，从参考传感器至次级作动器间的挠波的延时变得比控制器中的电子延时少，这是由于前面所讨论的因果性导致的性能限制。

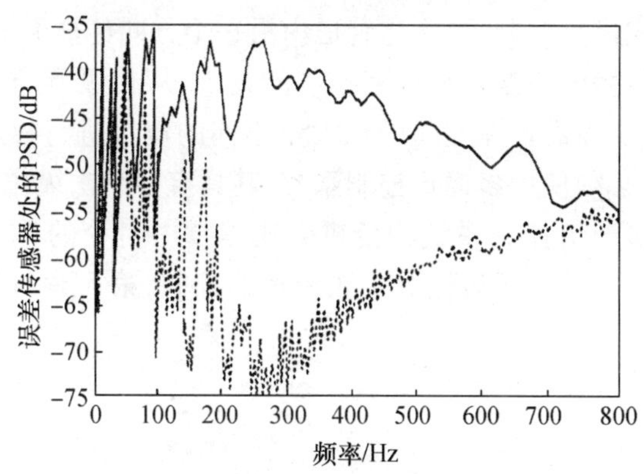


图3.32　对于如图3.28所示的梁在控制前（实线）和自适应控制器收敛后（虚线）的误差传感器处的功率谱密度

在此应用中，如图3.11所示，前馈控制器为数字控制器却使用了反馈对消布置方式。反馈对消滤波器$\hat{G}_s(z)$和用于模拟次级通道的滤波器$G_e(z)$同样是具有256个系数的FIR滤波器，用于在施加控制之前自适应辨识这些响应。使用filtered－reference LMS算法自适应调整FIR控制滤波器。虽然在此例中理想控制器的形式——式(3.8.8)与管道内平面声波的控制器的形式——式(3.8.1)相似,但此例中的波数 $k_f$ 却因为扩散的传递不与频率成比例,而且此例中以 $e^{-k_f l_1}$ 表示的项也不对应于纯延时。因此,3.7 节中对管道内平面声波进行控制所使用的理想控制器和 IIR 滤波器之间的密切对应关系对于挠波控制器不再适用。Elliott 和 Billet(1993)对自适应 IIR 控制器和含有反馈对消的自适应 FIR 控制器实现挠波控制器的相对系数进行了讨论,发现,实现在线辨识需要大量额外的计算量,由于3.7 节讨论的原因,其对于此例中稳定自适应 IIR 控制器非常必要。使用如在前面描述的自适应 FIR 控制的信号处理设备,其具有 256 个系数,一个 IIR 控制器仅需要在 $B(z)$ 中 80 个系数,$A(z)$ 中 100 个系数,即可实现实时的在线系统辨识。这个 IIR 控制器的测量性能将与此例含有反馈对消的 FIR 控制器的性能相似,却不如其优异。

在这些应用中,成功控制的实现需要结合对物理系统的理解,这有助于知道对实现控制的限制,以及了解最优控制器的形式,从而知道数字控制系统结构的设计。虽然可通过测量传感器和离线处理对性能进行初始预测,但自适应控制器为补偿发生在系统响应或干扰谱中的变化需要对于实时的应用具有优异的性能。

然而,实际系统中具有单个次级作动器和误差传感器的控制系统只能对干扰传递的一种形式进行控制,要么是管道内沿一个方向传播的平面声波,要么是梁上沿一个方向传播的挠波。在许多控制问题中,从初级噪声源到任意控制点有许多传递方式,从而需要在空间中从大量不同的位置进行控制。为了在此类环境中实现控制,必须使用多通道控制系统,其具有多个次级作动器和多个误差传感器。对这种多通道控制系统的分析会比本章中讨论的单通道系统更加复杂,将包括两章内容,第 4 章讨论对单频干扰的控制,第 5 章讨论对随机干扰的控制。

# 第4章　单频干扰的多通道控制

## 4.1　引　言

本章我们将使用多通道控制系统对单频干扰进行控制。多通道系统包括使用多个作动器和传感器,对第1章讨论的噪声或振动在空间扩展区域进行控制是非常必要的。这种系统经常用于控制周期性的干扰(可分解为正弦波的叠加和)。若被控系统是线性的,则施加在这些正弦波上的控制算法无相互作用。从而,对于周期性干扰,控制系统可通过大量的单频控制器实现,其每一个都相互独立运行,本章我们将对这些控制器进行设计。第5章将讨论更复杂的控制随机干扰的多通道系统。

实践中遇到的干扰从来都不会是周期性的,因为其正弦成分的振幅和相位会被调制到更大或更小的范围,从而将具有有限的带宽。这种近似周期性的干扰称为窄带干扰。这种信号广泛存在于多种噪声和振动的主动控制应用中,尤其当初级源产生的干扰是由旋转机械或往复的发动机产生时。同样,通常可在此类发动机上使用测速计,用于为前馈控制合成参考信号。此时曲轴的存在有效防止了激励频率的快速变化,即使在某些程度上这种变化速度与大型船舶的柴油机或赛车的调谐汽油发动机不同。

本章的大部分内容集中于讨论单频信号的振幅、频率随时间缓慢变化的情况。在3.2节我们看到,掌握单通道控制系统对于此类干扰的控制相对比较容易。例如,若使用最速下降法自适应调整控制信号的同相和二次成分,则误差信号的同相和二次成分会以相同的时间常数指数式衰减。

正如在3.4节所讨论的,具有宽带参考信号的单通道 *LMS* 控制器的收敛特性,由具有大量不同时间常数的模态决定。这些时间常数与自相关矩阵的特征值有关,而且这些特征值的扩散度与参考信号的谱性质有关。然而,在多通道系统中,参考信号可以是单频信号,可是决定多种算法的收敛性质的矩阵仍然具有大的特征值扩散度,此时取决于作动器和传感器的空间分布。不但要考虑它们的实际影响,而且在考虑更复杂的对随机干扰进行控制的多通道控制问题之前,单独地理解单频信号的控制非常有用;在随机干扰的情形中,参考信号的谱性质和由传感器的分布引起的系统响应的性质都非常重要。

本章以讨论单频干扰的多通道控制系统的最优性能开始，目的是使自适应算法理想收敛。4.3 节对一种最简单、应用最广泛的基于最速下降法的自适应算法进行了详细讨论，其目的是阐述多通道算法的典型性质和潜在问题。理解任意控制算法的收敛性质和性能是如何受被控系统响应的不确定度影响的非常重要，而且这在多通道系统中会变得更加难以分析和理解；因为正如在 4.4 节所讨论的，多通道系统中不确定度的形式会更加难以描述。例如，在施加主动噪声控制的房间中，若某人改变了其所处的位置，则会非常结构化地改变从一个作动器到一个传感器的响应。

4.5 节对更加一般的自适应算法进行了讨论，其将最速下降法简化至极端情况，以及一种基于牛顿法的算法。在此一般形式的算法范围内对这两种算法的收敛特性和最终稳态误差进行了表述。接着对基于通常用于反馈控制系统中的方法的自适应前馈系统进行了分析，并对误差信号向量更一般范数的最小化进行了讨论。最后，对多通道控制系统的应用也进行了阐述，包括飞机推进器噪声的控制和直升机螺旋桨噪声的控制。

## 4.2 单频干扰的最优控制

控制问题的最优解与性能函数或性能指标有关，即需要最小化的函数。我们首先考虑以均方差的和的形式表示的性能函数，稍后将考虑在性能函数中增加与均方输出作用成比例的项。假设干扰为单频信号，并且具有规范化的频率 $\omega_0 T$；从而在给定系统是线性时，通过将次级作动器的单频输入信号调整为与干扰具有相同的频率，则可实现控制，其中单频输入信号的振幅和相位必须调整为可以最小化性能函数。关于任意参考的 $L$ 个独立干扰信号和 $M$ 个独立次级控制信号的振幅和相位可以用复数表示，我们将其组合成向量 $\boldsymbol{d}(\mathrm{e}^{j\omega_0 T})$ 和 $\boldsymbol{u}(\mathrm{e}^{j\omega_0 T})$。若在频率 $\omega_0 T$ 处的复数系统响应的 $L \times M$ 矩阵为 $\boldsymbol{G}(\mathrm{e}^{j\omega_0 T})$，则稳态时复残余误差信号向量可表示为

$$\boldsymbol{e}(\mathrm{e}^{j\omega_0 T}) = \boldsymbol{d}(\mathrm{e}^{j\omega_0 T}) + \boldsymbol{G}(\mathrm{e}^{j\omega_0 T})\boldsymbol{u}(\mathrm{e}^{j\omega_0 T}) \tag{4.2.1}$$

如图 4.1 所示为此系统的框图。为 $j$ 表示的方便，将去掉与 $\omega_0 T$ 的显而易见关系，从而式(4.2.1)变为

$$\boldsymbol{e} = \boldsymbol{d} + \boldsymbol{G}\boldsymbol{u} \tag{4.2.2}$$

我们将讨论的性能函数为误差信号模的平方和

$$J = \sum_{l=1}^{L} |e_l|^2 = \boldsymbol{e}^{\mathrm{H}}\boldsymbol{e} \tag{4.2.3}$$

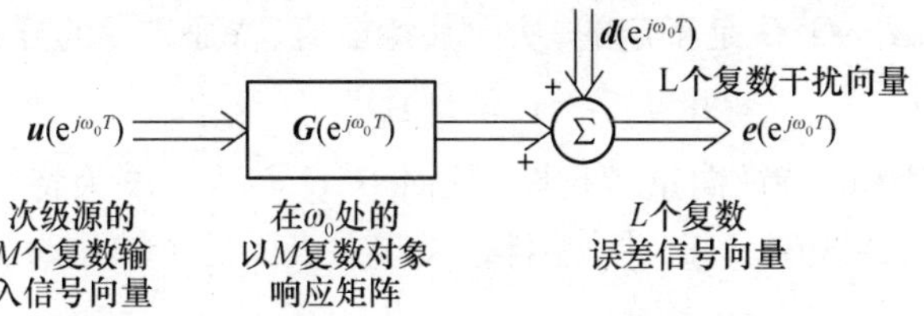


图4.1 工作在单频 $\omega_0$ 上的多通道控制系统的框图

式中：$H$ 指 Hermitian，即复数共轭转置。将式(4.2.2)代入到式(4.2.3)中，我们看到性能函数具有 Hermitian 二次型

$$J = \boldsymbol{u}^{\mathrm{H}}\boldsymbol{A}\boldsymbol{u} + \boldsymbol{u}^{\mathrm{H}}\boldsymbol{b} + \boldsymbol{b}^{\mathrm{H}}\boldsymbol{u} + \boldsymbol{c} \tag{4.2.4}$$

式中：$\boldsymbol{A}$ 为 Hessian 矩阵，此时

$$\boldsymbol{A} = \boldsymbol{G}^{\mathrm{H}}\boldsymbol{G}, \boldsymbol{b} = \boldsymbol{G}^{\mathrm{H}}\boldsymbol{d}, \boldsymbol{c} = \boldsymbol{d}^{\mathrm{H}}\boldsymbol{d} \tag{4.2.5a,b,c}$$

我们要找的最优解与作动器($M$)和传感器($L$)的相对数量有关。

## 4.2.1 过定系统

若传感器的数目多于作动器的数目($L > M$)，则系统为过定系统。因为，对于未知的 $u_m$ 有太多的形如 $e_l = d_l + \sum G_{lm}u_m$ 的方程。通常，可通过调整此时 $u$ 的元素不为零获得性能函数的最小值。此时我们将假设矩阵 $\boldsymbol{A} = \boldsymbol{G}^{\mathrm{H}}\boldsymbol{G}$ 为正定，这在实践中几乎总能成立，如接下来将讨论的。此时可通过将方程关于 $u$ 的实部与虚部的导数置零，获得将式(4.2.3)所表示的性能函数最小化的次级信号的集合，更多的细节可见附录。得到的最优控制向量为

$$\boldsymbol{u}_{opt} = -[\boldsymbol{G}^{\mathrm{H}}\boldsymbol{G}]^{-1}\boldsymbol{G}^{\mathrm{H}}\boldsymbol{d} \tag{4.2.6}$$

将此表达式代到一般性能函数，得到其最小值的表达式

$$J_{\min} = \boldsymbol{d}^{\mathrm{H}}[\boldsymbol{I} - \boldsymbol{G}[\boldsymbol{G}^{\mathrm{H}}\boldsymbol{G}]^{-1}\boldsymbol{G}^{\mathrm{H}}]\boldsymbol{d} \tag{4.2.7}$$

## 4.2.2 误差表面的形状

对于理想情况，一步就可获得最优控制向量，从而其与通过绘制式(4.2.3)中作为 $u$ 的每个元素的实部和虚部函数的性能函数得到的多维误差表面无关。然而，通常自适应算法的性质与误差表面的几何形状有很大的关系。确保误差表面是二次的，但其形状与 $\boldsymbol{G}^{\mathrm{H}}\boldsymbol{G}$ 的性质有着很强的关系。为阐述此关系，使用式(4.2.6)和式(4.2.7)，式(4.2.4)所表示的性能函数可以写为

$$J = J_{\min} + [\boldsymbol{u} - \boldsymbol{u}_{opt}]^{\mathrm{H}}\boldsymbol{A}[\boldsymbol{u} - \boldsymbol{u}_{opt}] \tag{4.2.8}$$

假设矩阵 $A = G^{H}G$ 是正定的，从而其特征值、特征向量的分解形式为

$$A = Q\Lambda Q^{H} \tag{4.2.9}$$

式中：$Q$ 为正则化的特征向量单位阵，从而 $Q^{H}Q = I$，且 $\Lambda$ 为特征值对角阵。将式(4.2.9)代入到式(4.2.8)中，并且定义误差表面的主轴作为次级信号平移和旋转的集合

$$v = Q^{H}[u - u_{opt}] \tag{4.2.10}$$

则性能函数可以写为

$$J = J_{\min} + v^{H}\Lambda v = J_{\min} + \sum_{m=1}^{M} \lambda_m |v_m|^2 \tag{4.2.11}$$

式中：$v_m$ 为 $v$ 的第 $m$ 个元素，$\lambda_m$ 为 $\Lambda$ 的第 $m$ 个对角元素，即 $G^{H}G$ 的第 $m$ 个特征值。从式(4.2.11)可以清楚地看到，性能函数的值以平方形式的增长速度快速远离最小点，沿主轴独立变化。性能函数沿主轴的增长率与相应的特征值 $\lambda_m$ 有关。

由于已经假设 $G^{H}G$ 正定，其所有的特征值都是正实数，从而误差表面为二次的，而且具有全局极小值。然而，特征值却不具有相同的幅值，通常具有一定的特征值扩散度(最大最小特征值的比值)，可能会非常大，这样的控制系统称为病态系统。在这些情况下的误差表面具有长、薄的谷，如图 4.2 所示，为两个主轴和特征值扩散度为 100 时的计算结果。这个问题为统计学中的共线，如 Ruckman 和 Fuller(1995)所描述的。注意，误差表面的形状仅由 $G^{H}G$ 的特征值决定，即仅由系统响应决定。然而，误差表面对于坐标系统原点的位置与干扰和

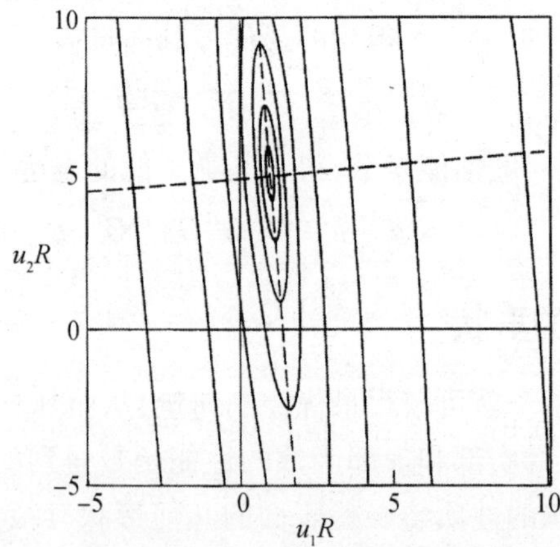


图 4.2 对于特征值扩散度为 100 的过定控制系统，相等性能函数以 5dB 的步长关于两个控制信号 $u_{1R}$ 和 $u_{2R}$ 的实部的轮廓

系统响应的结合有关，这可从式(4.2.6)关于坐标的最小点看出。从而，$\boldsymbol{G}^{\mathrm{H}}\boldsymbol{G}$ 的特征值扩散度，以及误差表面的形状将与作动器和传感器的位置及它们所处的环境有关。一般来讲，当次级源或误差传感器间的位置彼此更加接近时，特征值扩散度也会变得更大。一个极端情况是，所有的作动器或误差传感器均布置在同一个位置，即并置，则 $\boldsymbol{G}^{\mathrm{H}}\boldsymbol{G}$ 将仅有一个非零特征值，且不再正定。当欠阻尼系统中的次级源的数目多于显著模态时，特征值扩散度也会变得更大，如 Nelson 和 Elliott(1992，12.3 节)所研究的。对于具有大的特征值扩散度的病态控制问题，其使得 $\boldsymbol{G}^{\mathrm{H}}\boldsymbol{G}$ 的逆对其元素中的小的扰动非常敏感，这在根据测量数据确定 $\boldsymbol{G}$，利用式(4.2.7)确定最优控制效果时会不可信。

### 4.2.3　完全确定系统

回到一般性的问题，我们现在考虑作动器与传感器数目相等($L=M$)时的情况，即所谓的完全确定系统。此时当 $\boldsymbol{G}^{\mathrm{H}}\boldsymbol{G}$ 正定时，误差表面仍然具有唯一的全局极小值，而最优控制向量则有相当简单的形式

$$\boldsymbol{u}_{opt} = -\boldsymbol{G}^{-1}\boldsymbol{d} \tag{4.2.12}$$

其中，假定 $\boldsymbol{G}$ 非奇异(这在其正定时是肯定的)。此时性能函数的最小值为零，表明各误差也为零，这可通过将式(4.2.12)代入到式(4.2.2)中进行验证。即使在误差传感器处得到的完全确定控制系统的性能是优异的，也不能保证分散系统中的其余点的噪声和振动不会增加。当然这个问题对于过定系统也是存在的，除非使用大量均匀分布的传感器。一种标志次级源是精确对消误差传感器处的信号，还是使情况更糟的现象是，$\boldsymbol{u}$ 中的控制信号的幅值是否很大。接下来将对实际控制系统的这方面特性进行更加详细的讨论。

### 4.2.4　欠定系统

最后考虑的是欠定系统，即误差传感器少于次级作动器($L<M$)。此时矩阵 $\boldsymbol{G}^{\mathrm{H}}\boldsymbol{G}$ 非正定，而且最少具有 $M-L$ 个等于零的特征值。因此，此时的 $\boldsymbol{G}^{\mathrm{H}}\boldsymbol{G}$ 矩阵是奇异的，而且不可使用式(4.2.6)所给出的解。在欠定系统中，对于最小化问题没有唯一的解，却有无穷多个控制向量 $\boldsymbol{u}$ 可将式(4.2.3)所表示的性能函数置零。此时的误差表面仍然是二次的，但误差表面却如图4.3所示，相等性能函数的轮廓为平行的直线。这些直线中的一条对应将性能函数置零的控制信号组合。即使在实践中不可能实现这种传感器少于控制器的单频控制系统，对这种系统的简单讨论也是必要的，因为其为病态过定系统的一种极端情况，其中式(4.2.11)中的一个或多个特征值为零，而且图4.2中的长谷往外延伸直到相等性能函数的轮廓看起来与实际的控制信号平行。

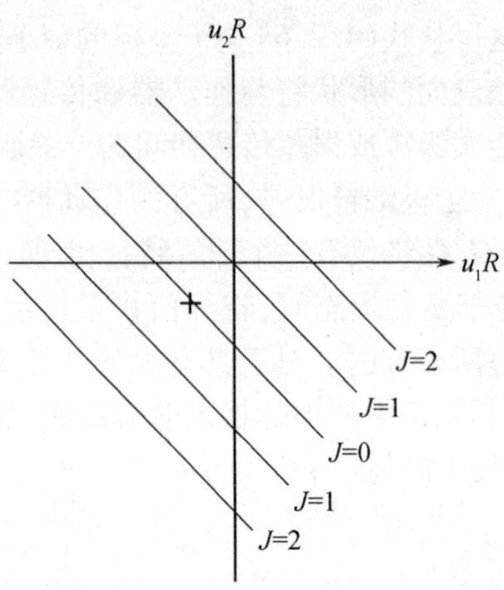


图 4.3 欠定控制系统的相等性能函数的轮廓。交叉点表示使用最小的控制作用将性能函数置零的解

对于欠定问题,有两种方法可用于获得唯一解。第一种为精确的数值解,主要基于将性能函数的对消当作约束,接着寻找使控制作用最小化的解。此处的控制效果定义为控制信号的模的平方的和,为

$$P = \sum_{m=1}^{M} |u_m|^2 = \boldsymbol{u}^{\mathrm{H}}\boldsymbol{u} \tag{4.2.13}$$

其在主动控制系统中用于驱动作动器的功率。可通过使用拉格朗日乘子获得这个约束最小化问题的解,如 Golub 和 Van Loan(1996)及附录中 Nelson 和 Elliott(1992)对此应用的研究。从而,源强度的最优集合为

$$\boldsymbol{u}_{opt} = -\boldsymbol{G}^{\mathrm{H}}[\boldsymbol{G}^{\mathrm{H}}\boldsymbol{G}]^{-1}\boldsymbol{d} \tag{4.2.14}$$

其中假设矩阵 $\boldsymbol{G}^{\mathrm{H}}\boldsymbol{G}$ 的 $M$ 个实特征值的幅值大于零,则此矩阵非奇异。

另一种获得欠定问题的“工程”解的方法是,最小化包含均方差和均方作用项的性能函数,即

$$J = \boldsymbol{e}^{\mathrm{H}}\boldsymbol{e} + \beta\boldsymbol{u}^{\mathrm{H}}\boldsymbol{u} \tag{4.2.15}$$

式中:$\beta$ 为正的实数效果加权参数。注意,若在控制器中使用自适应滤波器,则控制系数的平方 $\boldsymbol{w}^{\mathrm{T}}\boldsymbol{w}$ 可以等价为此单频控制问题中均方控制信号 $\boldsymbol{u}^{\mathrm{H}}\boldsymbol{u}$ 的和,从而在 3.4 节 $\beta$ 与 $\rho$ 间得到的不同在此不必要。将式(4.2.2)作为 $e$ 代入到式(4.2.15)中,得到另一个与式(4.2.5$b$ 和 $c$)具有相同的 $b$ 和 $c$ 的 Hermitian 二次型,但此时的 Hessian 矩阵 $\boldsymbol{A}$ 的形式为

$$\boldsymbol{A} = [\boldsymbol{G}^{\mathrm{H}}\boldsymbol{G} + \beta\boldsymbol{I}] \tag{4.2.16}$$

这个矩阵的特征值等于 $\lambda'_m=\lambda_m+\beta$，其中 $\lambda_m$ 为 $\boldsymbol{G}^{\mathrm{H}}\boldsymbol{G}$ 的特征值，或为正实数或为零。从而对于任意正定的 $\beta$，可保证式(4.2.16)正定、非奇异。从而可计算得到最优控制向量为

$$\boldsymbol{u}_{opt}=-[\boldsymbol{G}^{\mathrm{H}}\boldsymbol{G}+\beta\boldsymbol{I}]^{-1}\boldsymbol{G}^{\mathrm{H}}\boldsymbol{d} \tag{4.2.17}$$

可以看到，当系统欠定时，式(4.2.17)趋近于式(4.2.14)，$\beta$ 趋近于零，而且若系统过定，$\beta=0$，则其等于式(4.2.6)。然而，对于任意非零的 $\beta$，使用式(4.2.17)的欠定系统的最小均方差将不为零，且得到的解相比从方程(4.2.14)得到的解具有轻微的偏置。Snyder 和 Hansen(1990)注意到广泛应用在统计领域中的最小二乘法问题和多线性递归问题间的联系，Ruckman 和 Fuller(1995)对其又进行了进一步研究。

## 4.2.5 伪逆

精确最小二乘解的最一般表示包括系统响应矩阵的伪逆(Golub 和 Van Loan，1996)，如在附录中所进行的讨论，其对于上面所描述的所有例子允许将最优控制信号表示为

$$\boldsymbol{u}_{opt}=-\boldsymbol{G}^{+}\boldsymbol{d} \tag{4.2.18}$$

式中：$\boldsymbol{G}^{+}$ 为矩阵 $\boldsymbol{G}$ 的伪逆。对于上面每种情形的伪逆的分析见表4.1。从而，对于过定系统式(4.2.18)可化简为式(4.2.6)，对于完全确定系统有式(4.2.12)，欠定系统有式(4.2.14)。若系统矩阵不满秩，则伪逆也可以求解，同样在过定系统中，若 $\boldsymbol{G}^{\mathrm{H}}\boldsymbol{G}$ 不是正定的，伪逆也可给出最小有效解。

表4.1　具有不同的传感器($L$)和作动器($M$)的最优最小二乘控制问题使用的伪逆的形式。在所有的情况下，假设在激励频率系统响应矩阵满秩，从而每次都必须求逆的矩阵是非奇异的

| 伪逆 | 过定<br>$L>M$ | 完全确定<br>$L=M$ | 欠定<br>$L<M$ |
|---|---|---|---|
| $\boldsymbol{G}^{+}$ | $[\boldsymbol{G}^{\mathrm{H}}\boldsymbol{G}]^{-1}\boldsymbol{G}^{\mathrm{H}}$ | $\boldsymbol{G}^{-1}$ | $\boldsymbol{H}^{\mathrm{H}}[\boldsymbol{G}\boldsymbol{G}^{\mathrm{H}}]^{-1}$ |

## 4.2.6 一般性能函数的最小化

现在我们将得到最优控制向量，以及

$$J=\boldsymbol{e}^{\mathrm{H}}\boldsymbol{W}_e\boldsymbol{e}+\boldsymbol{u}^{\mathrm{H}}\boldsymbol{W}_u\boldsymbol{u} \tag{4.2.19}$$

给出的一般形式的性能函数的残余性能函数。

式中：$\boldsymbol{W}_e$ 和 $\boldsymbol{W}_u$ 为 $\boldsymbol{e}$ 和 $\boldsymbol{u}$ 的加权矩阵，通常假设为正定和 Hermitian，却不一定为

对角阵。这种形式的性能函数广泛应用于最优反馈控制(Kwakernaak 和 Sivan,1972)。

使用加权矩阵 $\boldsymbol{W}_e$ 可以对误差信号的特定方面进行强调,如对应于振动系统的声功率辐射。使用加权矩阵 $\boldsymbol{W}_u$ 可以对控制效果的某些方面进行侧重,如结构模态中误差传感器不能精确感知的次级源激励(Elliott 和 Rex,1992)。Rossetti 等人(1996)对选择一个效果加权矩阵但不增加残余均方差的问题进行了讨论,发现当 $\boldsymbol{G}$ 满秩时这是不可能实现的。然而,当 $\boldsymbol{G}$ 不满秩时,Rossetti 等人证明假设 $\boldsymbol{W}_u$ 存在于 $\boldsymbol{G}$ 的零空间时,残余误差不受影响。例如,当系统欠定,效果加权矩阵的形式为

$$\boldsymbol{W}_u = \beta[\boldsymbol{I} - \boldsymbol{G}^{\mathrm{H}}(\boldsymbol{G}\boldsymbol{G}^{\mathrm{H}})^{-1}\boldsymbol{G}] \tag{4.2.20}$$

式中:$\beta$ 为正实常数,其将限制控制作用却不增加残余均方差(Elliott 和 Rex,1992)。

将式(4.2.2)表示的 $\boldsymbol{e}$ 代入到式(4.2.19)所表示的一般性能函数中,得到方程的 Hermitian 二次型为

$$\begin{aligned}\boldsymbol{A} &= \boldsymbol{G}^{\mathrm{H}}\boldsymbol{W}_e\boldsymbol{G} + \boldsymbol{W}_u \\ \boldsymbol{b} &= \boldsymbol{G}^{\mathrm{H}}\boldsymbol{W}_e\boldsymbol{d} \\ c &= \boldsymbol{d}^{\mathrm{H}}\boldsymbol{W}_e\boldsymbol{d}\end{aligned} \tag{4.2.21a,b,c}$$

假设 $\boldsymbol{A}$ 是正定的,则此时的最优控制向量为

$$\boldsymbol{u}_{opt} = -[\boldsymbol{G}^{\mathrm{H}}\boldsymbol{W}_e\boldsymbol{G} + \boldsymbol{W}_u]^{-1}\boldsymbol{G}^{\mathrm{H}}\boldsymbol{W}_e\boldsymbol{d} \tag{4.2.22}$$

若 $\boldsymbol{W}_e = \boldsymbol{I}, \boldsymbol{W}_u = \beta\boldsymbol{I}$,则简化为式(4.2.17)。

## 4.3 最速下降算法

### 4.3.1 复数梯度向量

本节我们考虑使用最速下降法迭代调整控制作动器的输入信号以最小化误差的平方和,$J = \boldsymbol{e}^H\boldsymbol{e}$。为达到此目的,我们需要求出性能函数 $J$ 关于 $\boldsymbol{u}$、$\boldsymbol{u}_R$ 和 $\boldsymbol{u}_I$ 的实部和虚部的导数,而且将复数梯度向量定义为下式将会很有帮助

$$\boldsymbol{g} = \frac{\partial J}{\partial \boldsymbol{u}_R} + j\frac{\partial J}{\partial \boldsymbol{u}_I} \tag{4.3.1}$$

式中:$\partial J/\partial \boldsymbol{u}_R$、$\partial J/\boldsymbol{u}_I$ 为 $J$ 关于 $\boldsymbol{u}_R$ 和 $\boldsymbol{u}_I$ 中元素的导数向量,全部为实数。因此,复数向量 $\boldsymbol{u}$ 在第$(n+1)$次迭代中的实部和虚部可以写为

$$\boldsymbol{u}(n+1) = \boldsymbol{u}(n) - \mu\boldsymbol{g}(n) \tag{4.3.2}$$

式中:$\mu$ 为收敛因子,$\boldsymbol{g}(n)$ 为第 $n$ 次迭代中的复数梯度向量。

在附录中以式(4.2.4)表示的 Hermitian 二次型的复数梯度向量等于

$$\boldsymbol{g} = 2[\boldsymbol{A}\boldsymbol{u} + \boldsymbol{b}] \tag{4.3.3}$$

从而,此时 Hessian 矩阵 $\boldsymbol{A} = \boldsymbol{G}^{\mathrm{H}}\boldsymbol{G}$,向量 $\boldsymbol{b}$ 为 $\boldsymbol{G}^{\mathrm{H}}\boldsymbol{d}$,则第 $n$ 次迭代时的复数梯度向量可以写为

$$\boldsymbol{g}(n) = 2(\boldsymbol{G}^{\mathrm{H}}\boldsymbol{G}\boldsymbol{u}(n) + \boldsymbol{G}^{\mathrm{H}}\boldsymbol{d}) \tag{4.3.4}$$

通过将复数梯度向量置零得到式(4.2.6)在过定情况下的最优控制信号向量。

假定每次迭代时误差信号有充足的时间达到稳态,则第 $n$ 次迭代时的复数误差信号向量根据式(4.2.2)可以写为

$$\boldsymbol{e}(n) = \boldsymbol{d} + \boldsymbol{G}\boldsymbol{u}(n) \tag{4.3.5}$$

从而

$$\boldsymbol{g}(n) = 2\boldsymbol{G}^{\mathrm{H}}\boldsymbol{e}(n) \tag{4.3.6}$$

且最小化平方误差信号的最速下降算法为

$$\boldsymbol{u}(n+1) = \boldsymbol{u}(n) - \alpha\boldsymbol{G}^{\mathrm{H}}\boldsymbol{e}(n) \tag{4.3.7}$$

式中:$\alpha = 2\mu$ 为收敛系数。

在算法的实际实现中,通常不能精确得到真实的系统响应 $\boldsymbol{G}$,而且如图 4.4 所示,在自适应算法中必须使用其估计值 $\boldsymbol{G}$。我们将在下节讨论控制算法实际复杂性的影响,此处仅集中讨论式(4.3.7)所表示的稳定性和收敛性质。在 Widrow 和 Stearns(1985)对使用最速下降法的自适应数字滤波器的精确所作的类似分析中,控制信号向量可以转换为其由式(4.2.10)定义的主要成分,从而得到控制向量的稳定条件和收敛性质(Elliott 等,1992)。接着可以使用系统响应的奇异值分解确定控制算法对误差信号的影响。本节,我们将首先使用奇异值分解,其可将式(4.3.5)所表示的系统响应和式(4.3.7)所表示的自适应算法表示为控制信号和误差信号集合的形式。从而这些信号的迭代性质可以表示为简单、直观的形式。

### 4.3.2 主轴变换

复数系统响应 $L \times M$ 矩阵奇异值分解(SVD)的定义为

$$\boldsymbol{G} = \boldsymbol{R}\sum\boldsymbol{Q}^{\mathrm{H}} \tag{4.3.8}$$

式中:$\boldsymbol{R}$ 为 $\boldsymbol{G}^{\mathrm{H}}\boldsymbol{G}$ 复数向量的 $L \times L$ 单位阵,也称为 $\boldsymbol{G}$ 的左奇异向量,从而有 $\boldsymbol{R}^{\mathrm{H}}\boldsymbol{R} = \boldsymbol{R}\boldsymbol{R}^{\mathrm{H}} = \boldsymbol{I}$;$\boldsymbol{Q}$ 为 $\boldsymbol{G}^{\mathrm{H}}\boldsymbol{G}$ 复数向量的 $M \times M$ 单位阵,也称为 $\boldsymbol{G}$ 的右奇异向量,从而有

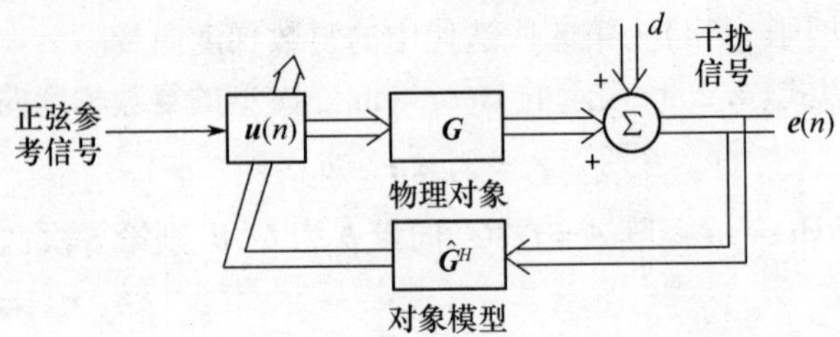


图 4.4　向量 $\boldsymbol{u}(n)$ 最速下降自适应的框图，其对多通道系统定义了正弦输入信号，其响应由激励频率上的矩阵 $\boldsymbol{G}$ 定义。复数误差信号包含在向量 $\boldsymbol{e}(n)$ 中，其在用于更新 $\boldsymbol{u}(n)$ 之前，乘以系统响应矩阵的估计 $\boldsymbol{G}(\hat{H})$ 的 Hermitian 转置

$\boldsymbol{Q}^{\mathrm{H}}\boldsymbol{Q} = \boldsymbol{Q}\boldsymbol{Q}^{\mathrm{H}} = \boldsymbol{I}$；以及包括 $\boldsymbol{G}$ 的奇异值 $\sigma_1, \sigma_2, \cdots, \sigma_M$ 的 $L \times M$ 矩阵 $\sum$ 为

$$\sum = \begin{bmatrix} \sigma_1 & 0 & \cdots & 0 \\ 0 & \sigma_2 & \cdots & \\ \vdots & & & \\ 0 & & & \sigma_M \\ 0 & 0 & \cdots & 0 \\ \vdots & & & \vdots \\ 0 & & & 0 \end{bmatrix} \tag{4.3.9}$$

其中，奇异值为实数，且以下列顺序排列

$$\sigma_1 > \sigma_2 > \cdots > \sigma_M \tag{4.3.10}$$

注意，此处使用 SVD 的完整形式描述 $\boldsymbol{u}$ 和 $\boldsymbol{e}$ 的特性，这可与其简化形式进行对比，这两者在附录中均有详细介绍。$\boldsymbol{G}$ 的奇异值分解为

$$\boldsymbol{G}^{H}\boldsymbol{G} = \boldsymbol{Q}\sum{}^{\mathrm{T}}\sum \boldsymbol{Q}^{\mathrm{H}} \tag{4.3.11}$$

式中：$\Sigma^{\mathrm{T}}\Sigma$ 是元素为 $\sigma_m^2$ 的对角方阵。将其与式(4.2.9)比较，我们可以看到 $\boldsymbol{G}^{\mathrm{H}}\boldsymbol{G}$ 的特征值等于 $\boldsymbol{G}$ 的奇异值的平方，即

$$\lambda_m = \sigma_m^2 \tag{4.3.12}$$

如图 4.5 所示，为在一个 6m×2m×2m 的围场中，从 16 个扩音器到 32 个拾音器的传递响应矩阵的奇异值的平方(Elliott 等，1992)，其阐述奇异值在实际实现中可存在的动态范围。

将式(4.3.8)代入到式(4.3.5)，并左乘 $R^{\mathrm{H}}$，并使用单位阵的性质有

$$\boldsymbol{R}^{\mathrm{H}}\boldsymbol{e}(n) = \boldsymbol{R}^{\mathrm{H}}\boldsymbol{d} + \sum \boldsymbol{Q}^{\mathrm{H}}\boldsymbol{u}(n) \tag{4.3.13}$$

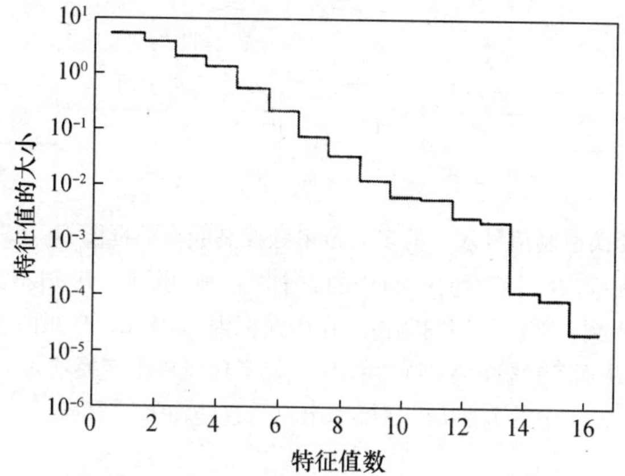


图4.5　在一个6m×2m×2m的围场中，具有16个扩音器和32个拾音器，激励频率为88Hz时测量得到的变换响应矩阵的平方奇异值(Elliot等，1992)

现在我们将误差和干扰信号的传递集合定义为

$$\boldsymbol{y}(n) = \boldsymbol{R}^{\mathrm{H}}\boldsymbol{e}(n) \tag{4.3.14}$$

和

$$\boldsymbol{p} = \boldsymbol{R}^{\mathrm{H}}\boldsymbol{d} \tag{4.3.15}$$

传递控制向量为

$$\boldsymbol{v}(n) = \boldsymbol{Q}^{\mathrm{H}}\boldsymbol{u}(n) \tag{4.3.16}$$

描述被控物理系统响应的式(4.3.5)现在可以以这些变换变量表示为相当简单的形式为

$$\boldsymbol{y}(n) = \boldsymbol{p} + \sum \boldsymbol{v}(n) \tag{4.3.17}$$

式(4.3.9)中的 $\sum$ 矩阵的对角性质意味着式(4.3.17)中的每一个变换误差信号或者仅为一个变换控制信号的函数，即

$$\boldsymbol{y}_l(n) = \boldsymbol{p}_l + \boldsymbol{\sigma}_l\boldsymbol{v}_l(n) \quad 1 \leqslant l \leqslant M \tag{4.3.18}$$

或者完全不受控制信号的影响，即

$$\boldsymbol{y}_l(n) = \boldsymbol{p}_l \quad M+1 \leqslant l \leqslant L \tag{4.3.19}$$

从而，多通道系统中，第 $l$ 个奇异值对第 $l$ 个变换控制信号如何耦合进第 $l$ 个误差信号进行了量化，因此奇异值也被称为主要增益，或主值(Maciejowski，1989)。如图4.6所示，为变换输入和输出的多通道控制问题的框图。对过定系统中的物理误差信号使用奇异值分解将式(4.3.5)变换为输出信号在 $\boldsymbol{G}$ 的秩空间中的形式，从而可控，可与那些处于 $\boldsymbol{G}$ 的零空间的输出信号区分开来，从而不可控。

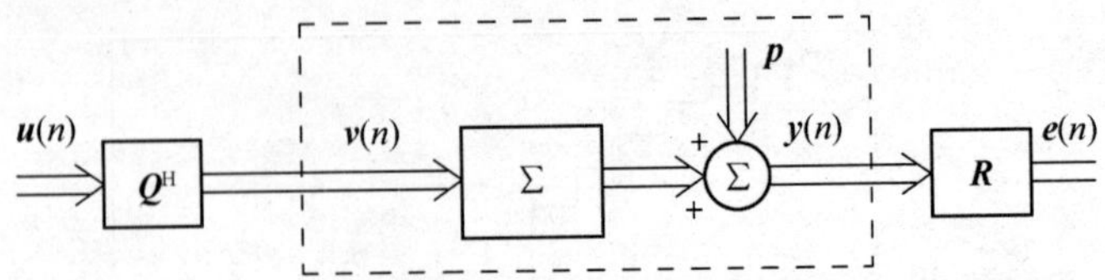


图4.6　以 $M$ 个变换控制信号表示的多通道单频控制问题的框图,其元素是通过将实际控制信号 $\boldsymbol{u}(n)$ 乘以矩阵 $\boldsymbol{Q}^{\mathrm{H}}$ 得到的;$y(n)$ 中的 $L$ 个变换控制输出,其实际输出信号 $e(n)$ 可通过其乘以矩阵 $\boldsymbol{R}$ 得到。变换控制问题包括在虚线框内,其中 $L\times M$ 矩阵 $\Sigma$ 包括系统在前面几个对角奇异值,从而变换输出 $\boldsymbol{y}(n)$ 的前 $M$ 个元素仅受单个变换输入 $\boldsymbol{v}(n)$ 的影响,且剩余的 $L-M$ 个变换输出不受这些输入的影响

因此,可以利用变换控制信号独立控制变换误差向量中的前 $M$ 个元素,而且当这些信号等于下式时可以驱动为零

$$v_{m;opt} = -p_m/\sigma_m \tag{4.3.20}$$

对于最优控制向量通过将式(4.3.8)代入到式(4.3.9)中,可以获得此表达式的矩阵形式,整理后为

$$\boldsymbol{v}_{opt} = -[\sum{}^{\mathrm{T}}\sum]^{-1}\sum{}^{\mathrm{T}}\boldsymbol{p} \tag{4.3.21}$$

式中:$[\sum{}^{\mathrm{T}}\sum]^{-1}\sum{}^{\mathrm{T}}$ 为 $\sum$ 在此例中的伪逆,如附录中所讨论的。

鉴于 $\boldsymbol{R}$ 为单位阵,性能函数中误差信号的平方和的伪逆为

$$J = \boldsymbol{e}^{\mathrm{H}}\boldsymbol{e} = \boldsymbol{y}^{\mathrm{H}}\boldsymbol{y} = \sum_{m=1}^{L}|y_m|^2 \tag{4.3.22}$$

将式(4.3.8)代到式(4.2.7)中,可以得到以变换的原始场表示的最小性能函数的矩阵形式。

$$J_{\min} = \boldsymbol{p}^{\mathrm{H}}[-\sum[\sum{}^{\mathrm{T}}\sum]^{-1}\sum{}^{\mathrm{T}}]\boldsymbol{p} \tag{4.3.23}$$

式中:$[I-\sum[\sum{}^{\mathrm{T}}\sum]^{-1}\sum{}^{\mathrm{T}}]$ 为前 $M$ 个对角元素为零、其余 $L-M$ 个元素为1的 $L\times L$ 对角阵。从而,最小误差可以表示为

$$J_{\min} = \sum_{l=M+1}^{L}|p_l|^2 \tag{4.3.24}$$

又由于没有控制作用的性能函数可以表示为 $\sum_{l=1}^{L}|p_l|^2$,则可直接计算出正则化的性能函数的减少量。通常性能函数将等于

$$J = J_{\min} + \sum_{m=1}^{M}|y_m(n)|^2 \tag{4.3.25}$$

### 4.3.3　主轴上的收敛

鉴于已经使用变换干扰向量和系统的奇异值对最优控制向量和最小性能函数进行了表示,现在我们回到分析式(4.3.7)所表示的最速下降算法。在此问题中使用式(4.3.8)所给出的奇异值分解,以变换变量表示的算法为

$$\boldsymbol{v}(n+1)=\boldsymbol{v}(n)-\alpha\sum{}^{\mathrm{T}}\boldsymbol{y}(n) \tag{4.3.26}$$

同时由于 $\sum$ 的性质,$\boldsymbol{v}$ 中的每个元素都将仅受 $\boldsymbol{y}(n)$ 中对应元素的影响,即

$$\boldsymbol{v}(n+1)=\boldsymbol{v}_m(n)-\alpha\sigma_m\boldsymbol{y}_m(n),\ 1\leqslant m\leqslant M \tag{4.3.27}$$

从而,不论是物理系统中的元素——式(4.3.17),还是控制算法中的元素——式(4.3.26),当以变换变量表示时都将没有耦合,从而控制信号中的变换元素相互独立地收敛。

将式(4.3.18)代到式(4.3.27)中,同时使用式(4.3.20)中 $\boldsymbol{w}_{m:opt}$ 的定义,有

$$[\boldsymbol{v}_m(n+1)-\boldsymbol{v}_{m:opt}]=[1-\alpha\sigma_m^2][\boldsymbol{v}_m(n)-\boldsymbol{v}_{m:opt}] \tag{4.3.28}$$

因此鉴于 $\sigma_m^2=\lambda_m$,矩阵 $\boldsymbol{G}^{\mathrm{H}}\boldsymbol{G}$ 的特征值,有

$$[\boldsymbol{v}_m(n)-\boldsymbol{v}_{m:opt}]=[1-\alpha\lambda_m]^n[\boldsymbol{v}_m(0)-\boldsymbol{v}_{m:opt}] \tag{4.3.29}$$

满足以下条件时,最速下降算法将收敛到最优结果

$$|1-\alpha\lambda_m|<1,1\leqslant m\leqslant M \tag{4.3.30}$$

因此

$$0<\alpha<\frac{2}{\lambda_m},\text{对于所有的 }\lambda_m \tag{4.3.31}$$

从而,收敛系数必定为正,且幅值被限制在

$$\alpha<\frac{2}{\lambda_{\max}} \tag{4.3.32}$$

式中:$\lambda_{\max}$ 为 $\boldsymbol{G}^{\mathrm{H}}\boldsymbol{G}$ 的最大特征值,即 $\alpha=1/\lambda_{\max}$ 时可获得最快的收敛速度。然而,使用最大收敛系数估计时必须小心,因为其是使用式(4.3.5)得到的,而其中假设误差信号中的任何暂态都已衰减完毕,在测量之前已达到稳态正弦波形。若最速下降法每次迭代所需的时间相比被控系统的暂态响应时间不长,则式(4.3.5)中收敛系数关于高值收敛系数的固有假设将不成立,且式(4.3.32)对于收敛系数给出最优最大值。4.6 节对此暂态影响进行了更加详细的讨论。

若 $\alpha\lambda_m\ll 1$ 且 $\boldsymbol{v}_m(0)=0$,则式(4.3.29)可以表示为

$$\boldsymbol{v}_m(n)\approx(1-\mathrm{e}^{-\alpha\lambda_m n})\boldsymbol{v}_{m:opt} \tag{4.3.33}$$

可以看出变换控制信号在主轴上以 $1/(\alpha\lambda_m)$ 为时间常数向最优解指数式收敛。通过将式(4.3.33)中的 $\boldsymbol{v}_m(n)$ 代入式(4.3.18)所表示的 $\boldsymbol{y}(n)$，以及使用式(4.3.20)和式(4.3.25)，误差的平方和可以表示为 $\alpha\lambda_m \ll 1$ 时的

$$J(n) \approx J_{\min} + \sum_{m=1}^{M} |p_m|^2 e^{-2\alpha\lambda_m n} \tag{4.3.34}$$

从而式(4.3.25)中的每个 $\boldsymbol{y}_m(n)$ 都将相互独立地指数式收敛，且可以作为控制系统中一个模态的振幅。

如图 4.7 所示为在一个较小的围场中，对上面所讨论的情况使用 16 个扩音器和 32 个拾音器，在频率 88Hz 处使用最速下降算法仿真，相互独立模态的收敛率和性能函数的总的收敛情况(Elliott 等人，1992)。最慢收敛模态的时间常数为采样率的 $1/(\alpha\lambda_{\min})$，其中，$\lambda_{\min}$ 为 $\boldsymbol{G}^{\mathrm{H}}\boldsymbol{G}$ 的最小特征值。然而，由于对于快速收敛，$\alpha$ 必须大约等于 $1/\lambda_{\max}$，则最速下降算法的最慢模态的时间常数必须为 $\lambda_{\max}/\lambda_{\min}$，即等于 $\boldsymbol{G}^{\mathrm{H}}\boldsymbol{G}$ 的特征值扩散度。对于一些多通道控制系统，这个特征值扩散度会非常大，这点可在图 4.5 中看到，其中，$\lambda_{\max}/\lambda_{\min} \approx 10^5$。

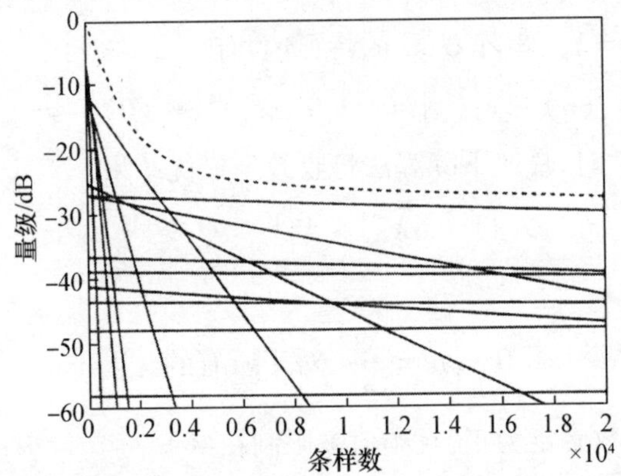


图 4.7　对于具有 16 个扩音器和 32 个拾音器的小型围场的最速下降控制系统，由初级干扰的平方和正则化的平方误差信号的收敛，以及单个“模态”的收敛(Elliot 等人，1992)

### 4.3.4　均衡系统

许多主动控制系统可近似为均衡的，即 $|p_m|^2/\lambda_m$ 为 $m$ 的有理常数。这意味着，初级场中的第 $m$ 个成分在变换坐标系中，与系统矩阵的第 $m$ 个特征值或主增益近似成比例。从而若次级源能以一个与初级源产生的模态的激励近似成比例的增益耦合进控制的每个模态，则控制系统是均衡的。

对于一个均衡的控制系统，误差平方和的收敛方程为

$$J(n) \approx J_{\min} + c\sum_{m=1}^{M} \lambda_m \mathrm{e}^{-2\alpha\lambda_m n} \tag{4.3.35}$$

式中：$c$ 为等于 $|p_m|^2/\lambda_m$ 的平均值的常数。注意，具有较小 $\lambda_m$ 值的慢模态此时不会被激励到很大的程度，从而其在系统的初始收敛中并不重要。Morgan(1995)对噪声回声对消中这种形式的收敛方程进行了分析，表明任意时刻仅有一个模态主导式(4.3.35)中的和，而且与此模态有关的特征值可由 $\lambda \mathrm{e}^{-2\alpha\lambda n}$ 对 $\lambda$ 求导并令其为零得到，即有

$$\lambda = \frac{1}{2\alpha n} \tag{4.3.36}$$

假定与此特征值成比例的项对式(4.3.35)中的和作出唯一贡献，则式(4.3.35)可以再次写为

$$J(n) \approx J_{\min} + \frac{c}{2e\alpha n} \tag{4.3.37}$$

从而误差平方的过量和将以与 $1/n$ 成比例的形式收敛，其中 $n$ 为迭代次数。这个特性某种程度上可从图4.7看出，其中不同的模态在不同的时间主导不同的收敛特性。然而，一段时间过后，收敛特性由一个模态决定。为了确定长期的收敛特性，这个模态必须与小特征值 $\lambda_m$ 和相对较大的初级激励 $|p_m|^2$ 值有关，因为初级激励的能级确定了图4.7中振型贡献的初始振幅。图4.7中正则化的误差的平方和的最终大小由式(4.3.24)给出，在此例中大约为 -33dB。

### 4.3.5 控制作用的收敛

利用 $\boldsymbol{Q}$ 为单位阵这一事实，为达到给定衰减所需的控制作用为

$$\boldsymbol{u}^{\mathrm{H}}\boldsymbol{u} = \boldsymbol{v}^{\mathrm{H}}\boldsymbol{v} = \sum_{m=1}^{M} |v_m|^2 \tag{4.3.38}$$

使用式(4.3.33)和式(4.3.20)，以及 $\sigma_m^2 = \lambda_m$，则对于 $\alpha\lambda_m \ll 1$ 第 $n$ 次迭代时的控制作用为

$$\boldsymbol{u}^{\mathrm{H}}(n)\boldsymbol{u}(n) \approx \sum_{m=1}^{M} \frac{|p_m|^2}{\lambda_m}(1 - \mathrm{e}^{-\alpha\lambda_m n})^2 \tag{4.3.39}$$

在控制变换干扰 $p_m$ 的第 $m$ 个成分时，控制算法需要一个额外的控制作用 $|p_m|^2/\lambda_m$。从而，若控制系统是均衡的，则对每个模态的控制需要相同的控制作用。然而，若初级激励对一些控制模态相当侧重而且次级源没有有效耦合，则 $|p_m|^2/\lambda_m$ 对这些模态而言会过大，且系统将不是均衡的；这当 $\lambda_m$ 很小时更加容易发生，从而这个模态的收敛也会非常缓慢。同样地，当模态收敛时，在式

(4.3.39)中这个模态对控制的贡献也会变得相当大,导致产生过稳态作动器驱动信号。

如图4.8所示,实线为在最速下降算法的仿真中,控制信号随误差信号的平方和衰减的变化。这个仿真通过从上面讨论的具有16个扩音器和32个拾音器的围场中测得的数据可以实现,并在此环境中通过调整初级源将系统调整为非均衡的。此时,即使在收敛的早期阶段,对于0.1单位的控制作用可在均方差上获得20dB的衰减,而当算法收敛一段时间后,对于进一步大约4dB的衰减则需要2单位的控制作用。如图4.8所示的虚线的意义将在后面介绍。单频下,扩音器的电阻抗对声环境不敏感的主动噪声控制系统的控制作用,近似于与驱动扩音器所需的电功率成比例。例如,在图4.8中,若控制作用的单位为100s电子瓦特,则或许不能够验证拾音器最后4dB衰减所需的额外控制作用;尤其根据实践经验,误差传感器处的进一步4dB的衰减经常伴随远离这些位置的声场的增加。

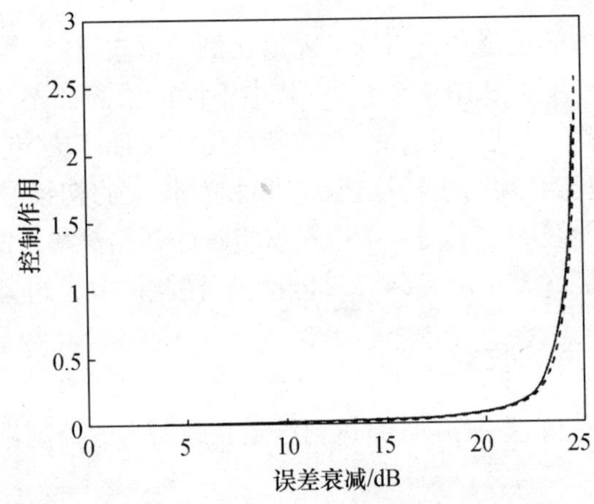


图4.8　在最速下降算法的收敛过程中,对于不是"均衡"的控制系统(实线),以及对于不同的作用加权参数$\beta$(虚线),计算得到最优稳态解控制作用随误差的平方和衰减变化的轨迹

## 4.3.6　误差衰减和控制作用间的权衡

为了防止控制作用的大幅增加,可以对最速下降法做简单的修改,使其最小化式(4.2.15)所表示的包括误差的平方和及与参数$\beta$成比例的控制作用的成分的性能函数。此时Hessian矩阵由式(4.2.16)给出,从而式(4.3.3)所表示的复数梯度向量等于

$$\boldsymbol{g}(n) = 2[\boldsymbol{G}^{\mathrm{H}}\boldsymbol{e}(n) + \beta\boldsymbol{u}(n)] \tag{4.3.40}$$

式(4.3.2)所表示的最速下降法变为

$$\boldsymbol{u}(n+1) = \gamma\boldsymbol{u}(n) - \alpha\boldsymbol{G}^{\mathrm{H}}\boldsymbol{e}(n) \tag{4.3.41}$$

其中,如第3章讨论的,$\gamma = 1 - \alpha\beta$ 在算法中给出泄漏的能级。

性能函数中的作用加权项,将 $\alpha\lambda_m \ll 1$ 的性能函数的收敛方程调整为

$$J(n) = J_{\min} + \sum_{i=1}^{M} \frac{\sigma_m^2}{\sigma_m^2 + \beta} | p_m |^2 \mathrm{e}^{-2\alpha\lambda_m n} \tag{4.3.42}$$

此时,收敛的时间常数由 $1/\lambda_m$ 定义,其中,$\lambda_m = \sigma_m^2 + \beta$ 为矩阵 $\boldsymbol{G}^{\mathrm{H}}\boldsymbol{G} + \beta\boldsymbol{I}$ 的特征值,而且有

$$J_{\min} = \sum_{m=1}^{M} \frac{\beta}{\sigma_m^2 + \beta} | p_m |^2 + \sum_{m=M+1}^{L} | p_m |^2 \tag{4.3.43}$$

作用加权参数 $\beta$ 的主要效果为,将比 $\beta$ 小的 $\sigma_m^2$ 的变换干扰成分排除出去,此时两个效果均发生作用。首先,对于这些奇异值,式(4.3.42)中的 $\sigma_m^2/(\sigma_m^2 + \beta)$ 变得比1小得多,而且控制系统并不会尝试对这些模态进行控制;再者,前面会产生非常长的时间常数,非常小的 $\sigma_m^2$ 此时会变得与 $\beta$ 近似相等,从而在收敛中不再有慢收敛模态。假设 $\beta \gg \lambda_{\min}$,则慢模态中的时间常数现在限制为 $\lambda_{\max}/\beta$。正如所预料到的,参数 $\beta$ 对控制特性的影响将更加动态化,而且第 $n$ 次迭代的控制为(Elliott 等,1992)

$$\boldsymbol{P}(n) = \boldsymbol{u}(n)^{\mathrm{H}}\boldsymbol{u}(n) \approx \sum_{m=1}^{M} \frac{\sigma_m^2 | p_m |^2}{(\sigma_m^2 + \beta)^2}(1 - \mathrm{e}^{-\alpha\lambda_m} n)^2 \tag{4.3.44}$$

式中:$\lambda_m = \sigma_m^2 + \beta$。具有 $\sigma_m^2$ 值的模态所需的稳态控制作用比 $\beta$ 小,此时与 $\sigma_m^2 |p_m|^2/\beta^2$ 成比例,其比没有作用加权的式(4.3.39)所给出的 $|p_m|^2/\sigma_m^2$ 要小得多。从而效果加权参数 $\beta$ 中的小值在限制控制作用上具有动态的影响,在残余均方差上仅具有非常小的影响。为解释此内容,误差平方和的衰减与控制作用间的矛盾,可通过计算最优误差衰减,以及计算前面主动噪声控制例子中得到的具有变化的 $\beta$ 值的控制作用得到解决,这些以虚线示于图4.8中。从而实践中 $\beta$ 的一个较好选择为,确保在曲线拐点处的稳态解对于0.1单位的控制作用有20dB的衰减。

注意到图4.8中的两条曲线的相似性会很有意思,当最速下降法随时间运行时,通过画衰减和效果的瞬时值可得到图中的实线;而当 $\beta$ 变化时,虚线表示衰减和效果的最优稳态值。这种相似性表明在收敛的每个时刻,对于作用加权的特定值最速下降算法都接近最优,而且"有效作用加权"的值随时间逐渐减

少。Sjoberg 和 Ljung(1992)在神经网络的训练中对此进行了类似的研究。若最速下降算法中含有有限 $\beta$ 值,则算法将以与标准最速下降法类似的方式收敛直到控制算法中的 $\beta$ 等于逐渐降低的“有效作用加权”,此时收敛将停止。从而误差的平方和的收敛为时间的函数,而且 $\beta$ 看起来将与图 4.7 中的初始部分相似,除了当作用加权项在性能函数中变为主导时衰减不再继续增加。

### 4.3.7 作用加权参数的调整

当最速下降算法收敛时,也可以使用一种与测量控制作用有关的方式改变参数 $\beta$。这种对最速下降法的改变可在不需要为得到图 4.8 而进行的一系列分析的情况下,在性能和控制作用之间自动取得较好的平衡。Elliott 和 Baek (1996)探讨了在总的作用 $P(n) = u^{\mathrm{H}}(n)u(n)$ 上调整作用加权参数 $\beta(n)$ 的方法,如图 4.9 所示。若测量得到的控制作用低于阈值 $P_T$,而 $P_T$ 又稍微低于控制作用的期待上限 $P_L$,则将作用加权参数置零。若测量得到的控制作用高于此阈值,$\beta(n)$ 以 $[p(n) - P_T]$ 函数的形式增加。如图 4.10 所示,为使用线性函数算法的计算机仿真结果,$\beta$ 直接在 $p(n)$ 高于 $P_T$ 时与 $[p(n) - P_T]$ 成比例。在较小的空间中,对一个具有两个控制输入和四个误差信号的控制系统进行仿真,使用测量得到的工作在频率 88Hz 的两个扩音器和四个拾音器间的系统矩阵和干扰。此时,总的控制作用 $|u_1|^2 + |u_2|^2$,被限制为任意线性范围的 0.8 单位。这个限制通过增加作用加权参数 $\beta(n)$ 实现,发生在 15 次迭代、总的控制作用开始超过阈值 $P_T$ 之后。如图中的虚线所示,是 $\beta(n)$ 一直等于零使用无约束最速下降法得到的结果。无约束时控制作用的最终结果将两倍于有约束时的情况,但误差的平方和 $\boldsymbol{e}^{\mathrm{H}}\boldsymbol{e}$ 减小了 5.5dB,而约束时为 4.9dB。若达到作用阈值时算法缓慢收敛,则 $\beta$ 对 $[p(n) - P_T]$ 线性调整使用的比例常数会很高。此时,对于有约束最小化误差平方和问题,稳态解将接近最优解,控制作用不应该比 $P_L$ 大(El-

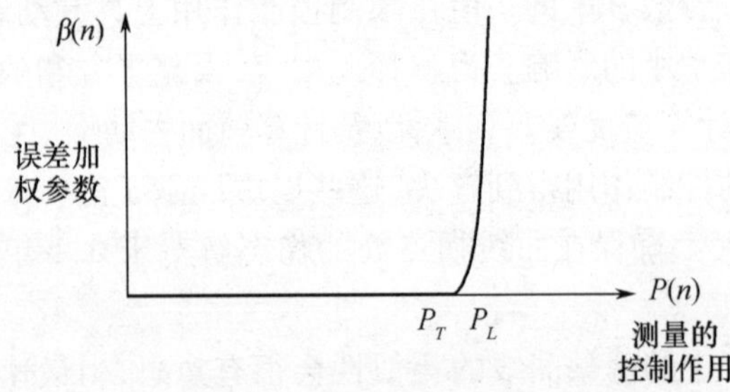


图 4.9 在控制作用的测量值 $P(n)$ 上预处理控制作用加权参数 $\beta(n)$ 的方法,从而可以保持控制作用低于限制值 $P_L$

liott 和 Baek,1996)。可用各种不同的函数在 $p(n)$ 上调整 $\beta(n)$,而且对这种约束最优化问题的研究非常广泛,即所谓的惩罚函数方法(例子可见 Luenberger,1973;Fletcher,1987)。

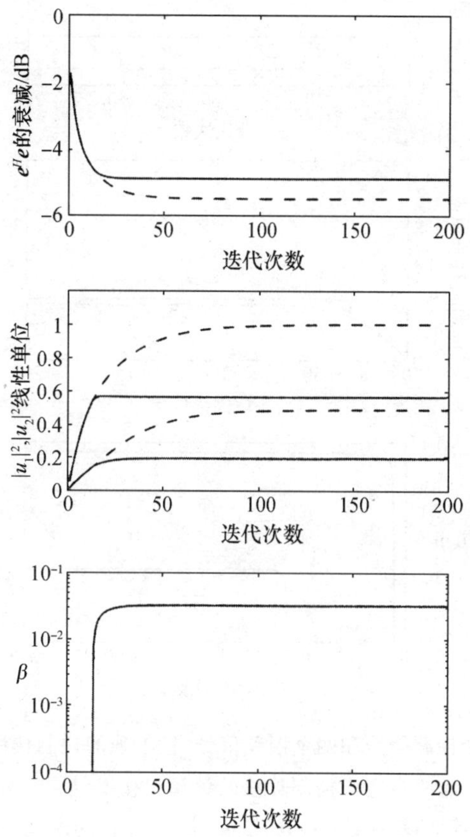


图 4.10　对于具有两个控制信号、四个误差信号,且总的控制作用($\boldsymbol{u}^{\mathrm{H}}\boldsymbol{u}$)受到限制工作在单个频率上的前馈自适应控制算法的计算机仿真结果。是随平方和误差 $\boldsymbol{e}^{\mathrm{H}}\boldsymbol{e}$ 中衰减能级的迭代数目,单独的控制作用 $|u_1|^2$ 和 $|u_2|^2$ 的模,以及单个作用加权参数 $\beta$ 的变化。虚线为没有作用约束,即 $\beta$ 一直为零时的情况

可使用类似的方法约束控制作用中单个元素的振幅,当单个次级作动器具有最大功率约束时会非常适用。若对每个作动器使用单个控制作用,则从式(4.3.41)推广出的控制算法为

$$\boldsymbol{u}(n+1)=\boldsymbol{\Gamma}(n)\boldsymbol{u}(n)-\alpha\boldsymbol{G}^{\mathrm{H}}\boldsymbol{e}(n) \tag{4.3.45}$$

式中:$\boldsymbol{\Gamma}(n)$是元素为$[1-\alpha\beta_m(n)]$时的变对角阵,$\beta_m(n)$是使用前面所讨论的方法在单个控制作用$|u_m(n)|^2$上的调整。如图 4.11 所示为使用同前面一样的

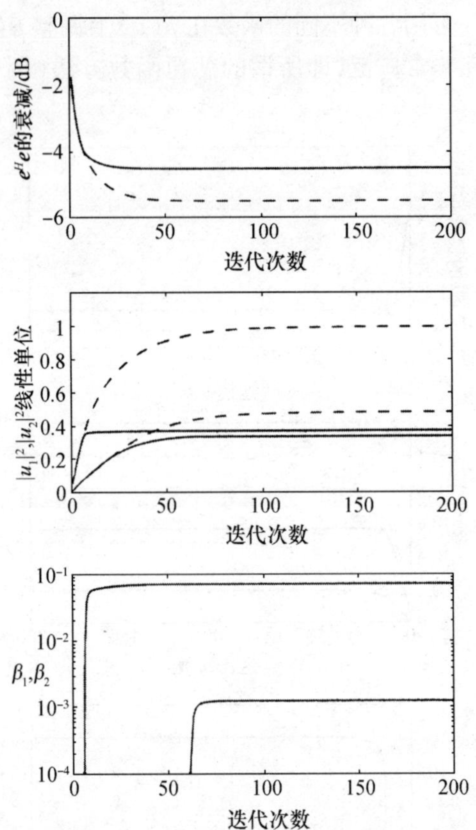


图 4.11　对具有两个控制信号和四个误差信号，且单独的控制作用（$|u_m|^2$）受到限制工作在单个频率上的前馈自适应控制算法的计算机仿真结果。分别是随平方和误差 $\boldsymbol{e}^{\mathrm{H}}\boldsymbol{e}$ 中衰减能级的迭代数目，单独控制作用 $|u_1|^2$ 和 $|u_2|^2$ 的模，以及单个作用加权参数 $\beta_1$ 和 $\beta_2$ 的变化。虚线为没有作用约束，即 $l$ 一直为零时的情况

系统和干扰的单个约束算法的仿真结果。借助单个控制作用加权参数，其在第 10 次迭代后为 $\beta_1(n)$，第 70 次迭代后为 $\beta_2(n)$，单个控制信号的模的平方 $|\boldsymbol{u}_1|^2$ 和 $|\boldsymbol{u}_2|^2$ 现在被限制为 0.4 单位，却达到不同的稳态。单独约束次级作动器时，误差平方和的衰减仅为 4.5dB，如图 4.10 所示，总的控制作用大约为 0.8 个单位，但这是限制一个作动器的作用增加到 0.4 单位必须付出的代价，如在图 4.10 中，当约束总功率为 0.8 单位时需要 0.6 单位，而当算法无约束时，需要 1 单位。

可以证明前面讨论的自适应算法，再次满足约束条件为设定值以下的单个控制作用，在最小化误差的平方和控制问题中达到最优解（Elliott 和 Baek，

1996)。可以对自适应控制系统收敛到接近最优结果进行修改,甚至在单个作动器上有作用约束这一能力,对4.8节讨论的飞行试验非常有帮助,其中需要控制直升机内部非常低频率的噪声。这个噪声非常强烈,以致需要非常大的扩音器才能实现内部声场的无约束最小二乘最小化,但同时发现使用大量的小扩音器,也可实现有用的衰减,假设限制它们的单个作用低于过载量。

## 4.4　对系统不确定度和系统模型误差的鲁棒性

4.2节被控系统第 $n$ 次迭代时的稳态谐波特性为

$$\boldsymbol{e}(n)=\boldsymbol{d}+\boldsymbol{G}\boldsymbol{u}(n) \tag{4.4.1}$$

式中:$\boldsymbol{G}$ 为实际系统的传递响应矩阵。若这些响应的内部模型 $\hat{\boldsymbol{G}}$ 使用具有作用加权的最速下降法调整控制向量,则式(4.3.41)变为

$$u(n+1)=(1-\alpha\beta)u(n)-\alpha\hat{\boldsymbol{G}}^{\mathrm{H}}e(n) \tag{4.4.2}$$

在前面的章节假设系统模型是精确的,即 $\hat{\boldsymbol{G}}=\boldsymbol{G}$。显然这对实际的控制系统是一种一刀切式的假设,在本节将讨论更多的细节。

实际系统有两个重要方面使 $\hat{\boldsymbol{G}}$ 不同于 $\boldsymbol{G}$。首先,在主动控制系统中已经研究得非常透彻(Boucher 等人,1991;Elliott 等人,1992),假设系统响应本身是固定的,但 $\hat{\boldsymbol{G}}$ 存在建模误差。其次,非常类似于控制领域中的,系统模型的一些典型状态精确表征物理模型,即 $\hat{\boldsymbol{G}}=\boldsymbol{G}$,但物理系统的响应可能变化至与这些状态不同的状态。在这两种情况中,我们关注的是控制算法的稳定性和性能。仅使用式(4.4.1)和式(4.4.2)可以对此进行分析,但在本节末尾将详细讨论 $\boldsymbol{G}$、$\hat{\boldsymbol{G}}$ 间的关系。

### 4.4.1　收敛条件

通过将式(4.4.1)代到式(4.4.2)可以得到实际控制算法的一般动态表达式

$$u(n+1)=u(n)-\alpha[\hat{\boldsymbol{G}}^{\mathrm{H}}\boldsymbol{d}+(\hat{\boldsymbol{G}}^{\mathrm{H}}\boldsymbol{G}+\beta\boldsymbol{I})u(n)] \tag{4.4.3}$$

若控制算法是稳定的,当 $u(n+1)$ 等于 $u(n)$ 时其将收敛到稳态解。在这些稳态条件下,式(4.4.3)中方括号内的项必须为零,从而控制向量等于

$$u_{\infty}=-[\hat{\boldsymbol{G}}^{\mathrm{H}}\boldsymbol{G}+\beta\boldsymbol{I}]^{-1}\hat{\boldsymbol{G}}^{\mathrm{H}}\boldsymbol{d} \tag{4.4.4}$$

即使控制算法是稳定的,它也通常不能收敛到式(4.2.17)给出的真正最优解。只有在$\beta=0$、作动器与传感器的数目相等,即 $\boldsymbol{G}$ 和$\hat{\boldsymbol{G}}$为方阵且假设非奇异这一特殊情况下,$\boldsymbol{u}_{\infty}$才等于在完全确定情况中由式(4.2.12)给出的真正最优控制向量。

可从式(4.4.4)和式(4.4.3)获得通过稳态解补偿的控制向量的迭代映射

$$[u(n+1)-\boldsymbol{u}_{\infty}]=[\boldsymbol{I}-\alpha(\hat{\boldsymbol{G}}^{\mathrm{H}}\boldsymbol{G}+\beta\boldsymbol{I})](u(n)-\boldsymbol{u}_{\infty}) \quad (4.4.5)$$

算法的收敛性由矩阵$[\hat{\boldsymbol{G}}^{\mathrm{H}}\boldsymbol{G}+\beta\boldsymbol{I}]$的特征值决定(Elliott 等,1992)。这个矩阵不是 Hermitian,对比于$\hat{\boldsymbol{G}}=\boldsymbol{G}$ 时的情况,特征值可能为复数,而且可能以指数形式振荡收敛。即使特征值可能为复数,也可以使用主轴分析式(4.4.5)的收敛性,正如在4.3节所讨论的。若用 $\lambda'_m$ 表示$[\hat{\boldsymbol{G}}^{\mathrm{H}}\boldsymbol{G}+\beta\boldsymbol{I}]$的特征值,则稳定条件为

$$|1-\alpha\lambda'_m|<1,\text{对于所有的 } m \quad (4.4.6)$$

通过直接分析3.2节描述的单通道情形,式(4.4.6)给出的稳定条件也可表示为收敛系数的边界,即

$$0<\alpha<\frac{2\mathrm{Re}(\lambda'_m)}{|\lambda'_m|^2},\text{对于所有的 } m \quad (4.4.7)$$

从而,对于慢收敛的限制 $\alpha\ll1$,收敛系统的所有特征值的实部必须为正。当特征值扩散度增大时,$\hat{\boldsymbol{G}}^{\mathrm{H}}\boldsymbol{G}$ 中小特征值的实部 $\lambda_m$ 将非常容易为负(Boucher 等,1991)。由于$[\hat{\boldsymbol{G}}^{\mathrm{H}}\boldsymbol{G}+\beta\boldsymbol{I}]$的特征值等于

$$\lambda'_m=\lambda_m+\beta \quad (4.4.8)$$

显然,较小的作用加权参数$\beta$可以对消具有较小负实部的特征值的影响,确保算法维持稳定。

通常需要稳定那些具有较小 $\lambda_m$ 的模态,而且较小的$\beta$对具有较大 $\lambda_m$ 的模态影响会很小,如式(4.3.42)和式(4.3.43)所说明的。

现在我们考虑,当存在系统不确定度或建模误差时矩阵$\hat{\boldsymbol{G}}^{\mathrm{H}}\boldsymbol{G}$ 的特征值的形式。首先考虑系统的不确定度,假设物理系统的响应 $\boldsymbol{G}$ 等于标称模型的响应 $\boldsymbol{G}_0$ 加上系统的不确定度 $\Delta\boldsymbol{G}_p$,系统模型为$\hat{\boldsymbol{G}}$,并假设其为标称模型系统的精确模型,则有

$$\boldsymbol{G}=\boldsymbol{G}_0+\Delta\boldsymbol{G}_p \text{ 和 } \hat{\boldsymbol{G}}=\boldsymbol{G}_0 \quad (4.4.9,10)$$

存在建模不确定度时,假设真实的系统响应在标称值 $\boldsymbol{G}_0$ 处为常数,且系统模型存在额外的建模误差 $\Delta\boldsymbol{G}_m$,则有

$$\boldsymbol{G} = \boldsymbol{G}_0, \hat{\boldsymbol{G}} = \boldsymbol{G}_0 + \Delta\boldsymbol{G}_m \tag{4.4.11,12}$$

我们已经看到多通道最速下降法的稳定性与矩阵 $\hat{\boldsymbol{G}}^{\mathrm{H}}\boldsymbol{G}$ 的特征值的实部的符号有关[式(4.4.7)]。存在系统不确定度时[式(4.4.9,10)],这些特征值的实部为

$$\mathrm{Re}[\mathrm{eig}(\hat{\boldsymbol{G}}^{\mathrm{H}}\boldsymbol{G})] = \mathrm{Re}[\mathrm{eig}(\boldsymbol{G}_0^{\mathrm{H}}\boldsymbol{G}_0 + \boldsymbol{G}_0^{\mathrm{H}}\Delta\boldsymbol{G}_p)] \tag{4.4.13}$$

存在建模误差时[式4.4.11,12)],特征值的实部为

$$\mathrm{Re}[\mathrm{eig}(\hat{\boldsymbol{G}}^{\mathrm{H}}\boldsymbol{G})] = \mathrm{Re}[\mathrm{eig}(\boldsymbol{G}^{\mathrm{H}}\hat{\boldsymbol{G}})] = \mathrm{Re}[\mathrm{eig}(\boldsymbol{G}_0^{\mathrm{H}}\boldsymbol{G}_0 + \boldsymbol{G}_0^{\mathrm{H}}\Delta\boldsymbol{G}_m)] \tag{4.4.14}$$

其中,我们利用了 $\boldsymbol{A}^{\mathrm{H}}$ 的特征值是 $\boldsymbol{A}$ 的特征值的共轭这一性质。从而,系统不确定度和建模误差矩阵在决定多通道最速下降法的稳定性上起着相同的作用。然而,对算法性能的影响却不相同(Omoto 和 Elliott,1996,1999)。

### 4.4.2　主轴收敛

在本节的剩余篇幅我们将假设系统中的扰动由不确定度产生,观察其对稳定性和性能的影响。我们已经看到控制系统的稳定性与 $\hat{\boldsymbol{G}}^{\mathrm{H}}\boldsymbol{G}$ 的特征值的实部是否为正有关。对于具有系统不确定度的系统,$\hat{\boldsymbol{G}}^{\mathrm{H}}\boldsymbol{G}$ 由 $\boldsymbol{G}_0^{\mathrm{H}}\boldsymbol{G}_0 + \boldsymbol{G}_0^{\mathrm{H}}\Delta\boldsymbol{G}_p$ 给出,如在式(4.4.13)中,而且这个方程的特征值可以使用标称系统矩阵的奇异值分解得到,为

$$\boldsymbol{G}_0 = \boldsymbol{R}_0 \sum \boldsymbol{Q}_0^{\mathrm{H}} \tag{4.4.15}$$

从而

$$\boldsymbol{G}_0^{\mathrm{H}} = \boldsymbol{Q}_0 \sum{}^{\mathrm{T}} \boldsymbol{R}_0^{\mathrm{H}} \tag{4.4.16}$$

和

$$\boldsymbol{G}_0^{\mathrm{H}}\boldsymbol{G}_0 = \boldsymbol{Q}_0 \sum{}^{\mathrm{T}} \sum \boldsymbol{Q}_0^{\mathrm{H}} \tag{4.4.17}$$

因为 $\boldsymbol{R}_0$ 是单位阵。

现在我们使用对于标称系统 $\boldsymbol{G}_0$ 获得的特征向量矩阵 $\boldsymbol{R}_0$ 和 $\boldsymbol{V}_0$ 分解系统的扰动矩阵,即

$$\Delta\boldsymbol{G}_p = \boldsymbol{R}_0\Delta \sum \boldsymbol{Q}_0^{\mathrm{H}} \tag{4.4.18}$$

其中

$$\Delta\sum = R_0^{\mathrm{H}}\Delta G_p Q_0 \tag{4.4.19}$$

是奇异值扰动的一个矩阵,其通常为非对角阵。

矩阵$\hat{G}^{\mathrm{H}}G$ 现在可以表示为

$$\hat{G}^{\mathrm{H}}G = Q_0\sum^{\mathrm{T}}\sum Q_0^{\mathrm{H}} + Q_0\sum^{\mathrm{T}}\Delta\sum Q_0^{\mathrm{H}} \tag{4.4.20}$$

从而

$$Q_0^{\mathrm{H}}\hat{G}^{\mathrm{H}}GQ_0 = \sum^{\mathrm{T}}\sum + \sum^{\mathrm{T}}\Delta\sum \tag{4.4.21}$$

因为$\hat{G}^{\mathrm{H}}G$ 和 $Q_0^{\mathrm{H}}\hat{G}^{\mathrm{H}}GQ_0$ 相似,所以其特征值相等。为了给 $Q_0^{\mathrm{H}}\hat{G}^{\mathrm{H}}GQ_0$ 的特征值确定一个边界,我们可以使用 Gershgorin 圆环定理(Golub 和 Van Loan,1996),即

$$X^{-1}AX = D + F \tag{4.4.22}$$

式中:$D$ 是元素等于 $d_1,d_2,\cdots,d_M$ 的对角阵,$F$ 的元素为$f_{mm}$且对角元素为零,则 $A$ 的任意特征值均位于圆心为 $d_m$、半径等于 $F$ 中对应行的元素的模的圆内。从而,对于任意的 $\lambda$ 有

$$|\lambda - d_m| \leqslant r_m,\text{其中},r_m = \sum_{n=1}^{M}|f_{nn}| \tag{4.4.23a,b}$$

从而,每个特征值可以使用“平均”值 $d_m$ 表示,若 $r_m=0$,且“不确定度”$\varepsilon$ 为 $r_m$ 的最大值,则有

$$\lambda_m = d_m + \varepsilon \tag{4.4.24}$$

其中,$|\varepsilon|\leqslant r_m$,但 $\varepsilon$ 的相位不确定。将式(4.4.21)表示成式(4.4.21)的形式,有

$$d_m = \sigma_m^2 + \sigma_m\Delta\sigma_{mm} \tag{4.4.25}$$

和

$$f_{mn} = \sigma_m\Delta\sigma_{mm},\text{若 } m\neq n \text{ 和} f_{mn} = 0 \tag{4.4.26}$$

其中,$\Delta\sigma_{mn}$是 $\Delta\Sigma$的第 $m$、$n$ 个元素,式(4.4.24)的特征值具有如下形式

$$\lambda = \sigma_m^2 + \sigma_m\Delta\sigma_{mm} + \varepsilon \tag{4.4.27}$$

其中

$$|\varepsilon| \leqslant \sigma_m\sum_{\substack{n=1\\n\neq m}}^{M}|\Delta\sigma_{mm}| \tag{4.4.28}$$

如图 4.12 所示。

为了确定稳定性最差时的情况，我们必须考察$\hat{G}^{H}G$的任意特征值实部变负的条件。注意，$\sigma_m$ 被定义为正实数，稳定性最坏的情况是 $\sigma_{mn}$ 是负实数，式(4.4.28)变为等式，且 $\varepsilon$ 的相位全部为负，此时特征值将为实数，且由下式给出

$$\lambda = \sigma_m(\sigma_m - \sum_{n=1}^{M} |\Delta\sigma_{mm}|) \tag{4.4.29}$$

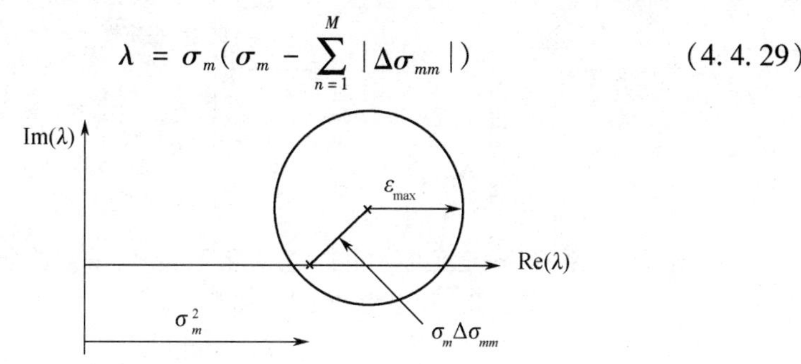


图4.12　复数平面内中心为 $\sigma_m^2 + \sigma_m\Delta\sigma_{mm}$，半径等于 $\varepsilon_{\max} = \sigma_m \sum_{n\neq m} |\Delta\sigma_{mm}|$ 的圆盘内的$\hat{G}^{H}G$的特征值 $\lambda$

控制系统稳定时特征值必须全部为正，从而稳定的充分但不必要条件是

$$\sigma_m > \sum_{n=1}^{M} |\Delta\sigma_{mm}|,\text{对于所有的 } m \tag{4.4.30}$$

对于小的奇异值，$m \approx M$，则通常很难满足上式。从而，从稳定的观点看，矩阵 $\Delta\sum$ 最严格的特性是第 $M/M-1$ 行元素的大小，如图4.13所示。在大量的应用中，已观察到式(4.4.30)在不确定级上给出的过分保守的限制，其在自适应系统不稳定前有许多余量。这是因为对于具有许多通道的系统，$\Delta\sum$ 中非对角项的影响趋向于取消。此时，仅对角项需要对式(4.4.27)负责，而且为保证每个特征值的实部为正，必须有

$$\sigma_m > -\mathrm{Re}[\Delta\sigma_{mm}],\text{对于所有的 } m \tag{4.4.31}$$

在许多应用中已经证明这个相对乐观的标准是一个比较合理的精确预测(Omoto 和 Elliott，1999)。

### 4.4.3　系统不确定度对控制性能的影响

同样的方法可以用于预测系统不确定度对多通道控制系统性能的影响(Jolly 和 Rossetti，1995；Omoto 和 Elliott，1996)。假定控制系统是稳定的，则可以使用 $\beta=0$ 的式(4.4.4)得到变换误差向量的稳态解，变换误差向量的定义为

$$\boldsymbol{y}_\infty = [\boldsymbol{l} - \hat{\sum}(\hat{\sum}^{H}\sum)^{-1}\hat{\sum}^{H}]\boldsymbol{p} \tag{4.4.32}$$

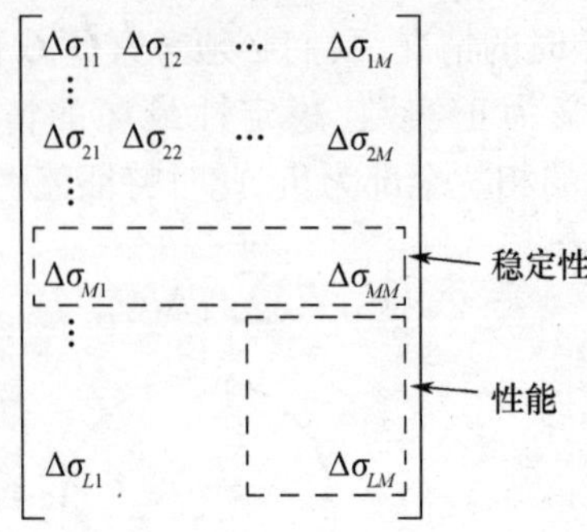


图 4.13 系统不确定度变换矩阵 $\Delta\Sigma$ 的形式，在确定多通道控制系统的稳定性和性能时非常重要

其中，$\hat{\Sigma} = \boldsymbol{R}^{\mathrm{H}}\boldsymbol{G}\hat{\boldsymbol{Q}}$，而当 $\hat{\boldsymbol{G}} = \boldsymbol{G}$ 时，变换误差向量的最小值为

$$\boldsymbol{y}_{\min} = [\boldsymbol{I} - \sum(\sum^{\mathrm{T}}\sum)^{-1}\sum^{\mathrm{T}}]\boldsymbol{p} = [\boldsymbol{I} - \sum\sum^{\div}]\boldsymbol{p} \tag{4.4.33}$$

其中，$\sum^{\div}$ 为附录中介绍的 $\sum$ 的伪逆。对角阵 $\boldsymbol{I} - \sum\sum^{\div}$ 的前 $M$ 个对角元素为零，剩余 $L-M$ 个元素为1，从而结果与式(4.3.23)保持一致。使用附录中介绍的 Woodbury 公式，经整理后(类似于 Jolly 和 Rossetti 所做的，1995)，残余变换误差信号[式(4.4.32)]，可以使用这些信号的最小值表示[式(4.4.33)]，即(Omoto 和 Elliott，1999)

$$\boldsymbol{y}_{\infty} = [\boldsymbol{I} - \sum\sum^{\div}][\boldsymbol{I} + \Delta\sum\sum^{\div}]^{-1}\boldsymbol{p} \tag{4.4.34}$$

对于较小的 $\Delta\Sigma$，上式可以近似为

$$\boldsymbol{y}_{\infty} \approx [\boldsymbol{I} - \sum\sum^{\div}][\boldsymbol{I} - \Delta\sum\sum^{\div}]\boldsymbol{p} \tag{4.4.35}$$

使用上面讨论的 $\boldsymbol{I} - \sum\sum^{\div}$ 矩阵的性质，$y_{\infty}$ 中的第 $l$ 个元素为

$$y_l(\infty) = 0, 1 \leqslant l \leqslant M \tag{4.4.36}$$

和

$$y_l(\infty) = p_l - \sum_{m=1}^{M}\frac{\Delta\sigma_{l,m}}{\sigma_m}p_m, M+1 \leqslant l \leqslant L \tag{4.4.37}$$

从而，$y_1(\infty)$ 的前 $M$ 个元素[式(4.4.36)]，与控制后的无系统不确定度的结果类似[式(4.3.18)与式(4.3.20)]；但最后 $\boldsymbol{y}_l$ 中的 $L-M$ 个元素[式(4.3.37)]，跟无系统不确定度的情况相比有多余的项[式(4.3.19)]，从而这些项表示系统不确定度产生的残余误差。对式(4.4.37)进行更加仔细的观察可以看出当 $m$ 中的值接近 $M$ 累加和中的项将变大，此时奇异值会很小，$1/\sigma_m$ 会

很大。从而控制系统的性能受元素 $\Delta\sigma_{l,m}$ 的影响最大，此时 $M+1\leqslant l\leqslant L$ 和 $m=M$、$M-1$ 等，其对应于 $\Delta\sum$ 矩阵中右边较低处的元素，如图 4.13 所示。系统矩阵中的扰动使 $\Delta\sum$ 矩阵中的元素在此区域内具有较大的幅值，从而对控制系统的性能具有非常不利的影响。

### 4.4.4　系统不确定变换矩阵的例子

如图 4.14 到图 4.17（Omoto 和 Elliott，1996，1999）和（Baek 和 Elliott，2000）所示，为在一个具有 16 个扩音器和 32 个拾音器的 6m×2m×2m 的围场中，频率 88Hz 激励下计算各种不同的系统不确定度 $\Delta\sum$ 变换矩阵结构的例子。图 4.14对应系统中随机、非结构化的扰动，此时 $\Delta\boldsymbol{G}_p$ 中的每个元素由相互独立的随机实部和虚部产生。如图 4.14 所示为对应于 10 个这种随机变化的 $\Delta\sum$ 矩阵的元素的极坐标。可以看出，此时 $\Delta\sum$ 的每个元素以随机相位和近似相等的平均振幅出现。尤其如图 4.13 所示，位于行的中上部和列的右下部的元素

图 4.14　系统不确定度变换矩阵 $\Delta\sum$ 的结构，此时系统矩阵 $\boldsymbol{G}$ 中每个元素的实部和虚部单独随机变化

具有较为显著的幅值;从而,当不使用作用加权时,只有低能级的这种随机不确定度会使系统不稳定,或者当系统恰巧稳定时导致性能变差(Boucher 等人,1991)。

作为对比,如图 4.15 所示为在次级作动器(在上面所讨论的主动噪声控制系统中为扩音器)的位置产生 10 个随机变化时 $\Delta\sum$ 矩阵的结构。虽然这个矩阵元素的幅值平方的平均和与图 4.14 类似,但现在更加结构化,尤其当矩阵中处于行的中上部和列的右下部的元素的幅值相对较小时。从而,除非作动器移动的距离特别显著,作动器位置的扰动对系统稳定性的影响不会很大,而且对拾音器处可获得衰减的影响也不大(Omoto 和 Elliott,1999)。

图 4.15　系统不确定度变化矩阵 $\Delta\Sigma$ 的结构,此时作动器的位置发生单独的随机变化

若作为误差传感器的拾音器的位置比扩音器的位置随机变化更多,则 $\Delta\sum$ 矩阵具有不同的结构,如图 4.16 所示;然而,行的中上部和列的右下部的元素的幅值较大。从而控制系统中相对较小的拾音器位置变化会使系统变得不稳定或性能变差。

如图 4.17 所示,为激励频率变化时的 $\Delta\sum$ 矩阵,从而由一个频率测得$\hat{\boldsymbol{G}}$,真实的响应对应稍微不同的频率。显然,$\hat{\boldsymbol{G}}$具有确定的结构,而且上部的对角元

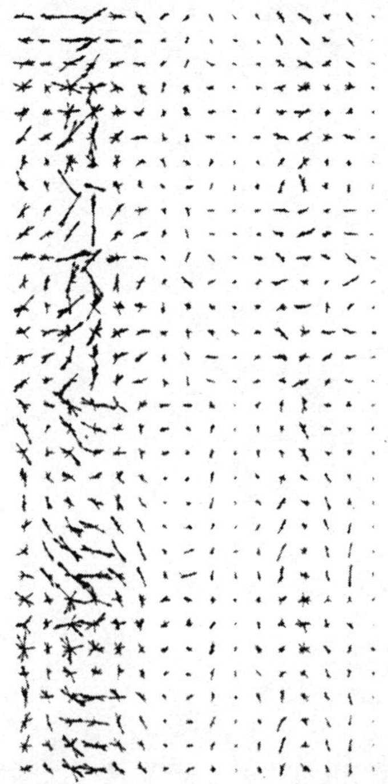

图4.16　系统不确定度变化矩阵 $\Delta\sum$ 的结构,此时传感器的位置发生单独的随机变化

素较大,但行的中上部和列的右下部的元素会非常小。因此,$\Delta\sum$ 矩阵中元素的幅值相对较大,控制系统的稳定性和性能会对此类的系统不确定度非常敏感。当围场中的温度变化时可得到类似的结论,因为这改变了围场中所有声模态的自然频率,其对改变激励频率具有类似的作用(Maurer,1996)。

房间内,实际噪声主动控制系统的另一种系统不确定度由房间内人的移动产生。Baek 和 Elliott(2000)对此类扰动对系统矩阵的影响进行了研究,如图4.18 所示,为围场中6个球壳的位置产生10个随机变化时 $\Delta\sum$ 矩阵的结构,其中球壳的体积与人的体积相似。最大的扰动仍旧发生在 $\Delta\sum$ 矩阵的起始对角元素上,表明主要成分承受了主要的变化。此时 $\Delta\sum$ 矩阵的中上部元素也发生了变化,只不过在确定稳定性和性能的行和列上幅值较小,如图4.13 所示。

这些例子均表明,$\Delta\sum$ 有效结合了系统不确定度的描述和标称系统的结构,从而可以直接给出不确定度对控制系统稳定性和性能的影响的几何表示形式。

图 4.17　系统不确定度变化矩阵 $\Delta\Sigma$ 的结构，此时激励频率发生变化

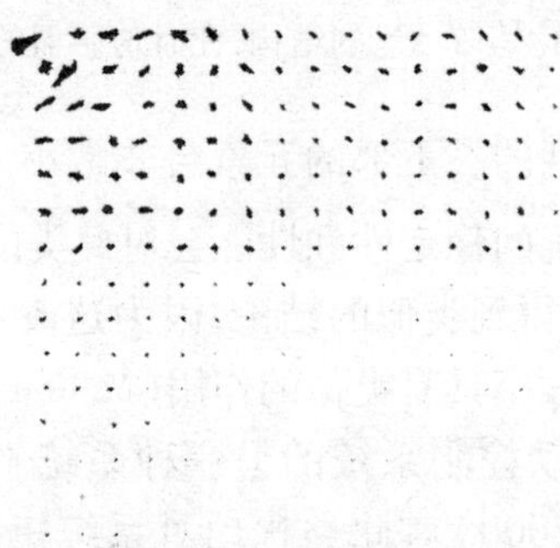

图 4.18　系统不确定度变化矩阵 $\Delta\Sigma$ 的结构，此时在对象移动到不同的随机位置

## 4.5　迭代最小二乘算法

前面已经证明,最速下降法具有一些有用而且鲁棒的性质(尤其当性能函数含有作用加权成分时);然而,最速下降法最缓慢模态的时间常数受最小化过程中二次性能函数 Hessian 矩阵的特征值扩散度影响较大,如式(4.2.4)中的 $\boldsymbol{A}$。我们可以发现此特征值扩散度非常大,在用于产生图 4.5 的例子中大约为 $10^5$,但可以通过包含在性能函数中的具有控制作用加权的敏感度大幅减小其有效值。然而,在一些主动控制应用中,最速下降法收敛的缓慢模态或许会限制系统的实际性能,因为控制系统不能完全跟踪不稳定的干扰。

从而,探讨比最速下降法对特征值扩散度的依赖性更少同时又可保持收敛性质的算法很重要,如迭代计算精确最小二乘解的算法。然而,我们将看到,这些算法理论上的精确形式在实现中误差鲁棒性不足。后面将介绍一种改进形式的精确最小二乘算法,其在快速收敛和鲁棒性之间取得了较好的平衡。这个平衡由一个可变参数实现,此参数可将算法或变为最速下降法,或变为精确最小二乘算法。同时本节还讨论了基于变换输入和变换输出信号的控制器,在 4.3 节对最速下降算法的分析中已经讨论过。此控制器结构也可经调整用于实现从最速下降法到精确最小二乘的一系列控制算法,对变换变量的操作还可体现出其他一些控制策略思想。最后,讨论了一种仅使用误差信号调整次级源输入的分散式控制器。

### 4.5.1　Gauss－Newton 算法

我们已经看到在

$$e(n) = \boldsymbol{d} + \boldsymbol{G}u(n) \tag{4.5.1}$$

所描述的过定多通道单频系统中,最小化 $\boldsymbol{e}^{\mathrm{H}}\boldsymbol{e}$ 的最优解为

$$\boldsymbol{u}_{\mathrm{opt}} = -(\boldsymbol{G}^{\mathrm{H}}\boldsymbol{G})^{-ydl}\boldsymbol{G}^{\mathrm{H}}\boldsymbol{d} \tag{4.5.2}$$

假定 $\boldsymbol{G}^{\mathrm{H}}\boldsymbol{G}$ 非奇异。若使用系统响应的估计 $\hat{\boldsymbol{G}}$ 计算最优解,则有

$$\hat{\boldsymbol{u}}_{\mathrm{opt}} = (\hat{\boldsymbol{G}}^{\mathrm{H}}\hat{\boldsymbol{G}})^{-1}\hat{\boldsymbol{G}}^{\mathrm{H}}\boldsymbol{d} \tag{4.5.3}$$

式中:假设 $\hat{\boldsymbol{G}}^{\mathrm{H}}\hat{\boldsymbol{G}}$ 正定且非奇异。

迭代使用最优解的估计(用于跟踪时变干扰),将得到的 Gauss－Newton 迭代算法为

$$u(n+1) = u(n) - (\hat{\boldsymbol{G}}^{\mathrm{H}}\hat{\boldsymbol{G}})^{-1}\hat{\boldsymbol{G}}^{\mathrm{H}}e(n) \tag{4.5.4}$$

将式(4.5.1)表示的$e(n)$代入此算法有

$$u(n+1)=u(n)-(\hat{\boldsymbol{G}}^{\mathrm{H}}\hat{\boldsymbol{G}})^{-1}(\hat{\boldsymbol{G}}^{\mathrm{H}}\boldsymbol{d}+\hat{\boldsymbol{G}}^{\mathrm{H}}\boldsymbol{G}u(n)) \tag{4.5.5}$$

若算法是稳定的,则其将收敛到使式(4.5.5)最后一个括号内的项为零,由于假设$\hat{\boldsymbol{G}}^{\mathrm{H}}\hat{\boldsymbol{G}}$正定,则此时的稳态解为

$$\boldsymbol{u}_{\infty}=(\hat{\boldsymbol{G}}^{\mathrm{H}}\hat{\boldsymbol{G}})^{-1}\hat{\boldsymbol{G}}^{\mathrm{H}}\boldsymbol{d} \tag{4.5.6}$$

这与式(4.4.4)$\beta=0$时表示的实际最速下降算法中的稳态控制向量完全一样。使用式(4.5.6),可以将式(4.5.4)所表示的迭代控制算法写为

$$[u(n+1)-\boldsymbol{u}_{\infty}]=[\boldsymbol{I}-(\hat{\boldsymbol{G}}^{\mathrm{H}}\hat{\boldsymbol{G}})^{-1}\hat{\boldsymbol{G}}^{\mathrm{H}}\hat{\boldsymbol{G}}][u(n)-u_{\infty}] \tag{4.5.7}$$

这个算法对系统不确定度的鲁棒性可以通过假设系统模型精确表示真实的标称系统,即$\hat{\boldsymbol{G}}=\boldsymbol{G}_0$,而且系统存在一个不确定度,即$\boldsymbol{G}=\boldsymbol{G}_0+\Delta\boldsymbol{G}_p$(如在前面的章节中所阐述的),进行分析。假设使用标称系统的奇异值分解,$\hat{\boldsymbol{G}}=\boldsymbol{G}_0+\boldsymbol{R}_0\sum\Delta\boldsymbol{G}_p$,则$\hat{\boldsymbol{G}}$的伪逆可以表示为

$$(\hat{\boldsymbol{G}}^{\mathrm{H}}\hat{\boldsymbol{G}})^{-1}\hat{\boldsymbol{G}}^{\mathrm{H}}=\boldsymbol{Q}_0\sum{}^{\div}\boldsymbol{R}_0^{\mathrm{H}} \tag{4.5.8}$$

其中,$\sum^{\div}$为$\sum$的伪逆,其可在过定情况中表示为

$$\sum{}^{\div}=\begin{bmatrix}1/\sigma_1 & 0 & & \cdots & \cdots & 0\\ 0 & 1/\sigma_2 & & & & \\ & & \ddots & & & \\ 0 & & & 1/\sigma_M & \cdots & 0\end{bmatrix} \tag{4.5.9}$$

我们同样可以采取前面的方法,使用$\boldsymbol{G}_0$的特征向量对$\Delta\boldsymbol{G}_p$进行分解得到矩阵$\Delta\sum$,即

$$\Delta\boldsymbol{G}_p=\boldsymbol{R}_0\Delta\sum\boldsymbol{Q}_0^{\mathrm{H}} \tag{4.5.10}$$

用$\boldsymbol{Q}_0^{\mathrm{H}}$左乘式(4.5.7),使用变换控制变量$v(n)$的定义和4.3节所用的$\boldsymbol{v}_{\infty}$,式(4.5.7)所表示的迭代最小二乘算法可以写为

$$[v(n+1)-\boldsymbol{v}_{\infty}]=[\boldsymbol{I}-\sum{}^{\div}(\sum+\Delta\sum)][v(n)-\boldsymbol{v}_{\infty}] \tag{4.5.11}$$

或

$$[v(n+1)-v_{\infty}]=-[\sum{}^{\div}\Delta\sum][v(n)-v_{\infty}] \tag{4.5.12}$$

由于矩阵$\sum^{\div}\sum=\boldsymbol{I}$,若$\Delta\sum=0$,则迭代最小二乘算法将一步收敛到所期望的最优值。然而,若存在建模误差,则$M\times M$矩阵$\sum^{\div}\Delta\sum$的形式为

$$\sum^{\div}\Delta\sum=\begin{bmatrix}\dfrac{\Delta\sigma_{11}}{\sigma_1} & \dfrac{\Delta\sigma_{12}}{\sigma_1} & \cdots & \dfrac{\Delta\sigma_{1M}}{\sigma_1}\\ \vdots & & & \\ \dfrac{\Delta\sigma_{M1}}{\sigma_M} & \dfrac{\Delta\sigma_{M2}}{\sigma_M} & \cdots & \dfrac{\Delta\sigma_{MM}}{\sigma_M}\end{bmatrix} \tag{4.5.13}$$

式中:$\Delta\sigma_{MN}$为$\Delta\sum$的第$M,N$个元素。

若系统有非常小的奇异值,如在用以绘制图4.5时所用的例子中,则$1/\sigma_M$,$1/\sigma_{M-1}$等将非常大,而且对于$l<M$的元素$\Delta\sigma_{lM}$的幅值非常大时,位于$\sum^{\mathrm{T}}\Delta\sum$矩阵中下部的元素会非常大。从而,式(4.5.12)中位于向量$v(n+1)-\boldsymbol{v}_{\infty}$下部的元素与$v(n)-\boldsymbol{v}_{\infty}$中相对应的元素相比会趋向于被严重放大,导致潜在的不稳定。从而$\Delta\sum$矩阵中对稳定性影响极大的元素为第$M$行和以上的元素,即在$\Delta\sum$矩阵与图4.13中与稳定性有关区域的元素。因此,实际实现的迭代最小二乘算法相比最速下降算法对系统响应中微小扰动的鲁棒性不足。这是因为精确最小二乘算法使变换控制向量中一些元素的步长变得很大,在式(4.5.4)中被因子$1/\sigma_M$,$1/\sigma_{M-1}$等放大,而这又可能不是正确的方向。可以通过在性能函数中增加一些作用加权降低这个问题的严重性,但相关Hessian矩阵的特征值扩散度非常大,则此问题会在某种程度上一直存在,这也是首先使用Gauss－Newton算法的原因。

### 4.5.2　一般自适应算法

基于迭代最小二乘算法,我们将考虑更加一般形式的算法,其将在某种程度上克服鲁棒性不足的问题。注意迭代最小二乘算法中的更新项[式(4.5.4)]等于估计的复数梯度向量左乘矩阵$[\hat{\boldsymbol{G}}^{\mathrm{H}}\hat{\boldsymbol{G}}]^{-1}$得到。这表明所有的自适应算法均可通过估计梯度向量$\hat{g}(n)=2\hat{\boldsymbol{G}}^{\mathrm{H}}e(n)$左乘相应的一般矩阵$\boldsymbol{D}$得到,此处假设此矩阵是固定的,即有(Boucher,1992)

$$u(n+1)=u(n)-\mu\boldsymbol{D}\hat{g}(n) \tag{4.5.14}$$

式中:$\mu$为收敛因子,严格来讲应该包含在$\boldsymbol{D}$的定义中。注意当$\boldsymbol{D}=\boldsymbol{I}$和$\hat{\boldsymbol{G}}=\boldsymbol{G}$时可得到最速下降法[式(4.3.7)];而且当$\boldsymbol{D}=[\hat{\boldsymbol{G}}^{\mathrm{H}}\hat{\boldsymbol{G}}]^{-1}$时可得到迭代最小二

乘算法。当最小化误差的无加权平方和时,可得到$\boldsymbol{D}$的更一般形式

$$\boldsymbol{D} = [\hat{\boldsymbol{G}}^{\mathrm{H}}\hat{\boldsymbol{G}} + \sigma\boldsymbol{I}]^{-1} \tag{4.5.15}$$

式中:$\sigma$是用来在暂态性能和鲁棒性之间取得平衡的调整参数。注意式(4.5.14)的稳态解,假设其稳态,则可通过令$\mu D\hat{g}(n)$为零,同时假设$\boldsymbol{D}$是正定得到,这仅当$\hat{g}(n)=0$时成立。从而此算法的稳态解再一次由式(4.5.6)给出,而且与$\boldsymbol{D}$的形式无关。因此,式(4.5.15)中的调整参数将不影响控制算法的稳定性,但其将决定算法的收敛性及是否足够鲁棒达到此解。若使用作用加权参数防止病态系统中的过度控制,则估计复数梯度等于

$$\hat{g} = 2[\hat{\boldsymbol{G}}^{\mathrm{H}}e(n) + \beta u(n)] \tag{4.5.16}$$

从而,完整的最小化误差平方和的算法为

$$u(n+1) = u(n) - \alpha[\hat{\boldsymbol{G}}^{\mathrm{H}}\hat{\boldsymbol{G}} + \sigma\boldsymbol{I}]^{-1}[\hat{\boldsymbol{G}}^{\mathrm{H}}e(n) + \beta u(n)] \tag{4.5.17}$$

如在4.3节中所介绍的$\beta$用来保证一个可感知的稳态解,$\sigma$为独立选择用来在收敛时间和鲁棒稳定性之间达到一种平衡。然而,对于较大的收敛系数,$\beta$将影响此平衡。

为了确保式(4.5.14)所给出的算法具有尽可能广的应用范围,我们回到式(4.2.19)所给出的性能函数的一般形式,为了方便在此将其再次写出

$$\boldsymbol{J} = e^{\mathrm{H}}\boldsymbol{W}_e e + \boldsymbol{u}^{\mathrm{H}}\boldsymbol{W}_u\boldsymbol{u} \tag{4.5.18}$$

使用式(4.4.1)所表示的$\boldsymbol{e}$可以把式(4.5.18)写为更一般的 Hermitian 二次形式,其中$\boldsymbol{A}$矩阵和$\boldsymbol{b}$向量由式(4.2.21)所定义,从而此性能函数中的复数梯度向量为

$$\boldsymbol{g}(n) = 2[\boldsymbol{A}\boldsymbol{u}(n) + \boldsymbol{b}] = 2[\boldsymbol{G}^{\mathrm{H}}\boldsymbol{W}_e\boldsymbol{e}(n) + \boldsymbol{W}_u\boldsymbol{u}(n)] \tag{4.5.19}$$

从而,复数梯度向量的实际估计为

$$\hat{\boldsymbol{g}}(n) = 2[\boldsymbol{G}^{\mathrm{H}}\boldsymbol{W}_e\boldsymbol{e}(n) + \boldsymbol{W}_u\boldsymbol{u}(n)] \tag{4.5.20}$$

此时迭代最小二乘算法的左乘矩阵等于

$$\boldsymbol{A}^{-1} = [\hat{\boldsymbol{G}}^{\mathrm{H}}\boldsymbol{W}_e\hat{\boldsymbol{G}} + \boldsymbol{W}_u]^{-1} \tag{4.5.21}$$

系统模型响应和物理模型响应的不同表明,式(4.5.21)所给出的左乘矩阵并不能在自适应速度和鲁棒性之间给出最佳的平衡,左乘矩阵的更一般形式为

$$\boldsymbol{D} = [\hat{\boldsymbol{G}}^{\mathrm{H}}\boldsymbol{W}_e\hat{\boldsymbol{G}} + \boldsymbol{W}_\sigma]^{-1} \tag{4.5.22}$$

式中:$\boldsymbol{W}_\sigma$为调整$\boldsymbol{D}$的独立矩阵。$\boldsymbol{W}_\sigma = \boldsymbol{W}_\mu + \sigma\boldsymbol{I}$的一个值或许是一个可感知的

第一近似。假设已经选好 $\boldsymbol{W}_{\sigma}$ 和 $\boldsymbol{D}$，通过将式(4.5.20)代入到式(4.5.14)得到完整的自适应算法，即

$$\boldsymbol{u}(n+1) = [\boldsymbol{I} - \alpha\boldsymbol{D}\boldsymbol{W}_u]\boldsymbol{u}(n) - \alpha\boldsymbol{D}\hat{\boldsymbol{G}}^{\mathrm{H}}\boldsymbol{W}_e\boldsymbol{e}(m) \tag{4.5.23}$$

式中：$\alpha$ 等于 $2\mu$。

### 4.5.3 基于变换信号的控制器

另一种改进多通道单频控制系统的方法是将输入和输出信号变换为更容易处理的形式(Morgan,1991;Clark,1995;Popovich,1996)。4.3 节对这种基于对系统响应矩阵奇异值分解的变换进行了讨论

$$\boldsymbol{G} = \boldsymbol{R}\sum\boldsymbol{Q}^{\mathrm{H}} \tag{4.5.24}$$

特征向量用于将物理输入和输出信号变换为

$$\boldsymbol{v}(n) = \boldsymbol{Q}^{\mathrm{H}}\boldsymbol{u}(n) \tag{4.5.25}$$

$$\boldsymbol{y}(n) = \boldsymbol{R}^{\mathrm{H}}\boldsymbol{e}(n) \tag{4.5.26}$$

从而，将变换输入信号与变换输出信号联系起来的方程为

$$\boldsymbol{y}(n) = \boldsymbol{p} + \sum\boldsymbol{v}(n) \tag{4.5.27}$$

式中：$\boldsymbol{p} = \boldsymbol{R}^{\mathrm{H}}\boldsymbol{d}$ 为变换干扰向量，$\sum$ 为 $\boldsymbol{G}$ 的奇异值 $M \times L$ 矩阵。变换输出向量 $\boldsymbol{y}(n)$ 的前 $M$ 个元素通过 $G$ 的一个奇异值与一个变换输入 $\boldsymbol{v}(n)$ 线性相关，且剩余的 $L-M$ 个元素不受任何变换输入的影响，如式(4.3.18)和式(4.3.19)所示。式(4.5.27)的解耦结构和奇异值为实数从而与相位无关；表明一个有效的控制算法可在变换的或主要成分上使用简单的梯度下降法调整 $v(n)$ 的第 $m$ 个元素以最小化 $y(n)$ 的第 $m$ 个元素，且此算法可以写为

$$v_m(n+1) = v_m(n) - \alpha_m y_m(n) \tag{4.5.28}$$

式中：$\alpha_m$ 为 $\boldsymbol{v}(n)$ 中第 $m$ 个元素 $v_m(n)$ 的收敛系数。如图 4.19 所示为这个控制器的结构框图。

若使收敛系数与对应的奇异值成比例，则 $\alpha_m = \alpha\sigma_m$，其中 $\alpha$ 为全局收敛系数，则式(4.5.28)可以表示为矩阵的形式

$$\boldsymbol{v}(n+1) = \boldsymbol{v}(n) - \alpha\sum{}^{\mathrm{T}}\boldsymbol{y}(n) \tag{4.5.29}$$

使用上面 $\boldsymbol{v}(n)$ 和 $\boldsymbol{y}(n)$ 的定义，以实际的物理控制信号表示式(4.5.29)，有

$$\boldsymbol{u}(n+1) = \boldsymbol{u}(n) - \alpha\boldsymbol{G}^{\mathrm{H}}\boldsymbol{e}(n) \tag{4.5.30}$$

式中：$\boldsymbol{G}^{\mathrm{H}} = \boldsymbol{Q}\sum{}^{\mathrm{T}}\boldsymbol{R}^{\mathrm{H}}$，即自适应调整物理控制信号的最速下降法，如式(4.3.7)

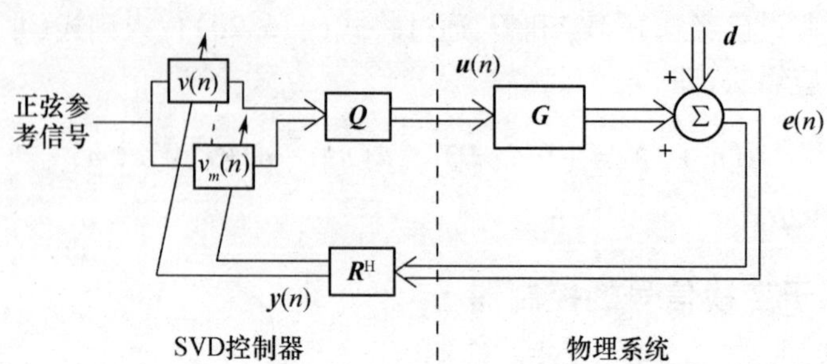


图 4.19 控制器框图，其中使用 $\boldsymbol{y}(n)$ 中的变换输出信号自适应调整变换输入信号 $v_m(n)$；将 $\boldsymbol{e}(n)$ 中的实际输出信号通过矩阵 $\boldsymbol{R}^{\mathrm{H}}$ 得到变化输出信号 $\boldsymbol{y}(n)$，而且 $v(n)$ 通过矩阵 $\boldsymbol{Q}$ 变换回到输入信号中，其中，$\boldsymbol{R}$ 和 $\boldsymbol{Q}$ 从实际系统矩阵奇异值分解得到

所示。

若替代式(4.5.28)中的单独收敛系数使其与奇异值成反比，则 $\alpha_m = \alpha/\sigma_m$，从而自适应方程可以写为

$$\boldsymbol{v}(n+1) = \boldsymbol{v}(n) - \alpha[\sum^{\mathrm{T}}\sum]^{-1}\sum^{\mathrm{T}}\boldsymbol{y}(n) \tag{4.5.31}$$

式中：$[\sum^{\mathrm{T}}\sum]^{-1}$ 是此时 $\sum$ 的伪逆。再一次使用 $\boldsymbol{v}(n)$ 和 $\boldsymbol{y}(n)$ 的定义，以及表 4.1 中过定情形中伪逆的定义，式(4.5.31)可以表示为物理控制信号的形式

$$\boldsymbol{u}(n+1) = \boldsymbol{u}(n) - \alpha[\boldsymbol{G}^{\mathrm{H}}\boldsymbol{G}]\boldsymbol{G}^{\mathrm{H}}\boldsymbol{e}(n) \tag{4.5.32}$$

其中，$[\boldsymbol{G}^{\mathrm{H}}\boldsymbol{G}]\boldsymbol{G}^{\mathrm{H}} = \boldsymbol{Q}[\sum^{\mathrm{T}}\sum]^{-1}\sum^{\mathrm{T}}\boldsymbol{R}^{\mathrm{H}}$，即牛顿法，如具有精确系统模型的式(4.5.4)。

从而，最速下降法和牛顿法可以看作是式(4.5.28)给出主轴上自适应算法的特殊情况(Maurer,1996;Cabell,1998)。Cabell(1998)的研究表明，使用具有固定收敛系数 $\alpha_m = \alpha$ 的方程可以在最速下降法的慢收敛速度和牛顿法对系统不确定度鲁棒性不足间取得平衡。式(4.5.28)的更一般形式包括在每个主轴上包含一个独立的作用加权项

$$v_m(n+1) = (1 - \alpha_m\beta_m)v_m(n) - \alpha_m y_m(n) \tag{4.5.33}$$

通过选择作用加权项，以及对每个主轴独立选择收敛系数，可以给控制算法增加相当大的弹性，这就是 Cabell(1998)所谓的 PC-LMS 算法。一种可能的方式为，对较低的主要成分使用一个有限的作用加权，这将导致最大的不确定度，对较大的主要成分将控制作用加权置零，这将对均方差的降低产生最大的影响(Rossetti 等人 1996)。

仅当 $m$ 中的较大者对应的 $p_m$ 对误差的平方和显著贡献时可得到这种算法

的另一种变体。此时仅需要自适应调整 $m$ 中的这些值对应的变换控制信号,且当所有的变换控制信号均被自适应调整时可以更加有效地实现简化的算法。

### 4.5.4　处理要求

线性自适应算法的一般形式,其中新的控制向量 $\boldsymbol{u}(n+1)$ 是当前控制向量 $\boldsymbol{u}(n)$ 和当前误差 $\boldsymbol{e}(n)$ 的线性函数

$$\boldsymbol{u}(n+1)=\boldsymbol{M}_1\boldsymbol{u}(n)+\boldsymbol{M}_2\boldsymbol{e}(n) \tag{4.5.34}$$

注意式(4.5.23)和式(4.5.33)表示的算法均可表示成这种形式。

由于我们假定 $\boldsymbol{M}_1$ 和 $\boldsymbol{M}_2$ 固定的,则可在实时的控制算法实现之前预先计算得到。这个算法在每次迭代时需要计算 $M\times M$ 矩阵与 $M\times 1$ 向量的乘积,以及 $M\times L$ 矩阵和 $L\times 1$ 向量的乘积,即总共 $M^2+ML$ 次复数标量乘法。当实现最速下降法[式(4.3.7)]时可减小计算量,因为此时 $\boldsymbol{M}_1$ 是对角阵。这对控制器的结构也有启发,因为若 $\boldsymbol{M}_1$ 是对角阵,则任意控制信号可以独立于其他所有信号的自适应调整。从而控制算法可以方便地分成每个控制信号的分散进程,用于实现此算法的控制器也可位于不同的位置。然而每个误差信号必须仍然与这些处理器的每一个进行联系,从而此系统所需的线路相比控制信号是耦合的系统并没有大量减少。

式(4.5.34)所表示的一般自适应算法的另一个重点是,当次级作动器或误差传感器出现故障时的表现。通常,任意类型的故障都会使式(4.5.34)收敛到非最优解,甚至使系统不稳定。然而当实现式(4.3.7)所表示的最速下降法时,当 $\boldsymbol{M}_1=\boldsymbol{I}$ 和 $\boldsymbol{M}_2=-\alpha\boldsymbol{G}^{\mathrm{H}}$ 时,式(4.3.34)具有一个特殊项。由于 $\boldsymbol{M}_1$ 是对角阵,从而一个作动器的故障不会影响其余的作动器,而且最速下降法将仍然最小化相同的性能函数,却是减小的作动器。同样,若一个误差传感器发生故障(将 $\boldsymbol{G}^{\mathrm{H}}$ 中的一列元素置零),也不会影响其余的误差传感器。从而所得到的算法与最小化剩余误差传感器平方和的最速下降法精确相似。

面临回路故障时,如作动器或传感器的故障,其稳定鲁棒性称为确定控制系统的整体性(Maciejowski,1989)。最速下降法本身具有整体性,但这对于式(4.5.34)所描述的所有算法并不成立,即使它们比无故障时的最速下降法收敛得更快。为了在别的算法中引入对变换器故障的承受能力,通常需要在控制程序的上面增加一个监督程序,其将监控误差和控制信号,并在检测到故障时重置系统。通过监测矩阵中每行和每列的平方和可以使用系统响应矩阵的在线辨识检测传感器和作动器故障。这个进程不可避免地增加了控制算法的计算量。

### 4.5.5 分散控制

若将系统分解为大量的子系统,其中每个系统独立调整最小化传感器信号的一个子集的作动器信号子集,这样可显著节省控制系统的线路,即所谓的分散系统。可以使用上面介绍的方法分析其稳定性,但此时系统响应的估计$\hat{\boldsymbol{G}}$对于其表示的每个独立控制系统的作动器和传感器间的传递响应中的元素都是非零的。这种想法的极端情形是,作动器和传感器的数目相等,而且调整每个作动器最小化传感器处的平方差。此时可以选择变换器的顺序使被整个控制系统使用的系统响应估计为对角阵。然而,作动器和传感器之间仍然存在物理耦合,而且这会使系统变得不稳定。此时如在4.4节所讨论的,可通过考量矩阵$\hat{\boldsymbol{G}}^{\mathrm{H}}\boldsymbol{G}$的特征值的实部确定系统是否稳定。然而,Elliott 和 Boucher(1994)表示对于低阶系统有比较简单的规则确定系统稳定与否。例如,对于双通道对称分散系统,物理系统矩阵和控制算法使用的系统模型为

$$\boldsymbol{G} = \begin{bmatrix} G_{11} & G_{12} \\ G_{12} & G_{11} \end{bmatrix} \text{和} \hat{\boldsymbol{G}} = \begin{bmatrix} G_{11} & 0 \\ 0 & G_{11} \end{bmatrix} \tag{4.5.35,36}$$

此时$\hat{\boldsymbol{G}}^{\mathrm{H}}\boldsymbol{G}$的特征值等于

$$\lambda_{1,2} = |G_{11}|^2[1 \pm G_{12}/G_{11}] \tag{4.5.37}$$

给定这些特征值的实部均为正时,可确定分散控制系统是稳定的,即假设

$$|\mathrm{Re}(G_{12}/G_{11})| < 1 \tag{4.5.38}$$

其对稳定的初始条件进行量化,即物理系统中的互耦必须小于直接耦合。Elliott 和 Boucher(1994)对无限空间中对称分布的一对相同的扩音器和拾音器的特殊情况进行了研究,此时$G_{11}$与$\mathrm{e}^{-jkl_1}/l_1$成比例,其中$k$为声波数,$l_1$为扩音器与其所对应的拾音器之间的距离,$G_{12}$与$\mathrm{e}^{-jkl_2}/l_2$成比例,$l_2$为每个拾音器和其余拾音器之间的距离,如图4.20所示。此时式(4.5.38)所表示的稳定条件变为

$$\frac{l_1}{l_2}\cos k(l_1 - l_2) < 1 \tag{4.5.39}$$

当系统的尺寸比波长小时(这在实践中非常常见),则$\cos k(l_1 - l_2) \approx 1$,稳定条件可以表示为非常简单的形式

$$l_1 < l_2 \tag{4.5.40}$$

从而,给定拾音器与控制其扩音器间的距离比其与其他拾音器间的距离小

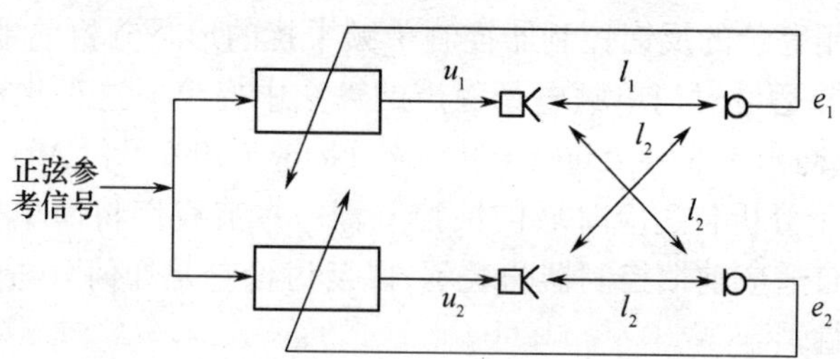


图4.20　双通道分散式主动噪声控制系统

时,系统是稳定的。

如图4.21所示为上面所讨论的例子在不同拾音器位置下的仿真结果。这些结果表明虽然部分收敛模态可能是缓慢的,但当拾音器与用于控制其扩音器不互相连接(表明在系统的布线时可能存在错误)时,系统是稳定的。

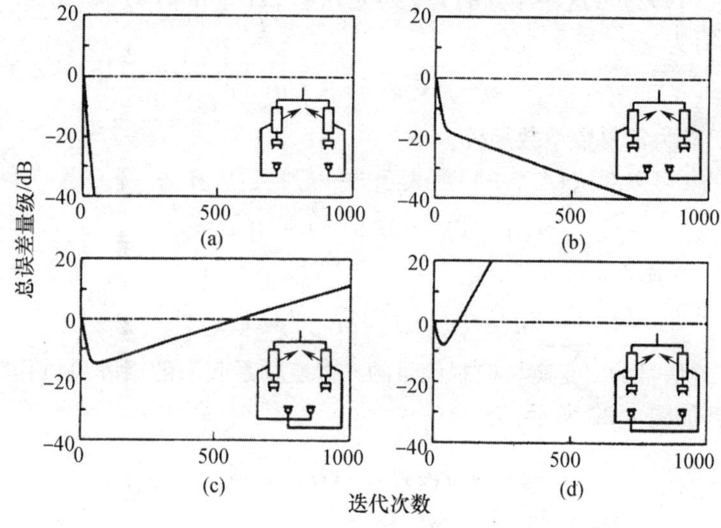


图4.21　对自由空间中主动噪声控制系统仿真中两个独立实现的控制器误差平方和的暂态特性,分别为(a)$kl_1=0.1$ 和 $kl_2=0.32$;(b)$kl_1=0.17$ 和 $kl_2=0.19$;(c)$kl_1=0.19$ 和 $kl_2=0.17$;(d)$kl_1=0.32$ 和 $kl_2=0.1$ 时的情况。每个图上都有每个控制系统的近似几何尺寸

## 4.6　自适应前馈系统的反馈表示

到目前为止,自适应前馈系统的稳定性和收敛性的分析均使用迭代最优化

算法。也可使用等价的反馈控制器控制单频干扰的形式分析前馈系统。Glover (1977)首先在自适应对消单频电子噪声的算法中提出了这种想法,Elliott 等人(1987),Darlington(1987),Sievers 和 von Flotow(1992)和 Morgan 和 Sanford (1992)将其用于分析自适应时域前馈控制器。本节我们将简单介绍控制单频干扰的多通道自适应前馈控制器的表示,以及讨论它是如何分析快速自适应控制器的动态特性。

假定被控物理系统已经达到稳态,第 $n$ 次迭代时的复数误差信号向量可以使用第 $n$ 次迭代时的距离向量和控制向量表示

$$\boldsymbol{e}(n) = \boldsymbol{d}(n) + \boldsymbol{G}\boldsymbol{u}(n) \tag{4.6.1}$$

式中:$G$ 是元素等于系统在激励频率 $\omega_0$ 下的频率响应的复数矩阵。向量 $\boldsymbol{e}(n)$、$\boldsymbol{d}(n)$ 和 $\boldsymbol{u}(n)$ 为复数序列,其 $z$ 变换与 2.2 节采样信号的标称序列的定义类似,如 Therrien(1992)。这些序列的 $z$ 变换为 $\tilde{\boldsymbol{e}}(z)$,$\tilde{\boldsymbol{d}}(z)$ 和 $\tilde{\boldsymbol{u}}(z)$,则式(4.6.1)的 $z$ 变换可以写为

$$\tilde{\boldsymbol{e}}(n) = \tilde{\boldsymbol{d}}(n) + \boldsymbol{G}\tilde{\boldsymbol{u}}(n) \tag{4.6.2}$$

式中:$\boldsymbol{G}$ 仍然为常复数系数矩阵。

类似地,可以对式(4.5.34)所表示的一般自适应算法

$$\boldsymbol{u}(n+1) = \boldsymbol{M}_1\boldsymbol{u}(n) + \boldsymbol{M}_2\boldsymbol{e}(n) \tag{4.6.3}$$

进行 $z$ 变换为

$$\tilde{\boldsymbol{u}}(z) = [z\boldsymbol{I} - \boldsymbol{M}_1]^{-1}\boldsymbol{M}_2\tilde{\boldsymbol{e}}(z) \tag{4.6.4}$$

将误差信号的 $z$ 变换与控制信号的 $z$ 变换联系起来的矩阵可以作为一个反馈控制器,如图 4.22 所示,为

$$\tilde{\boldsymbol{u}}(z) = -\widetilde{\boldsymbol{H}}\tilde{\boldsymbol{e}}(z) \tag{4.6.5}$$

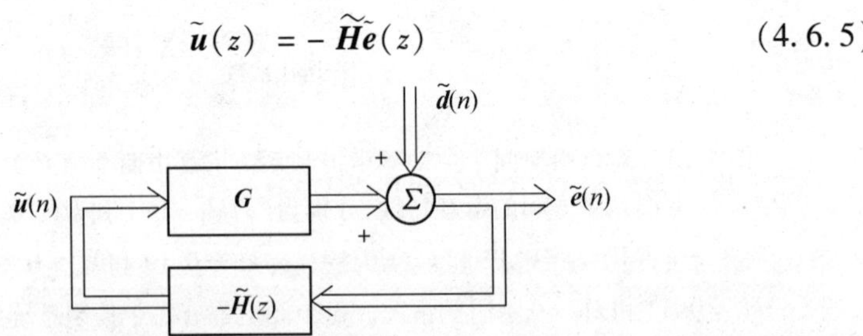


图 4.22 对单频干扰自适应前馈控制器的反馈表示,其中频域误差信号序列的 $z$ 变换通过变换 $-\widetilde{\boldsymbol{H}}(z)$ 得到频域控制信号的 $z$ 变换。

其中

$$\widetilde{\boldsymbol{H}}(z) = -[z\boldsymbol{I} - \boldsymbol{M}_1]^{-1}\boldsymbol{M}_2 \tag{4.6.6}$$

将式(4.6.5)代入式(4.6.2),以复数干扰信号表示的复数误差信号的 $z$ 变换为

$$\tilde{\boldsymbol{e}}(z) = [\boldsymbol{I} + \boldsymbol{G}\widetilde{\boldsymbol{H}}(z)]^{-1}\tilde{\boldsymbol{d}}(z) \tag{4.6.7}$$

现在,自适应前馈控制器的稳定性和性能可以通过多通道反馈控制这个工具进行分析。若分析简单最速下降法,则式(4.6.3)中的 $\boldsymbol{M}_1$ 等于 $\boldsymbol{I}$,$\boldsymbol{M}_2$ 等于 $-\alpha\hat{\boldsymbol{G}}^{\mathrm{H}}$,其中,$\hat{\boldsymbol{G}}$为激励频率 $\omega_0$ 下的估计系统响应复数矩阵。从而式(4.6.6)所表示的等价反馈控制器为(Elliott,1998b)

$$\widetilde{\boldsymbol{H}}(z) = \frac{\alpha}{z-1}\boldsymbol{G}^{\mathrm{H}} \tag{4.6.8}$$

可以认为是具有一个相位修正项 $\hat{\boldsymbol{G}}^{\mathrm{H}}$ 和一个积分项 $\alpha/(z-1)$。反馈系统的稳定性由其极点的位置确定,对此将在第6章进行更加详细的介绍,极点可以通过将 $\boldsymbol{I}+\boldsymbol{G}\widetilde{\boldsymbol{H}}(z)$ 的行列式置零得到,而且对于最速下降法的特殊情形可以写成

$$\det\left[\boldsymbol{I} + \frac{\alpha}{z-1}\boldsymbol{G}\hat{\boldsymbol{G}}^{\mathrm{H}}\right] = 0 \tag{4.6.9}$$

从而

$$\det[(z-1)\boldsymbol{I} + \alpha\boldsymbol{G}\hat{\boldsymbol{G}}^{\mathrm{H}}] = 0 \tag{4.6.10}$$

在附录中可以注意到,矩阵的行列式等于特征值的乘积,从而特征方程的根由以下的解给出

$$z - 1 + \alpha\lambda_m = 0 \tag{4.6.11}$$

式中:$\lambda_m$ 为 $\boldsymbol{G}\hat{\boldsymbol{G}}^{\mathrm{H}}$ 的第 $m$ 个特征值,其等于 $\boldsymbol{G}\hat{\boldsymbol{G}}^{\mathrm{H}}$ 对应 $1 \leqslant m \leqslant M$ 的特征值,其余情况则为零,如在附录的A.7节所讨论的。从而等价反馈系统第 $m$ 个极点的位置为

$$z_m = 1 - \alpha\lambda_m \tag{4.6.12}$$

当这些极点的位置均在单位圆内部时,即对于所有的 $m$ 有 $|z_m| \leqslant 1$,可保证算法的稳定性,使用式(4.6.12)这个条件等价于

$$|1 - \alpha\lambda_m| \leqslant 1,\text{对于所有的 } \lambda_m \tag{4.6.13}$$

这是从式(4.4.6)得到的 $\beta=0$ 时的稳定条件。

Eatwell(1995)通过去掉系统对正弦控制信号的响应已经达到稳态这一假设,进行了更进一步的讨论。此时的式(4.6.1)可以写为

$$\boldsymbol{e}(n) = \boldsymbol{d}(n) + \sum_{i=0}^{\infty} G_i\boldsymbol{u}(n-i) \tag{4.6.14}$$

式中：$G_i$ 为系统在迭代数 $i$ 对迭代数为 0 的正弦输入的复数响应，Eatwell（1995）称其为频域脉冲响应。$G_i$ 的形式将与系统的动态、如何从时域误差信号得到复数误差信号，以及如何从其复数等价形式得到时域控制信号有关。在 Eatwell（1995）讨论的系统中，假设存在复数调制和解调，紧跟低通滤波器，抽取和插值。由于系统在 $\omega_0$ 处的系统响应的稳态值等于 $G$，则频域脉冲响应具有以下性质

$$\sum_{i=0}^{\infty} G_i = G \tag{4.6.15}$$

如上面所假设的，迭代率足够低以致误差在每次迭代中都可达到稳态值，则对于 $i \geqslant 1$ 有 $G_0 = G, G_i = 0$，而且式（4.6.14）变得与式（4.6.1）相等。然而，更一般的是，式（4.6.14）允许在暂态时对系统的响应进行刻画，从而允许自适应前馈控制系统运行在更高的迭代率上。

对式（4.6.14）进行 $z$ 变换可得到

$$\tilde{\boldsymbol{e}}(z) = \tilde{\boldsymbol{d}}(z) + \widetilde{\boldsymbol{G}}(z)\tilde{\boldsymbol{u}}(z) \tag{4.6.16}$$

式中：$\widetilde{\boldsymbol{G}}$为序列 $G_i$ 的 $z$ 变换。

将式（4.6.16）与自适应前馈控制算法的 $z$ 域方程［式（4.6.5）］结合，可将复数误差向量的序列的 $z$ 变换表示为

$$\tilde{\boldsymbol{e}}(z) = [\boldsymbol{I} + \widetilde{\boldsymbol{G}}(z)\ \widetilde{\boldsymbol{H}}(z)]^{-1}\tilde{\boldsymbol{d}}(z) \tag{4.6.17}$$

从而任意自适应单频前馈控制系统的稳态和暂态性能可在变化更广的条件下分析。Eatwell（1995）利用此分析表示迭代的牛顿算法，此时在式（4.6.3）中 $\boldsymbol{M}_1 = \boldsymbol{I}$ 且 $\boldsymbol{M}_2 = -\alpha \boldsymbol{G}^{+}$，其中 $\boldsymbol{G}^{+}$ 为假设无误差时 $\boldsymbol{G}$ 的伪逆，仅当收敛系数满足以下条件时稳定

$$\alpha \leqslant \frac{1}{\Delta} \tag{4.6.18}$$

式中：$\Delta$ 为被控物理系统响应的纯延时采样数量。虽然 4.3 节和 4.5 节的分析对不同自适应前馈算法中的收敛特性给出一些指导，但对迭代率足够快系统的动态响应将限制收敛速度，上面的结论对此结果进行了强调。

## 4.7 任意传感器最大能级的最小化

前面所讨论的算法最小化误差传感器处得到的信号的模的平方和已经做了一些改进，可以用以提升鲁棒性和限制控制作用。误差信号模的平方和可以表

示为误差信号向量的 2 范数的平方根，即

$$\| \mathrm{e} \|_2 = (\sum_{l=1}^{L} |e_l|^2)^{1/2} \tag{4.7.1}$$

本节我们讨论这样一种算法，其最小化任意传感器处测得的信号的最大级。此算法最小化的性能函数可以表示为误差信号的 $p$ 范数的限制情形，在附录中对此有描述，即

$$J_p = \| \mathrm{e} \|_p = [\sum_{l=1}^{L} |e_l|^p]^{1/p} \tag{4.7.2}$$

2 范数即 $p=2$。当指数 $p$ 增加时，误差信号中具有较高能级的量将被强调至越来越广的程度。当 $p$ 趋近于无穷时，在式(4.7.2)的和中具有唯一贡献的显著量为具有最高量级的误差信号。从而误差信号的∞范数可以表示为

$$J_\infty = \| e \|_\infty = \lim_{p\to\infty} J_p = \max_{1 \leqslant l \leqslant L} |e_l| = |e_s| \tag{4.7.3}$$

式中：$s$ 为具有最大模的误差信号 $l$ 的值。注意 $s$ 的值从 1 到 $L$，而且当控制系统收敛时将变化。例如，在某次迭代时 $s$ 的值或许对应第一个误差信号[$l=s=1$]，在下一次迭代时对应第 6 个误差信号[$l=s=6$]。任意误差传感器处的信号的最大级的最小化将产生一个控制场，它比最小化所有误差传感器的平方和得到的结果更加空间均匀化(Elliott 等人，1987；Doelman，1993；Gonzalez 等，1998)，这在一些应用中会非常重要，尤其是当控制系统表示为最大测量量级时。

在讨论最小化 $J_p$ 的控制算法之前，有必要注意到一般性能函数对应控制信号的实部和虚部误差表面必须是凸面的，从而使其具有全局最小值。这个性质可以通过使性能函数 $J_p$ 对于任意的在 0 和 1 之间的 $\sigma$ 以及对于任意的 $\boldsymbol{u}_1$ 和 $\boldsymbol{u}_2$ 满足下式得到

$$J_p[\delta \boldsymbol{u}_1 + (1-\delta)\boldsymbol{u}_2] \leqslant \delta J_p(\boldsymbol{u}_1) + (1-\delta) J_p \boldsymbol{u}_2 \tag{4.7.4}$$

这可以通过简单的三角不等式证明(Gonzalez 等人，1998)。从而对应 $J_\infty$ 的误差表面也必定是凸面的，而且给定最速下降算法稳定时，其必将收敛到全局最小值。

使用附录中描述的实性能函数关于复数的实部和虚部的微分，则一般性能函数 $J_p$ 关于控制信号 $\boldsymbol{u}_R$ 和 $\boldsymbol{u}_I$ 的复数梯度向量等于

$$\boldsymbol{g}_p = \frac{\partial J_p}{\partial u_R} + j\frac{\partial J_p}{\partial u_I} = (J_p)^{1-p} \sum_{l=1}^{L} |e_l|^{p-2} \boldsymbol{r}_l^* \boldsymbol{e}_l \tag{4.7.5}$$

式中：$\boldsymbol{r}_l$ 为通过在激励频率 $\omega_0$ 下对 $L \times M$ 复数系统响应 $\boldsymbol{G}$ 的第 $l$ 行转置得到的向量。注意在式(4.7.5)中令 $p=2$ 得到式(4.3.6)，即 $\boldsymbol{e}^{\mathrm{H}}\boldsymbol{e}$ 关于 $\boldsymbol{u}$ 的实部和虚部的梯度，以及一个额外项($1/2J_2$)。这个额外项是因为将 $J_2$ 定义为 $\boldsymbol{e}^{\mathrm{H}}\boldsymbol{e}$ 的平

方根产生的。然而,需要注意的是,任何最小化 $\boldsymbol{e}^{\mathrm{H}}\boldsymbol{e}$ 的算法都将最小化 $J_2$。

对于 $p$ 趋近于无穷时的情形,复数梯度向量将仅为具有最高级的误差信号 $\boldsymbol{e}_s$ 的函数,从而可以表示为

$$\boldsymbol{g}_{\infty} = |e_s|^{-1}\boldsymbol{r}_s^{*}\boldsymbol{e}_s \tag{4.7.6}$$

若我们假定收敛系数通过实数 $|e_s|^{-1}$ 正则化,则一种最小化 $J_{\infty}$ 的最速下降算法为

$$\boldsymbol{u}(n+1) = \boldsymbol{u}(n) - \alpha r_s^{*}\boldsymbol{e}_s \tag{4.7.7}$$

这即是 Gonzalez 等人(1995,1998)所称的极小化极大算法。在每一个瞬间,这个算法与最小化单个误差信号 $\boldsymbol{e}_s$ 的模的平方根的算法相似。然而,它的收敛性质十分复杂,具有最高级的误差信号通常会在自适应调整中从一个传感器转移到另一个传感器。从而,在式(4.7.7)所表示的收敛过程中,$J_{\infty}$ 对应时间的变化曲线具有一系列指数成分,其时间常数由 $\alpha\boldsymbol{r}_s^{\mathrm{H}}\boldsymbol{r}_s$ 确定,并在误差传感器与 $\boldsymbol{e}_s$ 有关,从一个传感器转移到另一个传感器时变化。

Gonzalez 等人(1998)也对主动噪声控制系统中最小化任意拾音器处的最大级的物理结果进行了研究。结果表明,对于一个室内控制低频单频噪声具有 16 个扩音器和 32 个拾音器的主动噪声控制系统,任意拾音器处的最大级在极小化极大算法收敛后,将减小大约 36dB,与之相比,最小化误差信号的平方和算法在任意拾音器的最大级上取得大约 32dB 的衰减。在 $J_{\infty}$ 上的谨慎改进反映出传统的最小化 $J_2$ 的算法在某种程度上趋向于忽略具有输出量级的拾音器,从而趋向于平滑压力场中的空间变量。然而,在其余的应用中,这两种算法性能间的不同会更加显著,而且极小化极大算法或许会在更加传统的最小二乘算法上提供更有价值的作用。

## 4.8 应 用

### 4.8.1 控制飞机螺旋桨和转子噪声

在此,我们将使用多通道前馈控制算法降低喷气式飞机和直升机客舱中噪声的单频成分。首先讨论在喷气式飞机中的应用,因为在很多方面这都是一个简单的问题。此时,在标准巡航条件下单频成分的振幅和相位随时间变化相对较慢,然而它们毕竟是变化的,这也是控制器必须是自适应的原因,即使它们在系统响应中也有必须补偿的相对较小变化,主要由客舱内乘客的移动产生。对直升机内部转子桨叶频率的谐波控制将更具挑战性。一个问题是控制主转子的

基频下(在大多数的直升机上通常为10~20Hz)的噪声需要非常大的扩音器。另一个严重的问题是,在此应用中的干扰具有相当短期的振幅和相位调制,而控制系统必须对其跟踪。

### 4.8.2　控制固定翼飞机中的螺旋桨噪声

许多短途的飞机,有多达50个座位,使用螺旋桨而不是喷气式发动机,因为螺旋桨在300mph以下时更加有效。功率更大、速度更快的桨扇发动机的发展仍然受到重视,因为它们提高了能源利用率。这类飞机客舱中噪声压的频谱在螺旋桨的桨叶频率下包括强烈的单频成分,这用被动吸收方法很难降低(Wilby等人,1980;Metzger,1981)。从20世纪80年代早期开始就已经考虑利用主动控制降低这些单频成分(Chaplin,1983;Ffowcs - Williams,1984;Bullmore等人,1987)且显示出较好的控制作用,因为主动噪声控制对于低频相当有效,如在第1章所讨论的声模态相对较小。同时,使用轻型扩音器的主动控制相比被动控制的重量损失更少。本节我们将简单介绍一些飞行试验结果,主要为1988年早期开始(Elliott等人,1989;Dorling等人,1989;Elliott等人,1990)在BritishAerospace 748涡轮螺桨发动机上利用实际主动控制系统进行的一系列飞行试验,以及后来这项技术的发展。

用于试验的50座飞机均有完全装饰好的客舱,长约9m,半径2.6m,飞行高度大于10000英尺,以巡航速度稳定飞行,发动机的转速大约为142000rpm。基于发动机的齿轮数和螺旋桨的叶片数,产生的桨叶频率大约为88Hz。此处讨论的用于实践的控制系统对一个发动机测速以产生对应桨叶基频及其第二、第三个谐波,即88Hz、176Hz、264Hz的参考信号。这些信号通过一组自适应数字滤波器,如在第3章讨论的,输出用于驱动16个扩音器。调整数字滤波器的系数实现前面所描述的最速下降法,从而最小化32个拾音器信号的平方和。对此研究了许多不同的扩音器和拾音器布置方式。如图4.23所示为不同分布的结果,伴随16个半径为200mm的扩音器和32个拾音器均匀分布于整个客舱的地板和行李架上,其中对于地板非常重视,因为其接近螺旋桨所处的平面。

在三个主要控制频率下全部32个控制拾音器处可得到的压力平方和的最大衰减,$\Delta J$(dB)见表4.2。这些通过使用具有所有扩音器的控制系统对左舷或右舷的螺旋桨单独作用得到。这两个螺旋桨的控制作用稍微不同,因为其都以相同的速度旋转,从而由于地板的局部刚度效应使结构振动是对称的。显然在桨叶基频下可取得非常显著的衰减,但其第二和第三谐波上的衰减会非常小。如图4.24所示,为控制前、后88Hz下误差拾音器处测得的正则化的声压与舱室内位置的关系。不仅控制系统使误差信号的平方和获得大幅度的降低,如表

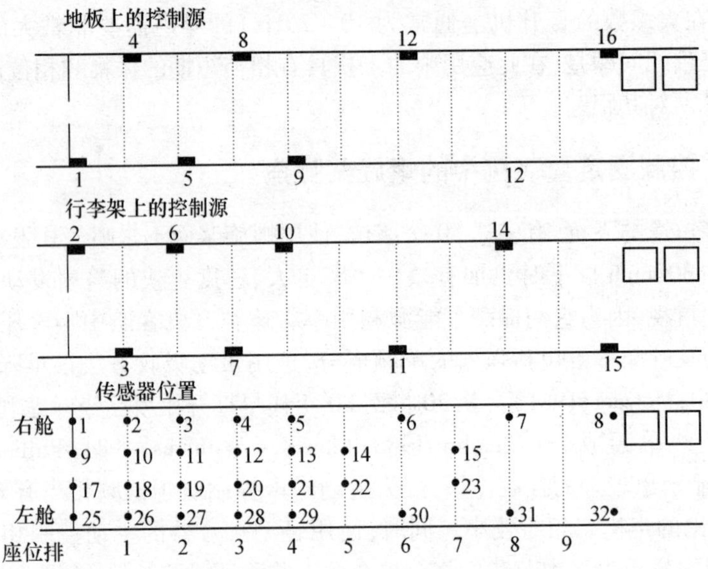


图 4.23　飞机客舱中扩音器的位置，地板上（上者）和行李架上（中间），以及拾音器（下者），所有均布置在座位的头部高度。客舱（图的右部）的后部阴影框图表示控制系统的位置

4.2 所示，而且在此例中每个拾音器处的分立的均方压也得到了降低。在图 4.24 中任意拾音器位置的最大压力减小了大约 11dB。

在第二和第三个谐波上，拾音器信号的平方和的衰减多少小于在桨叶基频上可获得的衰减。这反映出机舱内这些更高频率上的声场更加复杂，如第 1 章所讨论的，这也使得声场更加难以控制。通过移动扩音器使其在螺旋桨飞机上成圆周形排列，在飞机的前部，在第二和第三谐波上如表 4.2 所示可以取得更大的衰减。这种改进是通过使次级扩音器更加匹配螺旋桨导致的机身振动获得，即在源头进行控制，使其不辐射进客舱。然而，在这些更高频率上表示误差拾音器的输出时要多加小心，因为声场更复杂可以更容易在误差拾音器处使声压量级降低，而客舱其余位置的声压仍保持较高水平。较新的飞行试验包括使用分散的监视拾音器，其没有用于主动控制系统中最小化的性能函数中，从而可获得独立衰减测量结果（Borchers 等人，1994）。

表 4.2　在对 BAe748 飞机的飞行测试中，16 个扩音器和 32 个拾音器的控制系统，测量得到的 32 个控制拾音器的平方和输出的能级的变化

| | | $\Delta I$(dB) | | |
|---|---|---|---|---|
| 方案 | 螺旋桨 | 88Hz | 176Hz | 264Hz |
| 扩音器分布在整个机舱内 | 左舷 | −13.8 | −7.1 | −4.0 |
| | 右舷 | −10.9 | −4.9 | −4.8 |

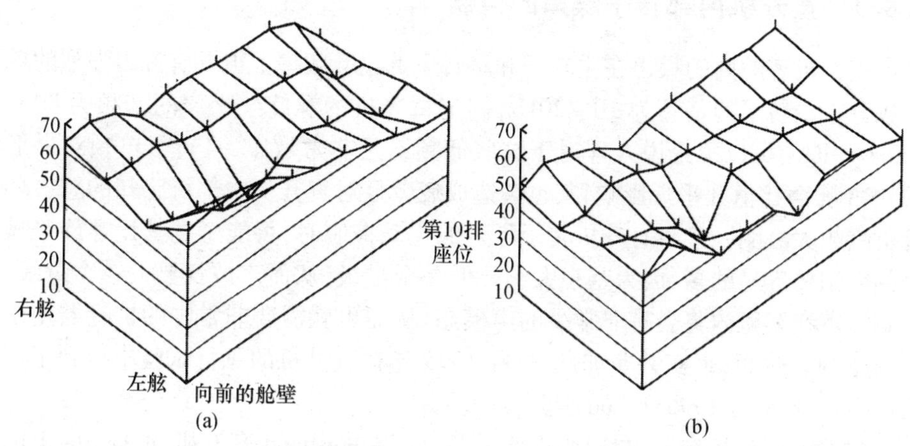


图4.24　如图4.23所阐述的控制系统施加作用前(a)和后(b)的在32个控制拾音器处测量得到88Hz上的正则化的噪声能级分布

当两个螺旋桨连在一起时，飞机控制系统在稳定巡航条件下不需要响应非常迅速，但这对于飞机上使用的飞行试验也是不可能的。如表4.2所示为一个螺旋桨的转速为14200rpm，而另一个螺旋桨降低到12700时（从而其对声场的贡献可以被控制系统忽略）得到的结果。当两个螺旋桨的转速接近时，两个螺旋桨产生的声场搅和在一起，且自适应算法的振幅跟踪特性使得控制系统可以跟随这些节拍，即使它们每秒没有快至超过2个节拍。在整个A－weighted声压级上的衰减在此三个谐波下主动控制系统可获得高达7dB的衰减（Elliott等人，1990）。这些策略包括一个与频率有关的A－weighted函数以解释对人耳的响应（Kinsler等人，1982）。

由于早期的工作显示出使用扩音器主动控制内部螺旋桨噪声的有效性，从而开发了大量的商业系统（Emborg和Ross，1993；Billout等，1995），且现在已用在大量的飞机上。代替扩音器作为次级源的是使用结构作动器粘贴在机身上以产生次级声场。它们相比扩音器有大量的优点，因为它们既可以减小机身的振动，也可以降低飞机内部的噪声。也可以在飞机制造的过程中将作动器集成进去，因为将不需要在装饰板上安装扩音器。早期在机身上使用压电作动器（Fuller，1985）显示出对于有效声控制或许只需要相对较少的作动器。较新的系统使用安装在飞机框架上的惯性电磁作动器（Ross和Purver，1997），或者是使用主动调谐共振机械系统（Fuller等人，1995；Fuller，1997）用以在机身的桨叶基频及其谐波上取得更加有效的机械激励。

### 4.8.3 直升机内部转子噪声的控制

直升机客舱内的噪声在主转子和尾转子的桨叶频率上也具有许多强烈的单频成分。主转子的基频为10~20Hz，固定翼飞机的螺旋桨噪声的基频为80~160Hz。即使可以争论说人耳对于这些低频不是非常敏感，且转子单频对一般的dBA噪声比值几乎无影响，其也会造成疲劳且对直升机内部可感知的恶劣环境贡献颇大。刚一接触直升机转子噪声的主动控制时，可能感觉其比螺旋桨噪声的控制要容易的多，因为基频大约要低一个量级，从而声波长要大一个量级。这意味着在客舱内将会有非常少的声模态，从而也就需要非常少的扩音器用于主动控制。然而，事实并非如此，这在1995年在直升机的飞行试验中得到了证实(Boucher等人，1996；Elliott等人，1997)。

这些飞行试验包括在EH101直升机、GKN Westland直升机和Agusta上的试验。同样是使用自适应前馈系统，有16个扩音器和32个拾音器。EH101是一种大型飞机，可以搭载16名乘客，客舱的尺寸为6m×2m×2m。即使预期在低频实现有效的控制可以使用更少的变换器，开始试验时，全部通道均是开通的，接着使用计算机仿真分析测试结果预测在所关心的每个频率取得良好控制作用所需的扩音器数目和尺寸。控制系统在主转子桨叶频率的前三个谐波，即17.5Hz、35Hz和52.5Hz，以及尾部转子的前两个谐波，即63.4Hz和126.8Hz进行测试。表4.3为直升机飞行速度120节时使用全部16个扩音器和32个拾音器获得的测量结果。同样显示的还有利用16个扩音器预测可获得的衰减，在每个周期均使用精确最小二乘法，对次级源的强度没有限制，如对飞行试验中记录的数据的计算。

当使用精确最小二乘法时，可以看到在多数频率下测量的结果有非常显著的改进。这种改进大部分是由于在精确最小二乘法计算中使用16个扩音器产生非常大的体积速度的能力，部分是由于实际的控制系统难以跟踪转子造成不稳定的声场。直升机转子噪声的振幅和相位相比固定翼中的情况变化要快速得多。这被认为是由于直升机转子周围的再循环紊流气体产生的，将导致噪声产生机制的随机调制(Elliott等人，1997)。例如，图4.25为在飞行试验中尾部转子63Hz时的短期噪声均值。控制系统3秒后施加作用，但是可以看到无论是控制前还是控制后均有非常大、迅速的变化。

同样计算了减小扩音器和拾音器数目时的控制性能，其中变换器的位置使用第8章介绍的指导随机算法求得。16个拾音器和8个扩音器的组合下的结果示于表4.3中，扩音器被约定为最大声体积速度相当于200mm直径和10mm落差的扩音器的体积速度。在所有关注的频率下预测可得到有用的衰减，但令人奇怪的是,在更低的频率上则需要多达8个扩音器达到可接受的性能。这主要是由于直升机机身的壁的声特性,因为其轻型和平面型构造,其在低频时几乎变得声透明。这有两个不利的影响:第一,控制系统试图去控制的初级声场变得主要由外部声场控制,这是每个转子的近声场中的一种复杂的干涉模式,代替由具有一些显著模态的封闭模态声场主导的模式;第二,用于产生对消场的次级扩音器体积速度将比真正的封闭体积内所需的大得多,因为声共振所固有的放大能力消失了。

表4.3　针对大型直升机的飞行测试,使用原型主动控制系统在32个拾音器处测量得到的压力的平方和的能级衰减,以及使用飞行测试中测量得到的数据,使用16个扩音器和8个实际尺寸的扩音器的控制系统预测得到的衰减的总结

| 单频的频率 | 飞行中的测量衰减 /dB | 使用16个大扩音器的预测衰减 /dB | 使用8个实际大小的扩音器的衰减 /dB |
|---|---|---|---|
| 17.5 | 3 | 19 | 10 |
| 35 | 5.5 | 20 | 17 |
| 52.5 | 7 | 11 | 10 |
| 63 | 12 | 19 | 16.5 |
| 126 | 4 | 4 | 4 |

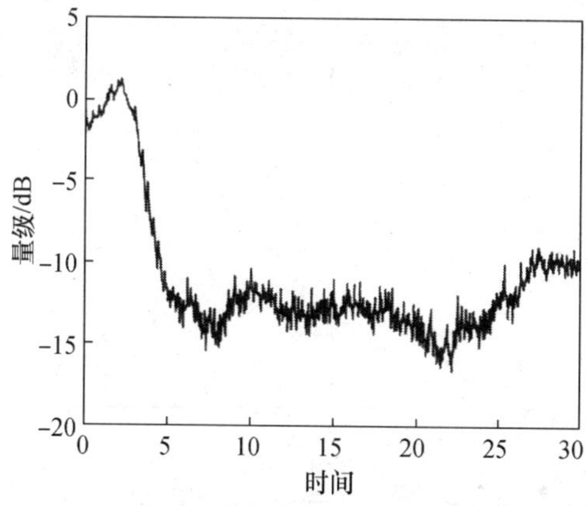


图4.25　针对大型直升机在频率63Hz处的飞行测试在拾音器处记录的信号的振幅的平方和时间曲线,主动控制系统在3s后开始作用

从而,主动控制直升机内部的声场通常面临比固定翼飞机中更大的挑战。然而,通过认真研究直升机控制问题,它们的影响可以量化而且可以预测不同控

制系统的性能。尤其和在自适应控制算法中一样可以在优化性能的计算中施加对有限的扩音器体积速度的约束,如前面所讨论的。从而对于不同的扩音器组合可以对性能作出预测,用以量化不同数量的扩音器得到的衰减。当使用 16 个扩音器和 32 个拾音器对 50 座的固定翼飞机内声场的单频成分进行控制得到好的衰减时,对于 16 座的直升机在类似的频率段内则仅需 8 个扩音器和 16 个拾音器。

# 第5章　多通道随机干扰的控制

## 5.1　引　言

本节将把多通道控制系统扩展到对随机干扰的控制。图5.1是一个控制大量不连续初级源产生的随机干扰的理想化的多通道主动控制系统。主动控制通过一系列的误差传感器测量初级源的波形，并将其通过控制滤波器矩阵对次级作动器进行控制达到控制误差传感器处的控制量的目的。系统中不连续初级源的数目可能多于参考传感器，从而可在误差传感器处获得精确的控制，因为误差传感器的输出通常仅与参考传感器的输出有关。

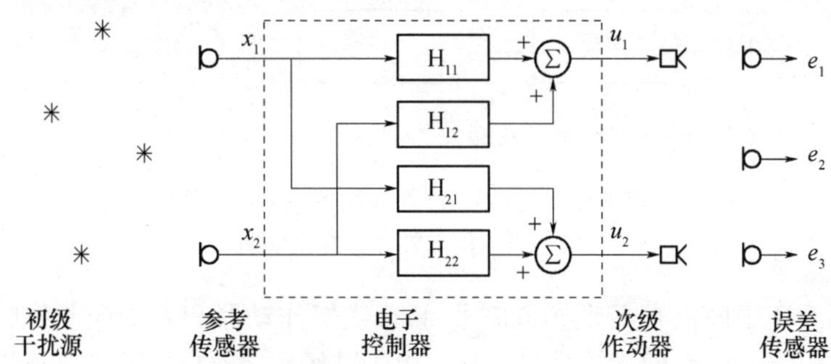


图5.1　前馈控制来自多个初级源的随机噪声的多通道系统的框图

### 5.1.1　一般方框图

图5.2为图5.1离散形式的多通道控制系统的一般方框图。图5.2中离散信号和图5.1中连续信号的关系已经在3.1节讨论过。包括从次级源经响应矩阵 $\boldsymbol{G}_s(z)$ 到参考传感器的声反馈。这些反馈通道可用控制系统内部的内部模型 $\hat{\boldsymbol{G}}_s(z)$ 表示。当模型是精确的，即 $\hat{\boldsymbol{G}}_s(z)=\boldsymbol{G}_s(z)$ 时，方框图变为纯前馈形式，如图5.3所示。在最优控制器的计算中，若我们假定反馈通道已经被完全对消，则问题变为求解纯前馈控制器 $\boldsymbol{W}(z)$。从而可计算得到完整控制器的响应矩阵，且反馈对消滤波器所使用的关系为

$$\boldsymbol{H}(z)[\boldsymbol{I}+\boldsymbol{W}(z)\hat{\boldsymbol{G}}_s(z)]^{-1}\boldsymbol{W}(z) \tag{5.1.1}$$

目前,假定系统是稳定的,在第 6 章将对多通道系统的稳定性进行更加广泛的讨论。实际上,在实时的控制器中或许不可能精确对消反馈通道,尤其当反馈通道的响应随时间变化时。从而自适应调整前馈控制器的问题将与第 7 章讨论的自适应调整反馈控制器的问题非常类似。

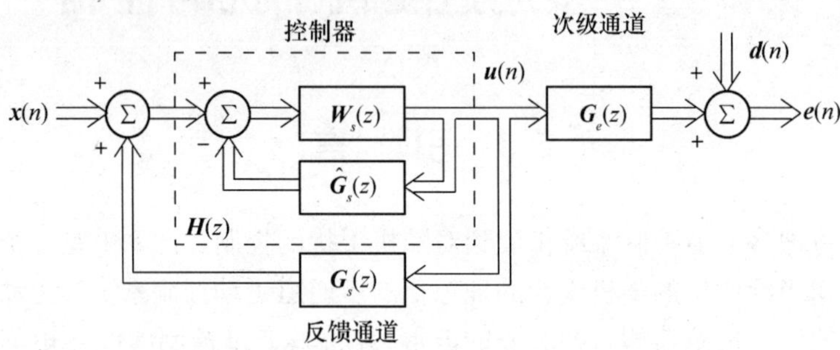


图 5.2　使用反馈对消结构实现控制器的多通道前馈控制系统的框图

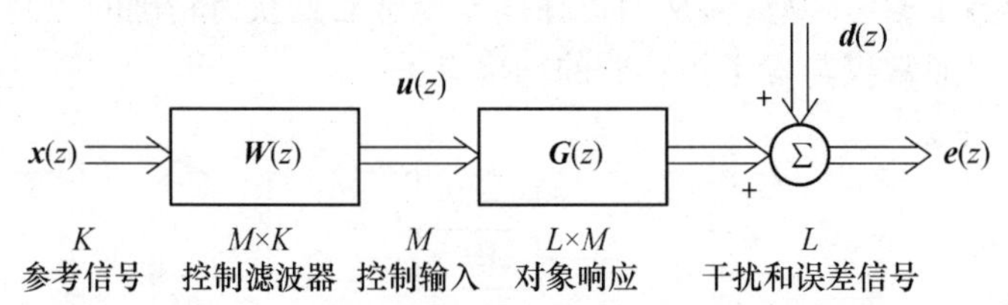


图 5.3　具有 $K$ 个参考信号、$M$ 个次级源和 $L$ 个误差传感器的一般多通道前馈控制系统的框图

在图 5.3 中假定有 $K$ 个参考信号,$M$ 个次级作动器和 $L$ 个误差传感器。同时在本章假定 $L>M$,即系统是过定的。由于已经假定对反馈通道进行了完全对消,则在图 5.3 及下面的讨论中仅需要次级通道 $\boldsymbol{G}_e(z)$;同时由于这是本章所需要的唯一系统响应,因此为了表示的简便,将其表示为 $\boldsymbol{G}(z)$。图 5.3 同时可用于阐释对确定性干扰进行控制的时域实现形式,其中参考信号通常为谐波频率上的正弦信号,如在第 3 章所讨论的。我们已经看到在此情况下,仅需要对此类信号的振幅和相位进行操作以产生控制输入;而且最重要的是,用于控制一个谐波参考信号的振幅和相位的控制滤波器组合同样可以经调整以最小化误差的平方和,而独立于控制其他谐波信号所需的控制滤波器调整操作,前提是系统是线性的。这种独立基于参考信号是正交的,即它们的时域乘积为零,而且其允许将对 $M \times K$ 控制滤波器矩阵的调整分解为对应每 $M$ 个控制滤波器的 $K$ 个独立的优化问题。与此确定性问题相反的是,随机参考信号通常与实际应用强烈相关,从而对 $M \times K$ 控制滤波器的调整必须视为一个耦合的最优化问题。即使

任意两个参考信号完全相关,两个参考信号也需要用于最小化误差,因为其中一个参考信号相比另一个参考信号可以在不同的频带上提供有关干扰的时间提前信息。

参考信号的性质使其与所考虑的特定应用有关。在本章的最后一节我们将讨论对汽车内部路面激励产生的噪声进行控制。在此应用中,参考信号通过位于慎重选择的车体上的加速度计获得。每个参考信号可对位于内部的拾音器测得的干扰提供一定的信息,但为获得有用的衰减必须使用大量的参考信号,发现单独使用一个参考信号并不能给出有用的衰减。对于以导管中的多个模态或结构中的多种振动传播的随机干扰需要使用多通道前馈控制器。

### 5.1.2 章节概要

为了解释在这些实际例子中所发现的现象,我们必须考虑问题的多个方面,在本章有如下的安排。5.2 节和 5.3 节主要讨论多通道随机情形中,无约束滤波器和因果约束、有限长滤波器的两种情况下最优维纳控制器的求解。5.4 节在时域使用 filtered – reference 或 filtered – error 算法实现对这种多通道控制器的自适应调整。5.5 节对导致 filtered – error LMS 算法慢收敛,即限制传统基于 LMS 算法的跟踪能力的原因进行系统性的改进。5.6 节使用 FFT 在变换域实现自适应算法。从而也可在频域实现多种提升多通道控制器收敛特性的方法,而且得到的自适应算法的最终结构与前面章节对确定性干扰进行控制时得到的结构非常相似。然而,不同之处在于不论是在频域还是在时域进行自适应调整,控制器都必须是因果性的;而且在得到自适应算法的过程中必须保证满足此条件。5.7 节对车内由轮胎经过不平坦路面而产生的随机噪声进行控制的多通道前馈控制系统进行了研究。测量得到的实时控制器的性能与使用离线最优滤波器对预先测得的车内噪声预测得到的结果相似。

## 5.2 时域最优控制器

在接下来的两节我们将得到,对随机信号进行控制的多通道控制器中一系列最小化误差平方和的期望的数字滤波器,即 $H_2$ 最优或维纳滤波器。将分别在本节的时域和下一节的频域进行讨论。我们假定系统有 $K$ 个部分相关的随机参考信号,$M$ 个次级作动器和 $L$ 个误差传感器。同样我们假设利用内模已将任意从作动器到传感器的声反馈对消掉,如图 5.2 所示,一般方框图如图 5.3 所示。

在此将以两种形式表示时域误差信号。第一,利用第 3 章单通道情形中用于得到最优控制器的 filtered - error 方法的一般形式。这种表示对于精确最小二乘滤波器可得到比较清晰的公式,即使解包括一些较大的矩阵。利用这种表示同样可以得到自适应调整控制滤波器所使用的 filtered - error LMS 算法的一般形式。第二种是第 2 章讨论的多通道电子滤波问题的扩展。不幸的是,这种方式并不能得到最优滤波器系数的显示表示,但其对于频域 $H_2$ 最优滤波器却给出了一种简单的形式,这将在接下来的篇幅中进行讨论,对于使用 filtered - error 算法自适应调整滤波器系数的内容的讨论将推迟到 5.4 节进行。

### 5.2.1 使用 filtered - reference 信号的公式

现在将基于 filtered - reference 信号得到误差向量的矩阵表达式(Elliott 等,1987;Nelson 和 Elliott,1992)。这种表达式允许显示表示将得到的最优滤波器系数向量。通常第 $l$ 个误差传感器信号 $\boldsymbol{e}_l(n)$ 可以表示为第 $l$ 个干扰 $\boldsymbol{d}_l(n)$ 及全部 $M$ 个次级作动器信号,$u_1(n),\cdots,u_M(n)$ 经系统响应中的对应元素滤波的和,即

$$\boldsymbol{e}_l(n) = \boldsymbol{d}_l(n) + \sum_{m=1}^{M}\sum_{j=0}^{J-1} g_{lmj}u_m(n-i) \tag{5.2.1}$$

其中,从第 $m$ 个作动器到第 $l$ 个传感器的系统脉冲响应可以利用系数为 $g_{lmj}$ 的 $J$ 阶 FIR 滤波器表示为任意精度。从第 $m$ 个作动器得到的信号由 $K$ 个参考信号 $x_1(n),\cdots,x_K(n)$ 的贡献和组成,其每个都经一个 $I$ 阶的 FIR 控制滤波器滤波,即

$$\boldsymbol{u}_m(n) = \sum_{k=1}^{K}\sum_{i=0}^{I-1} w_{mki}x_k(n-i) \tag{5.2.2}$$

从而,第 $l$ 个传感器的输出可以表示为四重和

$$\boldsymbol{e}_l(n) = \boldsymbol{d}_l(n) + \sum_{m=1}^{M}\sum_{j=0}^{J-1}\sum_{k=1}^{K}\sum_{i=0}^{I-1} g_{lmj}w_{mki}x_k(n-i-j) \tag{5.2.3}$$

假设这些滤波器均是时不变的,则通过重新整理参考信号的滤波序列可得到误差信号的矩阵表达式,即可以写为

$$\boldsymbol{e}_l(n) = \boldsymbol{d}_l(n) + \sum_{m=1}^{M}\sum_{k=1}^{K}\sum_{i=0}^{I-1} w_{mki}r_{lmk}(n-i) \tag{5.2.4}$$

其中,LMK filtered - reference 信号为

$$r_{lmk}(n) = \sum_{J=0}^{J-1} g_{lmj}x_k(n-j) \tag{5.2.5}$$

式(5.2.4)的内积可以表示为向量形式

$$\boldsymbol{e}_l(n) = \boldsymbol{d}_l(n) + \sum_{i=0}^{I-1} \boldsymbol{w}_i^{\mathrm{T}} \boldsymbol{r}_l(n-i) \tag{5.2.6}$$

其中

$$\boldsymbol{w}_i = [w_{11i} w_{12i} \cdots w_{1ki} w_{21i} \cdots w_{MKi}]^{\mathrm{T}} \tag{5.2.7}$$

和

$$\boldsymbol{r}_l(n) = [r_{l11}(n) r_{l12}(n) \cdots r_{l1K}(n) r_{l21}(n) \cdots r_{lMK}(n)]^{\mathrm{T}} \tag{5.2.8}$$

全部 $L$ 个误差信号的向量为

$$\boldsymbol{e}(n) = [e_1(n) \cdots e_L(n)]^{\mathrm{T}} \tag{5.2.9}$$

现在干扰的向量形式为

$$\boldsymbol{d}(n) = [d_1(n) \cdots d_L(n)]^{\mathrm{T}} \tag{5.2.10}$$

全部次级源的贡献为

$$\boldsymbol{e}(n) = \boldsymbol{d}(n) + \boldsymbol{R}(n)\boldsymbol{w} \tag{5.2.11}$$

其中

$$\boldsymbol{R}(n) = \begin{bmatrix} r_1^{\mathrm{T}}(n) & r_1^{\mathrm{T}}(n-1) & \cdots & r_1^{\mathrm{T}}(n-I+1) \\ r_2^{\mathrm{T}}(n) & r_2^{\mathrm{T}}(n-1) & & \\ \vdots & & & \\ r_L^{\mathrm{T}}(n) & r_L^{\mathrm{T}}(n-1) & \cdots & r_L^{\mathrm{T}}(n-I+1) \end{bmatrix} \tag{5.2.12}$$

包括全部 MKI 个控制滤波器系数的向量定义为

$$\boldsymbol{w} = [w_0^{\mathrm{T}} w_1^{\mathrm{T}} \cdots w_{l-1}^{\mathrm{T}}]^{\mathrm{T}} \tag{5.2.13}$$

利用误差信号向量的这种矩阵表示形式,我们可以计算最优、维纳滤波器的系数。最小化误差信号平方和的期望的性能函数可以写为

$$J = E[\boldsymbol{e}^{\mathrm{T}}(n)\boldsymbol{e}(n)] = \boldsymbol{w}^{\mathrm{T}} E[\boldsymbol{R}^{\mathrm{T}}(n)\boldsymbol{R}(n)]\boldsymbol{w} + 2\boldsymbol{w}^{\mathrm{T}} E[\boldsymbol{R}^{\mathrm{T}}(n)\boldsymbol{d}(n)] + E[\boldsymbol{d}^{\mathrm{T}}(n)\boldsymbol{d}(n)] \tag{5.2.14}$$

当 $E[\boldsymbol{R}^{\mathrm{T}}(n)\boldsymbol{R}(n)]$ 正定时,控制滤波器系数 $\boldsymbol{w}$ 的二次函数具有全局唯一解。这个矩阵正定的条件对应于第2章讨论的持续激励的一般形式。当控制滤波器系数为

$$w_{\mathrm{opt}} = -\{E[\boldsymbol{R}^{\mathrm{T}}(n)\boldsymbol{R}(n)]\}^{-1} E[\boldsymbol{R}^{\mathrm{T}}(n)\boldsymbol{d}(n)] \tag{5.2.15}$$

可得到性能函数的最小值为

$$J_{\min} = E[\boldsymbol{d}^{\mathrm{T}}(n)\boldsymbol{d}(n)] - E[\boldsymbol{d}^{\mathrm{T}}(n)\boldsymbol{R}(n)]\{E[\boldsymbol{R}^{\mathrm{T}}(n)\boldsymbol{R}(n)]\}^{-1} E[\boldsymbol{R}^{\mathrm{T}}(n)\boldsymbol{d}(n)] \tag{5.2.16}$$

此时必须翻转 $MKI \times MKI$ 矩阵 $E[\boldsymbol{R}^{\mathrm{T}}(n)\boldsymbol{R}(n)]$ 计算 $w_{opt}$ 或 $J_{\min}$，当大量的参考信号经具有大量系数的控制滤波器滤波，驱动大量的次级作动器时，这个矩阵的阶次会非常高。例如，当系统有 6 个参考信号，4 次级作动器，每个滤波器有 128 个系数时，则待翻转的矩阵具有 3072 × 3072 个元素。幸运的是，当 $\boldsymbol{r}(n)$ 中的元素按照式(2.2.8)整理时，$E[\boldsymbol{R}^{\mathrm{T}}(n)\boldsymbol{R}(n)]$ 具有 Toeplitz 块的形式(Neson 等，1990)，正如式(2.5.16)表示的多通道电子滤波问题，可使用迭代的方法求系数的逆(例子可见 Robinson，1978)。

## 5.2.2 使用脉冲响应矩阵的表达式

图 5.3 中 $L$ 个误差信号的时谐波向量可以表示为

$$\boldsymbol{e}(n) = \boldsymbol{d}(n) + \sum_{j=0}^{J-1} \boldsymbol{G}_j \boldsymbol{u}(n-j) \tag{5.2.17}$$

式中：$\boldsymbol{G}_j$ 为每个作动器和传感器(假定均是稳定的)之间系统脉冲响应函数的第 $j$ 个系数的 $L \times M$ 矩阵，$u(n)$ 为 $M$ 个控制信号向量，即作动器的输入信号。控制信号向量同样可以表示为

$$\boldsymbol{u}(n) = \sum_{i=0}^{I-1} \boldsymbol{W}_i \boldsymbol{x}(n-j) \tag{5.2.18}$$

式中：$W_i$ 是 FIR 控制器矩阵的第 $i$ 个系数的 $M \times K$ 矩阵，$x(n)$ 为 $K$ 个参考信号向量。从而误差信号向量等于

$$\boldsymbol{e}(n) = \boldsymbol{d}(n) + \sum_{j=0}^{J-1} \sum_{i=0}^{I-1} \boldsymbol{G}_j \boldsymbol{W}_i \boldsymbol{x}(n-i-j) \tag{5.2.19}$$

在此假设待最小化的性能函数等于误差信号的平方和的期望，接着使用 2.4 节讨论的多通道电子滤波问题，性能函数可以表示为

$$J = \operatorname{trace}\{E[\boldsymbol{e}(n)\boldsymbol{e}^{\mathrm{T}}(n)]\} \tag{5.2.20}$$

使用式(5.2.19)，式(5.2.20)中外积的期望可以写为

$$E[\boldsymbol{e}(n)\boldsymbol{e}^{\mathrm{T}}(n)] = \boldsymbol{R}_{dd}(0) + \sum_{j=0}^{J-1} \sum_{i=0}^{I-1} \boldsymbol{G}_j \boldsymbol{W}_i \boldsymbol{R}_{xd}^{\mathrm{T}}(i+j) + \sum_{j=0}^{J-1} \sum_{i=0}^{I-1} \boldsymbol{R}_{xd}(i+j) \boldsymbol{W}_i^{\mathrm{T}} \boldsymbol{G}_j^{\mathrm{T}} + \sum_{j=0}^{J-1} \sum_{i=0}^{I-1} \sum_{i'=0}^{I-1} \sum_{j'=0}^{J-1} \boldsymbol{G}_j \boldsymbol{W}_i \boldsymbol{R}_{xx}(i'+j'-i-j) \boldsymbol{W}_{i'}^{\mathrm{T}} \boldsymbol{G}_{j'}^{\mathrm{T}} \tag{5.2.21}$$

其中，参考信号和干扰间的 $L \times K$ 互相关矩阵定义为

$$\boldsymbol{R}_{xd}(m) = E[\boldsymbol{d}(n+m)\boldsymbol{x}^{\mathrm{T}}(n)] \tag{5.2.22}$$

参考信号间的自相关和互相关 $K \times K$ 矩阵的定义为

$$\boldsymbol{R}_{xx}(m) = E[\boldsymbol{x}(n+m)\boldsymbol{x}^{\mathrm{T}}(n)] \tag{5.2.23}$$

$\boldsymbol{R}_{dd}(0)$也是类似定义的。

使用附录中概括的规则求矩阵的迹关于矩阵某一个元素的导数,性能函数关于控制器系数第 $i$ 个矩阵元素 $W_i$ 的导数为

$$\frac{\partial J}{\partial \boldsymbol{W}_i} = 2\left[\sum_{j=0}^{J-1} \boldsymbol{G}_j^{\mathrm{T}} \boldsymbol{R}_{xd}(i+j) + \sum_{j=0}^{J-1}\sum_{j'=0}^{J-1}\sum_{i'=0}^{I-1} \boldsymbol{G}_j^{\mathrm{T}} \boldsymbol{G}_{j'} \boldsymbol{W}_{i'} \boldsymbol{R}_{xx}(i+j-i'-j')\right] \tag{5.2.24}$$

通过将式(5.2.24)在 $i=0$ 到 $I-1$ 内置零,可以得到最优控制滤波器集合。而在多通道电子滤波器情形中得到的方程可用一个单矩阵表示,使用式(5.2.24)并没有简单的方法可以得到这种表示,此时这个方程不能用于得到时域中的最优控制器。

当误差信号和每个参考信号间的互相关函数矩阵定义如下时,可以得一个重要的结论

$$\boldsymbol{R}_{xe}(m) = E[\boldsymbol{e}(n+m)\boldsymbol{x}^{\mathrm{T}}(n)] \tag{5.2.25}$$

其可利用式(5.2.19)写为

$$\boldsymbol{R}_{xe}(m) = \boldsymbol{R}_{xd}(m) + \sum_{j=0}^{J-1}\sum_{i=0}^{I-1} \boldsymbol{G}_j \boldsymbol{W}_i \boldsymbol{R}_{xx}(m-i-j) \tag{5.2.26}$$

从而,性能函数关于控制滤波器第 $i$ 个矩阵的导数矩阵可以表示为

$$\frac{\partial J}{\partial \boldsymbol{W}_i} = 2\sum_{j=0}^{J-1} \boldsymbol{G}_j^{\mathrm{T}} \boldsymbol{R}_{xe}(i+j) \tag{5.2.27}$$

从而,一个具有无限长度的 $\boldsymbol{H}_2$ 最优因果滤波器必须满足的条件为

$$\sum_{j=0}^{\infty} \boldsymbol{G}_j^{\mathrm{T}} \boldsymbol{R}_{xe}(i+j) = 0 \quad i \geqslant 0 \tag{5.2.28}$$

注意式(5.2.28)并不表示 $\boldsymbol{R}_{xe}(m)$ 和 $\boldsymbol{G}_j^{\mathrm{T}}$ 的卷积,而是表示 $\boldsymbol{R}_{xe}(m)$ 和这个冲击响应的负的时间形式的卷积。

将式(5.2.28)中因果部分的 $z$ 变换置零,使用第 2 章介绍的表示方法的扩展形式,可以得到 $z$ 域的最优条件为

$$\{\boldsymbol{G}^{\mathrm{T}}(z^{-1})\boldsymbol{S}_{xe}(z)\}_{+} = 0 \tag{5.2.29}$$

式中:$\boldsymbol{G}(z)$为系统的传递函数矩阵,$\boldsymbol{S}_{xe}(z)$为 $\boldsymbol{R}_{xe}(m)$的 $z$ 变换,$\{\ \}_{+}$表示取函数的时域形式的因果部分。式(5.2.29)是接下来的章节得到频域中 $H_2$ 最优因果滤波器的一个方便起点。

## 5.3 变换域中的最优控制器

一般可在变换域表示最优控制器。首先将得到频域无任何约束的最优控制器,此时控制器不一定必须是因果的。然而,此时的控制器相对比较简单,与前面所讨论的使用确定性信号进行控制的控制器比较,可以得到一些有用的结论。使用多通道谱因子分解可得到 $z$ 域中有因果约束的滤波器矩阵。

### 5.3.1 无约束控制器

参考图 5.3,$L$ 个误差信号 $\boldsymbol{x}(e)$ 的傅里叶变换可以表示为变换干扰 $\boldsymbol{d}$,$L\times M$ 系统频率响应函数 $\boldsymbol{G}$,$M\times K$ 控制器频率响应函数矩阵 $\boldsymbol{W}$,以及 $K$ 个随机参考信号向量 $\boldsymbol{x}$ 的傅里叶变换形式

$$\boldsymbol{e}(\mathrm{e}^{j\omega T}) = \boldsymbol{d}(\mathrm{e}^{j\omega T}) + \boldsymbol{G}(\mathrm{e}^{j\omega T})\boldsymbol{W}(\mathrm{e}^{j\omega T})\boldsymbol{x}(\mathrm{e}^{j\omega T}) \tag{5.3.1}$$

其中,鉴于所有变量与($\mathrm{e}^{j\omega T}$)的显而易见关系,为表示的方便,在后文中将会省掉。

在本节,我们发现最小化性能函数的控制器响应矩阵等于误差平方和的期望,而且在所有的频率上均相互独立。从而没有将控制器约束为一定是因果的。每个频率上的性能函数可以表示为另一种形式

$$J = E(\boldsymbol{e}^{\mathrm{H}}\boldsymbol{e}) = \mathrm{trace}E(\boldsymbol{e}\boldsymbol{e}^{\mathrm{H}}) \tag{5.3.2,5.3.3}$$

其中,$E$ 指期望操作。

式(5.3.3)表示性能函数的外积和迹的表示形式被用在 2.4 节的多通道电子滤波器中,在此也给出了最为方便的分析方法(Elliott 和 Rafaely,1997)。若使用式(5.3.2)所表示的内积形式的性能函数进行分析,则可得到完全相同的结果,却不容易推广到因果情形中。

使用式(5.3.1),式(5.3.3)所给出的性能函数可以写为

$$J = \mathrm{trace}E(\boldsymbol{GWxx}^{\mathrm{H}}\boldsymbol{W}^{\mathrm{H}}\boldsymbol{G}^{\mathrm{H}} + \boldsymbol{GWxd}^{\mathrm{H}} + \boldsymbol{dx}^{\mathrm{H}}\boldsymbol{W}^{\mathrm{H}}\boldsymbol{G}^{\mathrm{H}} + \boldsymbol{dd}^{\mathrm{H}}) \tag{5.3.4}$$

仅需要对式(5.3.4)的随机部分,包括 $\boldsymbol{x}$ 和 $\boldsymbol{d}$,进行期望运算。可以很方便地将参考信号的功率和互谱密度定义为 $K\times K$ 矩阵,即

$$\boldsymbol{S}_{xx} = E[\boldsymbol{xx}^{\mathrm{H}}] \tag{5.3.5}$$

干扰和参考信号间的互谱密度 $K\times K$ 矩阵为

$$\boldsymbol{S}_{xd} = E[\boldsymbol{dx}^{\mathrm{H}}] \tag{5.3.6}$$

干扰信号的功率加上互谱密度 $L\times L$ 矩阵为

$$\boldsymbol{S}_{dd} = E[\boldsymbol{d}\boldsymbol{d}^{\mathrm{H}}] \tag{5.3.7}$$

其中,所有项均被称为谱密度矩阵。注意 $\boldsymbol{S}_{xd}$ 的定义与 Bendat 和 Piersol (1986)的使用有少许的不同,如附录 A.5 节所讨论的。

式(5.3.4)所表示的性能函数可以写为

$$J = \mathrm{trace}[\boldsymbol{G}\boldsymbol{W}\boldsymbol{S}_{xx}\boldsymbol{W}^{\mathrm{H}}\boldsymbol{G}^{\mathrm{H}} + \boldsymbol{G}\boldsymbol{W}\boldsymbol{S}_{xd}^{\mathrm{H}} + \boldsymbol{S}_{xd}\boldsymbol{W}^{\mathrm{H}}\boldsymbol{G}^{\mathrm{H}} + \boldsymbol{S}_{dd}] \tag{5.3.8}$$

为得到每个频率对应的最优控制器,我们求式(5.3.8)关于 $\boldsymbol{W}$ 的实部和虚部 $\boldsymbol{W}_R$ 和 $\boldsymbol{W}_I$,的导数,使用附录中得到的规则有

$$\frac{\partial J}{\partial \boldsymbol{W}_R} + j\frac{\partial J}{\partial \boldsymbol{W}_I} = 2(\boldsymbol{G}^{\mathrm{H}}\boldsymbol{G}\boldsymbol{W}\boldsymbol{S}_{xx} + \boldsymbol{G}^{\mathrm{H}}\boldsymbol{S}_{xd}) \tag{5.3.9}$$

现在可以通过将式(5.3.9)中的复数导数矩阵置零得到无约束的控制器的最优矩阵的频率响应。假设在 $\boldsymbol{G}^{\mathrm{H}}\boldsymbol{G}$ 和 $\boldsymbol{S}_{xx}$ 均正定的情况下,性能函数具有全局最小值,从而也就非奇异,从而最优无约束的控制器可以表示为

$$\boldsymbol{W}_{opt} = -[\boldsymbol{G}^{\mathrm{H}}\boldsymbol{G}]^{-1}\boldsymbol{G}^{\mathrm{H}}\boldsymbol{S}_{xd}\boldsymbol{S}_{xx}^{-1} \tag{5.3.10}$$

这就是我们要寻找的主要结果。若可测量或已知系统的频率响应矩阵 $\boldsymbol{G}$,以及式(5.3.5)和式(5.3.6)中的谱密度矩阵 $\boldsymbol{S}_{xx}$ 和 $\boldsymbol{S}_{xd}$,则在每个频率下均可计算得到最优控制器矩阵。对于最小化包括均方控制作用和均方差的性能函数的控制器可得到相似的表达式,此时矩阵 $\boldsymbol{G}^{\mathrm{H}}\boldsymbol{G}$ 在翻转之前通过一个对角矩阵进行调整。此类作用加权除了使得数值上计算最优控制器更加容易外,同样可以缩短最优滤波器冲击响应的持续时间,这对于处理离散频域中的响应,降低圆周卷积的影响非常重要(Kirkeby 等,1998)。这个表达式同样可以扩展到包括与频率有关的误差加权矩阵(Minkoff,1997)。可以使用 $\boldsymbol{G}$ 的伪逆代替 $[\boldsymbol{G}^{\mathrm{H}}\boldsymbol{G}]^{-1}\boldsymbol{G}^{\mathrm{H}}$ 得到式(5.3.10)的更一般形式,这将允许在某些频率上 $\boldsymbol{G}^{\mathrm{H}}\boldsymbol{G}$ 的条件变得较差,类似地,可以使用 $\boldsymbol{S}_{xx}$ 的伪逆代替 $\boldsymbol{S}_{xx}^{-1}$,同样允许参考信号矩阵的条件在某些频率上变得较差。

若我们考虑一种特殊情况,标量参考信号在单频 $\omega_0$ 下的振幅为 1,则式(5.3.10)仅在 $\omega_0$ 处有定义,从而 $\boldsymbol{S}_{xx}$ 为等于 1 的标量,$\boldsymbol{S}_{dx}$ 为等于 $d(\omega_0)$ 的向量。从而式(5.3.10)简化为式(4.2.6)所表示的单频参考信号下控制信号向量的最优过定解。

同样地,我们可以将参考信号到误差信号的初级通道的最小二乘估计定义为

$$\boldsymbol{P} = \boldsymbol{S}_{xd}\boldsymbol{S}_{xx}^{-1} \tag{5.3.11}$$

如图 5.2 所示的完整的最优前馈控制器包括一个精确的反馈对消通道,$\hat{\boldsymbol{G}}_s =$

$\boldsymbol{G}_s$,且所具有的频率响应矩阵为

$$\boldsymbol{H}_{opt} = [\boldsymbol{I} + \boldsymbol{W}_{opt}\boldsymbol{G}_s]^{-1}\boldsymbol{W}_{opt} \tag{5.3.12}$$

使用式(5.3.10)表示 $\boldsymbol{W}_{opt}$ 以及利用式(5.3.11),$\boldsymbol{H}_{opt}$ 也可表示为

$$\boldsymbol{H}_{opt} = [\boldsymbol{G}_e^{\mathrm{H}}\boldsymbol{P}\boldsymbol{G}_s - \boldsymbol{G}_e^{\mathrm{H}}\boldsymbol{G}_e]^{-1}\boldsymbol{G}_e^{\mathrm{H}}\boldsymbol{P} \tag{5.3.13}$$

其中,在图5.2中 $\boldsymbol{G}_e$ 等于式(5.3.10)中的 $\boldsymbol{G}$。式(5.3.13)与在前面确定性干扰情形中得到的结果完全一样[Elliott 和 Nelson(1985b)]。

通过将式(5.3.10)代入到式(5.3.8)中,以及使用 trace($\boldsymbol{AB}$) = trace($\boldsymbol{BA}$)可以得到性能函数最小可能解的表达式

$$J_{\min} = \mathrm{trace}[S_{dd} - \boldsymbol{S}_{xd}\boldsymbol{S}_{xx}^{-1}\boldsymbol{S}_{xd}^{\mathrm{H}}\boldsymbol{G}(\boldsymbol{G}^{\mathrm{H}}\boldsymbol{G})^{-1}\boldsymbol{G}^{\mathrm{H}}] \tag{5.3.14}$$

注意,当系统的次级作动器和误差传感器的数目相等时,$\boldsymbol{G}$ 是方阵而且 $\boldsymbol{G}(\boldsymbol{G}^{\mathrm{H}}\boldsymbol{G})^{-1}\boldsymbol{G}^{\mathrm{H}}$ 等于单位阵。此时,性能函数最小值的表达式变得与系统响应无关,仅与参考和干扰信号的互相关特性有关(Minkoff,1997)。

在单个次级作动器、误差传感器($L = M = 1$)以及多个参考信号($K > 1$)的特殊情形中,$\boldsymbol{G}$ 变为标量而且 $\boldsymbol{G}(\boldsymbol{G}^{\mathrm{H}}\boldsymbol{G})^{-1}\boldsymbol{G}^{\mathrm{H}}$ 等于1。此时 $\boldsymbol{S}_{dd}$ 与 $\boldsymbol{S}_{xd}\boldsymbol{S}_{xx}^{-1}\boldsymbol{S}_{xd}^{\mathrm{H}}$ 同样为标量,从而可以省略式(5.3.14)中的迹运算,性能函数中的分式简化为

$$\frac{J_{\min}}{J_p} = 1 - \frac{\boldsymbol{S}_{xd}\boldsymbol{S}_{xx}^{-1}\boldsymbol{S}_{xd}^{\mathrm{H}}}{\boldsymbol{S}_{dd}} = 1 - \gamma_{x.d}^2 \tag{5.3.15}$$

其中,$J_P = \boldsymbol{S}_{dd}$ 为控制前的性能函数,$\gamma_{x.d}^2$ 为 $K$ 个参考信号和单个干扰信号间的多重相干函数(例子可见 Newland,1993)。

## 5.3.2 因果约束控制器

我们现在考虑将控制器约束为因果性。我们已经看到因果控制器必须满足式(5.2.28)所给出的时域方程。在 $z$ 域,正如在式(5.2.29)中,此条件可以表示为

$$\{\boldsymbol{G}^{\mathrm{T}}(z)\boldsymbol{S}_{xe}(z)\}_+ = 0 \tag{5.3.16}$$

式中:$\boldsymbol{S}_{xe}(z)$ 为 $\boldsymbol{R}_{xe}(m)$ 的 $z$ 变换,服从附录 A.5 节所列出的条件,可以表示为

$$\boldsymbol{S}_{xe}(z) = E[\boldsymbol{e}(z)\boldsymbol{x}^{\mathrm{T}}(z^{-1})] \tag{5.3.17}$$

注意:$\boldsymbol{G}^{\mathrm{T}}(z^{-1})$ 表示稳定系统冲击响应时间上相反的 $z$ 变换和转置矩阵,且有时称为矩阵 $\boldsymbol{G}(z)$ 的伴随阵(Grimble 和 Johnson,1988;Wan,1996),但这可能跟附录 A.3 节定义的常矩阵的经典伴随阵产生混淆。因为

$$\boldsymbol{e}(z) = \boldsymbol{d}(z) + \boldsymbol{G}(z)\boldsymbol{W}(z)\boldsymbol{x}(z) \tag{5.3.18}$$

则

$$\boldsymbol{S}_{xe}(z)=\boldsymbol{S}_{xd}(z)+\boldsymbol{G}(z)\boldsymbol{W}(z)\boldsymbol{S}_{xx}(z) \tag{5.3.19}$$

其中

$$\boldsymbol{S}_{xd}(z)=E[\boldsymbol{d}(z)\boldsymbol{x}^{\mathrm{T}}(z^{-1})] \tag{5.3.20}$$

为 $\boldsymbol{R}_{xd}(m)$ 的 $z$ 变换，和

$$\boldsymbol{S}_{xx}(z)=E[\boldsymbol{x}(z)\boldsymbol{x}^{\mathrm{T}}(\boldsymbol{x}^{-1})] \tag{5.3.21}$$

为 $\boldsymbol{R}_{xx}(m)$ 的 $z$ 变换，期望运算正如在附录 A.5 节所阐述的，在部分时间变化曲线的 $z$ 变换上进行。

从而，可以使用式(5.3.16)和式(5.3.19)将因果滤波器 $\boldsymbol{W}_{opt}(z)$ 最优矩阵的条件表示为

$$\{\boldsymbol{G}^{\mathrm{T}}(z^{-1})\boldsymbol{S}_{xd}(z)+\boldsymbol{G}^{\mathrm{T}}(z^{-1})\boldsymbol{G}(z)\boldsymbol{W}_{opt}\boldsymbol{S}_{xx}(z)\}_{+}=0 \tag{5.3.22}$$

如在 2.4 节所阐述的，此时，将参考信号的谱密度矩阵表示为其谱因子的形式

$$\boldsymbol{S}_{xx}(z)=\boldsymbol{F}(z)\boldsymbol{F}^{\mathrm{T}}(z^{-1}) \tag{5.3.23}$$

其中，$\boldsymbol{F}(z)$ 和 $\boldsymbol{F}^{-1}(z)$ 都是稳定和因果的。

我们同样可以将系统响应的 $L\times M$ 矩阵 $\boldsymbol{G}(z)$ 分解为全通和最小相成分(Morari 和 Zafiriou，1989)，即

$$\boldsymbol{G}(z)=\boldsymbol{G}_{all}(z)\boldsymbol{G}_{\min}(z) \tag{5.3.24}$$

其中，假设 $L\times M$ 全通矩阵具有如下性质

$$\boldsymbol{G}_{all}^{\mathrm{T}}(z^{-1})\boldsymbol{G}_{all}(z)=\boldsymbol{I} \tag{5.3.25}$$

从而

$$\boldsymbol{G}^{\mathrm{T}}(z^{-1})\boldsymbol{G}(z)=\boldsymbol{G}_{\min}^{\mathrm{T}}(z^{-1})\boldsymbol{G}_{\min}(z) \tag{5.3.26}$$

其中，$\boldsymbol{G}_{\min}(z)$ 为对应系统响应最小相成分的 $M\times M$ 矩阵，从而具有稳定的因果逆。假定矩阵 $\boldsymbol{G}^{\mathrm{T}}(z^{-1})\boldsymbol{G}(z)$ 满足谱分解存在的条件，如 2.4 节所讨论的，则式(5.3.26)的分解具有与式(5.3.23)的分解类似的形式。从而可从 $\boldsymbol{G}(z)$ 和 $\boldsymbol{G}_{\min}(z)$ 计算得到全通部分，即

$$\boldsymbol{G}_{all}(z)=\boldsymbol{G}(z)\boldsymbol{G}_{\min}^{-1}(z) \tag{5.3.27}$$

从而

$$\boldsymbol{G}_{all}^{\mathrm{T}}(z^{-1})=\boldsymbol{G}_{\min}^{-\mathrm{T}}(z^{-1})\boldsymbol{G}^{\mathrm{T}}(z^{-1}) \tag{5.3.28}$$

其中，为了表示的紧凑，将 $[\boldsymbol{G}_{all}^{\mathrm{T}}(z^{-1})]^{\mathrm{T}}$ 写为 $\boldsymbol{G}_{\min}^{-\mathrm{T}}(z^{-1})$。

现在，使用类似的表示方法，可将最优因果滤波器的条件式(5.3.22)表示为

$$\{\boldsymbol{G}_{\min}^{-\mathrm{T}}(z^{-1})[\boldsymbol{G}_{\min}^{-\mathrm{T}}(z^{-1})\boldsymbol{G}^{\mathrm{T}}(z^{-1})\boldsymbol{S}_{xd}(z)\boldsymbol{F}^{-\mathrm{T}}(z^{-1}) + \boldsymbol{G}_{\min}(z)\boldsymbol{W}_{opt}(z)\boldsymbol{F}(z)]\boldsymbol{F}^{\mathrm{T}}(z)\}_{+} = 0 \tag{5.3.29}$$

其中，$\boldsymbol{G}_{\min}^{-\mathrm{T}}(z^{-1})$和$\boldsymbol{F}^{-\mathrm{T}}(z^{-1})$对应于时间上相反的因果序列矩阵，而且由于这些都是最小相的，最优条件可以简化为(Davis,1963)

$$\{\boldsymbol{G}_{all}^{\mathrm{T}}(z^{-1})\boldsymbol{S}_{xd}(z)\boldsymbol{F}^{-\mathrm{T}}(z^{-1}) + \boldsymbol{G}_{\min}(z)\boldsymbol{W}_{opt}(z)\boldsymbol{F}(z)\}_{+} = 0 \tag{5.3.30}$$

其中，式(5.3.28)已经被用于化简式(5.3.29)中的$\boldsymbol{G}_{\min}^{-\mathrm{T}}(z^{-1})\boldsymbol{G}^{\mathrm{T}}(z^{-1})$。

由于$\boldsymbol{W}_{opt}(z)$、$\boldsymbol{G}_{\min}(z)$和$\boldsymbol{F}(z)$均对应于完全因果序列矩阵，则可将式(5.3.30)第二项中的因果括号去掉，即

$$\boldsymbol{W}_{opt}(z) = -\boldsymbol{G}_{\min}^{-1}(z)\{\boldsymbol{G}_{all}^{\mathrm{T}}(z^{-1})\boldsymbol{S}_{xd}(z)\boldsymbol{F}^{-\mathrm{T}}(z^{-1})\}_{+}\boldsymbol{F}^{-1}(z) \tag{5.3.31}$$

式(5.3.31)直接给出了计算表示为最小化参考和期待信号间互谱矩阵形式的误差平方和的最优因果滤波器，系统的最小相和全通成分及参考信号的谱密度矩阵的谱因子的方法。当系统的输出数量等于输入数量时，$\boldsymbol{G}(z)$为方阵，则$\boldsymbol{G}_{all}^{\mathrm{T}}(z^{-1})$等于$\boldsymbol{G}_{all}^{-1}(z^{-1})$，而且式(5.3.31)变得等价于 Morari 和 Zafiriou(1989)的对应结果，

$$\boldsymbol{W}_{\mathrm{opt}}(z) = -\boldsymbol{G}_{\min}^{-1}(z)\{\boldsymbol{G}_{all}^{-1}(z^{-1})\boldsymbol{S}_{xd}(z)\boldsymbol{F}^{-1}(z^{-1})\}\boldsymbol{F}^{-1}(z) \tag{5.3.32}$$

对此可以很清楚地看到，多通道结果可以简化为式(3.3.24)所表示的单通道情形。同时，若将因果约束去掉，同时令 $z$ 等于 $\mathrm{e}^{j\omega T}$，则由于 $\boldsymbol{G}_{\min}^{-1}\boldsymbol{G}_{all}^{\mathrm{H}} = [\boldsymbol{G}^{\mathrm{H}}\boldsymbol{G}]^{-1}\boldsymbol{G}^{\mathrm{H}}$ 和 $\boldsymbol{F}^{-\mathrm{H}}\boldsymbol{F}^{-1} = \boldsymbol{S}_{xx}^{-1}$，式(5.3.31)变得与频域中的无约束结果式(5.3.10)相等。Casavola 和 Mosca(1996)对维纳解与多通道控制问题的联系(如在本处所讨论的)及更一般的多项式方法进行了讨论。

对上面的表达式作细微的调整可以考虑比误差的平方和形式更一般的性能函数，如使用加权的误差平方和与加权的控制作用平方和。这种一般形式的性能函数同样可以用于调整最小二乘解。例如，若待最小化的性能函数的形式为

$$J = \mathrm{trace}E[\boldsymbol{e}(n)\boldsymbol{e}^{\mathrm{T}}(n) + \rho\boldsymbol{u}(n)\boldsymbol{u}^{\mathrm{T}}(n)] \tag{5.3.33}$$

则最优因果控制滤波器与式(5.3.31)具有相同的形式，除了式(5.3.26)中的谱因子变为

$$\boldsymbol{G}'^{\mathrm{T}}_{\min}(z^{-1})\boldsymbol{G}'_{\min}(z) = \boldsymbol{G}^{T}(z^{-1})\boldsymbol{G}(z) \tag{5.3.34}$$

同样地，若参考信号具有方差为$\beta$的白噪声传感器信号，而且其在传感器之间无关，则式(5.3.23)中的谱因子变为

$$\boldsymbol{F}'(z)\boldsymbol{F}'^{\mathrm{T}}(z^{-1}) = \boldsymbol{S}_{xx}(z) + \beta\boldsymbol{I} \tag{5.3.35}$$

在某种程度上，控制作用加权和传感器噪声会降低在假设的标称条件下得到的衰减，但是使用较小的$\rho$和$\beta$对标称衰减仅有非常小的影响，而且会使最优

滤波器更加容易计算,同时对系统响应和参考信号中的较小变化更加鲁棒。

## 5.4　时域中的自适应算法

本节将讨论用于由 FIR 滤波器阵列组成的控制器中的 LMS 算法的两种一般形式,控制器用于最小化大量误差传感器的输出的平方和。正如前面所假设的,设每个 FIR 控制滤波器具有 $I$ 个系数,由 $K$ 个参考信号驱动,并驱动 $M$ 个次级作动器。从而总共需要自适应调整 $MKI$ 个系数,最小化 $L$ 个传感器的输出的平方和。在此讨论的两种算法均在时域中使用新的采样集合对控制滤波器的系数进行处理。

### 5.4.1　Filtered – Reference LMS 算法

第一个算法是第 3 章介绍的 filtered – reference LMS 算法在多通道情形中的推广形式。算法依赖 $LMK$ 个 filtered – reference 信号,由 $K$ 个参考信号的每一个经系统响应的 $L \times M$ 中的每个通道滤波得到。这些 filtered – reference 信号可以用于获得关于 $L$ 个误差信号的简单表达式,如在式(5.2.11)中。在 5.2 节,我们假设控制滤波器系数是时不变的,现在允许其随时间变化,但相比系统的变化却非常缓慢。此时误差信号向量可近似为

$$\boldsymbol{e}(n) = \boldsymbol{d}(n) + \boldsymbol{R}(n)\boldsymbol{w}(n) \tag{5.4.1}$$

式中:$\boldsymbol{w}(n)$ 为第 $n$ 次采样包括全部 $MKI$ 个控制滤波器系数的向量。

与单通道 filtered – reference 算法相同的是,调整控制滤波器系数中的每一个以最小化瞬时性能函数,此时表示为误差信号输出的瞬时平方和,即

$$\boldsymbol{e}^{\mathrm{T}}(n)\boldsymbol{e}(n) = \boldsymbol{w}^{\mathrm{T}}(n)\boldsymbol{R}^{\mathrm{T}}(n)\boldsymbol{R}(n)\boldsymbol{w}(n) + 2\boldsymbol{w}^{\mathrm{T}}(n)\boldsymbol{R}^{\mathrm{T}}(n)\boldsymbol{d}(n) + \boldsymbol{d}^{\mathrm{T}}(n)\boldsymbol{d}(n) \tag{5.4.2}$$

在相同的采样时刻,性能函数关于滤波器系数向量的导数为

$$\frac{\partial \boldsymbol{e}^{\mathrm{T}}(n)\boldsymbol{e}(n)}{\partial \boldsymbol{w}(n)} = 2[\boldsymbol{R}^{\mathrm{T}}(n)\boldsymbol{R}(n)\boldsymbol{w}(n) + \boldsymbol{R}^{\mathrm{T}}(n)\boldsymbol{d}(n)] \tag{5.4.3}$$

使用式(5.4.1),这个导数向量可以表示为

$$\frac{\partial \boldsymbol{e}^{\mathrm{T}}(n)\boldsymbol{e}(n)}{\partial \boldsymbol{w}(n)} = 2\boldsymbol{R}^{\mathrm{T}}(n)\boldsymbol{e}(n) \tag{5.4.4}$$

现在可以使用最速下降法利用瞬时误差平方关于控制滤波器系数的导数向量自适应调整滤波器系数,即所谓的随机梯度下降算法,得到 filtered – reference LMS 算法的多通道一般形式为

$$\boldsymbol{w}(n+1)=\boldsymbol{w}(n)-\alpha\boldsymbol{R}^{\mathrm{T}}(n)\boldsymbol{e}(n) \tag{5.4.5}$$

式中:$\alpha$ 为收敛系数。也称这个算法为多误差 LMS 算法(Elliott 和 Nelson,1985a;Elliott 等,1987)。Arzamaxov 和 Mal'tsev(1985)使用具有类似权值的节拍延时线实现自适应调整控制滤波器时也得到类似的算法。实践中,通常不能得到生成 filtered - reference 信号的系统响应的真实矩阵,从而必须使用系统响应的模型。利用这些估计的系统响应得到的 filtered - reference 信号矩阵表示为 $\hat{R}(n)$,从而实践形式的多通道 filtered - reference LMS 算法为

$$\boldsymbol{w}(n+1)=\boldsymbol{w}(n)-\alpha\hat{\boldsymbol{R}}^{\mathrm{T}}(n)\boldsymbol{e}(n) \tag{5.4.6}$$

可利用类似第 3 章单通道情形中使用的方法分析此算法的收敛性质。首先将式(5.4.1)表示的 $\boldsymbol{e}(n)$ 代入式(5.4.6),有

$$\boldsymbol{w}(n+1)=\boldsymbol{w}(n)-\alpha[\hat{\boldsymbol{R}}^{\mathrm{T}}(n)\boldsymbol{d}(n)+\hat{\boldsymbol{R}}^{\mathrm{T}}(n)\boldsymbol{R}(n)\boldsymbol{w}(n)] \tag{5.4.7}$$

假设算法是稳定的,则其将收敛到式(5.4.7)方括号中的期望值置零的控制滤波器系数集合。收敛后的稳态控制滤波器系数向量为

$$\boldsymbol{w}_{\infty}=-\{E[\hat{\boldsymbol{R}}^{\mathrm{T}}(n)\boldsymbol{R}(n)]\}^{-1}E[\hat{\boldsymbol{R}}^{\mathrm{T}}(n)\boldsymbol{d}(n)] \tag{5.4.8}$$

若用以生成 $\hat{\boldsymbol{R}}(n)$ 的系统模型的响应不等于真实的系统响应,则稳态控制向量通常不等于最优控制系数集合[其最小化式(5.2.15)所给出的误差的平方和]。

可以使用式(5.4.8)和一般的独立假设将式(5.4.7)中的自适应算法的期望运算表示为

$$E[\boldsymbol{w}(n+1)-\boldsymbol{w}_{\infty}]=[\boldsymbol{I}-\alpha E[\hat{\boldsymbol{R}}^{\mathrm{T}}(n)\boldsymbol{R}(n)]]E[\boldsymbol{w}(n)-\boldsymbol{w}_{\infty}] \tag{5.4.9}$$

从式(5.4.9)可以明显地看出,当且仅当满足

$$0<\alpha<\frac{2\mathrm{Re}(\lambda_m)}{|\lambda_m|^2},\text{对于所有的 }\lambda_m \tag{5.4.10}$$

算法收敛。其中,$\lambda_m$ 为矩阵 $E[\hat{\boldsymbol{R}}^{n}(n)\boldsymbol{R}(n)]$ 的复数特征值。当使用式(5.4.10)计算收敛系数的最大值时,必须非常小心;因为其假设误差信号向量由式(5.4.1)给出,其中假设误差信号向量的变化相比系统的动态响应变化非常缓慢。然而,当 $E[\hat{\boldsymbol{R}}^{n}(n)\boldsymbol{R}(n)]$ 的任意特征值的实部为负时,不能找到满足式(5.4.10)的 $\alpha$[$\alpha$ 为对于较小的收敛系数式(5.4.7)的稳定条件]。Wang 和 Ren(1999b)证明持续激励下多通道 filtered - reference 算法稳定的充分条件为,

矩阵$\hat{\boldsymbol{G}}^{\mathrm{H}}(\mathrm{e}^{j\omega T})G(\mathrm{e}^{j\omega T})+\boldsymbol{G}^{\mathrm{H}}(\mathrm{e}^{j\omega T})\hat{\boldsymbol{G}}(\mathrm{e}^{j\omega T})$对于所有 $\omega T$ 均是正定的，即

$$\mathrm{eig}[\hat{\boldsymbol{G}}^{\mathrm{H}}(\mathrm{e}^{j\omega T})\boldsymbol{G}(\mathrm{e}^{j\omega T})+\boldsymbol{G}^{\mathrm{H}}(\mathrm{e}^{j\omega T})\hat{\boldsymbol{G}}(\mathrm{e}^{j\omega T})]>0,\text{对于所有的 }\omega T \tag{5.4.11}$$

式中：eig[ ]指括号中矩阵的特征值，这与第 4 章中得到的单频结果相似。需要注意的是，这是自适应算法稳定的充分条件，却不是必要的：一些参考信号可能不遵从这个条件，即使系统是稳定的。然而，一般当系统响应与系统模型的响应不同时，对于自适应算法的稳定性可给出有用的指示。

通过类似 4.4 节频域中讨论的方法，即在最小化的瞬时性能函数中包括一个与控制器系数的平方和成比例的较小项可改进对系统不确定性稳定的鲁棒性，即

$$J(n)=\boldsymbol{e}^{\mathrm{T}}(n)\boldsymbol{e}(n)+\beta\boldsymbol{w}^{\mathrm{T}}(n)\boldsymbol{w}(n) \tag{5.4.12}$$

式中：$\beta$ 为正的系数权值参数。若性能函数被表示为滤波器系数的二次函数形式，则得到的方程除了 Hessian 矩阵现在为$\boldsymbol{R}^{\mathrm{T}}(n)\boldsymbol{R}(n)+\beta\boldsymbol{I}$而不是$\boldsymbol{R}^{\mathrm{T}}(n)\boldsymbol{R}(n)$以外，将与式(5.2.14)具有完全相同的形式。从而最优控制器变为

$$\boldsymbol{w}_{\mathrm{opt}}=-\{E[\boldsymbol{R}^{\mathrm{T}}(n)\boldsymbol{R}(n)+\beta\boldsymbol{I}]\}^{-1}E[\boldsymbol{R}^{\mathrm{T}}(n)\boldsymbol{d}(n)] \tag{5.4.13}$$

梯度向量变为

$$\frac{\partial J}{\partial\boldsymbol{w}(n)}=2[\boldsymbol{R}^{\mathrm{T}}(n)\boldsymbol{e}(n)+\beta\boldsymbol{w}(n)] \tag{5.4.14}$$

注意：在宽带情况中，通常使性能函数加上一个与控制器系数的平方和成比例的项，其与在性能函数中加上一个与控制作用成比例的项（控制信号的平方和）的效果不同，如在 3.4 节讨论的。虽然与此二次作用加权项的结合允许与控制领域直接比较，但是使用此二次控制器系数的加权项得到的一个计算上更加简单的自适应算法，其相比使用控制作用的算法具有更好的收敛性质（Darlington，1995）。在性能函数中加入系数加权项会在自适应算法中引入泄漏项，即变为

$$\boldsymbol{w}(n+1)=\gamma\boldsymbol{w}(n)-\alpha\hat{\boldsymbol{R}}^{\mathrm{T}}(n)\boldsymbol{e}(n) \tag{5.4.15}$$

其中，$\hat{\boldsymbol{R}}(n)$作为$\boldsymbol{R}(n)$的实际估计使用，且$\gamma=1-\alpha\beta$。从而收敛条件从式(5.4.10)变为

$$0<\alpha<\frac{\mathrm{Re}(\lambda_m)+\beta}{|\lambda_m+\beta|^2},\text{ 对于所有的 }\lambda_m \tag{5.4.16}$$

式中：$\lambda_m$ 为 $E[\hat{\boldsymbol{R}}(n)\boldsymbol{R}(n)]$的特征值。若其中一个特征值具有小的复实部，则

可清楚地看到,一个小的$\beta$是如何稳定不稳定系统的。在式(5.4.11)中,$\beta$对频域稳定条件的影响是,需要矩阵$\hat{\boldsymbol{G}}^{\mathrm{H}}(\mathrm{e}^{j\omega T})\boldsymbol{G}(\mathrm{e}^{j\omega T})+\boldsymbol{G}^{\mathrm{H}}(\mathrm{e}^{j\omega T})\hat{\boldsymbol{G}}(\mathrm{e}^{j\omega T})+2\beta I$在所有频率上均正定。在实践中发现,小的$\beta$可以进一步提高算法的鲁棒稳定性而不过分降低算法的性能,从而可以实现鲁棒性能。

一旦确定自适应系统的稳定性,则对收敛性质的分析与第4章单频控制系统的收敛分析一样(Elliott 和 Nelson,1993),此时性能函数为一系列的模态,时间常数由 Hessian 矩阵的特征值决定,等于$\beta$加上$E[\hat{\boldsymbol{R}}^{\mathrm{T}}(n)\boldsymbol{R}(n)]$的特征值。Elliott 和 Nelson(1993)讨论了式(5.4.15)中多通道 filtered - reference 算法的更一般形式,此时误差信号和控制信号在性能函数中由类似于式(4.2.19)中的$\boldsymbol{W}_e$和$\boldsymbol{W}_u$矩阵加权。虽然系统建模非常精确,即矩阵$E[\hat{\boldsymbol{R}}^{\mathrm{T}}(n)\boldsymbol{R}(n)]$变得与推广的自相关矩阵$E[\boldsymbol{R}^{\mathrm{T}}(n)\boldsymbol{R}(n)]$相等;但这个矩阵的特征值也将具有非常大的特征值扩散度。在多通道随机干扰控制中,可以将此特征值扩散度的产生原因归结为以下4种。

第一,正如在单通道 LMS 算法的分析中,自相关矩阵的特征值扩散度部分归根于参考信号的频谱范围。

第二,在一个具有多个参考信号的系统中,特征值扩散度同样受各参考信号间的互相关的影响。

第三,特征值扩散度也与实际系统的作动器和传感器的空间分布有关,作用方式与第4章单通道中的情形类似,此时收敛受矩阵$\boldsymbol{G}^{\mathrm{H}}(\mathrm{e}^{j\omega_0 T})\boldsymbol{G}(\mathrm{e}^{j\omega_0 T})$的特征值扩散度限制。

第四,收敛率受系统响应的每个通道的动态响应制约,尤其当存在延时时。

所有这些影响可以在推广形式中组合在一起形成一个非常大的特征值扩散度,这会显著降低收敛速度,尤其当每个控制滤波器均使用大量的系数时。当使用 LMS 算法的预定条件或在频域实现自适应算法时可显著减少特征值扩散度造成的问题,正如在接下来的章节中所讨论的。同样地,此时可以将参考信号间的互相关影响与那些作动器和传感器的空间分布导致的影响区分开来,这将简化更加快速自适应控制算法的设计。

原则上,通过使用迭代精确最小二乘法或 Gauss - Newton 方法可以改进时域算法的自适应调整时间。当预先计算出矩阵$\boldsymbol{D}=E[\hat{\boldsymbol{R}}^{\mathrm{T}}(n)\boldsymbol{R}(n)+\sigma\boldsymbol{I}]$时,其中$\sigma$如在第4章所讨论的为用于改进算法鲁棒性的调整因数,使用瞬时梯度估计的迭代最小二乘算法可以写为

$$\boldsymbol{w}(n+1)=\boldsymbol{w}(n)-\alpha\boldsymbol{D}\hat{\boldsymbol{R}}^{\mathrm{T}}(n)\boldsymbol{e}(n) \tag{5.4.17}$$

目前,这个算法还没有引起广泛的关注,可能是因为矩阵$\hat{\boldsymbol{R}}^{\mathrm{T}}(n)\hat{\boldsymbol{R}}(n)$的规模太大,如在前面章节中提到的,这将估计$\boldsymbol{D}$所需的矩阵的逆时所遇到的问题。Douglas 和 Olkin(1993)使用一种不同的正则化方法改进多通道 filtered - reference LMS 算法的收敛率。当参考信号不固定时这些研究者均强调使用正则化算法的重要性,当参考信号的量级过度增加时,固定的收敛系数将导致算法不稳定。

### 5.4.2　Filtered - Error LMS 算法

通过直接整理式(5.2.3)所表示的时域误差信号的四重叠加和公式可以得到第3章讨论的 filtered - error LMS 算法的多通道形式(Popocich,1994;Elliott,1998c)。然而,通过观察性能函数关于式(5.2.27)中第$i$个控制滤波器系数矩阵的导数,可以得到更加直接和简洁的表达形式,其中利用式(5.2.25)导数可以写为

$$\frac{\partial J}{\partial \boldsymbol{W}_i} = 2E\left[\sum_{j=0}^{J-1} \boldsymbol{G}_j^{\mathrm{T}} \boldsymbol{e}(n+j) \boldsymbol{x}^{\mathrm{T}}(n-i)\right] \tag{5.4.18}$$

$M$个误差信号向量定义为

$$\boldsymbol{f}(n) = \sum_{j=0}^{J-1} \boldsymbol{G}_j^{\mathrm{T}} \boldsymbol{e}(n+j) \tag{5.4.19}$$

其可将式(5.4.18)写为

$$\frac{\partial J}{\partial \boldsymbol{W}_i} = 2E[\boldsymbol{f}(n)\boldsymbol{x}^{\mathrm{T}}(n-i)] \tag{5.4.20}$$

使用这个结果的瞬时形式,可以在第$n$个采样时刻自适应调整第$i$个控制滤波器系数矩阵,filtered - error LMS 算法的多通道形式为

$$\boldsymbol{W}_i(n+1) = \boldsymbol{W}_i(n) - \alpha \boldsymbol{f}(n)\boldsymbol{x}^{\mathrm{T}}(n-i) \tag{5.4.21}$$

式(5.4.21)即被 Wan(1996)称作的伴随 LMS 算法。

然而,对于单通道情况,不可能在因果系统中实现此算法,因为式(5.4.19)需要知道误差信号的时间提前信息。然而,通过将 filtered - error 信号和参考信号延时$J$个采样,可以得到式(5.4.21)在因果系统中可用的形式

$$\boldsymbol{W}_i(n+1) = \boldsymbol{W}_i(n) - \alpha \boldsymbol{f}(n-J)\boldsymbol{x}^{\mathrm{T}}(n-i-J) \tag{5.4.22}$$

延时 filtered - error 信号可以表示为

$$\boldsymbol{f}(n-J) = \sum_{j'=1}^{J-1} \boldsymbol{G}_{Jj'}^{\mathrm{T}} \boldsymbol{e}(nj') \tag{5.4.23}$$

式中:$j' = J - j$,其对这样的一个事实进行了强调,$\boldsymbol{e}(n)$经一个时间相反形式的系

统脉冲响应因果滤波。严格来讲,filtered - error 和参考信号仅需延时 $J-1$ 个采样,多一个采样的目的是使下面的方程更加简单。

多通道 filtered - error 算法相比多通道 filtered - reference 算法的一个优点是计算效率更高。多通道 filtered - error LMS 算法在式(5.4.19)中包括 $M$ 个 filtered error 信号,每一个均需要对 $L$ 个相互独立的误差信号进行滤波,从而仅需要产生 $LM$ 个相互独立的 filtered - error 信号。而式(5.4.5)中的多通道 filtered - reference 算法需要生成 $KLM$ 个 filtered - reference 信号。在许多算法的实现中,是 filtered - error 或 filtered - reference 信号的产生占据了主要的计算时间。表 5.1 为具有 $K$ 个参考信号、$M$ 个次级源和 $L$ 个误差传感器的系统,每次采样实现 filtered - reference 和 filtered - error LMS 算法所需乘法的运算次数,并且在此假设每个控制滤波器有 $I$ 个系数及每个系统响应通道由具有 $J$ 个系数的 FIR 滤波器建模。对于一个具有很多参考信号或误差信号,即 $K$ 或 $L$ 很大的控制系统而言,filtered - error 公式不是 filtered - reference 方法,而是一种更为有效的实现自适应控制器的方法。例如,当 $K=6$, $M=4$ 及 $I=J=128$ 时,filtered - reference LMS 算法每次采样需要进行 49000 次乘法运算,而 filtered - error LMS 算法需要大约 7000 次运算。

表 5.1　对于具有 $k$ 个参考信号、$L$ 个误差信号,$M$ 个次级作动器、$I$ 个系数的系统,每个控制滤波器在时域实现多通道 filtered - reference 和 filtered - error LMS 算法,以及使用具有 $J$ 个系数的 FIR 滤波器对系统响应矩阵的每个元素进行建模,每次采样所需的乘法运算次数

| 算法 | 产生滤波右信号 | 控制滤波器更新 | 总的运算数 |
|---|---|---|---|
| Filtered reference | $JKLM$ | $IKLM$ | $(I+J)KLM$ |
| Filtered error | $JLM$ | $IKM$ | $(IK+JL)M$ |

图 5.4 为多通道 filtered - error LMS 算法的框图,其中误差信号向量通过时间相反的系统响应矩阵的转置阵 $\boldsymbol{G}^{\mathrm{T}}(z^{-1})$,并有 $z^{-J}$ 的延时以确保因果性,这也存在于参考信号通道中。若使用多通道 filtered - error LMS 算法最小化包含一个与所有控制滤波器的系数的平方和成比例项的性能函数,如在式(5.4.12)中,则通过在系数更新方程中引入一个泄漏系数,如在式(5.4.15)中对 filtered - reference LMS 算法所做的,可对算法进行调整。

仅通过重新整理和延时更新控制器系数所用的项,可以从多通道 filtered - reference LMS 算法得到多通道 filtered - error LMS 算法(Wan, 1996; Elliott, 1998c)。当使用系统冲击响应产生替代这些真实的导数的数时也成立。因此,

我们可以总结出，对于较小的 $\alpha$，即缓慢的自适应率，多通道 filtered – error LMS 算法与多通道 filtered – reference LMS 算法具有相同的的收敛性；尤其是对于推广的自相关矩阵的特征值稳定条件，必须满足式(5.4.10)；从而，filtered – error 算法跟 filtered – reference 算法一样对系统建模误差敏感或不敏感。

然而，正如3.4节讨论的单通道情形，filtered – error LMS 算法的收敛速度或许要慢于 filtered – reference LMS 算法的收敛速度，因为为确保 $\boldsymbol{G}^{\mathrm{T}}(z^{-1})$ 的因果性在误差信号中引入了额外的延时。Douglas(1999)提出一种通过重新整理自适应方程避免引入这些延时的快速多通道 LMS 算法实现方法，其收敛速度与 filtered – reference LMS 算法相同，但计算复杂性部与 filtered – error LMS 算法相同。Douglas(1999)同时将此方法扩展为一种快速的多通道改进 filtered – reference LMS 算法，3.4 节对此算法的单通道形式有所讨论，其将系统响应的延时从控制器的自适应调整中有效剔除掉。然而，需要注意的是，在此情况中，多通道 LMS 算法的速度仍然受参考信号的自相关和互相关函数及系统中作动器和传感器的空间分布的限制，如在5.4.1节的末尾所阐述的。

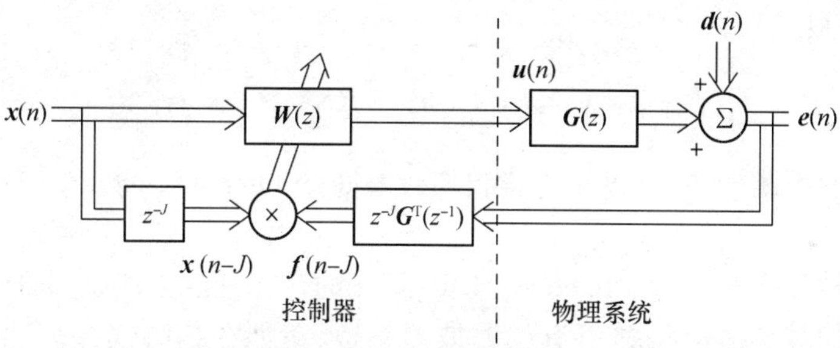


图 5.4　使用延时参考信号向量 $\boldsymbol{x}(n-J)$ 和延时 filtered – error 信号向量 $\boldsymbol{f}(n-J)$ 的外积(⊗)自适应调整前馈控制器的 filtered – error LMS 算法的框图

## 5.4.3　滤波器系数的稀疏自适应

当有大量的参考信号，次级源或误差传感器，或采样率很高时，上面所阐述的多通道 LMS 算法的计算负担会很大。通过抛弃 LMS 每次采样需要更新每个滤波器系数的原始原则，采用一种稀疏自适应方法可以节省一些计算量。Douglas(1997)对大量的 LMS 算法的这种“部分更新”改进进行了分析。考虑将式(5.4.5)中的 filtered – reference LMS 算法表示为更加清晰的形式

$$w_{mki}(n+1) = w_{mki}(n) - \alpha \sum_{l=1}^{L} \boldsymbol{e}_l(n) r_{lmk}(n-i) \qquad (5.4.24)$$

从中可以看出，每次采样时 $MKI$ 滤波器的每个系数都会使用误差信号进行

更新。一个早期的改进为(Elliott 和 Nelson,1986),不是每次采样都更新滤波器系数,而是每 $N$ 个采样更新一次,即

$$w_{mki}(n+N) = w_{mki}(n) - \alpha \sum_{l=1}^{L} e_l(n) r_{lmk}(n-i) \tag{5.4.25}$$

此时,$\alpha$ 的值会增加,而且在某种程度上自适应速度对于类似系统中延时的 $N$ 值将会保持(Snyder 和 Tanaka,1997)。虽然使用此方法可以节省一些计算量,但每隔 $N$ 个采样都必须计算一次对应过去 $I$ 个采样的 filtered - reference 信号。Orduna - Bustamante 提出一种更有效的方法,就是其每 $N$ 个采样仅计算当前的 filtered - reference 信号,以及每个时间点相继自适应调整 $i=0$ 时的 $MK$ 个滤波器的系数,以及那些 $i=1$ 时的第二个时间点的系数,等等。这可以表示为

$$w_{mk0}(n+1) = w_{mk0}(n) - \alpha \sum_{l=1}^{L} e_l(n) r_{lmk}(n) \tag{5.4.26}$$

$$w_{mkl}(n+2) = w_{mkl}(n) - \alpha \sum_{l=1}^{L} e_l(n+1) r_{lmk}(n) \tag{5.4.27}$$

等,直到

$$w_{mkI}(n+I+1) = w_{mkl}(n) - \alpha \sum_{l=1}^{L} e_l(n+I) r_{lmk}(n) \tag{5.4.28}$$

注意使用此方法,每 $N$ 个采样仅需计算每个 filtered - reference 信号中的一个值。

另一种降低 filtered - reference LMS 算法的计算量的方法是,每次采样使用单个误差信号自适应调整所有的滤波器系数,正如在扫略误差算法中的步骤(Hamada,1991),即

$$w_{mkI}(n+I+1) = w_{mkl}(n) - \alpha \sum_{l=1}^{L} e_l(n+I) r_{lmk}(n) \tag{5.4.29}$$

$$w_{mki}(n+1) = w_{mki}(n) - \alpha e_1(n) r_{lmk}(n-i) \tag{5.4.30}$$

依此类推,直到

$$w_{mki}(n+L) = w_{mki}(n+L-1) - \alpha e_1(n+L-1) r_{lmk}(n-i+L-1) \tag{5.4.31}$$

对于式(5.4.25)和式(5.4.29)~式(5.4.31)所描述的稀疏自适应算法必须非常小心,因为每个误差信号每 $N$ 个数据点仅采样一次,而且这些算法的收敛性受这些信号失真的影响。

式(5.4.22)所描述的 filtered - error LMS 算法可以明确地表示为

$$w_{mki}(n+1) = w_{mki}(n) - \alpha f_m(n-J) x_k(n-i-J) \tag{5.4.32}$$

而且其可以使用类似的稀疏方法进行自适应调整。此时稀疏自适应或者可以使用扫略 filtered-error 误差实现，即

$$w_{1ki}(n+1) = w_{1ki}(n) - \alpha f_1(n-J)x_k(n-i-J) \tag{5.4.33}$$

$$w_{2ki}(n+1) = w_{2ki}(n) - \alpha f_2(n-J+1)x_k(n-i-J+1) \tag{5.4.34}$$

依此类推，直到

$$w_{Mki}(n+1) = w_{Mki}(n) - \alpha f_M(n-J+M-1)x_k(n-i-J+M-1) \tag{5.4.35}$$

或者，相继使用每个参考信号实现，即

$$w_{m1i}(n+1) = w_{m1i}(n) - \alpha f_m(n-J)x_1(n-i-J) \tag{5.4.36}$$

$$w_{m2i}(n+2) = w_{m2i}(n) - \alpha f_m(n-J+1)x_2(n-i-J+1) \tag{5.4.37}$$

依此类推，直到

$$w_{mKi}(n+2) = w_{mKi}(n) - \alpha f_m(n-J+K-1)x_2(n-i-J+K-1) \tag{5.4.38}$$

或者，相继使用每个 filtered - error 信号和依次使用每个独立的参考信号得到。但是目前还不知道这些算法的收敛和失调性质。

## 5.5　预处理 LMS 算法

与其直接自适应调整控制滤波器矩阵 $\boldsymbol{W}(z)$，如使用如图 5.4 所示的 filtered - error 算法；控制滤波器的最优矩阵形式可以用于产生另一种控制器结构，其可克服许多与最速下降算法，如 LMS 算法有关的问题。这些问题在 5.4 节已经讨论得非常清楚，主要由多通道系统的两个明显的影响产生：一是参考信号是相关的，二是系统响应是耦合的。回到表示最优控制滤波器矩阵的式(5.3.31)，我们注意到若这个矩阵表示为

$$\boldsymbol{W}(z) = \boldsymbol{G}_{\min}^{-1}(z)\boldsymbol{C}(z)\boldsymbol{F}^{-1}(z) \tag{5.5.1}$$

式中：$\boldsymbol{G}_{\min}^{-1}(z)$ 为最小相系统响应的 $M \times M$ 逆阵，$\boldsymbol{F}^{-1}(z)$ 为参考信号的谱密度矩阵的谱因子的逆，以及 $\boldsymbol{C}(z)$ 为 $M \times K$ 变换控制器矩阵，则对应变换控制器 $\boldsymbol{C}(z)$ 的最优响应可从式(5.3.31)得出，最简单的形式为

$$\boldsymbol{C}_{opt}(z) = -\{\boldsymbol{G}_{all}^{\mathrm{T}}(z^{-1})\boldsymbol{S}_{xd}(z)\boldsymbol{F}^{-\mathrm{T}}(z^{-1})\}_+ \tag{5.5.2}$$

现在变换控制矩阵 $\boldsymbol{C}(z)$ 可以是自适应的，根据牛顿法，第 $m$ 次迭代的调整为

$$\boldsymbol{C}_{m+1}(z) = \boldsymbol{C}_m(z) + \alpha\Delta\boldsymbol{C}_m(z) \tag{5.5.3}$$

式中:$\alpha$ 为收敛系数;$\Delta\boldsymbol{C}_m(z)$为控制器响应最优矩阵和当前控制器之间的差,即

$$\Delta\boldsymbol{C}_m(z) = -\{\boldsymbol{G}_{all}^{\mathrm{T}}(z^{-1})\boldsymbol{S}_{xe.m}(z)\boldsymbol{F}^{-\mathrm{T}}(z^{-1})\}_+ \tag{5.5.4}$$

其中

$$\boldsymbol{S}_{xe.m}(z) = E[\boldsymbol{e}_m(z)\boldsymbol{x}_m^{\mathrm{T}}(z^{-1})] \tag{5.5.5}$$

式中:$\boldsymbol{e}_m(z)$和$\boldsymbol{x}_m(z)$为第 $m$ 次迭代时的误差和参考信号向量。式(5.5.4)同样可以写为

$$\Delta\boldsymbol{C}_m(z) = -\{E[\boldsymbol{a}_m(z)\boldsymbol{v}_m^{\mathrm{T}}(z^{-1})]\}_+ \tag{5.5.6}$$

其中

$$\boldsymbol{a}_m(z) = \boldsymbol{G}_{all}^{\mathrm{T}}(z^{-1})\boldsymbol{e}_m(z) \tag{5.5.7}$$

为 $M$ 个 filtered – error 信号向量,而且

$$\boldsymbol{v}_m(z) = \boldsymbol{F}^{-1}(z)\boldsymbol{x}_m(z) \tag{5.5.8}$$

为假定产生参考信号的无关革新信号向量,如在2.4节。

对式(5.5.6)中的谱密度矩阵进行 $z$ 反变换,得到第 $n$ 次采样 $\boldsymbol{C}(z)$的因果冲击响应的第 $i$ 个元素所需的调整,即

$$\Delta\boldsymbol{C}_i(n) = -E[\boldsymbol{a}(n)\boldsymbol{v}^{\mathrm{T}}(n-i)] \tag{5.5.9}$$

式中:$\boldsymbol{a}(n)$和$\boldsymbol{v}(n)$为式(5.5.7)和式(5.5.8)定义的信号的时域形式。在从 $z$ 域到时域的变换中,我们可以用有限的系数表示控制滤波器(即使很清楚具有有限系数的控制滤波器不能在 $z$ 域中收敛到最优解),其假设控制滤波器矩阵是因果的而且无限持续。

若在每次采样时,使用互相关函数的瞬时矩阵自适应调整 FIR 变换控制器矩阵的第 $i$ 个系数矩阵,则得到一个形式类似于 filtered – error LMS 算法的新算法,即

$$\boldsymbol{C}_i(n+1) = \boldsymbol{C}_i(n) - \alpha\boldsymbol{a}(n)\boldsymbol{v}^{\mathrm{T}}(n-i) \tag{5.5.10}$$

如图5.5所示为得到的信号$\boldsymbol{a}(n)$和$\boldsymbol{v}(n)$。

将此方框图与图5.4比较,我们注意到$\boldsymbol{W}(z)$是根据式(5.5.1)实现的,参考信号$\boldsymbol{x}(n)$,通过$\boldsymbol{F}^{-1}(z)$预处理得到$\boldsymbol{v}(n)$,驱动变换控制器矩阵$\boldsymbol{C}(z)$,且$\boldsymbol{C}(z)$ 的输出乘以$\boldsymbol{G}_{\min}^{-1}(z)$用以产生控制信号$\boldsymbol{u}(n)$。在自适应方程中同样需要革新信号向量$\boldsymbol{v}(n)$,同样 filtered – error 信号也需要此向量,此时将$\boldsymbol{e}(n)$通过转置和时间上相反的系统响应的全通成分$\boldsymbol{G}_{all}^{\mathrm{T}}(z^{-1})$得到 filtered – error 信号。

然而,为了因果性地实现式(5.5.10),必须在$\boldsymbol{a}(n)$和$\boldsymbol{v}(n)$中引入延时,正如前面对 filtered – error LMS 所做的,也示于图5.5中。另外,若假设已采取足

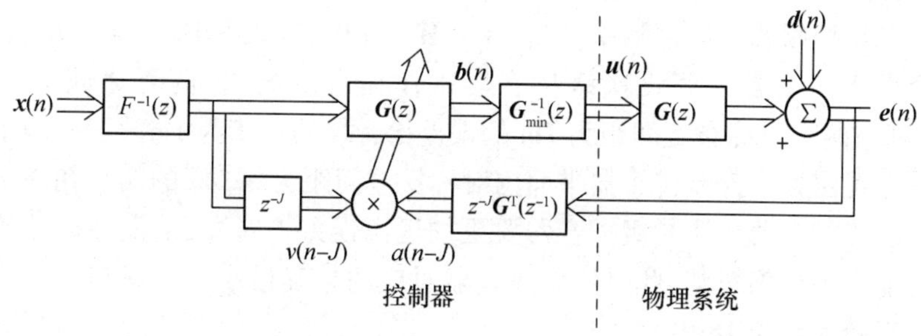


图 5.5　使用参考信号的延时更新向量 $\boldsymbol{v}(n-J)$ 和延时 filtered - error 信号 $a(n-J)$ 的外积自适应调整控制器的变换矩阵的预定 LMS 算法的框图

够措施避免圆周卷积和互相关的影响,则也可在离散频域实现自适应算法,此时自适应调整中的一个块延时将保证因果性。

利用图 5.5 所示的方块图实现的算法避免了许多存在于 filtered - error LMS 算法中的收敛问题。参考信号以一种类似 Dehandschutter 等人(1998)和 Akiho 等人(1998)对实际参考信号处理的方式,通过逆谱因子 $\boldsymbol{F}^{-1}(z)$ 的预处理进行白化和去相关处理。同样地,从变换控制器的输出 $\boldsymbol{b}(n)$ 到用于自适应调整控制器的 filtered - error 信号 $\boldsymbol{a}(n)$ 的传递函数可以通过在图 5.5 中将干扰置零得到,即

$$\boldsymbol{a}(z) = \boldsymbol{G}_{all}^{\mathrm{T}}(z^{-1})\boldsymbol{G}(z)\boldsymbol{G}_{\min}^{-1}(z)\boldsymbol{b}(z) \tag{5.5.11}$$

使用式(5.3.24)和式(5.3.25)中 $\boldsymbol{G}_{all}(z)$ 和 $\boldsymbol{G}_{\min}(z)$ 的性质,我们发现 $\boldsymbol{a}(z)$ 等于 $\boldsymbol{b}(z)$,而且没有任何互耦,同时对系统响应利用其最小相成分进行预处理意味着,自适应回路中的传递函数仅构成实际系统中为使 $\boldsymbol{G}_{all}^{\mathrm{T}}(z^{-1})$ 因果性而需要的延时。从而式(5.5.10)所表示的算法通过分别预处理参考信号和系统响应,消除了许多导致传统 filtered - error 和 filtered - reference LMS 算法缓慢收敛的因素。

为阐述式(5.5.10)所描述算法的性质,对一个控制系统进行仿真,其中有两个参考信号、两个次级源和两个误差信号($K=L=M=2$)。图 5.6 为其物理布置。两个独立的高斯白噪声 $n_1$ 和 $n_2$ 通过带通滤波器用于产生干扰信号,带通滤波器的带宽在 0.1 和 0.4 的正则化频率之间,同时用于产生控制算法可用的参考信号 $x_1$ 和 $x_2$,通过滤波器得到具有粉红噪声频谱(3dB/倍频)的参考信号,此时实数 $\boldsymbol{M}$ 的混合矩阵为

$$\boldsymbol{M} = \begin{bmatrix} 0.75 & 0.25 \\ 0.25 & 0.75 \end{bmatrix} \tag{5.5.12}$$

在如图 5.6 所示的传统 LMS 算法结构中，参考信号被输入到一个具有 128 个点的 FIR 控制滤波器矩阵中，$\boldsymbol{W}_{11}$、$\boldsymbol{W}_{21}$、$\boldsymbol{W}_{12}$ 和 $\boldsymbol{W}_{22}$ 以 2.5kHz 的采样率采样，驱动两个次级扩音器。假设次级扩音器工作在自由场，且两者之间的距离为 0.5m，则与两个对称布置间距为 1m 的误差拾音器的距离为 1m。假设两个拾音器处的干扰由处于误差传感器平面内对称安放间距为 3.6m 的两个初级扩音器产生。次级扩音器相比初级扩音器要更加远离误差拾音器，从而在误差传感器处不可能实现精确对消，此时控制滤波器对应的精确最小二乘解对误差平方和得到的衰减大约为 18dB。

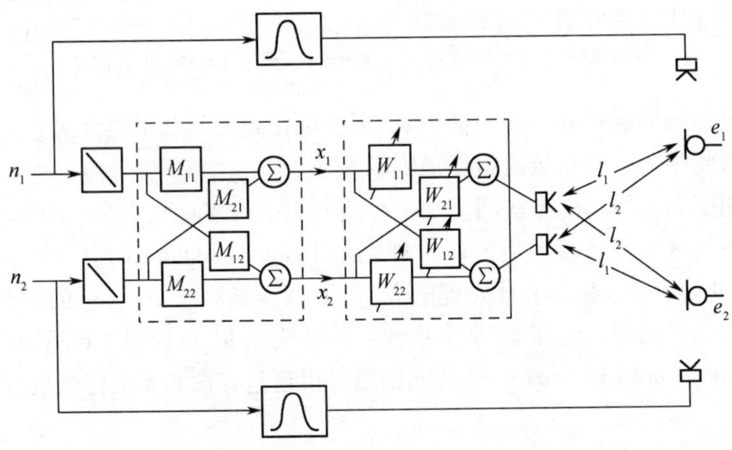


图 5.6　使用两个无关的白噪声信号，$n_1$ 和 $n_2$ 通过带通滤波器在误差拾音器处产生干扰信号和通过斜率为 3dB/倍频和混合矩阵 $\boldsymbol{M}$ 的滤波器产生观测参考信号 $x_1$ 和 $x_2$ 的仿真框图。声系统为自由空间中对称放置的两个次级扩音器和两个误差拾音器

次级扩音器和误差拾音器对称布置在自由空间中，从而此时的连续系统响应可以表示为

$$\boldsymbol{G}(j\omega) = \begin{bmatrix} \dfrac{A}{l_1}\mathrm{e}^{-jll_1} & \dfrac{A}{l_2}\mathrm{e}^{-jkl_2} \\ \dfrac{A}{l_2}\mathrm{e}^{-jkl_2} & \dfrac{A}{l_1}\mathrm{e}^{-jkl_1} \end{bmatrix} \tag{5.5.13}$$

式中：$A$ 为任意常数，$l_1$ 为上方的次级扩音器和上方的误差传感器之间的距离（在此仿真中为 1.03m），$l_2$ 为上方的次级扩音器与下方的误差拾音器之间的距离（在此仿真中为 1.25m），$k$ 为声波数，等于 $\omega/c_0$，其中 $c_0$ 为声速。

若信号的采样率为 $f_s$，则正则化的系统响应矩阵在 $z$ 域中的表示为

$$\boldsymbol{G}(z)=\begin{bmatrix} z^{-N_1} & \dfrac{l_1}{l_2}z^{-N_2} \\ \dfrac{l_1}{l_2}z^{-N_2} & z^{-N_1} \end{bmatrix} \tag{5.5.14}$$

式中：$N_1$ 为 $l_1f_s/c_0$ 的倍数，$N_2$ 为 $l_2f_s/c_0$ 的倍数，并且定义 $l_1/l_2<1$。对于此系统矩阵，通过观察可将其全通和最小相分解并表示为

$$\boldsymbol{G}(z)=\boldsymbol{G}_{all}(z)\boldsymbol{G}_{\min}(z)=\begin{bmatrix} z^{-N_1} & 0 \\ 0 & z^{-N_1} \end{bmatrix}\begin{bmatrix} 1 & \dfrac{l_1}{l_2}z^{-\Delta N} \\ \dfrac{l_1}{l_2}z^{-\Delta N} & 1 \end{bmatrix} \tag{5.5.15}$$

式中：$\Delta N=N_2-N_1$ 为正。

此时系统矩阵的全通成分等于单位阵乘以 $N_1$ 个采样延时。从而在此仿真中不需要使用系统响应的全通成分的转置对误差信号进行滤波，如图5.6所示；而且可令为获得因果全冲击响应 $\boldsymbol{J}$ 所需的延时等于 $N_1$。系统矩阵的最小相成分具有稳定的逆，在此例中为

$$\boldsymbol{G}_{\min}^{-1}(z)=\frac{1}{1-(l_1/l_2)^2z^{-2\Delta N}}\begin{bmatrix} 1 & -\dfrac{l_1}{l_2}z^{-\Delta N} \\ -\dfrac{l_1}{l_2}z^{-\Delta N} & 1 \end{bmatrix} \tag{5.5.16}$$

在此简单的例子中，也可解析计算出参考信号的谱密度矩阵的谱因子的逆 $\boldsymbol{F}^{-1}(z)$，其将测量得到的参考信号转换为噪声信号 $n_1$ 和 $n_2$。此时 $F^{-1}(z)$ 包括式(5.5.12)中混合矩阵 $\boldsymbol{M}$ 的逆，以及一对对所得到的粉红噪声信号做白化处理的最小相滤波器。Cook 和 Elliott(1999)提出一种一般情况下仅使用离散频率形式的功率谱矩阵进行谱因子分解的方法，且在同一时间提出一种类似的方法用于系统响应的离散频率矩阵的全通和最小相的分解。

图5.7中上面的一条曲线为，使用 filtered - error LMS 算法自适应调整如图5.6所示的控制滤波器的系数时与时间的变化关系。在如图5.7所示的所有仿真中，收敛系数为导致不稳定的最低值的一半。利用此值在控制作用前将误差的平方和正则化并作为减小量示于图5.7中。可以清楚地看到，与 LMS 算法有关的多个时间常数，在10000采样后仅获得17dB的衰减。若使用逆谱因子重构原始噪声信号 $n_1$ 和 $n_2$，并将其用作标准 filtered - error 算法的参考信号，则滤波器将在8000次采样后收敛，如图5.7所示的 LMS 和 $\boldsymbol{F}^{-1}(z)$ 那条曲线。保持原始参考信号但使用系统响应的最小相部分的逆降低全通部分的全部系统响应可

得到一个收敛时间与 LMS 和 $\boldsymbol{F}^{-1}(z)$ 那条曲线类似的曲线,却没有示于图中。图 5.7 中最低的那条曲线对应使用逆谱因子和最小相系统响应实现式(5.5.10)所表示的算法,即 LMS 和 $\boldsymbol{F}^{-1}(z)$ 和 $\boldsymbol{G}_{\min}^{-1}(z)$ 那条曲线,得到最快的收敛速率,大于在 3000 采样后得到 18dB 的衰减。

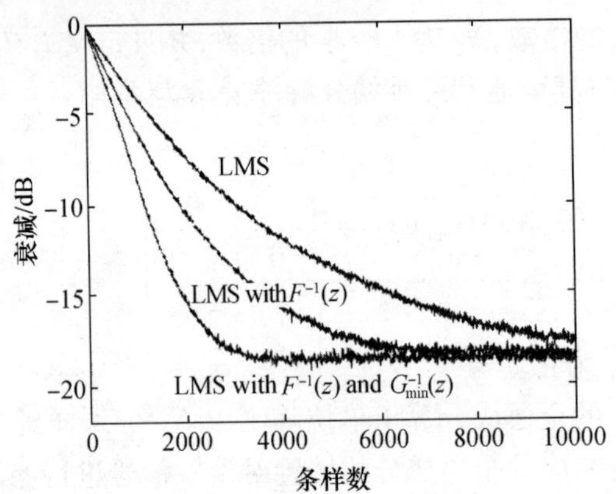


图 5.7　如图 5.6 所示的仿真框图使用三个自适应算法的均方差信号的时间衰减曲线。最上面的曲线为使用参考信号 $\boldsymbol{x}_1$ 和 $\boldsymbol{x}_2$,误差信号 $\boldsymbol{e}_1$ 和 $\boldsymbol{e}_2$ 的 LMS 算法;中间曲线为使用 $\boldsymbol{F}^{-1}(z)$ 对 $\boldsymbol{x}_1$ 和 $\boldsymbol{x}_2$ 滤波得到无关参考信号 $\boldsymbol{n}_1$ 和 $\boldsymbol{n}_2$ 的 LMS 算法;下面的为使用 $\boldsymbol{F}^{-1}(z)$ 产生无关参考信号和利用 $\boldsymbol{G}_{\min}^{-1}$ 对角化全部系统响应的预定 LMS 算法

## 5.6　频域的自适应算法

前面已经在时域对最速下降法进行了直接实现,现在我们开始考虑在离散频域间接实现最速下降法。引入这种复杂性的原因有几条:首先,这些算法可以基于具有大量系数的控制滤波器对计算效率进行评价,虽然这在第 3 章讨论的单通道情形中也成立,但我们将看到在多通道情形中计算量的节省会虽然显著;再者,一旦信号处于频域,则可弥补传统时域算法的一些不足,尤其是由 filtered - reference 信号的广义自相关矩阵的特征值扩散度导致的对收敛速度的限制。频域表示同样允许分开考虑参考信号间的内相关及作动器和传感器的空间分布。

多通道 filtered - reference 和 filtered - error LMS 算法均可比较容易地在频域实现。多通道 filtered - reference LMS 算法的频域形式[式(5.4.6)],可以写为式(3.5.5)的广义形式

$$w_{mki}(n+N)=w_{mki}(n)-\alpha\text{IFFT}\left\{\sum_{l=1}^{L}R_{lmk}^{*}(\kappa)E_{l}(\kappa)\right\}_{+} \tag{5.6.1}$$

式中：$R_{lmk}(\kappa)$和$E_l(\kappa)$为filtered－reference信号块$r_{lmk}(n)$和误差信号$e_l(n)$的FFT，$\kappa$为离散频率指标，注意避免与参考信号的指标$k$产生混淆。$R_{lmk}(\kappa)$可以由$x_k(\kappa)$乘以$\boldsymbol{G}_{lm}(\kappa)$的估计得到（假设已采取措施避免圆周卷积的影响，如第3章所讨论的）。从而更新项的计算需要$LMK$次复数乘法。

类似地，可以从filtered－error算法的时域形式［式(5.4.32)］得到其频域形式（Stothers等人，1995），即

$$w_{mki}(n+N)=w_{mki}(n)-\alpha\text{IFFT}\{F_m(\kappa)X_k^{*}(\kappa)\}_{+} \tag{5.6.2}$$

式中：$F_m(\kappa)$和$X_k(\kappa)$为filtered－error信号$f_m$和参考信号$x_k(n)$的块的FFT。

使用频域更新可节省大量的计算量，部分是因为计算filtered－error信号需要的卷积运算变成了简单的乘法运算，部分是因为在频域中计算相关函数的效率要高于时域中的计算效率。当控制器系数的数量等于数据块的大小$N$时，算法最为有效，即使为避免圆周卷积的影响需要使用$2N$点的FFT，如在第3章讨论单通道时的情形。表5.2中分别为时域和频域中实现多通道filtered－error LMS算法的$N$个采样点的自适应所需的总的乘法运算次数。若我们继续使用5.4节的例子，即$K=6$、$M=4$、$L=8$和$I=J=128$，而且假设块的大小同样为128，则时域算法需要大约900000次实数乘法运算自适应调整$N$个采样点，而频域算法则仅需要135000次实数乘法运算。

表5.2　对具有$K$个参考信号$M$个控制信号和$L$个误差信号的系统在频域和时域实现filtered－error自适应调整$N$个采样所需的乘法运算次数。假设滤波器中的系数$I$和系统模型的系数$J$等于$N$，同时使用$2N$点的FFT避免圆周卷积。注意对于这两种系统控制滤波器的时域实现是相同的，因此在表中不包括此计算次数

| 算法 | 经滤波误差信号的产生 | 控制滤波器的更新 | 总的运算数 |
|---|---|---|---|
| 时域 | $LMN^2$ | $KMN^2$ | $(K+L)MN^2$ |
| 频域 | $8LMN$ | $(K+L+MK)2N\log_2(2N)+8KMN$ | $(K+L+MK)2N\log_2(2N)+8(K+L)MN$ |

使用5.4节得到的结论可以得到频域最速下降算法的一般矩阵表示。误差的平方和关于每个控制器系数的梯度可以写成式(5.4.18)，其对于每个数据块的值可以用频域的形式表示，而且可以用于调整控制器的时域系数。从而实际的频域最速下降算法完全在频域中的表示为

$$W_{new}(\kappa) = W_{old}(\kappa) - \alpha\{\hat{G}^{H}(\kappa)e(\kappa)x^{H}(\kappa)\}_{+} \tag{5.6.3}$$

式中：$\hat{G}(\kappa)$为离散频率$\kappa$下物理模型的内部模型的响应矩阵。可从此广义表达式得到 Filtered - reference 和 filtered - error 算法的频域形式[式(5.6.1)和式(5.6.2)]。

为了提升频域算法的收敛速度，可以考虑在每个频率窗口使用单独的收敛系数$\alpha(\kappa)$，用以补偿 filtered - reference 信号在每个频率窗口中的均方值(Reichard 和 Swanson,1993;Stoteher 等人,1995)。然而，正如在 3.5 节讨论的，因为施加在式(5.6.3)中因果括号内的项的乘积和$\alpha(\kappa)$上的因果约束，这种算法通常会收敛到偏置解。

通过使用 5.3 节得到的频域中因果滤波器最优矩阵表示的近似$\hat{W}_{opt}(\kappa)$，可以得到频域的牛顿算法，即

$$W_{new}(\kappa) = (1-\alpha)W_{old}(\kappa) + \alpha\hat{W}_{opt}(\kappa) \tag{5.6.4}$$

将最优控制器系数矩阵在离散频域中表示为

$$W_{opt}(\kappa) = -G_{min}^{-1}(\kappa)\{G_{all}^{H}(\kappa)S_{xd}(\kappa)F^{-H}(\kappa)\}_{+}F^{-1}(\kappa) \tag{5.6.5}$$

式中：$G_{min}^{-1}(\kappa)$为系统响应的最小相部分[式(5.3.24)的逆]，$F(\kappa)$和$F^{H}(\kappa)$为$S_{xx}(\kappa)$的谱因子[式(5.3.23)]。

暂时忽略频率变量，则$e = d + GWx$，所有参考信号和干扰信号间的互谱矩阵可以表示为

$$S_{xd} = S_{xe} - GW_{old}S_{xx} \tag{5.6.6}$$

从而

$$W_{opt} = -G_{min}^{-1}\{G_{all}^{H}S_{xe}F^{-H}\}_{+}F^{-1} + G_{min}^{-1}\{G_{all}^{H}GW_{old}S_{xx}F^{-H}\}_{+}F^{-1} \tag{5.6.7}$$

使用谱因子$F$和$F^{H}$的定义，我们可以写

$$S_{xx}F^{-H} = F \tag{5.6.8}$$

其为全部因果响应矩阵。同样地，因为$G = G_{all}G_{min}$，使用式(5.3.25)，我们可以写成

$$G_{all}^{H}G = G_{all}^{H}G_{all}G_{min} = G_{min} \tag{5.6.9}$$

其为全部因果响应的另一个矩阵。由于式(5.6.7)中第二项因果括号中的所有项已经是因果的，从而可将因果括号去掉，控制器最优矩阵可以写成

$$W_{opt} = -G_{min}^{-1}\{G_{all}^{H}S_{xe}F^{-H}\}_{+}F^{-1} + W_{old} \tag{5.6.10}$$

若互谱密度$S_{xe}$仅由基于当前的数据块即$ex^{H}$的估计近似得到，则最优滤波器的这个矩阵的估计为

$$\hat{W}_{opt} = -G_{\min}^{-1}\{G_{\text{all}}^{\text{H}}ex^{\text{H}}F^{-\text{H}}\}_{+}F^{-1} + W_{old} \tag{5.6.11}$$

使用此表达式作为式(5.6.4)最优控制器响应矩阵的估计，则离散频域牛顿法的多通道形式可使用式(5.3.28)写成

$$W_{\text{new}}(\kappa) = W_{\text{old}}(\kappa) - \alpha^{+}(\kappa)\{\alpha^{-}(\kappa)\hat{G}^{\text{H}}(\kappa)e(\kappa)x^{\text{H}}(\kappa)F^{-\text{H}}(\kappa)\}_{+}F^{-1} \tag{5.6.12}$$

其中

$$\alpha^{+}(\kappa) = \sqrt{\alpha}\,\hat{G}_{\min}^{-1}(\kappa) \text{ 和 } \alpha^{-}(\kappa) = \sqrt{\alpha}\,\hat{G}_{\min}^{-\text{H}}(\kappa) \tag{5.6.13,14}$$

图5.8为此算法的方块图。与最速下降法[式(5.6.3)]比较，因果约束内的项已经左乘和右乘由 $\alpha^{-}$ 和 $F^{-\text{H}}$ 给出的非因果响应矩阵，以及在因果约束外部的更新项已经左乘和右乘由 $\alpha^{+}$ 和 $F^{-}$ 给出的因果响应矩阵。从而这种形式的牛顿法，通过式(5.6.13,14)中的 $\alpha^{+}(\kappa)$ 和 $\alpha^{-}(\kappa)$ 分别补偿系统响应矩阵，而且通过参考信号互谱矩阵的谱因子 $F(\kappa)$ 和 $F^{\text{H}}(\kappa)$ 补偿参考信号的相关结构。

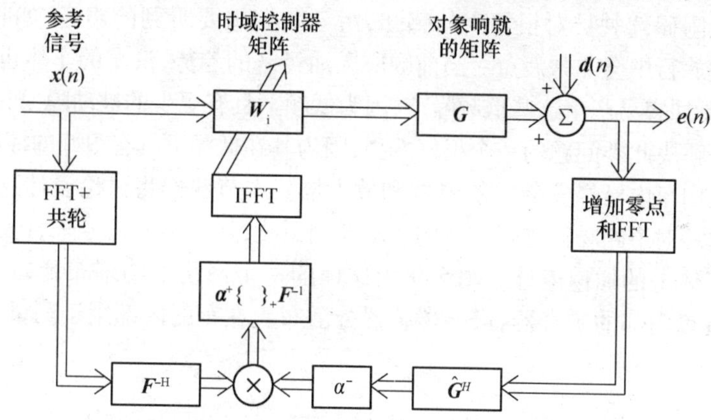


图5.8　控制滤波器的频域自适应，此时谱因子 $\alpha^{+}$、$\alpha^{-}$、和 $F^{-1}$、$F^{-\text{H}}$ 分别补偿系统的空间性质和参考信号的相关特性。若令谱因子等于相关单位阵，则可得到传统的频域形式的 filtered－error 自适应算法

若系统响应矩阵在控制系统运行的过程中变化不显著，则可以离线计算 $G_{\min}^{-1}$、$\alpha^{+}$ 和 $\alpha^{-}$。然而，通常会利用 $S_{xx}$ 的实时估计在线计算谱因子 $F^{+}$ 和 $F^{-}$，因为参考信号通常不是稳定的。

虽然由5.5节讨论的完全不同的算法启发得到式(5.6.12)，但比较两种算法的形式会很有意思。若频域控制器的变换矩阵的定义为

$$C(\kappa) = \hat{G}_{\min}(\kappa)W(\kappa)F(\kappa) \tag{5.6.15}$$

则式(5.6.12)可以写为

$$\boldsymbol{C}_{\text{new}}(\kappa) = \boldsymbol{C}_{\text{old}}(\kappa) - \alpha\{\hat{\boldsymbol{G}}_{\text{all}}^{\text{H}}(\kappa)\boldsymbol{e}(\kappa)\boldsymbol{x}^{\text{H}}(\kappa)\boldsymbol{F}^{-\text{H}}(\kappa)\}_{+} \tag{5.6.16}$$

若以与式(5.5.7)类似的方式定义频域中的 filtered - error 信号为

$$\boldsymbol{a}(\kappa) = \hat{\boldsymbol{G}}_{all}^{\text{H}}(\kappa)\boldsymbol{e}(\kappa) \tag{5.6.17}$$

且以与式(5.5.8)类似的方式定义频域更新信号向量为

$$\boldsymbol{v}(\kappa) = \boldsymbol{F}^{-1}(\kappa)\boldsymbol{x}(\kappa) \tag{5.6.18}$$

则式(5.6.12)与式(5.5.10)具有完全相同的形式。

虽然这个算法的时域和频域形式具有相似的收敛性质,但在频域使用式(5.6.16)实现此算法会有数值和计算的优势。

## 5.7 应用:控制汽车内的路面噪声

许多汽车内部的低频噪声主要是因为汽车经过不平整的路面造成的。这个噪声可以阻碍驾驶员对报警声的感知,污染我们想要听到的声音,如收音机,而且在长途旅行中会非常疲惫。当前顺应燃油经济的趋势,汽车的车体也更加轻型化,也就更加容易产生这些低频噪声,因为低频下具有更少的被动隔振和吸振。主动控制是解决此类问题的一个很好选择,因为其在低频下具有很好的控制作用,而且可以使用车内已经安装的扩音器和放大器。本节我们将讨论设计这样一种使用前馈方法对道路噪声进行控制的主动控制系统,其中参考信号来自安装在悬挂系统和车体上的加速度计。图 5.9 为这样的一个系统的物理布置,其中次级作动器为汽车内部的扩音器,误差传感器分散布置在车的内部用于测量声压。

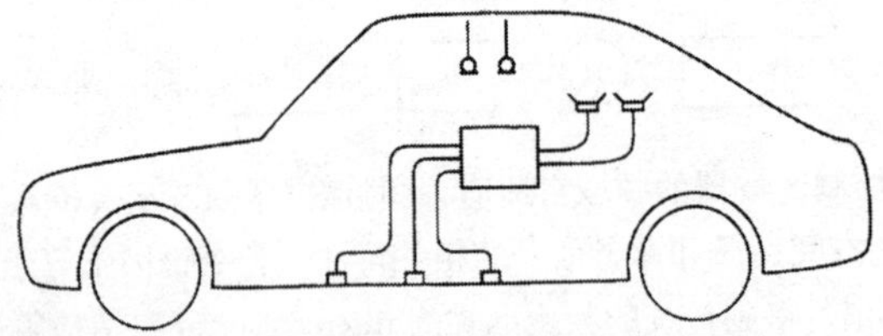

图 5.9 汽车内路面噪声前馈控制的物理布置示意图,此时参考信号从车体上的加速度计获得,并通过数字控制器驱动次级扩音器,自适应最小化误差拾音器处的平方和信号

### 5.7.1 选择参考信号

乍一看,好像只需要在车体上安装两个加速度计测量参考信号,即可与拾音器测得的声压有很好的相关性,一个位于车体的一边用以测量前轮的垂直运动,然而事实表明这对于大多数的汽车是不合适的;另一个安放在主引擎上用以从

实际的系统获得可接受的性能,事实表明这是一种合适的选择。

我们应经知道当参考信号的数目变大时,实现自适应控制器所需的处理时间也相应增多。同样地,在此应用中主动系统的大量成本也与用以生成参考信号的加速度计有关。实践中,我们不仅要选择出可接受性能的加速度计位置组合,而且要找出这样的最小可能组合。

虽然在选择合适的参考加速度计位置时可使用一些工程的判断,但实践中通常会有比实际实时控制器所需的数目更多的加速度计可能位置。对所有可能的参考信号组合进行遍历搜索将花费大量的时间,如从 32 个可能的加速度计位置中选择出 6 个位置将有 $10^9$ 种方法。第 9 章讨论的指导随机搜索方法已经被证明是一种在实践中可用的搜索好的加速度计位置的方法。然而,使用指导随机搜索方法,也需要对几千种参考信号组合的性能进行评估,从而有效计算最优性能的方法会非常有用。典型地,初始选择参考信号组合时,可以基于它们之间的互相干性,以及使用基于无约束频域最优化得到的结果,如式(5.3.15)。接着,最终地选择使用指导随机搜索,将降低最优因果约束控制器作为目标函数。

作为参考信号的初始选择阶段使用无约束频域方法的一个例子,如图 5.10 所示,分别测量前轮和后部悬挂系统的垂直运动的两个加速度计输出间的一致性,其中汽车以 100km/h 的速度直线行驶在颠簸的路面上(Sutton 等人,1994)。直觉上可能会希望这些信号完全一致,因为前轮和后轮在不同的时间驶过同一块路面。实际上这些信号在低频时相关性很好,因为路面的不规整性在频率高于 150Hz 时产生的运动比与路面接触的橡胶片的尺寸要小,长度大约为 200mm

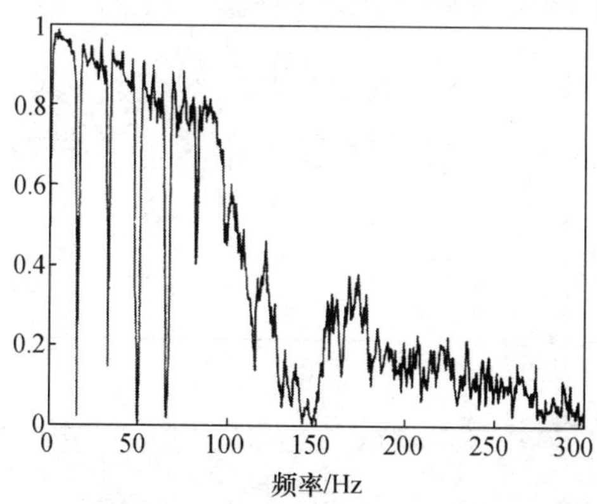


图 5.10　位于 1.3L 前轮驱动汽车前部和后部悬架装置上的垂直加速度之间的一致性。当道路表面的波长小于与轮胎的接触面的长度时一致性下降剧烈

(Moore,1975)。从而在 150Hz 以上接触的那块路面对前轮的影响将不同于对后轮的影响,从而前后轮的垂直运动将变得不相关。相关性在 16Hz 及其谐波附近的下降是由于前后轮旋转频率的轻微不同。由于前面和后面,一边到另一边及角运动导致的悬挂点运动的其他成分对内部声场具有同垂直运动同样的影响。这是因为悬挂系统对垂直运动有很好的隔离效果。从而所剩的对系统有影响的运动为每个轮子运动的多种形式的组合,这仅是部分不相关的运动的综合,也是需要使用数值搜索算法寻找好的参考信号组合的原因。

## 5.7.2 预测和测量性能

可以使用时域的性能预测、计算使用具有有限长度的最优因果控制滤波器可得到的衰减,而且也可评估系统对实际控制器的各种缺点的敏感度。图 5.11 为汽车以 60km/h 速度驶过颠簸路面时小车内部的 A 加权声压的功率谱密度,以及预测的施加主动控制后功率谱密度能级,其中控制器有 6 个参考信号而且是因果的,所控制的系统的延时为 1ms 或 5ms(Elliott 和 Sutton,1996)。使用此控制系统在整个功率谱密度能级上可得到的衰减为 7dB,却是对系统中 1ms 或 5ms 的延时相对无影响时得到的结果。然而,若使用无约束的频域方法计算性能,则预测可得到 12dB 的衰减,这在实践中是不可能达到的(Sutton 等人,1994)。5ms 的系统延时在实践中是很典型的,其一部分是由于次级扩音器和误差拾音器之间的声传播时间,大约 3ms/m,一部分是由于模拟图形保真滤波器和重构滤波器中的延时及数字系统中的处理时间。控制系统对于高达 5ms 的

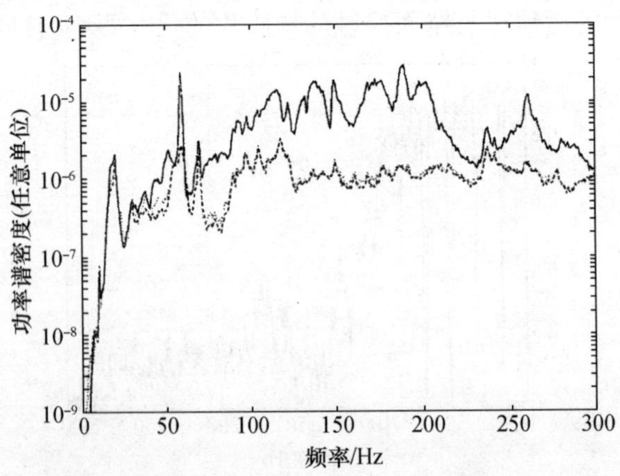


图 5.11 在较小汽车内部测量得到的压力的 A 加权功率谱密度(实线),以及使用前馈控制系统分别对具有 1ms 延时(虚线)和 5ms 延时(点线)系统的残余频谱进行的预测

延时相对不敏感，是因为在这些低频率上挠波沿车体传播的速度相对较低(Sutton 等人，1994)。

Saunders 等人(1992)在一个汽车上实现了这样的一个实时控制系统，用于获得前面讨论所用的数据。控制系统使用6个参考信号，并在前排的靠枕上放置了两个拾音器。采样率为1.2kHz，使用12个单独的控制滤波器，每个具有128个系数。在时域实现5.4节讨论的多通道 filtered – reference 算法自适应调整控制滤波器。通过在初始辨识阶段相继对每个次级扩音器施加白噪声，测量次级扩音器和误差拾音器间的系统响应。在一系列的道路测试中，通过在多个位置仿真测量汽车的振动确定最佳的加速度计安装位置。类似的加速度计位置可通过多个一致性计算得到，但是最终的选择却是基于时域的计算以保证控制器是因果的。图5.12为位于悬挂系统和车体上的加速度计安装位置。加速度计最优布置在不同的车体模型间变化非常大；但对于 Saunders 等人所使用的前轮驱动汽车，所有的6个加速度计最终都布置在靠近前轮的位置上。图5.13为控制系统作用前后驾驶员靠枕位置处测量的 A 加权声压能级，其中车速为60km/h 沿颠簸柏油路行驶。如图5.13所示的频率范围大于如图5.11所示的频率范围，但可以看出，从100Hz ~200Hz 测量的内部噪声衰减类似于如图5.11所示的预测衰减。

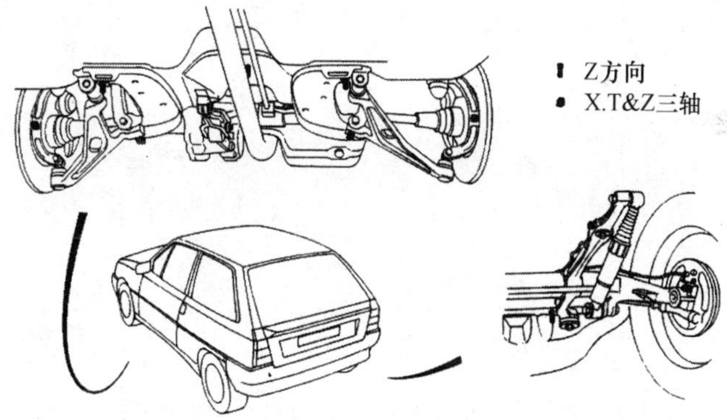


图5.12　用于控制路面噪声的主动控制系统的参考加速度计的典型安装位置。此处用于测量的6个位置为：位于左右两侧的地板(垂直)，叉骨(垂直)和轮毂(水平)，如草图的上部所示

这些结果表明使用主动噪声控制技术可以对汽车内部的噪声进行有效控制，而且在实践中获得的衰减可以从最优控制器的离线计算预测得到。

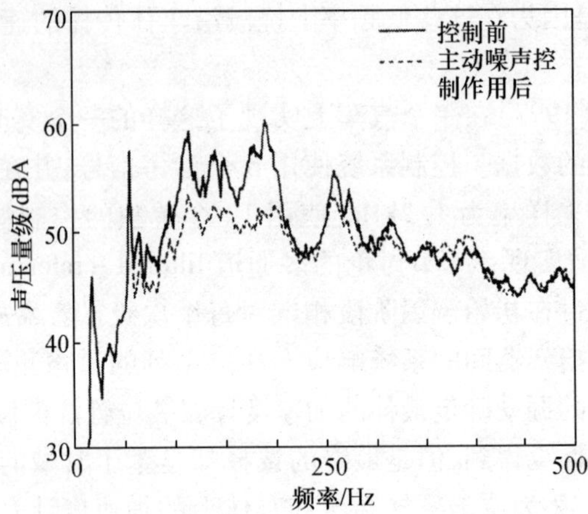


图 5.13　使用实时主动控制系统，在驾驶员的耳朵位置测量得到的 A 加权声压的频谱。汽车以 60km/h 的速度行驶在不平坦的柏油路面上。实线为没有施加主动控制时的情况，虚线为施加主动控制时的情况

# 第6章　反馈控制器的设计和性能

## 6.1 引　言

本章我们通过讨论固定控制器的设计和性能讨论反馈控制系统。反馈控制系统和前馈控制系统的区别是，反馈控制系统没有提供关于被控干扰时间上提前信息的参考信号。反馈控制系统广泛应用于各种噪声和振动的主动控制，尤其是当无法直接观测产生干扰的初级源时，或者是有太多的初级源以致无法经济地获取每个参考信号时。主动噪声反馈控制的例子包括主动降噪耳机和主动靠枕，后者用于对宽带噪声产生安静的固定区域。对振动的反馈主动控制也应用广泛，尤其是对欠阻尼结构的控制，对于它的干扰在每个共振峰上会相对较窄。对于这种结构的控制直接使用速度反馈，将有效增加系统的阻尼，虽然需要使用更加复杂的控制策略，但控制系统的最终目的是降低辐射噪声。

在对反馈控制的讨论中，我们将继续使用输入输出方法表示被控系统，而不使用状态变量模型。Fuller(1996)、Preumont(1997)和 Clark 等人(1998)对主动反馈控制中的状态变量方法进行了讨论，这种方法可以提供被控系统的全局、完整模型。它们特别适用于控制结构的前几阶模态，广泛应用于飞机的飞行控制系统、分布结构中的低频振动控制(例子可见 Meirovich,1990;Rubenstein 等人,1991)，以及轻阻尼结构的声辐射(例子可见 Baumann 等人,1991;Petitjean 和 Legrain 等人,1994)。当在宽带上使用主动系统控制噪声和振动时，系统会产生显著的延时而且具有高阶模态，响应具有很多良好的阻尼和重叠的模态，其自然频率可在相当短的时间尺度内变化。对于这样的系统，状态变量模型的建立会非常复杂，而一个输入输出模型可通过直接测量系统的频率响应得以确定。频率响应方法同时允许一些设计方法和反馈控制系统所固有的设计妥协用一种直接的方法阐释，这也与传统的信号处理公式保持一致。

在控制领域，单通道系统指具有单输入单输出(SISO)的系统，多通道系统指多输入多输出(MIMO)的系统。同样地，模拟系统更精确地讲为连续系统，数字系统为采样系统，我们在此仍将保持此非正式的表示，因为其在信号处理领域的使用更加广泛。主动系统通常设计为干扰对消，在接下来两章的绝大多数讨论中将集中于反馈控制的此种应用。然而，在传统的控制领域，则更强调设计反馈控制器以保证系统的输出跟随某些控制信号,即所谓的伺服控制系统。

### 6.1.1 章节概要

本节首先将对反馈控制系统进行基本的介绍,接着将讨论固定时不变控制器的设计,单通道和多通道均有所涉及,而且分别考虑用模拟和数字技术实现。在接下来的章节中将讨论反馈控制器的自适应。对于反馈控制系统的设计已经有许多成熟的理论,读者可以参考 Franklin 等人(1994),Morari 和 Zafiriou(1989),Skogestad 和 Postlethwaite(1996)。

将在6.2节讨论模拟反馈控制器的设计,其中重点强调了频率响应方法,如伯德和奈奎斯特方法。6.3节叙述了对系统输出的采样及数字反馈控制器的使用。6.4节对一种使用此采样技术的反馈控制器的特定结构的优势进行了讨论。这个结构使用系统响应的内部模型将反馈控制问题变换为前馈控制问题,从而可以借助前面章节得到的结论和分析方法设计反馈控制器。

接着在实践中必须引入的一个重要条件是鲁棒稳定性,使控制回路对实际的变化或系统响应中的不确定度保持稳定。6.5节讨论了时域中最优控制器的设计,其包括对均方差和对均方控制效果的性能函数最小化,其中后者是为了改进系统的鲁棒稳定性。6.6节讨论了最优反馈控制器在相应变换域中的设计,作为一个特例又对最小方差控制器进行了讨论。6.7节讨论了将反馈控制应用于多通道的复杂性,6.8节叙述了在多通道系统中鲁棒稳定性的计算如何变得更为复杂,6.9节讨论了对于这种多通道系统如何计算最优控制器。

最后,在6.10节,将前面讨论的设计方法应用于具体的例子,即主动控制耳机中的噪声。主要强调了对系统不确定度和系统响应测量的必要性,从而可以设计鲁棒性稳定的控制器。接着使用离散频域方法设计一个 $H_2/H_\infty$ 反馈控制器最小化误差信号的均方值,一个 $H_2$ 范数(但保持鲁棒稳定性),一个 $H_\infty$ 约束。接着将此反馈控制器的预测性能与实验中实时控制器测得的性能进行比较。

### 6.1.2 干扰对消

图6.1(a)是使用模拟反馈回路的主动噪声控制系统的物理表示,其中来自单个拾音器的信号 $e(t)$ 经过一个拉普拉斯域变换函数为 $-H(s)$ 的模拟反馈控制器,被反馈输入到次级扩音器,与输入信号 $u(t)$ 一起对系统进行作用。反馈控制器中的负号提醒我们需要设计的是负反馈控制系统。此反馈控制系统的等价方框图如图6.1(b)所示,其中从扩音器输入到拾音器输出的传递函数为 $\boldsymbol{G}(s)$,控制前拾音器的输出为 $d(t)$,在此例中代表干扰。

误差信号的拉普拉斯变换为

$$E(s) = D(s) - G(s)H(s)E(s) \tag{6.1.1}$$

从而,从干扰到误差的传递函数为

$$\frac{E(s)}{D(s)} = \frac{1}{1 + G(s)H(s)} = S(s) \tag{6.1.2}$$

此传递函数也是所谓的系统敏感度函数。由于控制系统的目标为抑制干扰,因此,我们需要使误差函数非常小。在频域中更容易看清实现此目标所需的条件,在式(6.1.2)中令 $s = j\omega$,则误差函数的频率响应为

$$S(j\omega) = \frac{1}{1 + G(j\omega)H(j\omega)} \tag{6.1.3}$$

式中:$G(j\omega)$为系统的频率响应;$H(j\omega)$为控制器的频率响应。

若系统的频率响应相对平坦,且在某些频率 $\omega_0$ 下不受相移的影响,同时电子控制器是高增益放大器,则回路增益 $G(j\omega)H(j\omega)$ 对于低于 $\omega_0$ 的所有频率都具有较大的值,即

$$|1 + G(j\omega)H(j\omega)| \gg 1, \omega < \omega_0 \tag{6.1.4}$$

此时

$$S(j\omega) \ll 1, \omega < \omega_0 \tag{6.1.5}$$

可以通过设想引入小的扰动的简单形式描述控制系统在这些频率上的作用,如图6.1(b)中的干扰。当扰动增加时,其迅速放大,且其波形在反馈到综合点之前被翻转。从而扰动的波形通过经过系统的反馈信号被接近平衡掉。

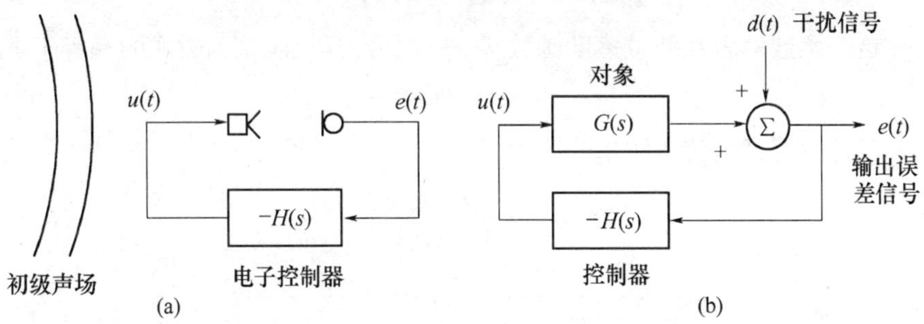


图6.1 (a)抑制噪声干扰的反馈控制系统的物理框图,(b) 等价框图

对于首次发明的负反馈电路,在纯电子系统中,可接近满足式(6.1.4)所表示的条件(Black,1934)。对于运算放大器电路这样的反馈回路具有虚地,因为输入信号被反馈回路拉低接近为零,而且此项有时用以描述声反馈系统。然而,在声系统中,通常表现出比电子放大器更加显著的动态响应。例如,移动线圈扩音器的电子声响应,在接近其机械共振频率处(一般在10Hz~100Hz之间)将产

生非常大的相移。从扩音器到拾音器的声传播路径由于声传播的时间,不可避免地含有延时,这也将引入随频率增加的相移。当系统中的净相移达到 180°时,上面讨论的负反馈将变为正反馈,控制系统将变得不稳定。

### 6.1.3 跟随控制信号

许多反馈控制的应用不关注干扰抑制,而是希望系统的输出跟随某些设定值或控制信号。这样的反馈控制系统即为前面所说的伺服系统,具有如图 6.2 所示的方框图。为了叙述的完整性,在此将对其进行简单介绍;而且,一旦成功控制住干扰,对于主动振动控制系统接下来的重要任务就是跟随设定值,如弹性系统的位置控制,或主动噪声控制系统的声音的再现。在图 6.2 中不包括干扰,系统输出用 $y(t)$ 表示,主要是为了跟大多数控制领域中的表示方法一致。控制器的目的是驱动系统使输出尽可能近地跟随控制信号 $c(t)$,为了这个目的,控制器由期待输出和实际输出的差值驱动,即

$$\varepsilon(t) = c(t) - y(t) \tag{6.1.6}$$

现在已经舍弃图 6.1(b) 中控制器的相位翻转操作,因为其已经包含在生成 $\varepsilon(t)$ 的差分操作中。图 6.2 中系统输出的拉普拉斯变换为

$$Y(s) = \boldsymbol{G}(s)H(s)[c(s) - Y(s)] \tag{6.1.7}$$

从而,从期待输出到实际输出的传递函数为

$$\frac{Y(s)}{c(s)} = \frac{\boldsymbol{G}(s)H(s)}{1 + \boldsymbol{G}(s)H(s)} = T(s) \tag{6.1.8}$$

这个函数称为互补敏感度函数 $T(s)$;因为,其和误差函数式的和等于 1,即

$$S(s) + T(s) = 1 \tag{6.1.9}$$

互补敏感度函数的频率响应为

$$T(j\omega) = \frac{\boldsymbol{G}(j\omega)H(j\omega)}{1 + \boldsymbol{G}(j\omega)H(j\omega)} \tag{6.1.10}$$

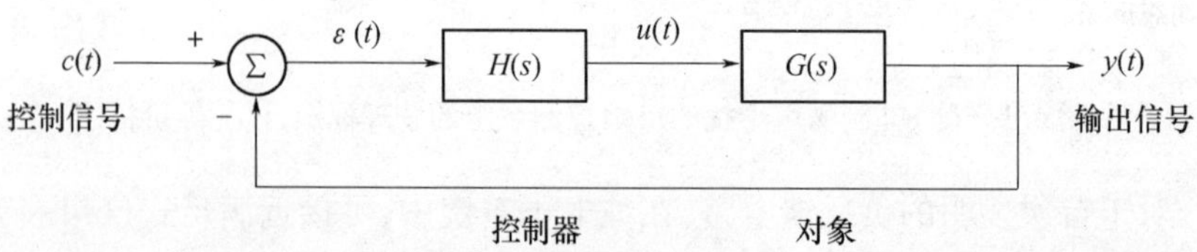


图 6.2 具有伺服动作的负反馈系统的框图,此时调整系统的输出 $y(t)$ 跟踪控制信号 $c(t)$

若我们假设在某些频率 $\omega_0$ 下,回路增益非常大,则式(6.1.4)再次成立,我们发现此时互补敏感度函数接近于 1,即对于那些使得系统的动态变得非常显

著的激励频率,大增益控制器可以得到较好的伺服控制效果。当存在伺服噪声时,互补敏感度函数也将影响设计为抑制干扰的反馈控制系统的输出。传感器噪声 $n(t)$ 可以作为控制器的独立输入进行建模,其不直接影响物理输出 $e(t)$,却是在测量 $e(t)$ 的过程产生的,如图 6.3 所示。注意图 6.3 中的传感器噪声 $n(t)$, 以与图 6.2 中的控制信号相同的输入点进入控制回路;所不同的是,其没有相位翻转操作;从而,从传感器噪声到输出的传递函数与式(6.18)所给出的传递函数相同。因此,由干扰和传感器噪声产生的物理输出可以写为

$$E(s) = S(s)D(s) - T(s)N(s) \tag{6.1.11}$$

互补敏感度函数在确定控制系统对系统响应变化的鲁棒性方面起着重要作用,这将在下一节进行详细解释。这种变化对系统输出的影响类似于传感器噪声的影响,从而性能和鲁棒性间的平衡可以看作最小化式(6.1.11)中的两项的平衡,服从于条件 $S(s)+T(s)=1$。

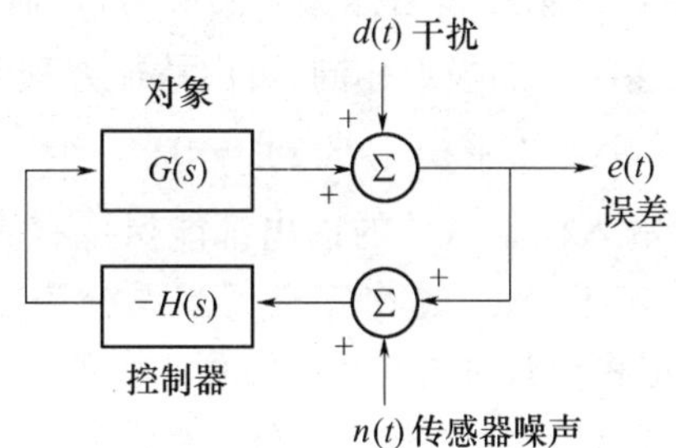


图 6.3 具有参考噪声 $n(t)$ 的干扰抑制反馈控制系统

### 6.1.4 延时导致的带宽限制

反馈控制可以应用的带宽,部分由系统响应中的延时确定。例如,假设系统响应中的延时相当于一个纯延时 $\tau$,则

$$\boldsymbol{G}(j\omega) = \mathrm{e}^{-j\omega T} \tag{6.1.12}$$

伺服控制系统以相同的延时跟踪期待信号可以实现最佳的伺服控制系统(Skogestad 和 Postlethwaite,1996),即

$$T(j\omega) = \mathrm{e}^{-j\omega T} \tag{6.1.13}$$

若我们考虑这种控制系统中的干扰对消,由式(6.1.4)所表示的误差函数 $S(j\omega)$ 确定,则因为 $S(j\omega)+T(j\omega)=1$,有

$$S(j\omega) = 1 - \mathrm{e}^{-j\omega T} \tag{6.1.14}$$

则将降低满足 $|S(j\omega)|<1$ 的所有频率上的干扰,对应于

$$\omega T < \frac{\pi}{3} \tag{6.1.15}$$

从而,对于一个延时为 $\tau$s 的系统干扰可以降低的带宽,以赫兹表示为

$$带宽(\mathrm{Hz}) < \frac{1}{6 \times 延时(\mathrm{s})} \tag{6.1.16}$$

将在下节对反馈控制系统的性能进行更加详细的讨论,但式(6.1.16)是一个在主动控制应用中计算带宽(系统响应在此带宽中具有显著的延时)的有用"经验法则"。

## 6.2 模拟控制器

本节,将讨论单通道连续反馈控制器的稳定性和设计。反馈系统的稳定性,如图 6.1(b)所示,可非常容易地用闭环传递函数极点的位置表示。图 6.1(b)和图 6.2 所示系统的传递函数的极点相同,可由特征方程的根给出

$$1 + G(s)H(s) = 0 \tag{6.2.1}$$

若对于任何有界的输入控制系统的输出都能保持有界,则闭环传递函数的极点都将位于 $s$ 屏幕的左半平面,这个定义仅当系统和控制器稳定时成立;因为,反之"隐藏"的不稳定将出现在控制环中,而这将不能在图 6.3 中的 $e(t)$ 中观测到。内部稳定这个概念可给出更强的稳定条件(例子可见 Morari 和 Zafiriou,1989),这仅当任意点的有界输出产生任意点的有界输出时才满足。

因此,在下面的主动控制讨论中,我们将假设系统和控制器都是稳定的,这将极大地简化分析。Morari 和 Zafiriou(1989)对此进行了更加一般的讨论。

### 6.2.1 奈奎斯特稳定准则

在很多的主动控制应用中,一般不可能得到清晰的零极点模型(需要计算式的根),这可能因为系统的阶数很高,系统响应包括延时,也可能因为此系统存在相当大的变化。从而可以继续使用在本书的其他章节讨论的频率响应方法,同时考虑反馈系统稳定性的奈奎斯特定义(Franklin 等人,1994)。这包括观察开环频率响应 $G(j\omega)H(j\omega)$ 的极坐标曲线。若在某些频率上,$G(j\omega)H(j\omega) = -1$,则很清楚根据式(6.1.3),此时反馈控制系统的响应将变为无界。因为我们假设被控系统和控制器稳定,则奈奎斯特准则的稳定性定义为当 $\omega$ 从 $-\infty$ 变化到 $\infty$ 时,开环频率响应 $G(j\omega)H(j\omega)$ 的极坐标曲线必须不能包围奈奎斯特点(-1,0)(Nyquist,1932),如图 6.4 所阐释的。在图中对应负 $\omega$ 的 $G(j\omega)H(j\omega)$ 轨迹为虚线,其为对应正 $\omega$ 轨迹关于实轴的镜像,因为

$$G(-j\omega)H(-j\omega) = G^*(j\omega)H^*(j\omega) \tag{6.2.2}$$

式中：* 指复数共轭。

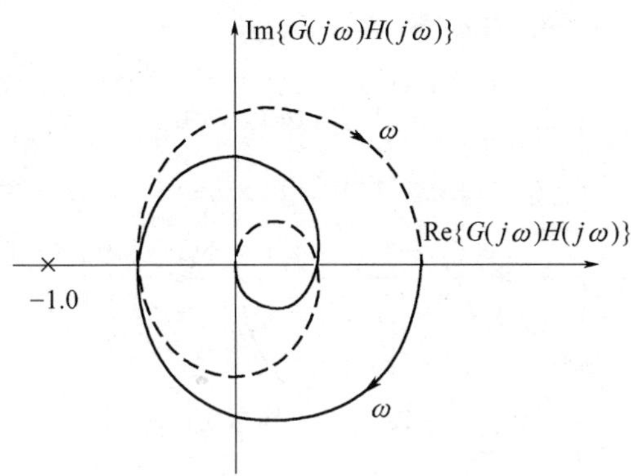


图6.4　$\omega>0$（实线）和$\omega<0$（虚线）时的稳定开环频率响应极坐标曲线，其不包括奈奎斯特点（-1,0），从而具有稳定的闭环响应

注意，大多数物理系统高频上的频率响应的幅值接近为零（在控制领域中称为严格适当）；此时，当$\omega$从$-\infty$趋近于$\infty$时开环频率响应的极坐标曲线收敛到原点。当$\omega$从$-\infty$趋近于0时，开环频率响应同样趋近于相同的等于系统的开环“dc增益”的实值。通过引入稳定性的有界输入、有界输出定义，以及根据这个定义假设系统和控制器是稳定的，我们已经排除了回路中存在积分器的可能性，这将导致当频率趋近于零时系统的响应渐进变大。缺少积分器将限制伺服系统的稳态性能，但我们主要对相对较高频率的干扰抑制感兴趣，从而这样的假设并不会过度限制我们的目的。可以通过对开环系统频率响应的测量得到图6.4中的完整的轨迹，从而可以在回路闭合之前根据这些测量预测闭环系统的稳定性。

### 6.2.2　增益和相位裕量

开环频率响应的奈奎斯特曲线除了可以确定反馈系统的绝对稳定性，也可以对这个系统的相对稳定性提供有用的信息，即稳定裕量。有两个参数通常用于量化反馈控制系统的相对稳定性，它们均可给出保持闭环系统稳定性时允许系统响应变化的幅度。第一个参数为增益裕度，定义为没有反馈时系统变得不稳定时的全部增益；显然在图6.5中，当开环频率响应的幅值通过乘以一个超过$1/g_c$的因子增加，则轨迹将包围奈奎斯特点，即变得不稳定。从而dB形式的增益裕量为

$$\text{增益裕度} = -20\lg(g_c) \tag{6.2.3}$$

另一个广泛使用的参数为相位裕度，定义为开环时系统变得不稳定时系统允许的额外相移。从而相位裕度必须等于系统在开环增益的模等于 1 时对应的频率上的相移，在图 6.5 中为 $\phi_c$。

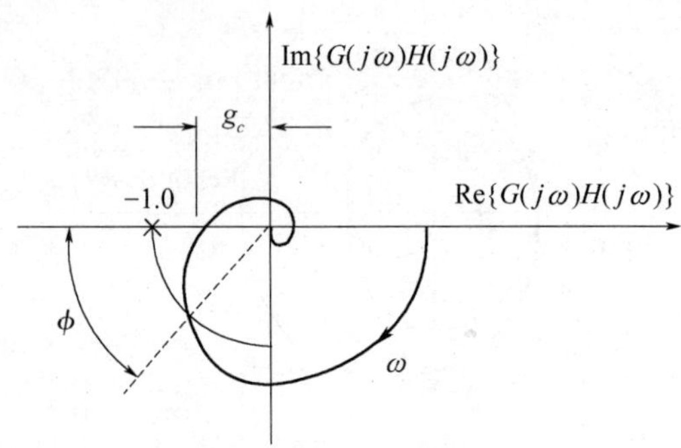


图 6.5　开环频率响应的奈奎斯特曲线表示相位裕度 $\phi_c$ 和增益裕度 $-20\log_{10}(g_c)$ 的定义

使用增益和相位裕度表示相对稳定性的一个问题是，当增益和相位同时变化时，并不能判断出系统是否变得不稳定。图 6.6 为一个相当典型的例子，增益和相位裕度都很大，但系统的稳定性对增益和相位滞后的小幅增加非常敏感。开环频率响应变化导致不稳定的原因通常为系统响应中的扰动。例如，这些扰动可归结于温度或运行条件的变化，或当系统为弱非线性时驱动信号振幅的变化。若在这些变化下控制系统仍可保持稳定，则称系统是鲁棒稳定的。

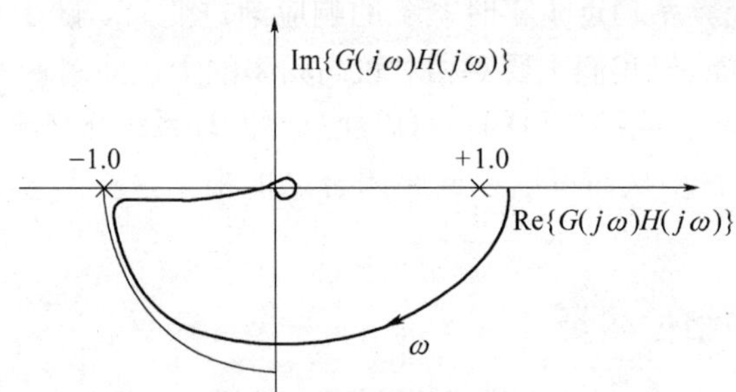


图 6.6　一个具有很大的增益裕度和相位裕度的开环频率响应，但闭环稳定性仍然对系统响应中的小变化敏感的例子

### 6.2.3　非结构化的系统不确定度

若要确定系统的鲁棒稳定性，则需要知道系统响应中扰动或不确定度的模型。标准运行条件下系统的响应，即没有不确定度的系统响应称为标称系统响应。系统响应中的变化对开环频率响应的奈奎斯特曲线的影响为，在每个频率

下的标准开环频率响应附近引入不确定区域。这些不确定度区域的面积由系统中的变化类型决定。若不确定度由固定范围的增益和相位变化决定,则区域分割成如图6.7(a)所示的形状。若不确定度由不同的运行条件导致,则不确定区域的形状如图6.7(b)所示。对这些不确定区域的形状很难进行分析,但可以确定的是其总是被包围在一个圆盘状的不确定区域中。我们下面将设计对由这些圆盘所描述的不确定度鲁棒稳定的控制器,虽然真实的不确定区域不能很好地用这些圆盘表示,从而控制器的设计会比较保守,但通过作此假设总可设计出鲁棒稳定的控制器。

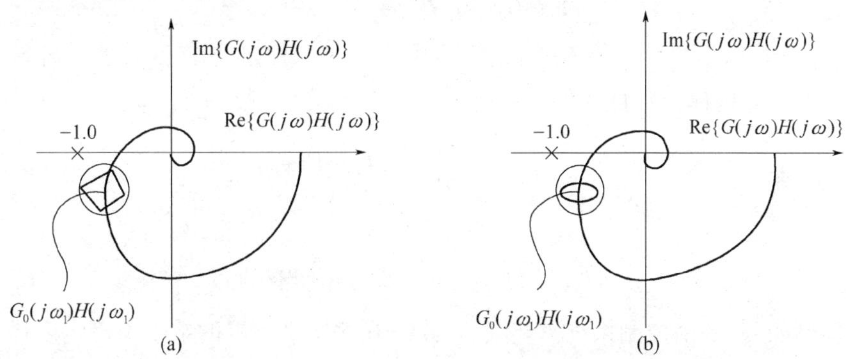


图6.7　在指定频率 $\omega_1$ 下标称开环响应奈奎斯特曲线中的不确定度区域

(a) 给定相位和增益裕度;(b) 在大量的工作点变化,两者都包围圆盘状的不稳定区域。

这样的圆盘不确定度是由非结构化的系统模型产生的,在此模型中我们假设给定频率下的真实系统响应为

$$G(j\omega) = G_0(j\omega)[1 + \Delta_G(j\omega)] \tag{6.2.4}$$

式中:$G_0(j\omega)$为标称系统响应,$\Delta_G(j\omega)$为乘子系统不确定度,而且假设对于所有的$\Delta_G(j\omega)$,$G(j\omega)$总是稳定。不确定度$\Delta_G(j\omega)$一般为复数,但是假设其幅值对于任意频率均在不大于$B(\omega)$的范围内,即

$$|\Delta_G(j\omega)| \leqslant B(\omega) \tag{6.2.5}$$

在给定的频率上,所有的系统响应均可由式(6.2.4)和式(6.2.5)表示,且其位于复数平面内圆心为标称系统响应 $G_0(j\omega)$,半径为 $B(\omega)|G_0(j\omega)|$的圆盘内。

### 6.2.4　鲁棒稳定性条件

参考图6.8(a),在给定频率下,具有非结构化不确定度的系统的开环频率响应,可以位于奈奎斯特平面内圆心等于 $G_0(j\omega)H(j\omega)$,半径等于 $B(\omega)$

$|G_0(j\omega)H(j\omega)|$的任意圆盘中。对于鲁棒稳定性,闭环系统对于响应满足式(6.2.4)和式(6.2.5)的系统是稳定的,从而不确定圆盘必须不包围奈奎斯特点。这意味着从圆盘的中心到奈奎斯特点的距离$|1+G_0(j\omega)H(j\omega)|$必须大于圆盘的直径,即

$$|1+G_0(j\omega)H(j\omega)| > B(\omega)|G_0(j\omega)H(j\omega)| \tag{6.2.6}$$

从而

$$\frac{|G_0(j\omega)H(j\omega)|}{|1+G_0(j\omega)H(j\omega)|} < \frac{1}{B(\omega)} \tag{6.2.7}$$

式(6.2.7)的左边等于式(6.1.8)中定义的标称系统$T_0(j\omega)$的互补敏感度函数。从而鲁棒稳定性条件为

$$|T_0(j\omega)| < \frac{1}{B(\omega)},\text{对于所有的 }\omega \tag{6.2.8}$$

或

$$|T_0(j\omega)B(\omega)| < 1,\text{对于所有的 }\omega \tag{6.2.9}$$

例如,若一个控制系统需要对$B(\omega)=0.5$定义边界的乘子不确定度描述的系统响应中的变化具有鲁棒稳定性,则控制系统的增益裕度大约为3.5dB,相位裕度大约为30°,这可由奈奎斯特平面中的简单几何运算得出。

$|T_0(j\omega)B(\omega)|$在所有频率上的最大值(严格来讲,此函数的最小上边界)为所谓的最小上界,鲁棒稳定性条件同样可以表示为

$$\sup_{\omega}|T_0(j\omega)B(\omega)| = \|T_0B\|_{\infty} < 1 \tag{6.2.10}$$

其中,$\|T_0B\|_{\infty}$表示$T_0B$的无穷大范数,加权互补敏感度函数及这种形式的鲁棒稳定性条件广泛应用于$H_{\infty}$控制领域(Doyle 等人,1992;Morari 和 Zafiriou,1989;Skogestad 和 Postlethwaite,1996)。从而,我们看到鲁棒稳定性条件包括一个对于任意频率互补敏感度函数均必须满足的约束。符号$H_{\infty}$用于表示传递函数的 Hardy 空间是稳定和合适的,即当$\omega\to\infty$时其响应是有限的。稍后我们将使用传递函数的$H_2$范数,其与所有频率下的响应的模的平方的积分的平方根成比例,而且这对于传递函数的 Hardy 空间是稳定的和严格适合的,即当$\omega\to\infty$时其响应为零(例子可见 Skogestad 和 Postlethwaite,1996,或附录)。通常在主动控制中,我们需要最小化的性能函数与一个函数的均方值或$H_2$范数的平方成比例,而且最小化后者的控制器为$H_2$最优控制器。同样也可以设计一个控制器最小化某个函数的$H_{\infty}$范数,或频率响应的最大值(Zames,1981;Doyle 等人,1992),即所谓的$H_{\infty}$最优控制器。我们将在实际的反馈系统中看到主动控制通

常设计为保持 $H_\infty$ 约束的时候最小化 $H_2$ 性能函数，且这样的控制器称为执行 $H_2/H_\infty$ 控制。

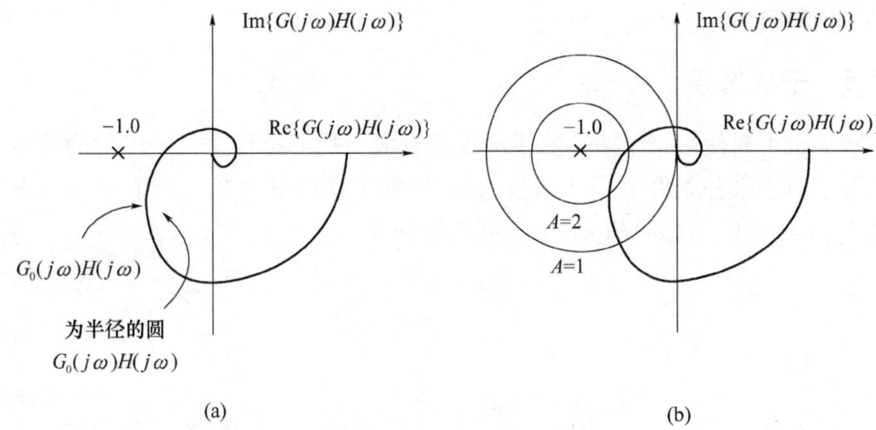


图 6.8　鲁棒稳定和干扰增强条件可以由奈奎斯特曲线中的几何约束表示
(a) 对于鲁棒稳定不确定圆盘，其半径与乘子不确定度 $B$ 的上界成比例，
必须不包围 $(-1,0)$ 点；(b) 为了保证系统干扰增强不超过因子 $A$，
奈奎斯特曲线必须不通过以 $(-1,0)$ 为圆心，$1/A$ 为半径的圆

若系统中的乘子不确定度太大，则不可能在保持鲁棒稳定性的同时获得好的干扰抑制。干扰的衰减由式(6.1.3)中误差函数 $S(j\omega)$ 的幅值决定。当 $S(j\omega)$ 的幅值小于 1 时，干扰衰减，则误差函数和互补敏感度函数[式(6.1.9)]间的关系可以通过其模的三角不等式表示

$$|S(j\omega)|+|T(j\omega)|\geqslant 1 \qquad (6.2.11)$$

从而

$$|T(j\omega)|\geqslant 1-|S(j\omega)| \qquad (6.2.12)$$

对于需要鲁棒稳定的控制系统，$1/B(\omega)$ 必须在标准条件下大于 $T(j\omega)$[式(6.2.8)]，从而

$$\frac{1}{B(j\omega)}>1-|S(j\omega)| \qquad (6.2.13)$$

其对误差函数的最小值给出限制，从而在指定系统不确定度下可获得的最大干扰衰减为

$$|S(j\omega)|>1-1/B(\omega) \qquad (6.2.14)$$

若在某些频率上乘子不确定度大于 1，则 $1-1/B(\omega)$ 必须大于零，而且对于一个鲁棒稳定控制系统 $|S(j\omega)|$ 必须大于零。从而在 $|B(\omega)|>1$ 下的所有频率

上均可获得完美的干扰抑制，这些条件下可获得的最大干扰衰减可从式(6.2.14)计算得到。通常反馈控制器的实际设计包括在鲁棒稳定性和好的干扰抑制间的权衡。

### 6.2.5 干扰增强

我们也可对使用奈奎斯特曲线增强或放大干扰的条件进行一般性的总结。假设我们对在某种条件下误差函数的模，增强干扰使其大于某个值 $A$ 感兴趣。因为 $S(j\omega)=[1+G(j\omega)H(j\omega)]^{-1}$，我们看到若

$$|S(j\omega)|>A \tag{6.2.15}$$

则

$$|1+G(j\omega)H(j\omega)|<\frac{1}{A} \tag{6.2.16}$$

从几何上看，式(6.2.16)暗含，当开环频率响应落在以奈奎斯特点为圆心，$1/A$ 为半径的圆盘中时，干扰将至少放大 $A$ 倍。如图 6.8(b)所示，其中 $A=1$ 和 2，即放大 0dB，或没有干扰增强，以及 6dB 的干扰增强。若在任意频率上实际系统的开环频率响应均具有超过 180°的相移，则开环频率响应的极坐标曲线将倾向于通过此圆盘，表示一些增强(Berkman 等人，1992)。控制系统越鲁棒稳定，则开环频率响应将离奈奎斯特点越远，干扰的最大放大也将越小。这种关系可以通过再次使用敏感度的和互补函数的三角不等式[式(6.1.9)]进行量化，但在此条件下 $S(j\omega)$大于 1，此时

$$|S(j\omega)|-|T(j\omega)|\leqslant 1 \tag{6.2.17}$$

从而

$$|T(j\omega)|\geqslant|S(j\omega)|-1 \tag{6.2.18}$$

对于需要鲁棒稳定的控制系统，在标准条件下，$1/B(\omega)$ 必须大于 $|T(j\omega)|$[式(6.2.8)]，即

$$1/B(\omega)>|S(j\omega)|-1 \tag{6.2.19}$$

其对于误差函数的最大值给出限制，从而最大的干扰增强为

$$|S(j\omega)|<1+\frac{1}{B(\omega)} \tag{6.2.20}$$

但是对于从前面得到的鲁棒稳定控制器[式(6.2.14)]，此干扰增强上的限制和干扰衰减上的限制，可以通过 $|B(\omega)[1-|s(j\omega)|]|<1$ 的总限制表示(Rafaely，1997)，其结果如图 6.9 所阐释。这表明对于一个鲁棒稳定控制器，从

式(6.2.20)计算得到的干扰增强的最大量级,以及从式(6.2.14)计算得到的干扰衰减的最大量级达到非结构化乘子不确定度的边界。对于一个鲁棒稳定控制系统,以 dB 为单位的误差函数必须在图 6.9 中的阴影区域外部,即其必须在两个限制之间。给定乘子不确定度 $B(\omega)$ 的边界小于 1,则对于一个鲁棒稳定控制器不可能在干扰衰减上得到限制;但对于 $B(\omega)=1$,干扰的增强限制为 6dB。若乘子不确定度的边界大于 1,则可得到对可获得增强和可能增强的式(6.2.14)和式(6.2.20)表示的限制,从而,当 $B(\omega)=2$ 时,衰减必须小于 6dB,但增强最多为 4dB。

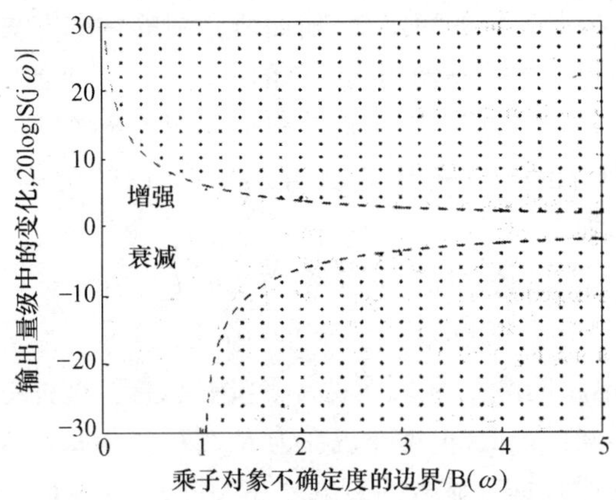


图 6.9　对于系统响应中的乘子不确定度鲁棒稳定的控制系统干扰增强和干扰衰减的限制。若控制系统是鲁棒稳定的,对于给定幅值的乘子不确定度 $B(\omega)$,干扰的增强或衰减必须在两条曲线之间

当开环频率响应至少每 10 个单位下降 40dB 时,则在高频处将一直存在 180°的相位滞后,此时可以演示一个非常有意思的结论。若维持此条件同时系统和控制器又是稳定的,则伯德(1945)证明在整个频率范围上,误差函数的自然对数的积分(以 dB 为单位与干扰衰减呈线性关系)必须为零,即

$$\int_0^{\infty} \log_{10} |S(j\omega)| \mathrm{d}\omega = 0 \tag{6.2.21}$$

即所谓的伯德灵敏度积分。

乍一看性能上的限制对所有的控制器施加了一个严重的约束。然而,进一步的观察发现,可以由大的频率范围内的较小的增强(其中干扰几乎没有能量),$|S(j\omega)|>1$,换来小的带宽内的较好的衰减,$|S(j\omega)|\ll 1$(其中干扰具有显著的能量)。然而,不幸的是,这个干扰增强仅对于最小相系统可达到任意小,而对于非最小相系统,在一定频率范围内的干扰衰减不可避免地导致在另一频

率范围内产生一定的最小能级的干扰增强(Freudenberg 和 Looze,1985)。若干扰在某些频率"下压",则对于非最小相系统,必然导致其他频率处的干扰上升,即所谓的水床效应(例子可见 Doyle 等人,1992)。使用时间提前的参考信号的前馈控制系统的一个优点是,性能不受伯德灵敏度积分的限制,正如 Hon 和 Bernstein(1998)所讨论的。此时可在不导致任何其余频带上的干扰增强的情况下在指定带宽获得干扰衰减。

### 6.2.6 模拟补偿器

除了分析反馈控制系统的稳定性,前面所介绍的频域方法同样可以用于设计这样的系统。模拟反馈控制器相比简单的控制器应用更加广泛。一阶和二阶 RC 电路,即所谓的补偿器,广泛用于提升模拟反馈系统的性能和增加其相对稳定性。如图 6.10 所示为其电路图,以及当 $R_1 = 9R_2$ 时的频率响应。这种电路的频率响应可以表示为

$$\frac{V_{out}(j\omega)}{V_{in}(j\omega)} = \frac{1 + j\omega R_2 C}{1 + j\omega(R_1 + R_2)C} \tag{6.2.22}$$

低频时,这种电路的增益为 1,而且几乎没有相移。这种电路的一个有用方面是其高频时相移同样很低,但增益现在为 $R_2/(R_1+R_2)$,从而回路增益在频率处于奈奎斯特点附近时具有显著的衰减。在频域,从 $\omega = 1/(R_1+R_2)C$ 到 $\omega = 1/R_2C$,相移为负,而且当 $R_1 \gg R_2$ 时,会非常显著。当其过分靠近奈奎斯特点时,这种相位滞后通过降低反馈系统的相位裕度可降低其稳定性。从而,这种相位滞后补偿器的最佳设计是根据 $C$ 和控制器的总增益选择 $R_1$ 和 $R_2$,从而可在整个区域不引入额外的相位滞后的同时,降低频率靠近奈奎斯特点时的回路

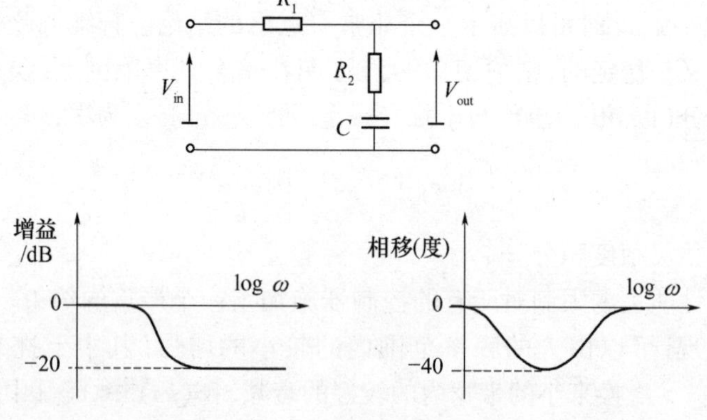


图 6.10 $R_2/(R_1+R_2)=0.1$ 时的相位滞后补偿器的电路图和频率响应

增益。

Dorf(1990)对在伺服系统中使用相位滞后补偿器增加增益和相位裕度进行了详细的讨论。在7.6节将对使用此技术提高主动降噪耳机中反馈控制系统的鲁棒稳定性进行讨论。

## 6.3　数字控制器

本节我们将讨论“数字化”实现控制器(采样系统)的限制。虽然大多数的讨论类似于3.1节数字前馈控制中叙述,但为了内容的完整性,仍在此进行简单的讨论。许多优秀的书籍对此均有介绍,如Kuo(1980),Astrom和Wittenmark(1997)以及Franklin等人(1990),本节对这些资料也有大量的参考。图6.11为单通道连续系统的一般方框图,控制器$G_C(s)$,干扰$d_C(t)$,采样控制器$H(z)$。已经假设系统中有一个模拟重构滤波器,响应为$T_R(s)$,用于平滑数字控制器驱动的数模转换器的输出波形;其本身有一个零阶保持器,以及持续为一个采样时间T的连续冲击响应,其传递函数为

$$T_Z(s) = \frac{1 - e^{-sT}}{s} \tag{6.3.1}$$

在误差信号经模数转换器采样之前,有一个响应为$T_A(s)$的抗混叠滤波器,用于防止半个采样率以上的频率污染采样误差信号。假设模数转换器完美运行,从而可以表示为一个间断闭合的开关,如在控制领域中。

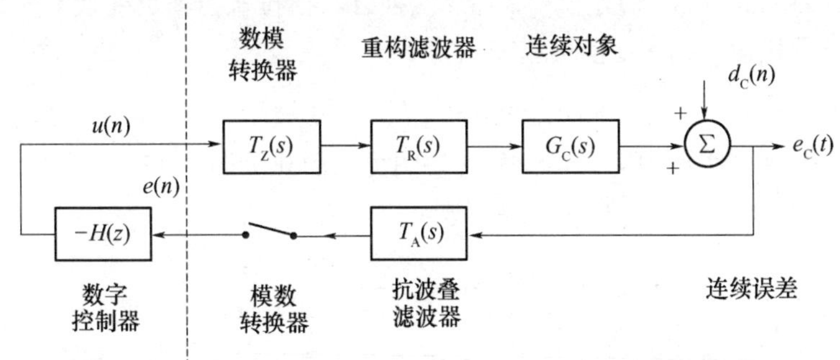


图6.11　由数字控制器控制的模拟系统,以及在主动控制中一般需要的数据转换器和模拟滤波器

在图6.11中DAC和ADC右边的信号仅存在于连续时间中,左边的则存在于采样时间中。这个控制系统可以看作以两种完全不同的方式工作,一种对连续信号进行处理,另一种对离散信号进行处理。对于此系统的连续响应更加难

以分析,因为,通常在采样系统的连续输出和输入给采样系统的连续时间输入传递函数间没有唯一的线性关系。这是因为在半个采样率以上的连续输入信号的频率成分通常在经 ADC 采样后都会发生失真现象,且 DAC 中的零阶保持器通常会在半个采样率上产生加权和折叠形式的输入谱。正如在 3.1 节,当我们假设重构滤波器和提供期待衰减的系统的组合在半个采样率以上对于任意 DAC 输出中的更高频率成分在系统输出上不显著,则这些问题可以得到缓解。

从而系统的连续输出将在与采样时间相当的时间内为时间的平滑函数,且我们可以保证不存在显著的“内采样特性”(Morari 和 Zafiriou,1989)。若我们同样假设抗混叠滤波器完全移除掉连续干扰 $d_C(t)$ 中的半个采样率以上的所有频率成分,则采样误差信号将完全表示滤波后的连续误差信号。通常,如图 6.11 所示的完整控制系统的特性更容易在采样时间域进行分析,因为前面提到的所有失真效果均可包含在对采样变量的定义中。若使用合适的图像保真和重构滤波器,我们同样可以保证这种分析能完全描述如图 6.11 所示的连续部分的特性。

DAC 的输入 $u(n)$ 和 ADC 的输入 $e(n)$ 间的传递函数 $G(z)$ 是被数字控制器“看见”的系统响应,即所谓的冲击传递函数(Kuo,1980)。这可通过对被控下的完全模拟系统的采样连续脉冲响应(以其 $s$ 域的传递函数的拉普拉斯反变换给出)进行 $z$ 变换得到。从而 $G(z)$ 可表示为

$$G(z) = ZL^{-1}[T_Z(s)T_R(s)G_C(s)T_A(s)] \tag{6.3.2}$$

式中:$T_Z(s)$ 由式(6.3.1)定义。$Z$ 指 $z$ 变换,$L^{-1}$ 指拉普拉斯反变换。

采样干扰信号的 $z$ 变换可以表示为

$$d(n) = ZL^{-1}[T_A(s)D_C(s)] \tag{6.3.3}$$

从而对于数字控制器中的采样信号方块图可以简化为图 6.12。

因此,数字反馈控制器的误差函数可以写为

$$S(z) = \frac{E(z)}{D(z)} = \frac{1}{1 + G(z)H(z)} \tag{6.3.4}$$

现在这个传递函数的稳定性由其极点是否在 $z$ 平面的单位圆内决定,而不是由是否位于 $s$ 平面的左半平面决定,但关于稳定性的奈奎斯特准则仍然相同。采样系统中,奈奎斯特平面中的开环频率响应曲线仅需对应频率达到半个采样率为止,因为采样系统中的频率响应是周期性的。从而,前面关于鲁棒稳定性得到的结论可以直接应用于数字控制器的分析(Morari 和 Zafiriou,1989),下面我们集中于对所剩内容的讨论。

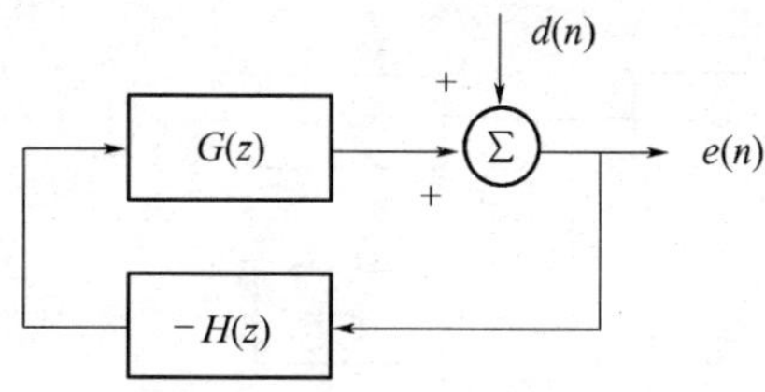


图 6.12　描述数字反馈控制器中采样信号特性的框图

## 6.4　内 模 控 制

本节我们将重新描述反馈控制问题，使其最大限度地与前面章节所做的讨论保持联系。这可通过将反馈设计问题变换为前馈问题实现。

我们假设系统是稳定的（这在主动控制问题中也是一般情况），但给定一个不稳定系统时首先要做的就是使用一个稳定的反馈控制器使其稳定，下面所讨论的方法即可实现此目的（Morari 和 Zafiriou，1989；Maciejowski，1989）。考虑如图 6.13 所示包围在虚线中的反馈控制器的内部结构，其包括一个完整的负反馈控制器 $-H(z)$。反馈控制器包括一个系统响应 $G(z)$ 的内部模型 $\hat{G}(z)$，输入与系统的输入相同，输出与观测误差 $e(n)$ 相减。所得的结果 $\hat{d}(n)$ 作为控制滤波器 $W(z)$ 的输入，输出为 $u(n)$ 用以驱动系统。从而完整的反馈控制器的传递函数为

$$H(z) = \frac{-W(z)}{1 + \hat{G}(z)W(z)} \tag{6.4.1}$$

将式（6.4.1）代入式（6.3.4）所表示的敏感度函数有

$$S(z) = \frac{E(z)}{D(z)} = \frac{1 + \hat{G}(z)W(z)}{1 - [G(z) - \hat{G}(z)]W(z)} \tag{6.4.2}$$

### 6.4.1　精确系统模型

我们暂时假设内部系统模型精确表示了系统的响应，即 $\hat{G}(z) = G(z)$。Morari 和 Zafiriou（1989）证明对于如图 6.13 所示的控制系统，具有精确的系统模型时，其内部稳定，即给定 $G(z)$ 和 $W(z)$ 稳定时，任何有界输入仅产生有界输出。若系统模型是精确的，则系统输出对观测误差的贡献可由内部模型完全对消掉，从而控制滤波器的输入等于干扰，即在图 6.13 中 $\hat{d}(n) = d(n)$。从而反馈控制

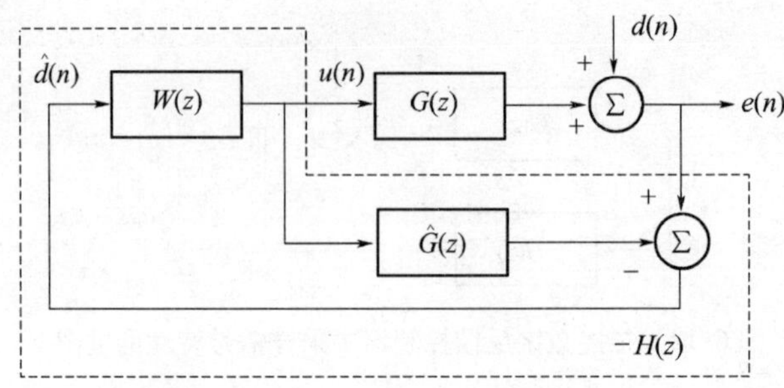


图 6.13　使用系统 $G(z)$ 的内部模型 $\hat{G}(z)$ 实现的反馈控制器 $H(z)$ 的框图，这种方案即所谓的内模控制(IMC)

系统的等价方块图如图 6.14 所示，其具有一个完全前馈结构。此时前馈结构通过将 $\hat{G}(z)=G(z)$ 代入式(6.4.2)得到，对于完整的反馈控制系统所给出的总的传递函数为

$$S(z)=\frac{E(z)}{D(z)}=1+G(z)W(z) \tag{6.4.3}$$

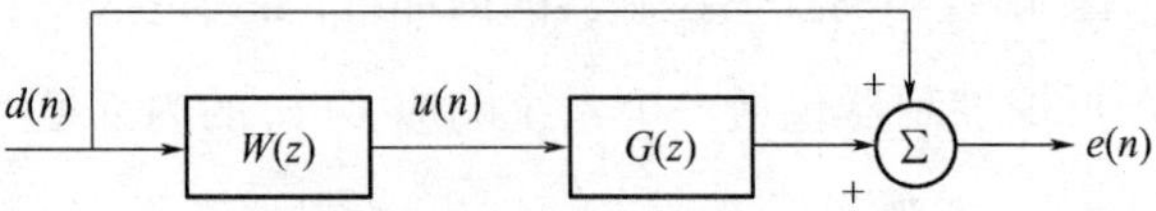

图 6.14　当系统模型的响应精确匹配系统的响应时使用内模控制的反馈控制器的等效框图

用等价的“开环”前馈系统代替图 6.12 中的“闭环”反馈控制系统看起来确实有些奇怪。然而，我们必须谨记在这一步中我们假设对系统具有完全的了解，而原则上对于反馈通道没必要如此，因为任意的反馈控制器均可由一个的“等价的前馈补偿器”代替(首先由 Newton，Gould 和 Kaiser(1957)提出)。然而，正如下面所要讨论的，若对系统没有完全精确的认识，则当我们考虑不确定度造成的影响时，这种控制器设置的真实功率将不得而知。

对于反馈控制器这种内模结构的直接优点是最小化均方差的控制滤波器可以使用第 3 章讨论的标准维纳技术进行设计。这也是 Newton，Gould 和 Kaiser(1957)对模拟控制器提出这种建议的动机。他们证明可以“解析地”设计最优最小二乘控制器，而不需要使用 6.2 节所介绍的 ad－hoc 方法设计。Youla 等人(1976a，b)对此设计方法进一步扩展到系统不稳定的情况中。对于一个稳定系统，应该强调的是任何稳定的控制器都可表示为图 6.13 所示的形式，从而控制滤波器“参数化所有的稳定控制器”这种反馈控制器结构有时被称为 Youla 参数化或Q参数化。在过程控制中,这种反馈控制器方案广泛用于反馈控制器的设计和实现,即所谓的内模控制(IMC),在此也将对其进行详细的讨论。Morari和Zafiriou(1989)对IMC系统的特性进行了详细的讨论。IMC结构的简单物理表示使其可以直接扩展应用于非线性系统,如Hunt和Sbarbaro(1991)所讨论的,以及多通道系统,这将在6.9节讨论。

若控制滤波器$W(z)$作为FIR滤波器实现,则图6.14中的均方差为此滤波器系数的二次函数,与第3章完全一样。更一般的是,误差信号的其他范数的衰减将为这些滤波器系数的凸函数,并只有一个全局最小值,即使需要在控制系统上施加特定的约束(Boyd和Barratt,1991;Boyd和Vandenberghe,1995)。从而这种反馈控制器的参数化变为广泛使用的$H_\infty$控制(Zames,1981)。

## 6.4.2　鲁棒稳定性约束

鲁棒稳定性所施加的约束利用IMC结构变得相当简单,因为其与互补敏感度函数有关,其服从式(6.1.9)等于

$$T(z) = 1 - S(z) \tag{6.4.4}$$

对于一个系统精确建模的IMC系统,敏感度函数由式(6.4.3)给出,从而互补敏感度函数的简单形式为

$$T(z) = -G(z)W(z) \tag{6.4.5}$$

因此,互补敏感度函数也是IFR控制滤波器的线性函数。对于鲁棒稳定性条件,式(6.2.8)可以写为

$$|G_0(e^{j\omega T})W(e^{j\omega T})| < \frac{1}{B(e^{j\omega T})}, \text{对 } \omega T \tag{6.4.6}$$

式中:$G_0(e^{j\omega T})$为标称系统的频率响应,可以写为

$$\| G_0WB \| < 1 \tag{6.4.7}$$

在接下来的内容中,我们将计算反馈系统的标准性能,这在系统响应固定在其标称值上时可以得到。实践中,我们同样对系统的鲁棒性能感兴趣,这是对于特定类中的所有系统均可获得的性能,同样控制器应该是稳定的,即满足鲁棒稳定性条件。解析获得最优鲁棒性能问题的有效解非常困难。一个两阶段方法虽然不能保证最优却可得到好的工程解,具体可见Morari和Zafiriou(1989)。两步为:

(1) 正如下面将讨论的,设计性能所对应的控制器;

(2) 降低控制滤波器的"增益",从而可满足鲁棒稳定性准则[式(6.4.6)]。

在Morari和Zafiriou所讨论的过程控制例子中,系统不确定度通常发生在

高频处,从而这些频率上的控制滤波器的增益通过低通滤波器的放大得到降低,其截止频率将一直降低直到满足鲁棒稳定性准则。Elliott 和 Sutton(1996)讨论了在控制滤波器最小化的性能函数中附加一个控制效果加权项,其将在不确定度大的频率上降低控制滤波器的增益。在第 7 章我们将讨论使用一种自适应方法在频域调整控制滤波器的响应以最小化误差信号,同时满足鲁棒稳定性约束。

我们开始时假设 IMC 系统中系统模型是精确的,乍一看通过舍弃反馈好像过分简化了反馈设计问题。然而,从前面可以看到,起初需要反馈的原因是被控系统中存在不确定度,且这些不确定度可以使用 IMC 控制器结构以一种非常直接的方式负责,通过使系统的稳定性对这种不确定度具有鲁棒性。对于反馈控制器 IMC 结构类似于第 3 章讨论的一般前馈控制器的"反馈对消结构",正如 Elliott 和 Sutton(1996)所强调的。Eriksson(1991b),Forsythe 等人(1991),Oppenheim 等人(1994),Elliott(1993)和 Elliott 等人(1995)也在主动反馈控制系统中对类似的结构进行了探讨。Walach 和 Widrow(1983)也在自适应控制中使用了类似的结构,更多细节可参考他们最近的著作(Widrow 和 Walach,1996)。

从图 6.14 所示的等价框图可得到大量的关于反馈控制器性能的见识。例如,若系统是纯滞后,控制滤波器将作为一个预测器利用干扰的将来行为的估计驱动系统,从而在误差传感器可以对消掉。则如图 6.14 所示的框图等价于信号处理中的"线性增强器",用于增强或抑制信号谱中的谐波线,如在 2.3.3 节所叙述的。在系统为纯滞后的特殊情况中,控制滤波器的最优响应完全与干扰的统计量有关。然而,通常最优控制滤波器将与系统动态特性和干扰的性质有关,如在 6.5 节所讨论的。

### 6.4.3 较远处误差传感器的干扰抑制

在某些主动控制领域中,局部反馈控制用于降低大量远处误差传感器的干扰。这种应用的一个例子是使用从结构传感器到结构作动器的反馈主动控制结构的声辐射,此时远处误差传感器或许是平板中声远处中的拾音器,用于控制总的辐射声功率的近似值。图 6.15 所为这种系统的一般性框图,其中测量输出 $s$ 中的干扰信号用于反馈,调整输出 $e$ 用于估计控制器的性能,假设由外部的输入 $v$ 产生。这个框图与所图 3.10 表示的前馈控制器完全属于同一类型,其强调这种设置的一般形式(Doyle,1983)。通常,框图会包括多个输入和输出,但此处为了简单起见仅考虑标量情况。

现在假设在反馈控制器 $H$ 中使用 IMC 结构,从而框图可以画为如图 6.16(a)所示的形式,其中 $d_e(n)$ 为调节输出处的干扰,将外部的信号 $v(n)$ 经过 $P_e(z)$ 产生,且 $d_s(n)$ 为在测量输出处测得的干扰信号,由外部信号经过 $P_s(z)$ 产

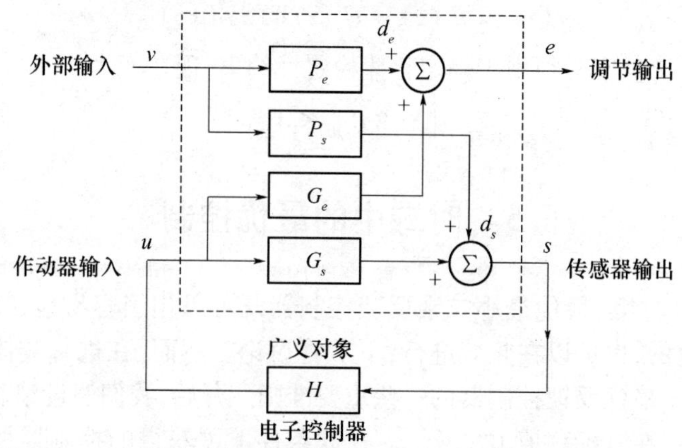


图6.15 以对于自动控制问题作为起点的一般控制方案绘制的具有较远误差传感器的反馈系统的框图

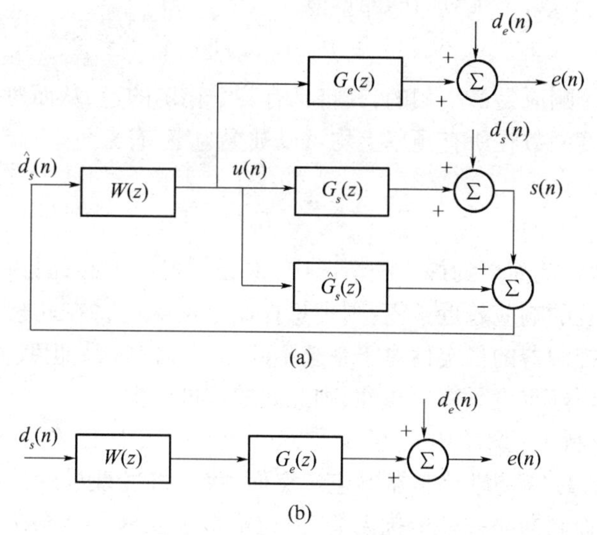


图6.16 (a)当使用IMC实现的控制器(b)当IMC控制器中的系统模型精确匹配系统，即$\hat{G}_s(z)=G_s(z)$时的具有较远误差传感器的框图

生。若暂时假设“局部”系统$G_s(z)$的模型是精确的,则这个框图可以进一步简化,如图6.16(b)所示。此时框图具有一个“参考信号”并且其等于测量输出处的干扰信号,以及具有一个“干扰信号”且其等于调整输出处的干扰信号的前馈控制器具有完全相同的形式(Elliott等人,1995)。

最小化远处传感器的均方输出的反馈控制器设计现在可以按下面的步骤进行,除了远处的系统响应用于计算误差信号

$$e(z) = d_e(z) + G_e(z)W(z)d_s(z) \tag{6.4.8}$$

而局部系统响应必须用于确定鲁棒稳定性约束，现在变为

$$\| G_s WB \| < 1 \tag{6.4.9}$$

## 6.5 时域中的最优控制

使用 IMC 方案，最优最小二乘反馈控制器既可以相当容易地在时域进行，如本节所讨论的，也可以在频域进行，下节将讨论。然而，在进行具体的分析之前，将讨论关于最优反馈控制器的一些重要准则。开始，我们假设精确知道系统响应，而且固定在其标称值 $G_0(z)$ 上。在此条件下可获得的控制器性能称为标称性能。我们已经看到在这些条件下，可以使用一个响应精确匹配系统的内部模型，从而误差函数，干扰对消的测量值为

$$S_0(z) = 1 + G_0(z)W(z) \tag{6.5.1}$$

若标称系统响应是最小相的，其将具有一个稳定的逆，从而对于下面所给出的控制器敏感度函数在所有频率上均可以被置为零，有

$$W(z) = -\frac{1}{G_0(z)} \tag{6.5.2}$$

然而，即使在此简单的最小相情况中，也必须多加小心；因为若在直流或半个采样率上系统的响应趋近于零，则理想控制器的响应将在此频率上趋近于无穷。从而这种控制器的稳定性对于系统不确定度非常敏感，但我们将看到，控制器一旦对系统不确定度具有鲁棒性，则此问题不再产生。

在主动控制中，系统响应极少是最小相的，从而必须形成几种近似式(6.5.2)所表示的“理想”控制器响应。然而，我们将发现尽管最小化最小相系统的均方差的控制器与被控干扰无关，但通常最优控制器是系统响应和干扰的函数。

### 6.5.1 最优最小二乘控制

最优最小二乘反馈控制使用系统的状态空间表示得到了非常广泛的研究，即所谓的线性二次高斯，或 LQG 控制（例子可见 Kwakernaak 和 Sivan，1972；Anderson 和 Moore，1989）。这个理论对于解决问题非常成功，如在空间领域，简单的状态空间模型可以精确地表示被控系统的动态特性。然而，在其他应用领域，更主要的是在工业应用中，不可获得精确的系统模型，LQG 有时还表现得鲁棒性不足。我们将避免使用状态空间表达式，继续使用频域方法和 $H_2$ 范数考虑最

优最小二乘问题。一个稳定的采样标量传递函数的 $H_2$ 范数可以定义为(Morari 和 Zafiriou,1989)

$$\| F(z) \|_2 = \left(\frac{1}{2\pi}\int_0^{2\pi} |F(e^{j\omega T})|^2 d\omega T\right)^{1/2} \tag{6.5.3}$$

从而依据 Parseval 的理论,$F(z)$的时域形式的所有采样的平方和等于$\| F(z) \|_2^2$。

回到主动控制问题,假设已知干扰的谱,对于随机信号待最小化的性能函数由误差信号的平均均方值给出,即等于其功率谱密度的频域积分

$$J_1 = \int_0^{2\pi} S_{ee}(e^{j\omega T}) d\omega T \tag{6.5.4}$$

若假设干扰由具有单位功率谱密度的白噪声信号通过一个整型滤波器$F(e^{j\omega T})$产生,则使用如图 6.14 所示的等效方块图,误差的功率谱密度可以写为

$$S_{ee}(e^{j\omega T}) = |F(e^{j\omega T})[1 + G(e^{j\omega T})W(e^{j\omega T})]|^2 \tag{6.5.5}$$

从而式(6.5.4)中的性能函数与频率响应的 $H_2$ 范数的平方成比例,并且频率响应的模由式(6.5.5)给出。为计算具有一个精确的内部模型和一个 FIR 控制滤波器的系统的标准性能,一般最优问题是二次的,因为等效的框图是前馈系统。在本节作为 FIR 滤波器的控制滤波器的参数化为解决最小二乘问题提供了一个方便的方法,若系统是强烈共振和控制滤波器用系统的零点补偿其极点 FIR 滤波器的使用也会相当的合适。对于共振系统,一种尤为有效的控制器的实现为,使用 IMC 的 FIR 控制滤波器和 IIR 系统模型。

可使用第 2 章提出的维纳滤波器得到 FIR 控制滤波器的系数,也在第 3 章中的标量前馈控制器中使用过。所不同的是现在参考信号等于干扰,从而第 3 章使用的滤波后的参考信号变为滤波后的干扰信号,其 $z$ 变换的定义为

$$\boldsymbol{R}(z) = \boldsymbol{G}(z)\boldsymbol{F}(z) \tag{6.5.6}$$

若干扰和滤波后干扰间的互相关向量如第 3 章写为

$$\boldsymbol{r}_{rd} = E[\boldsymbol{r}(n)d(n)] \tag{6.5.7}$$

其中

$$\boldsymbol{r}(n) = [\boldsymbol{r}(n)\cdots\boldsymbol{r}(n-I+1)] \tag{6.5.8}$$

式中:$I$ 为 FIR 控制滤波器的系数的数目,滤波后干扰的自相关矩阵为

$$\boldsymbol{R}_{rr} = E[\boldsymbol{r}(n)\boldsymbol{r}^{\mathrm{T}}(n)] \tag{6.5.9}$$

则可计算得到 $H_2$ 最优 FIR 控制滤波器的系数,根据第 3 章的讨论,有

$$\boldsymbol{w}_{opt} = -\boldsymbol{R}_{rr}^{-1}\boldsymbol{r}_{rd} \tag{6.5.10}$$

可直接计算得到此最优控制滤波器降低干扰的性能,如式(3.3.39)。从而对于一个反馈控制器,其性能与干扰信号和标称系统响应滤波后的干扰信号间的互相关有关,而对于一个前馈控制器,其性能则与干扰和系统响应滤波后的外部参考信号有关。

## 6.5.2 道路噪声例子

上面所得出的 $H_2$ 最优反馈控制器和第 3 章所讨论的前馈控制器之间的紧密联系允许在一个给定的应用中讨论两个控制方法的性能(Elliott 和 Sutton,1996)。回到 5.7 节讨论的汽车中路面噪声的例子,在图 5.11 中对于前馈系统用于产生预测的相同的数据可以用于计算反馈控制器的性能。反馈系统具有显著的优点,即不需要前馈系统中用于产生参考信号的 6 个加速度计中的任何一个,即使对此需要付出很大的代价,正如我们将看到的。

当汽车以 60km/h 行驶在颠簸路面,使用拾音器测量误差信号的 A 加权功率谱密度如图 6.17 中的实线所示。对于使用 IMC 设计的最优反馈控制系统,其具有精确的系统模型和 128 个系数的 FIR 控制滤波器,采样频率为 1kHz,在系统具有 1ms 或 5ms 的纯延时两种情况下的拾音器处的预测残余压力谱也如图 6.17 所示。然而系统延时的这种增加对前馈控制系统(图 5.11)的性能影响甚微,但其对反馈控制系统性能的影响却非常深远。在系统延时为 1ms 的情况中,误差信号的残余谱是接近平坦的,预示着残余误差接近白噪声。实际上,若使用足够长的控制滤波器,残余谱是完全平坦的,因为对于反馈控制器等效的框

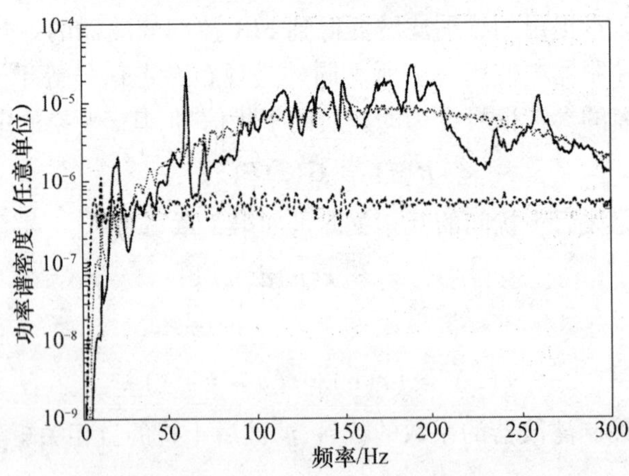


图 6.17 较小汽车内部测量(实线)的压力的 A 加权功率谱密度,以及作用在具有 1ms 延时(虚线)和 5ms 延时(点线)的对象上的反馈控制系统的残余频谱的预测

图(图6.14)类似于2.3.3节所讨论的最优预测器的形式(图2.6),具有$\Delta=1$的延时。从而一个长的控制滤波器将对消干扰中的所有预测成分,仅剩下从一个采样到另一个采样无关的部分,即白噪声。对于5ms的系统延时,残余谱就更加“彩色”了,但原始干扰谱中的峰,即对应于压力信号中的更加容易预测的部分,已经很大地消除了。从而此时的反馈控制器在系统延时的时间量程内利用干扰的预测性实现控制。

使用这种公式可以对反馈和前馈控制器的有关性能进行有趣的参数研究。图6.18为在车内对于前馈和反馈控制器,作为系统中的延时的函数的A加权噪声的整个量级上的预测衰减(Elliott和Sutton,1996)。显然反馈控制系统的性能相比前馈控制器与系统延时的关系更密切。这是可以预测的,因为,通过定义前馈控制器中的参考信号为控制器提供时间提前的信息。前馈控制器还具有的优点是其仅控制干扰中与参考信号有关的部分。在路面噪声应用中,前馈系统不会涉及人的话语或车内的警报声,而反馈控制系统则不能将这些与路面噪声区分开来,而将其一起进行控制。

对于非常短的系统延时,在1.5ms以下,反馈控制器的性能可以超过前馈控制器,因为后者的性能会因为参考信号和干扰信号中的一致性受到限制,如在3.3节所讨论的,而反馈控制系统则不受此限制。在主动噪声控制系统中,系统延时部分是由于模拟滤波器、数据转换器、信号处理和变换器中的延时,但同样与扩音器和拾音器中的声传递延时有关。假设可最小化所有的其他源的延时,从而主动控制系统中的系统延时受扩音器至拾音器的距离限制。对于用以产生图6.18的路面噪声干扰,仅当系统延时小于1ms时可以取得非常好的性能,这

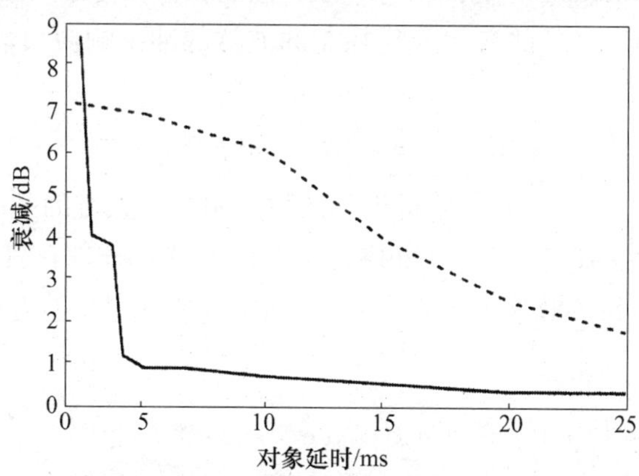


图6.18　使用前馈控制系统(虚线)和反馈控制系统(实线)对具有延时的对象进行控制A加权压力的均方值衰减的变化情况

暗示误差拾音器不能布置在离次级扩音器 0.3m 以外的地方,且在实践中或许需要布置得更近。这种反馈控制器产生的安静区域的空间区域将受到此距离的限制,如在第 1 章所讨论的,从而我们发现误差拾音器处的控制性能和完整的主动控制系统的物理效果具有紧密的联系。Rafaely 和 Elliott(1999)对此有更加详细的研究,这也将在 6.10 节进一步讨论。

### 6.5.3 鲁棒控制器

假设系统响应等于其标称值 $G_0(e^{j\omega T})$,通过最小化均方差,以反馈控制器的标称性能的形式计算出上面例子的所有结果。从而不能保证控制器对于系统响应中的变化具有鲁棒性。通常,上面所设计的 $H_2$ 最优控制器不是十分鲁棒,而且它们有"激进"的名声(Morari 和 Zafiriou,1989)。在 6.4 节我们看到,给定乘子系统不确定度 $B(\omega)$ 的边界,可以非常容易地确定任意 IMC 控制器的稳定性。显然,根据式(6.4.6),通过降低在具有不稳定危险频率处的控制滤波器的增益可以使反馈控制器更具鲁棒性。

降低控制器增益的最直接的方式为最小化,不仅包括均方差而且包括滤波器系数的平方和的性能函数,如在式(3.4.38)中。使用 Parseval 定理,此性能函数可以完全在频域内表示为

$$J_2 = \int_0^{2\pi} (S_{ee}(e^{j\omega T}) + \beta |W(e^{j\omega T})|^2) d\omega T \tag{6.5.11}$$

实践中发现,最小化式(6.5.11)而不是更传统的 LQG 性能函数(包括控制效果和均方差,Morkholt 等人,1997)可以在性能和鲁棒性之间给出较好的平衡。

最小化式(6.5.11)的最优 FIR 控制滤波器的冲击响应可以在式(3.4.52)中写为

$$\boldsymbol{w}_{opt} = -[\boldsymbol{R}_{rr} + \beta \boldsymbol{I}]^{-1} \boldsymbol{r}_{rd} \tag{6.5.12}$$

最小化式(6.5.11),将仅趋近于降低频率响应很大时的频率上的控制滤波器的增益,而不管别的频率上对鲁棒稳定性的需要。一种在鲁棒稳定条件[式(6.4.6)]更加严格的频率上修正 $H_2$ 最优问题以降低增益的方法为最小化如下的性能函数

$$J_3 = \int_0^{2\pi} (S_{ee}(e^{j\omega T}) + \beta |G_0(e^{j\omega T}) W(e^{j\omega T}) B(e^{j\omega T})|^2) d\omega T \tag{6.5.13}$$

Elliott 和 Sutton(1996)注意到若在图 6.14 中的干扰估计中加上"传感器噪声"作为参考信号,如图 6.19 所示,通过将方程为 $\beta$ 的白噪声信号 $v(n)$ 通过一个频率响应为 $B(e^{j\omega T})$ 的整形滤波器产生,则最小化得到的输出与精确等价于式

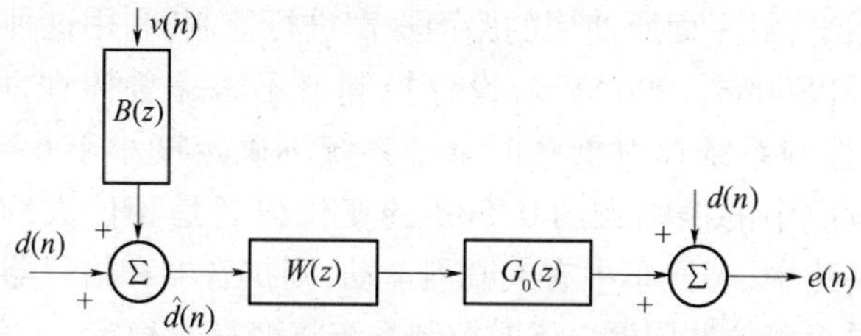


图6.19 如图6.14所示的内模控制器具有标称系统的精确模型，即$\hat{G}(z)=G(z)=G_0(z)$，而且将“传感器噪声”注入到估计干扰信号使控制器更加鲁棒的框图

(6.5.13)中的最小化$J_3$。这种提示鲁棒性的方法类似于Doyle和Stein(1979)所提出的虚拟传感器噪声方法。若假设干扰信号由方差为1的白噪声信号通过一个频率响应为$F(\mathrm{e}^{j\omega T})$的整形滤波器产生，则式(6.5.13)所给出的性能函数可以表示为

$$J_3 = \int_0^{2\pi} [\,|S_{ee}(\mathrm{e}^{j\omega T})F(\mathrm{e}^{j\omega T})|^2 + \beta|T(\mathrm{e}^{j\omega T})B(\mathrm{e}^{j\omega T})|^2]\mathrm{d}\omega T \quad (6.5.14)$$

式中：$S(\mathrm{e}^{j\omega T})$为敏感度函数，$T(\mathrm{e}^{j\omega T})$为互补敏感度函数。式(6.5.14)强调反馈控制器设计中最小化与$|S(\mathrm{e}^{j\omega T})F(\mathrm{e}^{j\omega T})|^2$成比例的均方差，以及保持与$|T(\mathrm{e}^{j\omega T})B(\mathrm{e}^{j\omega T})|^2$有关的鲁棒性之间的平衡。最小化式(6.5.13)的最优FIR控制滤波器的冲击响应为

$$\boldsymbol{w}_{opt} = -[\boldsymbol{R}_{\hat{r}\hat{r}}]^{-1}\boldsymbol{r}_{\hat{r}d} \quad (6.5.15)$$

式中：$\boldsymbol{R}_{\hat{r}\hat{r}}$为噪声干扰估计的自相关矩阵，$r_{\hat{r}d}$为这个信号和干扰间的互相关向量。若系统响应为纯延时，且乘子不确定度对于所有频率是常数，则式(6.5.13)所给出的性能函数简化为式(6.5.11)所表示的简单形式，但在更一般的情形中，最小化式(6.5.13)提供设计鲁棒控制器更加弹性化的方法。为了设计一个鲁棒稳定的控制器，参数$\beta$的值逐渐增加直到从最小化式(6.5.13)得到的控制器满足鲁棒稳定准则[式(6.4.6)]。应该注意的是，当施加式(6.5.13)中的$H_\infty$条件给出鲁棒稳定性约束时，这种控制器仅在最小化式(6.5.4)时“最优”。它并不能最优最小化式(6.5.4)所给出的均方差，其为一个$H_2$准则。求解这种混合$H_2/H_\infty$控制问题时可以使用迭代编程方法(Boyd和Barratt,1991;Rafaely,1997)，或使用离散频域最优化，如在本章的最后一节将讨论的。

当设计控制器更加鲁棒时，控制器的性能将降低。使用上面所介绍的方法，对于使用在最小化的性能函数中的性能和鲁棒性间的不同平衡，即式(6.5.13)中不同的$\beta$所设计的控制器这种重要的权衡可以通过计算干扰的全部衰减和系统不确定度上的最大允许界限得到。如图6.20为对于运行在具有1ms延时的

系统上的反馈系统,对上面所使用的路面噪声进行控制,利用这种计算方法的计算结果(Elliott 和 Sutton,1996)。若设计控制器不考虑鲁棒性,则可获得接近9dB 的衰减,但控制系统仅对低频时乘子系统不确定度小于6% 的情况稳定。这相当于系统响应中的振幅大约 0.5dB 的变化或者是相位大约 3.5°的变化。在实际的汽车搭建中,若汽车中有人剧烈运动,则扩音器和拾音器间系统响应的变换将非常容易大于这些限制, 从而控制系统将变得不稳定。

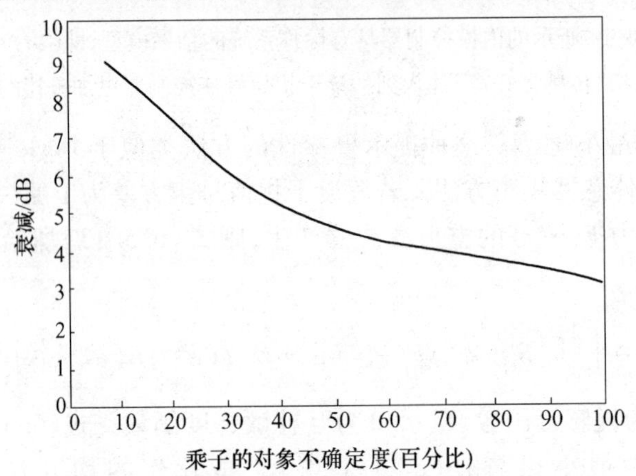


图 6.20　当对于路面噪声反馈控制器参数 $\beta$ 变化时,均方差信号的衰减对于最大分式系统不确定度($1/T_{max}$)的变化情况

若控制器对乘子系统不确定度小于 33% 的情况具有鲁棒性,这相当于系统响应中振幅和相位分别为 2.5dB 和 20°变化,这在实践中是非常典型的情况,则可获得的干扰衰减降为大约 5dB。虽然这种鲁棒性和性能间平衡的获得与特定的应用有关,但本节所讨论的方法适应于一系列的应用。

## 6.6　变换域中的鲁棒控制

本节将在 $z$ 域表示最优 $H_2$ 控制器,同样假设使用 IMC 结构。这种结构允许将最优反馈控制器的设计转换为前馈最优化问题,如在图 6.14 中,从而可以再次使用第 3 章中的前馈控制器的频域最小二乘解。如 3.3 节所讨论的 $z$ 域 $H_2$ 最优前馈控制器的形式为

$$w_{opt}(z) = \frac{-1}{F(z)G_{\min}(z)}\left\{\frac{S_{xd}(z)}{F(z^{-1})G_{all}(z)}\right\}_+ \qquad (6.6.1)$$

其中,参考信号的功率谱密度分解为最小相整形滤波器 $F(z)$ 的响应和其时

间上相反的形式 $F(z^{-1})$

$$S_{xx}(z) = F(z)F(z^{-1}) \tag{6.6.2}$$

假设稳定的系统的传递函数分为最小相 $G_{\min}(z)$ 和全通 $G_{all}(z)$ 两部分,即

$$G(z) = G_{\min}(z)G_{\mathrm{all}}(z) \tag{6.6.3}$$

$S_{xd}(z)$ 为参考信号和干扰信号间的互相关函数的 $z$ 变换。

图6.14是具有精确模型的IMC设计的等价前馈系统,此时,参考信号等于干扰信号。则互谱密度函数 $S_{xd}(z)$ 等于此例中干扰的功率谱密度 $S_{xx}(z)$,其分解如式(6.6.2)所示。从而IMC方案中的 $H_2$ 最优反馈控制滤波器可以表示为

$$w_{\mathrm{opt}}(z) = \frac{-1}{F(z)G_{\min}(z)}\left\{\frac{F(z)}{G_{all}(z)}\right\}_{+} \tag{6.6.4}$$

从式(6.4.1)可以得到完整的 $H_2$ 最优反馈控制器的频率响应表达式为

$$H_{\mathrm{opt}}(z) = \frac{-w_{\mathrm{opt}}(z)}{1 + G_0(z)w_{\mathrm{opt}}(z)} \tag{6.6.5}$$

第3章讨论了通过整理 $G(z)$ 和 $S_{xx}(z)$ 的极点和零点求解式(6.6.4)形式的方程的方法。

另一种简洁的求解式(6.6.5)所表示的最优反馈控制器的方法是将系统响应和干扰频谱的谱因子表示为 $z^{-1}$ 的多项式的比值,如使用Kucera(1993b)所描述的处理过程。多项式方法和Youla(1976a)所使用的方法具有的优点是对于一个不稳定的系统响应可以直接设计最优反馈控制器。Safonov 和 Sideris (1985)对得到最优反馈控制器[式(6.6.4)]的等价维纳方法和解决LQG控制问题的传统状态空间方法进行了演示。

最优反馈控制器的离散频率响应可在实践中直接从测量数据计算得到,通过使用计算干扰和系统响应的最小相成分的功率谱密度的谱因子的倒谱方法,3.3.3节对此有详细的介绍。式(6.6.4)所表示的因果约束可以同样应用于频域,即使需要小心地必须保证离散频率变换的中的点足够多以包括 $F(z)/G_{all}(z)$ 的冲击响应,如在2.4的末尾所讨论的。

若从式(6.6.4)中移除因果约束,则最优控制器的频域响应的表示变得与干扰频谱无关,且可以写为

$$w_{\mathrm{opt}}(z) = \frac{-1}{G(z)} \tag{6.6.6}$$

其暗示完整的反馈控制器[式(6.6.5)]在所有频率上具有无穷大的增益。显然,这强调因果约束对反馈控制器设计的重要性。即使伴随一个稳定的系统和稳定的控制滤波器,且当完整的反馈回路[其敏感度函数由式(6.3.4)给出]

是稳定时，在式(6.6.5)中完整的反馈控制器 $H_{\text{opt}}(z)$ 也不稳定。若设计的“开环”控制器不具有鲁棒性，则更加不稳定，原则上，对于闭环系统并不会产生任何问题，然而由于传感器故障或饱和中的不稳定危险有可能在实践中发生，如 Arelhi 等人(1996)对运行这种系统的困难进行了讨论。

## 6.6.1 鲁棒控制

我们已经在前面的章节中看到，最小化式(6.5.13)所表示的修正的 $H_2$ 性能函数可以使控制器对系统的不确定度更具鲁棒性。同时也看到最小化控制系统的输出误差，如图6.19所示，其干扰上加入了频率形式的“传感器噪声”，将具有最小化这个性能函数的效果。从而，为了使用此方法使 IMC 控制器更加鲁棒，我们必须在图6.19中，将干扰信号 $d(n)$ 和干扰估计 $\hat{d}(n)$ 区分开来，即使计算 $d(n)$ 时假设系统的影响已经完全对消掉。式(6.6.1)所表示的最优控制滤波器不能在此例中通过假设参考信号等于干扰信号简化，从而必须保留全部的形式。对于鲁棒控制器的计算中包括的谱因子分解必须考虑干扰的功率谱密度和传感器噪声的功率谱密度，若在 $v(n)$ 中的均方值为 $\beta$，则所需的谱因子为

$$F(z)F(z^{-1}) = S_{dd}(z) + \beta B(z)B(z^{-1}) \tag{6.6.7}$$

其与 Bongiorno(1969)和 Youla 等人(1976$a$)所使用的谱分解具有类似的形式。此时参考信号等于 $\hat{d}(n)$，但是由于在图6.19中 $d(n)$ 和 $v(n)$ 无关，则式(6.6.1)中的 $S_{xd}(z)$ 等于 $S_{dd}(z)$，从而可以通过求解式(6.6.7)所表示的 $S_{dd}(z)$ 计算出最优控制滤波器。

## 6.6.2 最小方差控制

在本节我们考虑一种非常特殊的系统的最优控制器，其系统响应等于最小相系统，且具有 $k$ 个采样的纯延时，即

$$G(z) = G_{\min}(z)z^{-k} \tag{6.6.8}$$

考虑这种形式的响应很有意思，因为其在控制领域广泛用作系统的模型，尤其在计算所谓的最小方差控制器时(如 Wellstead 和 Zarrop 在1991年所叙述的)。显然式(6.6.8)中系统响应的全通成分等于延时，最优控制滤波器[式(6.6.4)]，此时可以在 $z$ 域中表示为

$$w_{\text{opt}}(z) = \frac{-\{z^k F(z)\}_+}{G_{\min}(z)F(z)} \tag{6.6.9}$$

图6.21为最小相干扰整形滤波器 $F(z)$ 的冲击响应的一个例子，其传递函

数可以表示为

$$F(z) = f_0 + f_1 z^{-1} + f_2 z^{-2} + \cdots \tag{6.6.10}$$

式中:$f_0$、$f_1$ 等为冲击响应的采样。传递函数$\{z^k F(z)\}_+$可以辨识作为图 6.21 中时间提前冲击响应的因果部分,即

$$\{z^k F(z)\}_+ = f_k + f_{k+1} z^{-1} + \cdots \tag{6.6.11}$$

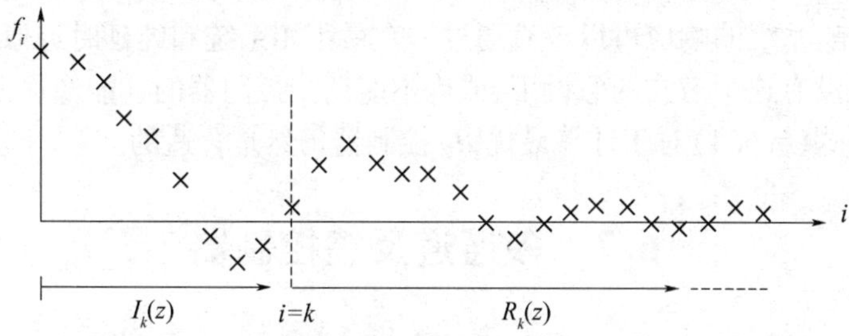


图 6.21　干扰整形滤波器的冲击响应 $F(z)$ 被分为一个初始部分 $I_k(z)$ $(i=0\cdots k-1)$,以及剩余部分 $R_k(z)$ $(i\geqslant k)$

我们将称其为系统响应在 $k$ 个采样后的"剩余物",其表示为 $R_k(z)$。从而最优的 $H_2$ 控制滤波器可以表示为

$$w_{opt}(z) = \frac{-R_k(z)}{G_{\min}(z)F(z)} \tag{6.6.12}$$

若 $G_{\min}(z)=1$,式(6.6.12)变为 2.3.3 节讨论的最优最小二乘预测滤波器的传递函数。

式(6.6.5)给出完整的反馈控制器,此时其传递函数等于

$$H_{opt}(z) = \frac{1}{G_{\min}(z)}\left[\frac{R_k(z)}{F(z) - z^{-k}R_k(z)}\right] \tag{6.6.13}$$

显然从式(6.6.10)$F(z)$的定义和式(6.6.12)$R_k(z)$的定义,式(6.6.13)方括号中的项的分母具有 $F(z)$ 的冲击响应的前 $k$ 个点给出的响应。这将表示为系统响应的"初始"部分 $I_k(z)$,其中

$$I_k(z) = F(z) - z^{-k}R_k(z) \tag{6.6.14}$$

其冲击响应也如图 6.21 所示。从而对于式(6.6.8)所给出的特定一类的系统的完整的反馈控制器可以表示为

$$H_{opt}(z) = \frac{1}{G_{\min}(z)}\left[\frac{R_k(z)}{I_k(z)}\right] \tag{6.6.15}$$

其等于系统的最小相部分的逆乘以对应 $k$ 个采样后的干扰整形滤波器的冲

击函数剩余物的传递函数与其初始部分的比值。这即为使这种控制器自适应或"自调整"而发展起来的所谓的最小方差控制器或其变形(Wellstead 和 Zarrop,1991)。式(6.6.15)中的控制器具有有趣的性质,其可分为两部分,一个仅为系统响应的函数,另一个为干扰的函数。这使得一些研究人员提出一种反馈控制结构,其包括对应于系统的最优最小二乘的逆的固定滤波器"补偿器",以及一个单独的滤波器,其允许在特定的干扰下调节(Berkman 等人,1992)。然而,需要强调的是,系统的响应可以一直通过一个最小相系统和纯延时近似,只要延时足够长,但没有这个潜在的假设下,或许不能期待控制器的性能像你设计的那么好。通常,式(6.6.4)对于计算最优 $H_2$ 控制器仍然是合适的。

## 6.7 多通道反馈控制器

若一个采样系统具有 $M$ 个输入 $L$ 个输出,则其响应可以通过一个 $L\times M$ 的响应矩阵 $\boldsymbol{G}(z)$ 描述。从而,对于如图 6.22 所示的干扰抑制问题,反馈控制器通常有 $M$ 个输出,$L$ 个输入,可由 $M\times L$ 响应矩阵 $\boldsymbol{H}(z)$ 描述。对这种多通道系统的必要的代数运算将比单通道的复杂得多,因为性能和稳定性现在由矩阵范数确定,而不是上面所使用的标量范数。在附录中对矩阵范数的性质有讨论。本节,多通道反馈系统的性能和稳定性将使用类似于单通道中的方法进行考虑。更详细、完整的讨论可以参考 Maciejowski(1989)和 Skogestad 和 Postlethwaite(1996)。

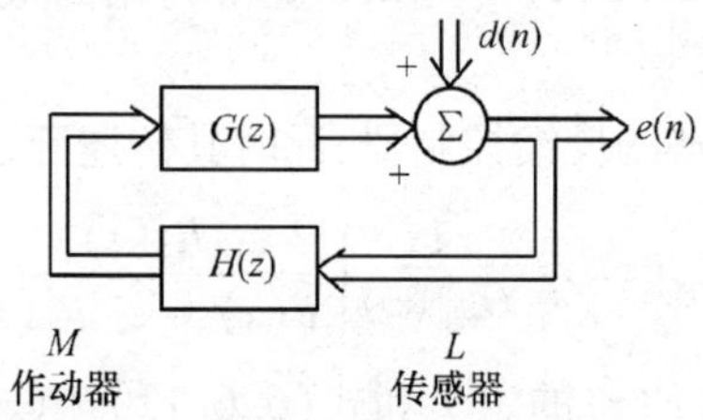


图 6.22 抑制具有 $M$ 个输入和 $L$ 个输出的 MIMO 中的干扰的多通道反馈控制系统的框图

### 6.7.1 稳定性

我们以考虑这类反馈控制系统稳定的条件开始。输出向量或图 6.22 中的误差信号的 $z$ 变换为

$$\boldsymbol{e}(z) = \boldsymbol{d}(z) - \boldsymbol{G}(z)\boldsymbol{H}(z)\boldsymbol{e}(z) \tag{6.7.1}$$

从而

$$[\boldsymbol{I}+\boldsymbol{G}(z)\boldsymbol{H}(z)]\boldsymbol{e}(z)=\boldsymbol{d}(z) \tag{6.7.2}$$

矩阵 $\boldsymbol{I}+\boldsymbol{G}(z)\boldsymbol{H}(z)$ 即所谓的回差矩阵，假设其非奇异，对于误差信号可找到一种更加直接的表示，即

$$\boldsymbol{e}(z)=[\boldsymbol{I}+\boldsymbol{G}(z)\boldsymbol{H}(z)]^{-1}\boldsymbol{d}(z) \tag{6.7.3}$$

$L\times L$ 矩阵 $[\boldsymbol{I}+\boldsymbol{G}(z)\boldsymbol{H}(z)]^{-1}$ 为矩阵敏感度函数，即

$$[\boldsymbol{I}+\boldsymbol{G}(z)\boldsymbol{H}(z)]^{-1}=\frac{\mathrm{adj}[\boldsymbol{I}+\boldsymbol{G}(z)\boldsymbol{H}(z)]}{\det[\boldsymbol{I}+\boldsymbol{G}(z)\boldsymbol{H}(z)]} \tag{6.7.4}$$

式中：adj[ ]和 det[ ]为伴随和求方括号内矩阵的行列式，如在附录中所讨论的。假设系统和控制器均稳定时，闭环系统也是稳定的，即矩阵 $\boldsymbol{G}(z)$ 和 $\boldsymbol{H}(z)$ 中的每个元素都是稳定的，且

$$\det[\boldsymbol{I}+\boldsymbol{G}(z)\boldsymbol{H}(z)]=0 \tag{6.7.5}$$

的根均位于 $z$ 平面内的单位圆内。

可以使用广义的奈奎斯特准则通过多通道反馈控制系统的闭环频率响应判断其稳定性（Maciejowski）。假设系统和控制器均独立稳定，当 $\omega T$ 从 $-\pi$ 变换到 $\pi$，若函数

$$\det[\boldsymbol{I}+\boldsymbol{G}(\mathrm{e}^{j\omega T})\boldsymbol{H}(\mathrm{e}^{j\omega T})] \tag{6.7.6}$$

的轨迹不包围原点，则根据广义的奈奎斯特准则，闭环系统是稳定的。这个轨迹如图 6.23(a)所示。相比其在单通道系统中的应用，这个准则在此用处不大；因为，多通道系统的轨迹会非常复杂，若控制器中所有元素的增益发生变化，也不清楚轨迹的形状会发生什么变化。从而对于系统的稳定性很难获得清楚的几何指示。

我们现在可以使用矩阵的特征值等于其特征值的乘积这一事实，表示式(6.7.6)所定义的轨迹的单极坐标曲线，作为一系列更加简单的极坐标曲线，其类似于单通道奈奎斯特准则。特别地，我们注意到

$$\det[\boldsymbol{I}+\boldsymbol{G}(z)\boldsymbol{H}(z)]=[1+\lambda_1(\mathrm{e}^{j\omega T})][1+\lambda_2(\mathrm{e}^{j\omega T})]\cdots \tag{6.7.7}$$

式中：$\lambda_i(\mathrm{e}^{j\omega T})$ 为矩阵 $\boldsymbol{G}(\mathrm{e}^{j\omega T})\boldsymbol{H}(\mathrm{e}^{j\omega T})$ 的特征值。假设当 $\omega T$ 从 $-\pi$ 变换到 $\pi$ 时，没有特征值的轨迹（所谓的特征轨迹）包围$(-1,0)$点，式(6.7.7)的轨迹并不包围原点，如图 6.23(b)所阐释的。然而，实践中，这种构造的效果却受到限制，因为增益和相位裕度的概念仅对多通道情形满足系统响应矩阵中的所有源的增益或相位变化同步发生时成立（Skogestad 和 Postlethwaite，1996）。Serrand 和 Elliot(2000)对简单的双通道系统中特征值的物理表示进行了叙述，其为对一个刚

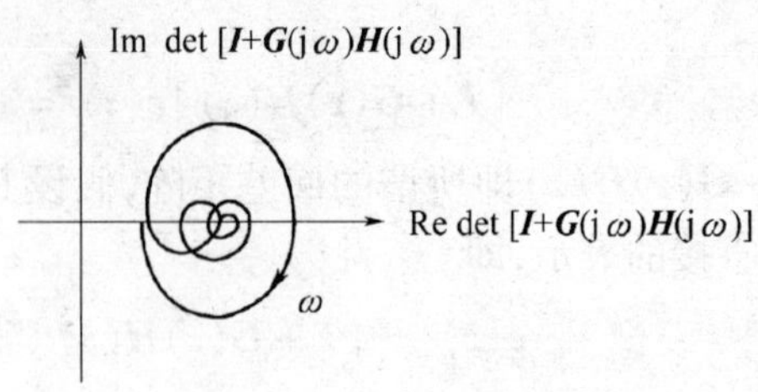


(a)

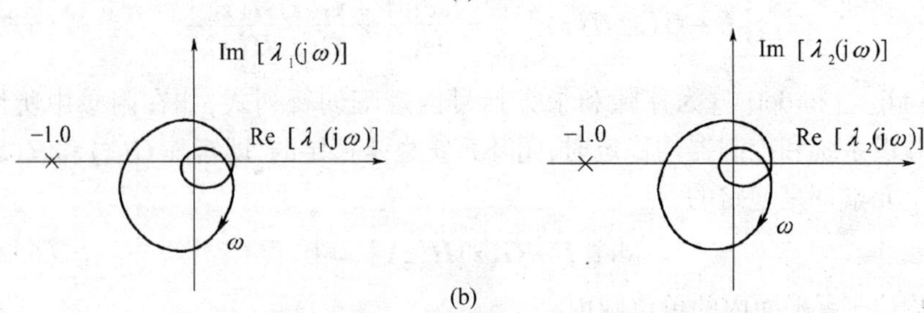


(b)

图 6.23　对于(a)完整的特征方程和(b)回归差分方程的单独特征值的奈奎斯特稳定准则的多通道一般情况

性梁通过两端安置的主动元件进行的主动隔振实验。此时,两个特征值可以与梁的举(垂直的)和抛(翻滚)模式联系起来。

## 6.7.2　小增益理论

对于稳定性的一个相当保守,即充分不必要条件为 $G(e^{j\omega T})H(e^{j\omega T})$ 的所有特征值的模对所有频率均小于 1,即

$$|\lambda_1(e^{j\omega T})| < 1,\text{对于 } i \text{ 和 } \omega T \tag{6.7.8}$$

矩阵中具有最大模的特征值即所谓的谱半径,对于矩阵 $\boldsymbol{G}(e^{j\omega T})\boldsymbol{H}(e^{j\omega T})$ 可以表示为

$$\rho[\boldsymbol{G}(e^{j\omega T})\boldsymbol{H}(e^{j\omega T})] = \max_i |\lambda_1(e^{j\omega T})| \tag{6.7.9}$$

矩阵乘积的谱半径具有的重要性质为

$$\rho[\boldsymbol{G}(e^{j\omega T})\boldsymbol{H}(e^{j\omega T})] \leqslant \bar{\sigma}[\boldsymbol{G}(e^{j\omega T})]\bar{\sigma}[\boldsymbol{H}(e^{j\omega T})] \tag{6.7.10}$$

式中:$\bar{\sigma}[\boldsymbol{G}(e^{j\omega T})]$ 和 $\bar{\sigma}[\boldsymbol{H}(e^{j\omega T})]$ 为矩阵 $\boldsymbol{G}(e^{j\omega T})\boldsymbol{H}(e^{j\omega T})$ 最大的奇异值,而且通过定义为实数。

从而,相比式(6.7.8)关于稳定性的更保守条件为

$$\bar{\sigma}[\boldsymbol{G}(e^{j\omega T})]\bar{\sigma})[\boldsymbol{H}(e^{j\omega T})] < 1,\text{对于所有的 } \omega T \tag{6.7.11}$$

这个关于稳定性的条件即小增益理论。系统和控制器矩阵的奇异值作为这些元素的主增益为人们所熟知,而且小增益理论表明,若对于所有频率,系统的最大的主要增益乘以控制器的最大主增益小于 1,则可保证多通道系统的稳定性。即使这个条件通常会非常保守,我们将在下节看到,其可对多通道系统的鲁棒稳定性提过非常严格的边界。

## 6.8　多通道系统的鲁棒稳定性

鲁棒稳定包括反馈系统对于系统响应中不确定度保持稳定的能力。对于单通道系统,我们在 6.2 节看到,这种不确定度可以表示为奈奎斯特平面内的圆盘,但对于多通道系统,因为系统响应函数 $\boldsymbol{G}(\mathrm{e}^{j\omega T})$ 的 $L \times M$ 矩阵中不同元素的不确定度的相互关系,使得这个情况变得非常复杂。

### 6.8.1　不确定描述

我们假设这些不缺定度在元素之间相互独立,或者无结构,则在多通道系统中有两种不同的方式表示乘子不确定度。其一,假设可能的系统响应族可以表示为

$$\boldsymbol{G}(\mathrm{e}^{j\omega T}) = \boldsymbol{G}_0(\mathrm{e}^{j\omega T})[\boldsymbol{I} + \Delta_I(\mathrm{e}^{j\omega T})] \tag{6.8.1}$$

式中:$\boldsymbol{G}_0(\mathrm{e}^{j\omega T})$ 是标称系统的频率响应矩阵。如图 6.24(a)所示为对应式(6.8.1)的框图,从中我们可以看出为什么 $\Delta_I(\mathrm{e}^{j\omega T})$ 被称为乘子输入不确定度。

将式(6.8.1)展开,部分不确定度可以表示为

$$\boldsymbol{G}_0(\mathrm{e}^{j\omega T})\Delta_I(\mathrm{e}^{j\omega T}) = \boldsymbol{G}(\mathrm{e}^{j\omega T}) - \boldsymbol{G}_0(\mathrm{e}^{j\omega T}) \tag{6.8.2}$$

若我们假设系统的输出多余输入,即 $L > M$,则可以获得作为系统响应和标称系统响应的函数的输入不确定矩阵的直接表示。这可通过假设 $\boldsymbol{G}_0^{\mathrm{H}}(\mathrm{e}^{j\omega T})\boldsymbol{G}_0(\mathrm{e}^{j\omega T})$ 非奇异,并在式(6.8.2)的两边同时左乘 $\boldsymbol{G}_0^{\mathrm{H}}(\mathrm{e}^{j\omega T})$ 得到,即

$$\Delta_I(\mathrm{e}^{j\omega T}) = [\boldsymbol{G}_0^{\mathrm{H}}(\mathrm{e}^{j\omega T})\boldsymbol{G}_0(\mathrm{e}^{j\omega T})]^{-1}\boldsymbol{G}_0^{\mathrm{H}}(\mathrm{e}^{j\omega T})[\boldsymbol{G}(\mathrm{e}^{j\omega T}) - \boldsymbol{G}_0(\mathrm{e}^{j\omega T})] \tag{6.8.3}$$

其在从测量数据集合获得 $\Delta_I(\mathrm{e}^{j\omega T})$ 的例子时非常有用。$\Delta_I(\mathrm{e}^{j\omega T})$ 为乘子输入不确定度的 $M \times M$ 矩阵,若不确定是非结构化的,则这个矩阵的元素将独立于随机变量。接着可以知道 $\Delta_I(\mathrm{e}^{j\omega T})$ 的幅值,其在多通道系统中必须由矩阵范数确定。一种方便下面分析的矩阵范数为 2 范数,其等于矩阵的最大奇异值。我们将假设对于每个频率此范数都将小于上界 $B_I(\mathrm{e}^{j\omega T})$,即

$$\|\Delta_I(e^{j\omega T})\|_2 = \bar{\sigma}[\Delta_I(e^{j\omega T})] \leqslant B_I(e^{j\omega T}) \tag{6.8.4}$$

另外,我们可以假设由

$$\boldsymbol{G}(e^{j\omega T}) = [\boldsymbol{I} + \Delta_O(e^{j\omega T})]\boldsymbol{G}_0(e^{j\omega T}) \tag{6.8.5}$$

所描述的可能系统响应矩阵,其框图如图6.24(b)所示,而且从中也可以看出为什么称其为乘子输出不确定度,式(6.8.5)也可以表示为

$$\Delta_O(e^{j\omega T})\boldsymbol{G}_0(e^{j\omega T}) = \boldsymbol{G}(e^{j\omega T}) - \boldsymbol{G}_0(e^{j\omega T}) \tag{6.8.6}$$

若系统的输出多余输入,即 $L>M$,则通常没必要得到以系统和标称系统响应的 $L\times M$ 矩阵表示的对应 $L\times L$ 矩阵 $\Delta_O(e^{j\omega T})$ 的唯一表示。

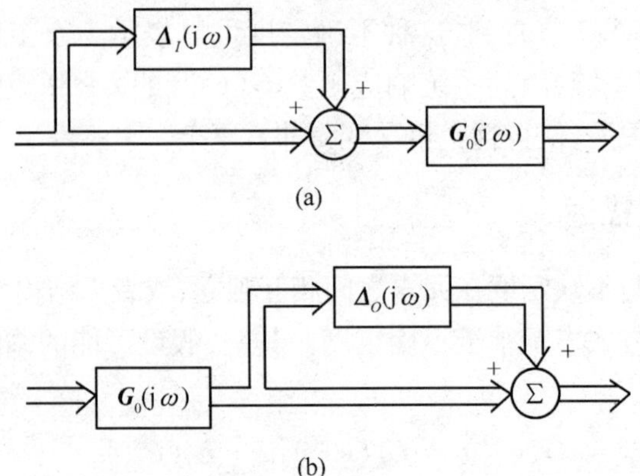


图6.24　多通道系统中以输入(a)或输出(b)中的扰动表示的不确定度

若我们再次假设不确定度是非结构化的,则我们关于 $\Delta_O(e^{j\omega T})$ 所知道的一切为其在每个频率上的2范数被限制在

$$\bar{\sigma}[\Delta_O(e^{j\omega T})] \leqslant B_O(e^{j\omega T}) \tag{6.8.7}$$

即使输入和输出不确定度矩阵维数的不同放在一边,也不能将其视为具有相同影响的等价表示,作为一个简单的例子进行阐述。若我们假设系统的输出与输入相等,即 $L=M$,则矩阵 $\boldsymbol{G}(e^{j\omega T})$ 和 $\boldsymbol{G}_0(e^{j\omega T})$ 为方阵,且后者是可逆的,输入和输出不确定度矩阵也是方阵,此时可以表示为

$$\Delta_O(e^{j\omega T}) = [\boldsymbol{G}(e^{j\omega T}) - \boldsymbol{G}_0(e^{j\omega T})]\boldsymbol{G}_0^{-1}(e^{j\omega T}) \tag{6.8.8}$$

$$\Delta_I(e^{j\omega T}) = \boldsymbol{G}_0^{-1}(e^{j\omega T})[\boldsymbol{G}(e^{j\omega T}) - \boldsymbol{G}_0(e^{j\omega T})] \tag{6.8.9}$$

从而,我们将输出不确定矩阵表示为输入不确定度矩阵的形式为

$$\Delta_O(e^{j\omega T}) = \boldsymbol{G}_0(e^{j\omega T})\Delta_I(e^{j\omega T})\boldsymbol{G}_0^{-1}(e^{j\omega T}) \tag{6.8.10}$$

为了知道 $\Delta_O(e^{j\omega T})$ 和 $\Delta_I(e^{j\omega T})$ 的相对大小,我们取式(6.8.10)的2范数,其

中2范数的性质为$\bar{\sigma}(AB)\leqslant\bar{\sigma}(A)\bar{\sigma}(B)$，即

$$\bar{\sigma}[\boldsymbol{\Delta}_O(\mathrm{e}^{j\omega T})]\leqslant\bar{\sigma}[\boldsymbol{G}_O(\mathrm{e}^{j\omega T})]\bar{\sigma}[\boldsymbol{\Delta}_I(\mathrm{e}^{j\omega T})]\bar{\sigma}[\boldsymbol{G}_0^{-1}(\mathrm{e}^{j\omega T})] \quad (6.8.11)$$

但$\boldsymbol{G}_0^{-1}(\mathrm{e}^{j\omega T})$的最大奇异值等于$\boldsymbol{G}_0(\mathrm{e}^{j\omega T})$的最小奇异值的倒数，即

$$\bar{\sigma}[\boldsymbol{G}_0^{-1}(\mathrm{e}^{j\omega T})]=\frac{1}{\underline{\sigma}}[\boldsymbol{G}_O(\mathrm{e}^{j\omega T})] \quad (6.8.12)$$

且矩阵的最大最小奇异值的比为条件数，即

$$\kappa[\boldsymbol{G}_0(\mathrm{e}^{j\omega T})]=\frac{\bar{\sigma}[\boldsymbol{G}_O(\mathrm{e}^{j\omega T})]}{\underline{\sigma}[\boldsymbol{G}_O(\mathrm{e}^{j\omega T})]} \quad (6.8.13)$$

由于输入不确定度矩阵的最大奇异值由$\boldsymbol{B}_I(\mathrm{e}^{j\omega T})$确定边界，如在式(6.8.4)中，则根据式(6.8.11)有

$$\bar{\sigma}[\boldsymbol{\Delta}_O(\mathrm{e}^{j\omega T})]\leqslant\kappa[\boldsymbol{G}_O(\mathrm{e}^{j\omega T})]\boldsymbol{B}_I(\mathrm{e}^{j\omega T}) \quad (6.8.14)$$

若我们假设输出不确定矩阵的最大奇异值位于其最大上界上，则这可能是最差的情况，即

$$\boldsymbol{B}_O(\mathrm{e}^{j\omega T})\leqslant\kappa[\boldsymbol{G}_O(\mathrm{e}^{j\omega T})]\boldsymbol{B}_I(\mathrm{e}^{j\omega T}) \quad (6.8.15)$$

从而，对于每个频率有

$$\frac{\boldsymbol{B}_O(\mathrm{e}^{j\omega T})}{\boldsymbol{B}_I(\mathrm{e}^{j\omega T})}\leqslant\kappa[\boldsymbol{G}_O(\mathrm{e}^{j\omega T})] \quad (6.8.16)$$

我们已经在第4章看到，多通道主动控制系统的系统矩阵在特定的频率上可能呈严重的病态。由于非常大的条件数，系统矩阵的最大奇异值可能比最小奇异值的幅值高出许多阶。若系统输入的不确定度由输出不确定度表示，则式(6.8.15)表明这个等价输出不确定度范数上的上界将比原始的输入不确定度大得多。这个例子(来自 Morari 和 Zafiriou，1989)表明，对于多通道系统，为了得到不确定度的严格边界，有必要对实际产生的系统不确定度建模，而不是怎么方便怎么建模。

在本节，有必要回到4.4节使用的扰动奇异值矩阵的形式描述多通道系统响应在单频下的不确定度。式(6.8.2)描述了当不确定度发生在系统输入上时的系统响应的变化，其可以与表示扰动奇异值矩阵$\Delta\sum$的式(4.4.18)相比较，得到

$$\boldsymbol{G}_0\boldsymbol{\Delta}_I=\boldsymbol{R}_0\Delta\sum\boldsymbol{Q}_0^{\mathrm{H}} \quad (6.8.17)$$

式中：$\boldsymbol{G}_0=\boldsymbol{R}_0\sum{}_0\boldsymbol{Q}_0^{\mathrm{H}}$为标称系统矩阵在所关注频率下的奇异值分解，且为了表示方便将其与频率的关系去掉了。然而，由于$\boldsymbol{R}_0^{\mathrm{H}}\boldsymbol{R}_0=\boldsymbol{I}$和$\boldsymbol{Q}_0^{\mathrm{H}}\boldsymbol{Q}_0=\boldsymbol{I}$，扰动奇异

值矩阵可以写为

$$\Delta \sum = \sum{}_0 \boldsymbol{Q}_0^{\mathrm{H}} \Delta_I \boldsymbol{Q}_0 \tag{6.8.18}$$

若 $\Delta_I$ 中元素的实部和虚部都是随机分布的,即非结构化的,则 $\boldsymbol{Q}_0^{\mathrm{H}} \Delta_I \boldsymbol{Q}_0$ 的元素也将是非结构化的。对式(6.8.18)左乘矩阵 $\sum_0$ 可以得到具有随机元素的矩阵 $\Delta \sum$ ,并且其每行元素的方差均相等,同时最上面一行的元素值最大,接着往下的每一行幅值都逐渐减小,因为其是与 $\sum_0$ 中更小的奇异值相乘。这是实践中当作动器的位置,即系统的输入受到扰动时观测到的 $\Delta \sum$ 矩阵的形式,如图4.15所示。

类似地,若假设系统输出中存在非结构化的不确定度,则根据式(6.8.5)可得到系统响应的变化

$$\Delta_O \boldsymbol{G}_0 = \boldsymbol{R}_0 \Delta \sum \boldsymbol{Q}_0^{\mathrm{H}} \tag{6.8.19}$$

其同样会被设为等于以扰动奇异值矩阵[式(4.4.18)]表示的系统输出中的变化。使用 $\boldsymbol{R}_0$ 和 $\boldsymbol{Q}_0$ 的单位性质,此时有

$$\Delta \sum = \boldsymbol{R}_0^{\mathrm{H}} \Delta_O \boldsymbol{R}_0 \sum{}_0 \tag{6.8.20}$$

若 $\Delta_O$ 中的虚部和实部都是随机数,则 $\boldsymbol{R}_0^{\mathrm{H}} \Delta_O \boldsymbol{R}_0$ 也将类似非结构化,且右乘矩阵 $\sum_0$ 将得到具有随机元素的矩阵 $\Delta \sum$ ,其每一列元素的方程均相等,同时最左边的一列具有最大的元素,往右的每一列幅值逐渐减小,因为其与 $\sum_0$ 中的较小奇异值相乘。这与在传感器位置即系统的输出受到扰动时,观测的矩阵形式完全一样,如图4.16所示。从而,$\Delta \sum$ 矩阵的结构在确定测量系统响应矩阵的非结构化不确定度的最简形式时非常有用。

### 6.8.2 结构化的不确定度

除了非结构化的不确定度,也存在由于系统内部参数的不确定导致的系统响应的扰动,如温度、运行条件等的变化。这些参数的变化会导致系统矩阵中元素的相关变化,即所谓的结构化不确定度,而且这些要比前面所讨论的非结构化不确定度更难测量。然而,为得到鲁棒稳定性的严格条件,有必要得到这种不确定度精确的模型。

图6.25为系统不确定度的一般形式,其中,$\Delta$ 表示不确定度矩阵,也是我们希望尽量小尽量非结构化的量。若 $\Delta = 0$,则系统响应通过定义等于其标称值

$\boldsymbol{G}_0(\mathrm{e}^{j\omega T})$,但一般,我们仅可以表示为

$$\boldsymbol{G}(\mathrm{e}^{j\omega T}) = \text{function}[\boldsymbol{G}_0(\mathrm{e}^{j\omega T}),\boldsymbol{\Delta}(\mathrm{e}^{j\omega T})] \tag{6.8.21}$$

若扰动相对较小,则我们可以对式(6.8.21)进行线性化处理并将其展开为

$$\boldsymbol{G}(\mathrm{e}^{j\omega T}) = \boldsymbol{G}_0(\mathrm{e}^{j\omega T}) + \boldsymbol{P}_2(\mathrm{e}^{j\omega T})\boldsymbol{\Delta}(\mathrm{e}^{j\omega T})\boldsymbol{P}_1(\mathrm{e}^{j\omega T}) \tag{6.8.22}$$

式中:$\boldsymbol{P}_1(\mathrm{e}^{j\omega T})$为$L \times N_2$矩阵,$\boldsymbol{P}_2(\mathrm{e}^{j\omega T})$为变换系统响应的$N_2 \times M$矩阵,$\Delta(\mathrm{e}^{j\omega T})$为$N_1 \times N_2$不确定度矩阵。

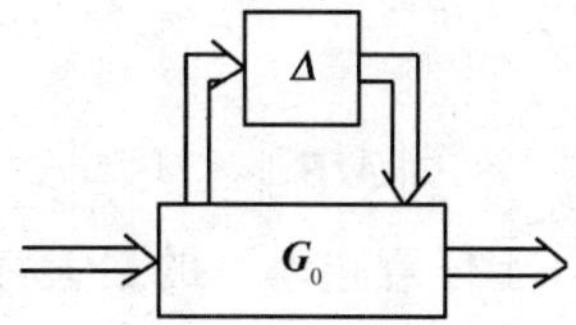


图6.25　多通道系统$\boldsymbol{G}$中不确定度的一般形式,其中内部参数由矩阵Δ的元素扰动

可以看出,输入和输出不确定度为式(6.8.22)的特殊情况,但通常,矩阵$\Delta(\mathrm{e}^{j\omega T})$的维数要远小于系统的维数。再一次假设对于$\Delta(\mathrm{e}^{j\omega T})$所知道的一切为其最大值的最大上界$\boldsymbol{B}(\mathrm{e}^{j\omega T})$。

若我们假设,在图6.25中连接了一个反馈回路,则系统的稳定性可在不存在任何干扰的情况下确定,且完整的反馈控制系统可以分为如图6.26所示的两部分。所有的不确定都与传递响应Δ[我们仅知道$\bar{\sigma}(\Delta) < \boldsymbol{B}$]一起集成到矩阵中,其矩阵$\boldsymbol{M}$表示从不确定矩阵Δ的“输出”到不确定矩阵的“输入”的系统和控制器的所有其他部分的响应。

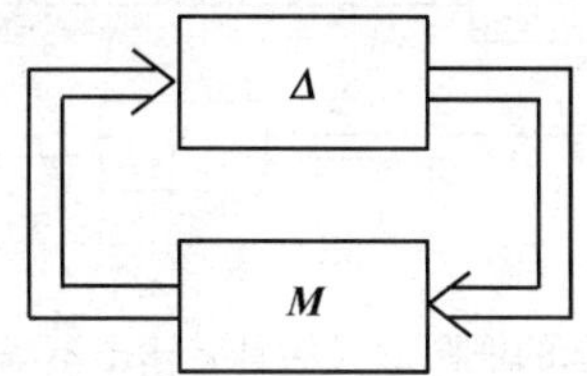


图6.26　完整的反馈控制系统$\boldsymbol{M}$的框图,其承受包含在矩阵Δ中的不确定度,用以得到鲁棒稳定条件

## 6.8.3　鲁棒稳定性

若不确定度Δ为零,假设系统$\boldsymbol{M}$是稳定的,即标称稳定,使用小增益理论,我们可以说具有不确定度的系统也是稳定的,只要

$$\bar{\sigma}[\boldsymbol{G}_0^{-1}(\mathrm{e}^{j\omega T})] = \bar{\sigma}[\boldsymbol{M}(\mathrm{e}^{j\omega T})] < 1,\text{对于所有的 }\omega T \tag{6.8.23}$$

一般对于稳定性,这是非常保守的条件,因为与$\bar{\sigma}[\boldsymbol{\Delta}(\mathrm{e}^{j\omega T})]$和$\bar{\sigma}[\boldsymbol{M}(\mathrm{e}^{j\omega T})]$有关的增益的方向通常不是使系统不稳定的方向。然而,在特定的情况中,当$\boldsymbol{\Delta}$为不确定度矩阵时,$\boldsymbol{\Delta}$中增益的方向完全未知。此时,式(6.8.23)不再保守,用$\bar{\sigma}[\boldsymbol{\Delta}(\mathrm{e}^{j\omega T})]$代替$\boldsymbol{B}(\mathrm{e}^{j\omega T})$,我们发现多通道系统鲁棒稳定的充要条件可以表示为

$$\bar{\sigma}[\boldsymbol{M}(\mathrm{e}^{j\omega T})] < \frac{1}{\boldsymbol{B}(\mathrm{e}^{j\omega T})},\text{对于所有的 }\omega \tag{6.8.24}$$

或

$$\| \boldsymbol{MB} \| < 1 \tag{6.8.25}$$

式中:$\| \ \|_\infty$表示$H_\infty$范数,等于任意频率下的最大奇异值,如在附录 A9 中所讨论的。

对一些例子阐述这个条件的重要性。若系统具有非结构化的乘子输出不确定度,则完整反馈控制器的框图如图 6.27 所示。不确定度"可见"的控制系统的传递响应如虚线框中所示,对应于图 6.26 中的矩阵$\boldsymbol{M}$。此时可以相当容易地获得矩阵$\boldsymbol{M}$的表示。若以$\boldsymbol{x}$表示$\boldsymbol{M}$的"输入",$\boldsymbol{y}$表示$\boldsymbol{M}$的"输出",则根据图 6.27 有

$$\boldsymbol{y} = -[\boldsymbol{I} + \boldsymbol{G}_0\boldsymbol{H}]^{-1}\boldsymbol{G}_0\boldsymbol{H}\boldsymbol{x} \tag{6.8.26}$$

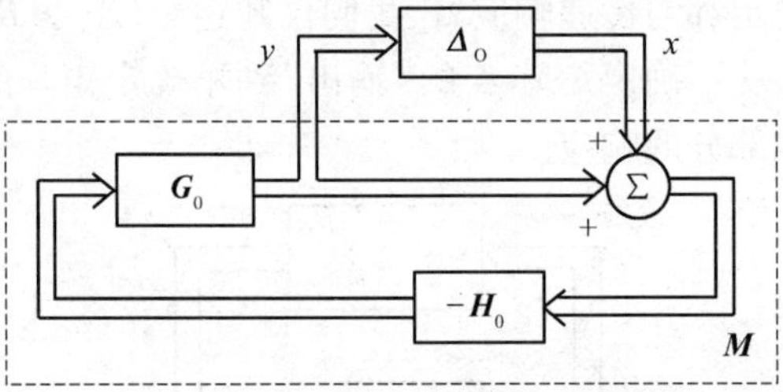

图 6.27　调整如图 6.26 所示的框图形式的具有输出不确定度的反馈控制系统的框图

从而,此时我们可以将$\boldsymbol{M}$写为

$$\boldsymbol{M} = -[\boldsymbol{I} + \boldsymbol{G}_0\boldsymbol{H}]^{-1}\boldsymbol{G}_0\boldsymbol{H} \tag{6.8.27}$$

其为标称系统互补敏感度函数$\boldsymbol{T}_0$的多通道形式。从而,此时根据式(6.8.24)可以将非结构化输出不确定度下的鲁棒稳定性条件表示为

$$\bar{\sigma}[\boldsymbol{T}_0(\mathrm{e}^{j\omega T})] < \frac{1}{B(\mathrm{e}^{j\omega T})},\text{对于所有的 }\omega T \tag{6.8.28}$$

或者

$$\| \boldsymbol{T}_0 \boldsymbol{B} \| < 1 \tag{6.8.29}$$

为阐释小增益理论的弹性，现在我们假设仅系统奇异值中的部分元素具有不确定度，如在4.4节所讨论的。则在 $\sum_I$ 中具有不确定度的完整控制系统的框图如图6.28所示，其中，标称系统响应被分解为

$$\boldsymbol{G}_0 = \boldsymbol{R} \sum \boldsymbol{Q}^{\mathrm{H}} = [\boldsymbol{R}_1 \boldsymbol{R}_2] \begin{bmatrix} \sum_1 & 0 \\ 0 & \sum_2 \end{bmatrix} \begin{bmatrix} \boldsymbol{Q}_1^{\mathrm{H}} \\ \boldsymbol{Q}_2^{\mathrm{H}} \end{bmatrix} \tag{6.8.30}$$

矩阵 $\sum_I$ 是对角阵，却不一定包括 $\boldsymbol{G}_0$ 中的最大奇异值。然而，假设图6.28中的不确定度矩阵是非对角阵。此时图6.28可以用于表示被不确定度“看到”的完整控制系统的传递函数

$$\boldsymbol{M} = -\boldsymbol{Q}_1^{\mathrm{H}} \boldsymbol{H} [\boldsymbol{I} + \boldsymbol{G}_0 \boldsymbol{H}]^{-1} \boldsymbol{R}_1 \tag{6.8.31}$$

从而，这个控制系统的鲁棒稳定性由式(6.8.31)的最大奇异值乘以此时 $\Delta$ 中的最大奇异值的上界的结果是否小于1决定。

## 6.9　最优多通道控制

对于多通道系统，对比单通道系统，其为最小化误差信号的范数，而直接设计式(6.7.3)中的反馈控制器 $\boldsymbol{H}(z)$ 的矩阵，会出现很多问题。幸运的是，如图6.29(a)所示，对于反馈控制器，内模控制结构的使用可以使其直接应用于多通道系统。系统模型 $\hat{\boldsymbol{G}}(z)$，与系统具有相同的维数 $L \times M$，控制滤波器矩阵的维数为 $M \times L$。根据图6.29(a)，完整的反馈控制器的响应矩阵为

$$\boldsymbol{H}(z) = -[\boldsymbol{I} + \boldsymbol{W}(z)\hat{\boldsymbol{G}}(z)]^{-1} \boldsymbol{W}(z) \tag{6.9.1}$$

从而，我们使用前面计算最优性能时的方法，即首先对于固定标称系统设计可提供最优标称性能的 $\boldsymbol{W}(z)$，接着将鲁棒稳定问题作为这个设计的修正进行处理。

为计算标称性能，我们首先假设系统模型的响应与系统的响应精确匹配，即 $\hat{\boldsymbol{G}}(z) = \boldsymbol{G}_0(z)$，从而等价的框图如图6.29(b)所示。现在可以将误差向量表示为干扰信号向量的形式

$$\boldsymbol{e}(z) = [\boldsymbol{I} + \boldsymbol{G}(z)\boldsymbol{W}(z)]\boldsymbol{d}(z) \tag{6.9.2}$$

从而，比较式(6.9.2)和式(6.7.3)(敏感度函数的定义)，可以发现使用

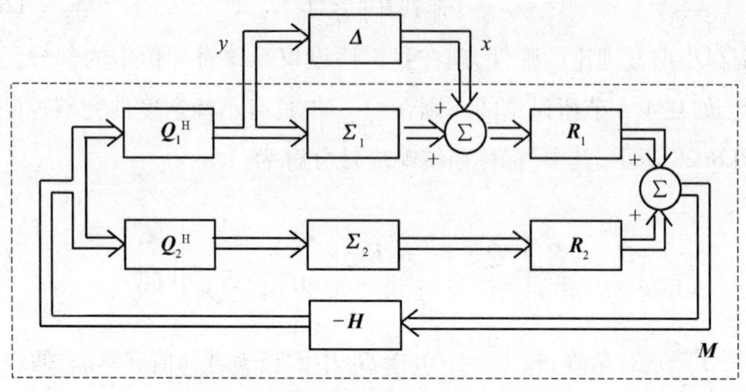


图 6.28　整理为如图 6.26 所示形式的，对象的一些奇异值中具有不确定度的反馈控制系统

IMC 方案，则矩阵敏感度函数变为

$$\boldsymbol{S}(z) = \boldsymbol{I} + \boldsymbol{G}(z)\boldsymbol{W}(z) \tag{6.9.3}$$

如图 6.29(b) 所示，整个反馈系统为 5.2 节讨论的多通道优化问题的一个特例，其中参考信号向量现在等于干扰向量。然而，在反馈控制器中，我们没有遇到一致性所施加对性能的限制，因为参考信号现在通过定义完全与干扰信号一致，但我们仍然要考因果性约束。

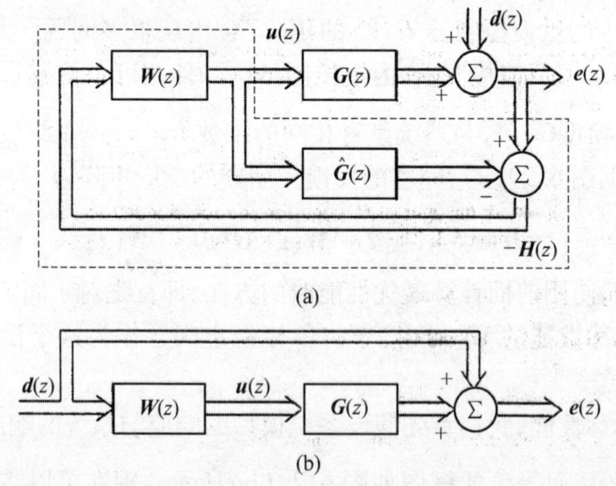


图 6.29　使用内模控制(a)实现的多通道反馈控制系统，以及系统模型精确时的等价框图

若矩阵 $\boldsymbol{W}(z)$ 中的每个独立滤波器都是具有 $I$ 个系数的 FIR 滤波器,则在 5.2 节所用的分析方法可以将时域误差信号向量表示为

$$\boldsymbol{e}(n) = \boldsymbol{d}(n) + \boldsymbol{R}(n)\boldsymbol{w} \tag{6.9.4}$$

式中:$\boldsymbol{w}$ 为 $M\times L\times I$ 个滤波器系数的串联向量,$\boldsymbol{R}(n)$ 为标称系统响应矩阵的元素滤波的干扰信号矩阵。误差平方和的期望现在可以表示为控制滤波器系数 $\boldsymbol{w}$ 的 Hermitian 二次函数,为

$$\boldsymbol{w}_{opt} = -\{E[\boldsymbol{R}^{\mathrm{T}}(n)\boldsymbol{R}(n)]\}^{-1}E[\boldsymbol{R}^{\mathrm{T}}(n)\boldsymbol{d}(n)] \tag{6.9.5}$$

由控制滤波器系数的 $H_2$ 最优向量最小化。最优 $H_2$ 控制器同样可以在 $z$ 域使用 5.3 节的结论获得。将标称系统响应的 $L\times M$ 矩阵 $\boldsymbol{G}_0(z)$ 分解为全通部分的 $L\times M$ 矩阵,$\boldsymbol{G}_{all}(z)$ 和最小相部分的 $M\times M$ 矩阵 $\boldsymbol{G}_{\min}(z)$,即

$$\boldsymbol{G}_0(z) = \boldsymbol{G}_{all}(z)\boldsymbol{G}_{\min}(z) \tag{6.9.6}$$

其中,$\boldsymbol{G}_{all}(z)$,$\boldsymbol{G}_{\min}(z)$ 和 $\boldsymbol{G}_{\min}^{-1}(z)$ 是稳定的,且

$$\boldsymbol{G}_{all}^{\mathrm{T}}(z^{-1})\boldsymbol{G}_{all}(z) = \boldsymbol{I} \tag{6.9.7}$$

我们同样假设干扰信号的谱密度矩阵可以分解为

$$\boldsymbol{S}_{dd}(z) = \boldsymbol{F}(z)\boldsymbol{F}^{\mathrm{T}}(z^{-1}) \tag{6.9.8}$$

其中,$\boldsymbol{F}(z)$ 和 $\boldsymbol{F}^{-1}(z)$ 均是稳定的和因果的。因为对于如图 6.29(b)所示的等价前馈系统,通常表示为 $x(n)$ 的参考信号等于干扰信号 $d(n)$,则此时式(5.3.20)中的矩阵 $\boldsymbol{S}_{xd}(z)$ 变得等于 $\boldsymbol{S}_{xx}(z)$,其本身又等于 $\boldsymbol{S}_{dd}(z)$。

对于 $H_2$ 最优因果控制滤波器,传递函数矩阵可以表示为式(5.3.31)的特殊形式,即

$$\boldsymbol{W}_{opt}(z) = \boldsymbol{G}_{\min}^{-1}(z)\{\boldsymbol{G}_{all}^{\mathrm{T}}(z^{-1})\boldsymbol{F}(z)\}_{+}\boldsymbol{F}^{-1}(z) \tag{6.9.9}$$

根据上式,并使用式(6.9.1)可以计算得到完整的反馈控制器的传递函数。

通过降低控制滤波器的增益提升鲁棒性能的方法可以看作是 6.6 节和 6.5 节讨论的单通道系统的推广形式。例如,在取干扰信号的谱密度矩阵的谱因子之前,通过使其包括一些频率加权传感器噪声,可以使得控制器对输出不确定度更具鲁棒性。然而,我们已经看到,在多通道系统中,式(6.8.24)中因为鲁棒稳定而范数受到限制的矩阵与系统的不确定度的结构有很大的关系。然而,最后需要提到的是,$H_\infty$ 最优控制器可以最小化敏感度函数的∞范数

$$\| S \|_\infty = \sup_{\omega}\bar{\sigma}[S(\mathrm{e}^{j\omega T})] \tag{6.9.10}$$

甚至对于式(6.9.3)所给出的敏感度函数的简化形式,保持鲁棒稳定性约束的同时[式(6.8.25)],控制滤波器 $\boldsymbol{W}(z)$ 最小化式(6.9.10)的计算问题也不

能直接计算,有兴趣的读者可以参考 Morari 和 Zafiriou(1989),Skogestad 和 Postlethwaite(1996)或 Zhou 等人(1996)。

## 6.10 应用:主动降噪耳机

使用反馈系统的主动噪声控制的最广泛应用是主动降噪耳机。目前的设计通常使用模拟反馈回路,最小化回路延时,从而可以最大化控制带宽,但是,发展的趋势是使用固定模拟和自适应数字的复合控制器。自适应反馈系统的这部分内容将在第 7 章讨论,这也是为什么对主动降噪耳机的讨论推迟到本章的最后一节进行。

图 6.30 是使用这种控制器的主动降噪耳机的示意图。系统的主要目的是降低拾音器处的干扰,从而在拾音器的周围创造一个"安静的区域",包括如图 6.30 所示的头部的耳朵位置。这种主动降噪耳机首先由 Olsen 和 May 在 1953 年提出,其原理在第 1 章已经有所讨论。在此应用中,控制器的设计包括声和控制方面的问题的细节和相互作用的分析,如在 Rafaely 和 Elliott (1999)和 Rafaely 等人(1999)所描述的例子中。原则上,这种控制系统为多通道系统,因为其具有两个传感器和两个作动器。然而,实践中,拾音器对最近的扩音器的响应远大于其对另一个扩音器的影响,以致互耦对单独的控制系统的稳定性和性能几乎没有影响;所以,通常可以设计为两个独立的单通道系统。在本节,我们将考虑对此应用设计一个如 Rafaely(1997)和 Elliott 和 Rafaely(1997)所描述的固定的单通道控制器,其在性能(在此定义为降低拾音器的输出)和鲁棒性(尤其指系统对由于收听者移动导致的系统响应变化的鲁棒稳定性)取得很好的平衡。

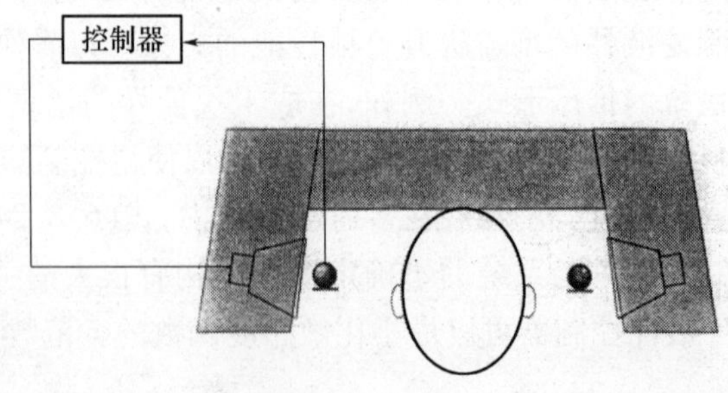


图 6.30 单通道主动降噪耳机的平面图,一同显示的有扩音器,拾音器和位于中间的收听者的头部

### 6.10.1 系统和系统不确定度的响应

图6.31为此时标称系统的频率响应,从扩音器的输入到拾音器的输出测量得到,收听者的头部位于中间位置。拾音器被安放于离扩音器的前端2cm的位置,如图6.30所示位于收听者的头部的一边。在低频时,频率响应下降,而且由于扩音器的响应在250Hz处具有较宽的峰。同时还显示在1kHz和10kHz之间有一系列阻尼良好的峰,这是由于耳机和头部的共振产生的。相位响应的最明显特征是其随频率增加的线性滞后,这主要由于扩音器和拾音器间的声传递延时。

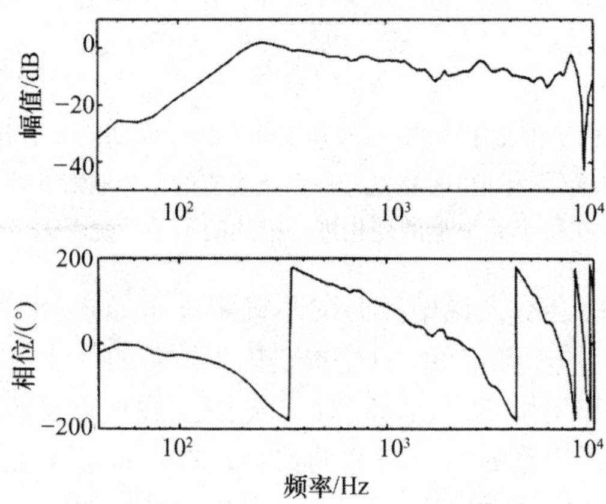


图6.31 主动降噪耳机次级扩音器和拾音器之间的频率响应

为评估由于头部运动而在系统中产生的不确定度,在耳机的其他位置也对扩音器和拾音器间的频率响应进行了测量。图6.32为标称系统的奈奎斯特曲线,同时也有特定频率下的分散共振,从不同的头部位置的系统响应得到。若使用乘子不确定度模型表示系统响应

$$G(j\omega) = G_0[j\omega)(1 + \Delta_G(j\omega)] \tag{6.10.1}$$

同时,假设每个频率下的乘子不确定度的边界为

$$|\Delta_G(j\omega)| \leqslant B(\omega) \tag{6.10.2}$$

则边界可以表示为关于标称响应的奈奎斯特曲轴中的圆,如在6.2节中所叙述的。图6.32为这样的一些圆的集合,用以使用式(6.10.1)和式(6.10.2)表示观测到的系统响应的不确定度的边界。圆的直径与乘子不确定度的边界成比例。这在高频时会增加,因为在这些频率上产生的声共振与头部的位置有关。在高频时相对较大的不确定度对于因为鲁棒稳定而对控制器的增益施加的限制

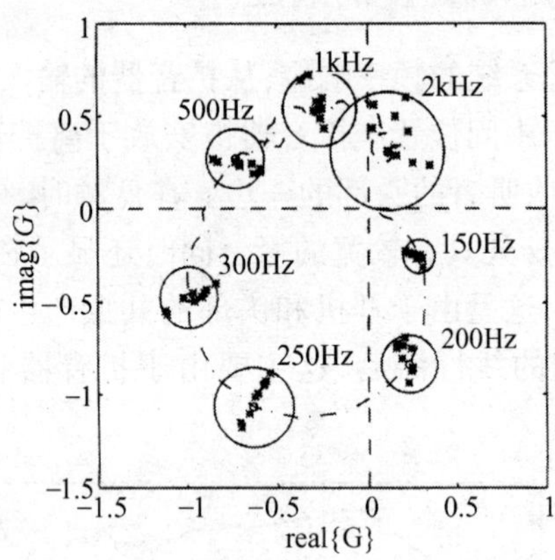


图 6.32 收听者的头部位于中间位置(点划线),以及在其他 7 个离散频率收听者头部位于不同位置( * 标记)时靠枕标称系统响应的奈奎斯特曲线。同时绘制的还有以圆盘对在每个频率上的变化进行描述的乘子系统不确定度的最小值

有很大的影响。可能会有人说中频时的不确定度不如式(6.10.2)所假设的非结构化,如 250Hz 上的不确定度,这主要是因为增益的变化,高频增益的确具有与它们相关的增益和相位变化,从而,对于稳定性,在更重要的频率范围内,不确定度的非结构化乘子模型是一个合适的选择。在大量的离散频率上对从图 6.32 得到的不确定度的边界进行拟合得到一条光滑的曲线,如图 6.33 所示,其将用于下面控制器的设计。

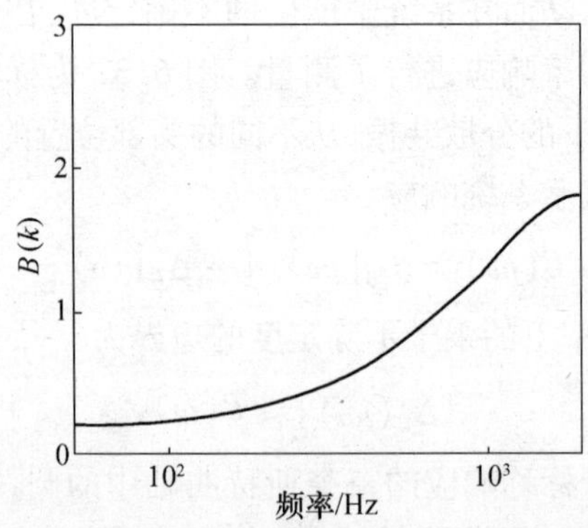


图 6.33 假设表示为频率的函数的乘子系统不确定度的边界 $B(k)$

图 6.34 为在此设计中假设的干扰的功率谱密度,实践中,可用测量的干扰频谱进行设计,此时所有用于最优化的参数都可直接测量得到。

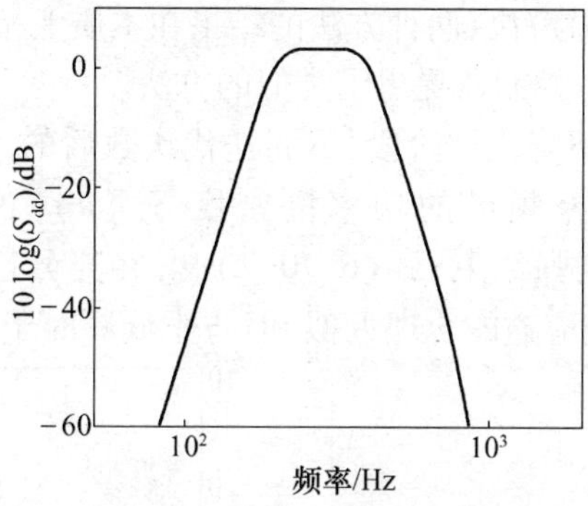


图 6.34　控制器设计时假设的干扰信号的功率谱密度

### 6.10.2　$H_2/H_\infty$ 控制器设计

通过假设一个具有将控制滤波器参数化作为长的 FIR 数字滤波器的内模控制结构设计控制器。计算控制滤波器最小化拾音器的均方输出，$H_2$ 性能准则，保持鲁棒稳定性和限制控制带宽外部的干扰增强，均属于 $H_\infty$ 约束。从而控制问题具有混合的 $H_2/H_\infty$ 形式，但仍然关于 FIR 控制滤波器的系数为凸问题。在离散域解决这个问题会非常方便（Boyd 等，1988），此时，可以转换为标称条件下的最小化拾音器的均方输出，使用式（6.5.5）可以表示为

$$J = \sum_{k=0}^{N-1} S_{dd}(k)\,|1 + G_0(k)W(k)|^2 \tag{6.10.3}$$

式中：$S_{dd}(k)$ 为干扰的功率谱密度，$G_0(k)$ 为标称系统的频率响应，$W(k)$ 为控制器的频率响应，所有的均是在离散频率 $k$ 下，从 0 到 $N-1$。这个最小化服从鲁棒稳定施加的条件，根据式（6.4.6）可以表示为

$$|G_0(k)W(k)| < 1/B(k)\text{，对于所有的 } k \tag{6.10.4}$$

或

$$|G_0(k)W(k)|B(k) < 1\text{，对于所有的 } k \tag{6.10.5}$$

而且，干扰不会被放大超过 $A(k)$ 倍的约束可以使用式（6.4.3）表示为

$$|1 + G_0(k)W(k)| < A(k)\text{，对于所有的 } k \tag{6.10.6}$$

或

$$|1 + G_0(k)W(k)|/A(k) < 1\text{，对于所有的 } k \tag{6.10.7}$$

在下面的设计中，干扰增强被限制在 3dB，从而 $A \approx 1.4$。这种凸的最优化问题可以通过使用迭代梯度下降法（Elliott 和 Rafaely，1997），或序列二次规划法

(Rafaely 和 Elliott,1999)解决,两种方法的结果在本质上相同。Titterton 和 Olkin (1995)对于设计 $H_2/H_\infty$ 控制器提出了类似的方法。

图 6.35 为在梯度下降设计阶段,不同迭代次数后的,控制滤波器频率响应的模 $|G(k)|$,残余误差频谱的功率谱密度 $S_{ee}(k)$,鲁棒稳定性约束[式(6.10.5)],以及干扰增强约束[式(6.10.7)]。在充分迭代后,控制滤波器收敛到干扰带宽上系统响应逆的合理近似,但防止低频时干扰增强和保证高频时

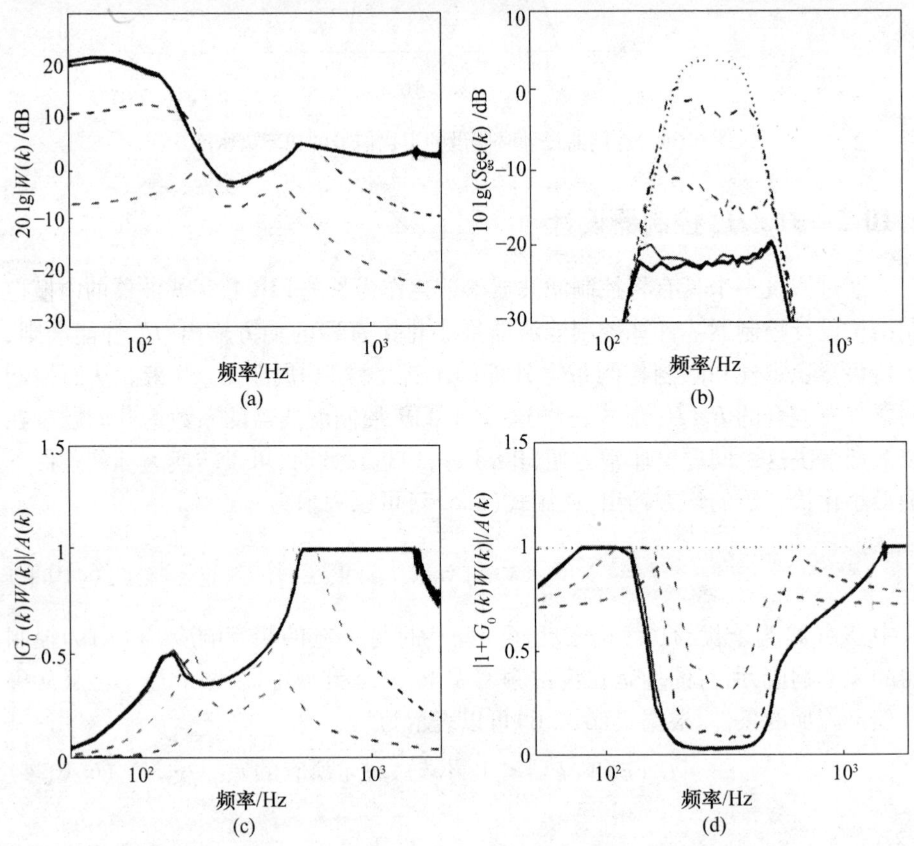


图 6.35 使用相继二次程序(实线),控制前(点线)及在 100 次(点划线)、5000 次(虚线)和 150000 次(细实线)离散频域迭代算法的迭代后的 $H_2/H_\infty$ 控制器设计的结果。不同的图分别为:(a) 以 dB 形式($20\log_{10}|W(k)|$)表示的控制滤波器频率响应的幅值;(b)残余误差[$10\log_{10}S_{ee}(k)$]的功率谱密度的能级;(c)鲁棒稳定性测量(($|G_0(k)W(k)|B(k)$)),其对于满足系统不确定度 $B(k)$ 的鲁棒稳定约束应该在所用频率上均小于 1;(d)干扰增强测量(($|1+G_0(k)W(k)|/A(k)$)),若需要干扰增强不超过因子 $A(k)$,则在所有频率上其应该小于 1

的鲁棒稳定性，此带宽之外的响应受到限制。可以从图6.35(c)和图6.35(d)看出，在这两个频率区域正好满足约束。在此仿真中拾音器的rms输出降低了大约22dB。

### 6.10.3　其他控制器设计

若没有鲁棒性约束，则可以获得更高的衰减，如图6.36(d)中的虚线所示，但控制器在800Hz的频率处不具有鲁棒稳定性，在频率100Hz处使干扰增强了

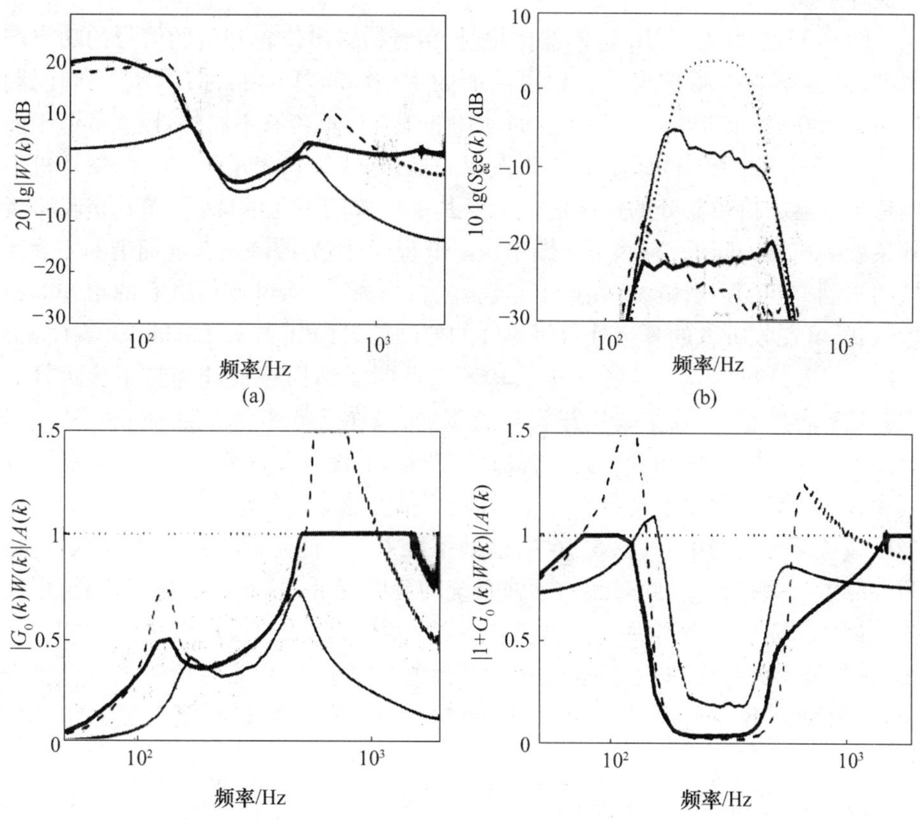


图6.36　不具有鲁棒或干扰增强约束(虚线)的 $H_2$ 控制器的结果，正如在LQG理论(细实线) $H_2$ 控制器也具有一个与频率无关的效果加权项。图分别为：(a)以dB形式($20\log_{10}|W(k)|$)表示的控制滤波器频率响应的幅值；(b)残余误差($10\log_{10}S_{ee}(k)$)的功率谱密度的能级；(c)鲁棒稳定性测量(($|G_0(k)W(k)|B(k)$))，其对于满足系统不确定度 $B(k)$ 的鲁棒稳定约束应该在所用频率上均小于1；(d)干扰增强测量(($|1+G_0(k)W(k)|/A(k)$))，若需要干扰增强不超过因子 $A(k)$，则在所有频率上其应该小于1

大约 6dB。若设计控制器最小化传统的 LQG 性能函数,使用一个效果加权参数,从而可近似保持约束,则结果如 6.36 中的实线所示,表明仅可在误差的均方值中获得 10dB 的衰减。这些结果表明,设计仅用于组小号均方差的控制器,实际上,非常激进,具有差的鲁棒性质,且当控制器满足鲁棒性时,使用传统的 LQG 性能函数会显著降低控制系统的性能。除了前面所介绍的方法外,还有大量的方法可以用于计算最优 $H_2/H_\infty$ 控制器,但这种方法的确为很多主动控制应用中的重要性质,如最小化均方差,鲁棒稳定性及限制带宽外的干扰增强等之间的最佳平衡。

图 6.37 为当数字 IIR 控制器作用时,拾音器输出位置测得的信号的功率谱密度,其频率响应调整为适合解决前面的主动降噪耳机中的 $H_2/H_\infty$ 控制问题(Rafaely 和 Elliott,1999)。除了此时使用的干扰频谱稍有不同外,性能类似于前面图 6.35(b)所预测的结果。应该强调的是,这些结果表示了主动降噪耳机中接近扩音器的拾音器处的声压的变化。其他位置的声压的降低,尤其是收听者耳朵处的声压的降低,有些小于图中的降低程度,因为控制拾音器周围的安静区域的限制空间的声影响,这在第 1 章已经有过讨论。通过使用真实的拾音器布置方式,可在收听者的耳朵处获得更好的控制效果(Elliott 和 David,1992;Garcia Bonito 等人,1997;Rafaely 和 Elliott,1999),此时反馈回路设计为最小化远处的误差拾音器的输出,这主要用于设计控制器,但在运行中就移除掉了。图 6.15 和图 6.16 为这种系统的框图,且合适的控制器的设计一直从 6.4 节的末尾延续到现在。设计这类系统时存在一个矛盾,将拾音器靠近收听者的耳朵时,因为安静区域位于右边的中心,图 6.16 中远处系统 $G_e(z)$ 的延时就会相当大;若将拾音器靠近次级扩音器,此时因为远处系统的延时降低,控制性能得以提升,但安静区域将限制收听者耳朵的声音性能。控制器的设计和声性能之间的相互作用,在收听者头部活动,系统响应变化时会更加复杂,但仅在收听者的耳朵处需要好的衰减。Rafaely 等人(1997,1999)对这方面的内容进行了广泛且深入的研究。

综上,实际主动降噪耳机的设计并不会像前面所讨论的那么简单。尤其应当注意反馈控制回路和声场的特性所施加的基本性能限制间的相互作用。这个相互作用严格与主动降噪耳机的物理配置有关,扩音器和拾音器关于头部的位置,干扰频谱和控制系统的目标设定等。最后,应该重申如图 6.37 所示的性能是在控制拾音器处测量得到的,而且不能作为实际主动降噪耳机可获得的衰减。对上面所列因素的性能敏感度表明设计一种通用的主动降噪耳机或许不怎么切合实际,而为特定的应用独立设计更加可取。

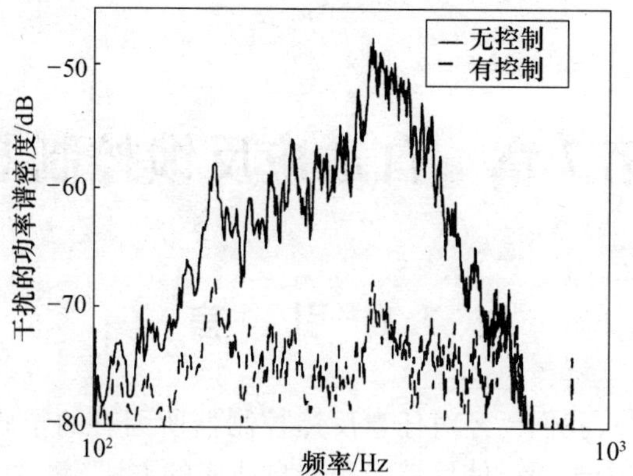


图 6.37　用于实验的靠枕中的反馈控制器作用后,在拾音器(实线)处测量得到的干扰的功率谱密度,以及控制后的残余误差(虚线)。因为声音安静区域的限制,收听者的耳朵所感受到的衰减会稍微小于拾音器处测得的衰减

# 第 7 章　自适应反馈控制器

## 7.1　引　言

在前面的章节,我们已经对任意反馈控制器所固有的矛盾和性能限制进行了讨论;本章将集中于探讨使反馈控制器自适应的方法,并试图在变化的环境中保持好的性能。然而,我们已经看到即使控制器不是自适应的,相比前馈系统,确定反馈系统的最优控制器也会更加困难;主要是因为系统对于所有的实际响应必须保持稳定而所需的条件,即反馈系统必须鲁棒稳定。完全自适应控制器的一个目标为,通过补偿系统响应中的任何变化使反馈系统在此响应的更大范围内保持稳定。从而,一个重要问题是,基于自适应算法的完全自适应控制器可以在任意变化后重新辨识系统响应,是否可以不再需要鲁棒稳定这一要求。虽然这个问题的答案与特定的应用有关,但我们将发现在主动控制中,即使反馈控制器是自适应的,仍然需要某种程度的鲁棒性。

在众多的主动控制应用中,系统响应的变化可以发生在比典型的控制器自适应调整短的时间尺度内,而这将严格限制系统对这些变化跟踪的能力。这种变化的一个例子是主动噪声控制系统中车辆内部乘客活动导致的变化。为对这种变化进行精确跟踪,被引入到系统中的辨识噪声会非常大,以至于为降低原始噪声干扰而实施的任何主动控制都将完全失效,具体细节可见 3.6 节。从而,一般情况,自适应反馈控制器必须鲁棒稳定;而用于确保满足此条件的方法将在接下来的两节讨论,并且此条件与反馈控制器使用的内模控制结构有很大的关系。

### 7.1.1　章节概要

在本节简要阐述需要自适应的原因后,7.2 节将对反馈系统使用时域 LMS 算法自适应调整内模控制结构中的控制滤波器。物理系统和内部系统模型响应间的差值可以看作是存在于自适应控制滤波器周围的一个残余的反馈回路,其不仅参与滤波器的收敛甚至可以在一定条件下使其变得不稳定。7.3 节将介绍一些频域自适应调整滤波器以避免不稳定的方法。最有效的方法是首先在频域间接自适应调整控制滤波器,接着在线设计一个有效的 IIR 滤波器用以在时域实现完全反馈控制器。这种方法相比信号处理领域中广泛使用的逐点采样自适应和传统的自适应控制策略即迭代控制器重新设计方法更加类似,这是因为,最重要的需求是在所有时刻确保闭合回路的稳定性。

对伺服系统中前馈和反馈的复合控制进行简要介绍后,7.4 节接着考虑在主动系统中使用这种复合系统,这样就可以综合利用两种系统的优点。模拟反馈控制器对系统的影响使得整个系统更加容易进行数字控制,这是因为锐共振可以增加系统阻尼使得暂态响应更为短暂。这部分内容将在 7.5 节讨论,包括内部的模拟反馈回路和外部的数字反馈回路。模拟控制器可以降低干扰中的静止宽带成分,而数字控制器可以自适应跟踪非静止的窄带成分。在对耳机需要主动控制的原因和固定模拟反馈系统的性能进行一般性的描述后,7.6 节的末尾讨论了复合模拟和数字反馈控制器在主动降噪耳机中的应用。

### 7.1.2　反馈回路和自适应回路

应对系统的不确定度时我们已经分析过自适应前馈系统的稳定性,而且看到在此应用中的大多数自适应算法都需要一个系统的内部模型。这个讨论集中于自适应算法的稳定性,即使自适应算法是稳定的,反馈回路也可能变得不稳定。若使反馈系统缓慢自适应,则有两种不同的不稳定产生机制:与反馈控制器一起的"内部回路";包括将信息从误差信号反馈用于更新控制器的自适应控制算法的"外部回路",正如图 7.1 所阐述的。这两个回路之间的交互使得对自适应反馈系统的分析变得非常复杂。即使反馈控制器缓慢自适应,也很难知道使反馈回路不稳定的条件。在本章,我们不会花力气正式证明在此条件下的稳定性。我们仅讨论一些对主动控制问题非常适用的自适应反馈控制器的结构,以及尝试用直观的方式解释它们的特性。

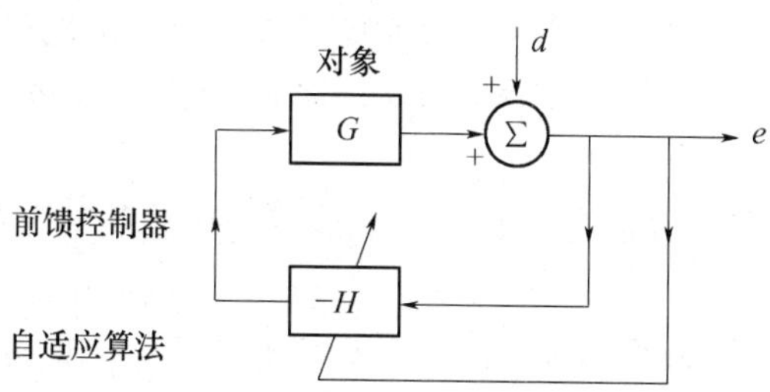


图 7.1　抑制干扰的自适应反馈控制器的框图,包括为反馈控制器服务的内部反馈回路和为自适应算法服务的外部反馈回路

在过去的 50 多年,反馈系统的自适应或自适应控制得到了非常广泛的研究(Astrom,1987;Astrom 和 Wittenmark,1995);20 世纪 60 年代将其应用于飞机控

制时有一些惨痛的教训，但这主要归因于缺乏对所使用算法的理论理解。引用Astrom(1987)的话“早期的自适应飞行控制……充满了热忱，但硬件很差而且没有理论指导”。然而从那时开始，不论是理论还是实践对自适应控制的理解都有了巨大进步。自适应控制领域中大多数例子都是关于伺服系统的，对于此类系统，系统响应的变化是需要自适应控制器的主要原因。因此，在控制领域中“自适应控制”通常是指调整控制器以对系统的变作做出反应。这既可在没有明确的系统模型时“直接”实现，也可通过先对系统模型进行辨识，接着使用得到的模型计算新的控制器“间接”实现。

### 7.1.3 非平稳干扰的自适应

主动控制中对干扰对消的重视意味着，即使系统响应不发生变化，反馈控制器也需要具有自适应性。这是因为最优控制器的响应与干扰的谱性质有关，正如其与系统响应有关一样。若干扰是单频的，使用一个在此单频频率上具有高增益而在其他频率上具有低增益的反馈控制器可以获得非常好的控制效果。若单频干扰的频率是变化的，则此控制器将不具备任何控制效果，而且必须再次移动其频率响应中的峰以保证好的干扰抑制效果。从而这种形式的自适应反馈控制器不能适应系统的变化，却可以在干扰变化时保持性能。

通常很难按图7.1所示的方式自适应调整反馈控制器的参数，而且当控制器由模拟部件实现时会更加困难。所以，本章我们仅讨论单通道(SISO)时的情况。我们已经在6.4节掌握如何使用内模控制(IMC)和精确的系统模型将反馈控制问题变换为等价的前馈控制结构。若以FIR滤波器的形式实现IMC控制器中的控制滤波器，则均方差将是这种滤波器系数的二次函数，同时可以使用第3章介绍的简单梯度下降法自适应调整。从而这种数字自适应反馈控制器的一种最简单形式如图7.2所示，其中仅控制滤波器是自适应的，以最小化均方输出误差。Walach、Widrow(1983)和Widrow(1986)首先提出了使用这种反馈控制器结构的自适应技术。

一种方便且简单的自适应调整控制滤波器的算法是第3章讨论的filtered - reference LMS算法。在接下来的两节分别将这种算法应用于反馈控制器的时域和频域形式。但是，因为受系统响应和系统模型响应不同的影响，它们的性质与第3章完全前馈控制器中使用时的性质并不完全相同。正如我们将看到的，这种不同的影响将在自适应滤波器周围引入一定量的残余反馈，使得滤波器的收敛变得复杂。系统响应的变化通常会增大系统响应和系统模型响应间的不同。假设反馈回路和自适应算法对这些变化保持稳定(系统变化在某种程度上较小，同时对自适应算法做合适的改进时可以认为是成立的)，则简单的自适应算

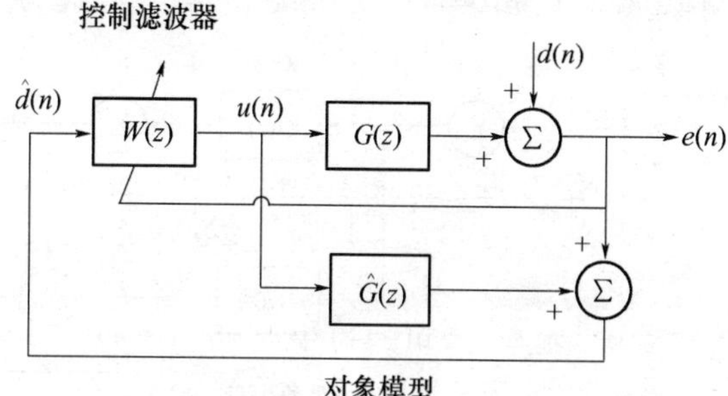


图7.2　使用内模控制(IMC)结构及自适应最小化外部误差的控制滤波器抑制非静止干扰的自适应反馈控制器的最简单形式

法不仅会补偿干扰性质的变化,而且会在某种程度上补偿系统响应的变化。

### 7.1.4　系统响应变化的自适应

若系统响应中的变化太大,以致如图7.2所示的简单系统不能稳定,则可以使用如图7.3所示的更复杂的自适应反馈控制器。在此设计中,跟前面的讨论一样,自适应调整控制滤波器最小化输出误差$e(n)$;自适应调整系统模型最小化建模误差,其在此例中等于估计干扰$\hat{d}(n)$。Datta 和 Ochoa(1996,1998)和Datta(1998)对这种完全自适应 IMC 方法进行了讨论。

由于我们关注干扰对消,同时对于干扰又没有独立的估计,则在图7.3中表示为$v(n)$的辨识噪声,必定会因为辨识而被引入到系统中。假设辨识噪声与干扰无关且持续激励。若将控制回路用于伺服控制,且控制信号的带宽足够,则控制信号可以用于辨识,具体应用实例可见 Widrow 和 Walach(1996)。然而,正如Gustavsson 等人(1977)所讨论的,由于反馈回路的存在,系统模型的自适应会变得非常复杂。这可以通过在此例中计算建模误差的一个表达式说明。

假设控制滤波器和系统模型是固定的,则使用图7.3,建模误差的$z$变换可以表示为

$$\hat{D}(z) = D(z) + [G(z) - \hat{G}(z)][V(z) + U(z)] \tag{7.1.1}$$

式中:$U(z)$为控制滤波器的输出,可以表示为

$$U(z) = W(z)\hat{D}(z) \tag{7.1.2}$$

将式(7.1.2)代入式(7.1.1),可以得到

$$\hat{D}(z) = \frac{1}{1-[G(z)-\hat{G}(z)]W(z)}D(z) + \frac{G(z)-\hat{G}(z)}{1-[G(z)-\hat{G}(z)]W(z)}V(z) \tag{7.1.3}$$

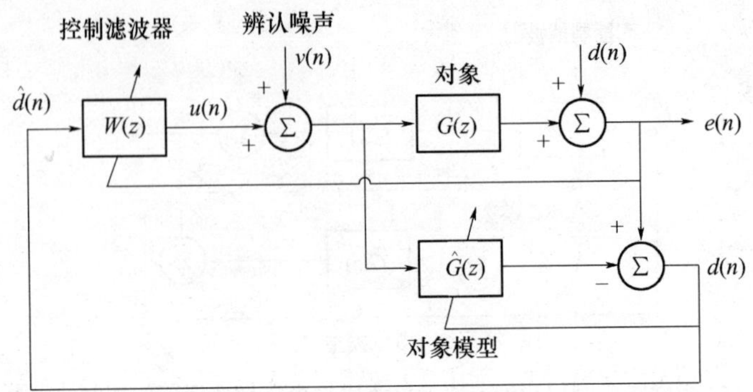


图 7.3 使用 IMC 结构的自适应反馈控制器的完整形式，其中控制滤波器自适应最小化输出误差，系统模型自适应最小化建模误差。注意使用这种设计方案，不能保证系统模型$\hat{G}(z)$收敛到真实的系统 $G(z)$

此时非常清楚，$\hat{D}(z)$不是$\hat{G}(z)$的线性函数，而且自适应调整 FIR 系统模型最小化其均方值时会产生问题，尤其当$\hat{G}(z)$在开始阶段就跟 $G(z)$不相似时会更加严重。然而，即使自适应过程是稳定的，系统模型$\hat{G}(z)$通常也不会收敛到 $G(z)$，部分是因为现在$\hat{G}(z)$的函数对干扰进行了滤波，正如 Widrow 和 Walach (1996)所讨论的。因此辨识所得的系统模型将是片面的，因为自适应算法能够最小化式(7.1.3)中干扰贡献的均方值，以及最小化辨识噪声的贡献。正如在第 3 章所讨论的，这些问题并不会出现在纯前馈系统的辨识中，因为在前馈系统中参考信号是由外部提供的，而不是来自误差，如干扰估计。因此，当辨识一个前馈信号时，递归项 $1/(1-[G(z)-\hat{G}(z)]W(z))$不会出现在式(7.1.3)中，而且第 3 章中的建模误差与 FIR 系统模型$\hat{G}(z)$的系数呈线性比例关系。

### 7.1.5 闭环辨识系统响应

当反馈回路包含一个固定控制器闭合回路时，一种无偏辨识系统的方法是 Gustavsson 等人(1977)提出的联合输入输出方法。根据此方法，首先估计系统测量输出对辨识噪声输入的响应，根据图 7.3 和固定的$\hat{G}(z)$有

$$F_1(z)=\frac{E(z)}{V(z)}=\frac{G(z)}{1-[G(z)-\hat{G}(z)]W(z)} \tag{7.1.4}$$

因为，已经假设辨识噪声与干扰无关，则干扰信号不会偏置 $F_1(z)$的估计；即使辨识噪声与干扰相比较低，也需要大量的平均运算以得到小的随机误差估

计。迭代调整 $F_1$ 并将 $F_1$ 复制进$\hat{G}$是 Widrow 和 Walach(1996)所建议的一种实践辨识方法,却不清楚是否能够在处理过程一直保持算法的收敛性。

接着估计系统输入信号对辨识噪声输入的响应,根据图7.3有

$$F_2(z) = \frac{U(z)}{V(z)} = \frac{1}{1 - [G(z) - \hat{G}(z)]W(z)} \tag{7.1.5}$$

从而真实的系统响应为

$$\frac{F_1(z)}{F_2(z)} = G(z) \tag{7.1.6}$$

Rafaely 和 Elliot(1996a)使用不同的自适应滤波器分别执行这些辨识过程中的每一步。

当在同一时刻自适应调整控制滤波器和系统模型时,正如在3.6节所讨论的,对这两个滤波器的相对时间尺度的最好选择与特定的应用有很大的关系。若系统响应迅速变化,则系统模型自适应的时间尺度也非常快,以保证自适应调整控制滤波器的算法不会变得不稳定。假设系统模型是精确的,则可以保证使用IMC实现的反馈系统的稳定性。所以,若系统辨识运行得非常快速,则反馈回路和控制滤波器的自适应调整都将会是稳定的。然而,不幸的是,这种快速的辨识需要高能级的辨识噪声,并会输入到次级作动器,从而增加误差传感器处信号的均方值,而不管反馈信号可以对干扰作出的任何抑制。

在一些主动控制应用中,系统响应中的显著变化仅发生在典型控制器自适应的实际时间尺度比所需的时间长的情况下。正如3.6节所讨论的,可以借助辨识算法使用非常低能级的辨识噪声跟踪系统的这些缓慢变化,从而得到优异的长期性能。在其他的一些应用中,系统中的变化会非常迅速却不大,此时通过使控制滤波器对这些变化鲁棒可以在一些程度上保持性能,这也正是下面将讨论的。对一个响应变化迅速且剧烈的系统而言,设计一个可靠的自适应主动控制系统仍然十分困难。

## 7.2　时域自适应

我们已经在第3章看到,对系统进行同步辨识、控制的前馈控制系统的动态特性非常复杂,而且在反馈控制系统中这些动态特性会通过反馈回路而变得更加复杂。因此,对系统的辨识和对控制滤波器的调整,两个自适应过程的混合特性及与反馈回路的结合使得使用任何普通方法都很难建模。本节所采用的方法,假设系统模型定常,仅考虑自适应调整IMC系统中控制滤波器的 filtered -

reference LMS 算法的特性。

实践中，前面所讨论的系统辨识的自适应过程，以及此处所讨论的控制滤波器的自适应调整可以一直相继执行。若可以证明这些过程中的每一步都是独立稳定且可以收敛到最优结果，则整个系统即使不如同步自适应系统快速，也会运行得非常可靠。

### 7.2.1 系统建模误差对自适应控制滤波器的影响

现在考虑如图 7.2 所示的 FIR 控制滤波器 $W(z)$ 的自适应。假设控制滤波器响应发生变化的时间尺度相比系统的动态变化要长，则其变化是准静态的。从图 7.2 我们可以看出，估计干扰信号可以表示为

$$\hat{D}(z) = D(z) + [G(z) - \hat{G}(z)]U(z) \tag{7.2.1}$$

式中：$U(z)$ 为控制滤波器 $W(z)$ 的输出，误差信号可以表示为

$$E(z) = D(z) + G(z)W(z)\hat{D}(z) \tag{7.2.2}$$

从而如图 7.2 所示的内模控制方案可以重新设计为如图 7.4 所示的结构。若控制滤波器完全静态，则可以从此方块图推导得到误差信号对干扰的比值（等于误差函数），即

$$S(z) = \frac{E(z)}{D(z)} = 1 + \frac{G(z)W(z)}{1 - [G(z) - \hat{G}(z)]W(z)} \tag{7.2.3}$$

从而

$$S(z) = \frac{\hat{G}(z)W(z)}{1 - [G(z) - \hat{G}(z)]W(z)} \tag{7.2.4}$$

正如从式(6.4.2)表示的普通 IMC 方案所得到的。

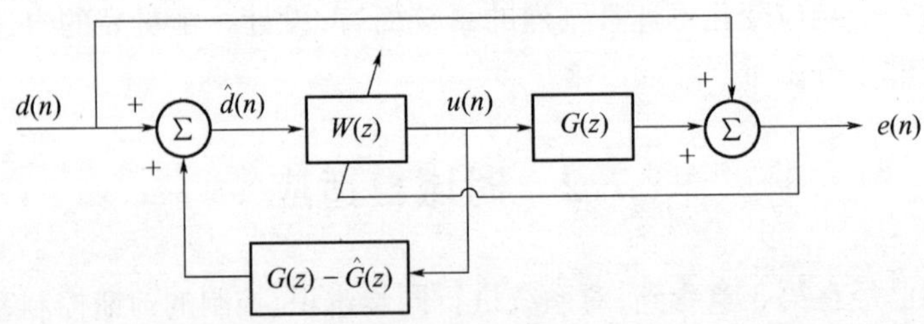


图 7.4 另一种具有如图 7.2 所示的自适应控制滤波器的 IMC 系统的框图

如图 7.4 所示的控制器方块图强调，控制滤波器的自适应可以看作是在一个前馈的设计中进行，虽然由于不精确系统模型的影响控制滤波器的周围会存

在某种量级的残余反馈，而这与 3.3 节的图 3.11 中的前馈系统使用不精确的反馈对消滤波器所产生的现象完全一样。显然，若系统模型是精确的，即$\hat{G}(z) = G(z)$，则系统属于完全前馈。系统将会在 FIR 控制滤波器系数的所有可能值下保持稳定，而且均方误差信号关于控制滤波器系数的误差表面将是完全二次的。我们现在可以想象，当系统模型的响应不精确等于系统的响应时，此误差表面会发生什么。控制滤波器周围的"回路增益"可以表示为

$$L(z) = [G(z) - \hat{G}(z)]W(z) \tag{7.2.5}$$

从而误差信号的频谱等于

$$E(e^{j\omega T}) = \frac{1 + \hat{G}(e^{j\omega T})W(e^{j\omega T})}{1 + L(e^{j\omega T})}D(e^{j\omega T}) \tag{7.2.6}$$

假设回路增益对于所有频率均远小于 1，则控制滤波器周围的反馈通道将对误差几乎无任何影响，从而对控制滤波器的收敛也几乎没有任何影响。然而，系统模型非常精确，但是由于其响应不精确等于实际系统的响应，若控制滤波器具有非常大的系数，则回路增益仍然在 1 的附近，此时就有可能不稳定。从而给定滤波器系数不是非常大时，误差表面受建模误差的影响就会相对较小；但当滤波器系数非常大时，误差表面将处于极端的边界位置，即不再是二次的。当滤波器系数增大至使系统变得不稳定时，均方误差将突然变为无穷。当系统和系统模型间的差异变大时，误差表面的这个不稳定区域将向原点靠拢，向最优滤波器系数对应的最优位置移动。

应该重视误差表面上的这个不稳定区域，假设调整控制滤波器的算法总可以收敛到误差表面的最小值，则此不稳定区域不足为虑。然而，不幸的是，当 filtered - reference LMS 算法使用随机数据时，系数沿误差表面的轨迹将受噪声的影响，而且由于系统建模误差的存在，收敛后的滤波器系数的均值将不精确等于最优值。我们已经在第 3 章看到，当系统模型的响应与真实系统的响应之间出现足够多的不同时，filtered - reference 算法甚至会变得不稳定。从而，当使用 filtered - reference LMS 算法调整控制滤波器时，必须确保滤波器的响应不大于为达到合理的控制所需的响应，反之其将进入误差表面的不稳定区域。这种要求类似于式(6.4.6)所表示的 IMC 系统鲁棒稳定所需要的条件。一种简单的防止使用 filtered - reference LMS 算法调整控制滤波器系数而使系数变得过大的方法是使用泄露项，即

$$\boldsymbol{w}(n+1) = \gamma\boldsymbol{w}(n) - \alpha\hat{\boldsymbol{r}}(n)\boldsymbol{e}(n) \tag{7.2.7}$$

式中：$\boldsymbol{w}(n)$为控制滤波器的系数向量，$\gamma$ 等于 1 减去一个小的泄漏项，$\alpha$ 为收敛

系数，$\hat{\boldsymbol{r}}$为实践中所使用的 filtered reference 信号向量，在此例中其通过系统响应的估计对干扰信号的估计滤波得到。

### 7.2.2 不精确系统模型对应的误差表面

Filtered reference 信号由系统响应的模型产生而不是由系统响应本身产生，这也意味着式(7.2.7)所使用的平均梯度估计不等于真实的平均梯度。因此，即使在前面所讨论的情况下真实的梯度下降算法是稳定的，filtered - reference 算法也有可能不稳定。然而，实践中发现，一般在自适应算法本身变得不稳定之前，系统模型中的误差就已经使得反馈控制器变得不稳定，因为自适应控制滤波器已经处于误差表面的不稳定区域。这种特性如图 7.5 所示，为 Rafaely 和 Elliot(1996b)在一系列仿真后得到的误差表面。此时系统模型是在标准环境中测得的主动降噪耳机的模型，正如 7.6 节将要讨论的，在不同的条件下对主动降噪耳机的系统响应进行测量，此时耳机与耳朵紧密接触，同时系统包括对额外延时所进行的大量采样。干扰为每个周期具有 20 个采样的纯单频信号，同时控制滤波器仅有两个系数，因此可以比较容易地将实误差表面绘制出来。图 7.5(a)，为此问题的误差表面，以及系统模型精确时 filtered - reference LMS 算法的收敛情况。可见误差表面是二次的，而且 LMS 算法可以收敛到全局最优。

若系统响应等于耳机对耳朵的推力，则新的误差表面和自适应算法的特性如图 7.5(b)所示。若控制滤波器的系数位于误差表面上用点标记的区域中，则反馈系统是不稳定的。此时系统的相位响应和系统模型的相位响应在干扰频率上相差 20°，而且这不会导致 LMS 算法的不稳定，但会使其收敛到一个次最优解。

若给系统响应增加两个采样的延时，则干扰频率所对应的系统和系统模型间的相位误差会增大到 56°，同时误差表面的稳定区域如图 7.5(c)所示将显著减小。此时，在稳定区域内，误差表面相对比较平坦，从而稳定到不稳定区域的过渡会非常突兀。最优滤波器系数也会非常接近这个边界；因此 LMS 算法会促使滤波器系数朝最优值前进，而自适应过程中的噪声将推动其越过稳定边界，使自适应算法变得不稳定。

如图 7.5(d)所示，系统模型中总共有 6 个采样延时，干扰频率所对应的相位误差超过 90°。此时误差表面相当浅，大约在稳定区域的 $w_0 = -0.3$ 和 $w_1 = 0$ 处，有一个最小值。然而，由于系统模型中的大的相移，LMS 算法不稳定，使得反馈控制器处于误差表面的不稳定区域。

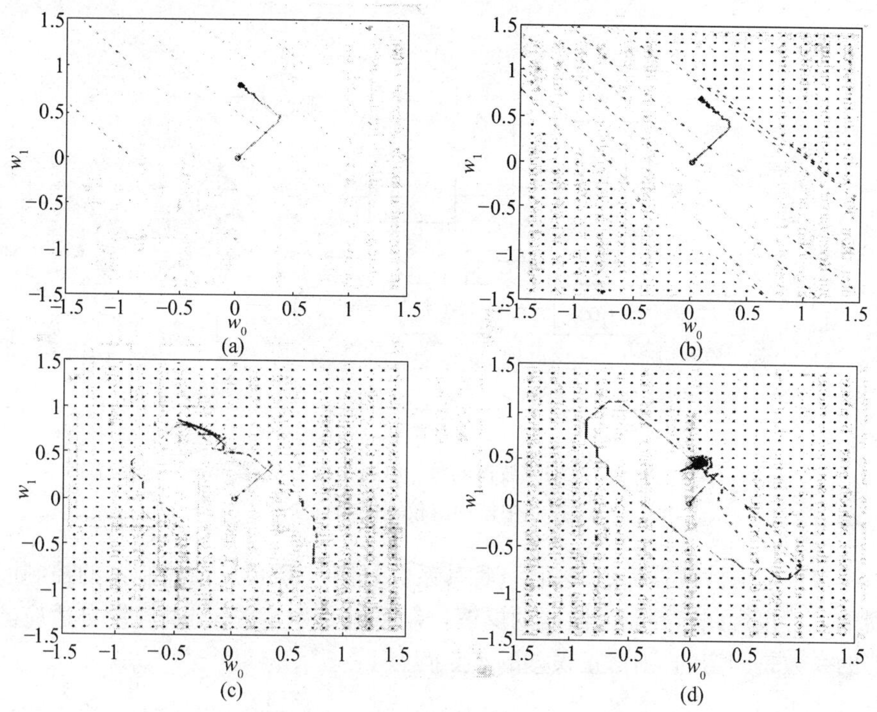


图7.5　具有固定系统模型和变化的系统响应的IMC控制反馈系统中的自适应FIR控制滤波器的误差表面。虚线为常均方差轮廓的虚线,点区域表示误差表面中对应一个不稳定的系统的部分区域,实线为filtered－reference LMS算法以圆表示的系数值初始化时的收敛路径。

(a)系统响应等于模型;(b)系统响应变化至较紧的耳机合适度;(c)系统延时增加2个采样;(d)系统延时增加6个采样。

### 7.2.3　修正误差方案

虽然系统模型非常精确,filtered－reference LMS算法也确实收敛,但使用如图7.2所示的方案则可能收敛得不够迅速,因为系统存在延时。如图7.6所示的方案首次尝试解决此收敛速度问题(Widrow和Walach,1996;Auspitzer等,1995;Bouchard和Paillard,1998);此时,控制滤波器使用3.4节介绍的"修正误差"算法,在反馈回路的外部实现自适应调整。若不将自适应滤波器的系数$W(z)$复制进IMC控制器中的控制滤波器中,则可以保证$W(z)$自适应的稳定性;因为,此时自适应滤波器的输出和修正误差$e_m(n)$之间没有动态变化;其中,修正误差可以与标准LMS算法或更快的算法一起用于更新滤波器(Auspitzer等人,1995)。从而在此方案中,自适应滤波器的收敛速度将不再受系统动态特性的限制。

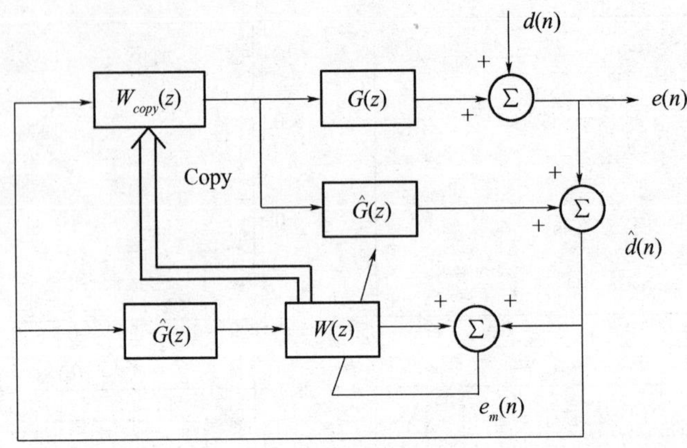


图 7.6　IMC 方案中控制滤波器的另一种自适应方法,类似于自适应前馈控制中使用的校正误差方法

在自适应滤波器完成收敛后,将其系数复制进 IMC 反馈控制器的控制滤波器中。若包含此新控制滤波器的反馈控制系统是稳定的,同时假设自适应滤波器的系数是固定的,则修正误差的 $z$ 变换为

$$E_m(z) = [1 + \hat{G}(z)W(z)]\hat{D}(z) \tag{7.2.8}$$

其中

$$\hat{D}(z) = \frac{D(z)}{1 - [G(z) - \hat{G}(z)]W_{copy}(z)} \tag{7.2.9}$$

若 $W_{copy}(z) = W(z)$,则修正误差等于

$$E_m(z) = \frac{1 + \hat{G}(z)W(z)}{1 - [G(z) - \hat{G}(z)]W_{copy}(z)}D(z) \tag{7.2.10}$$

其与从式(7.2.4)获得的输出误差具有完全相同的表达式。因此,在稳态条件下,修正误差等于输出误差,显然任意最小化修正误差的算法也将最小化输出误差。

若 $W_{copy}(z) = W(z)$,则修正误差等于输出误差;若通过每次采样时均复制系数来施加此条件,则被自适应算法"看到"的误差表面将简化为前面章节所描述的形式,也将具有由于系数进入不稳定区域而不稳定的危险。另外,若允许在复制之前自适应滤波器得到充分收敛,则可以保证收敛是稳定的;但是,修正误差将不再等于收敛后的输出误差。所以,有一种迭代自适应方案,允许自适应滤波器收敛,系数被复制进控制滤波器,接着其继续收敛。然而,当控制滤波器的新系数被交叉复制时，其不能保证反馈回路的稳定性。若对控制滤波器响应的幅值进行限制使其不致过大，即对于任意频率式(7.2.5)中的“回路增益”$L(e^{j\omega T})$的幅值均不过分接近于1，则可降低不稳定的概率。这与下面将讨论的为了鲁棒稳定而施加在控制器上的条件非常类似。若假设迭代过程是稳定和无偏的，则$W(z)$和$W_{copy}(z)$之间的不同将衰减为零，而且每次最小化修正误差的迭代运算都会使其越来越接近输出误差，如式(7.2.10)所表示的。

Datta 和 Ochoa(1998)提出的另一种方法在应对系统响应产生缓慢但显著的变化时会非常有效。他们假设当前系统模型是正确的，并设计一种周期性重新辨识其内部系统模型的 IMC 控制器，接着为伺服控制系统设计最小化均方跟踪误差的控制器。这种假设系统模型精确表示真实系统，并接着设计最优控制器的方法，是控制领域中所谓的确定性等价原则的一个例子(Astrom 和 Wittenmark，1995)。

## 7.3　频域自适应

我们已经在第 3 章和第 4 章看到，使用频域方法实现自适应前馈控制器具有许多优点。当控制滤波器具有很多系数时，频域自适应相比时域自适应的计算会更加有效；而且，对于时域 LMS 算法中的诸如缓慢收敛问题，可以通过使每个频率窗口中都具有相互独立的系数而解决，假设对于使用的内部和外部因果约束将收敛系数分解成谱因子，则收敛是无偏的。

本节，我们将简单考虑单通道反馈控制器频域自适应所需的控制器结构。正如在前馈控制器中所具有的有利条件，频域自适应同样允许对控制滤波器的自适应施加某些重要的约束。或许最重要的一个即为鲁棒稳定性约束，其也正如我们在第 6 章看到的，可以非常自然地表示为频域中的不等式，而且这个不等式对于使用 IMC 实现的反馈控制器具有相当简单的形式。

我们已经在第 6 章看到，控制器中的任何延时对反馈控制系统性能的影响都要比对前馈控制系统的影响更加显著。所以，我们将继续使用第 3 章所介绍的结构，此时直接在时域实现控制滤波器，却是在频域实现自适应算法。同样地，我们仅讨论控制滤波器的自适应；同时，事实上系统响应在特定的限制内缓慢变化，但仍然假设系统模型是固定的。

### 7.3.1　控制滤波器的直接自适应

图 7.7 为单通道数字 IMC 反馈控制器的方块图，其中，在时域实现系数为 $w_i$ 的 FIR 控制滤波器，却是在频域实现自适应所使用的 filtered – reference LMS

算法。在如图7.7所示的前馈情形中,通过直接对估计互谱密度 $R^*(k)E(k)$ 做傅里叶反变换更新时域FIR控制器的系数。在如图3.19所示的反馈情形中我们发现,保持已经实现的控制滤波器的频域表示非常重要。为此,可以在频域中使用$\{\ \}_+$符号表示运算提取更新量的因果部分,包括快速傅里叶反变换,窗口化冲击响应和另一个快速傅里叶变换,以及在频域更新控制滤波器 $W(k)$。接着,如图7.7所示,通过对 $W(k)$ 进行快速傅里叶反变换得到时域控制器。保持控制滤波器频域表示的一个稍微更加有效的方法是直接更新时域控制滤波器,正如对图3.19所示的前馈控制器所做的处理,其需要一个单一的快速傅里叶反变换,接着在每次迭代时对时域控制滤波器的冲击响应进行快速傅里叶变换。

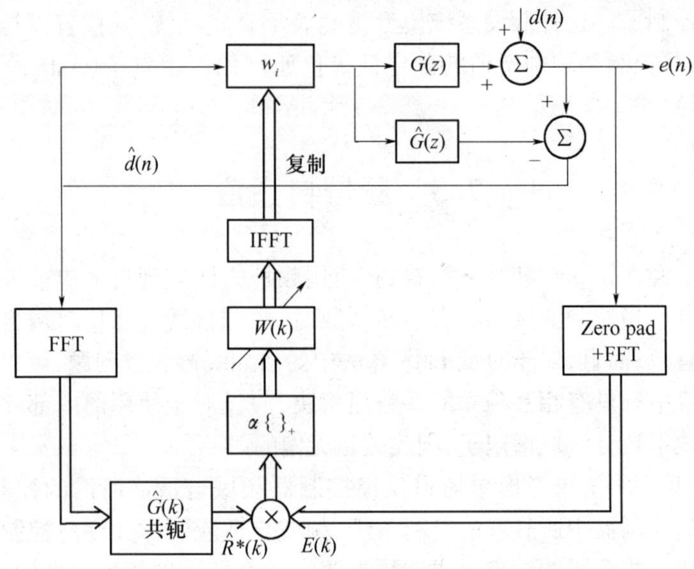


图7.7 使用IMC实现的反馈控制系统的框图,使用频域方法自适应调整反馈回路中的时域控制滤波器 $w_i$ 最小化输出误差

在图7.7中,使用频域 filtered – reference LMS 算法调整控制滤波器以最小化误差的均方值。直接根据前馈情形中的更新方程,可以得到

$$W_{\text{new}}(k) = W_{\text{old}}(k) - \alpha\{\hat{R}^*(k)E(k)\}_+ \tag{7.3.1}$$

和

$$w_{i.\,\text{new}}(k) = \text{IFFT}[W_{\text{new}}(k)] \tag{7.3.2}$$

式中:$\hat{R}^*(k)$ 为实际 filtered – reference 信号快速傅里叶变换的共轭,此时等于经频域形式的系统模型滤波的干扰信号的估计,即

$$\hat{R}(k) = \hat{G}(k)\hat{D}(k) \tag{7.3.3}$$

在此,已经假设系统模型的离散频率响应$\hat{G}(k)$为系统的精确模型,从而在频率离散中不会丢失系统响应中的任何共振。这可以通过使 FFT 的块尺寸大于表示系统脉冲响应的重要部分所需的采样数的两倍得到保证。同时正如第3章所讨论的,必须注意避免圆周积分的影响。

IMC 方案中,$G(z)$和$\hat{G}(z)$间的不同导致的残余反馈通道对自适应算法的影响将与7.2节叙述的对时域算法的影响类似。假设残余回路增益[式(7.2.5)],在每个离散频率 $k$ 上都远小于1,则自适应将不受残余反馈的影响,即

$$|G(k) - \hat{G}(k)||W(k)| \ll 1 \tag{7.3.4}$$

使用这种频域表示时,已经假设控制器的自适应比系统的暂态响应慢。若我们假设系统模型等于标准条件下的系统响应 $G_0$,以及假设系统响应本身有一定的不确定度 $\Delta_G$,则在每个离散频率处有

$$\hat{G}(k) = G_0(k) \text{ 和 } G(k) = G_0(k)[1 + \Delta_G(k)] \tag{7.3.5,6}$$

从而

$$|G(k) - \hat{G}(k)| = |G_0(k)||\Delta_G(k)| \tag{7.3.7}$$

同时,假设乘子不确定度跟在第6章一样有界,则

$$|\Delta_G(k)| \leqslant B(k), \text{ 对于所有 } k \tag{7.3.8}$$

则自适应不受系统不确定度影响的条件[式(7.3.4)],可以写为

$$|G_0(k)W(k)B(k)| \leqslant 1, \text{ 对于所有 } k \tag{7.3.9}$$

除了$|G_0WB|$需要远小于1而不是小于1,此条件与固定反馈控制器中的鲁棒稳定性条件完全一样。从而,直接自适应反馈控制器可靠收敛所需的条件要比固定反馈控制器鲁棒稳定所需的条件更为严格。换句话说,保证直接自适应反馈控制器收敛要比保证固定反馈控制器稳定需要更小的系统不确定度。

### 7.3.2 控制滤波器的间接自适应

为避免在自适应回路中出现与残余反馈有关的问题,使用如图7.6所示时域自适应中修正误差的频域形式,可实现控制滤波器的间接自适应。图7.8为其频域方块图。此时,为实现修正误差算法仅需对信号$\hat{d}(n)$进行傅里叶变换。此时控制滤波器的自适应具有与电子对消时所采用的完全相同的形式,所以可以迅速调整滤波器系数,而不用担心系统动态可能导致的自适应不稳定。在自适应过程中,需要控制滤波器使其满足因果性,但是在滤波器收敛完成后,仅将

系数的傅里叶变换复制进时域的反馈控制器中。

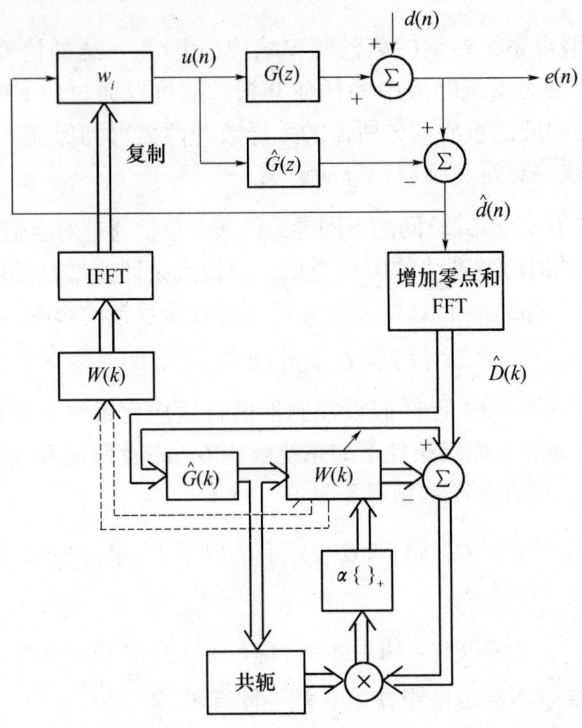


图 7.8　在 IMC 方案中使用校正误差方法间接频域自适应调整控制滤波器的框图

虽然现在可以保证自适应的稳定,但是一旦时域控制滤波器完成更新,仍将面临反馈回路的不稳定问题。我们将假设时域控制滤波器更新不频繁,鉴于此则可认为反馈控制器是时不变的,从而方便分析闭环系统的稳定性。此时,即使系统响应随时间变化,前面所得到的固定控制器的鲁棒稳定条件也可以用于保证反馈回路的稳定。

### 7.3.3　控制滤波器的约束

若我们再次假设系统模型(我们已经在 IMC 控制器中使用过,以及 LMS 算法中生成 filtered reference 信号时也有使用)等于标称系统响应,即$\hat{G}(k)=G_0(k)$,则鲁棒稳定性条件可以表示为每个频率窗口中对控制滤波器响应幅值的约束,形式为

$$|W(k)| < |W(k)|_{\max} \tag{7.3.10}$$

其中,我们可以使用式(6.10.5)计算$|W(k)|_{\max}$,如

$$|W(k)|_{\max} = [\,|\hat{G}(k)|B(k)]^{-1} \tag{7.3.11}$$

由于我们在图7.8中的每次迭代中对 $W(k)$ 有表示，从而可以在新的控制滤波器被复制到反馈回路中之前，通过计算式(7.310)对于每个频率窗口是否为真，测试新控制滤波器的鲁棒稳定性。

若在特定的迭代中不能满足鲁棒稳定条件，则可以对控制滤波器施加不同形式的约束。其中一种最简单的方法是，以类似4.3节纯单频控制器中约束控制作用的方式，对于每个频率窗口使更新方程包括一个单独的预定作用加权参数。此时频域更新方程变为

$$W_{\text{new}}(k) = \{[1 - \alpha\beta_{\text{old}}(k)]W_{\text{old}}(k) - \alpha\hat{R}^*(k)E(k)\} \tag{7.3.12}$$

根据 $W_{old}(k)$ 的幅值可计算对应第 $k$ 个频率窗口的作用加权参数 $\beta_{old}(k)$。

在当前控制滤波器响应的幅值 $|W_{new}(k)|$ 上预定新作用加权参数 $\beta_{new}(k)$ 的方法是图7.9所阐述的一种惩罚函数方法。对于每个频率窗口，控制滤波器的最大模与鲁棒稳定性保持一致，使用式(7.3.11)计算得到 $|W(k)|_{\max}$，可以通过此值设定一个大约为 $|W(k)|_{\max}$ 的90%的阈值 $|W(k)|_T$，在此之上控制作用将增加。若 $W(k)$ 的当前值小于此阈值，则频率窗口中的作用加权 $\beta(k)$ 将为零；然而，控制滤波器缓慢自适应时，若 $|W(k)|_{new}$ 上升超过 $|W(k)|_T$，则 $\beta(k)$ 逐渐增加，如图7.9所示。若 $|W(k)|$ 接近 $|W(k)|_{\max}$，则在式(7.3.12)中的 $\beta(k)$ 将变得非常大，而且会阻止 $|W(k)|$ 的任意增加。

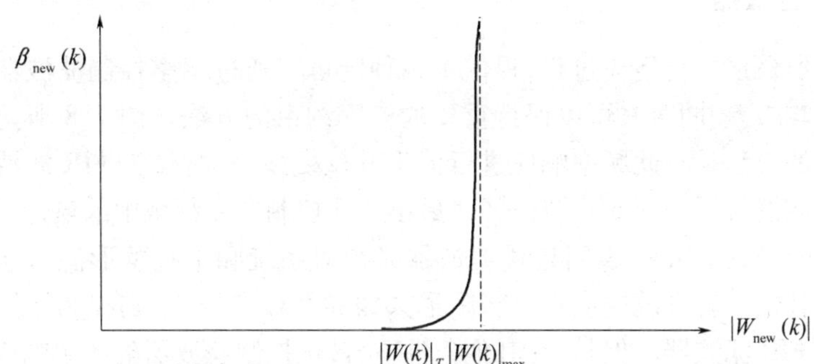


图7.9　为提升反馈控制器的鲁棒稳定性在每个频率窗口对控制滤波器响应的幅值作用的作用加权参数

实际反馈控制器的另一个重要约束是，最小化干扰的一个高能级成分时，不能导致任意其他频率上的干扰的过度放大。然而，我们从伯德敏感度积分可以知道，其中某些放大是不可避免的，尤其对于非最小相系统更是如此，如在6.1节所讨论的；但仍然可期待的是，任意频率带中的放大程度应尽可能大地受到限制。干扰的放大程度等于敏感度函数的模，对于 IMC 系统可以使其写为式

(6.3.4)所表示的简单形式。以离散频率变量表示敏感度函数,则有

$$S(k) = 1 + G(k)W(k) \tag{7.3.13}$$

若我们希望放大的倍数小于 $A$,其中 $A>1$,则施加给控制滤波器的实际约束的形式为

$$|1 + \hat{G}(k)W(k)| < A \tag{7.3.14}$$

其中,系统模型作为控制器可获得的系统响应的最好估计已经被使用。因此,可在每次迭代或每几次迭代时检验式(7.3.14)所给出的控制器自适应条件。若发现对于特定的频率窗口不能满足此条件,则如上面所概述的,可使用单独的作用加权限制放大方法减小此频率窗口中控制器响应的幅值。

同样可以通过约束频域控制滤波器,限制控制作用,防止作动器或功率放大器的过载。这种约束类似4.3节所考虑的情况,但此时必须在整个频谱上对控制作用进行计算。此时控制作用可以写为

$$E[u^2(n)] \approx \sum_{k=0}^{N} |\hat{D}(k)W(k)|^2 \tag{7.3.15}$$

其中,$\hat{D}(k)$为图7.8中干扰信号估计的离散频域形式。若在所有的频率窗口上对控制滤波器的自适应施加单个作用加权因子,则这可以以类似前面所使用的方式对控制作用进行设定以限制控制滤波器的最大值。

### 7.3.4 控制器实现

前面所概述的自适应过程,提供了一种既可以通过调整控制滤波器频率响应最小化均方差,同时又可以保持重要的实际约束的方法。图7.8所建议的实现控制器的方法是对此频率响应进行傅里叶反变换,同时作为FIR滤波器在时域实现控制滤波器。在6.6节已经对最小二乘控制器在频域中的最优形式进行了讨论,而且式(6.6.4)表明最优滤波器必须对系统和干扰整形滤波器的频率响应进行补偿。若系统响应具有轻阻尼共振和全极点结构,则控制滤波器的自然形式为FIR滤波器。但是,在其他条件下,最优控制滤波器的频率响应需要有锐的峰,而且其脉冲响应仅由具有许多系数的FIR滤波器实现。类似地,如图7.8所示在IMC方案中,可将系统模型作为FIR滤波器直接实现,若系统显著共振则滤波器将具有非常多的系数。从而,完整的反馈控制器可使用低阶的IIR滤波器实现(图7.8),但也需要两个具有大量系数的FIR滤波器。

另一种实现完整实时控制器的方法是,将控制滤波器频率响应的调整作为迭代设计过程的一部分。接着,在此设计过程中计算必须具有实时性的完整反馈控制器的离散频率响应。这可以写为

$$H(k) = \frac{-W(k)}{1 + \hat{G}(k)W(k)} \tag{7.3.16}$$

最后,设计一个IIR滤波器对此频率响应作出近似;而且为达到反馈控制,此滤波器需要具备实时性。这是6.10节实现耳机控制器时所使用的方法。此设计过程的重复应用是间接自适应控制的一种形式。在设计过程的最后一步可能会出现许多问题,因为,一般情况下不知道,得到的IIR控制器能够在何种程度上近似式(7.3.16)所给出的频率响应。同时,因为数字控制器硬件的限制,应该预先确定IIR滤波器的结构,即递归和非递归系数的数目,而且不可能保证其在所有情况下都是最优。然而,为了通过与频域中设计的理想控制器比较而找出任何严重的问题,应该在实现之前检验得到的IIR控制器衰减均方差的程度,或许更重要的是完成实际约束的程度。若发现确实存在这种问题,则可以选择在某些方面重新设计IIR滤波器,或者是在此迭代中不对所有的控制器进行调整,而是保持在前面迭代中所设计的响应。

若设计控制器使反馈回路对系统响应中的不确定度具有鲁棒性,则反馈回路也将对控制器响应中的变化具有鲁棒性。从而,对IIR滤波器响应对此鲁棒控制器设计所产生的频率响应的后续适合的期待,并不会特别严格。

这种具有简单的滤波器结构,基于逐点采样最小化严格定义的性能函数的迭代重新设计控制器的思想,已经不再是仅仅用于自适应信号处理领域。在反馈控制中,由于计算效率和保持重要约束的需要,尤其是鲁棒稳定性约束,促使我们使用更加间接的方法实现控制器的自适应。最终形成两个单独的过程:控制器的实时实现,其中每个采样时刻由误差信号$e(n)$计算得到控制信号$u(n)$;以更长的时间间隔调整控制器系数,这既可离线由另一个处理器计算得到,也可作为实现控制器的处理器的后台任务进行而得到。

## 7.4　反馈和前馈的复合控制

我们暂时偏离本章的主题——干扰抑制,对使用固定反馈和自适应前馈方法的伺服系统的一些结构进行简单描述。这些结构大量应用于跟踪期待信号的主动控制系统中,如在声音的复现和运动跟踪中。

### 7.4.1　伺服控制的前馈表示

我们在6.1节已经讨论了反馈伺服控制系统的直接形式,图7.10(a)为这个系统离散表示的框图。此图忽略了干扰信号主要关注伺服动作。误差信号$\varepsilon$

$(n)$驱动控制器,其为控制信号 $c(n)$ 和系统的测量输出 $y(n)$ 的差。从控制信号输入到系统输出的总的传递函数为

$$\frac{Y(z)}{C(z)}=\frac{G(z)H(z)}{1+G(z)H(z)} \tag{7.4.1}$$

若回路增益 $G(z)H(z)$ 可以在不导致其他频率不稳定的情况下,在工作频率范围内调得很大,则系统输出将跟踪控制输入;因为对应式(7.4.1)的频率响应将在工作频率范围内接近于1。在很多应用中,最重要的是对固定或缓慢变化的控制信号产生精确的伺服动作,因此在低频时回路增益必须很大。若系统没有内置的积分器,如一个输入电压输出角位移的直流马达,则精确的稳态控制仅可在具有积分器的控制器中实现,其将在直流处具有无穷大的增益。

我们现在考虑如图7.10(b)所示的使用IMC实现的伺服控制器,为补偿反馈回路中的减法运算,在控制滤波器 $W$ 中引入了一个符号变换,以保证与前面所使用的符号一致。若系统模型是精确的,则在此方案中的反馈信号 $z(n)$ 为零。从而,此时的控制滤波器 $W$ 由完全的前馈控制实现。Morari 和 Zafiriou (1989)通过强调图7.10(b)中 $z(n)$ 的唯一极点主要用于补偿被控过程中的不确定度对此进行了解释。若对过程具有精确的了解,则前馈控制系统可以表现得跟反馈控制系统一样好。若系统模型是不精确的,则因为 $z(n)$ 不为零,IMC结构仍将保留一定程度的反馈控制。

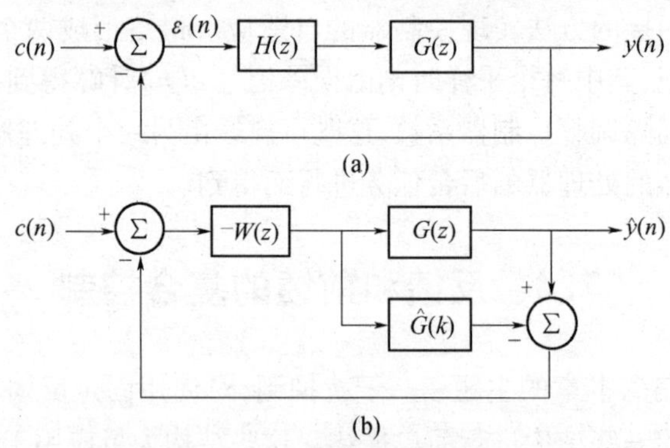


图7.10　直接形式的伺服控制系统的框图

(a) 系统的输出 $y(n)$ 跟踪控制信号 $c(n)$,从而误差 $\varepsilon(n)$ 很小;

(b) 使用IMC实现的伺服控制器,当系统模型精确时,即当 $\hat{G}(z)=G(z)$ 时,变为纯前馈系统

使用IMC的完整控制系统的频率响应

$$\frac{Y(\mathrm{e}^{j\omega T})}{C(\mathrm{e}^{j\omega T})} = \frac{-G(\mathrm{e}^{j\omega T})W(\mathrm{e}^{j\omega T})}{1-[C(\mathrm{e}^{j\omega T})-\hat{G}(\mathrm{e}^{j\omega T})]W(\mathrm{e}^{j\omega T})} \tag{7.4.2}$$

若我们需要系统的低频响应为1,则在系统模型精确的情况下,控制滤波器的dc响应必须为

$$W(\mathrm{e}^{j0}) = \frac{-1}{\hat{G}(\mathrm{e}^{j0})} \tag{7.4.3}$$

即使控制滤波器和系统模型的响应是有限的,式(7.4.3)包含给定

$$H(z) = \frac{-W(z)}{1+\hat{G}(z)W(z)} \tag{7.4.4}$$

时,通过比较$G=\hat{G}$时的式(7.4.2)和式(7.4.1),得到的等价负反馈控制器的响应在dc处也为无穷。从而鉴于其优异的低频性能,IMC控制器将自动产生必要的积分运算。

### 7.4.2　自适应逆控制

另一种在前馈控制器中补偿系统响应的不确定度的方法是使其具有自适应,如图7.11(a)所示。控制信号和系统输出的差$\varepsilon(n)$仅用作误差信号,通过自适应前馈控制器使其均方值最小化。Widrow和Walach(1996)对此方法在伺服控制中的应用进行了广泛且深入的研究,并称其为自适应逆控制。若控制滤波器是FIR数字滤波器,则可使用诸如filtered－reference LMS的算法对其系数进行自适应调整。我们已经看到,这个算法需要系统的内部模型产生filtered－reference信号,而且如图7.11(a)所示,使用此模型的自适应控制器,与如图7.11(b)所示的IMC反馈控制器完全不同。

### 7.4.3　综合反馈和前馈的伺服控制

图7.11(b)为固定反馈控制和自适应前馈控制的复合框图。其与图7.11(a)中的自适应前馈控制器相同,除了跟在图7.11(a)中一样,误差信号直接通过固定控制器H反馈。这种方案首先由Kawato等人(1988)和Psaltis等人(1988)在神经元控制中提出来,即使当时是用作神经网络的非线性控制。Kawato等人,对当自适应前馈控制器逐渐学习系统的逆动态特性时,低带宽反馈控制器如何提供缓慢但可靠的伺服动作进行了讨论。当利用自适应改进前馈控制器的特性时,图7.11(b)中的误差信号将变得更小,从而也降低了对反馈控制的要求。Kawato等人(1988),将这种从缓慢的反馈控制到快速的前馈控制的逐渐过度,与我们人类自己的运动技能学习进行了比较。在图7.11(b)中,由前馈

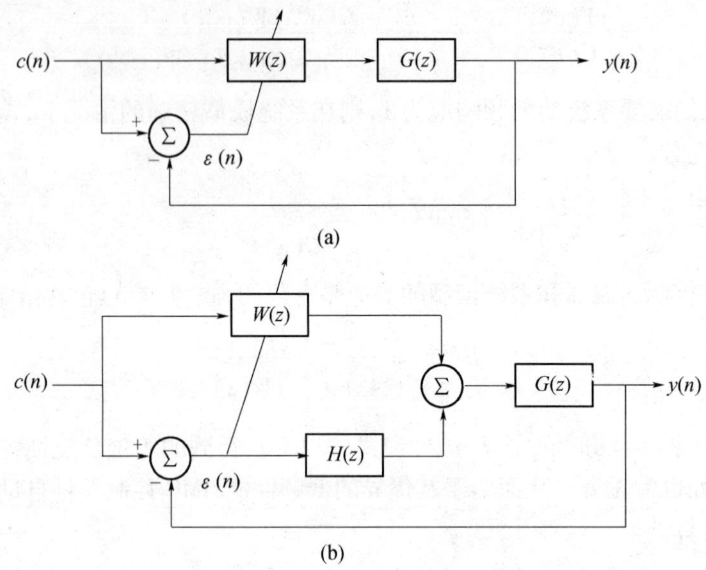


图 7.11　自适应前馈系统中伺服控制的系统输出

(a) 和使用反馈控制和自适应前馈控制；(b) 的伺服系统

系统控制的完整系统，包括系统 $G$ 和反馈控制器 $H$。从而，前馈控制器"可见"的系统响应为

$$G'(z) = \frac{G(z)}{1 + G(z)H(z)} \tag{7.4.5}$$

若使用 filtered - reference LMS 算法调整前馈控制器，则式(7.4.5)为用以产生滤波后参考信号响应的估计。显然，反馈控制器不一定是数字的，而且在系统旁边使用模拟反馈控制器或许是一种相当有效的实现，从而可以对整个模拟回路的输出进行采样。此时，这个框图将以一种具有合适的修正采样系统响应的形式回归到图 7.11(a)。

## 7.4.4　具有时间提前控制信号的伺服控制

我们现在考虑，已知控制信号比系统所需要跟踪的控制信号提前的情形。例如，其可能为机器人手臂的重复运动；其中，希望机器人手臂的每次重复运动轨迹都相同，或者是预先知道机床的期待轨迹；难以在完全反馈控制器中使用这种时间提前信息，却可相当容易地应用于自适应前馈系统，如图 7.01(a)所示的系统。在此框图中，假设提前 $\Delta$ 个采样已知所需的控制信号。将此信号表示为 $c(n+\Delta)$，用于驱动前馈控制器 $W$。通过对 $c(n+\Delta)$ 延时 $\Delta$ 个采样得到 $c(n)$，并如前面所操作的，取此信号和系统输出的差值获得需要调整前馈控制器的误差信号。通常,延时可以用一个响应为系统响应的复制的参考模型代替(Widrow 和 Walach,1996)。

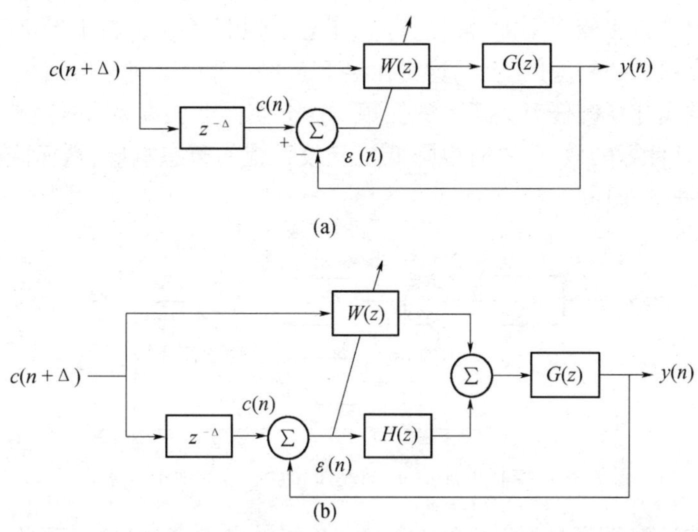


图7.12　(a)使用关于期待信号的时间提前信息的自适应前馈控制系统框图;
(b)将使用时间提前信号的自适应前馈控制与固定反馈控制结合起来的系统框图

知道此时间提前信息的优点是,对于精确控制,前馈控制器必须对系统响应的延时的逆进行近似,而不是对所有时间为负、冲击响应为零的逆进行近似。所以,控制信号中的时间提前信息对逆建模中的建模延时也有作用,而且利用此建模延时可获得更加精确的非最小相系统的逆。从而,通过使用时间提前信息,控制器翻转系统动态响应的能力以及实现精确伺服控制运动的能力都得到了显著提升。Widrow 和 Walach(1996)对此自适应逆控制系统在麻醉药流量控制中的应用进行了讨论。

当使用时间提前信息调整前馈控制器时,若有必要维持伺服控制运动,即使其是缓慢的,也可使用如图 7.12(b)所示的反馈和前馈复合系统。这是对如图 7.11(b)所示的系统,以及前面所讨论的系统的直接推广。同样地,当自适应前馈控制器学习系统的逆动态特性时,完整的控制系统将逐渐从缓慢的反馈控制变为快速的前馈控制。

### 7.4.5　综合反馈和前馈干扰控制

使用反馈和前馈复合控制器解决干扰对消问题时也有优势,尤其当前馈控制器满足自适应时更是如此(Doelman,1991;Imai 和 Hamada,1995;Saunders 等人,1996;Clark 和 Bernstein,1998)。这种系统的框图如图 7.13 所示。此时,反馈控制器通过自适应前馈系统修正被控系统的响应，从而其有效响应由式(7.4.5)表示。这种使用反馈控制器对有效系统响应进行的改进可以从很多方面使自适应前馈算法变得更加容易运行。首先，当实际系统存在不确定度时，其或许会减少有效系统响应的变化，这将在接下来的一节详细讨论。其次，反馈控制器可以降低实际系统任意共振下的振幅。这会使得更加容易对有效系统响应建模，从而提升计算的效率，同时也降低了有效系统的暂态响应，从而降低自适应前馈系统的收敛时间。

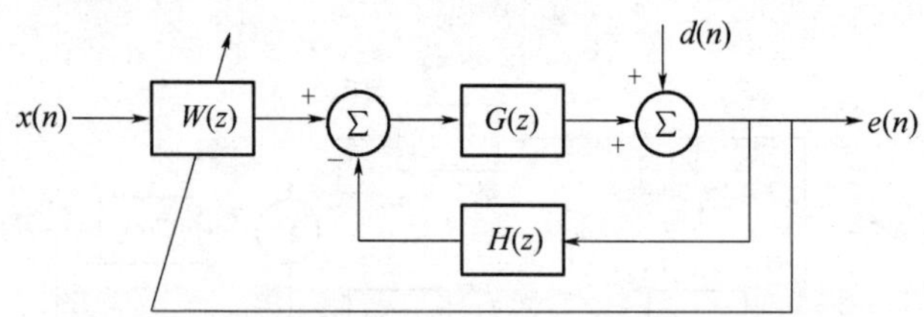


图 7.13 控制干扰 $d(n)$ 的反馈和自适应前馈组合系统

前馈和反馈系统控制干扰的性能也可互补。若参考信号和干扰信号之间不存在精确的一致性，则前馈系统的性能将受到限制，正如第 3 章所讨论的。当在实际环境中控制宽带噪声时，由于参考信号位于被控声场中的一个节点，这种不一致现象则会比较容易发生在相对较窄的频带内。通过对这些窄频带进行某些控制，反馈控制可以对复合控制系统的整体性能提供显著的提升(Tseng 等人，1998)。

## 7.5 复合模拟和反馈控制器

本节，我们将考虑使用一个同时具有模拟和数字通道的系统对干扰进行控制。

### 7.5.1 数字控制器和模拟控制器的优点和缺点

反馈控制器降低宽带干扰时的性能极易受控制回路中的延时的影响。原因在于，如在 6.4 节所讨论的，控制器需要对干扰的将来特性进行预测。而窄带噪声因为更加容易预测，所以其衰减受延时的影响不大。但是，通常控制窄带噪声所需的控制器要比控制宽带干扰的控制器更加复杂，因为必须设计其频率响应对指定的干扰频谱进行控制。

虽然数字控制器的设计比较容易，但是，我们已经看到其存在固有的延时，这不仅包括控制器的处理时间，还包括数字转换器及模拟图像保真和重构滤波器的频率响应所需的时间。从而,对于干扰中的确定成分使用数字控制更加适合,因为其可以以非常高的精度和指定的频率响应实现自适应;但是因为其固有延时,对于反馈控制干扰中的宽带成分,并不怎么合适。

通常降低宽带干扰而所需的控制器具有相对平滑的频率响应,从而可以使用简单的滤波器实现。若干扰中的宽带成分同样合理静止,则仅需要一个可以使用模拟部件实现的固定控制器。这将最小化回路延时,从而最大限度降低宽带干扰。甚至有一些窄带噪声也可以使用简单的模拟控制器,只要其满足:由系统共振产生,而且给定高回路增益时,这些频率上的系统响应较大。此时对于固定的系统响应干扰频率的变化并不怎么显著,从而可以假设干扰频率是固定的。

因此,使用模拟反馈控制器降低静止的宽带干扰和使用数字反馈控制器降低非静止的确定性干扰可以优势互补。当干扰同时含有静止的宽带和非静止的确定性成分时,为达到最佳的总体性能,有必要考虑模拟和反馈控制器的综合使用。这种复合系统的设计包括数字和模拟部分的一些相互作用,在本节将对这种相互作用进行讨论。在下节将讨论主动降噪耳机中这种复合模拟和数字控制器的性能。

## 7.5.2　有效系统响应

除了上面所讨论的互补性质,优点还有,就是这种复合控制器使用一个模拟反馈回路使自适应反馈控制系统更加容易处理数字控制器可见的系统响应。使用模拟反馈回路可以降低共振系统冲击响应的持续时间,从而使其更加容易建模和控制,正如7.4节末所讨论的。

图7.14为模拟和数字反馈控制器的复合方块图。原始连续系统传递函数的拉普拉斯域表示为 $G_C(s)$,而且假设其中设计和实现了一个传递函数为$H_C(s)$的固定模拟反馈控制器,用以降低干扰 $d_C(t)$ 中的宽带成分,而且假设此模拟反馈回路是稳定的。接着,在被自适应数字控制器处理之前,此模拟反馈回路的残余误差,相继通过一个传递函数为 $T_A(s)$ 的抗混叠滤波器和一个数模转换器。数字控制器使用具有固定系统模型$\hat{G}(z)$的 IMC 结构和一个自适应控制滤波器,其“冷冻”传递函数在图7.14中表示为 $W(z)$。数字控制器的输出在与模拟控制器的输出一起加到连续系统之前,通过一个有内置传递函数为 $T_Z(s)$零阶保持器的数模转换器,接着又通过一个传递函数为 $T_R(s)$ 的重构滤波器。Tay 和 Moore(1991)对类似的固定和自适应反馈控制的复合控制器进行了描述,尽管他们的目标在于使控制器对系统响应中的变化而不是非静止干扰中的变化保持性能的稳定,即他们的数字系统模型是自适应的。

从而,数字控制器“可见”的完整的采样系统包括数据转换器和有关的模拟

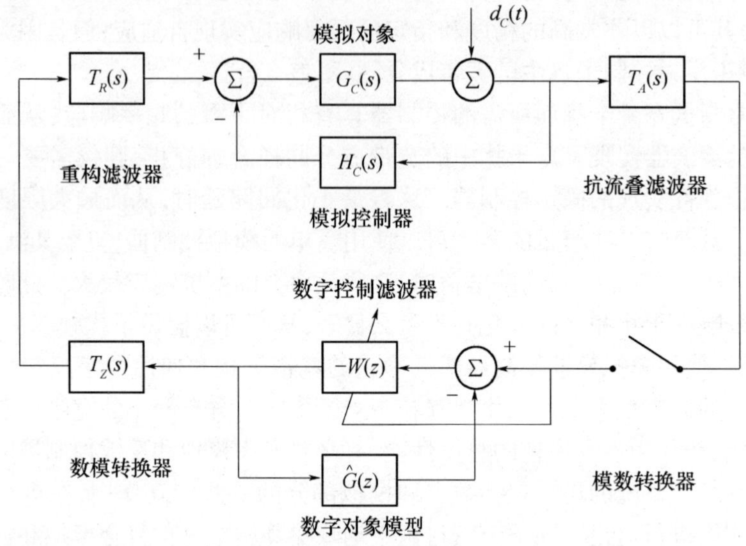


图 7.14 具有固定模拟内部回路的模拟控制器 $H_a(s)$ 和自适应数字 IMS 系统的自适应数字外部回路的组合反馈控制系统的框图

滤波器,还包括具有从系统输入到误差的传递函数为

$$T_C(s) = \frac{G_C(s)}{1 + G_C(s)H_C(s)} \tag{7.5.1}$$

的模拟控制回路。

数字控制器"可见"的 $z$ 域传递函数以此反馈回路、数据转换器和滤波器的连续冲击响应的采样形式给出。根据 6.3 节的内容,此总采样系统响应的传递函数为

$$G(z) = ZL^{-1}\left[\frac{T_Z(s)T_R(s)G_C(s)T_A(s)}{1 + G_C(s)H_C(s)}\right] \tag{7.5.2}$$

式中:$Z$ 表示 $z$ 变换,$L^{-1}$ 表示拉普拉斯反变换。

在数字控制器的设计中,可以独立进行模拟控制器的设计。然而,数字系统的设计受模拟控制器的影响,因为模拟控制器影响数字系统需要控制的有效系统的响应。由于模拟控制器是固定的,假设已经使用模拟反馈闭合回路辨识出标准的采样系统响应,则可以比较容易地解释其对数字反馈控制器功能的影响。

### 7.5.3　有效系统响应的不确定度

与采样系统响应 $G(z)$ 有关的不确定度同样受模拟反馈回路的影响。在对应较大模拟回路增益 $G_C(j\omega)H_C(j\omega)$ 的频率上，假设模拟系统保持稳定，则模拟系统的闭环传递函数为

$$T_C(j\omega) \approx \frac{1}{H_C(j\omega)} \text{ 若 } G_C(j\omega)H_C(j\omega) \gg 1 \tag{7.5.3}$$

此时的闭环传递函数在很大程度上独立于物理系统的响应 $G_C(j\omega)$，从而与式(7.5.2)中的采样系统响应 $G(z)$ 有关的不确定度小于模拟反馈回路存在时的不确定度。

通常，典型系统的乘子不确定度随频率的增加而变大，且在高频时会变得大于 1。从而为保证鲁棒稳定性，模拟系统的回路增益必须在高频时非常小；因此，模拟反馈系统的闭环频率响应将趋近于系统单独时的频率响应，即

$$T_C(j\omega) \approx G_C(j\omega) \text{ 若 } G_C(j\omega)H_C(j\omega) \ll 1 \tag{7.5.4}$$

显然，在满足式(7.5.4)的频率上，闭环模拟系统的不确定度等于模拟系统本身。从而，模拟反馈系统的存在，通常不会降低闭环模拟传递函数趋近于在高频上达到的最大不确定度，但在低频时会降低乘子不确定度。

我们已经看到，使用固定模拟和自适应数字控制的反馈控制系统在控制同时具有宽带和确定性成分的干扰时相当有效。模拟控制回路的设计可以独立于数字控制器的设计而进行，但数字控制回路的性能将因模拟回路的存在而显著提升；因为闭环模拟系统相比开环模拟系统具有更高的阻尼，更少的变量，从而也就更加容易控制。

## 7.6　应用：主动降噪耳机

主动降噪耳机主要有两种用于完全不同声环境的耳机。图 7.15 为一种头戴护耳式耳机，其具有刚性耳套，通过一个戴在头上的箍与耳朵保持距离，与脸部接触的位置有一层软的垫子。这种耳机的主要用途是保护听力。为了交流其可能具有内置的扩音器，如机组人员所佩戴的。另一种耳机，在小的扩音器和耳朵之间具有敞式元件。这类耳机的主要用途是再现声音，如随身听或 CD 播放器中的应用。

当佩戴这两种耳机时，可以使用主动控制降低可听到的外部噪声。首先介

绍主动反馈控制在这些保护听力耳机中的应用,接着考虑用于这些耳机中的固定反馈控制系统的设计和性能。

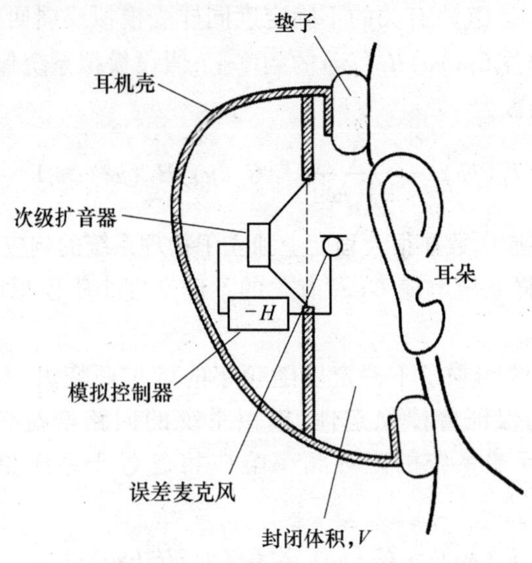


图 7.15　主动头戴护耳式耳机的构造图

## 7.6.1　后背封闭式耳机的被动性能

使用 Shaw 和 Thiessen(1962)所提出的分析方法的简化形式可以得到这种典型的头戴护耳式耳机的被动性能。我们假设耳机的外壳是质量为 $M$ 的刚体,安装在机械刚度为 $K_c$ 的垫子上,主要用于密封耳机与头部之间的间隙。均匀外部压力 $p_{ext}$ 作用在耳机外壳上的力为

$$f = p_{ext}A \tag{7.6.1}$$

式中:$A$ 为耳机外壳与垫子结合处的面积。耳机的动态响应由其质量和作用在上面的总刚度决定,等于垫子的刚度 $K_c$ 加上耳机内部空气的机械刚度,即

$$K_a = A^2 \frac{\gamma p_0}{V} \tag{7.6.2}$$

式中:$\gamma$ 为空气主要比热的比值,$p_0$ 为周围的压力,$V$ 为耳机中空气的体积。从而,当承受正弦力 $f(j\omega)$ 时,外壳的复数位移为

$$x(j\omega) = \frac{f(j\omega)}{K_t - \omega^2 M + j\omega R} \tag{7.6.3}$$

式中:$K_t$ 为等于 $K_c + K_a$ 的总刚度,$R$ 为由垫子中阻尼决定的机械阻抗。在耳机

内部由此位移所产生的压力为

$$p_{\text{int}}(j\omega) = \frac{K_a}{A}x(j\omega) \tag{7.6.4}$$

从而,使用式(7.6.3)和式(7.6.1),可得到内部和外部声压的比值为

$$\frac{p_{\text{int}}(j\omega)}{p_{\text{ext}}(j\omega)} = \frac{K_a}{K_a + K_c - \omega^2 M + j\omega R} \tag{7.6.5}$$

即所谓的耳机的传递比。在耳机频率低于自然频率

$$\omega_0 = \sqrt{\frac{K_a + K_c}{M}} \tag{7.6.6}$$

时,传递比等于 $K_a/(K_c+K_a)$ 的常值。在大多数情况下,如下面将讨论的情况,$K_c$ 将显著大于 $K_a$,从而低频传递比近似等于 $K_a/K_c$。因为,如式(7.6.2),$K_a$ 与耳机内部的封闭体积成反比,所以,对于好的被动性能这个体积必须尽可能大。

Shaw 和 Thiessen(1962)引用一个精心设计的耳机典型参数(SI 单位),$M\approx 0.13\text{kg}$,$K_c\approx 10^5\text{N/m}$ 和 $V\approx 170\times 10^{-6}\text{m}^3$,从而 $K_a\approx 1.3\times 10^4\text{N/m}$,得到的自然频率,$\omega_0/2\pi$ 约为 140Hz,低频传递比大约为 -20dB。图 7.16 为这个耳机的传递比的模关于频率的曲线。为解释共振效果,在此图中假设垫子的机械阻抗为 $R=60\text{Nsm}^{-1}$,低于 Shaw 和 Thiessen(1962)所建议的典型值。虽然在高频时被动传递比非常好,在图 7.16 中频率高于 500Hz 时超过 40dB;但低于此频率时,由于在耳朵周围需要好的密封效果(从而垫子不能太硬),而导致性能有所限制。在大量的应用中,需要耳机在低频时也能提供与高频时同样的噪声抑制效果,从而在低频时应用主动噪声控制就非常具有吸引力。20 世纪 50 年代开始在耳机中使用反馈回路降低噪声(Simshauser 和 Hawley,1955;Olson,1956),不久就出现了关于在主动降噪耳机中使用固定模拟控制器的完整理论和实验研究的报告(Meeker,1958,1959)。模拟控制器的简单和无固有延时的优点使其直到今天还广泛应用于商业主动降噪耳机中。

在主动后背封闭式耳机中,扩音器输入和拾音器输出间的频率响应,正如 Wheeler(1986)所测量的,如图 7.17 所示。次级源和反馈拾音器物理位置上的接近(大约相距 1cm)意味着系统响应几乎没有延时。动态特性主要由低频时扩音器的机械共振(大约 200Hz)和高频时与耳机外壳内部的声模态有关的共振决定。在耳机壳内部安放合适的泡沫过滤器很重要,因为这些声共振具有良好的阻尼,且在高频时不致引起过度的相移(可能不稳定)。同时保证系统响应尽可能地接近最小相也非常重要,因为这将降低第 2 章所讨论的“水床效应”导致的干扰增强。

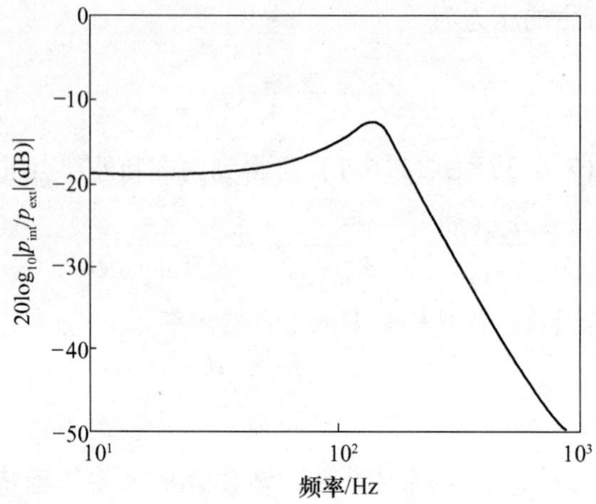


图 7.16　对于典型的没有主动衰减的头戴式耳机，以 dB 为单位的内部压力对外部压力的比值的模

### 7.6.2　模拟相位滞后补偿

同时显示在图 7.17 中的是，模拟控制器包括一个如图 6.10 所示的相位补偿器时的主动降噪耳机的开环频率响应。低频时，相位补偿器对响应几乎没有影响，但高频时却可提供大约 15dB 的额外衰减，代价为 6kHz 时 40°的额外相移。系统的增益裕度可以通过相移下降通过 180°时对应频率上（没有补偿器时大约为 5.7kHz，包含补偿器后为 4.5kHz 和 5.2kHz）的开环增益计算得到。从图 7.17 中可以看到通过集成相位补偿器系统的增益裕度大概增加了 15dB。

导致主动降噪耳机响应中出现不确定度的主要原因是，不同人佩戴时所观测到的振动。这是因为人与人对于耳机的合适度和密封的不同，而且耳朵的动态响应响应也不同，从而耳朵所提供给耳机的声阻抗也不同。Wheeler（1986）在不同的佩戴者上进行了大量的实验，用以测量主动降噪耳机的响应，发现当频率从 1kHz 变化到 6kHz 时，系统响应中振幅的变化大约为 ±3dB，相位的变化大约为 ±20°。从而设计主动降噪耳机时，增益和相位裕度至少应满足这些条件。考虑 6.2 节的讨论，不论是振幅还是相位均可通过假设一个具有式（6.2.4）形式的无结构乘子不确定度，以及式（6.2.5）所表示的在此频率范围内的 $B(\omega)\approx 0.3$ 的上界得到相当精确的解释。

如图 7.18 所示的第 3 倍频带内，为此主动控制系统运行时耳机内部额外的噪声衰减（Wheeler，1986）。可以看到在第 3 倍频内大约 200Hz 处，也能提供接近 20dB 的额外衰减，即使在第 3 倍频内大约 4kHz 处产生一个小幅度的噪声放

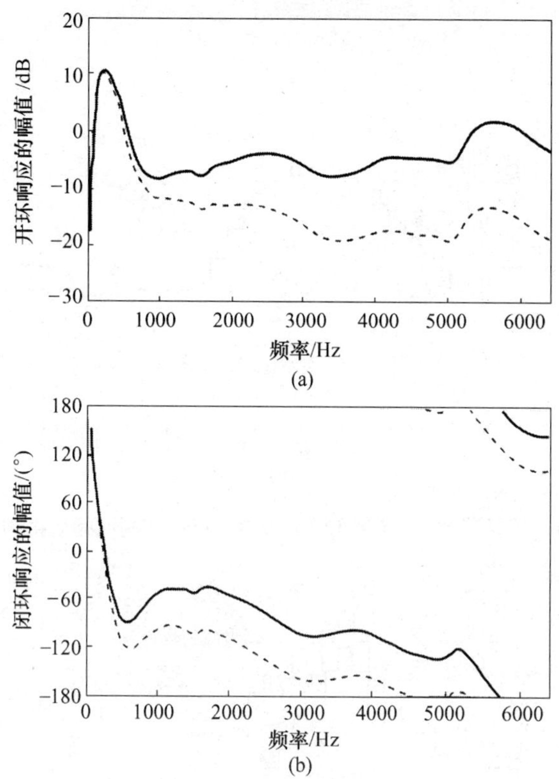


图7.17 Wheeler(1986)测量得到的主动降噪耳机的开环频率响应的模(a)和相位(b)。分别为加入(虚线)和不加入(实线)相位滞后补偿网络时的响应

大。然而,需要记住的是,以4kHz的第3倍频带横跨的频率范围要显著大于以200Hz的倍频带横跨的频率范围。从而在线性频率范围内得到的总衰减不违背6.1节所讨论的伯德限制。Crabtree和Rylands(1992)对5种不同类型的主动降噪耳机的性能进行了测试,发现它们均在100~200Hz的频率范围内得到最大20dB的衰减,而衰减在30Hz以下和1kHz以上则下降为零,从而如所图7.18示的结果可以认为非常具有典型性。

最后,如图7.19所示,为典型军用车辆,第3倍频处的噪声量级,以及某人分别佩戴传统被动耳朵保护装置和主动降噪耳机时,其耳朵所听到的噪声量级(Wheeler,1987)。同时还表明言语交流时声音量级和频率范围的重要性。耳机在125Hz以上时的被动衰减要优于低于此频率的被动衰减,正如图7.16中的传递比曲线所预测的。低频时主动控制系统降低了外部噪声的量级,从而它们低于典型的言语交流所处的频率范围。

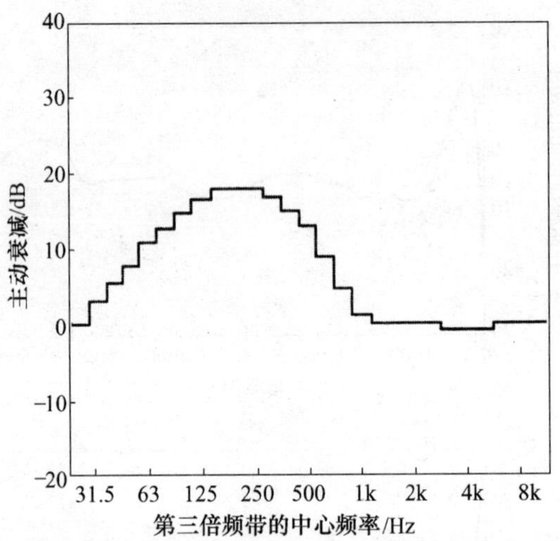


图 7.18 Wheeler(1986)给出的在第 3 倍频带加入反馈控制回路后得到的额外耳机衰减

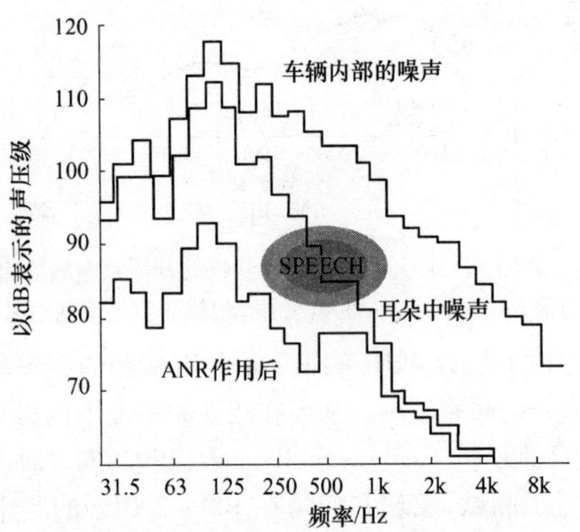


图 7.19 典型军用车辆内部在第 3 倍频的噪声能级,以及某人佩戴传统耳机（靠近耳朵）和反馈主动控制（ANR）耳机所感受到的噪声能级。同时绘制的还有人与人交流时关注的声音的能级和范围,为重做 Wheeler 实验(1987)得到的结果

### 7.6.3 与干扰有关的补偿

Bai 和 Lee(1997)对主动降噪耳机中模拟反馈控制器的设计提出一种更为解析的方法,即使用 $H_\infty$ 方法。对于乘子不确定度 $B(\omega)$ 的上界,这些研究人员从低频时的稍微小于 1 到高频时的大约等于 2 都进行了假设,同时假设干扰频

谱在大约 300Hz 处有一个宽的峰。所得到的控制器具有 5 个极点和 5 个零点，但除了可以在 300Hz 处对所假设的干扰实现最优控制外，控制器的整体性能与前面所讨论的相位滞后补偿器类似。

使用锐调谐补偿器可以在窄带频率上取得更好的性能（例子可见 Carme，1987，其在 Nelson 和 Elliot，1992 的研究中有所叙述）。Veight（1988）也注意到补偿器的设计需要最小化耳机内部与初级声干扰有关的噪声，同时讨论了几种为不同的噪声抑制设计的补偿器。从而，通用主动降噪耳机的一种有意思设计为，包含一个可以调整以适应不同干扰频谱的补偿器。实现自适应的模拟电路将非常困难和昂贵，从而设计自适应控制器的最实际方法是使用本章所讨论的数字技术。然而，我们已经注意到这种控制器具有不可避免的延时，这个延时不能降低到模拟系统使用昂贵的高采样率所得到的延时，从而实际的数字控制器为在宽带频率内实现控制可能存在问题。Brammer 等人成功在耳机中实现自适应前馈数字控制器。本节我们将集中于完全反馈控制系统的设计。即使回路存在显著的延时，我们已经看到数字反馈控制器可以控制更加可预测的干扰，如窄带噪声，这也是环境变化时的典型噪声类型。下面将基于敞面式耳机讨论模拟、数字控制器的综合，其中固定的模拟控制器用于衰减宽带噪声，自适应数字控制器可以通过改变其响应以降低不同噪声环境中的不同窄带干扰。更重要的是，自适应数字滤波器不会降低模拟控制器的鲁棒性，从而 6.5 节所叙述的鲁棒约束条件在此例中的数字滤波器响应中施加了一个很重要的约束。

### 7.6.4　主动敞式耳机

在敞式耳机中，如用于播放声音，模拟主动控制在某种程度上仍然可以降低环境噪声，但其性能却要比封闭式耳机受到更多的限制，因为当其随着收听者的头部运动时系统响应也会发生很大的变化（Rafaely，1997）。本节我们考虑同时具有简单的模拟反馈回路和自适应数字回路的敞式耳机的设计及性能。Casali 和 Robison（1994）对救护车中使用具有自适应数字控制器的敞式主动降噪耳机对正弦干扰的控制进行了有意思的讨论，同时还表明了使用当前标准对这种系统的性能进行测量的困难。

此设计中的一个主要步骤是决定采样率取多少。假设一个固定的处理能力，较慢的采样率可以实现较长的数字滤波器，从而可以合成更锐的频率响应，但不可避免地在数字回路中包含更长的延时。这将限制可获得限制干扰抑制的带宽。若使用较高的采样率，则回路延时变小，可在更宽的频带内取得控制效果，但控制滤波器的复杂度将降低，仅可降低很少频谱峰中的干扰。显然采样率的选择与典型干扰的频谱有关。

### 7.6.5 自适应数字反馈系统

此处所讨论的例子(Rafaely,1997),为一个比较便宜的使用模拟控制器的敞式耳机(NCT,1995)。如图 7.14 所示,在模拟系统的旁边附加了一个使用 IMC 的自适应数字反馈回路。数字系统的采样率为 6kHz,图像保真和重构滤波器的截止频率为 2.2kHz(Rafaely,1997)。使用 filtered - reference LMS(更新方程中包括一个泄漏项)算法在时域自适应调整控制滤波器。设置泄漏项以保证其对合理量级的系统不确定度保持稳定性。然而,为了保持好的性能,泄漏项不能设置得过高,以保证极端情形下的稳定性,如当耳机非常靠近头部时。同时在这些情况中,在数字控制器中使用一个监测程序,其功能是:若来自拾音器的误差信号变得非常大则重置系数,以防止不稳定情况的发生。同时发现这种"拯救程序"对于在高暂态干扰的环境中鲁棒性也非常重要(Twiney 等,1985),此时耳机倾向于过载,且系统模型不再与真实的系统响应匹配。在数字反馈控制器中使用的 FIR 系统模型共有 100 个系数,辨识后的响应非常接近标称系统的响应。自适应 FIR 控制滤波器同样也有 100 个系数。

图 7.20 为包含和不包含自适应数字控制回路的系统在同时具有宽带和窄带成分的声场中的性能测试(Rafaely,1997),对一个实验者进行主动降噪耳机测试,其耳朵处测得的压力的功率谱密度,相比控制回路误差拾音器处测得的响应,其提供控制系统的佩戴者表现的更好的测量。模拟反馈回路单独作用时在高达 500Hz 时提供 10dB 的衰减,从而在残余的频谱中单频成分仍然比较突出,这可从图中看到。若现在使自适应数字控制器进入运行,则控制回路的误差拾音器处的信号中的单频成分进一步下降约 20dB,但因为拾音器与耳朵之间的距离,在实验者的耳朵位置测得的压力的单频成分仅下降了约 10dB,如图 7.20 所示,这仍然对佩戴者所关注的噪声进行了有效的降低。

本章我们看到,自适应控制器在反馈系统中的实现要比在前馈系统中更加困难。主要原因是调整反馈控制器响应的自适应算法可能会导致系统变得不稳定。当使用具有精确系统模型的 IMC 控制器时可以保证不发生这种情况,却必须一直关注系统响应的不确定度,且不确定度在回路引入一定量的"残余"反馈,仍然可以使系统不稳定。若 IMC 控制器中的控制滤波器在系统响应尤其是不稳定的频率上具有非常大的响应,则不稳定的概率变得相当大。可以在自适应调整控制滤波器的算法中使用泄漏项以降低不稳定的可能性。若在离散频域内实现自适应算法,则这种确保控制器鲁棒稳定性的方法更加精确。

在主动控制应用中,系统响应中的变化通常发生太快以致不能通过一个完全自适应系统精确跟踪,因此一般使用固定系统模型;但对于非静止的干扰则自

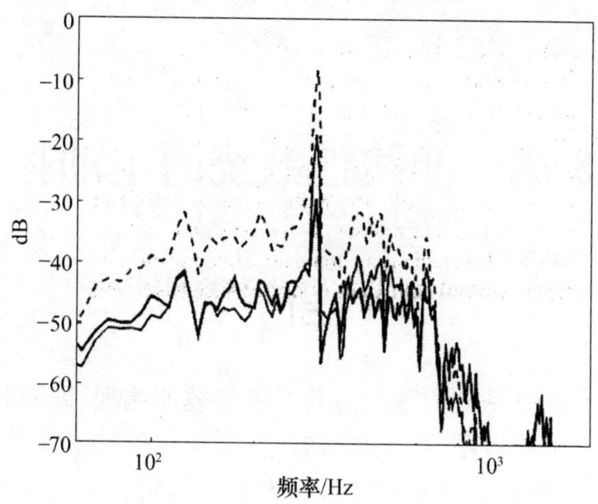


图7.20　当受到具有宽带和窄带成分的噪声场时，主动降噪耳机中靠近耳朵位置的拾音器处的功率谱密度，其中耳机具有固定的模拟反馈控制器和自适应数字反馈控制器。虚线为控制前，较淡的曲线表示仅模拟控制器工作时，测量得到的频谱，较暗的曲线表示自适应控制器一旦收敛后的测量得到的频谱

适应调整控制滤波器以保持性能。使用上面所介绍的方法，可以保持这种自适应反馈控制器的鲁棒稳定性。我们同样也已经看到，传统的、固定模拟反馈控制器的优点可以和自适应数字反馈控制器的优点在主动应用中互补。固定模拟控制器非常擅长降低静止的宽带干扰，而自适应数字控制器则擅长降低非静止的窄带干扰。复合系统对两种类型的干扰的控制已经通过主动降噪耳机进行了阐述。

# 第8章　非线性系统的主动控制

## 8.1 引　言

非线性系统与线性系统的区别是其不满足叠加原理,即同时作用在非线性系统上的两个输入的响应不等于两个输入分别作用时的响应的和。乍一看,对这样的系统施加主动控制可能不合适,因为主动控制主要基于初级场和次级场的叠加而降低干扰。然而,非线性系统的大部分区域可以借助适当的修正而使用主动控制,本章将对这些内容进行简要的回顾。我们将主要集中于对两大类非线性系统进行主动控制:系统具有弱的非线性,此时线性理论可对其一阶特性进行很好的描述;系统具有强烈的非线性而表现出混沌特性,这将完全不同于线性系统。

对非线性系统很难做出类似线性系统的一般性评价。对于线性系统,叠加原理提供了一系列非常有效的分析方法,如拉普拉斯变换和傅里叶变换,允许以单个函数的形式描述系统响应,如频率响应或冲击响应。非线性系统却没有如此简单的描述其特性的方法,而且不同的非线性系统可能表现出完全不同的特性。对于不同的输入非线性系统的特性也可能大不相同。因此,对非线性系统的几种特性进行描述时应该明确其激励的特性。

### 8.1.1　弱非线性系统

我们首先讨论具有弱的非线性的系统。这类系统的基本特性可以使用线性理论(鉴于非线性而进行若干的修正)帮助理解。一个简单的例子是放大器或变换器的饱和,如图 8.1 所示。对于小的信号,输出与输入成比例;但当输入超过或低于一定数值后,输出出现饱和。若将一个低能级的正弦输入应用到此系统,则输出也是正弦;若输入振幅超过一定数值,输出波形将会被截断。

如图 8.1 所示,非线性系统的输出仅与输入的瞬时值有关,从而每一个输出值对应一个输入值。对于其他简单形式的非线性系统,如磁滞现象,输出不仅与当前的输入值有关,而且与过去的输入和(或)输出值有关;从而一个输入对应多个输出值,这与过去的输出值有关。

图 8.2 为一个多值非线性系统的特性曲线,其可能是一个后冲系统,也可能是空转系统。若将一个峰峰值小于空转(在图 8.2 中等于两条系统响应曲线的水平距离)的正弦输入作用到此系统上,则不会有输出。若正弦输入的振幅大于空转,则一旦输入达到其最大值输出将恒定为一个常数,直到下降的输入小于空转,输出将跟随输入的波形直到其达到最小值,此时在开始上升之前将再一次超过空转。所得到的输入和输出特性曲线如图中的箭头所示。因此,输出波形被扭曲,其峰峰值等于输入减去空转的峰峰值。

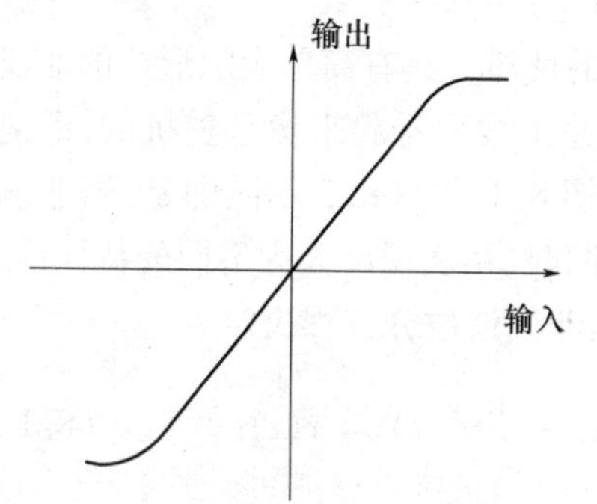


图 8.1　单值非线性的简单例子,当输入振幅超过一定值时输出就平滑饱和

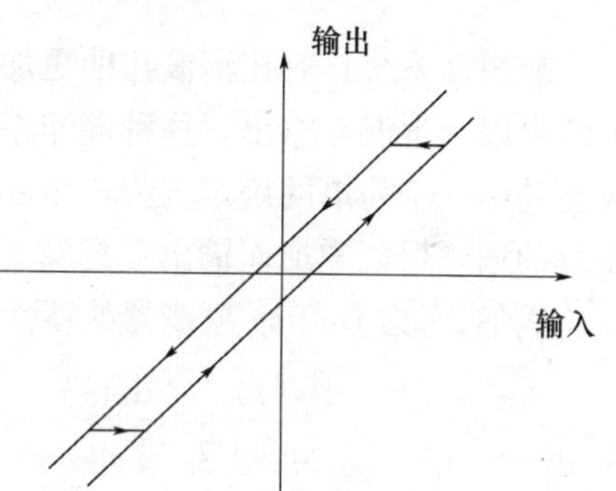


图 8.2　后冲系统的特性,为多值非线性系统的一个例子

如图 8.1 和图 8.2 所示的系统被正弦激励时,输出均被扭曲了,但它们仍然具有与输入相同的基本频率。一种刻画这种非线性系统特性的方式为利用指定振幅的正弦输入下输出的谐波结构。例如,经常引用放大器非线性特性的谐波扭曲形式。若以含有两个频率成分的输入激励系统,则输出通常会含有这些频率的和与差的成分,这就是经常被引用的互调分量。

主动控制中遇到的非线性,主要由被控物理系统的非线性(Klippel,1995)或变换器的非线性产生。这在高振幅的主动振动控制系统中非常常见,此时次级作动器将呈现出饱和与磁滞现象。若我们假设存在正弦干扰,则控制问题如图 8.3 所示,调整输入波形使系统的输出产生对消正弦响应。若考虑非线性系统的扭曲影响,这个波形必须被提前被扭曲。注意即使被控系统是非线性的,在图 8.3 中,假设其输出为线性的并加上干扰信号。将在 8.3 节讨论频域控制器的原理,其将自动综合这种输入波形。

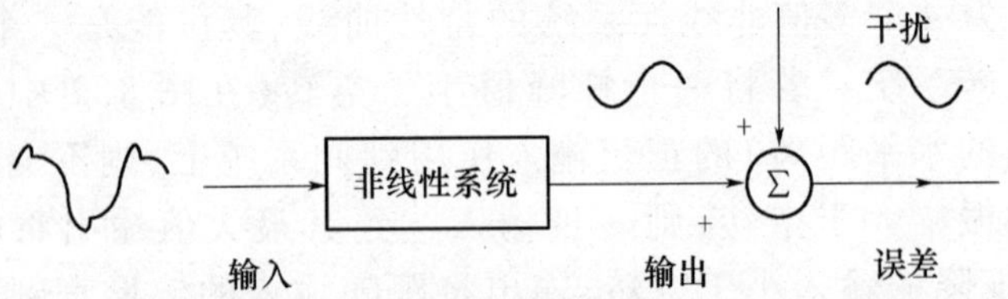


图 8.3　为了在弱非线性系统的输出端对消掉正弦干扰,输入振幅必须预先调整,从而在经过非线性系统后为正弦输出

## 8.1.2　混沌系统

非线性系统具有比谐波扭曲更加奇异的性质。具有简单表示形式的非线性系统可以产生混沌输出。这种混沌系统的输出波形看起来像是随机的,即使其可能是由一个简单的确定方程产生的。与图 8.1 和图 8.2 不同的是,当非线性系统的输入振幅增加而输出变得越来越扭曲时,将表现出大为不同的特性模式。

例如,考虑 Duffing 振荡器的特性,其由非线性微分方程决定

$$\frac{\mathrm{d}^2 y(t)}{\mathrm{d}t^2} + c\frac{\mathrm{d}y(t)}{\mathrm{d}t} - \frac{1}{2}y(t) + \frac{1}{2}y^3(t) = x(t) \tag{8.1.1}$$

由谐波输入激励

$$x(t) = A\cos(\omega_d t) \tag{8.1.2}$$

在式(8.1.1)中,当由正则化的力 $x(t)$ 驱动时,输出信号 $y(t)$ 的物理意义为,具有非线性刚度的二阶机械系统的正则化位移。这类非线性机械系统的一个例子为如图 8.4(a)所示悬挂在两个强磁铁之间以接近于其基本自然频率的频率激励的薄钢梁。Moon 和 Holmes(1979)对此类系统的动态特性进行了讨

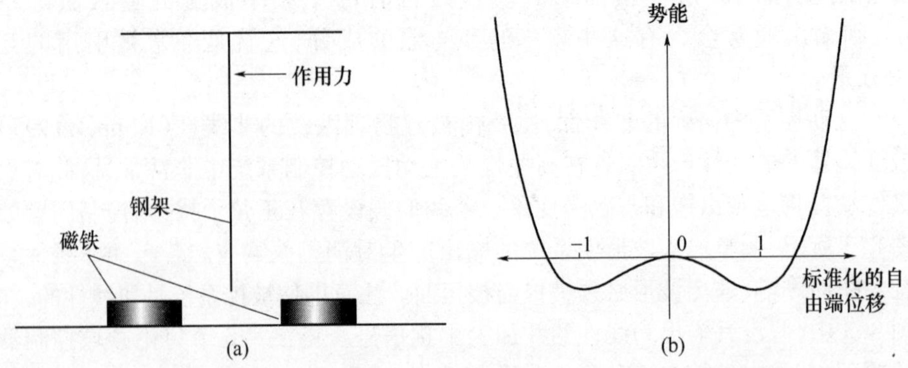


图 8.4　(a) 位于两个磁铁之间的悬臂钢梁的物理示意图;(b) 梁的势能作为正则化端部位移的函数,为系统刚度函数中非线性的两倍

论，从而有时称类似的系统为“Moon 梁”。当没有输入，即 $x(t)=0$ 时，式(8.1.1)在 $y(t)=+1$ 和 $-1$ 具有两个平衡位置，对应于钢梁静态偏向其中的一个磁体。在 $y(t)=0$ 有一个不稳定的平衡位置，因为此点的局部弹性常数为负。从而对于式(8.1.1)中的势能函数，在 $y=\pm1$ 有两个最小值，在 $y=0$ 有一个局部极小值，如图 8.4(b)中较低的那条曲线所示。式中的参数 $c$ 对应于此类机械系统的阻尼因子，$\omega_d$ 为式(8.1.2)中的正则化激励频率。

为说明此类相对简单非线性系统所具有的特性范围，式(8.1.1)中的稳态输出波形 $y(t)$，是梁端部的位移，对应一系列谐波输入振幅 $A$ 的变化曲线，如图 8.5 所示；其中，$c=0.168$，$\omega_d=1$。图 8.5(a)为正弦输入振幅非常小、$A=0.0025$ 时的响应的波形，此时响应集中在平衡位置 $y(t)=1$ 的周围，且振幅要比 1 小得多，波形接近于正弦波形。对于非常小的扰动，Duffing 振荡器的局部特性在稳定

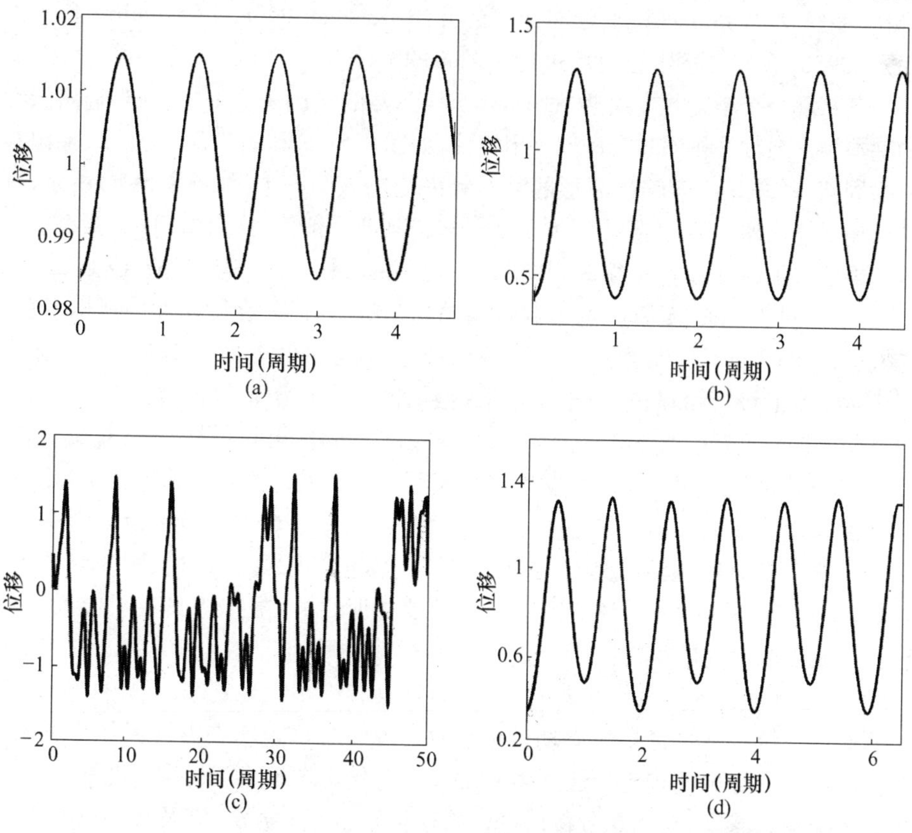


图 8.5　Duffing 振荡器在 4 种不同输入信号振幅下输出的波形：
(a) $A=0.00025$，接近线性响应；(b) $A=0.174$，谐波扭曲响应；
(c) $A=0.194$，次谐波响应；(d) $A=0.2348$，混沌响应

平衡点附近接近线性,而且正弦输入产生接近正弦的响应。当正弦输入的能级增加时,式(8.1.1)中弹性响应的非线性特性将变得更为明显,图 8.5(b)为 $A=0.174$ 时的响应,此时输出波形仍然集中在 $y(t)=1$ 附近,且具有与输入相同的基本频率,却有轻微的扭曲。

若式(8.1.2)中的激励振幅进一步增加,输出波形将以输入信号的周期的两倍重复,如图 8.5(c)所示,为 $A=0.194$ 时的次谐波响应。输入振幅的进一步增加,会使梁以一种十分明显的随机形式从一个平衡位置转移到另一个平衡位置,如图 8.5(d)所示,为 $A=0.2348$ 时的响应曲线,其同时具有连续的功率谱密度,而不是图 8.5 中其他波形所示的线谱特性;这表明,当使用传统的傅里叶方法分析时,信号是随机的。实际上,完全可对波形作出预测,即使其对扰动非常敏感;这就是一个确定性混沌的例子。Moon(1992)和 Ott(1993)对 Duffing 振荡器和一般的混沌系统进行了更加详尽的介绍;Kadanoff(1983)和 Aguirre 和 Billings(1995a)在其文章中也对此进行了简单的描述。

若每隔一个激励频率周期,对 Duffing 振荡器的输出采样一次,则当输出波形的基本频率与输入相同时会得到一个恒值,如图 8.5(a)和图 8.5(b)所示,输出被称为周期—1 振荡。若输出波形的基本频率为输入的一半,如图 8.5(c)所示,则其周期为输入的两倍,以输入频率采样时将得到两个恒值,称为周期—2 振荡。当输入振幅增加时,周期—1 振荡到周期—2 振荡的转移称为分歧,对应 $A\approx0.205$ 的激励能级,对于 Duffing 振荡器其响应如图 8.5 所示,正如在图 8.6 中所阐释的。若式(8.7.2)中的输入振幅进一步小幅增加,则以输入频率对输出波形进行采样将产生 4 个能级,且周期为 2 倍。当输入振幅仍进一步增加,周期翻倍将重复发生直到输入振幅足够引起系统的混沌运动,这在图 8.6 中导致采样能级的连续分布。

在输入振幅达到此能级前发生的分叉系列称为产生混沌的周期翻倍路线,是许多非线性系统都具有的特征。当激励振幅比图 8.6 中的最大值大得多时,Duffing 振荡器可以翻转以具有一个周期解(Moon,1992)。可以从图 8.6 看出,当输入振幅比系统变为混沌所需的振幅还要大时,输入振幅中具有对应系统特性再次变为周期性的小的范围。这可以通过薄的垂直带在 $A\approx0.242$ 和 0.276 得到证明,即使图 8.6 的结构非常复杂,而且具有许多其他更窄的 A 的范围,则其所对应系统特性也将变为周期性的(Ott,1993)。这表明在混沌系统中,输入参数中小的变化可使响应特性产生非常大的变化。在 8.5 节将讨论混沌系统对扰动的极端敏感度,在 8.6 节将讨论计算这种敏感度的方法;以及找到仅使用非常小的控制信号显著改变混沌系统特性的方法。此类系统的实际应用仍处在初级阶段,即使 Ffowcs - Willianms(1987)提出可使用非常小的扰动控制空气动力现象(可能是混沌的),这有一定的可能性。

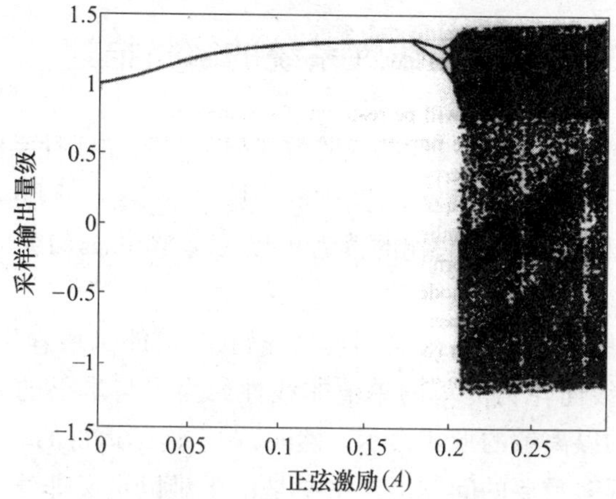


图 8.6　对于不同的正弦激励值，以正弦输入信号 $x(t)=A\cos(\omega_d t)$ 的频率采样时 Duffing 振荡器稳态输出波形的能级 $y(n)$。当能级开始变得连续时，可以很清楚地看出周期—1 到周期—2 和到周期—4 的分叉部，以及到混沌运动的过渡

在此对 Duffing 振荡器的特性进行简单介绍的目的是说明此类系统特性的复杂性，以及与弱非线性系统的谐波响应区分开来，其有可能扭曲但仍然与激励的基本频率相同，如图 8.5(a) 和图 8.5(b) 所示，严重非线性系统的更加极端特性如图 8.5(c) 和图 8.5(d) 所示。

### 8.1.3　章节概要

本章仅对两种不同形式的非线性系统进行讨论。第一种，系统响应包括对弱非线性的前馈补偿，如在图 8.3 中对应单频干扰信号时的阐述。为使这种前馈控制系统具有自适应，通常自适应算法需要包括一个非线性系统响应的内部模型，8.2 节将对非线性系统的一些模型解析形式进行讨论，其中重点讨论多值非线性所需的递归模型。8.3 节使用神经网络对非线性系统进行建模，可以使用自适应算法确定此模型中的参数；接着 8.4 节使用前馈控制进行自适应补偿，先对正弦干扰进行补偿，接着对更一般的随机干扰进行补偿。这种技术类似于在移动线圈扩音器中对非线性进行的补偿，具体例子可见 Gao 和 Snelgrove (1991) 和 Klippel；鉴于扩音器的低阶动态特性，也可以使用简单、清晰可辨的补偿器。另一种线性化扩音器和液压作动器响应的方法为使用局部反馈，这需要一个传感器测量作动器的局部响应。Elliot(1999) 对扩音器补偿和局部反馈进行了简单的介绍，在本章对此不会进行深入的讨论。8.5 节对混沌系统的定义特征进行了简单介绍，8.6 节叙述了几种可能用于控制此类系统的控制策略。

## 8.2 非线性系统的解析描述

本节我们将简单回顾非线性系统的数学模型。对非线性系统的研究具有非常悠久的历史,而且有大量的分支,其中的一些非常复杂。因此我们在此仅讨论重要模型的性质和限制。感兴趣的读者可以参考 Billings(1980),Billings、Chen(1998)和 Priestley(1988)。

我们以一个所谓的 Volterra 系列模型开始,其可能是最容易理解的,因为其将图 8.1 中的曲线简化为简单的单值非线性。为了与本书的其余部分保持一致,所有的模型均以离散的形式表示。然而,对于连续运行的非线性系统使用离散表示,却存在很多重要的问题。这主要是由于难以定义非线性系统响应的带宽,因为当对响应采样时有必要防止图形的失真。甚至是对于弱非线性系统的响应,由 1/4 采样率的正弦输入频率激励时将具有大量的谐波。若在对响应采样之前将这些谐波滤波剔除,则会丢失部分非线性特性,而且滤波器的响应也会被加到待测量的系统上。反之,若没有将其剔除,则它们将持续失真并在更低的频率上污染测量得到的响应。然而,在此处所作的简单介绍中,将忽略这类问题,同时采样信号是精确的,可以精确表示非线性系统的响应。

### 8.2.1 Volterra 系列

Volterra 系列以输入序列 $x(n)$ 表示因果非线性系统的离散输出 $y(n)$,即

$$\begin{aligned} y(n) &= h_0 + \sum_{k_1=0}^{\infty} h_1(k_1)x(n-k_1) \\ &= \sum_{k_1=0}^{\infty}\sum_{k_2=0}^{\infty} h_2(k_1,k_1)x(n-k_1)x(n-k_2) + \cdots \end{aligned} \tag{8.2.1}$$

式中:系数 $h_1(k_1)$ 和 $h_2(k_1,k_2)$ 分别称为一阶和二阶 Volterra 内核;而且,原则上可以将 Volterra 系列扩展到任意阶。

若 $h_0$ 和二阶及更高阶的内核为零,则 Volterra 系列将简化为线性卷积,$h_1(k_1)$ 为线性冲击响应。若系统无记忆,则对于 $k_1$ 和 $k_2$ 等 >0 的所有内核都为零,Volterra 系列简化为一个以瞬时输入描述的瞬时输出的功率系列。Volterra 系列通常被描述为有记忆的 Taylor 系列。为保证系列的收敛,非线性系统必须稳定而且具有有限的记忆。然而,满足这些条件,系列也可能需要非常多的内核。例如,若将记忆限制为 100 个采样,则线性冲击响应由 100 个一阶内核确定,而 Volterra 系列的二次部分需要 1000 个二阶内核,三次部分(用来表示更简

单的对称非线性)需要1000000个三阶内核。尽管由于对称仅需要有一半的独立二阶内核和1/8的三阶内核;但仍可以看出,内核的数量随非线性的阶次迅速增加。有时把这种描述系统所需的内核数量的迅速增加称为维度的诅咒(即使是对于具有更加适度尺寸和非线性度的系统)。实践中,辨识如此大量的内核问题通常可以使用近似的方法解决,其仅对最重要的内核进行辨识。

除了维度的诅咒,Volterra系列的主要缺点是,不能表示输出为输出本身过去值的函数的非线性系统,此类系统的一个简单例子是后冲函数,其特性如图8.2所示。除非Volterra系列具有无限长的记忆而且已知初始条件,否则其不可能用于预测处于后冲函数死区中的系统的位置。对于正弦输入,使用Volterra系列表示的系统会产生具有更高谐波成分的输出。Volterra系列不能产生,如Duffing方程这种多值非线性系统或递归非线性系统所产生的次谐波(Billings,1980)。

## 8.2.2 NARMAX模型

一种更加一般化的输出为过去输出和过去输入的非线性函数的非线性模型为"非线性自动递归移动平均和外部输入"模型或NARMAX模型(Chen和Billings,1989)。它的首次提出主要是为了避免Volterra系列所具有的参数过多的困难,而且其与线性递归模型也非常相似

$$y(n) = \sum_{j=1}^{J} a(j)y(n-j) + \sum_{i=0}^{I-1} b(i)x(n-i) \tag{8.2.2}$$

离散的NARMAX模型的一般形式包括从外部引入的干扰项,若暂时忽略这些,则模型变为NARMA模型

$$y(n) = F[y(n-1)\cdots y(n-J), x(n)\cdots x(n-I+1)] \tag{8.2.3}$$

式中:$F[\,]$为某些非线性函数。从式(8.2.3)中去掉外部引入项(通常也包括描述系统响应中的干扰),使其与图8.3中(其中非线性系统的输出线性加在干扰上)的框图保持一致。然而,需要强调的是,这样的框图并不能表示所有的非线性控制问题;因为,通常干扰会影响系统的工作点,而且此时干扰和系统的输入和输出间的相干项必须包含在式(8.2.3)中。在下面考虑的公式和8.4节的公式中包含这样的项,作为从外部引入的输入很简单,但是方程会变得非常复杂。因此将保留系统输出线性加在干扰上这一假设,因为其仍然为非线性系统主动补偿的主要特征作出了阐释。NARMA模型的多项式形式为

$$y(n) = \sum_{j=1}^{J} a_1(j)y(n-j) + \sum_{j=1}^{J}\sum_{k=1}^{K} a_1(j,k)y(n-j)y(n-k) + \cdots +$$

$$b_0 + \sum_{i=0}^{I-1} b_1(i)y(n-i) + \sum_{i=0}^{I-1}\sum_{l=0}^{L-1} b_2(i,l)x(n-i)x(n-l) + \cdots +$$

$$\sum_{m=0}^{M-1}\sum_{p=1}^{p} c_2(m,p)x(n-m)y(n-p) + \cdots \tag{8.2.4}$$

若视 Volterra 系列为线性 FIR 滤波器的非线性推广，则多项式 NARMA 模型可以视为线性 IIR 滤波器的非线性推广。对于一个线性系统，IIR 滤波器相比 FIR 滤波器的优点是，对于期待的响应其需要的系数更少，但可以使用任意长的 FIR 滤波器对任意稳定的响应进行近似。非线性系统的特性受反馈项和式(8.2.4)中高阶交叉项的影响更加显著，因为这个方程可以表示多值非线性，如磁滞或后冲，而这些均不能由 Volterra 系列描述。

这种广义模型存在的问题是如何找到可靠的确定实际系统系数的方法。若已知系统的微分方程，可以整理为式(8.2.4)的形式，则可通过解析的方式确定系数。不幸的是，实践中几乎不可能知道系统的微分方程；一般的辨识方法可从系统的输入和输出信号估计出系数，即所谓的“黑箱”方法。Gabor 等人(1961)对这类重要问题进行了有趣的历史性的回归与展望。对系数进行递归辨识，即使对于稳定的线性系统，也不容易，尤其当存在输出噪声时，会更加困难，如在 2.9 节所讨论的。伴随附加的非线性复杂度，对于一种可以确定可在普通条件下运行的 NARMAX 系数的精确辨识方法会很困难。Billings 和 Voon(1984)对此进行了进一步的研究，并提出一种次优的最小二乘算法，其类似于下面将介绍的方程误差方法，而且在对几种输入和输出非线性情况的辨识中有成功的应用，如 Billings 和 Chen(1998)对此进行的进一步讨论。

## 8.3 神经网络

神经网络是受生物系统的神经结构和运行启发得到的系统。神经网络广泛应用于建模和非线性系统的控制。严格来讲，此处所讨论的神经网络为人工神经网络，因为它们仅是实际生物系统特性的一小部分，但术语“神经网络”却被广泛应用。神经网络有许多类型，具体可见 Haykin(1999)。我们将主要集中讨论前馈神经网络，即一系列的输入信号从前面通过网络产生输出信号。在本节，将介绍各种不同结构的前馈神经网络，以及它们对非线性系统的建模。Ljung 和 Sjoberg(1992)从系统辨识的角度对神经网络进行了有意思的介绍。在接下来的章节将讨论神经网络在非线性系统前馈控制中的应用，而且此处叙述的一部分内容将作为此讨论的准备工作。过去的 10 年有一股研究神经网络的热潮，起点或许是 1987 年的第一次神经网络 IEEE 国际会议，从那时开始，出现了一些有关神经网络的专业杂志，而且发表了许多优秀的综述性文章和出版了许多经典的书籍，如 Lippmann(1987)，Hush 和 Horne(1993)，Widrow 和 Lehr(1990)和 Haykin(1999)。从而，本节我们仅介绍看起来与非线性系统的主动控制直接有关的主要领域。

### 8.3.1　多层感知

最著名的神经网络或许为多层感知网络，其典型结构如图 8.7 所示。信号集合 $x_k$ 在输入层，经过两个“隐藏层”到达最终的“输出层”，输出信号为 $y_n^{(3)}$。瞬时输入信号 $x_1^{(0)},\cdots,x_k^{(0)}$ 通过第一个隐藏层中的处理元素，即所谓的神经元(再一次，严格来讲，人工神经元)，其输出可以表示为

$$y_l^{(1)} = f(x_l^{(1)}) \tag{8.3.1}$$

式中：$x_l^{(1)}$ 为输入信号的加权和，有

$$x_l^{(1)} = \sum_{k=0}^{K} w_{kl}^{(1)} x_k^{(0)} \tag{8.3.2}$$

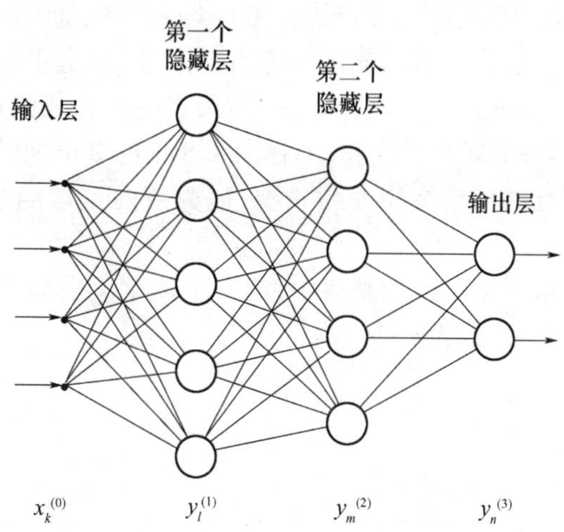


图 8.7　多层感知网络的结构

$F(\,)$为非线性函数。单个神经元的框图如图 8.8 所示。在神经网络中，节点的和即 $w_{kl}^{(2)}$ 中的系数通常作为权重。在每个神经元的和中通常包括一个 dc 偏置项，其沿非线性函数调整“工作点”。假设式(8.3.2)中也包含此项，则当 $x_0^{(0)}=1$ 时，神经元 $w_{0l}^{(2)}$ 为此神经元的偏置项。

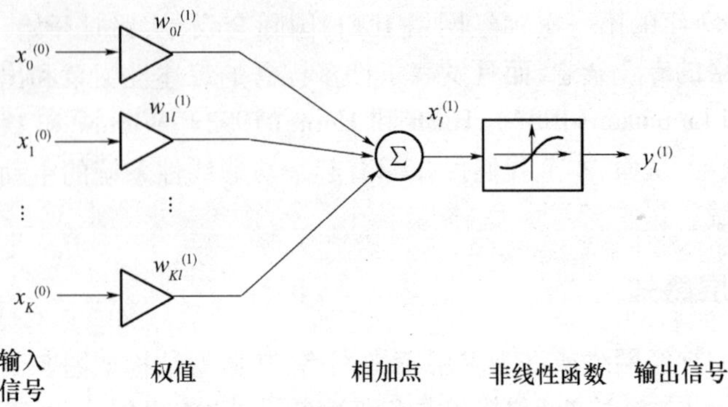


图 8.8　多层感知系统的第一个隐藏层具有 S 形非线性的单独神经元的框图

在原始的感知器方案中,非线性函数是一个饱和正负号函数(Widrow 和 Hoff,1960),但为了更加清楚地讨论网络权值的自适应调整,一个平滑的非线性函数会具有大量的优点。一个在信号处理领域广泛使用的非线性函数为 sigmoid 或双曲正切函数,即

$$y = f(x) = \tanh(x) = \frac{e^x - e^{-x}}{e^x + e^{-x}} \tag{8.3.3}$$

神经网络也广泛用于模式识别问题,在此类问题中,通常选择非对称的非线性函数,如$(1+e^{-x})^{-1}$,因为输出表示了像素的数量(总是正的)。然而,对于双极信号的处理,则更多的是使用式(8.3.3)所给出的对称双曲正切函数,其输出对于较大的 $x$ 在 $y = \pm 1$ 处平滑饱和,如在图 8.8 中的单个神经元的框图。同时注意现在对输入信号的标定变得非常重要,因为双曲正切函数的范围仅为 +1 到 −1。

在如图 8.7 所示的多层感知网络中,第一个隐藏层的输出传至第二个隐藏层的神经元,其输出可以依次写为

$$y_m^{(2)} = f(x_m^{(2)}) \tag{8.3.4}$$

其中

$$x_m^{(2)} = \sum_{l=0}^{L} w_{ml}^{(2)} y_l^{(1)} \tag{8.3.5}$$

在此例中,第二层的输出通过输出层的神经元产生输出信号,即

$$y_n^{(3)} = f(x_n^{(3)}) \tag{8.3.6}$$

其中

$$x_n^{(3)} = \sum_{m=1}^{M} w_{nm}^{(3)} y_m^{(2)} \tag{8.3.7}$$

为使输出的范围没有限制,通常会舍弃式(8.3.6)所表示的输出层的非线性处理,从而此层的神经元仅是作为线性组合器。

正如在广义近似理论中所阐述的(如 Haykin,1999 所描述的)。多层感知网络的一个重要优点是它们可以近似任何连续的单值函数,甚至仅使用一个隐藏层。对于广义近似理论,多层感知网络仍有很多理论没有完全解决:为满足对一个非线性函数近似的给定精度,在一个单隐藏层中所需的神经元数量;对于一个非线性函数,为达到最有效的近似所需的层数,又或者如何最优确定这些神经元的权值。

## 8.3.2　后向传递算法

多层感知的另一个重要优点是在实践中可以很容易地找到成功应用的自适应调整系数的方法,即后向传递算法。若用神经网络的语言,则称此为监督学习方法;在学习阶段,网络的输出与已知的期待信号进行比较,从而可以观察网络的表现。

后向传递算法为最速下降法的一种,此时,当前神经网络的输出和期待输出信号的差,即误差信号被用来调整输出层的权值,接着被用于调整隐藏层的权值,一直往回经过整个神经网络直到输入层;尽管神经网络对输入信号进行处理,经过整个前向通道上产生一个输出,但在学习的过程中,得到的误差从输出端反向传递到网络的输入端用以调整权值。此时可以使用简化的网络得到后向传递算法的公式,如图 8.9 所示,具有一个隐藏层和一个输出信号(从线性的输

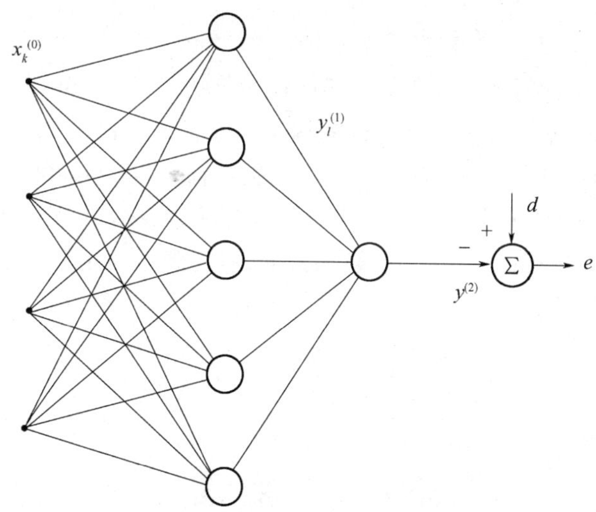


图 8.9　具有单个隐藏层的多层感知网络,使用后向传递算法将输出与期待信号比较的监督学习方式

出神经元得到)。定义期待信号和此网络输出的误差为

$$e = d - y^{(2)} \tag{8.3.8}$$

其中,为了简洁省掉了信号与时间的关系。

后向传递算法使用与误差的平方关于权值的梯度成比例的值调整每个神经元的权值,即对于第 $h$ 层的第 $i,j$ 个权值有

$$w_{ij}^{(h)}(new) = w_{ij}^{(h)}(\mathrm{old}) - \mu \frac{\partial e^2}{\partial w_{ij}^{(h)}}(\mathrm{old}) \tag{8.3.9}$$

式中:$\mu$ 为收敛因子,对于每个权值可能都不同。

在图 8.9 中,权值为 $w_l^{(2)}$ 的输出层,其梯度等于

$$\frac{\partial e^2}{\partial w_l^2} = 2e\frac{\partial e}{\partial w_l^{(2)}} = -2e\frac{\partial y^{(2)}}{\partial w_l^{(2)}} \tag{8.3.10}$$

此时输出层具有一个线性神经元

$$y^{(2)} = \sum_{l=1}^{L} w_l^{(2)} y_l^{(1)} \tag{8.3.11}$$

式中:$y_l^{(1)}$ 为隐藏层的神经元的输出,即

$$\frac{\partial y^{(2)}}{\partial w_l^{(2)}} = y_l^{(1)} \tag{8.3.12}$$

线性输出层中权值的后向传递算法变为

$$w_l^{(2)}(new) = w_l^{(2)}(\mathrm{old}) + \alpha_l^{(2)} e y_l^{(1)} \tag{8.3.13}$$

式中:$\alpha_l^{(2)} = 2\mu$ 为此时的收敛系数。后向传递算法使用与 LMS 算法中相同的梯度下降策略,从而对于无任何非线性的神经元可简化为 LMS 算法。

隐藏层中权值的自适应调整使得后向传递算法实际上从自己开始。此时将式(8.3.9)中的导数用神经网络中各种信号的函数表示更为复杂,却可以使用一种更加简单的过程,沿式(8.3.10)的方向,对于微分使用链式规则,图 8.9 中单隐藏层中的权值有

$$\frac{\partial e^2}{\partial w_{kl}^{(1)}} = 2e\frac{\partial e}{\partial w_{kl}^{(1)}} = -2e\frac{\partial y^{(2)}}{\partial w_{kl}^{(1)}} \tag{8.3.14}$$

我们现在使用链式规则

$$\frac{\partial y^{(2)}}{\partial w_{kl}^{(1)}} = \frac{\partial y^{(2)}}{\partial y_l^{(1)}}\frac{\partial y_l^{(1)}}{\partial x_l^{(1)}}\frac{\partial x_l^{(1)}}{\partial w_{kl}^{(1)}} \tag{8.3.15}$$

每个导数均可独立评估。使用式(8.3.11)我们可以看到

$$\frac{\partial y^{(2)}}{\partial y_l^{(1)}} = w_l^{(2)} \tag{8.3.16}$$

假定隐藏层的非线性为一个双曲正切函数[式(8.3.3)],我们可以通过整理将式(8.3.15)中的中间导数表示为

$$\frac{\partial y_l^{(1)}}{\partial x_l^{(1)}} = \frac{4}{(\mathrm{e}x_l^{(1)} + \mathrm{e} - x_l^{(1)})} = 1 - y^{(1)}{}_l^2 \tag{8.3.17}$$

最终,对隐藏层中的叠加和使用式(8.3.2),我们可以看到

$$\frac{\partial x_l^{(1)}}{\partial w_{kl}^{(1)}} = x_k^{(0)} \tag{8.3.18}$$

即第 $k$ 个输入信号。通过将这些独立表达式中的每一个代入式(8.3.15)及使用式(8.3.9)中的权值可以得到隐藏层中权值的自适应方程,即

$$w_{kl}^{(1)}(new) = w_{kl}^{(1)}(old) + \alpha_{kl}^{(1)} e w_l^{(2)} (1 - y_l^{(1)^2}) x_k^{(0)} \tag{8.3.19}$$

式中:$\alpha_{kl}^{(1)}$为此时的收敛系数。

从而,隐藏层中权值的自适应方程与输出层中的权值有关;而且通常任意层中权值的自适应方程都将与给定层与输出层之间的其他所有层的权值有关。对于任意层中的一个神经元,输出关于此神经元权值的导数总可扩展为式(8.3.15)的形式,即作为影响系数(网络输出关于此神经元输出的变化率),以及仅与被考虑的神经元有关的项的乘积式(8.3.17)与式(8.3.18)]。这种一般性的结构,在考虑前馈控制时会非常有用。

最后我们将注意到神经元非线性的梯度在自适应过程中的作用。对于 sigmoid 非线性,此梯度项[式(8.3.17)]是一个一直为正的平滑函数,但当非线性近似饱和时,具有非常小的幅值,即 $y_l^{(1)} \approx 1$。二进制正负号函数不具有解析导数,而且其主要用于防止后向传递算法用于多层感知网络早期形式的学习。

后向传递算法使用梯度下降法,意味着其收敛性质与多维误差表面的形状有关;其中,误差表面为所有层的权值的函数。此表面不可能在所有维上都可见,但通过绘制部分表面可对其性质有基本的了解;如当两个权值变化而其他权值保持不变时,误差平方的变化。对于上面所考虑的简单网络(图 8.9),输出神经元中不存在非线性;通过在输出层变化权值得到的误差表面是二次的。这也是可以预测的,因为此时输出层仅是一个线性组合器。

通过变化隐藏层所得到的误差表面将更加有意思,因为神经元存在非线性。如图 8.10 所示,为 Widrow 和 Lehr(1990)变化隐藏层中的两个权值得到的误差表面,第一个为训练前的网络,第二个为使用后向传递算法调整所有权值后得到的网络。显然,误差表面不是二次的,却具有相对平坦的平面和陡峭的山谷。除

了最小值更加陡峭外,训练前和训练后的表面比较相似,毕竟网络中的所有权值都经过了训练。若调整传统最速下降算法的收敛系数,则在陡峭的谷中下降时算法是稳定的,而穿越误差表面的平坦平面时会收敛得非常缓慢。后向传递算法的确收敛得比较缓慢。误差表面的形状也意味着收敛率将剧烈变化,在快速收敛后的较长时间内将没有明显的下降。可通过大量对基本算法的改进显著提升后向传递算法的收敛特性,如 Haykin(1999)所讨论的。一种看起来非常重要的改进是对于不同的权值,使其具有相互独立的收敛参数,然后在自适应的过程中调整这些系数的值。

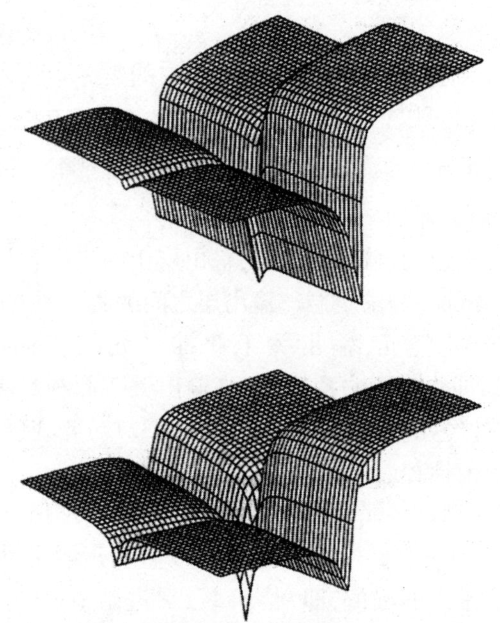

图 8.10　多层感知网络中第一个隐藏层中的两个权值变化时获得的误差表面,训练前(上者),训练后(下者)(Widrow 和 Lehr,1990,© 1990 IEEE)

神经元非线性在误差表面上的另一个重要应用是不再保证其为凸的或单峰的(具有唯一的最小值)。误差表面可能具有局部最小值,后向传递算法也可能收敛到此值,此点处误差的平方可能高于误差表面中距其一定距离的更陡的最小值的误差的平方。同样地,因为网络结构的对称性,即使找到的最小值为全局最小值,也不是唯一的。实践中,在训练之前,通过将权值初始化为不同的随机值可以破坏此对称性。虽然已知存在局部极小值,但在具有 sigmoid 非线性的多层感知实践应用中,这并不是一个非常严重的问题(Haykin,1999)。Widrow 和 Lehr(1990)曾断言,通过后向传递算法找到的解可能不是全局最优解,但其通常也满足实际性能的需要。

如图 8.9 所示的多层感知网络将会对任意顺序的输入数据进行处理。在主动控制中，我们主要对神经网络的两种应用进行研究。其一，对非线性系统的辨识，这在下面将进行简单的介绍；其二，对非线性系统的控制，将在下一节讨论。

### 8.3.3　动态系统的建模

我们通常对同时具有非线性和一定动态特性的系统辨识感兴趣。它们当前的输出不仅与当前的输入有关，而且与过去的输入有关。对于单输入单输出系统可以使用如图 8.9 所示的多层感知网络对此类系统进行建模，其中网络的输入为单输入信号 $x(n)$ 的过去值，如图 8.11 所示，这就是所谓的延时神经网络。网络中的权值可以在每次采样时，通过后向传递算法利用未知非线性系统的输出 $d(n)$ 和神经网络输入为 $x(n)$ 时的输出 $y(n)$ 的瞬时差值 $e(n)$ 得到自适应调整。这种处理方式很容易让人想起 Volterra 系列，在 Volterra 系列中仅是过去的输入值用于计算输出；而且这种处理方式与 Volterra 系列有一些共同的缺点，仅能用于表示一类受限的非线性系统。若非线性系统具有磁滞或后冲现象，则输出将不会是输入的单值函数，而且这样的系统也不可能使用如图 8.11 所示的网络建模。

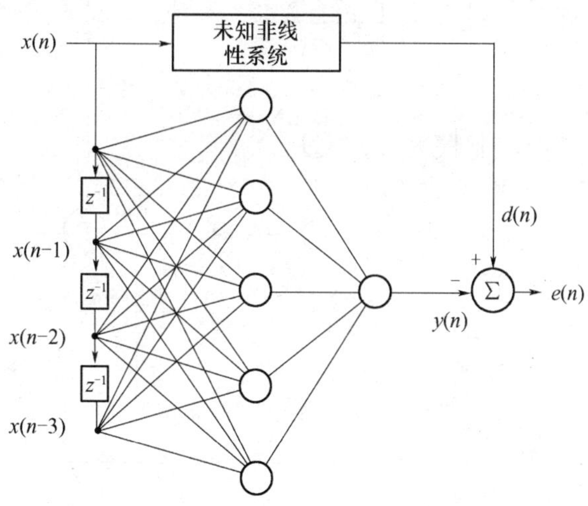


图 8.11　由通过节拍延时线的输入时间序列驱动的简单多层感知网络，用于辨识未知的非线性系统

对此类系统建模所需的是网络输出不仅与过去的输入有关，而且与过去的输出有关。这可通过将神经网络的输出 $y(n)$ 通过另一个节拍延迟线，反馈到另

一个输入,得到一个递归的神经网络。这种网络的运行方式将是式(8.2.3)所定义的一般 NARMA 模型的特殊情形。这种对神经网络的改进意味着其不是完全前馈,而且通常不可能使用后向传递算法进行训练。另一种训练结构是,给神经网络增加一个额外的输入,并且此输入不是取自网络本身的输出,而是取自未知系统的输出,即 $d(n)$(Narendra 和 Parthasarathy,1990)。若网络收敛成为辨识系统的一个良好模型,则 $d(n) \approx y(n)$,而且对神经网络的操作将类似于对递归网络的操作。图 8.12 是这种辨识策略的一种简单解释,其类似于递归线性系统辨识中使用的方程误差方法,如在 2.9.5 节所讨论的。这种方法的一种危险是,若未知非线性系统存在显著的噪声,则将偏置网络递归部分的权值。这是因为在复制未知非线性系统的递归特性和降低测量噪声之间存在冲突。从而,当辨识系统相对不存在噪声或产生噪声的过程本身可建模时,这种辨识策略才最为有效,因此可以预测噪声波形并将其从观测输出中剔除掉。如图 8.12 所示的方案的优点是,在训练的过程中完全前馈,因为当前的输出仅与过去的输入值有关;假设缓慢自适应,则后向传递算法可以用于训练网络的权值。一旦权值训练完毕,则固定不变;假设得到的系统是稳定的,通过将第二条延时线与神经网络的输出,而不是未知系统的输出连接起来可以得到非线性模型,如图 8.12 所示。

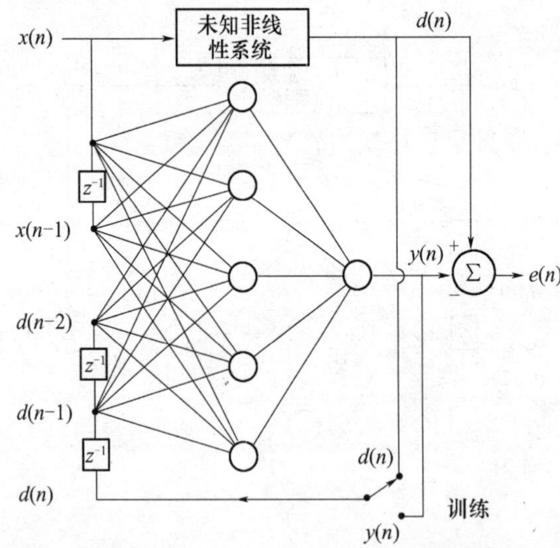


图 8.12 用于辨识未知非线性系统的多层感知,在训练期间其输入为当前和过去的输入信号、过去期待信号,以及在处理期间作为当前和过去的输入信号和过去输出信号

图 8.13 为上述辨识方法应用于后冲函数的仿真结果(Sutton 和 Elliot,1993)。后冲函数和神经网络的输入信号 $x(n)$ 均为窄带随机噪声。神经网络有

两个输入:$x(n)$和$d(n-1)$,一个具有两个 sigmoid 非线性神经元的隐藏层及一个输出层。后冲函数的输出$d(n)$与其输入相比具有轻微的延时,因为需要花时间穿越窄带,而且有一些平滑。处于"训练"模式中的神经网络使用后向传递算法自适应调整。在权值收敛结束后,将处于"运行"模式,此时的输出$y(n)$如图8.13所示。虽然这个神经网络没有精确模拟后冲函数的运行,但其输出和后冲函数的输出也非常相似。经研究发现,此种程度的相似度不能通过仅由过去的输入值驱动的神经网络得到,如图8.11所示。

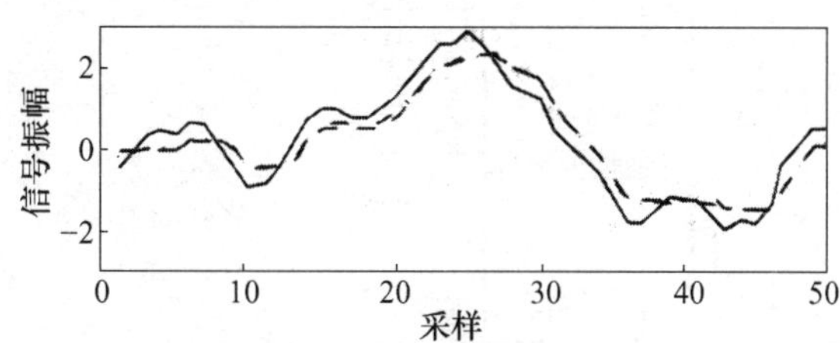


图8.13　由窄带随机噪声驱动的后冲函数的输入$x(n)$(实线)和输出$d(n)$(虚线)和后冲函数的递归神经模型的输出$y(n)$(点划线)

尽管,从系统辨识的角度来看,神经网络可以认为是另一种模型"结构",但多层感知网络的确具有大量有用的性质,如 Ljung 和 Sjoberg(1992)所讨论的。一个重要性质是正负号函数自然模拟实践中的饱和非线性,而且相比多项式的展开要更加容易。普通多层感知结构的一个缺点是,其对于简单的模型可能包括比所需的参数要多的参数。这种过参数可能导致观测数据的过适合。防止产生此过适合问题,提高网络的普适性的一种方法是,将观测到的数据分为两个集合:第一个集合用于训练网络,第二个集合用于测试网络,即交叉验证观测性能(Haykin,1999)。在算法的收敛过程中训练数据的均方差通常会持续降低,测试数据的均方差在算法开始收敛时也会降低,但当算法开始收剑时,训练数据的均方差则开始增加。当测试数据的均方差达到最小值时停止自适应即可获得最好的模型。在4.3.6节注意到,收敛完成前最速下降算法的自适应具有一个类似最小化一个包括与权值的平方和与均方差成比例的项的性能函数的效果,而且可以作为调整解的平方和的一种方法。Ljung 和 Sjoberg(1992)的研究表明,这种调整减少了网络所需的有效参数的数目,而且通过自动调整得到模型中的有效顺序,有效防止了过适合的发生。

### 8.3.4　辐射基础函数网络

在本节我们将讨论另一类如图8.14所示的重要神经网络。其与所阐述的多层感知网络不同的是,不是整个网络都存在非线性和所有的权值都能调整,而是非线性仅存在于网络的第一层而且是固定的。此固定非线性层的输出,输入给一个权值可调整的线性组合器。这种结构的优点是,输出总是权值的线性函数,而且保证误差表面为二次的同时具有唯一的全局最小值。从而可以解析计算得到最小化二次误差准则的权值最优集合,或者可以使用 LMS 算法或 RLS 算法自适应得到。

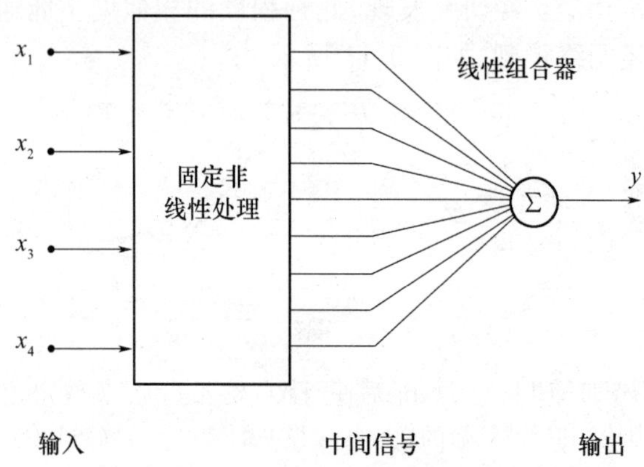


图 8.14　具有固定非线性处理方式的神经网络结构,其将输入信号变换为中间信号的线性组合产生输出信号

大量的不同非线性网络的形式如图 8.14 所示。例如,Volterra 系列可以看作是过去输入数据的多项式展开,是一个固定的非线性过程,输出是通过 Volterra 内核[式(8.2.1)]的线性加权。这是 FIR 滤波器的自然非线性展开,可以非常容易地使用 LMS 算法自适应调整(例子可见 Rayner 和 Lynch,1989)。用于模型匹配的一种类似的多项式展开技术如 Widrow 等人(1988)的图 8.14 所示。

若网络的输入为单频信号,而且输出按照要求为普通的具有相同频率的周期信号,则可使用一种方便的非线性网络,其形式如图 8.14 所示,具有一个谐波生成器作为固定的非线性处理单元。固定非线性处理单元的谐波输出,通常需要具有正弦和余弦成分,接着加权、加和得到的周期性信号,作为与输入正弦信号周期相同的输出信号。将在下一节讨论这种作为谐波控制器网络的使用。

最常用的,具有如图 8.14 所示结构的神经网络,为辐射基础函数网络(Broomhead 和 Lowe,1988),Haykin(1999)、Brown 和 Harris(1995)对其性质进行了讨论。若网络的输入信号用向量 $\boldsymbol{x}=[x_1,x_2,\cdots,x_k]$ 表示,则网络的输出可以表示为

$$\boldsymbol{y}=\sum_{i=1}^{I} w_i\phi(\|\boldsymbol{x}-x_i\|) \tag{8.3.20}$$

式中：$w_i$ 为图8.14中第 $i$ 个中间输出的权值。这些输出由 $I$ 个辐射基础函数 $\phi(\|\boldsymbol{x}-x_i\|)$ 组成，其中 $\| \quad \|$ 表示向量范数，一般指欧几里得范数（具体可参考附录），$x_i$ 为辐射基础函数的中心。一种普通选择的基础函数为高斯曲线，即

$$\phi(r) = \exp(-r^2/c^2) \tag{8.3.21}$$

式中：$r=\|\boldsymbol{x}-x_i\|$，$c$ 为常数。

继续对非线性系统辨识进行讨论，我们可以想象输入向量 $\boldsymbol{x}$ 包括网络输入序列的当前值和过去值。从而，辐射基础函数的中心 $x_i$ 可以用于描述网络所关注的信号波形，如这些可以表示为傅里叶序列的形式。因此，辐射基础函数的输出可以用于测量上一个过去输入 $\boldsymbol{x}$ 的波形与 $x_i$ 所定义的波形之间的不同。所以，网络的最终输出结果为这些函数的加权和，当存在信号 $x_i$ 的特定组合时，值会非常大。从而通过选择中心 $x_i$ 可显著影响网络的性能，却不能完全决定网络的性能。有大量的方法可以用于选择辐射基础函数中心的位置，包括使用表示特别关注的一个训练集合的独立输入信号向量，或者使用自动聚类算法，从而中心的分布近似训练数据（例子可参考 Chen 等人，1992）。Brown 和 Harris（1995）提出了一种三角偏置函数方法，并对此类系统和那些使用模糊逻辑的系统间的关系进行了说明。

最后注意到，具有权值固定的线性输出层和隐藏层的多层感知同样可以用如图8.14所示的方块图表示。然而，在多层感知中，隐藏层中的非线性处理单元通常通过使用后向传递和训练数据自适应调整权值而定义，同时通过选择中心定义辐射基础函数中的非线性处理单元，即使这通常也可基于训练数据而定义。

## 8.4 自适应前馈控制

非线性系统自适应前馈控制的原理与线性系统类似。图8.15单通道非线性系统的方块图。其与线性系统的框图不太相似，因为在非线性系统中假设干扰是作用在系统的输出上。若系统是线性的，则作用在系统内部的任意干扰的作用可以使用等价的外部干扰精确表示。然而，对于非线性系统则不成立；因为，内部干扰通常会影响工作点，从而影响系统对输入信号的响应。虽然这不是非线性系统的完整表示，但对于当前的讨论其的确是一个方便的模型。

在设计非线性系统的前馈控制器时，最困难的部分就是对其最优性能进行预测。对于线性系统，可以使用维纳滤波理论计算得到；而对于非线性系统，则还没有类似的理论可以应用。非线性系统可逆的条件必定类似于线性系统的条

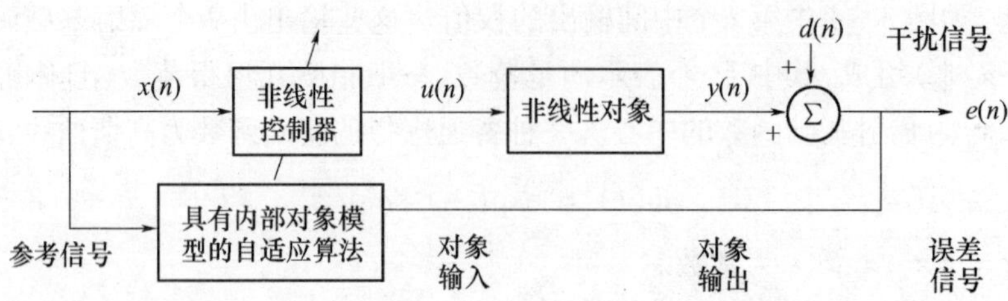


图 8.15　使用非线性控制器的非线性系统的自适应前馈控制系统的框图

件,如因果性,但同时还需要别的条件。考虑如图 8.1 所示的简单饱和非线性,显然,没有任何输入可以产生振幅大于饱和限制的输出。没有常规的方法可以用于预测非线性控制系统的最优性能,也就意味着,没有办法知道残余误差(控制器自适应后仍旧存在的误差)是由于系统响应求逆中存在的主要困难导致的,还是由于自适应算法的非理想性能导致的。尽管不能直接量化非线性系统模型的性能,如 Aguirre 和 Billings(1995a)所讨论的,但这并不是量化这种系统逆模型的性能时存在的主要困难,正如图 8.15 中的前馈控制所要求的。

然而,知道这些限制后,使用如图 8.16 所示的内模控制结构,设计非线性反馈系统的问题可以再次简化为设计一个模型和设计一个前馈控制器。模型和控制器均可以方便地使用神经网络实现,如 Hunt 和 Sbarbaro(1991)所作的讨论。

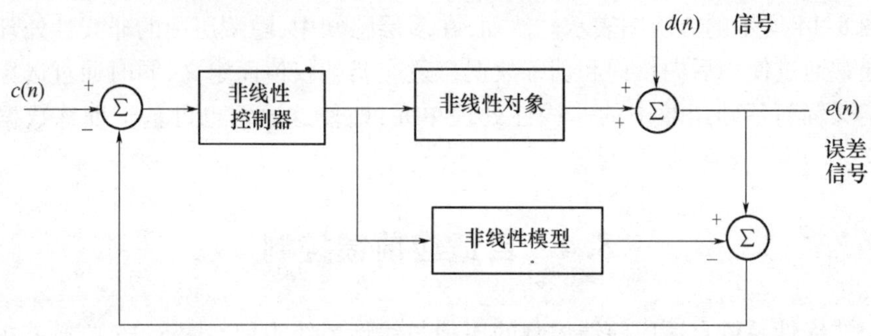


图 8.16　具有额外输出干扰 $d$ 和控制信号 $c$ 的非线性系统的反馈控制器的内部模型控制(IMC)的结构,其使用一个非线性系统的模型和一个非线性前馈控制器

## 8.4.1　静态非线性的逆

本节,我们使用如图 8.15 所示的方案,从对一个单值可微非动态系统进行自适应前馈控制开始。假设系统的输出 $y$ 仅与系统的当前输入 $u$ 有关。若我们对控制器的内部结构仅假设其包含一定的可调参数 $w_0,\cdots,w_i$,我们可以使用类似得到后向传递算法的方法得到这些系数的表达式。误差的瞬时平方关于某个

控制器系数的变化率为

$$\frac{\partial e^2}{\partial w_i} = 2e\frac{\partial e}{\partial w_i} = 2e\frac{\partial y}{\partial w_i} \tag{8.4.1}$$

假设系统的输出 $y$ 仅与系统的当前输入 $u$ 有关，则系统输出关于控制器系数的变化率可以写为

$$\frac{\partial y}{\partial w_i} = \frac{\partial y}{\partial u}\frac{\partial u}{\partial w_i} \tag{8.4.2}$$

式(8.4.2)中的$\partial u/\partial w_i$ 仅与控制器的形式有关，表示控制器输出与控制器系数的变化率。若控制器为一个神经网络，则可使用后向传递算法直接计算得到，是参考信号的一种形式。式(8.4.2)中的$\partial y/\partial u$ 为非线性系统在当前工作点 $u_0$ 附近系统的输出和输入的变化率。由于已经假设系统单值、非线性和非动态，则此项仅表示当前工作点的输入—输出特征的斜率，如图 8.17 所示。

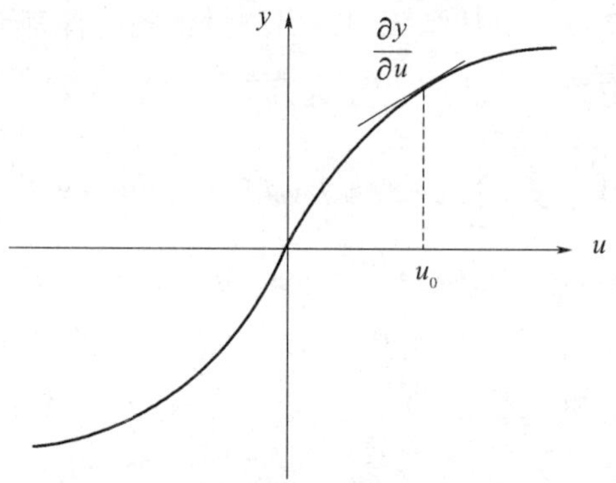


图 8.17　单输入单输出系统在不同工作点的响应，工作点 $u_0$ 由此点的输入输出特性的斜率确定。对于输出与多个输入信号有关的系统，不同的响应是相应多维表面关于工作点的梯度

为计算误差平方关于控制器系数的梯度，则必须计算或辨识已知工作点周围的系统的微分性质，即输入—输出特性的导数。若系统是单输入单输出的，且仅在工作点限制的范围内存在激励，则可以在控制之前从大量的工作点测量得到系统输入—输出特性的导数，并储存起来以备控制算法的需要。另外，可以辨识系统的非线性模型，并以此推导出此工作点上的导数。若系统为多输入多输出的，则输入—输出特性变为一系列的高维平面。假设每个输出关于输入的变化率都可以解释清楚，则此时对系统特性的辨识会更加困难，但仍然可以使用前面所讨论的控制方法；然而，却不能保证最速下降法收敛到多维误差表面的全局最小值，这在非线性控制器和一般的非线性系统中会非常复杂。

### 8.4.2 周期干扰的谐波控制

作为动态非线性系统自适应前馈控制的第一个例子,我们考虑使用频域方法对弱非线性系统中的周期性干扰进行控制(Sutton 和 Elliot,1993;Her 和 ski 等,1995)。我们假定非线性系统的周期性输入会产生具有相同周期的周期性输出,从而系统具有记忆和动态响应,其在给定频率下的稳态特性,将由输入谐波振幅到输出谐波振幅的变换完全描述。普通设计方案如图 8.18 所示,此时系统的周期性输入由一系列谐波成分的加权和综合得到,从而在稳态时有

$$u(t) = \sum_{n=0}^{N} [w_n \cos(n\omega_0 t) + v_n \sin(n\omega_0 t)] \tag{8.4.3}$$

式中:$w_n$ 和 $v_n$ 为控制器的系数,$\omega_0$ 为干扰的基频,第零阶表示 dc 输入,通常影响非线性系统的工作点。将从系统的输出测量得到的含有干扰的稳态误差信号展开为傅里叶形式为

$$e(t) = \sum_{n=0}^{L} [a_n \cos(n\omega_0 t) + b_n \sin(n\omega_0 t)] \tag{8.4.4}$$

系统对指定频率 $\omega_0$ 的激励和干扰的响应可以表示为,输出振幅 $a_1, b_1, \cdots, a_L, b_L$ 对输入振幅 $w_1, v_1, \cdots, w_N, v_n$ 响应的多维平面。此平面的局部特性通过局部导数矩阵或敏感度矩阵表示,即

$$\boldsymbol{\Phi}_{aw}(\boldsymbol{u}) = \begin{bmatrix} \dfrac{\partial a_0}{\partial w_0} & \dfrac{\partial a_1}{\partial w_0} & \cdots & \dfrac{\partial a_L}{\partial w_0} \\ \dfrac{\partial a_1}{\partial w_0} & \dfrac{\partial a_L}{\partial w_0} & & \\ \vdots & & & \\ \dfrac{\partial a_0}{\partial w_N} & \cdots & \dfrac{\partial a_L}{\partial w_N} & \end{bmatrix} \tag{8.4.5}$$

在工作点 $\boldsymbol{u} = [v_0 \cdots v_N, w_0 \cdots w_N]$ 周围的相应定义矩阵为 $\boldsymbol{\Phi}_{bw}(\boldsymbol{u})$,$\boldsymbol{\Phi}_{av}(\boldsymbol{u})$ 和 $\boldsymbol{\Phi}_{bw}(\boldsymbol{u})$。

严格来讲,这些局部导数矩阵通常为干扰和控制输入的函数,但通过假设误差信号为系统输出和干扰的叠加,如在图 8.15 中,可以避免此复杂性。敏感度矩阵中对角项的作用类似于分析无非线性元素的反馈控制系统的描述函数的作用,如 Banks(1986)所讨论的。

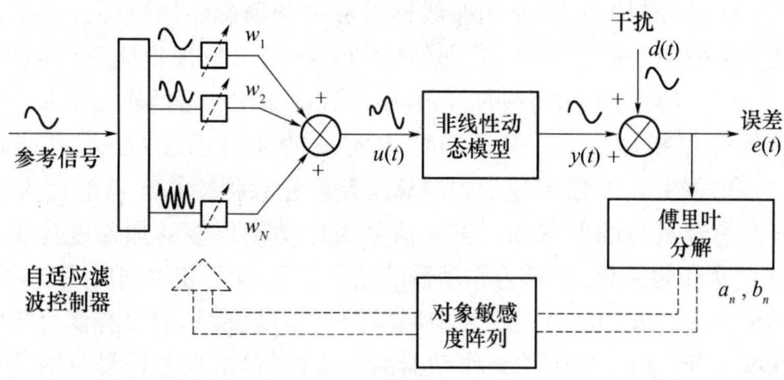


图 8.18　自适应控制经非线性动态系统周期干扰的频域前馈系统的框图

控制算法最小化的性能函数定义为误差的平方在干扰周期上的积分

$$J = \frac{1}{T_0}\int_0^{T_0} e^2(t)\,\mathrm{d}t \tag{8.4.6}$$

式中:$T_0 = 2\pi/\omega_0$。也可使用 Parseval 定理写成

$$J = \frac{1}{2}\sum_{n=0}^{L}(a_n^2 + b_n^2) = \frac{1}{2}(\boldsymbol{y}^T\boldsymbol{y}) \tag{8.4.7}$$

式中:$\boldsymbol{y} = [a_0 \cdots a_L, b_0 \cdots b_L]$。从而用于更新控制器振幅的梯度下降法可以写为

$$\boldsymbol{u}(\text{new}) = \boldsymbol{u}(\text{old}) - \boldsymbol{\mu}\frac{\partial J}{\partial u} \tag{8.4.8}$$

此时,根据式(8.4.1)和式(8.4.2)所表示的一般原理

$$\frac{\partial J}{\partial \boldsymbol{u}} = \boldsymbol{\Phi}(\boldsymbol{u})\boldsymbol{u} \tag{8.4.9}$$

其中

$$\boldsymbol{\Phi}_{(v)} = \begin{bmatrix} \boldsymbol{\Phi}_{aw}(v) & \boldsymbol{\Phi}_{bw}(v) \\ \boldsymbol{\Phi}_{av}(v) & \boldsymbol{\Phi}_{bv}(v) \end{bmatrix} \tag{8.4.10}$$

若系统完全线性,则谐波敏感度矩阵 $\boldsymbol{\Phi}_{aw}$ 等为对角阵;而且将具有一些冗余,因为对于线性系统有 $\partial a_p/\partial w_p = \partial b_p/\partial v_p$ 和 $\partial a_p/\partial v_p = -\partial b_p/\partial w_p$。然而,对于非线性系统,这些矩阵中的元素通常都不为零,且一般不满足上面的关系。同样地,对于非线性系统,这些矩阵中的每个元素均为当前工作点的函数,从而,原则上讲,在每次控制算法的迭代后它们的值都将会被重新辨识。实际上,通常使用在控制之前获得的系统的不同谐波响应的估计实现梯度下降法,但梯度下降法的收敛对于这些估计中的误差却是鲁棒的。

Sutton 和 Elliot(1995)对使用非线性谐波控制器确保磁致伸缩作动器的位移输出是正弦的结果进行了描述,即使作动器的输出呈现出明显的磁滞现象。图 8.19 为这个实验的实际物理布置,其中磁致伸缩作动器的底部由一个位移输出为正弦的激振机驱动。一个在 PC 上实现的实时谐波控制器,通过实现式(8.4.8)和式(8.4.9)所表述的控制算法调整磁致伸缩作动器的输入 $u(t)$ 以最小化误差信号 $e(t)$ 的平方和。误差信号由作动器顶端的加速度计获得。图 8.20 为这些实验的结果,表示为作动器的输入信号 $u(t)$ 和控制后残余的误差信号 $e(t)$ 的形式。图 8.20(a)为线性控制器的控制结果,其中仅有调整控制信号 $u(t)$ 的基本成分。由于磁致伸缩作动器的非线性特性,误差信号具有残余的谐波扭曲成分。图 8.20(b)为使用非线性谐波控制系统产生一个具有 7 个谐波的输入信号的控制结果。此时,为补偿作动器的磁滞,控制信号不是正弦的,但误差信号降低了,表明磁滞伸缩作动器的输出接近正弦,并与其底部激振机的输出反相。

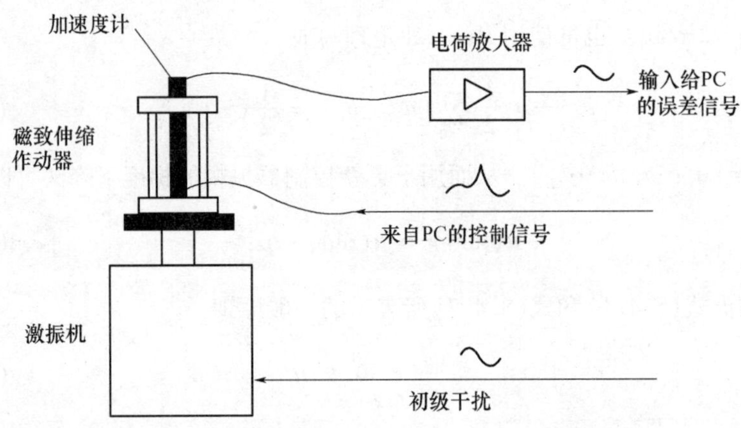


图 8.19　控制磁致伸缩作动器产生正弦位移,从而当激振机产生初级位移时,加速度计测得的误差信号将趋向于零

在此实验中,对于磁致伸缩作动器仅需要辨识矩阵 $\boldsymbol{\Phi}$ 所表示的谐波系统响应,包括大量不同输入信号在期望工作点的平均响应。甚至是在此非线性情形中控制系统也是稳定的事实证明了,梯度下降法对假设系统响应中误差的鲁棒性。同时发现,若进一步简化系统响应的模型,则仅辨识线性系统矩阵中的对角元素,谐波控制器仍然可在很多情况下收敛。然而,当此谐波控制器控制某些非线性系统时,会变得不稳定,如控制那些具有饱和非线性的系统,此时对于稳定的操作需要一个全耦合谐波系统模型。

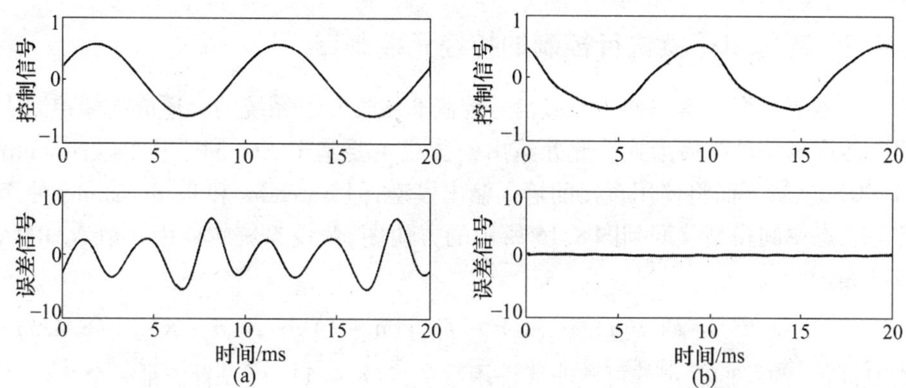


图8.20　图8.19的实验结果：(a)磁致伸缩作动器首先由正弦输入信号驱动最小化均方差和结果误差；(b)当磁致伸缩作动器由谐波控制器的输出和此时的结果误差信号驱动时的结果

Hermanski等人(1995)将类似的谐波方法用于控制非线性印刷机械的振动，Blondel和Elliot(1999)则将其用于压缩空气扩音器的自适应补偿，Elliot(1999)也对此应用进行了讨论。这种扩音器主要基于高压腔体开口的调节，高压腔体中储存有压缩空气，空气流的体积速度与开口的面积呈线性关系，但总的源效率非常低，尤其当应用在主动控制中时。当压力下降时，源效率会变得很大，但空气流的体积速度变为高压腔体外部瞬时压力和开口面积的非线性函数。当把压缩空气扩音器用作主动控制中的次级源时，有一个非常有意思的性质，若对消高压腔体开口处的交互式声压，则其体积速度再次变为高压腔体开口面积的线性函数。然而，为了满足此条件，控制系统必须处理自适应过程中声源的非线性特性。

Blondel和Elliot(1999)对使用次级源控制单频干扰的两级控制策略进行了探讨。首先，仅调整开口区域的基本成分，将降低高压腔体外部的均方压力，但外部的压力波形仍然存在显著的谐波扭曲成分。这类似于图8.20(a)所示的磁致伸缩作动器的情形。然而，在第一级自适应后，交互式的外部压力将远小于高压腔体内的压力，且源开始变得接近线性。接着可以调节开口区域的前5个谐波以最小化外部压力，仅使用式(8.4.10)所表示的敏感度矩阵的线性模型。这种两级控制策略可使开口区域波形具有鲁棒性而且稳定收敛，在基本频率上可使外部干扰达到超过30dB的衰减，同时所有谐波的振幅均低于此能级，这类似于图8.20(b)所示的磁致伸缩作动器的情形。Fuller等人(1991)、Snydeer和Tanaka(1992)同时讨论了使用时域神经网络控制周期信号时的情况。

### 8.4.3 对随机干扰进行控制的神经元控制器

在本节我们将考虑使用时域信号控制非线性动态系统的自适应前馈控制中后向传递算法的扩展形式。此处给出的公式主要基于 Narendra 和 Parthasarathy (1990),虽然下面将使用直接的输入输出模型,但 Narendra 和 Parthasarathy 使用的是状态空间模型。回到图 8.15 所示的方块图,假设系统响应由一般 NARMA 模型表示

$$y(n) = F[u(n),\cdots,u(n-J),y(n-1),\cdots,y(n-K)] \tag{8.4.11}$$

式中:$F[\ ]$为我们假定的可微非线性函数。式(8.4.11)可以看作是一个 $J+k+1$ 维表面。

再次假设非线性控制器为具有系数 $w_0,\cdots,w_I$ 的一般结构,我们希望通过使用最速下降法调整系数以最小化瞬时误差的平方,如在 LMS 算法中所做的处理。从而我们需要计算导数

$$\frac{\partial e^2(n)}{\partial w_i} = 2e(n)\frac{\partial e(n)}{\partial w_i} = 2e(n)\frac{\partial y(n)}{\partial w_i} \tag{8.4.12}$$

式中:$w_i$ 为非线性控制器中某个变量的系数或权值。

假设当前的系统输出 $y(n)$为有限个当前和过去输入、输出的可微函数[式(8.4.11)],则当前系统输出关于控制器系数的导数为

$$\frac{\partial y(n)}{\partial w_i} = \sum_{j=0}^{J}\frac{\partial y(n)}{\partial u(n-j)}\frac{\partial u(n-j)}{\partial w_i} + \sum_{k=1}^{K}\frac{\partial y(n)}{\partial y(n-k)}\frac{\partial y(n-k)}{\partial w_i} \tag{8.4.13}$$

此时,我们假设控制器系数变化不是非常迅速,则不必考虑随时间的变化率 $w_i$。我们现在定义式(8.4.11)所定义的表面的局部导数为

$$\frac{\partial y(n)}{\partial y(n-k)} = a_k(u,y) \tag{8.4.14}$$

和

$$\frac{\partial y(n)}{\partial u(n-j)} = a_j(u,y) \tag{8.4.15}$$

其中,将这些系数与非线性系统的状态的关系简写为$(u,y)$的形式,即使其与所有的信号 $u(n),\cdots,u(n-J)$ 和 $y(n-1),\cdots,y(n-K)$ 有关。若辨识式(8.4.11)所描述的非线性系统模型,如使用神经网络,则通过在工作点线性

化这个模型,可以计算出系数 $a_k(u,y)$ 和 $b_i(u,y)$ 的估计。

为了方便,我们将式(8.4.13)所表示的时变信号写成

$$\frac{\partial y(n)}{\partial w_i} = r_i(n) \tag{8.4.16}$$

假设 $w_i$ 变化不是非常快速,即准静态,则下式近似成立

$$\frac{\partial y(n-k)}{\partial w_i} = r_i(n-k) \tag{8.4.17}$$

我们同时定义信号 $t_i(n)$ 等于系统输入关于控制器系数 $w_i$ 的导数,即

$$\frac{\partial u(n)}{\partial w_i} = t_i(n) \tag{8.4.18}$$

我们再次近似认为控制器系数变化缓慢,则

$$\frac{\partial u(n-j)}{\partial w_i} = t_i(n-j) \tag{8.4.19}$$

通过后向传递经过已知的非线性控制器可以得到信号 $t_i(n)$。若控制器为由参考信号的延时形式驱动的线性 FIR 滤波器,则 $t_i(n)$ 将等于 $x(n-i)$。通常,对于纯前馈控制器,$t_i(n)$ 等于经此权值的输出到控制器的输出的线性化响应滤波的权值 $w_i$ 的输入信号。

使用这些定义,式(8.4.13)作为一个 filtered reference 信号可以表示为

$$r_i(n) = \sum_{k=1}^{k} a_k(u,y) r_i(n-k) + \sum_{j=0}^{J} b_j(u,y) t_i(n-j) \tag{8.4.20}$$

它表示经系统的线性化响应递归滤波的参考信号 $t_i(n)$。从而,使用瞬时最速下降法的最终自适应算法的控制器系数 $w_i$ 为

$$w_i(n+1) = w_i(n) - \alpha e(n) r_i(n) \tag{8.4.21}$$

它是 filtered - reference LMS 算法的一种形式。Marcos 等人(1992)、Beaufays 和 Wan 等人(1994)的研究表明,这个算法直接类似于实时后向传递算法(Williams 和 Zipser,1989)。

通过直接类比线性时的情况可以很容易地将式(8.4.21)所表示的自适应算法扩展到多个误差时的情况。对参考信号进行滤波时,不是使用控制器和系统前向动态的线性化模型,而是使用翻转的系统动态对误差信号进行滤波以得到一种类似于后向传递遍历时间算法(Rumelhart 和 McClelland,1986;Nguyen 和 Widrow,1990)的 filtered - error 算法(Marcos 等人,1992;Beaufays 和 Wan,1994)。Bouchard 等人(1999)讨论了比基于梯度下降法具有更快训练率的算法,如上面所讨论的算法。

### 8.4.4 间隙函数的控制

Sutton 和 Elliot(1993)讨论了一种使用这种时域控制策略的例子,主要对随机干扰的间隙函数进行前馈控制。为了翻转一个间隙函数,无论什么时候输入信号的变化率改变符号,都有必要给输入信号加上或者减去一个激增量。原则上讲,这种操作可以通过一个作用在参考信号的当前或上一个过去值上的非线性控制器综合得到,从而控制器没有必要是递归的。在这些仿真中,控制器为一个多层感知网络,其具有一个 sigmoid 非线性的隐藏层和一个线性输出层,而且由当前的、延时的参考信号驱动。从间隙函数的递归神经元模型得到系统响应的导数 $a_k(u,y)$ 和 $b_i(u,y)$,如在 8.3 节所讨论的,在控制前就被辨识了。图 8.21为控制器的框图,图 8.22 为仿真的结果。

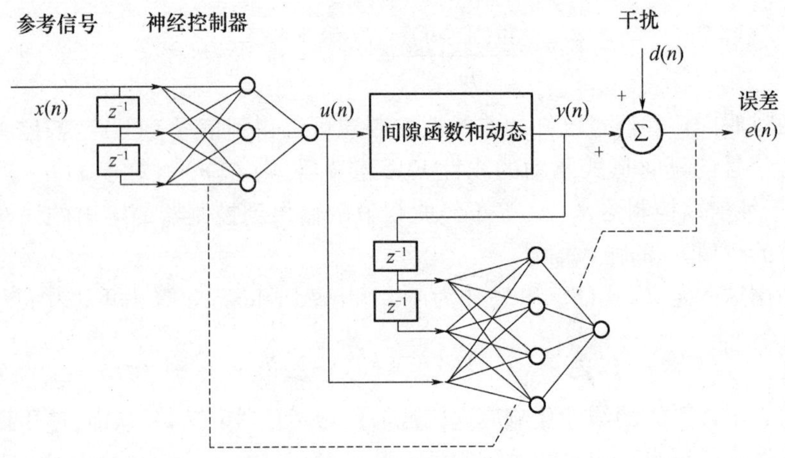


图 8.21　用于前馈控制具有后冲和二阶动态特性系统的时域神经网络控制器的框图

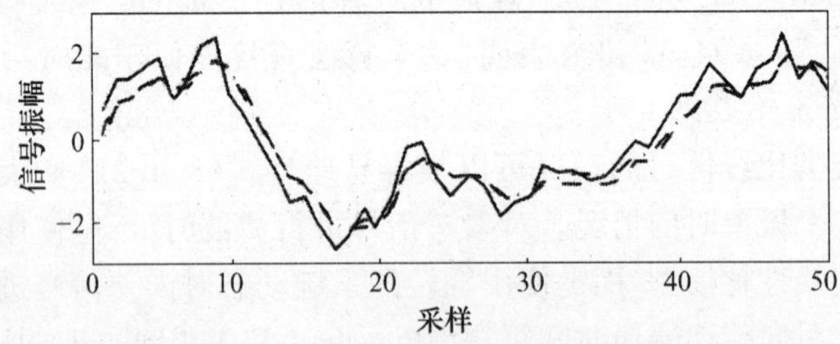


图 8.22　图 8.21 的仿真结果,其中前馈神经网络控制器为具有后冲特性的非线性系统提供驱动信号 $u(n)$(实线),从而系统的输出 $y(n)$可以最佳匹配窄带随机干扰 $d(n)$的逆(点划线)

在这些仿真中,干扰信号等于参考信号,为带宽受限的随机信号。图 8.22 为翻转的干扰信号,以及自适应神经元控制器收敛后的间隙函数的输出。对间隙函数干扰的跟踪并不精确,却优于使用线性控制器时的情形。图 8.22 为产生此输出所需的输入,其具有强烈的“微分作用”,正如在系统的后冲中为克服空转所需的,从而相比干扰中的情形具有更加强烈的高频成分。

## 8.5 混沌系统

本节我们将简单介绍混沌系统的主要性质,以及用于描述此类系统特性的术语。这是为了在 8.6 节,讨论一些控制此类系统的方法做准备。我们将描述混沌系统是如何对扰动呈现指数式的敏感度。在混沌天气系统中这种对扰动的指数式敏感度可引起所谓的“蝴蝶效应”,即地球另一面蝴蝶翅膀的振动可导致一周后地球另一面的狂风暴雨(可见 Ott,1993 的讨论)。正是由于这种指数式的敏感度,使得混沌系统的控制具有非常令人期待的前景;因为其表明,可通过非常小的控制信号使混沌系统的行为产生非常显著的变化(若我们知道如何作用此控制信号的话)。已将非线性系统的反馈控制器(Golnaraghi 和 Moon,1991)应用在多种非线性机械系统、流体系统(Moon,1992)及具有非线性元素的神经网络(Van Der Maas 等人,1990)中,在自适应方程是非线性的自适应控制系统中也可观测到混沌现象。

### 8.5.1 吸引子

考虑一个由 $N$ 个状态方程支配的连续动态系统

$$s(t) = F[\dot{s}(t)] \tag{8.5.1}$$

式中:$s(t)$ 为 $N$ 个状态变量的波形向量,$\dot{s}(t)$ 为这些波形的时间导数,$F$ 为非线性函数。一个无输入的线性二阶系统的微分方程为

$$\ddot{y}(t) + c\dot{y}(t) + y(t) = 0 \tag{8.5.2}$$

式中:$y(t)$ 可以表示机械系统的位移,其阻尼与 $c$ 有关,且质量和刚度都已正则化为 1,定义状态变量为

$$s_1(t) = y(t) \text{ 和 } s_2(t) = \dot{y}(t) \tag{8.5.3}$$

它们以两个一阶方程联系在一起

$$\dot{s}_1(t) = s_2(t) \tag{8.5.4}$$

和

$$\dot{s}_2(t) = -s_1(t) - cs_2(t) \tag{8.5.5}$$

此时,式(8.5.1)为线性矩阵方程,可以写为

$$\begin{bmatrix} \dot{s}_1(t) \\ \dot{s}_2(t) \end{bmatrix} = \begin{bmatrix} 0 & 1 \\ -1 & -c \end{bmatrix} \begin{bmatrix} s_1(t) \\ s_2(t) \end{bmatrix} \tag{8.5.6}$$

这个系统的动态特性可以表示为相位图中一个状态变量相对另一个状态变量的变化关系。无输入线性二阶系统的典型相位图为原点附近的螺旋曲线,因为初始条件逐渐衰减而导致的欠阻尼暂态特性。若以正弦输入激励上面讨论的线性二阶系统,则稳态时相轨迹为一个椭圆,表明位移和速度都是正弦,且相互正交。决定暂态特性的初始条件将再次产生螺旋形的相轨迹,但这将总是结束在表示稳态响应的椭圆上,即所谓的系统的吸引子。

8.1 节介绍的 Duffing 振荡器可以表示为

$$\ddot{y}(t) + c\dot{y}(t) - \frac{1}{2}y(t) + \frac{1}{2}y^3(t) = A\cos(\omega_d t) \tag{8.5.7}$$

定义此例中的状态变量为

$$s_1(t) = y(t), s_2(t) = \dot{y}(t), s_3(t) = \omega_d t \tag{8.5.8a,b,c}$$

式(8.5.7)可以表示为三个一阶微分方程的形式(Moon,1992)

$$\dot{s}_1(t) = s_2(t) \tag{8.5.9a}$$

$$\dot{s}_2(t) = \frac{1}{2}s_1(t) - \frac{1}{2}s_1^3(t) - cs_2(t) + A\cos(s_3(t)) \tag{8.5.9b}$$

$$\dot{s}_3(t) = \omega_d \tag{8.5.9c}$$

从而被驱动的二阶系统具有三个状态变量,而且速度 $s_2(t)$ 与位移 $s_1(t)$ 的相轨迹可以认为是此三维相轨迹到二维的投影。

图(8.23)为 4 个不同振幅输入下 Duffing 振荡器稳态输出时的相轨迹,对应于图 8.5 中的 4 个波形。图 8.23(a)为一个接近椭圆的相轨迹,因为对于小振幅的激励,Duffing 振荡器接近线性系统。图 8.23(b)为更大振幅输入时信号中引入的扭曲,其将加大非线性的影响,但相轨迹仍然每周绕吸引子旋转一次,因为其与输入信号具有相同的基频。对于更大的输入振幅,响应的周期为输入信号的两倍,比如,在图 8.23(c)中相轨迹绕闭合的轨道一周需要两个周期的输入频率。图 8.23(d)为对应 Duffing 振荡器的混沌特性的相轨迹,这要比前面的情况复杂得多,因为没有重复的波形。

虽然如图 8.23(d)所示的混沌运动的相轨迹非常复杂,但其也是一个吸引子;因为,具有轻微不同条件的初始方程产生的相轨迹都会靠近它,并会以相同的路径结束在稳态上。然而,这种混沌吸引子的几何问题会非常复杂,在小尺度上会具有类似的结构,即它们是不规则的碎片形(Moon,1992)。这些系统具有

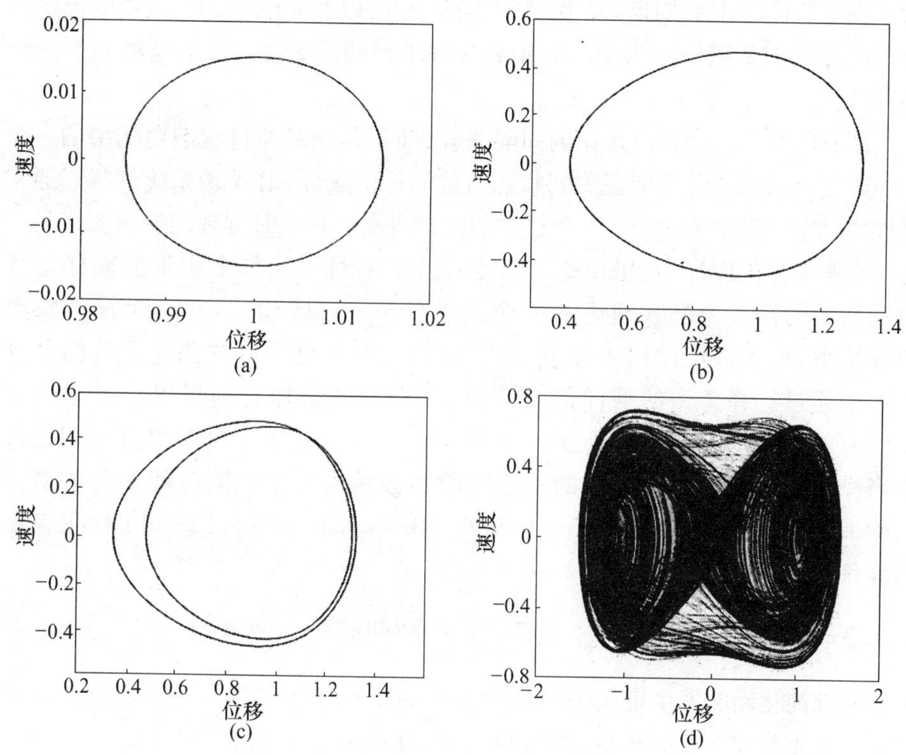


图 8.23　Duffing 振荡器在不同振幅 $A$ 的驱动信号下的稳态响应的相轨迹。
4 种情况分别为:(a) $A=0.00025$;(b)$A=0.174$;
(c)$A=0.194$;(d)$A=0.2348$,并且对应于图 8.5 中的时间曲线

所谓的奇异吸引子。对于具有混沌动态的系统可能不具有奇异吸引子,但奇异吸引子和混沌总是结伴产生(Ott,1993)。一个混沌系统的特性从不完全重复,在大多数的时间里这些特性都是接近随机的;但在发散到更为复杂的形式之前偶尔会在短的时间内表现出周期性。这些周期轨道为嵌在混沌吸引子的内部,却不稳定,从而在短的时间内也可以观测到,但它们的振幅将持续增加直到重新回到不可预测的混沌特性。

对于一个具有许多状态变量的非线性系统,连续相轨迹会变得非常复杂。一种表示这些连续曲线的方式为从相平面“切片”。每次相轨迹通过此平面时,即画一个点。这就所谓的庞加莱截面,因为其表示离散事件,所以其为映射的特殊情形。若对 Duffing 振荡器的三维相位图中的输入信号 $s_3(t)$ 的相位切片,其为 $2\pi$ 的整数倍,这将在输入频率的每个周期对图 8.23 中的二维投影

进行采样。这将对于图 8.23(a)和图 8.23(b)中的周期—1 振荡产生一个点，对于图 8.23(c)中的周期—2 振荡产生两个点，以及对图 8.23(d)中的混动运动产生点的密集网格。为图 8.6 中分叉部不同输入振幅对应的这种映射的位移部分。

所有的状态变量均以规律的间隔采样，而不是当其通过状态空间中的一个平面时进行采样。若只能观测到状态向量的一个成分，则 $N$ 维系统的状态通常可以由这个变量的 $D>2N+1$ 个过去值向量表示。某一时刻观测变量关于另一时刻观测变量的图即为回归映射。全状态空间特性可从单个变量的采样信号向量恢复的性质为嵌入理论的一个例子(Takens,1980)。在一个没有噪声的系统中，嵌入理论适用于任意采样率，但实践中可获得的混沌系统的最好表示是通过选择合适的采样信号获得，即选择的采样时间可以在足够大从而所有的系统动态均有机会从一个采样到另一个采样影响观测信号和足够小当噪声激励混沌系统固有的不稳定时不会污染整个观测时间上的测量值之间取得平衡，Broomhead、King(1986)和 Abarbanel 等人(1998)对此有更加详细的讨论。

## 8.5.2 李亚普诺夫幂

将混沌运动的发生定义为对初始条件的指数式敏感度。我们假设在 $t=0$ 以两个紧密靠在一起的状态 $s_A(0)$ 和 $s_B(0)$ 处初始化式(8.5.1)，从而

$$\|\Delta(t)\| = \|s_A(t) - s_B(t)\| \tag{8.5.10}$$

并在 $t=0$ 非常小，其中 $\|\ \ \|$ 指欧几里得几何范数，正如在附录中所叙述的。若系统是混沌的，则动态方程两个不同解之间的不同会随时间呈指数式发散，即

$$\frac{\|\Delta(t)\|}{\|\Delta(0)\|} = \alpha\exp(\lambda t) \tag{8.5.11}$$

对于一维系统，$\lambda$ 为系统的单个李亚普诺夫幂。对于 $N$ 维系统则有 $N$ 个李亚普诺夫幂，当相空间的不同方向发生小的变化时，其对系统动态放大初始条件中小的变化的方式进行描述。一个具有混沌动态的系统将至少具有一个幅值大于零的李亚普诺夫幂。尽管对于其测量非常不易，如 Abarbanel 等人(1998)的讨论，但李亚普诺夫幂是混沌特性最重要的指示器。

下面将对抑制混沌行为进行讨论，但仍可使用干扰的一些潜在混沌动态特性预测将来的干扰波形；从而，可以比使用线性控制器得到更好的控制效果(Strauch 和 Mulgrew,1997)。Matsuura 等人对使用神经网络对风扇噪声进行主

动控制的非线性预测系统进行了讨论,结果表明,相比纯线性控制器性能上有非常大的提升。

## 8.6　混沌行为的控制

对于式(8.5.7)所表示的 Duffing 振荡器,可以通过缓慢调节输入振幅 $A$ 使系统进入或离开混沌。用这种方法控制混沌需要知道系统动态特性的大量知识,以及具有使 $A$ 产生大的变化的能力。本节我们将简单介绍其他一些控制混沌的方法,仅需要系统参数发生小的变化,即使通常它们需要这些变化可以作用在混沌运动的过程中。

虽然这些方法可以控制系统中的混沌行为,但它们一般都会抑制系统的动态响应。更精确地说,混沌是被抑制的而不是被控制的。系统被抑制后通常会出现振荡,且这个行为是否比原有的混沌运动有益完全取决于应用场合和振荡形式。通常在一个混沌吸引子内部会具有大量的周期轨道,从某种程度上说这些轨道是不稳定的,最小的扰动都会将其从一个轨道推到另一个轨道,但这是标准混沌行为的一部分。可以选择让系统跟随这些轨道中的某一个,而且在初始设计阶段,将考察每个轨道的特性,以确定在特定的应用中哪一个最有用。

有大量的不同的抑制混沌行为的方法,它们的相对优点和缺点与所考虑的特定混沌系统关系很大(Chen 和 Dong,1993;Shinbrot,1995;Vincent,1997)。对于周期性激励系统,可通过在周期性激励上引入小的扰动抑制混沌行为,一般都在输入频率的次谐波上(Braiman 和 Goldhirsch,1991;Meucci 等人,1994)。可通过闭环控制器修正这种扰动的振幅和相位以维持控制,如 Aguirre 和 Billings(1995b)所讨论的。另一种方法是使用直接反馈控制,最为常用的反馈方法为下面将介绍的 OGY 方法。

### 8.6.1　OGY 方法

接着 Shinbrot 等人(1993)的研究,我们假设被控混沌系统服从离散 $N$ 维映射

$$s(n+1) = F[s(n), p] \tag{8.6.1}$$

式中:$s(n)$ 为 $N$ 维状态向量,$p$ 为标称值为 $p_0$ 的一些系统参数,$F$ 为非线性系统函数。同时我们假设在设计阶段将系统稳定在标称系统的固定吸引子附近,其具有一个由向量 $s_F$ 表示的常态,即

$$\boldsymbol{s}_F = F[\boldsymbol{s}_F, p_0] \tag{8.6.2}$$

若状态向量$\boldsymbol{s}$对于式(8.6.2)具有充足的过去值用以描述这个轨道，则可以向更高的轨道稳定化(Shinbrot 等,1993)。

对于靠近$\boldsymbol{s}_F$的状态向量和靠近$p_0$的系统参数，我们可以通过线性映射近似系统的动态特性

$$[\boldsymbol{s}(n+1) - \boldsymbol{s}_F] = \boldsymbol{A}[\boldsymbol{s}(n) - \boldsymbol{s}_F] + \boldsymbol{b}[p - p_0] \tag{8.6.3}$$

式中:$\boldsymbol{A}$为$N \times N$维的雅克比矩阵,$\boldsymbol{A} = \partial F / \partial \boldsymbol{s}$,$\boldsymbol{b}$为$N$维列向量,$\boldsymbol{b} = \partial F / \partial p$,偏导数用于估计$\boldsymbol{s}_F$和$p_0$。矩阵$\boldsymbol{A}$的特征值可以与系统的李亚普诺夫幂联系起来，从而，根据定义,$\boldsymbol{A}$中至少有一个特征值大于1,即与混沌系统的不稳定模态联系起来。

为迫使系统从混沌轨道进入固定轨道，我们等待状态向量靠近$\boldsymbol{s}_F$,从而式(8.6.3)变得合理有效，接着在映射的每次迭代中，对系统参数$p$做与$s(n)$到$s_F$的距离成比例的改变，即

$$[p(n) - p_0] = -\boldsymbol{k}^{\mathrm{T}}[\boldsymbol{s}(n) - \boldsymbol{s}_F] \tag{8.6.4}$$

式中:$k$为反馈增益向量。通过将式(8.6.4)代入式(8.6.3),我们可以看到系统的动态接近固定点，并反馈到参数$p$,现在可以表示为

$$[\boldsymbol{s}(n+1) - \boldsymbol{s}_F] = \boldsymbol{A}[\boldsymbol{b} - \boldsymbol{k}^{\mathrm{T}}][\boldsymbol{s}(n) - \boldsymbol{s}_F] \tag{8.6.5}$$

若可以找到一个反馈增益向量使$[\boldsymbol{A} - \boldsymbol{b}\boldsymbol{k}^{\mathrm{T}}]$的所有特征值的模均小于1,则式(8.6.5)描述的是一个稳定系统，其暂态特性将逐渐消散直到系统连续跟随$\boldsymbol{s}_F$所描述的轨道。选择合适的增益向量$\boldsymbol{k}$的问题跟在线性状态控制理论中遇到的问题一样，若$\boldsymbol{A}$和$\boldsymbol{b}$是可控的(Franklin 等人,1994),原则上可以使用极点配置法任意选择$[\boldsymbol{A} - \boldsymbol{b}\boldsymbol{k}^{\mathrm{T}}]$的特征值。这种控制方法首先由 Ott、Grebogi 和 Yorke(1990)提出，即所谓的 OGY 方法。对于低维系统，反复试验可以成功设计$\boldsymbol{k}$。

## 8.6.2 命中目标方法

在 OGY 方法中，仅使用系统参数$p$中的小的扰动控制系统，从而一直施加扰动直到观测到的系统状态靠近所期待的轨道。特别地，若$\Delta p_{\max}$是可以施加的最大扰动，则允许系统演变直到满足下列条件

$$|\boldsymbol{k}^{\mathrm{T}}[\boldsymbol{s}(n) - \boldsymbol{s}_F]| < \Delta p_{\max} \tag{8.6.6}$$

则切换到式(8.6.4)所给出的控制律。

在高维系统中这种控制的一个实际问题是可能需要大量的时间，使系统的状态接近所期待的轨道。若可获得以式(8.6.1)的形式表示的系统全部动态特性的精确模型，则可以在 $\boldsymbol{s}(n)$ 远离 $\boldsymbol{s}_F$ 时改变 $p$，从而系统可以变得更加靠近 $\boldsymbol{s}_F$。这就是命中目标技术，类似的技术已经用于控制航天器的混沌运动，仅使用非常小的火箭助推器(Shinbrot 等人，1993)。

然而命中目标方法需要被控系统的整体模型，如式(8.6.1)所给出的，而使用 OGY 方法设计反馈控制器仅需要知道系统的局部动态特性，如式(8.6.3)所给出的。使用非常有限的先验知识即可通过实验辨识这些局部动态特性。最好的确定局部动态特性的方式为在系统被控前的混沌运动汇总观测状态向量，虽然几乎不能直接观测到状态向量，但也可以使用嵌入理论从一个观测变量的时间变化曲线中重构出来。若观测到两个连续的向量，而且均靠近感兴趣的区域 $\boldsymbol{s}_F$，则对这两个向量进行记录，并继续测量，式(8.6.3)中的矩阵 $\boldsymbol{A}$ 可以使用最小二乘法估计得到。若此时对非线性参数 $p$ 施加扰动，且对状态向量的变化结果进行多次测量，则可对向量 $\boldsymbol{b}$ 进行类似辨识。

这种辨识和控制方法已经用于稳定激光(Roy 等人，1992)，且相似的方法也已用于控制动物心脏中人工导致的心律不齐，其表现为混沌形式(Carfinkel 等人，1992)。通过每次施加一个由观测的心脏状态决定的电激励可以使心脏稳定到标准的规律跳动模式。大量的研究表明，生物系统中的混沌特性要比周期特性更加令人期待。例如，在对兔子大脑的海马切片做实验时，发现当脑脊髓液中的钾含量过高时，切片表现出刻画大脑突然发作的同步的神经元爆炸特性(Schiff 等人，1994)。这种行为在实验室实验中通过施加不稳定控制信号得以避免，使系统的行为回到更加混沌的形式。

## 8.6.3　在振动梁中的应用

图8.24为使用 OGY 方法控制式(8.5.7)所表示的 Duffing 振荡器仿真的结果，如 Sifakis 和 Elliot(2000)的讨论。输出波形的延时采样用于构建此例中的状态向量，且如图8.24所示，为使用 OGY 方法控制嵌入在混沌吸引子中不稳定周期2轨道的结果。在图8.24中 OGY 控制方法在第零个采样开始工作，但其对于式(8.6.3)所给出的线性近似，在轨道足够接近周期—2轨道的固定点之前进行了360个采样后才变得有效。此时反馈控制器被激活，且系统开始进入稳定周期轨道。建立控制的过程中，在初始暂态后，如图8.24中较低部分所示，用于驱动振幅的控制扰动变得非常小。此时抑制混沌所需的扰动小于驱动振幅的0.1%。

在8.1节，通过演示 Duffing 振荡器如何描述梁在非线性储存力下的行为启

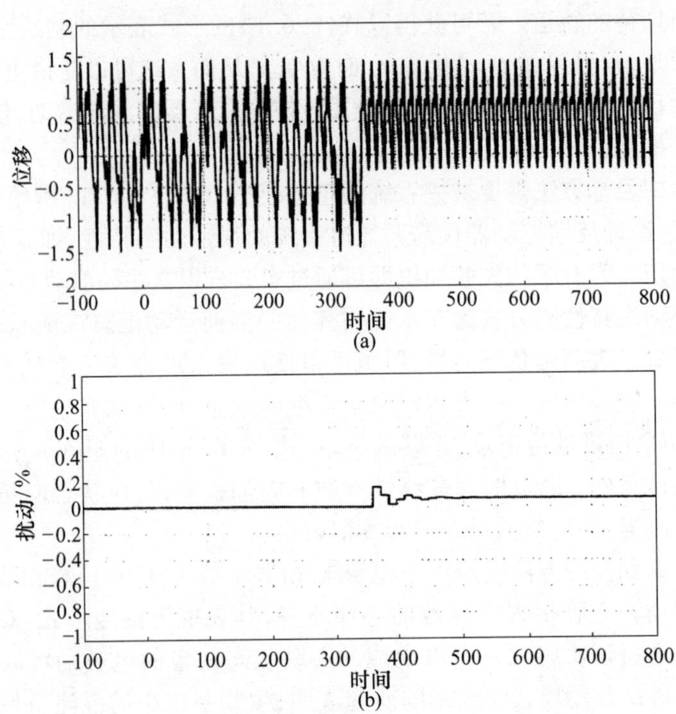


图 8.24 当 OGY 方法用于抑制 Duffing 振荡器仿真中的混沌运动和迫使响应进入周期—2 轨道时的(a)正则化位移和(b)驱动信号中的扰动的随时间变化曲线

发得到 Duffing 振荡器。Ditto 等人(1990)和 Spano 等人(1991)对这种梁进行了实验研究,他们使用一个薄的磁致伸缩梁,其刚度可由外部磁场进行控制。梁被垂直安放在磁场中,磁场具有可以调制进行控制的 dc 部分,以及 ac 部分,以频率为 0.85Hz 的正弦激励驱动系统。带的位置通过位于底部的传感器测量,增益映射通过以激励频率对传感器信号进行采样实验观测得到。接着对回归映射中与固定点的局部动态特性有关的周期 1、周期 2 和周期 4 轨道进行辨识,从而设计用于稳定系统这些点的每一个反馈控制器。

图 8.25 为控制系统不作用、作用时,以激励频率采样控制周期—1 轨道,控制周期—2 轨道和控制周期—4 轨道时的测量位置的时间系列。通过对磁场施加小于其均值 0.4% 的扰动实现对每个轨道的控制。Spano 等人(1991)继续对磁场施加外部随机扰动时控制算法的鲁棒性进行研究,发现当噪声大于磁场交变部分的 1% 时,控制系统偶尔会降低稳定性,但当噪声在此级别下时控制系统是鲁棒的。

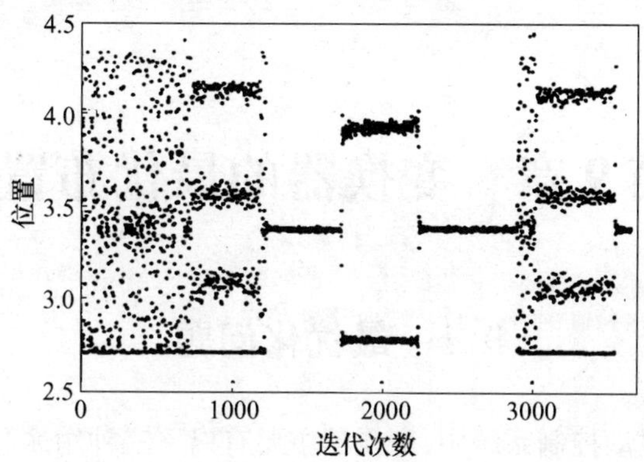


图 8.25　控制系统不控制和控制周期—1 轨道,周期—2 轨道和周期—4 轨道,采样频率为 0.85Hz 时的实验梁的参考传感器输出的时间序列

综上,我们看到即使系统具有非常严重的非线性,也可以通过主动控制进行控制;而且在一些情况中,一些非线性系统对初始条件的极端非线性可以转变为优点并加以利用,使用非常小的控制作用即可控制系统。

# 第9章　变换器的最优布置

## 9.1　最优化问题

在大多数的主动控制系统中,变换器主要有以下三种用途。

(1) 作为参考传感器,测量到达次级源之前的初级干扰,以作为参考信号。

(2) 作为次级作动器,产生声场或振动场以降低原始干扰。

(3) 作为误差传感器,在指定的位置测量由初级源和次级源共同作用产生的残余量,输出用于在自适应系统中调整控制器。

例如,在汽车中,使用前馈系统对随机路面噪声进行控制,变换器的位置如图9.1所示。主动控制系统中电子控制器的设计已在前面的章节讨论过,其中对传感器和源的位置作了已知假设。本章将讨论的问题是如何布置传感器和次级源以达到最佳的控制效果。

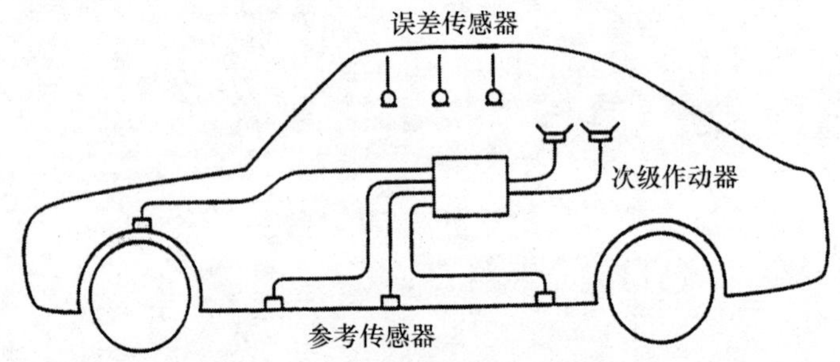


图9.1　汽车内主动控制道路噪声的前馈系统的例子,其中标示出了用作参考传感器、次级作动器和误差传感器的变换器的位置

可从主动控制问题的实际物理特性得到一些布置变换器的敏感位置的指导。若仅需控制围场中的少量欠阻尼声模态,则作为次级作动器的扩音器应该分散布置,从而使其至少接近这些模态中的一个最大声压值,借此作动器可有效耦合并实施独立控制。为了控制刚性壁矩形围场中的低阶声模态,次级作动器应该布置在靠近围场角落的位置。类似地,误差拾音器应该布置得可以接收到所有模态的影响,从而模态是可观测的。

然而,实践中,几乎不可能精确了解被控模态,而且也很难从物理上看出哪一种作动器组合方式可在一系列模态中给出最好的全局控制。从而变换器的布置问题转变为数值搜索问题,即从大量的可能位置中找出可操作的最优性能组合。

在使用前馈对车辆内部路面噪声进行控制这一问题中,参考传感器的安放位置是一个矛盾的问题。显然,此时的初级干扰由车轮产生。为了在参考信号上获得最大的时间提前量,通常作为加速度计的参考传感器应该布置在车轮的轮毂处。不幸的是,将路面振动从轮毂经悬挂系统将传递到车体的传递通道并不是线性的。正由于此非线性,从轮毂上得到的参考信号激励线性前馈控制器驱动车厢内的扩音器的效率会受到限制。另外,参考传感器也可安放在车体上,位于悬挂系统的另一边。此时,从车体振动到内部噪声的传递通道接近于线性,但在车体振动和内部噪声中存在少量的延时,这将限制控制器的性能,因为控制器必须是因果性的,导致其具有有限的处理延时。

综上,参考传感器的安放位置是以下两者之间的权衡:将其布置在上游的足够远处,允许控制器存在相对较长的延时,却会导致传递通道的非线性;将其安放在足够靠近误差传感器的位置,此时传递通道接近线性,但控制器延时又必须足够小(Sutton 等人,1994)。除了这些基本的物理矛盾,参考传感器的可能安放位置将远多于实际前馈控制器使用的位置。这类控制系统的成本部分由参考传感器决定,从而一个经济的系统必须使用最少的变换器。

### 9.1.1　组合爆炸

当考虑次级作动器和误差传感器的安放位置时,部分参考传感器的最优位置可经物理考量得到,但在实践中,这类问题经常会转变为组合问题,即从 $N$ 个可能的位置中找出 $K$ 个最好的位置。从 $N$ 个可能位置中找出 $K$ 个最好位置的结果(此时位置的阶数通常不重要)为

$$C_N^K = \frac{N!}{K!(N-K)!} \tag{9.1.1}$$

式中:$N!$ 指 $N$ 阶乘,即 $N(N-1)(N-2)\cdots 1$。虽然可从更大的可能组合中选出相对较小的实际传感器布置组合,但参考信号的组合数非常大。利用式(9.1.1)计算从不同的传感器位置中选择 10 个位置的组合数来阐述组合爆炸,结果如图 9.2 所示。大约有 $8.5\times10^{8}$ 种从 40 个可能位置中找出 10 个传感器位置的组合方式,从 80 个可能位置中找 10 个传感器位置的组合数超过 $1.6\times10^{12}$。

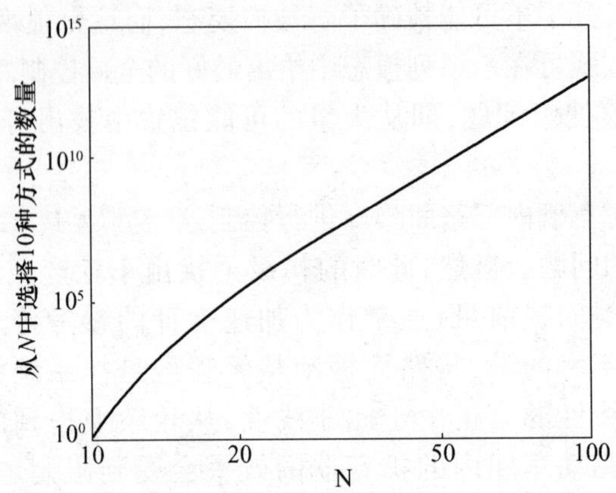


图 9.2　主动控制系统从 $N$ 个可能位置选出 10 个实际变换器安装位置的方法数

记录从汽车内部的参考传感器获得的信号和对车内的压力波形仿真，可以使用第 5 章讨论的方法计算出任意参考信号组合在前馈主动控制系统中的性能。若有 80 个可能位置，而控制系统仅需要 10 个位置，且对每个控制系统的性能的计算需要 10s，则将需要超过 500000 年的时间才能计算出所有参考信号可能组合的性能。

## 9.1.2　章节概要

本章主要介绍了一些可用于解决这种组合问题的实践方法。9.2 节将给出前馈控制系统中选取作动器和传感器的组合问题的公式。本章将讨论的方法为指导随机搜索方法。换句话说，它们是某种程度的随机运算，即对相同的数据集合使用相同的方法一般得不到相同的结果。无指导的随机搜索也可用于计算这类问题，但发现当在随机搜索中加入一个指导因子后，会在找到最优解之前极大地降低搜索量。通常所谓的最优解并不一定是原则上经穷尽搜索得到的最优解，只是对于工程应用最接近最优解的那个。

此处将讨论两种指导随机搜索方法：9.3 节的遗传算法，其基于自然选择，以及 9.4 节的模拟退火算法，其主要受冷却过程中结晶物理调整的启发。也称这些算法为自然算法，因为都是受自然的启发。不同领域启发得到的算法对于组合问题均给出了非常有效的工程解，如 9.5 节所讨论的，它们的性能令人惊异的相似。Keane(1994)在最小化振动传递结构的优化问题中，对这两个算法及其他指导随机搜索算法的性能进行了比较。Padula 和 Kincaid(1999)最近也对作动器和传感器的布置问题进行了讨论。9.5 节对运行条件变化所需的传感器选择的鲁棒性进行了讨论。

## 9.2　次级源和误差传感器安放位置的最优化

在开始讨论使用自然算法选择变换器组合之前,本节先简单介绍次级源和误差传感器物理方面的特殊性。

### 9.2.1　性能表面

为充分理解解决优化问题中的各种不同方法,必须先搞清楚两类问题间的不同。第一类问题如9.1节所描述的——有限固定可能位置选择的最优问题,可以称之为组合最优化,也是我们在接下来的章节要讨论的。第二类最优问题是每个次级源都可以被移到一、二或三维空间中的任意位置,这可以称为连续域最优化问题。图9.3(a)为三维围场中二维平面上的单个声次级源情形,这可以表示飞机的客舱,其中仅布置一些单频的初级源。在此二维平面内,在每个次级源处可通过调整次级源的振幅和相位最小化围场中的总声势能,即此时的性能函数。图9.3(b)为整个围场中最小化的声势能 $E_{p0}$ 除以控制前的总声势能 $E_{pp}$

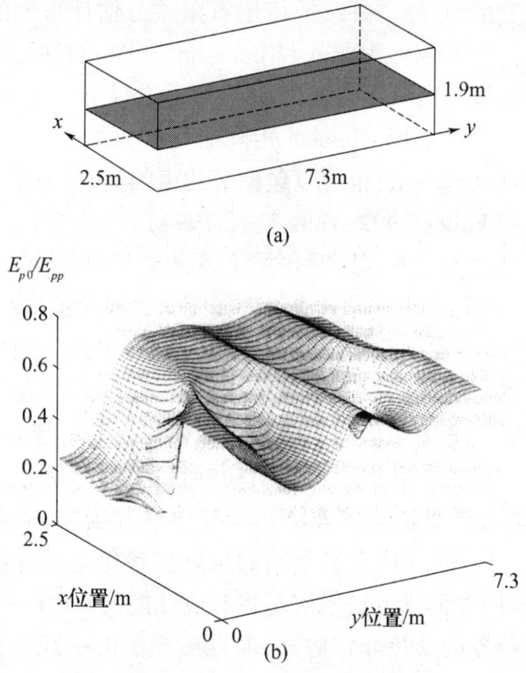


图9.3　矩形围场:(a)由组合初级源驱动和由位于平行于 $x-y$ 坐标轴的平面(阴影区域)内的单个次级源控制的内部纯音频声场;(b)当次级源在此平面内移动最小化围场中的总声势能时,总声势能的微小变化 $E_{p0}/E_{pp}$

并将结果表示为单次级源函数的轮廓图。显然,空间中存在三个次级源布置位置可以显著降低声能量。当次级源的位置接近中 $xy$ 平面中的(0.0,2.4)或(1.2,5.9)时,围场中的声能量可以降低30%或40%;若次级源的位置接近坐标(1.4,0.9),则总的声势能降低15%左右。显然,这个区域包括此优化问题的全局最小值,而其他区域则包含局部最小值。

当次级源可以在三维空间中移动或使用多个次级源时,很难表示出性能表面。任意次级源位置变化导致性能函数的变化将与其他所有次级源的位置有关。对于一个具有 $M$ 个次级源的三维围场,对应每个次级源位置的性能函数的性能表面为 $3M+1$ 维,从而不能对其进行可视化处理。然而,可以使用如图9.3所示的二维平面中单个次级源的性能表面的简单例子阐释性能表面的一些重要性质。

在连续域问题中优化次级源位置的方法是,首先为次级源选择一个初始位置,接着使用一些梯度下降方法或迭代改进方法决定如何移动次级源以得到更好的控制效果。这种方法一般假设性能表面是局部单峰的,而且通常会使用最速下降法、牛顿法和共轭梯度法(Press 等人,1987)。通常这些算法依赖于计算性能函数关于空间变量的局部梯度,或使用有限差分估计得到的空间变量的局部梯度。Nayroles 等人(1994)、Martin 和 Benzaria(1994)对通过测量空间中有限位置的次级源响应插值得到其余点的响应的方法进行了讨论。另外,牛顿法需要知道性能函数关于空间变量(Hessian 矩阵的元素)的二阶微分。标准的计算机程序均可用于实现这些算法,也可以包括对约束的集成,使次级源仅在一定的范围内移动(Clark 和 Fuller,1992;Yang 等人,1994)。

使用梯度下降算法的主要问题是可能会收敛到局部最小,这与假定的次级源的初始位置有关,使用梯度下降算法优化如图9.3所示的次级源布置问题,或许找到全局最小值,或许找到两个局部极小值。这对单纯使用性能表面形状的局部信息改变次级源位置的任意确定性搜索路径方法来说,都是固有问题。唯一确保选择一些可靠最速极小值的方法是在某种程度上对整个性能表面进行观测,然而,在精细的网格上计算每个位置对应的性能函数,通常会花费大量的计算时间,从而必须使用更加有效的方法。一些搜索方法,如动态爬坡(Yuret 和 De La Maza,1993)方法,通过从大量不同的位置初始化基于梯度的算法可实现此目的。然而,任意梯度偏置方法的解都将对应性能表面中的一个非常尖的峰,这就使其对作动器位置的变化非常敏感;而自然算法由于其本身的自然属性使其不会找到这些尖的极小值,从而对位置的不确定性具有鲁棒性,这将在9.5节详细讨论。

若将自然算法用于如图9.3所示的连续域问题,则通常将次级源的位置编码为有限长度的字符串。从而将连续域问题简化为组合问题,尽管是一个复杂的问题。自然算法是随机的,因为其首先使次级源的位置产生随机的变化,接着基于一定的规则确定是否保留这些变化,从而随机搜索总是朝向正确的解。鉴于上面的讨论,自然算法的一个重要性质是源位置变化的平均尺寸随时间减小。在优化的初始阶段,所选位置的变化会非常大,从而可使算法得到一些关于整个性能表面的信息。当优化持续进行时,所选位置的变化会趋于变小,如果顺利的话,则会达到全局最小值。这些算法由随机过程驱动,从而在算法的单次应用中有可能错失全局最小值。但通过在算法中小心选择所使用的参数,可以降低这种情况发生的概率。为了检验性能,应该多次运行解决同一个优化问题的自然算法,通过不同运行的最终结果的范围可以评估算法的可靠性。Benzaria 和 Martin 使用这类指导随机搜索综合方法对主动噪声控制问题中的作动器进行疏松定位,接着使用梯度下降方法精细定位;结果表明,在模型问题中可移动作动器至围场中的任意位置。在大多数的实践问题中,仅有有限的可能位置布置次级作动器和误差传感器,这个数目可能相对较大;本章我们集中于使用指导随机搜索算法解决上面所讨论的组合问题。Ruckman 和 Fuller(1995)对离散作动器位置和减少变量的组合问题,与统计领域中使用的子集选择技术的结合进行了讨论。

## 9.2.2　次级作动器缩减集形式的前馈控制公式

现在我们考虑,从单频前馈控制系统的大量但有限的可能位置中选择次级源和误差传感器的一个最佳组合。这个步骤说明了,性能函数是如何利用次级源到误差传感器的大量测量响应的经验估计,以及在误差传感器处测量得到的初级干扰计算得到这些次级源和误差传感器可能位置中的最优组合。单频下,从所有误差传感器处测得的复数信号向量为

$$\boldsymbol{e}_T = \boldsymbol{d}_T + \boldsymbol{G}_{TT}\boldsymbol{u}_T \tag{9.2.1}$$

式中:$\boldsymbol{d}_T$ 是无控制作用时从所有误差传感器 $L_T$ 处测得的复数干扰向量,$\boldsymbol{u}_T$ 为驱动所有可能次级源的复数输入信号向量,$\boldsymbol{G}_{TT}$指从 $M_T$ 个次级源到 $L_T$ 个可能误差传感器的传递响应矩阵。Heck(1995)和 Heck 等人(1998)对通过处理所有可能作动器到所有可能传感器的传递函数的全矩阵以估计最优传感器位置的方法进行了研究。他们通过估计 $\boldsymbol{G}_{TT}$ 中显著奇异值的数量确定所需的变换器数量,以及使用 QR 分解的一个绕轴旋转的列估计变换器的位置。对于围场中的主动噪声控制系统,原则上这个矩阵的非零奇异值的数量应该等于可被激励出的声模态的数量,然后可以通过相等数目的拾音器和扩音器观测和控制。实践中,系统可激励出无限多的模态,如在 4.3 节的图 4.5 中所看到的,显著奇异值和可被安

全忽略的奇异值之间没有明显的区别。然而,在主动声辐射控制中,可以非常直接地将 $\boldsymbol{G}_{TT}$ 的奇异值分成一组对控制作用显著的群体和一组对控制作用不显著的群体。同时可以观测到的是,当仅控制初级场中对应显著奇异值的成分而不是大多数的成分时,控制性能与作动器位置的关系更加密切,此时上面所讨论的确定性方法会非常适用(Heck,1999)。

Asano 等人对选择次级作动器的数目和位置的相似概念方法进行了讨论。他们强调若传递矩阵 $\boldsymbol{G}_{TT}$ 中的某一列与其他列线性相关,则对应的作动器也将对其余的作动器有相同的作用。因此,接着使用 Gram - Schmidt 正交性选择作动器;从而,对应当前所选择的作动器的列向量的 $\boldsymbol{G}_{TT}$ 中的列向量,与先前所选择的作动器的列向量具有最大依赖性。他们同时强调这种方法可以确保最终的系统不是病态。

回到选择阶段性能函数的表达式,用来定义 $\boldsymbol{d}_T$ 和 $\boldsymbol{G}_T$ 的方法首先用于确定最小化实际性能函数的可能次级源组合的最优解,如

$$J_T = \boldsymbol{e}_T^{\mathrm{H}}\boldsymbol{e}_T + \beta\boldsymbol{u}_T^{\mathrm{H}}\boldsymbol{u}_T \tag{9.2.2}$$

式中:$\beta$ 为效果加权,用于降低选择需要非常大的作动器驱动电压的控制解的概率,如在第 4 章所讨论的。若选择次级源 $M_R$ 的一个简化子集,其他所有的输入都假定为零,则可以将误差信号的总向量表示为

$$\boldsymbol{e}_T = \boldsymbol{d}_T + \boldsymbol{G}_{TR}\boldsymbol{u}_R \tag{9.2.3}$$

式中:$\boldsymbol{e}_T$ 和 $\boldsymbol{d}_T$ 如式(9.2.1)所定义,$\boldsymbol{u}_R$ 为 $M_R$ 次级源选择子集的输入向量,$\boldsymbol{G}_{TR}$ 是一个由对应次级源中所选子集的 $\boldsymbol{G}_{TT}$ 中列组成的 $L_T \times M_R$ 矩阵。

给定一个 $M_R$ 次级源子集,当次级源的输入为

$$\boldsymbol{u}_{R.\,opt} = -\left[\boldsymbol{G}_{TR}^{\mathrm{H}}\boldsymbol{G}_{TR} + \beta\boldsymbol{I}\right]^{-1}\boldsymbol{G}_{TR}^{\mathrm{H}}\boldsymbol{d}_T \tag{9.2.4}$$

时可最小化式(9.2.2)所表示的性能函数 $J_T$,此时性能函数的最小值为

$$J_{T.\min} = \boldsymbol{d}_T^{\mathrm{H}}\left[\boldsymbol{I} - \boldsymbol{G}_{TR}(\boldsymbol{G}_{TR}^{\mathrm{H}}\boldsymbol{G}_{TR} + \beta\boldsymbol{I})^{-1}\boldsymbol{G}_{TR}^{\mathrm{H}}\right]\boldsymbol{d}_{\mathrm{T}} \tag{9.2.5}$$

为达到此最小值所需的控制作用为

$$\boldsymbol{u}_{R.\,opt}^{\mathrm{H}}\boldsymbol{u}_{R.\,opt} = \boldsymbol{d}_T^{\mathrm{H}}\boldsymbol{G}_{TR}\left[\boldsymbol{G}_{TR}^{\mathrm{H}}\boldsymbol{G}_{TR} + \beta\boldsymbol{I}\right]^{-2}\boldsymbol{G}_{TR}^{\mathrm{H}}\boldsymbol{d}_T \tag{9.2.6}$$

既然已经得到对应一定 $M_R$ 次级源子集的性能函数的最小值[式(9.2.5)],我们现在可以考虑从次级源的 $M_T$ 个可能位置中选择最优的 $M_R$ 个位置的组合问题。对于相对较小的问题,可以使用穷尽搜索,找到使整个性能函数得到最大减少量的次级源组合。

如图 9.4 所示,在一个房间中,激励频率 88Hz 时 16 个扩音器到 32 个拾音器的测量传递响应矩阵,从总共 16 个可扩音器位置中能选出单个最优的次级源

位置、最优的位置对等的计算结果(Baek 和 Elliot,1995)。性能函数等于此时拾音器输出的模的平方和。若使用穷尽搜索得到这些最优位置,则对于固定数目的作动器的不同组合可得到不同的衰减分布。例如,当从16个扩音器位置中选择8个的组合方式时有12870种不同的方法,如图9.4所示最优的组合可给出29dB的衰减,但是有两个组合仅给出4dB的衰减,且大多数的组合给出11dB到20dB的衰减(Baek 和 Elliot,1995),从而显著的更优性能可以通过仔细选择作动器得到。如图9.4所示的另一条曲线为每个作动器组合单独作用时的非最优性能曲线,即当次级源的数目从$M_R$增加到$M_{R+1}$时,保留先前定义的$M_R$个次级源,仅寻找增加的那一个次级源的位置。显然"相继"算法要比$M_R$每个值的穷尽搜索方法更加有效,但从图9.4可以看出,其所得到的组合的性能不如穷尽搜索得到的好。例如,对于8个次级源($M_R=8$)的情形,相继搜索所给出的位置组合对32个拾音器的输出的平方和的衰减为20dB,而独立的穷尽搜索可得到28dB的衰减。完全穷尽搜索和独立适宜的候选组合间的不同有时可以表示为"$N$个最好的不如最好的$N$个好"。

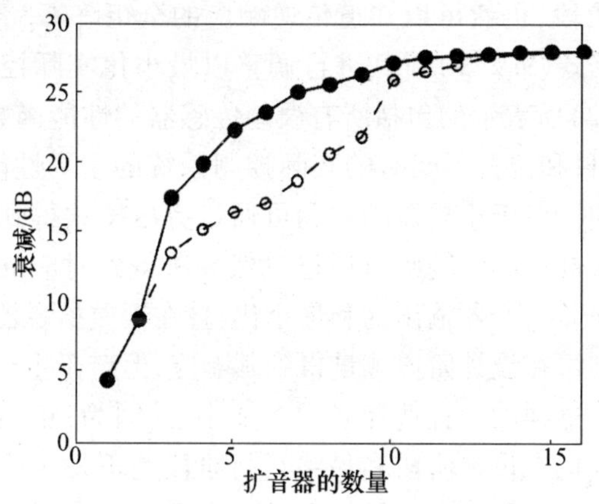


图9.4　分别使用相继(○)和穷尽(●)搜索不同数目的次级扩音器组合,32个拾音器的平方和输出可获得的最大衰减

在主动控制系统的初始设计阶段,使用不同次级源数目对应的最大衰减曲线估计系统的可能规模会非常有效。例如,一个相对较小的围场,88Hz单频激励产生所需的数据;显然,当使用超过8~10个位置良好的次级源时几乎得不到更多的衰减。在此应用中,选择8~10个次级源会在良好的衰减和控制器复杂度之间取得合理的平衡。虽然可以使用穷尽搜索计算上面所讨论的较小规模的问题,但对于规模更大的最优位置问题则必须使用自然算法估计解决,而且可得到其对应大量次级源的最大衰减曲线。

### 9.2.3 误差传感器缩减集的前馈控制公式

既然已经从全部可能误差传感器位置中找到获得良好衰减的次级源数目和位置,那么可以考虑在实践中是否真正需要这些拾音器。若误差拾音器的数目减少到 $L_R$,则在这些位置处由 $M_R$ 个所选次级源产生的误差信号向量可以表示为

$$\boldsymbol{e}_R = \boldsymbol{d}_R + \boldsymbol{G}_{RR}\boldsymbol{u}_R \tag{9.2.7}$$

式中:$\boldsymbol{G}_{RR}$为 $\boldsymbol{G}_{TR}$中对应所选误差拾音器集合的行所组成的 $L_R \times M_R$ 传递响应矩阵。

控制系统最小化的性能函数将包括这些误差信号的和及控制作用,即

$$J_R = \boldsymbol{e}_R^{\mathrm{H}}\boldsymbol{e}_R + \beta\boldsymbol{u}_R^{\mathrm{H}}\boldsymbol{u}_R \tag{9.2.8}$$

最小化性能函数的次级源信号组合为

$$\boldsymbol{u}_{R.\,\mathrm{opt}R} = -\left[\boldsymbol{G}_{RR}^{\mathrm{H}}\boldsymbol{G}_{RR} + \beta\boldsymbol{I}\right]^{-1}\boldsymbol{G}_{RR}^{\mathrm{H}}\boldsymbol{d}_R \tag{9.2.9}$$

式中:下标 opt$R$ 指在具有减小数目的误差传感器的实际控制系统中找到的值。

然而,在设计阶段,仍然可以知道传递响应的全矩阵 $\boldsymbol{G}_{TT}$,从而可以计算次级源的影响,并根据式(9.2.9)对其进行调整以最小化实际控制系统中拾音器的输出,即式(9.2.2)所表示的包括所有误差传感器的性能函数 $J_T$。这样的话,可以计算误差的数目和位置不同时的实际控制系统的全局性能。尤其,当给定误差传感器的数目时,对于小规模的问题可通过穷尽搜索得到对应最大全局衰减的传感器位置,大规模的问题则可通过自然算法得到对应的传感器位置。另外,当实际所用的误差拾音器输出的和最小化,且在误差拾音器的其他组合中可得到最大的降低,则可在设计阶段测量得到其响应,但对于生产系统则不可能这样操作。然而,对于这样的一种选择必须多加小心,因为,正如在 9.5 节将详细讨论的,其假设初级场在设计阶段和最终运行阶段均不发生变化。图 9.5 为使用前面所讨论的方法选择出 10 个最佳次级源获得的 32 个拾音器的输出计算得到的在 $J_T$ 中可获得的最大衰减,其中次级源用于最小化使用其他的穷尽搜索方法得到的不同数目的误差传感器的最优组合的输出的平方和(Baek,1996)。

在此仿真中,当控制系统最小化拾音器输出的数目小于 10 时,仍然可以计算出全部 32 个拾音器处的衰减,即控制问题是过定的,而且多余的最小控制作用约束用于获得唯一解,如 4.2 节所讨论的。仿真中,全部 32 个拾音器上的大约 38dB 的衰减可能是由 10 个次级源提供的,即使控制系统仅最小化 20 个拾音器的输出的平方和。实际上,假设认真对这些拾音器的位置进行选择,则误差传感器的数目可进一步减少而只引起全局性能的微小下降。为了增加控制系统的鲁棒性,以及当任意误差传感器发生故障时减少性能的降低,通常使用多于严格

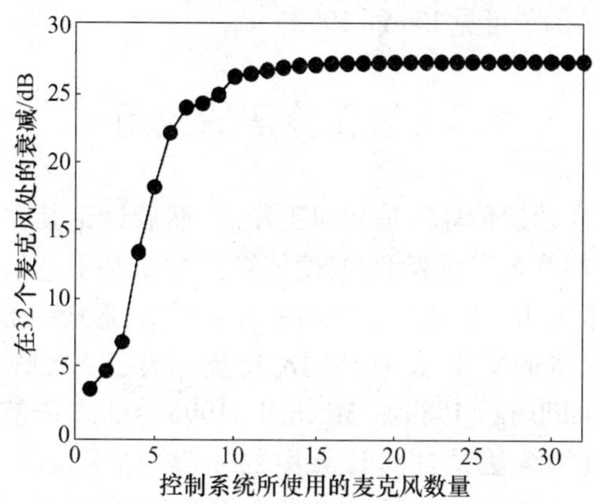


图 9.5　实际控制系统 32 个拾音器的平方和输出的最大衰减。其中，从减少的拾音器中调整最佳的 10 个次级源最小化输出的平方和，在实际系统中每个拾音器组合数目都获得最优布置

需要数目的误差传感器，许多主动噪声控制系统一般使用两倍于次级作动器的误差传感器。

应该注意的是，误差传感器处的均方差并不是唯一可以用于搜索最优变换器位置的性能函数。Lammering 等人(1994)在桁架结构的振动反馈控制中，建议在控制固定数目的结构模态时应该考虑优化过程中的控制作用与溢出到无控制模态的控制作用的组合。Hac 和 Liu(1993)建议在定义性能的标准时，应该考虑可控和可观测的程度，Baruh(1992)、Hansen 和 Sn · er(1997)等人再次对这个想法进行了讨论。Sergent 和 Duhamel(1997)表示若在一维围场中最小化最大声压而不是声压的平方和，则次级作动器和误差传感器的位置可通过解一个唯一的线性规划问题得到有效解决。

还有使用次级源的固定排列而不是对它们进行独立控制的更复杂方法，这些问题将归结为它们所特有的优化问题。Carneal 和 Fuller(1995)建议作动器可以通过相同的控制器通道控制，从而控制系统可以相对比较简单，同时又可保留大量的次级作动器。因此优化问题变为选择每个独立控制通道可以最佳驱动的作动器的组合子集。相比同样子集中的其他作动器，可以通过简单的布线变化实现同相或反相驱动；而且在施加作动器之前，当两个控制信号加在一起时，子集或许会重叠。若设计一个系统用于控制限定数量的结构或声模态，同时已知特征函数或这些模态的模振型，则作动器和传感器可以连接在一起驱动和测量这些模态的模振幅。接着使用具有限定数目的输入和输出控制器控制作动器和传感器，变换器的优化问题将简化，因为有关于被控系统的大量先验知识可用于解决这个布置问题(例子可见 Baruh,1992)。

## 9.3 遗传算法的应用

本节我们首先介绍遗传算法是如何工作的,然后讨论其在变换器选择组合问题中的应用。正如其名字所表示的,遗传算法主要基于达尔文进化论中的生物进化过程,这个术语用于反映生物界的最普遍活动,形成一类指导的随机搜索方法,在应用中有大量的变体,却有共同的特征。为了更加详细地描述遗传算法,这里参考了 Goldberg(1989)、Mitchell(1996)和遗传算法的国际会议(1987onwards)。遗传算法是进化计算中的一类,如 Fogel(2000)所讨论的。Tang 等人(1996)对遗传算法的运行及它们在各种信号处理问题中的应用,包括IIR 滤波器的设计进行了讨论。所有的遗传算法基本上都是基于并行搜索机制,在任意一次迭代或代中考虑了大量的原型解。所有的原型解编码成有限长度的染色体或字符串,组合成特征或基因(从清晰可变的字母表中选择出来)。下面将使用以最简单的二进制数表示的基因解释遗传算法中的代。图 9.6 为16 位二进制数的基因字符串。

| 1 | 0 | 1 | 1 | 0 | 0 | 0 | 1 | 1 | 1 | 0 | 1 | 0 | 0 | 0 | 1 |
|---|---|---|---|---|---|---|---|---|---|---|---|---|---|---|---|

图 9.6 一个最优问题的解被编码为 16 位的二进制字符串或“基因”的例子

### 9.3.1 遗传算法的简单介绍

通常假设每个字符串表示一个原型解,从而可得到适应度,即算法努力最大化的值。这种性能目标的定义可以与前面所使用的一般需要最小化的性能函数进行比较。通常将性能函数映射为适应度的过程需要标定,但最简单的情形,我们可以假设适应度为性能函数的负值,则对于每个字符串可计算合适的性能函数和适应度。更复杂的适应度的标定可用于防止少量字符串(其可能具有相当高的值)主导整个选择过程,减少后续群体的多样性。在接下来的代中,标定同样用于在一定的群体中增加适应值的多样性及鼓励收敛。在最一般的标定情形中(Goldberg,1989,p.77),新的适应度由旧的适应度线性标定,从而每个平均值上的字符串只选择一次,而那些具有最大适应度的字符串则被选择两次。实践中,所选字符串的适应值的计算通常要比后续的标定和本身算法的实现需要更长的时间,而且任意搜索算法可以使用有效的计算适应度的方法以保证运行的更加迅速,这也是在前面重点介绍精确最小二乘方法的原因。

在遗传算法的每次迭代中,此代中的字符串,即当前的群体,用于产生下一代的字符串集合。通常从所有可能的字符串组合中随机选择出第一代的字符串。在每一代,成对的字符串被选中用于选择操作,接着被组合在一起,使用下面将介绍的方法用于产生新一代中的字符串对。这个过程如图 9.7 所示,对于一个小的群体,字符串 1 和 3 作为第二代字符串 1 和 2 的父代。选择父代字符串的最简单方法是以适应度成一定比例的随机选择。这个过程可以认为是一种轮盘赌的方法,其每一部分的数值对应选择与适应度成比例的每个字符串。对这种完全随机选择方法的一种改进为选择每个字符串的次数等于选择概率乘以群体的规模的整数部分,接着使用前面介绍的偏置轮盘赌进行剩余的选择。Goldberg(1989,p.121)称这种半确定的选择方法为无替换的随机余数采样。它的应用非常广泛,用于下面将讨论的所有遗传算法仿真的选择操作中。

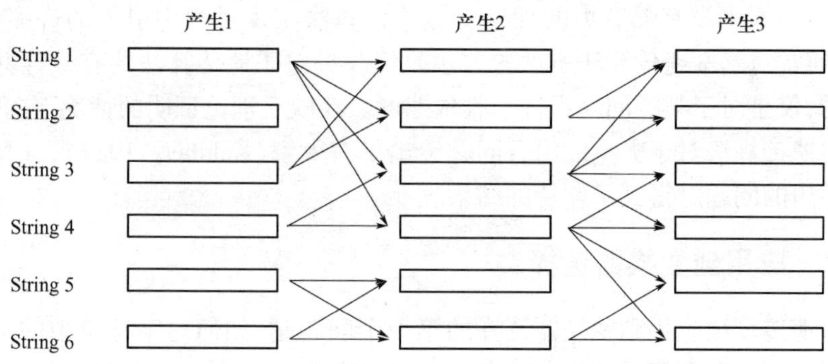


图 9.7　遗传算法的三代,其中一代中的字符串用以产生下一代的字符串

选好一对父代字符串后,使用交叉和变异将其组合在一起。传统的交叉过程如图 9.8 所示,为对 6 个基因字符串进行的操作。如图 9.8 中的虚线所示,沿字符串的长度随机选择交叉位置,通过在每代交换两个字符串交叉位置的右部(字符串的尾部)可以得到新的字符串。这个过程具有混合两个父字符串性质的效果。然而,需要注意的是,混合发生在传统的交叉过程中的方式,与一个字符串的特性在字符串基因中的顺序有关。所以,字符串的"编码"影响遗传算法的性能。Goldberg(1989,p.80)对好的编码方法作了一些指导性的介绍。

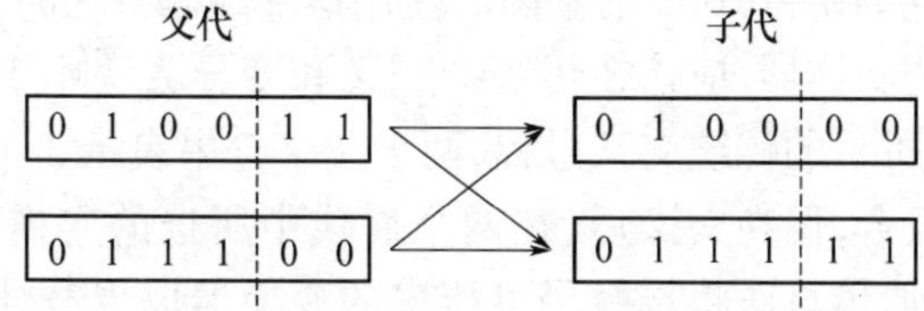


图 9.8　传统交叉运算的例子。交叉位置由虚线标示,通过交换父代字符串中位于虚线右边的内容得到子代字符串

传统的变异过程包括在代的传递中随机改变某一位的值。小概率的变异(一般对每个基因从0.01到0.001)可在搜索空间,通过在群体中引入显著的随机变体帮助防止遗传算法收敛到局部极小。可以改变变异的概率,使其在早期的代中较高;比如,在每代使其与平均适应度与最大适应度的比值成比例。另一种对基本遗传算法的改良为在下一代中利用当代具有最大适应度的字符串替换最低适应度的字符串,这将对下面所介绍的内容有很大的帮助,这类似于 Goldberg(1989,p.115)所描述的优秀模型,确保目前所找到的最好解总能传递到下一代。

此时有必要复述 Harp 和 Samad(1991)对 Goldberg 所做工作的评价"充满怀疑的读者……或许想知道这样一种看起来特别设计的过程如何具有实际的结果"。此时看来没有强有力的理论支撑遗传算法实现过程中引入的许多操作;然而,通常对基本遗传算法所做的大量数值改进对于遗传算法的有效性并不是必需的,仅是对于某类问题提升了收敛速度。在缺乏理论证明的情况下,我们只能重申遗传算法对于大量的组合问题给出了有效解(Goldberg,1989),且将算法用于手边的问题时得到了期待的结果。

### 9.3.2 应用到变换器选择

将遗传算法应用到变换器选择的第一个问题是,如何对字符串中的选择进行编码。至少存在两种选择。一种方法,如 Onoda 和 Hanawa(1993)、Tsahalis 等人(1993)所使用的,使用与所考虑的变换器数目相等的基因数目,其中每个基因表示一个可能的变换器位置。从而用于编码的字母表将非常庞大,但字符串将非常短。使用此编码方法基因在字符串中的位置将不是特别重要,从而许多字符串可以表示相同的变换器选择子集,同时搜索空间也会非常大。第二种编码方法如 Rao 和 Pan(1991)、Baek 和 Elliot(1995)所使用的,为使字符串具有与可能的变换器位置相等的基因数,但都是二进制基因,一般被选中的变换器为1,反之为0。如图9.6所示的字符串可以用于对16个可能位置中主动控制系统所使用的8个扩音器位置进行编码。此时,选中的变换器对应字符串中的位置为1,3,4,8,9,10,12和16处的基因。使用这种编码方法时,为了在代的传递中保留相同的所选变换器,应该在传统的交叉和变异方法中引入约束条件。反之,对于如图9.8所示的传统交叉过程,两个父字符串表示3个变换器在6个可能位置上的两种组合,但在交叉后,在两个后代中所选的变换器数目为1或5。没有任何约束时,遗传算法将选择尽可能多的变换器以提升性能。一种对全部变换器数目进行约束的方法为大幅降低具有超过所需的变换器数目的字符串的适应度,即 Goldberg(1969,p.85)所说的惩罚方法,但这将会使搜索过程变得非常多余，因为在新的一代中将产生许多适应度非常低的字符串。Baek 和 Elliot (1995)所提出的约束方法为，确定与两个父代中的基因对不同的基因对的总数量，接着对这些基因对中的偶数个进行随机交换，这个数也是随机选择的，从而所选的变换器的总数是恒定的。这个过程如图 9.9 所示，其中在两个父代字符串中，最后 4 个基因具有不同的值。交叉的过程中这些基因中的两个是随机选择交换的。第 3 个基因首先被选中用于交叉，从而为保证所选变换器的总数目不变，第二个随机选择必须在第4、第5 或第6 个基因中进行。在图9.9 中，是第 5 个基因被选中用于交叉，从而在产生的下一代字符串的 6 个可能位置中仍有 3 个选择的变换器位置。这个过程为“修复”算法的一个例子。注意到，引入这个交叉过程意味着，此过程与可能的变换器位置的顺序，与基因与字符串之间的关系一样都是无关的。在变异操作中也必须引入类似的约束，单个字符串中某个基因的随机变异必须伴随另一个不同值的基因的变异。从而交叉和变异对于确定哪个基因表示的可能位置的编码具有完全的鲁棒性。

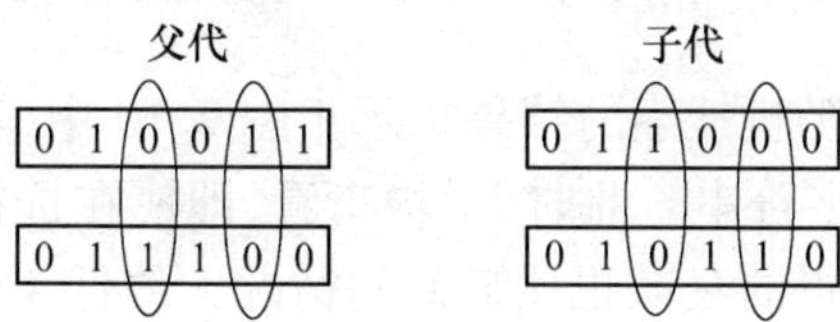


图 9.9　Baek 和 Elliot(1995)改进的交叉运算的例子，其在代的传递中以相等的值保持相同的数目的基因

作为遗传算法应用的一个例子，如图 9.10 所示，为 Baek 和 Elliot(1995)对 32 个可能位置中选择 8 个次级扩音器位置的一些计算结果。使用 8 个扩音器在 32 个拾音器上获得的压力平方和的最大衰减，是通过在一个较小的房间中使用 88Hz 频率激励，32 个可能扩音器位置到 32 个麦克风位置的传递响应的测量矩阵的子集计算得到。横坐标为使用遗传算法的每次成功代中总的字符串数目。在计算中，每代使用 100 个字符串，最终的变异率为每个基因 0.001，结果为遗传算法独立运行 20 次的平均结果(以减小随机振动的影响)，此时每个字符串的适应度为拾音器处的衰减。

大约有 10518300 种从 32 个可能位置中选择 8 个扩音器安放位置的方法，从而穷尽搜索会非常耗时。然而，为了评估此例中遗传算法的性能，使用了穷尽搜索方法，其在 PC 上大约需要运行一个月，可获得的最大衰减为 34dB。遗传算法所找到的扩音器位置组合在拾音器处得到的最大衰减在此最大值的 0.5dB 范围内，是在搜索了大约 7000 个字符串后，即 70 代后。换句话说，遗传算法这种指导随机搜索在搜索了总字符串数目的 0.07% 后，找到一个工程上可接受的

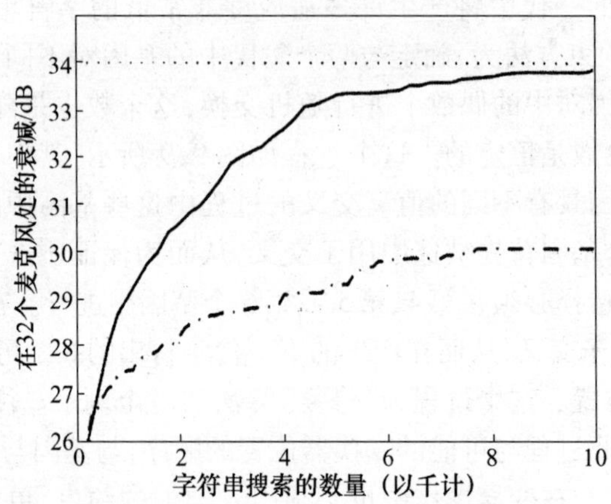


图 9.10 使用遗传算法(实线)和使用无指导的随机搜索算法(点划线)从 32 个可能位置中找出 8 个次级扩音布置位置,在 32 个拾音器位置获得的最大衰减。点线为对于此问题穷尽搜索了 10518300 个可能解后获得的最大衰减

解。作为对比,无指导随机搜索的结果也示于图 9.10 中,其中每个新字符串的选择均独立于前一个字符串。此时,平均来看,即使在选择了 10000 个字符串后,最好的选择组合获得的衰减也比最好的情况大约低 4dB。虽然计算机技术的进步可以减少穷尽搜索所需的计算时间,但同样控制问题也会变得需要更多的变换器。9.1 节所描述的组合爆炸使得穷尽搜索在计算上仍然不可行,对于工程解,指导随机搜索方法如遗传算法仍然是必需的。Hamada 等人(1995),Concilio 等人(1995)和 Simpson 和 Hansen(1996)将遗传算法用于主动噪声控制中的变换器布置问题;Furuya 和 Haftka(1993)、Zimmerman(1993)将其用于主动振动控制中的变换器布置问题。

## 9.4 模拟退火的应用

遗传算法是由生物进化过程启发得到的,模拟退火则主要基于描述冷聚体物理特性的统计力学(Kirkpatrick 等人,1983;Cerny,1985)。统计力学可以描述物理系统处于某种“状态”的概率,包括结晶体中原子的调整,或原子在一定调整中的激发。每一个状态具有一定的能量级,而且简单的统计论证可得出温度和熵的概念(具体例子可见 Kittel 和 Kroemer,1980)。热运动总是可以使系统在一定温度下处于任意可能的分布状态。在实验的例子中有大量的原子(大约 $10^{29}$ atom/m$^3$),从而可在实验中观测到绝大多数的系统特性。

### 9.4.1 模拟退火的简单介绍

物理系统在温度 $T$,特定状态 $x$,相应能量为 $E(x)$ 下的热平衡与 Boltzman 概率因子成比例,即

$$P(x) = \exp(-E(x)/k_B T) \tag{9.4.1}$$

式中:$k_B$ 为 Boltzman 常数。图9.11为此概率因子与一定状态下能量 $E(x)$ 的对应两个温度下的关系曲线。高温时,系统可以找到一个合理的状态伴随相对较高的能量,但低温时,系统只可能位于能量非常低的状态。与最低可能能量相关的状态很少,即所谓的基态。对于很多材料,完美晶体中原子的调整将对应于基态;然而,当融化的材料通过凝固点时温度会快速降低,而当材料固化时系统恰好处于基态是不可能的,因为这太罕见了。然而,当温度缓慢降低时,达到一个接近最小能量状态的概率将大幅增加。此时状态的分布将总是接近平衡,从而当温度缓慢下降时,达到最低能量状态的概率将越来越大,如图9.11所示。

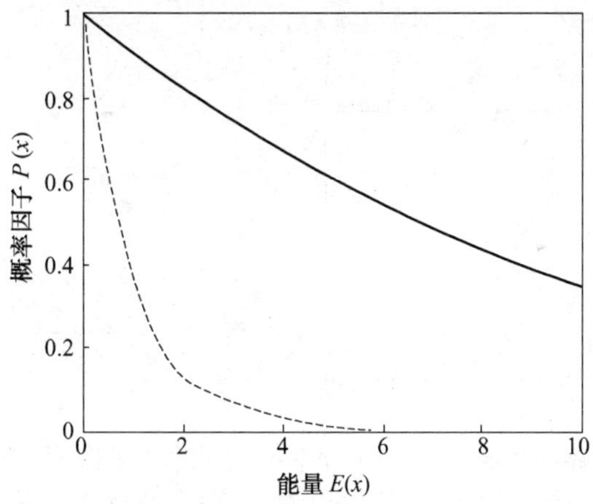


图9.11 Boltzmann 概率因子,其与在状态 $x$ 找到系统的概率成比例,对于温度的两个不同值,具有能量 $E(x)$,分别对应于 $k_B T=1$(虚线)和 $k_B T=10$(实线)

逐渐降低温度用以获得一个秩序井然的、低能量原子规整状态,即所谓的退火。可以与一个快速的温度下降——淬火相比较;此时原子的调整会凝结到一个随机排序的,能量相对较高的状态,如玻璃。退火的物理过程可以用于仿真我们感兴趣的数值优化问题,通过使用类似能量的性能函数。目的是找到对应系统性能函数相当低的值的极端罕见的组合状态。这可以通过对在一定温度下处于足够长的时间的状态的概率由 Boltzman 分布决定产生平衡的过程仿真得到。开始时温度较高,因此可以选择所有的状态,接着温度缓慢下降使状态分布逐渐

进入到能量非常低的状态。

Metropolis 等人(1953)对最常用的产生平衡状态的过程进行了仿真。研究结果表明,当在系统的状态中引入小的随机扰动时,系统将逐渐进入服从 Boltzmande 分布的状态,且使系统的这种变化的接受度与相应能量的变化以一种特定的方式有关。特别地,若系统的能量在变化中减少,则无条件接受。若系统中的变化使能量增加,则其可能会接受,却是以随机且一定概率的形式

$$P(\Delta E) = \exp(-\Delta E/k_B T) \tag{9.4.2}$$

式中:$\Delta E$ 为进入新状态时导致的能量变化,$k_B T$ 与结果中分布的温度成比例。图 9.12 为两个温度下接受变化的概率与相应能量变化的曲线。高温时,接受状态变化的概率很高,即使其会显著增加系统的能量。当温度降低时,概率变低,仅当变化会使能量降低或轻微增加时,才可能会接受。这个算法与前面讨论的遗传算法的不同之处在于任意时刻仅考虑系统的一个例子,而不是此状态下的群体。

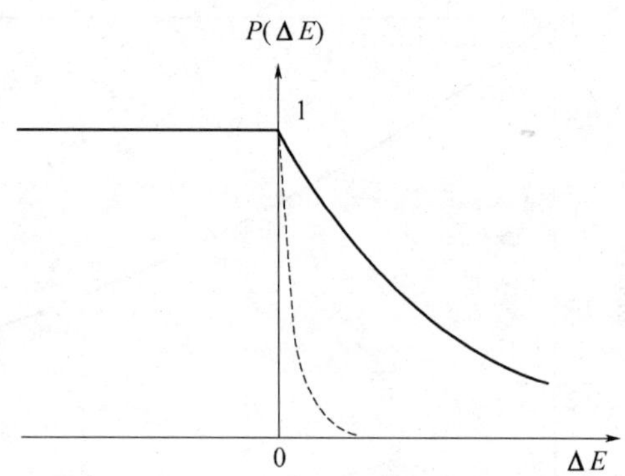


图 9.12 根据 Metropolis 算法与能量变化 $\Delta E$ 有关的可接受随机变化的概率,分别对应于 $k_B T = 10$(实线)和 $k_B T = 1$(虚线)时的情况

现在我们将讨论使用 Metropolis 算法在组合选择问题中实现模拟退火的过程。开始退火前要选择一个初始温度。这等于式(9.4.1)中的 $k_B T$,若使用计算得到的性能函数 $J$ 代替一定规整的能量 $E(x)$,则温度变量 $k_B T$ 与在性能函数中使用的量具有相同的单位。从而初始温度的选择与所关心问题的性能函数的值的范围有关,一般都是令其等于性能函数在整个退火过程中的平均值。接着使用 Metropolis 算法实现此温度下固定次数的迭代,或直到满足收敛标准,如接收到一定数量的变化。接着乘以一个小于 1 的因子,即所谓的冷却系数,使温度降低,继续使用 Metropolis 算法直至达到新温度下的平衡。从而温度逐渐降低使组合分布数量逐渐变少至那些具有非常低的性能函数的组合分布。

在算法的早期阶段，当温度很高时，模拟退火算法将接受大多数的随机变化，从而可以对整个参数空间进行“探测”。当温度降低时，算法通常会在性能函数接近全局最小值的位置振动，接着在温度进一步降低时性能函数会进一步接近全局最小值。然而，需要强调的是，即使在收敛的后期，系统的调整也是由随机变化引起的，从而当别处有一个或一个仅是比其稍微高一些的性能函数，其可以移动至参数空间中具有更低性能函数的较远区域。模拟退火算法的收敛特性与随机扰动的量级和冷却率的值（由冷却系数决定）有关。若冷却系数过高，则收敛到局部最优的概率增加，但过高又会增加不必要的计算时间。一般使用的冷却率在0.9～0.99。

### 9.4.2　在变换器选择中的应用

将模拟退火算法用于从32个可能位置选择8个次级扩音器位置时，我们可以使用9.5节讨论的编码和随机扰动方法。从而扩音器的布置可再次表示为32位字符串中的8个二进制1，每个表示特定位置的有（1）无（0）。Metropolis算法所需的对调整的随机扰动，通过随机改变字符串中某位的值，接着随机改变另一个与前面所选值不同的位置上的值实现。这样可以保证经扰动的字符串中仍然具有相同数目的1，类似于遗传算法使用的方法。另一个广泛使用的方法是随机选中字符中的某一段，然后对其进行翻转操作。这种方法同样可以保证字符串中1的总数目不变，而且在“旅行商”问题中表现出色，此时字符串表示推销员走过的城市的顺序，性能函数为旅行的总成本（Lin，1965；Kirkpatrick 等人，1983）。注意到“翻转和交换”调整方法同样用于遗传算法，即所谓的“倒置”，其模拟基因代码重新排序的天性（Goldberg，1989，p. 166）。翻转和交换方法大量用在《Numerical Recipes》（Press 等人，1987）的模拟退火算法的调整方法中。然而，对于变换器选择的组合问题，却发现翻转和交换相比前面讨论的约束变异操作对随机调整的表现不是那么令人满意。如图9.13所示，使用跟前面一节末所讨论的调整相同的8个不同的扩音器选择在32个拾音器位置得到的衰减（Baek 和 Elliot，1995）。这些仿真中的冷却系数为0.98，但结果却不完全与此相关，或者在模拟退火程序中必须选择其他一些参数。Chen 等人（1991）也将模拟退火用于主动振动控制中的作动器布置问题。

从图9.13可以非常清楚地看到，具有重新整理的约束位变化方法的模拟退火的收敛性要比翻转和交换方法好得多。具有约束位变化的模拟退火方法在搜索了仅2500个字符串后就收敛到最优解的0.5dB范围内。当遗传算法用于同样的问题时，直到搜索了此数目的将近3倍后才达到相似的收敛。然而，并不能因此就着急地抛弃遗传算法，因为当在最优问题中引入实际约束时，两种算法性

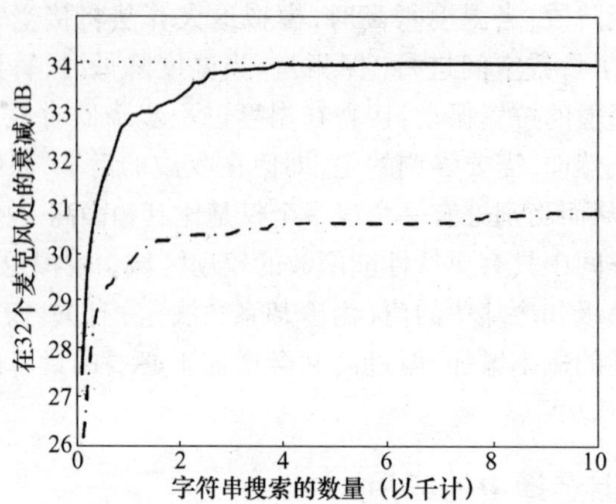


图 9.13　使用模拟退火从 32 个可能位置找到 8 个最佳次级扩音器安放位置，分别使用约束位变化的随机调整（实线）和使用取反和交换（虚线）在 32 个拾音器处获得的最大衰减。点线对应于可获得的最大衰减，如在图 9.10 中

能间的不同将远不止这些，如 Onoda 和 Hanawa（1993）所讨论的，下面也将进行更详细的讨论。

## 9.5　源位置的实际最优化

对于单频激励下的前馈控制问题，在 9.2 节已经注意到，所有误差传感器处的最大衰减是如何由将传递矩阵从大量的次级源和大量的误差传感器和误差传感器处的初级干扰分割出来得到的减小的源和传感器组合确定的。

因此，当选择此减少源和传感器组合的元素时，所有误差传感器处的残余量可以作为待最小化性能函数的一种测量。自然算法使用的适应度函数的定义包括实际控制系统引入的性能的其他指示或物理约束。

若获得大量频率上的全传递矩阵和干扰向量，则性能函数包括所有激励频率下使用最小二乘最小化后误差传感器处的残余量的和。这样，可以使用自然算法在所有重要的频率成分上对源和传感器的位置进行优化。在一个最优化例子中，Baek 和 Elliot（1995）从 32 个可能位置中选择最好的 8 个扩音器位置，在三个谐波频率：88Hz、176Hz 和 264Hz 上对残余声压的和最小化。接着做了这样一个实验，相继在此三个频率下，实时控制系统使用 8 个扩音器最小化 32 个误差传感器处的压力的平方和。测量得到的降低量在使用精确最小二乘预测得到值的 1dB 范围内，测量的减少量在 88Hz 处轻微小于预测得到的值，但轻微高于 264Hz 时的值。这些不同主要由初级干扰向量中的不一致导致。在此实验中所

使用的全 $32 \times 32$ 传递矩阵，实际上是作为两个 $32 \times 16$ 的传递矩阵测量得到，即 16 个扩音器在测量期间从一个位置集合移到另一个位置集合。由于围场中两个扩音器组合物理规模的轻微不同，在单个拾音器处观测由初级源产生的干扰上升至 1dB。此时遗传算法所使用的性能函数，由两个扩音器位置处测得的两个干扰向量的平均值计算得到，从而干扰向量与实时控制器所使用的初级场不完全一致。然而，得到的衰减却只有轻微的不同，这表明最优化对初级声场的微小变化并不十分敏感，这也提出了源位置优化中的鲁棒性问题。

### 9.5.1　所选位置性能的鲁棒性

若实际主动控制问题中变换器的位置仅是一个基于系统传递响应和干扰数据的集合，则当被控系统发生小的变化时有降低控制系统性能的危险。

变换器位置对不同环境的普适性不足是对原始数据集合过度优化的结果，此即所谓的"神经敏感"(Langley，1997)。实践中需要所选的源组合对实际运行条件下系统和干扰可能发生的各种变化具有鲁棒性。估计传递矩阵和干扰向量中存在的误差将不可避免地使预测衰减产生变化。这些影响在 4.4 节已经讨论过，其中表明在待优化的性能函数中引入一个小的作用加权项可以提高最小二乘解的鲁棒性。另一种运行条件产生的变化使传递响应和干扰信号中也产生小的变化，是实践中非常典型的激励频率发生的微小变化。Baek 和 Elliot(1995) 证明，前面所找到的最优 8 个扩音器位置对这个影响的鲁棒性，可以通过测量基频变化 ±1Hz 时实时控制系统得到的衰减得到。他们发现测量的衰减在 88Hz 时变化 0.2dB，176Hz 时变化 0.6dB，274Hz 时变化 1.8dB。在更高频率上的更大变化与声场在这些频率上的更为复杂的性质保持一致，如 Nelson 和 Elliot (1992)所讨论的。

一个在自然算法使用的性能函数的评估中引入的测试是，是否需要使用最小二乘解计算病态性能函数的最小值。这种病态可产生比所需要的更大的控制作用，同时延长最速下降控制器的收敛时间，如在第 4 章所讨论的。对病态程度的一种刻画是条件数，一般定义为需要翻转获得最小二乘解的矩阵的最大和最小奇异值的比值。对于频域控制器，这个矩阵是 $2M \times 2M$，其中 $M$ 为次级源的数目，时域控制器是 $MKI \times MKI$ 的，$K$ 为参考信号的数目，$I$ 为每个 FIR 控制器系数的数目(可参考 5.3 节)。对于一个设计合理的控制系统，评估奇异值会变得非常费时，因此判断条件数而不是计算最小二乘解。若对每个自然算法选择的源位置集合都必须计算条件数，则源位置程序将运行得非常缓慢。Heatwole 和 Bernhard(1994)建议对于时域控制器可以通过从谱数据中估计条件数而减小计算量。

与其明确计算每个新次级源排列的条件数,不如修改性能函数以保证病态解不被选择。达到此目的的最简单方法是将一个作用加权项加到最小化的性能函数中,如在式(9.2.2)中与 $\beta$ 成比例的项。从而通过在用于翻转的矩阵的对角线元素加上一个常数 $\beta$,使最小二乘解也得到了修改,如在(9.2.4)式中。若 $\beta$ 相比矩阵的最大特征值较小,则这些特征值的幅值将不会因此值的加入而显著变化。然而,此时这个矩阵的最小的特征值保证比 $\beta$ 大,而且因为最小特征值中的低值通常会使条件数增大,所以可以避免病态条件。如在第 4 章所注意到的,一个小的作用加权同样会降低自适应前馈控制系统对测量误差的敏感度。加入一个作用加权项的最明显物理效果是,防止选择选中那些给出较大的衰减却需要非常大的驱动信号的组合。Baek 和 Elliot(1995)给出了这种情况的一个例子,他们对 100 种可给出最大衰减的 8 个次级扩音器组合下的误差传感器和次级驱动信号的平方和进行衰减。这些值示于图 9.14 中。对于这 100 种次级源位置的组合,衰减从 29dB 到 27dB 不等,但控制作用却从 0.2 变化至 2.5,使用图 9.14 中的线性单位,这将与瓦特表示的所需作动器的功率成比例。从而可以看到,对于一些扩音器组合使用非常小的控制作用就可得到非常好的衰减。然而,需要注意到的是,许多扩音器组合需要的控制作用为 0.2 单位,这也表示在此例中为得到显著衰减所需的最小控制作用为 0.2 单位。若对扩音器位置使用的搜索算法具有包括一个评估残余均方差和最小作用的 $\beta$ 值的性能函数,则仅有图 9.14 中的具有低值的扩音器组合将会被选择。

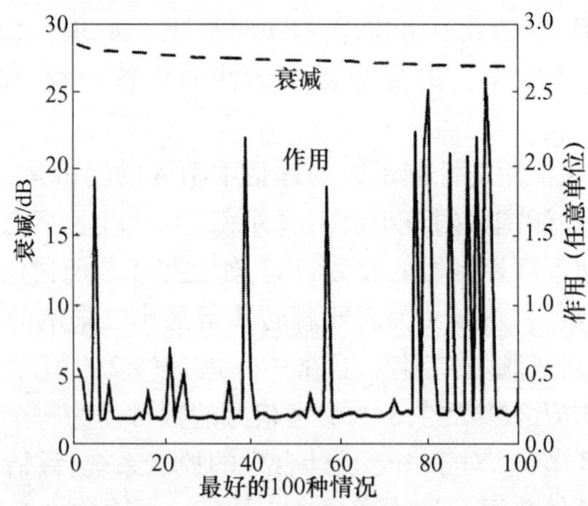


图 9.14　从 16 个位置选择 8 个次级源的 100 个最佳组合在误差传感器处获的衰减,以及为获得这些衰减所需的控制作用

### 9.5.2　鲁棒性设计

另一种避免选中性能对运行条件不鲁棒性的作动器位置的方法为，搜索每个均由不同的运行条件计算得到的最小化性能函数的集合的平均值的组合。在最简单的情况下，传递矩阵和初级场在运行条件中的变化是不独立的随机数，Baek 和 Elliot(1997,2000)证明，选中的作动器，与单个性能函数中有一个近似量作用加权在标准无噪声条件下计算得到的结果相似。如图 9.15 所示，次级源的选择对这类误差会非常敏感，也可看出两个不同的 8 个次级扩音器组合，分别表示为集合 $A$ 和集合 $B$ 在 32 个误差传感器衰减的概率分布函数(Baek 和 Elliot,2000)。对于每个组合显示两个分布函数。第一个假定系统矩阵中没有误差，从而概率分布为 delta 函数，表明标准条件下扩音器集合 $A$ 比集合 $B$ 的衰减高 1dB。若将不独立的随机数加到干扰向量和系统矩阵元素的实部和虚部上用作运行条件的扰动群体，可观察到更为有意思的分布。图 9.15 为在 1% rms 随机系统和干扰误差集合下衰减的概率分布函数，即表明可通过实际辨识方法非常容易产生的误差能级。可以看到现在扩音器集合 $B$ 可获得的平均衰减大约比集合 $A$ 的效果好 2dB，从而，在实践中扩音器集合 $B$ 是更具鲁棒性的选择。更进一步的分析表明，若干扰中存在变化，则此变化不会发生在最优作动器的位置(Martin 和 Gronier,1998；Baek 和 Elliot,1997,2000)；系统响应中的变化导致了这些影响。

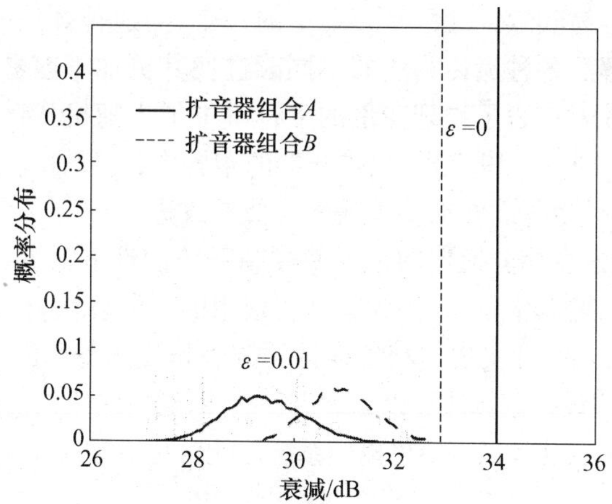


图 9.15　对应不同的系统矩阵元素中的随机误差 $\varepsilon$ 的百分比，使用 8 个次级扩音器在 32 个误差拾音器获得的均方衰减量级的概率分布——组合 $A$(实线)和 $B$(虚线)。在标称条件下，没有误差，$\varepsilon=0$ 时，扩音器组合 $A$ 可获得最优性能，但当误差的均方值仅为 1%，即 $\varepsilon=1$，组合 $B$ 可获得显著更优的平均衰减，从而也是此例中更具鲁棒性的选择

Bravo 和 Elliot(1999)对使用从 6 个测量系统响应矩阵和干扰向量得到的表示平均衰减的性能函数,同时优化扩音器位置和拾音器位置的效果进行了研究。这个测量集合是使用前面所描述的围场,在 88Hz 下,不同数目的人站在不同的位置得到的。从而找到最优的最小化性能函数的单个扩音器位置、扩音器位置对等,图 9.4 为使用不同数目的扩音器获得的最大衰减曲线。可以发现,平均来说,此性能函数的性能随所用扩音器数目增加的提升要比图 9.4 中所示(性能函数仅用一个系统相移矩阵和干扰向量)的更加线性化。此时,需要使用 12 个扩音器获得使用 16 个扩音器(然而仅需要 9 个即可给出图 9.4 中的衰减量)得到的衰减 1dB 范围内的平均衰减。Bravo 和 Elliot(1999)通过对 10 个最佳扩音器最小化不同数目的拾音器上的压力的平方和时,系统响应矩阵和干扰向量的集合求平均,计算得到全部 32 个拾音器的衰减。有意思的是,此时得到的结果与图 9.5 中的结果几乎相同,都是对一个系统矩阵和干扰向量计算得到的,在 10 个精心布置的拾音器下可获得很好的衰减。

对于运行条件中的结构振动,当使用 4.4 节描述的扰动奇异值矩阵对这些变形进行刻画时,可以从标称响应矩阵和已知运行条件的变形结构得到扰动传递响应矩阵。在此矩阵上计算得到的平均性能函数接着可以用于搜索变换器位置的搜索算法中,而这些算法对这些变形具有鲁棒性(Baek 和 Elliot,2000)。当在连续域进行优化时,所得到的解中对小的参数变化不鲁棒的解,将在误差表面上表现为尖的峰,而且被称为“易碎的”,而鲁棒性的解则表现为较宽的峰。梯度下降算法比较容易收敛到这些易碎解中的一个,而遗传算法的固有属性使其不可能选中这些解。各种遗传算法的不同改进使其更加不容易选中这些尖峰;当计算适应度函数时在表示物理变量的字符串中加入随机扰动,但不改变字符串本身(Tsutsui 和 Ghosh,1997)。在扩音器的布置中,可以在每次评估扩音器衰减时,随机扰动系统矩阵而对遗传算法做类似的改进。

最后,可以考虑变换变换器的位置使控制系统的性能对变换器故障具有鲁棒性。这个优化问题非常特别,因为其与所使用的控制算法,作动器和传感器类型及性能标准有关。一种实现这种鲁棒性的方法是使用备用的变换器以获得冗余(Baruh,1992);假设控制算法可以处理这些故障,通过使用比实际需要还要多的变换器(在被控空间上均匀分布)可以使系统性能对变换器故障具有鲁棒性。

### 9.5.3 搜索算法的最终比较

通过在自然算法所使用的性能函数中加入一个作用项,可以忽视那些需要过多能量和病态的源的组合。使用此改进性能函数的遗传算法和模拟退火,从 32 个可能位置中选择 8 个源位置的收敛特性如图 9.16 所示(Baek 和 Elliot,

1995)。可以看到在此优化问题中,这两个算法的收敛特性相比前面所观测到的情况要更加相似(图9.10和图9.13,仅用于说明衰减)。在此例中,搜索问题的规模也与前面相同;但此时模拟退火在搜索了大约1000个字符串而不是前面的2500个以后,即可找到一个衰减在最优解的0.5dB范围内的源的组合;同时,遗传算法为达到相同的效果,需要搜索2000个字符串而不是前面的7500个。从而,将病态组合剔除掉,减少可能组合的数量的搜索变得更加有效。

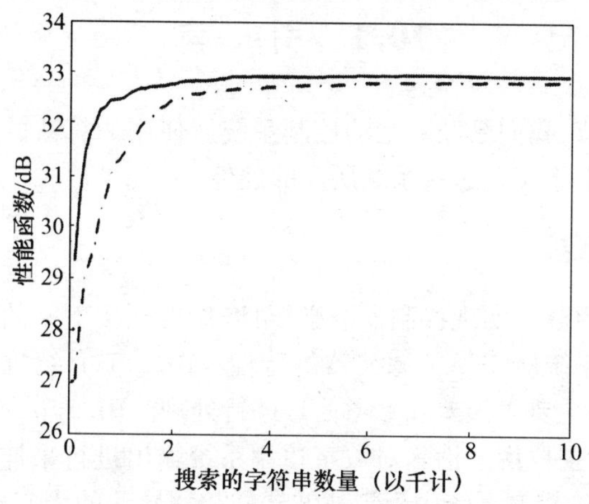


图9.16　当使用遗传算法(虚线)或模拟退火(实线)从32个可能布置位置中找出8个次级扩音器安装位置时,改进性能函数(包括作用加权)获得的最大衰减

对图9.16表示的结果作最后的讨论。遗传算法和模拟退火算法背后的机制完全不同:一个是受生物进化过程的启发,而另一个是受物理过程的启迪。而且算法运行的方式也完全不同,遗传算法对一个可能解的群体进行操作,而模拟退火算法则仅对一个解进行处理。尽管具有这些明显的不同,但两个算法在良态问题上的性能如图9.16所示非常的相似。可在结构作动器的布置中获得同样的结论(Hakim和Fuchs,1996)。这表明在这两种算法之间有一些共同的东西,使它们在解决优化问题时非常有效。我们从图9.13看到遗传算法要比简单的无指导随机搜索更加有效,这表明是随机搜索运行中的智能确定性指导机制使得遗传算法和模拟退火如此有效。

# 第10章　主动控制中的硬件

## 10.1　引　言

在前面的章节,我们已经对主动控制系统所使用的算法的理论基础进行了讨论。本章将集中于实现这些系统所需的硬件。

### 10.1.1　章节概要

首先简要介绍数字实现控制器的必要性,然后在接下来的3节集中讨论实现数字主动控制系统所需模拟滤波器的特性。10.2节介绍抗混叠滤波器的性质,抗混叠滤波器主要对误差和参考信号进行处理。10.3节介绍重构滤波器的性质,重构滤波器主要用于消除对数字控制系统输出进行采样的信号中的高频成分。10.4节讨论控制系统中模拟滤波器的相移导致的固有延时,固有延时会限制实际主动控制系统的性能。

10.5节主要讨论模数转换和数模转换器中所使用的技术,10.6节对这些转换器在控制系统上的影响进行量化。转换器中有限数目的窗口导致的主要量化结果为产生测量噪声,从其也可看出在自适应前馈控制系统中测量噪声对于参考信号要比对于误差信号更加重要。10.7节对主动控制应用中所需的数字处理器的性能指标进行了简单介绍。尽管对此可以作一些一般性的概述,但随着商业数字信号处理设备性能的快速提高,对于特定的算法实现可以对处理器提出特别的要求。10.8节对使用这些设备的控制系统的有限精度计算进行了评价。若这些设备中的某一个出现故障,尤其是收敛系数非常小的自适应滤波器,后果会相当麻烦。

### 10.1.2　数字控制器的优点

本节有必要对本书利用大量篇幅讨论的数字控制系统,即采样控制系统设计的原因进行阐述;因为,本章的绝大部分内容也与这种控制系统的实现有关。数字系统最重要的性质是自适应性,可以相对比较容易地改变这种控制滤波器的系数,因为系数是存储在存储设备中。我们已经在很多主动控制的应用中看到,通过调整控制器的响应以补偿干扰频谱或系统响应中的变化以维持可接受的性能。数字系统的使用其这变为可能。同样也可在相同的硬件上运行实现自适应算法的程序，正如实现数字滤波器所做的。

除了自适应性，现代数字系统的滤波器系数最少为16位，可以很精确地实现数字滤波器。这在主动控制中，当需要精确调整驱动次级作动器的振幅和相位以实现高量级的衰减时非常重要。由于处理器，尤其是数字信号处理设备（所谓的DSP）的发展，数字控制系统的成本在过去的10年下降了很多。部分反映在设备的单位成本上，部分也反映在开发运行在这些设备上的软件的成本上。这些软件的编写已经从低级语言，如汇编语言，发展到大量使用高级语言，如C。这部分是借助于浮点设备的发展，早期的定点设备通常需要"人工调整"以保证不溢出或产生其他数值问题。10.8节将对有限精确度计算的影响进行讨论。

### 10.1.3　与数字反馈控制的关系

许多在本章需要讨论的问题与在经典数字控制系统中一样，具体可见Franklin等人（1990）、Astrom和Wittenmark（1997）的研究。这些研究人员所讨论的例子大多数为机械伺服控制系统。Franklin等人对计算机磁盘驱动的伺服控制系统的设计进行了全面的研究。在此系统中，被控机械系统的响应具有窄带特性，且高频干扰的能级也相对较低，从而可以不需要重构或抗混叠滤波器。这就保证了伺服回路可以快速运转，因为被控系统中不存在与这些滤波器有关的延时。同时若将采样率设置得高于控制所需的带宽，则可部分减少与处理数据和数据转换有关的延时。在Franklin等人（1990）的研究中，所设计的控制系统的闭环带宽为1kHz，采样率为15kHz。

在噪声和振动的主动控制中，残余误差通常表现为噪声。从而有必要保持单频控制，如将由数模转换器中的零阶保持器产生的谐波噪声滤波剔除掉。如图10.1所示，由于$A$加权曲线的原因使得高次谐波非常容易被听到，其对人的听力所关注的频率响应给出共振近似（IEC标准651，如Kinsler等人，1982，Bies和Hansen，1996的研究）。若需要控制的单频为100Hz，它的能级比在100Hz时低16dB，则因为$A$加权特性，在500Hz处的谐波将更大；从而在主动控制系统中使用有效的重构滤波器很重要。

同样地，在主动噪声或振动控制系统中，也不能保证可以无影响地忽略任何频率低于几十kHz的干扰。确保这些高频干扰无失真地出现在控制系统的带宽中非常重要，因此在这样的系统中通常需要抗混叠滤波器。对比机械伺服系统，主动噪声和振动控制系统通常包括抗混叠和重构滤波器，在接下来的两节中将对这些滤波器的性能、性质进行讨论。

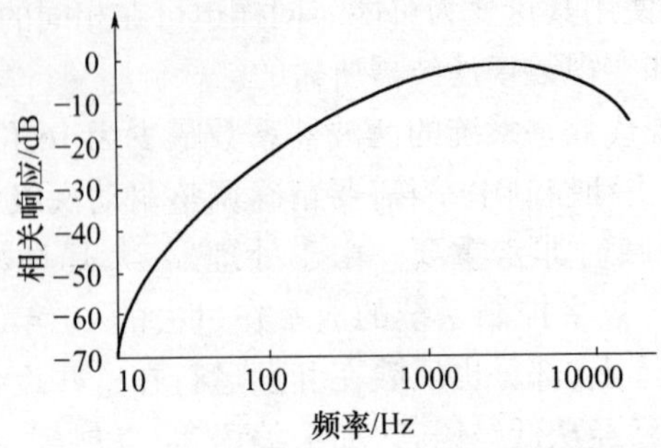


图 10.1　A 加权曲线的频率特性,其为人耳对低能级噪声响应的近似,并广泛应用于估计噪声的主观影响

设计数字控制系统时,选择合适的采样率至关重要,而且通常会归根到性能和成本之间的矛盾。通常,较快的采样率使被控系统具有更小的延时,从而当干扰为宽带时具有更稳定的性能,却需要更加快速的处理器,加昂贵的处理器。对于单频干扰,若需要控制器实现快速自适应,自适应回路中的延时也必须尽可能小。对于单频干扰主动控制系统,采样率一般取 3 到 10 倍的基频,对随机干扰主动控制系统有时甚至使用最大为 100 倍基频的采样率。然而,必须保证采样率增加时,不能使最优控制器解的条件变差;否则,自适应算法的收敛速度就会降低,而且系统将变得对数值误差敏感(Snyder,1999)。在数字伺服系统中,所使用的数字控制器通常包含其他一些部件,如估计器或各种反馈回路,但这些元件的阶数通常较低(在 Franklin 等人 1990 年的研究中状态向量有 13 个元素)。对宽带噪声和振动进行控制的系统通常使用具有几百个滤波器系数的 FIR 数字滤波器。此类系统的计算量会成倍增加。首先,对于给定的持续冲击响应,FIR 滤波器所需的系数与采样率成比例;其次,实现这种滤波器所需的计算时间随采样率增加。因此对于这种控制器,所需的处理能力与采样率呈平方关系。

## 10.2　抗混叠滤波器

接下来的两节,我们将对防止误差和参考信号失真,以及对驱动次级作动器的信号进行平滑的滤波器的设计和性质进行讨论。这种滤波器通常为模拟设备,在 10.5 节有一个这样的数字设备,但我们仍将集中于讨论模拟的滤波器。

图 10.2,为这种低通设备的理想冲击响应,以及“失真”特性,即垂直轴反射和采样率 $f_s$ 变换的频率响应。若测量信号具有高达半个采样率 $f_s/2$ 的平坦频谱,则信号通过模数转换器的频谱达到滤波器本身响应幅值的一半 $f_s/2$。在$\frac{1}{2}$

个采样率以上，信号是重叠的，如 Rabiner 和 Gold（1975）和 Astrom 和 Wittenmark（1997）所研究的频率为 $f_s/2+\Delta f$ 的连续信号在 $f_s/2-\Delta f$ 上出现的采样信号；从而，信号在 $f_s-f_1$ 上将重叠为一个频率 $f_1$。因此，连续时间信号在 $f_s/2$ 上的频率成分将出现在 $f_s/2$ 的采样信号上，其振幅与图 10.2 中我们称为“重叠”性质的虚线成比例。

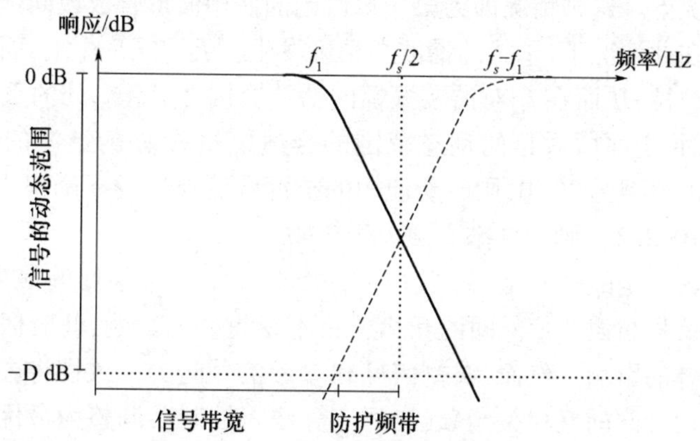


图 10.2　抗混叠滤波器（实线）和用于计算所需的截止率“失真”特性（虚线）的幅值和频率响应

开始时我们假设，必须转换为数字形式的信号的带宽等于 $f_1$，且此信号的动态范围为 $D$dB。可以用于计算保真滤波器的下降率与采样率之间的关系，从而重叠成分下降到所需信号的动态范围之外。从图 10.2 可以看出，抗混叠滤波器的截止频率必须为 $f_1$，在 $f_s-f_1$ 的衰减为 $D$dB。

假设抗混叠滤波器的响应以固定值 $R$dB/倍频下降，则滤波器响应在 $D/R$ 倍频将下降 $D$dB，且 $f_s-f_1$ 与 $f_1$ 的比值为

$$\frac{f_s-f_1}{f_1}=2^{D/R} \tag{10.2.1}$$

对于给定的滤波器下降率 $R$，采样率为

$$f_s=(1+2^{D/R})f_1 \tag{10.2.2}$$

或者对于给定的采样频率，滤波器的下降率为

$$R=D/\log_2[(f_s-f_1)/f_1] \tag{10.2.3}$$

若保真滤波器的下降率不为常数，则所需的表示可通过使用类似图 10.2 的图表经作图法得到。

在前馈控制系统中，参考信号和误差信号需要转换为数字形式，而且这两种类型的信号通常具有不同的动态范围要求。

## 10.2.1 误差信号的应用

对于误差信号，最坏的情况会发生在干扰具有多个谐波且采样率为基频的整数倍的情况下。这种情况即为第3章讨论的使用波形合成或同步频域控制器时的情况。在此情况下，干扰的谐波会精确发生在$f_1$和$f_s-f_1$上，而且谐波之间会呈现出一致性，从而在$f_1$对谐波振幅的估计会因在$f_s-f_1$处的重叠而直接受到影响。此时，上面所讨论的动态范围的合适值由$f_1$处的谐波的期待衰减给出。若期待的衰减为30dB，同时所使用的抗混叠滤波器的下降率为24dB/倍频时，利用式(10.2.2)，则采样率必须大于$3.4f_1$。

若干扰为完全的随机信号，则$f_s-f_1$处的信号将与$f_1$处的信号保持一致。采样的参考信号与误差信号间的互相关将不受重叠的影响，此时假设采样参考信号不受重叠的影响。然而，误差信号和参考信号间的一致性将会降低。参考信号和误差信号间的互相关函数(自适应算法将控制器调整为最优控制器时为零)的不变性意味着误差信号中的重叠对于模拟误差信号的衰减没有确定性的影响，因为重叠的采样误差信号仅用于自适应调整控制器。从而，当干扰完全随机时数字前馈控制系统的稳态性能不受重叠的影响。然而，重叠也具有将随机噪声加到采样误差信号上的作用，这会影响自适应调整控制滤波器的算法的性能。若使用瞬时最速下降法，则滤波器系数的随机扰动会因为重叠而增加几个量级，如在第2章讨论的，"失调"会导致均方差的增加。然而，除非控制器的调整过程非常迅速，则由于这种影响而导致的性能下降将会非常小。

## 10.2.2 参考信号的使用

回到对参考信号中重叠效应的讨论，参考信号经控制滤波器滤波而驱动次级源。从而，不仅需要在控制系统工作的带宽内保持参考信号的动态范围，而且要防止次级作动器将重叠部分扩散出去。必须保持参考信号的动态范围，否则，重叠成分将作为传感器噪声而出现在参考信号中，从而降低可预测的控制效果，如在3.3节中所讨论的。式(3.3.13)给出了衰减的限制值，若期待衰减为$A$dB，则式(10.2.1)中的动态范围$D$等于$A$，可计算防止性能损失所需的抗混叠滤波器的性能。然而，所得到的滤波器会比用于防止听到重叠成分的滤波器更加苛刻。然而，在计算后一种滤波器的性能时，我们必须对参考信号的频谱和控制器与系统的响应作一些相应的假设。

若主动控制系统以$A$dB降低干扰，则不被听到的重叠成分必须低于此能级。若连续参考信号具有平的 $A$ 加权频谱,则为了防止听到此频率以上的重叠成分,我们需要抗混叠滤波器的响应在 $f_s/2$ 下降 $A$dB,则有

$$\frac{f_s/2}{f_1} = 2^{A/R} \tag{10.2.4}$$

对于给定的 $R$dB/倍频的下降率,采样率为

$$f_s = (2^{(A/R+1)})f_1 \tag{10.2.5}$$

或者对于给定的采样率,下降率为

$$R = A/\log_2\left(\frac{f_s}{2f_1}\right) \tag{10.2.6}$$

若控制系统给出的衰减为 30dB,图形保真滤波器的下降率为 24dB/倍频,则采样率必须大于 4.8 倍的带宽。类似的约束可用在反馈系统中,在 6.4 节讨论的内模控制中可以看到,传感器的输出广泛用于提供参考信号,跟在前馈控制系统中一样。

## 10.3　重构滤波器

现在,我们开始讨论重构滤波器。这种滤波器的作用为对模数转换器的输出进行平滑操作,通常包括一个内置的零阶保持设备,从而具有连续的输出,在合适的放大率下,将具有阶梯般的形状。在频域内考虑重构滤波器的性能会非常方便。用于驱动数模转换器的采样信号的原始频谱 $U(e^{j\omega T})$ 是周期性的,周期为 $\omega T=2\pi$,如图 10.3(a)所示。在通过零阶保持器时,采样信号,与持续时间为一个采样周期 $T$ 的脉冲响应进行卷积运算。从而,零阶保持器在频域的效果等于一个线性滤波器,其频率响应由此脉冲响应的傅里叶变换给出。此频率响应的模正比于正弦函数,如图 10.3(b)所示。然而,需要记住的是,频率响应同时具有相当于半个采样周期 $T/2$ 的线性相位成分,且此延时对被控采样系统的总延时也有贡献。通过整理式(3.1.1),可得到零阶保持器的连续频率响应

$$T_Z(j\omega) = T\mathrm{sinc}(\omega T/2)\mathrm{e}^{-j\omega T/2} \tag{10.3.1}$$

频域中零阶保持器的主要作用为在频率大约为 $\omega T\approx 2\pi$,即 $f\approx f_s$ 时抑制原始采样信号的频率成分。采样信号的频谱是周期性的,从而原始频谱在 $f_s/4$,$\omega T\approx\pi/2$处的成分也出现在 $3f_s/4$,$\omega T\approx 3\pi/2$。然而,前者经过零阶保持器时仅衰减 1dB,而后者则有 10dB 的衰减。所有在 $f_s/2$,$\omega T\approx\pi$ 上的频率成分均为所需频谱的虚部,而理想的重构滤波器则应当将这些虚部完全取消掉。因此有时也称重构滤波器为去虚部滤波器。

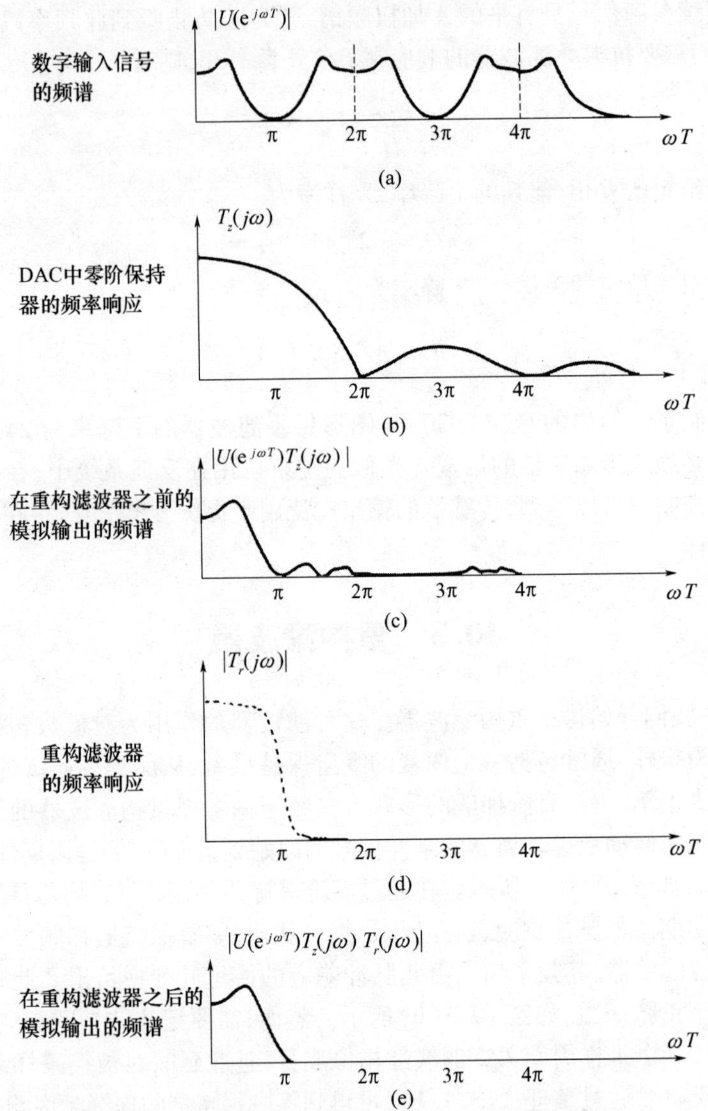


图 10.3　将信号输入到数模转换器后，由于零阶保持器和重构滤波器而导致的频谱发生的变化

实践中，重构滤波器的确定与输入到数模转换器的输入信号 $u(n)$ 及期待衰减的频率的虚部有关。若我们假定 $u(n)$ 的频谱均匀上升到 $f_s/4$，且延时在 $f_s/4$ 与 $f_s/2$ 之间，则需要着重控制的虚部成分大约为 $3f_s/4$。若这些成分需要以 AdB 进行抑制，则在 $3f_s/4$ 处重构滤波器必须延时 $(A-10)$ dB，因为零阶保持器在此

成分上衰减10dB。

若重构滤波器以$R$dB/倍频均匀下降，且截止频率为$f_s/4$，则频率比必将衰减为截止频率，此时等于

$$\frac{3f_s/4}{f_s/4} = 3 = 2^{(A-10)/R} \tag{10.3.2}$$

从而，有

$$R \approx \frac{A-10}{1.6} \tag{10.3.3}$$

若期待40dB的衰减，则重构滤波器必定以18dB/倍频下降。

表10.1为在上面所讨论的两种情况下期待的滤波器衰减量和对应的频率。

表10.1　主动控制系统所需的不同图像保真和重构滤波器的参数，假设截止频率等于控制带宽$f_1$，目标衰减为$A$dB，采样率为$f_s$

| 应用 | 标准 | 需要的滤波器衰减/dB | 所需衰减的频率 |
|---|---|---|---|
| 对于谐波信号的抗混叠 | 控制性能中没有下降 | $A$ | $f_s-f_1$ |
| 对于随机信号的抗混叠 | 不可听见 | $A$ | $f_s/2$ |
| 重构滤波器 | 不可听见 | $A-10$ | $3f_s/4$ |

## 10.4　滤波器延时

对应上面所讨论的振幅响应，不论是抗混叠滤波器还是重构滤波器都有一定的相位响应$\phi(j\omega)$。这很重要，因为其对被控系统的延时有贡献。这种贡献使用

$$\tau_g(j\omega) = \frac{\mathrm{d}\phi(j\omega)}{\mathrm{d}\omega} \tag{10.4.1}$$

所定义的群延时非常容易量化。

不同类型的模拟滤波器具有不同的振幅和相位响应，也即具有不同的群延时特性。图10.4为三种不同类型的模拟滤波器，Butterworth，Chebyshev和elliptic滤波器的振幅和群延时响应。Hill(1989)对这三种滤波器的性质进行了非常详尽的描述。这三种滤波器均是4阶，即具有4个极点，因此Butterworth和elliptic具有24dB/倍频的渐近下降率。Chebyshev和elliptic滤波器被设计为在工作频带内具有1dB的波纹，elliptic滤波器在截止带具有最少40dB的衰减。如图10.4所示的每个滤波器响应的群延时特性在低频段比较均匀，而且这个区域

中的群延时的幅值大约为 $0.5/f_c$，$f_c$ 为滤波器的截止频率。这与每个极点在截止频率处大约贡献了 45°的相移或 1/8 周期的延时相一致（Ffowcs - Williams 等人，1985）。若我们假设，对于一个完全数字化的控制器，在截止频率为 $f_c$ 的模拟图像保真和重构滤波器中有 $n$ 个极点，则这两个滤波器的低频群延时大约为 $n/8f_c$ 秒。进一步假设，将截止频率设为采样率的 1/3，以及数字控制器中存在一个采样延时，零阶保持器中存在半个采样延时，则当数字滤波器直接输出输入信号，经过数字控制器的总群延时可以表示为

$$\tau_A \approx \left(1.5 + \frac{3n}{8}\right)T \tag{10.4.2}$$

式中：$T$ 为采样时间。对采样率不同的截止频率或不同的滤波器类型，可计算出更加精确的最小控制器延时，但已经证明，式（10.4.2）可作为主动控制系统初始设计阶段的有用的经验准则。然而，当频率接近截止频率，尤其当使用 Chebyshev 或 elliptic 滤波器时，需多加小心，因为如图 10.4 所示，在此频率上的群延时特性会出现明显的波峰。

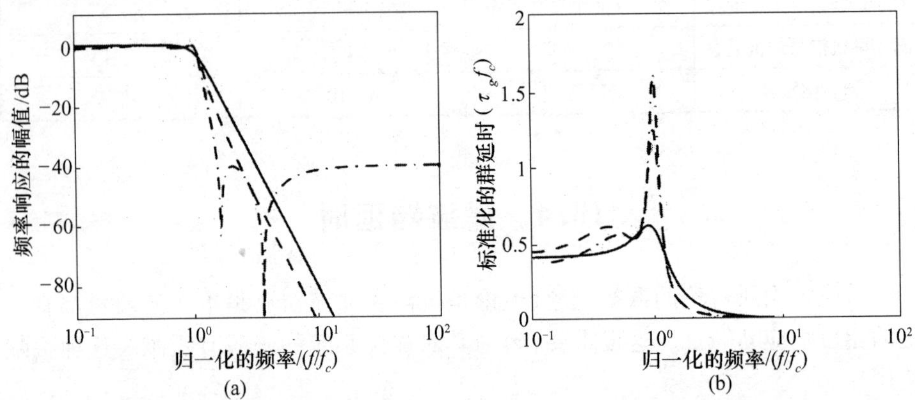


图 10.4　各种不同的 4 阶模拟滤波器的幅值和群延时：巴特沃斯（实线），切比雪夫 I（短划线）和椭圆滤波器（点划线），截止频率均相同，为 $f_c$。切比雪夫和椭圆滤波器被设计为具有 1dB 的通带波纹，椭圆滤波器被设计为具有 40dB 的抑制频带衰减

如表 10.1 所列，可在实践中选择指定频率 $f_2$ 上提供所需衰减的低频滤波器。如表 10.2 所列，假设采样率三倍于控制带宽（$f_s = 3f_1$）时，Butterworth 或 elliptic 滤波器（具有 1dB 带通波纹）满足滤波器的截止频率等于控制带宽且控制系统（$A$）的最大衰减为 30dB 时所需要的阶数。表 10.2 为这些滤波器采样点间的低频群延时。很清楚，对于 elliptic 滤波器相比 Butterworth 滤波器，满足这些指标时可使用更低阶的形式，但这种优点有时会因实现 elliptic 的复杂性，如具

有相同的零极点且在接近截止频率处有更大的群延时,而被抵消掉。同样应该注意的是,在频率增加时,elliptic 滤波器的高频响应不增大衰减效果,这在存在高频干扰时会产生问题。

表10.2　满足表10.1的要求时,巴特沃斯和椭圆滤波器所需的阶数和低频群延时,此时假设 $f_s=3f_1$, $A=30\text{dB}$

| 应用 | 巴特沃斯滤波器 | | 椭圆滤波器 | |
|---|---|---|---|---|
| | 阶数 | 延时(采样) | 阶级 | 延时(采样) |
| 对于谐波误差信号的抗混叠 | 5 | 1.6 | 3 | 1.1 |
| 对于随机参考信号的抗混叠 | 9 | 2.8 | 5 | 1.6 |
| 重构滤波器 | 3 | 1.0 | 2 | 0.5 |

# 10.5　数据转换器

为了将连续参考信号和误差信号转换为数字形式,必须使用模数转换器。这种设备在时间轴上对连续输入采样,其效果已在10.2节讨论过,并沿振幅轴进行量化,其效果将在10.6节讨论。本节将对模数转换和数模转换器中所使用的方法及在主动控制系统所使用的方式进行一般性的论述。为了在转换的时间内给模数转换设备提供一个恒定的输入,通常需要在其之前使用一个采样和保持设备,其输出跟踪输入信号直到采样结束,并将其保持到转换的结束。

## 10.5.1　转换器类型

主动控制中对模数转换器的速度和精度的要求通常有两个准则:连续近似和 sigma delta 转换。而这些技术及一些其他的数据转换方法在主动控制中应用得并不多,如 Horowitz 和 Hill(1989),Hauser(1991)和 Dougherty(1995)的讨论。这两种方法均使用内部的数字模拟转换器,但在连续近似方法中,是一个运行在位数为采样率与需转换的位数的乘积上的多位设备;而在 sigma delta 或"过采样"设备中,数模转换器是一个以64倍的采样率运行的一位设备。Sigma delta 设备的输出为许多小的增量Δ的叠加和Σ,通常表示为ΣΔ,这也是其名字的来由。主动控制对转换器的要求与数字音频中的要求类似,Watkinson(1994)对此类转换器进行了比较详尽的讨论。

从使用者的观点来看,连续近似转换率和 sigma delta 转换器之间的不同是,连续近似转换器需要外部抗混叠滤波器,而 sigma delta 转换器通常具有以过采样频率运行的集成数字滤波器实现的内置的图像保真设备，这个方法的优点是抗混叠滤波器的截止频率自动跟踪采样频率的变化。不幸的是，sigma delta 转换器的滤波器响应被设计为工作于音频的情况，即具有低波纹和接近线性的相位响应，而这对于控制并不是那么重要。尤其对于典型 sigma delta 转换器中的抗混叠滤波器，不仅高阶，而且在数据的转换中具有延时，大约为截止频率的 40 倍(Agnello，1990)，可以对比 10.4 节讨论的第 4 阶模拟滤波器的截止频率的 0.5 倍延时。这么大的延时是因为设计为适合于 16 位的音频，而不是主动控制的内置数字抗混叠滤波器的极端高衰减和线性相位。在滤波器之前得到这种转换器的输出是可能的，可得到较低的精度和小的延时(Agnello，1990)。

在主动控制系统中使用的数模转换器也有两种，使用当前网络加权的传统设备(Horowitz 和 Hill，1989；Watkinson，1994)和类似于上面所讨论的使用 sigma delta 技术的过采样设备。绝大多数的数模转换器都具有内置的零阶保持器。传统的数模转换器同样需要外部的重构滤波器，为 sigma delta 设备的一部分，即使它的性质对于控制过程并不理想。

若在参考信号 $x_1(t),\cdots,x_n(t)$、所有的误差信号 $e_1(t),\cdots,e_L(t)$ 和次级作动器的输出信号 $u_1(t),\cdots,u_M(t)$ 上使用分散数据转换器，则主动控制系统中数据转换部分的完整框图如图 10.5 所示。利用这种设计，以相同的采样率时钟，通过对采样保持设备的输入、数模转换器的输出进行计时可非常容易地保证同步采样。通常以硬件而不是软件实现时钟发生器，避免由变长度回路而导致的采样抖动。Goodman(1993)注意到这种抖动会使性能产生严重的下降，甚至导致自适应控制器的不稳定。

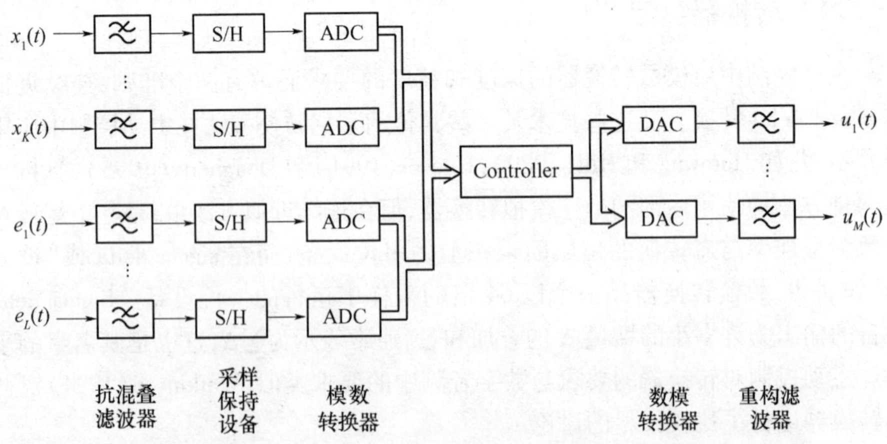


图 10.5　对每个输入和输出使用单独的模数和数模转换的数据采集系统

图 10.6 为另一种设计数据转换系统的方法,其中使用多路复用器减少所需的数据转换器的数量。由于所需精度的不同,对参考信号和误差信号则保留了分散的模数转换器,如在后文所讨论的,但是这两类信号若使用一个共享的转换器,则可以得到更加简单的设计。显而易见,当数据转换器具有类似多路复用的输入或输出时,其必须运行得更加迅速;但是由于转换器被设计为工作在几十千赫兹,而且在主动控制系统中所需的采样率一般为几千赫兹,则多路复用器是一个不错的选择。Mangiante(1996)同时对噪声主动控制中的硬件结构进行了设计。

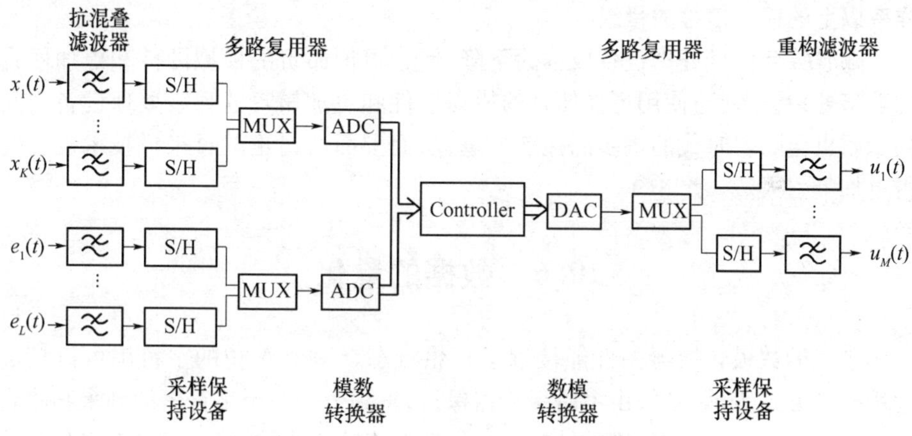


图 10.6　输入和输出由减少模数和数模转换器数目的
模拟多路复用器联系起来的数据采集系统

在图 10.6 中,若所有的采样保持电路均由一个时钟计时,则可实现所有输入和输出通道的同步采样。另外,在每个模数转换器之前仅可使用一个采样保持设备,而且在一个采样周期内相继实现每个输入信号的转换。假设此“交叉”采样设计的定时、辨识和被控下的系统精确一致,则可在系统模型中对输出通道间的采样时间的一部分额外延时进行解释,而且主动控制器的性能也将与输入同步采样的性能基本相同。在具有多个输入通道的控制系统中,借助多路复用器使用一个而不是多个采样保持设备可显著降低成本、尺寸和重量。

## 10.5.2　过采样

另一种在主动控制系统中广泛使用的数据获得方法为,以高于所需的采样率、精度相对较低的转化器和低阶抗混叠滤波器对参考和误差信号进行初始采样,接着使用控制器的计算能力数字化低通滤波器并降低这些信号。从而,可通过控制算法处理相对高精度、低采样率的信号。初始采样率仅 4 倍于控制算法所使用的采样率,但同时对模数转换器和抗混叠滤波器的要求也降低了不少。这种过采样技术可以看作是,以控制采样率运行的高精度转换器的传统采样和在更高的采样率上运行的单位转换器 sigma delta 的部分工作方式。另外,过采样技术和 sigma delta 转换器的不同是,使用这种方法,数字滤波必须由使用者操作,而不是集成在 sigma delta 设备中。虽然此项技术需要额外的计算能力,但是,通过确保其具有最小的群延时它的确可以在控制应用中跟踪数字滤波器的响应。对这些数字滤波器的设计具有与前面所讨论的模拟抗混叠滤波器的设计相类似的过程,除了通常需要使用一个低阶模拟滤波器限制频率在半个原始采样率以上的输入信号的量级。

随着数字信号处理设备成本的下降,使用更加昂贵的模拟硬件和更加便宜的数字处理设备,与使用更加便宜的模拟硬件和更加昂贵的数字处理设备之间的矛盾也会随着时代的进步而往前推进,从而上面所讨论的过采样技术也会变得更加吸引人。

## 10.6 数据的量化

现代的数模转换器的性能接近于理想状态。一个 $N$ 位的字符串可以精确地用模拟方式表示,其值由零阶保持器保持,直到下一一个字符串的到来和收到下一个时钟信号。另外,模数转换器必须近似连续变化的波形,通过有限长度的数字表示离散量。从而,如图 10.7(a)所示的模数转换器,不仅在时域对模拟信号进行采样,而且对其振幅进行量化。量化的效果可以理解为无记忆的非线性阶梯操作,如图 10.7(b)所示,在另一端饱和。图 10.7(b)为实际模数转换器的两个函数,一个量化器和一个理想采样器,在图中表示为开关,通常多使用在控制领域中(例子可见 Franklin 等人,1990)。

### 10.6.1 量化噪声

量化器的输出 $y(t)$ 可以被定义为输入 $x(t)$ 和“误差”信号 $v(t)$ 的和,即

$$y(t) = x(t) + v(t) \tag{10.6.1}$$

若信号以采样周期 $T$ 通过理想采样器,则输出为

$$y(nT) = x(nT) + v(nT) \tag{10.6.2}$$

其中,跟前面的章节类似,由于此序列对 $T$ 显而易见的依赖性,$T$ 可去除掉,则输出序列如图 10.7(c)所示可以表示为

$$y(n) = x(n) + v(n) \tag{10.6.3}$$

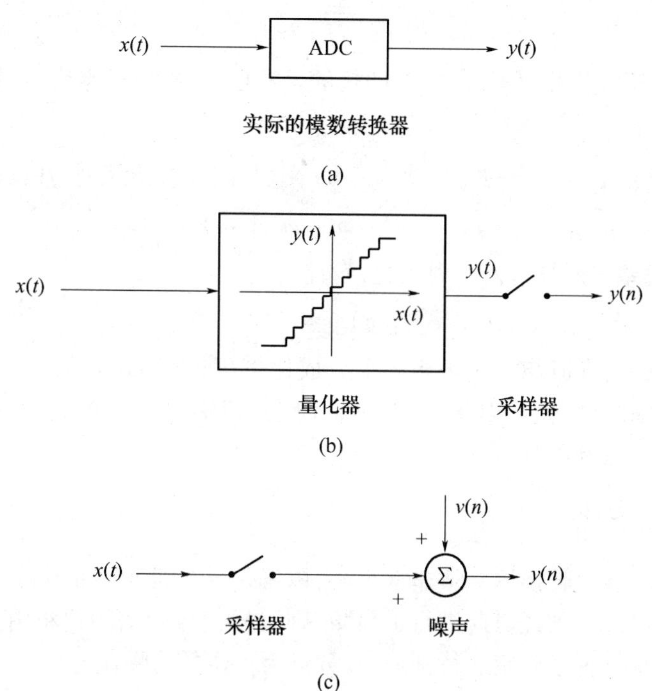


图 10.7　实际模数转换器的表示：(a)以量化和采样表示；(b)等价电路；(c)以理想采样器和附加的噪声 $v(n)$ 表示，在采样点间有很多变化时，$v(n)$ 接近白噪声

误差序列 $v(n)$ 的统计特性将与输入序列 $x(n)$ 的统计特性有关。若输入全部为定值，则 $v(n)$ 也为定值，却被限制在半个量化量级 $Q$ 之间，即

$$|v(n)| \leqslant Q/2 \tag{10.6.4}$$

其中，量化量级为转换器范围与图 10.7(b) 中阶梯函数的台阶数目的比值，即

$$Q = \frac{2V}{(2^N - 1)} \approx 2^{1-N} V \tag{10.6.5}$$

假设转换器的范围为 ±VV，且解为 $N$ 位的。对于一个 12 位、范围为 ±1V 的转换器，量化量级大约为 0.5mv。

在大多数的应用中，输入信号在采样点间比量化量级变化的大。此时，每个采样在阶梯函数台阶上的位置将完全随机，而且在采样点之间会变得无关。从而误差信号变得类似于在 $-Q/2$ 与 $Q/2$ 之间均匀分布的白噪声，因此均值为零。特别地(Widrow)，若

$$[x(n) - x(n-1)] \gg Q \tag{10.6.6}$$

则

$$E[v(n)] \approx 0 \tag{10.6.7}$$

式中:$E$ 为期望操作,且假设信号为随机的。从而,误差信号零均值,而且

$$E[v(n)v(n-m)] \approx 0, 若\ m \neq n \tag{10.6.8}$$

从而,误差信号的自相关函数为 delta 函数,因此误差序列为白噪声,此时有

$$E[v(n)x(n-m)] \approx 0 \tag{10.6.9}$$

因此,误差序列与输入序列无关,而且

$$e[v^2(n)] \approx Q^2/12 \tag{10.6.10}$$

即误差序列的均方值与量化量级的平方成比例(如 Franklin 等人,1990,对此进行了更加详细的讨论)。因此,对于一个 12 位、范围为 $\pm 1V$ 的转换器,量化噪声的 rms 量级大约为 0.14mV。

### 10.6.2 信噪比

对于高精度的转换器必须非常小心,以确保转化器拾取的电子噪声不会将量化噪声淹没。若已经对此进行了预防,则采样信号的信噪比将由输入信号和量化噪声的统计特性确定。特别地,以分贝为单位的信噪比为

$$\mathrm{SNR(dB)} = 10\log_{10}\frac{E[x^2(n)]}{E[v^2(n)]} \tag{10.6.11}$$

首先,考虑最乐观的情形,若输入信号为精确标定的方波,则 $E[x^2(n)] = V^2$,其中,$V$ 为转换器的范围,使用式(10.6.5)和式(10.6.10),信噪比可以计算为

$$\mathrm{SNR(dB)} \approx 6N + 5\mathrm{dB} \tag{10.6.12}$$

对于转换器中解的每个额外位信噪比大概升高了 6dB,上式对这个结果进行了验证。然而,式(10.6.12)仅可作为最佳的信噪比,因为其已经假设输入被精确标定而且峰值等于其 rms 值。一个信号的峰值与 rms 值的比为振幅因数;对于方波其为 1,正弦波为$\sqrt{2}$。对于分布函数可能为 Gaussian 的随机信号,将很难定义其振幅因数;若对一个足够大的信号求期望,则原则上峰值将无界。显然,当将这类信号从模拟转换为数字形式时,必须从工程的角度进行判断,通常假定振幅因数为 3,此时信噪比为

$$\mathrm{SNR(dB)} \approx 6N - 5\mathrm{dB} \tag{10.6.13}$$

若输入信号中有显著的冲击成分,或者输入信号标定不精确或不稳定,则信噪比会进一步降低。

### 10.6.3 主动控制系统中的应用

在宽带主动控制应用中,通常参考信号和误差信号都需要模数转换器,将分开考虑这两种信号对转换器的要求。我们已经在第 3 章了解参考信号中的噪声是如何降低前馈控制系统的性能。在无法精确知道参考信号频谱的情况下,很难进行详细计算;若我们暂时假定其为白噪声,振幅因数为 3,则可由式(10.6.13)计算出信噪比。正如 Widrow 和 Stearns(1985)讨论电子噪声对消时的情况,前馈控制系统中的最大衰减与信噪比的线性形式成反比,从而 dB 形式的限制级衰减近似等于式(10.6.13)中的信噪比(dB)。若要获得 30dB 的衰减,则仅需 6 位的模数转换器。这个结论的问题是,假定参考信号是白噪声,则所有频率上的信噪比均相同。实践中,参考信号的功率谱密度或许具有很大的范围,即使在参考信号几乎无功率的频率内,仍然需要衰减。此时,必须在每个频率上分别计算信噪比和最大衰减。若参考信号功率谱密度的动态范围为 30dB,则对于期待在所有频率上 30dB 的衰减,信噪比必须为 60dB,而这需要至少 11 位的模数转换器。在一些应用中,参考信号也不稳定,均方值会随时间显著变化。这可以发生在路面噪声控制中的加速度参考信号中,当汽车在不同路面上行驶时其均方值会显著变化。幸运的是,当路面相对平坦时,不需要非常好的控制效果,此时加速度的量级与量化噪声相比将不是很大;从而可以设计系统对于高噪声量级的情形具有非常优异的性能。

当在前馈系统中考虑对误差信号进行处理的模数转换器时,对其要求会与对参考信号进行操作的转换器的要求稍有不同,而限制则类似于 10.2 节所作的讨论。由于误差信号基本用于在自适应算法中调整控制器的响应,而它们的波形从未直接出现在次级作动器的输出中。所以,任何出现在误差信号中的无关噪声将不影响精确的最小二乘控制器,从而对系统的性能也无任何影响。然而,实践中,系统的这种性能只能由自适应控制器在稳定的环境中实现。若使用随机梯度算法,如 LMS,调整控制器,则如第 2 章讨论的,收敛系数必须足够小以减小控制滤波器系数中小的随机扰动导致的失调误差。即使当控制器的自适应调整不是非常迅速而这种降低量会很小时,误差信号中的噪声也会使这种失调变得更加严重,从而降低实际控制器的性能。

综上,对于对误差信号进行操作的模数转换器的要求要比对参考信号进行操作的要求更加宽松。实际上,在一些自适应中,LMS 的变形算法仅使用误差信号的符号(Sondhi,1967),等价于一位模数转换器。此时,确定噪声信号,式(10.6.3)中的 $v(n)$ 的性质时,必须多加小心。例如,对于输入变化比量化量级大得多的这种假设,在量化量级等于转换器范围的一位转换器中将无效。除了用于调整控制器,误差信号也用于辨识系统响应,这在大多数的自适应系统中是必需的。许多辨识算法不受无关的输出噪声的影响,但当噪声很大时,估计响应的精度却与其有关。

## 10.7 处理器要求

原则上,一些不同类型的处理器均可用于实现主动控制系统,从通用的微处理器到专用的微处理器均可以。然而,通常通用的微处理器具有许多实现主动控制系统不需要的功能,而对于此又没有足够的精度。广泛用于实现主动控制系统的一种处理器为数字信号处理器,其专门为相关的数字信号处理而设计,即所谓的 DSP。一列的这种设备可以用于处理器加强。Darbyshire 和 Kerry(1996)为悬浮机械设计了一个使用96 个作动器、500 个传感器和160 个 DSP,每秒能够处理 $9.6\times10^9$ 浮点运算的系统。

过去的 20 年,DSP 的计算能力快速发展使得许多主动控制系统从理论变为现实。对典型 DSP 计算能力在这一时间段的增长的一般描述如图 10.8 所示(Rabaey 等人,1998;EDN,2000;BDTI,2000)。每秒的最大运算速度每三年增加一倍。相比 Gordon Moore1964 年预测的集成电路每 12 月翻一番的速度来说不是很快,但令人惊异的是,在接近 40 年后集成电路的运算速度仍在以指数式增长。

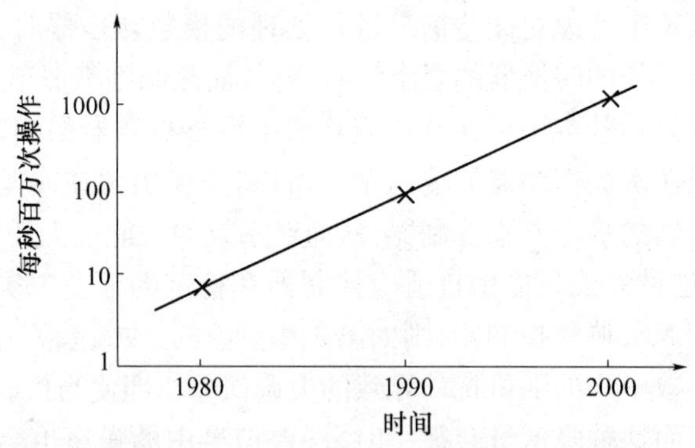


图 10.8 典型的 DSP 设备在过去的 20 多年计算能力的增加

对 DSP 处理器匹配控制算法中涉及的所有复杂问题进行讨论是不可能的,但对上面讨论的算法的实时性实现进行一般性的论述是值得的。同样,对众多不同类型的 DSP 设备进行介绍也是不必要的,一些期刊对相关的研究均有报道(如 Piedra 和 Fritsch,1996),而且一些会议也以这个为主题(如 Proceeding of IC-

SPAT,2000),从这些途径读者均可获得最新的信息。在前面的章节,已经对不同算法对计算的要求以每次采样所需的运算次数进行了一般性量化。显然,处理器每秒所需的运算次数为此数值与采样频率的乘积。一般来讲,实现宽带随机噪声的控制所需的处理能力比控制单频信号要大得多。这是因为对于宽带噪声,控制器和系统模型需要更多的系数。我们以两个具体使用 filtered – reference LMS 算法的控制系统来说明。这个算法每次采样需要$(I+J)\times K\times L\times M$次运算,其中 $I$ 为控制滤波器系数,$J$ 为系统模型的系数,$K$ 为参考信号,$L$ 为误差传感器的数目,$M$ 为次级作动器的数目。

在喷气式飞机上使用 filtered – reference LMS 算法控制三个谐波的系统,具有 16 个次级作动器和 32 个误差传感器,采样率为 1kHz,所需的运算速度大约为$6\times10^6$次/秒,因为不论是控制滤波器还是系统模型,对于每个谐波仅需要两个系数。然而,为控制车辆中 8 个误差传感器处的宽带噪声,使用 4 个次级作动器和6个参考传感器,采样率同样为1kHz,所需的处理速度接近$50\times10^6$次/秒,因为控制滤波器和每个系统模型需要 128 个系数。原则上,控制算法仅需要上面所提到的处理速度;但对于任何实际的处理器,其不可避免地需要初始化、获得数据和格式化等,这会直接将每秒所需的运算次数扩展 2 ~ 5 倍。实际上,通常不可能只使用一个处理器进行数据处理。实际控制器中的处理器同时需要执行各种不同的高级任务,如监视传感器的性能和检测错误等,这也将进一步增加运算量。从而上面所计算出的运算次数需要乘以 10 才能转化为实际所需的计算能力。可以在整个控制结构中,使用不同类型的处理器进行不同的运算,即所谓的混杂,对比使用同一类型处理器的系统,即通常所说的同质系统,如 Tokhi 等人所讨论的(1995)。这些研究人员同时对大量不同类型的处理器的计算速度和通信时间,以及将这些处理器控制算法映像为并行结构的结构方式进行了讨论。

上面所讨论的例子,假设控制滤波器以与输出信号相同的采样率自适应调整。为了保持控制系统的实时性,输入给次级作动器的信号,应该是以控制系统的全采样率对参考信号进行滤波得到的;但在相同的应用中,或许不需要以相同的采样率调整控制滤波器。这种减少自适应率方法的例子是在第 3 章和第 5 章讨论的频域技术。此处将数据块累积用于计算控制滤波器所需的变化,从而可使滤波器每个数据块更新一次。这个块中的所有数据均用于计算滤波器系数所需的变化,虽然频域技术计算非常有效,却在更新控制滤波器上与时域方法具有相同的效果。在其他的应用中,或许不需要这么快速地调整滤波器系数;虽然此时得到一个数据块,可以用于计算控制滤波器的变化,但这种计算每 10 个数据块才执行一次。假定处理器可以在后台工作,则当作为前台任务产生实时控制信号时,控制系统所需的计算量可通过此“间断更新”技术大幅度减少,尤其对于多通道系统更是如此。由于控制器以较低的频率更新,每次更新的幅度可以变大,而不必担心系统延时造成的不稳定,从而自适应调整的速度并没有因为间断更新而下降太多(Elliot 和 Nelson,1986)。因此,对于稀疏更新算法的收敛系数可以取得更大些;所以,由于 10.8 节讨论的数值失速影响而导致的衰减限制,如 Snyder 强调的,对于间断更新相比逐个采样更新并不是多么严重的问题。

如 Elliot(1992)和图 10.9 所阐述的,可以使用类似的技术在时域逐步更新控制滤波器。5.4 节对稀疏更新算法所使用的多种方法进行了介绍。然而,需要明白的是,自适应调整过程中使用的误差信号以低于控制滤波器所使用的采样率有效采样,从而误差信号会出现失真。这对于随机信号不是问题,因为失真成分与参考信号不一致,但对于同步采样谐波控制器,误差信号中的高次谐波将失真下去污染低次谐波。

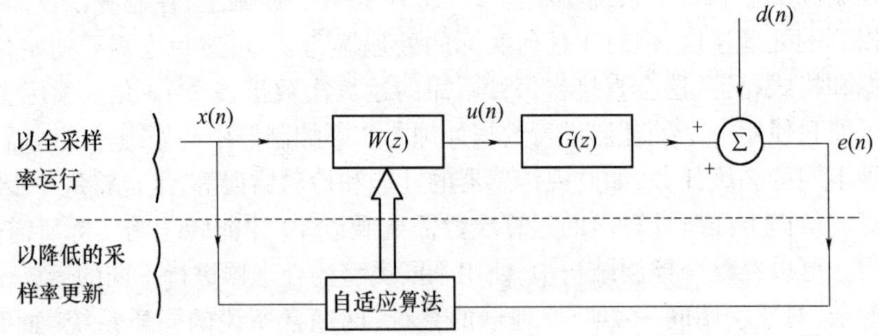


图 10.9　主动控制系统的框图,其系数的更新速率慢于用以产生信号 $u(n)$ 驱动次级作动器的采样率

不同 DSP 处理器间的一个重要区别是使用定点还是浮点计算。前者相比后者更难编程,因为程序必须保证每次数值计算产生的结果不会溢出,而且在定点字的长度内保持合理的精度。图 10.10(a)为一个 16 位的定点数的表示形式,其中,S 为符号位,有 15 位表示待表示数值的大小。Marvin 和 Ewers(1993)对 DSP 芯片中表示数值的更多细节进行了讨论。编程者必须掌握任意定点计算中中间标量的大小,而且记住为保持精度需要进行移相操作。定点处理器可以在减少计算速度的前提下与浮点处理器相竞争。从而,对于定点处理器有效的编程语言为低级语言,如汇编语言。在许多对成本敏感的应用中,使用低价格的定点 DSP 处理仍然具有吸引力,给定最终结果的长度足够大,对于定点设备花在优化和测试上的时间将不比独立的设备多多少。对于单频控制,定点处理

器尤为有用，其中参考信号具有不变的量级，从而自适应系数可以使用固定标定。

另外，浮点DSP处理器则比较容易编程，因为尾数的幅值可使用指数正则化，从而尾数中的溢出仅导致指数的增加。图10.10(b)为一个32位的浮点数的格式。这个格式由IEEE 754标准制定(Marvin和Ewers，1993年对此也进行了讨论)，包含一个符号位，8位的指数及22位的尾数。从而，编程者不需要知道任意浮点计算中中间结果的大小，而且可使用类似C的高级语言。DSP设备具有相对简单的指令集合，从而在有效编译的情况下，可以在无过多头文件的情况下运行高级编程。然而，有时控制算法中的一小部分却占据了大量的计算时间。此时需要使用汇编语言手工调整这部分以最小化运行时间。

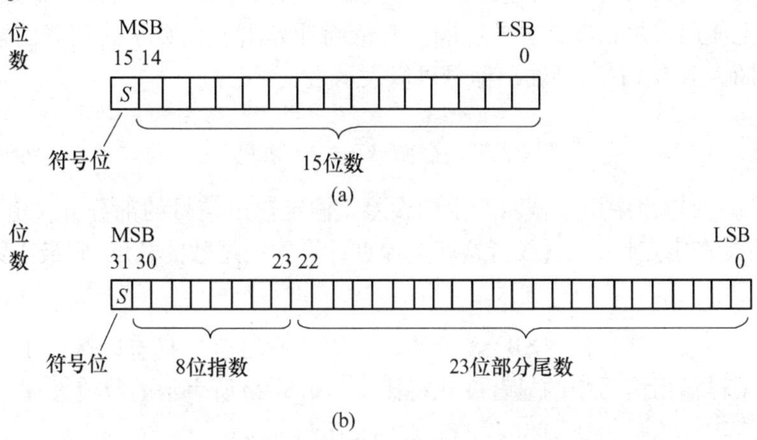


图10.10　16位定点数(a)和32位(b)浮点数的表示形式

实际控制算法程序的长度通常仅占据整个算法长度的较小部分。这是因为必须运行许多其他的函数，如初始化、转换器的数据采集，以及误差检验等。在商业化的产品中，通常还有其他级别的程序，用以监视算法的功能和性能以保证自动防故障装置的运行。使用高级语言很容易对其中的大部分内容进行编程，因为这包括待写代码中的大部分内容。Franklin等人(1990)对为实现可靠的数字控制系统需要程序的大小引用经验规则为

$$\text{总代码长度(存储大小)} \approx 7 \times \text{控制代码的长度} \qquad (10.7.1)$$

这可以合理近似主动控制系统中的代码。对于浮点处理器使用高级语言编程的轻松性和改变的容易性使得这些处理器对于实验和开发系统也十分具有吸引力。

# 10.8 有限精度的影响

有限精度的影响产生于数字信号处理的计算中,因为计算产生的结果以有限位的数字存储。本节我们将讨论时域中有限精度的影响在主动控制系统中产生的问题。FFT 算法的数值特性经常用于在频域实现控制器,Rabiner 和 Gold(1975)对此进行了研究。

## 10.8.1 数字滤波器中的截断噪声

在时域控制系统中,有限精度的影响有两种主要产生形式:一种由滤波操作中的截断产生,另一种与自适应调整滤波器的系数有关。我们首先考虑在数字滤波器上使用有限精度计算的影响。若精确计算出 FIR 数字滤波器的输出,但将其截断为 N 位精度,则输出信号可以表示为

$$y(n) = \sum_{i=0}^{I-1} w_i x(n-i) + v(n) \tag{10.8.1}$$

式中:$v(n)$为输出中由于截断产生的误差。假定输出信号的部分分式由 $N$ 位表示,或者是在定点计算中,或者这就是浮点计算中的尾数的长度,则最小数值为

$$Q \approx 2^{-N} \tag{10.8.2}$$

等于由最小有效位(LSB)表示的数。假定输出信号具有阶数为 1 的幅值,则每个采样输出信号中的显著变化将比式(10.8.2)所表示的数值大,即

$$[y(n) - y(n-1)] \gg Q \tag{10.8.3}$$

此时,$v(n)$的统计特性与 10.6 节转换器量化噪声中得到的相同,即 $v(n)$为白噪声,与 $y(n)$无关,其均方值为

$$e[v^2(n)] = \frac{Q^2}{12} \tag{10.8.4}$$

从而,对于一个精确标定的 FIR 滤波器,有限精度计算对其运行的影响为,在输出上加上白噪声。然而,通常这个附加的白噪声的量级会非常小。若使用 16 位的数值计算,则此噪声能级为 90dB,低于滤波器的输出。注意,我们仅考虑单截断误差,即使式(10.8.1)中有 $I$ 个分开的乘法运算。这样做的原因是在大多数的 DSP 设备中,这类卷积操作产生的中间结果通常保持在高精度的累加器中,其可以为产生标准精度的输出保持中间结果的精度,则截断仅发生在生成标准精度的输出的计算的最后一步。若滤波器的输出是近似得到的,则 $v(n)$的均值为零;若是截断的,则其均值为 $Q/2$,实践中如此小的直流量级输入到次级

作动器会很少产生问题。

IIR 滤波器中有限精度计算的影响会更加复杂，因为滤波器的递归特性，截断产生的误差将沿滤波器循环。这可导致噪声的放大和染色，极端情况下，会限制循环特性，Rabiner 和 Gold(1975)对此进行了比较详尽的论述。同样地，现代处理器通常使用 16 位的数值计算，因此其影响基本不成问题。

### 10.8.2　对滤波器自适应的影响

主动控制系统使用有限精度计算的重要影响为，对控制器自适应的影响。假定单通道系统使用 filtered－reference LMS 算法自适应调整控制滤波器，则根据第 3 章的内容，第 $i$ 个系数的自适应方程为

$$w_i(n+1) = w_i(n) - \alpha e(n)r(n-i) \tag{10.8.5}$$

式中：$\alpha$ 为收敛系数，$e(n)$ 为测量的误差信号，$r(n)$ 为经系统响应滤波的参考信号。从而，滤波器系数的更新量为

$$\Delta w_i(n) = -\alpha e(n)r(n-i) \tag{10.8.6}$$

通过 $\alpha$ 乘以 $e(n)$ 再乘以 $r(n-i)$ 使用有限精度计算得到。若 $\alpha$ 被选定为二的一个因子，则乘积 $\alpha e(n)$ 可通过移动表示 $e(n)$ 的数值得到，而不需要额外的乘法运算。然而，总的更新量必须在加到滤波器系数之前被截断。这将在更新上产生一些噪声，如 Caraiscos 和 Liu(1984)，Haykin(1996)和 Kuo 和 Morgan(1996)所讨论的。更糟糕的是，为实现式(10.8.5)，不论是滤波器系数还是更新量都必须以同一个部分分式表示。换句话说，若 $w_i(n)$ 以 16 位表示而且收敛系数非常小，则更新量必须以这个字符串中的最低有效位中的一小部分表示。当使用浮点计算时也会产生这个影响，除非其尾数的尺寸比定点数中的分式部分大得多。

若令收敛系数更小，或误差信号变小，则更新量将最终小于表示滤波器系数的数的最低有效位，且滤波器系数的自适应会完全停止，此时称滤波器的自适应停止或锁住，如 Gitlin 等人(1973)在自适应电子滤波器中所做的研究。为得到停止行为发生在使用式(10.8.5)自适应调整的单通道控制器中的收敛系数的近似估计，我们假定 $e(n)$ 和 $r(n-i)$ 相关，$e(n)r(n-i)$ 近似等于 $e(n)$ 的 rms，$e_{rms}$ 与 $r(n)$ 的 rms，$r_{rms}$ 的乘积。当更新项的平均值[式(10.8.6)]等于最小值时，自适应算法可以以有限精度的形式表示[式(10.8.2)]为

$$|\Delta w_i(n)| \approx \alpha_s e_{\mathrm{rms}} r_{\mathrm{rms}} = Q \tag{10.8.7}$$

式中：$\alpha_s$ 为收敛系数的值低于算法停止时的值，利用式(10.8.2)可以看出等于

$$\alpha_s = \frac{2^{-N}}{e_{\mathrm{rms}} r_{\mathrm{rms}}} \tag{10.8.8}$$

图 10.11 为以有限精度计算实现的全收敛 LMS 控制算法的残余均方差随收敛系数的变化曲线。对于收敛系数中大于 $\alpha_s$ 的,由于如第 2 章所讨论的产生失调误差的滤波器系数的增长的大的随机扰动,均方差随 $\alpha$ 线性增加。若算法以绝对精度实现自适应算法,则当 $\alpha$ 趋近于零时,均方差将精确收敛到最小二乘误差 $J_{\min}$。然而,如图 10.11 所示,算法在使 $\alpha$ 足够小之前就已停止。实践中,由失调产生的与 $\alpha$ 有关的均方差的变形对于收敛系数中的这些较小者非常小,从而可接近达到 $J_{\min}$。这可通过一阶幅值计算得到验证。假设控制滤波器的系数已经正则化,则经过控制滤波器的信号的 rms 值中将没有任何变化。假设此时可获得良好的控制效果,3.3 节所讨论的传递函数的逆可用于表示这个 rms 值,则

$$E[r^2(n)] \approx E[d^2(n)] = J_p \tag{10.8.9}$$

式中:$J_p$ 为初级源单独作用时的均方差,即没有控制作用时的均方差。从而,对于算法停止的收敛系数的值近似为

$$\alpha_s = \frac{2^{-N}}{(J_{\min} J_p)^{1/2}} \tag{10.8.10}$$

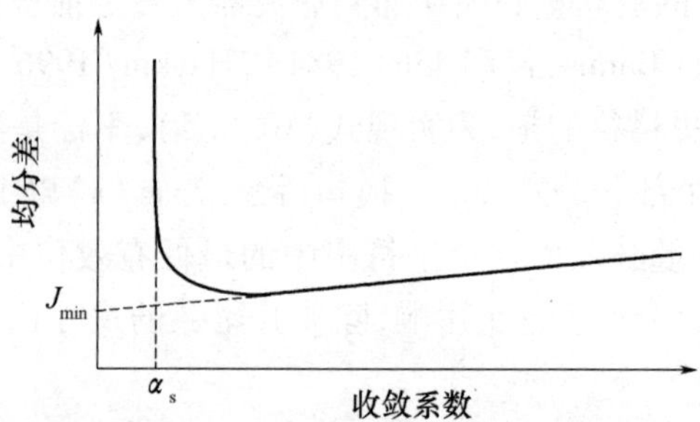


图 10.11 对于以有限精度实现的自适应控制器均方差随收敛系数的变化。若收敛系数低于 $\alpha_s$,则算法"停止"。若高于此值,则均方差会由于失调而逐渐增加

2.6 节已经对自适应滤波器中失调对稳态误差的影响作了讨论,从其可以看出含有失调的均方差为

$$J_\infty = (1 + M) J_{\min} \tag{10.8.11}$$

式中:$M$ 为失调。若收敛系数非常小,则由式(3.4.15)给出超调

$$M \approx \alpha I E[r^2(n)]/2 \approx \alpha I J_p/2 \tag{10.8.12}$$

式中:$I$ 为滤波器系数的数目,式(10.8.9)也再一次被使用。从而在算法停止前

的稳态均方差近似等于

$$J_{\infty} \approx \left(1 + 2^{-(N+1)} I \left(\frac{J_p}{J_{\min}}\right)^{\frac{1}{2}}\right) J_{\min} \tag{10.8.13}$$

若一个有限精度控制系统可达到 30dB 的衰减，则 $J_p/J_{\min} = 10^3$，同时假设 $I = 128$，$N = 16$ 位，$J_{\infty}$ 仅比 $J_{\min}$ 大大约 3%，则给定信号合适标定时，对于有限精度控制器最终的稳态衰减将被限制在 29.9dB。从而实际控制器可达到的衰减非常接近于最大可能衰减。

### 10.8.3 DC 漂移

最后，对潜在的直流漂移问题进行讨论是值得的，直流漂移可以由有限精度影响产生(Cioffi，1987)，但也可由数据转换器中的补偿产生。回到式(10.8.5)，我们发现若 $e(n)$ 的均值和 $r(n-i)$ 的均值均不为零，则滤波器系数的平均值会缓慢漂移，产生直流漂移输入到次级作动器。由于在主动控制应用中遇到的大多数系统响应在直流上至少具有一个零点，则作用在作动器上的直流输出不会影响误差信号，从而，最坏的情况，转换器的直流输出将一直增加直至作动器饱和。这个问题可通过一个作用在误差、参考信号或包括系数自适应调整中的泄漏项上的简单数字高通滤波器解决。

实践中，设计主动控制系统时，应该注意有限精度影响的潜在作用，但在已经注意的情况下，它们通常不会导致性能的显著降低，对于至少 16 位的 DSP 设备尤其如此。

# 附录 A

# 线性代数和多通道系统

在附录 A 中我们将简要介绍向量和矩阵的定义,以及线性代数的一些重要性质。我们已经看到,线性代数的使用极大地简化了多通道控制系统的描述。在此我们的目的是为矩阵操作中的一些重要性质提供方便的索引,以及对前面所使用的一些名词进行解释。我们将主要针对复变量进行讨论,除非特别指明为实变量。其中大多数的结论引自 Noble 和 Daniel(1977),Goulub 和 Van Loan(1996),Datta(1995)和 Skogestad 和 Postlethwaite(1996)的成果,在他们的论著中可找到各种不同性质的缜密的推导过程。

## A1 向量

向量是一个有序的数组,$x_1, x_2, \cdots, x_N$,通常为复数。向量用小写、粗体变量表示(除非特别指定)的列向量形式表示

$$\boldsymbol{x} = \begin{bmatrix} x_1 \\ x_2 \\ \vdots \\ x_N \end{bmatrix} \tag{A1.1}$$

向量的转置,以上标 T 表示,对应于横向量为

$$\boldsymbol{x}^{\mathrm{T}} = [x_1 x_2 \cdots x_N] \tag{A1.2}$$

向量的 Hermitian 共轭转置,以上标 H 表示,为

$$\boldsymbol{x}^{\mathrm{H}} = [x_1^* x_2^* \cdots x_N^*] \tag{A1.3}$$

式中:上标 * 表示复数共轭,向量 $\boldsymbol{x}$ 和 $\boldsymbol{y}$ 的内积(严格 Euclidean 内积或标量积)的定义为

$$\boldsymbol{x}^{\mathrm{H}}\boldsymbol{y} = x_1^* y_1 + x_2^* y_2 + x_3^* y_3 + \cdots + x_N^* y_N \tag{A1.4}$$

有时也表示为$(\boldsymbol{x},\boldsymbol{y})$。注意 $\boldsymbol{y}^{\mathrm{H}}\boldsymbol{x} = (\boldsymbol{x}^{\mathrm{H}}\boldsymbol{y})^*$,若 $\boldsymbol{x}^{\mathrm{H}}\boldsymbol{y} = 0$,则称向量 $\boldsymbol{x}$ 和 $\boldsymbol{y}$ 正交。内积 $\boldsymbol{x}^{\mathrm{H}}\boldsymbol{x}$ 等于向量 $\boldsymbol{x}$ 中元素模的平方和

$$\boldsymbol{x}^{\mathrm{H}}\boldsymbol{x} = \sum_{n=1}^{N} |x_n|^2 \tag{A1.5}$$

## A2

矩阵是数值的集合,通常为复数,以矩形的方式排列。此处的矩阵以大写的粗体变量表示,如

$$\boldsymbol{A} = \begin{bmatrix} a_{11} & a_{12} & a_{13} & \cdots & a_{1M} \\ a_{21} & a_{22} & a_{23} & \cdots & a_{2M} \\ \vdots & \vdots & \vdots & \vdots & \vdots \\ a_{L1} & a_{L2} & a_{L3} & \cdots & a_{LM} \end{bmatrix} \tag{A2.1}$$

为一个 $L \times M$ 矩阵(具有 $L$ 行,$M$ 列)。若 $L \times M$ 矩阵 $A$ 的元素为实数,则有时写为 $A \in \boldsymbol{R}^{L\times M}$,若 $A$ 中的元素为复数,则写为 $A \in \boldsymbol{C}^{L\times M}$。向量也可理解为单列的矩阵,从而若式(A1.1)具有复数元素,则可表示为 $x \in \boldsymbol{C}^{N\times 1}$。第 $l$ 行和第 $m$ 列的元素为 $a_{lm}$。若 $L = M$,则矩阵为方阵。矩阵 $\mathbf{0}$ 具有全零元素,称为零矩阵。若一个方阵的所有非对角线元素都是零,则称为对角阵,对角阵为

$$\boldsymbol{I} = \begin{bmatrix} 1 & 0 & . & . & . \\ 0 & 1 & . & . & . \\ . & . & . & . & . \\ . & . & . & 1 & 0 \\ . & . & . & 0 & 1 \end{bmatrix} \tag{A2.2}$$

当对角阵中所有对角线上的元素均为 1 时为单位阵。当且仅当矩阵 $\boldsymbol{A}$ 和 $\boldsymbol{B}$ 满足①具有相同的行数和列数;②两个矩阵中相对应的元素均相同时称它们相等,即

$$a_{lm} = b_{lm},\text{对所有的 } l \text{ 和 } m \text{ 均成立} \tag{A2.3}$$

当且仅当矩阵 $\boldsymbol{A}$ 和 $\boldsymbol{B}$ 具有相同的行数和列数时,它们的和才有意义,且结果是一个具有相同尺寸的矩阵 $C$,其元素为矩阵 $A$ 和 $B$ 中对应元素的和

$$c_{lm} = a_{lm} + b_{lm} \tag{A2.4}$$

以下为矩阵加法的两个法则

$$(\boldsymbol{A} + \boldsymbol{B}) + \boldsymbol{C} = \boldsymbol{A} + (\boldsymbol{B} + \boldsymbol{C}) \text{ 分配律} \tag{A2.5}$$

$$\boldsymbol{A} + \boldsymbol{B} = \boldsymbol{B} + \boldsymbol{A} \text{ 结合律} \tag{A2.6}$$

当且仅当矩阵 $\boldsymbol{A}$ 的列数等于矩阵 $\boldsymbol{B}$ 的行数时,$\boldsymbol{A}$ 和 $\boldsymbol{B}$ 的乘积才有意义,为 $\boldsymbol{AB}$。若 $\boldsymbol{A}$ 为 $L \times N$ 的矩阵,其元素为 $a_{ln}$,$\boldsymbol{B}$ 为 $N \times M$ 的矩阵,其元素为 $b_{nm}$,则

$\boldsymbol{C}=\boldsymbol{AB}$ 为 $L\times M$ 矩阵,其元素为

$$c_{lm} = \sum_{n=1}^{N} a_{ln} b_{nm} \tag{A2.7}$$

即 $\boldsymbol{C}$ 中的元素为 $\boldsymbol{A}$ 中第 $l$ 行上的元素与 $\boldsymbol{B}$ 中第 $m$ 列元素的乘积的和。在乘积 $\boldsymbol{AB}$ 中,称 $\boldsymbol{A}$ 左乘 $\boldsymbol{B}$,或 $\boldsymbol{B}$ 右乘 $\boldsymbol{A}$。相乘时的顺序非常重要,这是因为,通常即使 $\boldsymbol{A}$ 和 $\boldsymbol{B}$ 都是方阵,也有

$$\boldsymbol{AB} \neq \boldsymbol{BA} \tag{A2.8}$$

通常在矩阵乘法中不存在交换律,但下面的结合律和分配律却总是成立,即

$$(\boldsymbol{AB})\boldsymbol{C} = \boldsymbol{A}(\boldsymbol{BC}) \tag{A2.9}$$

$$\boldsymbol{A}(\boldsymbol{B}+\boldsymbol{C}) = \boldsymbol{AB}+\boldsymbol{AC} \tag{A2.10}$$

注意:$\boldsymbol{AB}=0$ 并不表示 $\boldsymbol{A}$ 或 $\boldsymbol{B}$ 为零,若有一个方程的形式为 $\boldsymbol{AB}=\boldsymbol{AC}$,则通常不能得到 $\boldsymbol{A}=0$ 或 $\boldsymbol{B}=\boldsymbol{C}$。

单位阵与矩阵 $\boldsymbol{A}$ 在乘法下具有相当简单的性质,即

$$\boldsymbol{IA} = \boldsymbol{AI} = \boldsymbol{A} \tag{A2.11}$$

$L\times M$ 矩阵 $\boldsymbol{A}$ 的转置为 $M\times L$ 矩阵,表示为 $\boldsymbol{A}^{\mathrm{T}}$,通过交换 $\boldsymbol{A}$ 的行和列获得。若 $a_{lm}=a_{ml}$,即 $\boldsymbol{A}=\boldsymbol{A}^{\mathrm{T}}$,则方阵 $\boldsymbol{A}$ 为对称阵。一个矩阵的 Hermitian 转置为 $A^{\mathrm{H}}$,为其转置的复数共轭,即若

$$\boldsymbol{A} = \begin{bmatrix} a_{11} & a_{12} & a_{13} & \cdots & a_{1M} \\ a_{21} & a_{22} & a_{23} & \cdots & a_{2M} \\ \vdots & \vdots & \vdots & \vdots & \vdots \\ a_{L1} & a_{L2} & a_{L3} & \cdots & a_{LM} \end{bmatrix}, \text{则 } \boldsymbol{A}^{H} = \begin{bmatrix} a_{11}^{*} & a_{21}^{*} & a_{31}^{*} & \cdots & a_{L1}^{*} \\ a_{12}^{*} & a_{22}^{*} & a_{32}^{*} & & \\ \vdots & \vdots & \vdots & \vdots & \vdots \\ a_{1M}^{*} & a_{2M}^{*} & a_{3M}^{*} & \cdots & a_{LM}^{*} \end{bmatrix} \tag{A2.12}$$

从标准转置可直接得出 Hermitian 转置的性质,即

$$(\boldsymbol{A}+\boldsymbol{B})^{\mathrm{H}} = \boldsymbol{A}^{\mathrm{H}}+\boldsymbol{B}^{\mathrm{H}} \tag{A2.13}$$

$$(\boldsymbol{A}^{\mathrm{H}})^{\mathrm{H}} = \boldsymbol{A} \tag{A2.14}$$

$$(\boldsymbol{AB})^{\mathrm{H}} = \boldsymbol{B}^{\mathrm{H}}\boldsymbol{A}^{\mathrm{H}} \tag{A2.15}$$

若矩阵 $\boldsymbol{A}$ 具有如下的性质

$$\boldsymbol{A}^{\mathrm{H}}\boldsymbol{A} = \boldsymbol{A}\boldsymbol{A}^{\mathrm{H}} = \boldsymbol{I} \tag{A2.16}$$

则称其为单位阵,而且正则化后的列与列互相正交,从而其内积为 1,即它们是正交的。单位阵的一个重要性质是其 Hermitian 转置等于其逆,即 $\boldsymbol{A}^{\mathrm{H}}=\boldsymbol{A}^{-1}$。若 $A$ 为实数(其元素全为实数),且 $\boldsymbol{A}^{\mathrm{T}}\boldsymbol{A}=\boldsymbol{I}$,则称其为正交阵。

若一个方阵等于其本身的 Hermitian 转置,即 $a_{lm}=a_{ml}^{*}$,则称其为 Hermitian

矩阵，即

$$\text{若}\ \boldsymbol{A} = \boldsymbol{A}^{\mathrm{H}}, \text{则}\ \boldsymbol{A}\ \text{是 Hermitian} \tag{A2.17}$$

前面所使用的 Hermitian 矩阵的一个简单例子为 $\boldsymbol{A} = \boldsymbol{G}^{\mathrm{H}}\boldsymbol{G}$。注意，Hermitian 矩阵主对角线上的元素必须全为实数。若 $A$ 是 Hermitian 矩阵，则其形如 $x^{\mathrm{H}}\boldsymbol{A}x$ 的乘积必将为全是实数的标量。若满足

$$x^{\mathrm{H}}\boldsymbol{A}x > 0\ ,\text{对于所有}\ x \neq 0 \tag{A2.18}$$

则 $\boldsymbol{A}$ 正定。或者满足

$$x^{\mathrm{H}}\boldsymbol{A}x \geqslant 0\ ,\text{对于所有}\ x \neq 0 \tag{A2.19}$$

半正定。

## A3　行列式和矩阵的逆

一个 2×2 矩阵 $\boldsymbol{A}$ 的行列式为复标量，为

$$\det(\boldsymbol{A}) = \det\begin{bmatrix} a_{11} & a_{12} \\ a_{21} & a_{22} \end{bmatrix} = a_{11}a_{22} - a_{12}a_{21} \tag{A3.1}$$

普通方阵 $\boldsymbol{A}$ 中元素 $a_{lm}$ 的余子式 $\boldsymbol{M}_{lm}$ 为将 $\boldsymbol{A}$ 中第 $l$ 行和第 $m$ 列去除的行列式，如一个 3×3 矩阵的余子式 $\boldsymbol{M}_{21}$ 为，将矩阵

$$\boldsymbol{A} = \begin{bmatrix} a_{11} & a_{12} & a_{13} \\ a_{21} & a_{22} & a_{23} \\ a_{31} & a_{32} & a_{33} \end{bmatrix} \tag{A3.2}$$

中的第 2 行与第 1 列去除，即

$$\boldsymbol{M}_{21} = \begin{bmatrix} a_{11} & a_{13} \\ a_{32} & a_{33} \end{bmatrix} \tag{A3.3}$$

方阵 $\boldsymbol{A}$ 中元素 $a_{lm}$ 的代数余子式的定义为

$$C_{lm} = (-1)^{l+m}\boldsymbol{M}_{lm} \tag{A3.4}$$

任意尺度的方阵的行列式均可以展开为任一行或任一列元素和其对应的代数余子式的乘积的和，如上面的 3×3 矩阵的行列式等于

$$\det(\boldsymbol{A}) = a_{11}\boldsymbol{C}_{11} + a_{12}\boldsymbol{C}_{12} + a_{13}\boldsymbol{C}_{13} \tag{A3.5}$$

从而，任意大小的方阵的行列式可以分解为越来越小的矩阵，方便了计算。注意，若 $\boldsymbol{A}$ 和 $\boldsymbol{B}$ 为方阵，且具有相同的尺度，则

$$\det(\boldsymbol{AB}) = \det(\boldsymbol{A})\det(\boldsymbol{B}) \tag{A3.6}$$

若一个矩阵的行列式为零，则此矩阵为奇异的。

矩阵 $\boldsymbol{A}$ 的逆 $\boldsymbol{A}^{-1}$ 的定义如下

$$\boldsymbol{A}\boldsymbol{A}^{-1} = \boldsymbol{A}^{-1}\boldsymbol{A} = \boldsymbol{I} \tag{A3.7}$$

矩阵的逆存在的条件是①矩阵 $\boldsymbol{A}$ 为方阵，②矩阵的行列式非零，即非奇异。

求矩阵 $\boldsymbol{A}$ 的逆，可通过首先定义其伴随阵，或“经典伴随矩阵”(Skogestadhe 和 Postlethwaite，1996)，作为 $\boldsymbol{A}$ 的代数余子式的转置矩阵。例如，$N \times N$ 矩阵的伴随阵为

$$\operatorname{adj}(\boldsymbol{A}) = \begin{bmatrix} C_{11} & C_{21} & \cdots & C_{N1} \\ C_{12} & C_{22} & & \\ \vdots & & & \\ C_{1N} & \cdots & & C_{NN} \end{bmatrix} \tag{A3.8}$$

从而，矩阵 $\boldsymbol{A}$ 的逆 $\boldsymbol{A}^{-1}$ 等于 $\boldsymbol{A}$ 的行列式倒数与其伴随矩阵的乘积

$$\boldsymbol{A}^{-1} = \frac{\operatorname{adj}(\boldsymbol{A})}{\det(\boldsymbol{A})} \tag{A3.9}$$

例如，一个 $2 \times 2$ 矩阵

$$\boldsymbol{A} = \begin{bmatrix} a_{11} & a_{12} \\ a_{21} & a_{22} \end{bmatrix} \tag{A3.10}$$

的逆为

$$\boldsymbol{A}^{-1} = \frac{1}{a_{11}a_{22} - a_{12}a_{21}} \begin{bmatrix} a_{22} & -a_{12} \\ -a_{21} & a_{11} \end{bmatrix} \tag{A3.11}$$

需要强调的是，虽然式(A3.9)是求矩阵的逆的一个有用理论表达式，但对于数值计算却不是十分有效。对更大的尺寸 $N$，它需要 $N!$ 次运算求逆，其他的方法可能则只需 $N^3$ 次运算(Noble 和 Daniel，1977)。求具有特殊结构的矩阵的逆还有更为有效的算法。若矩阵为 Toeplitz 矩阵，即任意对角线上的元素都相等，则可以使用 Levinson 递归方程，仅需 $N^2$ 次乘法运算(Markel 和 Grey，1976)。

注意，给定 $\boldsymbol{A}$ 和 $\boldsymbol{B}$ 非奇异，有

$$[\boldsymbol{A}\boldsymbol{B}]^{-1} = \boldsymbol{B}^{-1}\boldsymbol{A}^{-1} \tag{A3.12}$$

以及

$$(\boldsymbol{A}^{\mathrm{H}})^{-1} = (\boldsymbol{A}^{-1})^{\mathrm{H}} \tag{A3.13}$$

也可写为 $\boldsymbol{A}^{-\mathrm{H}}$。

若 $\boldsymbol{A}$ 为奇异方阵，或更一般的为 $L \times M$ 矩阵，其中 $L > M$，则满足 $\boldsymbol{A}\boldsymbol{x} = 0$ 的向

矩阵,即

$$若\ \boldsymbol{A} = \boldsymbol{A}^{\mathrm{H}},则\ \boldsymbol{A}\ 是\ \text{Hermitian} \tag{A2.17}$$

前面所使用的 Hermitian 矩阵的一个简单例子为 $\boldsymbol{A}=\boldsymbol{G}^{\mathrm{H}}\boldsymbol{G}$。注意,Hermitian 矩阵主对角线上的元素必须全为实数。若 $A$ 是 Hermitian 矩阵,则其形如 $x^{\mathrm{H}}\boldsymbol{A}x$ 的乘积必将为全是实数的标量。若满足

$$x^{\mathrm{H}}\boldsymbol{A}x > 0\ ,对于所有\ x \neq 0 \tag{A2.18}$$

则 $\boldsymbol{A}$ 正定。或者满足

$$x^{\mathrm{H}}\boldsymbol{A}x \geqslant 0\ ,对于所有\ x \neq 0 \tag{A2.19}$$

半正定。

## A3　行列式和矩阵的逆

一个 2×2 矩阵 $\boldsymbol{A}$ 的行列式为复标量,为

$$\det(\boldsymbol{A}) = \det\begin{bmatrix} a_{11} & a_{12} \\ a_{21} & a_{22} \end{bmatrix} = a_{11}a_{22} - a_{12}a_{21} \tag{A3.1}$$

普通方阵 $\boldsymbol{A}$ 中元素 $a_{lm}$ 的余子式 $\boldsymbol{M}_{lm}$ 为将 $\boldsymbol{A}$ 中第 $l$ 行和第 $m$ 列去除的行列式,如一个 3×3 矩阵的余子式 $\boldsymbol{M}_{21}$ 为,将矩阵

$$\boldsymbol{A} = \begin{bmatrix} a_{11} & a_{12} & a_{13} \\ a_{21} & a_{22} & a_{23} \\ a_{31} & a_{32} & a_{33} \end{bmatrix} \tag{A3.2}$$

中的第 2 行与第 1 列去除,即

$$\boldsymbol{M}_{21} = \begin{bmatrix} a_{11} & a_{13} \\ a_{32} & a_{33} \end{bmatrix} \tag{A3.3}$$

方阵 $\boldsymbol{A}$ 中元素 $a_{lm}$ 的代数余子式的定义为

$$C_{lm} = (-1)^{l+m}\boldsymbol{M}_{lm} \tag{A3.4}$$

任意尺度的方阵的行列式均可以展开为任一行或任一列元素和其对应的代数余子式的乘积的和,如上面的 3×3 矩阵的行列式等于

$$\det(\boldsymbol{A}) = a_{11}\boldsymbol{C}_{11} + a_{12}\boldsymbol{C}_{12} + a_{13}\boldsymbol{C}_{13} \tag{A3.5}$$

从而,任意大小的方阵的行列式可以分解为越来越小的矩阵,方便了计算。注意,若 $\boldsymbol{A}$ 和 $\boldsymbol{B}$ 为方阵,且具有相同的尺度,则

$$\det(\boldsymbol{AB}) = \det(\boldsymbol{A})\det(\boldsymbol{B}) \tag{A3.6}$$

若一个矩阵的行列式为零，则此矩阵为奇异的。

矩阵 $\boldsymbol{A}$ 的逆 $\boldsymbol{A}^{-1}$ 的定义如下

$$\boldsymbol{A}\boldsymbol{A}^{-1} = \boldsymbol{A}^{-1}\boldsymbol{A} = \boldsymbol{I} \tag{A3.7}$$

矩阵的逆存在的条件是①矩阵 $\boldsymbol{A}$ 为方阵，②矩阵的行列式非零，即非奇异。

求矩阵 $\boldsymbol{A}$ 的逆，可通过首先定义其伴随阵，或“经典伴随矩阵”(Skogestadhe 和 Postlethwaite，1996)，作为 $\boldsymbol{A}$ 的代数余子式的转置矩阵。例如，$N \times N$ 矩阵的伴随阵为

$$\operatorname{adj}(\boldsymbol{A}) = \begin{bmatrix} C_{11} & C_{21} & \cdots & C_{N1} \\ C_{12} & C_{22} & & \\ \vdots & & & \\ C_{1N} & \cdots & & C_{NN} \end{bmatrix} \tag{A3.8}$$

从而，矩阵 $\boldsymbol{A}$ 的逆 $\boldsymbol{A}^{-1}$ 等于 $\boldsymbol{A}$ 的行列式倒数与其伴随矩阵的乘积

$$\boldsymbol{A}^{-1} = \frac{\operatorname{adj}(\boldsymbol{A})}{\det(\boldsymbol{A})} \tag{A3.9}$$

例如，一个 $2 \times 2$ 矩阵

$$\boldsymbol{A} = \begin{bmatrix} a_{11} & a_{12} \\ a_{21} & a_{22} \end{bmatrix} \tag{A3.10}$$

的逆为

$$\boldsymbol{A}^{-1} = \frac{1}{a_{11}a_{22} - a_{12}a_{21}} \begin{bmatrix} a_{22} & -a_{12} \\ -a_{21} & a_{11} \end{bmatrix} \tag{A3.11}$$

需要强调的是，虽然式(A3.9)是求矩阵的逆的一个有用理论表达式，但对于数值计算却不是十分有效。对更大的尺寸 $N$，它需要 $N!$ 次运算求逆，其他的方法可能则只需 $N^3$ 次运算(Noble 和 Daniel，1977)。求具有特殊结构的矩阵的逆还有更为有效的算法。若矩阵为 Toeplitz 矩阵，即任意对角线上的元素都相等，则可以使用 Levinson 递归方程，仅需 $N^2$ 次乘法运算(Markel 和 Grey，1976)。

注意，给定 $\boldsymbol{A}$ 和 $\boldsymbol{B}$ 非奇异，有

$$[\boldsymbol{A}\boldsymbol{B}]^{-1} = \boldsymbol{B}^{-1}\boldsymbol{A}^{-1} \tag{A3.12}$$

以及

$$(\boldsymbol{A}^{\mathrm{H}})^{-1} = (\boldsymbol{A}^{-1})^{\mathrm{H}} \tag{A3.13}$$

也可写为 $\boldsymbol{A}^{-\mathrm{H}}$。

若 $\boldsymbol{A}$ 为奇异方阵，或更一般的为 $L \times M$ 矩阵，其中 $L > M$，则满足 $\boldsymbol{A}\boldsymbol{x} = 0$ 的向

阵导数有

$$\frac{\partial J}{\partial \boldsymbol{A}_{\mathrm{R}}}+\mathrm{j}\frac{\partial J}{\partial \boldsymbol{A}_{\mathrm{I}}}=2\boldsymbol{B} \tag{A4.21}$$

使用前面的行列式的规则，同时假设矩阵具有相容的尺度，则我们可以看到若实数标量 $J$ 等于

$$J=\operatorname{trace}(\boldsymbol{BAC}^{\mathrm{H}}+\boldsymbol{CA}^{\mathrm{H}}\boldsymbol{B}^{\mathrm{H}})=\operatorname{trace}(\boldsymbol{AC}^{\mathrm{H}}\boldsymbol{B}+\boldsymbol{B}^{\mathrm{H}}\boldsymbol{CA}^{\mathrm{H}}) \tag{A4.22}$$

则有

$$\frac{\partial J}{\partial \boldsymbol{A}_{\mathrm{R}}}+\mathrm{j}\frac{\partial J}{\partial \boldsymbol{A}_{\mathrm{I}}}=2\boldsymbol{B}^{\mathrm{H}}\boldsymbol{C} \tag{A4.23}$$

而且，若实数标量 $J$ 等于

$$J=\operatorname{trace}(\boldsymbol{CABA}^{\mathrm{H}}\boldsymbol{C}^{\mathrm{H}}) \tag{A4.24}$$

其中，$\boldsymbol{B}$ 为 Hermitian 矩阵，则有

$$\frac{\partial J}{\partial \boldsymbol{A}_{\mathrm{R}}}+\mathrm{j}\frac{\partial J}{\partial \boldsymbol{A}_{\mathrm{I}}}=2\boldsymbol{C}^{\mathrm{H}}\boldsymbol{CAB} \tag{A4.25}$$

## A5　外积和谱密度矩阵

复元素 $\boldsymbol{x}$ 构成的 $N\times1$ 向量和复元素 $\boldsymbol{y}$ 构成的 $M\times1$ 向量的外积为复元素 $\boldsymbol{xy}^{\mathrm{H}}$ 组成的 $N\times M$ 矩阵。若 $M=N$，则外积为方阵，且它的迹等于内积，从而，若 $\boldsymbol{y}=\boldsymbol{x}$，则

$$\operatorname{trace}(\boldsymbol{xx}^{\mathrm{H}})=\boldsymbol{x}^{\mathrm{H}}\boldsymbol{x} \tag{A5.1}$$

当分析多通道随机数据时，式(A5.1)所定义的以实标量表示的形式作为性能函数时会非常有用。现在，我们可以定义

$$\boldsymbol{S}_{xx}(\mathrm{e}^{j\omega T})=\lim_{L\to\infty}\frac{1}{L}E[\boldsymbol{x}_m(\mathrm{e}^{j\omega T})\boldsymbol{x}_m^{\mathrm{H}}(\mathrm{e}^{j\omega T})] \tag{A5.2}$$

为功率谱密度矩阵和静态向量中的元素与各态历经的持续 $L$ 个采样点的离散随机序列互功率谱密度间的互谱密度，其中

$$\boldsymbol{x}_m(\mathrm{e}^{j\omega T})=[\boldsymbol{x}_1(\mathrm{e}^{j\omega T})\boldsymbol{x}_m(\mathrm{e}^{j\omega T})\cdots\boldsymbol{x}_N(\mathrm{e}^{j\omega T})]^{\mathrm{T}} \tag{A5.3}$$

为第 $m$ 个记录的谱向量，$E$ 为期望运算(Grimble 和 Johnson，1988)。为表示的方便，可以将式(A5.2)简写为

$$\boldsymbol{S}_{xx}(\mathrm{e}^{j\omega T})=E[\boldsymbol{x}(\mathrm{e}^{j\omega T})\boldsymbol{x}^{\mathrm{H}}(\mathrm{e}^{j\omega T})] \tag{A5.4}$$

上式使用了频域中的期望操作，这在 2.4 节的单通道情形中也有使用，并在接下来也会用到。这种对功率谱密度的定义与 Youla(1976)和 Grimble 和 Johnson(1988)的定义一致,但与 Bongiorno(1969)或 Bendat 和 Piersol(1986)的使用方法却不一致,某人或许会将功率矩阵和互功率谱密度定义为

$$\boldsymbol{\Phi}_{xx}(e^{j\omega T}) = E[\boldsymbol{x}^*(e^{j\omega T})\boldsymbol{x}^{\mathrm{T}}(e^{j\omega T})] \tag{A5.5}$$

等于式(A5.4)中 $\boldsymbol{S}_{xx}(e^{j\omega T})$ 的转置和共轭。这两种形式均将单通道情形中的标准定义进行了简化。如在 Youla(1976)和 Grimble 和 Johnson(1988)的使用中,若

$$\boldsymbol{y}(e^{j\omega T}) = \boldsymbol{H}(e^{j\omega T})\boldsymbol{x}(e^{j\omega T}) \tag{A5.6}$$

则

$$\boldsymbol{S}_{yy}(e^{j\omega T}) = \boldsymbol{H}(e^{j\omega T})\boldsymbol{S}_{xx}(e^{j\omega T})\boldsymbol{H}^{\mathrm{H}}(e^{j\omega T}) \tag{A5.7}$$

我们在此将此表达式扩展为包括 $\boldsymbol{x}(e^{j\omega T})$ 和 $\boldsymbol{y}(e^{j\omega T})$ 的元素之间的互谱密度矩阵,类似的定义为

$$\boldsymbol{S}_{xy}(e^{j\omega T}) = E[\boldsymbol{y}(e^{j\omega T})\boldsymbol{x}^{\mathrm{H}}(e^{j\omega T})] \tag{A5.8}$$

从而,若 $\boldsymbol{x}(e^{j\omega T})$ 和 $\boldsymbol{y}(e^{j\omega T})$ 之间存在式(A5.6)所表示的关系,则

$$\boldsymbol{S}_{xy}(e^{j\omega T}) = \boldsymbol{H}(e^{j\omega T})\boldsymbol{S}_{xx}(e^{j\omega T}) \tag{A5.9}$$

同时,假设 $\boldsymbol{S}_{xx}(e^{j\omega T})$ 对于所有的 $\omega T$ 非奇异,则

$$\boldsymbol{H}(e^{j\omega T}) = \boldsymbol{S}_{xy}(e^{j\omega T})\boldsymbol{S}_{xx}^{-1}(e^{j\omega T}) \tag{A5.10}$$

若我们根据 Bendat 和 Piersol(1986)的规定,定义

$$\boldsymbol{\Phi}_{xy}(e^{j\omega T}) = E[\boldsymbol{x}^*(e^{j\omega T})\boldsymbol{y}^{\mathrm{T}}(e^{j\omega T})] \tag{A5.11}$$

而且,若 $\boldsymbol{x}(e^{j\omega T})$ 和 $\boldsymbol{y}(e^{j\omega T})$ 有式(A5.6)所表示的关系,则我们可获得 $\boldsymbol{H}(e^{j\omega T})$ 的复杂形式为

$$\boldsymbol{H}(e^{j\omega T}) = \boldsymbol{\Phi}_{xy}^{\mathrm{T}}(e^{j\omega T})\boldsymbol{\Phi}_{xx}^{-\mathrm{T}}(e^{j\omega T}) \tag{A5.12}$$

从而,使用式(A5.8)比使用式(A5.9)所给出的互谱矩阵的定义进行代数运算会更加简洁,这是因为转置和复共轭在方程中总以相同的形式存在,但代价是必须记住 $\boldsymbol{S}_{xy}$ 是以 $\boldsymbol{y}$ 与 $\boldsymbol{x}$ 的外积定义的。若我们将单通道中 $\boldsymbol{x}$ 与 $\boldsymbol{y}$ 的互谱密度定义为 $E[\boldsymbol{X}(e^{j\omega T})\boldsymbol{Y}^*(e^{j\omega T})]$,则可使其变得简洁,此时多通道中的 $\boldsymbol{x}$ 与 $\boldsymbol{y}$ 的互谱密度定义为 $E[\boldsymbol{x}(e^{j\omega T})\boldsymbol{y}^{\mathrm{H}}(e^{j\omega T})]$(Morgan,1999)。这种互谱密度的 Hermitian 转置形式与将 $\boldsymbol{x}$ 与 $\boldsymbol{y}$ 间的单通道互相关函数定义为 $E[\boldsymbol{x}(n)\boldsymbol{y}(n-m)]$ 的形式是一致的,如 Papoulis(1977)和在大多数统计学领域中所研究的,利用其代替 $E[\boldsymbol{x}(n)\boldsymbol{y}(n+m)]$,比如我们在此为了与声学和大多数信号处理领域中保持一致所做的工作。例如,若将 $\boldsymbol{S}_{xy}$ 用 $\boldsymbol{S}_{yx}$ 代替,则此处的所有方程可以简单地转化为其他的表示形式。

为了与式(A5.4)保持一致,具有如下形式的向量的实信号

$$\boldsymbol{x}(n) = [x_1(n)x_2(n)\cdots x_N(n)]^{\mathrm{T}} \tag{A5.13}$$

的零均值序列间的相关函数矩阵的定义为

$$\boldsymbol{R}_{xx}(m) = E[\boldsymbol{x}(n+m)\boldsymbol{x}^{\mathrm{T}}(n)] \tag{A5.14}$$

从而其傅里叶变换等于 $\boldsymbol{S}_{xx}(\mathrm{e}^{j\omega T})$。注意在本书中,变换域中的量的向量和矩阵以加粗罗马变量表示。类似地,可将 $\boldsymbol{x}(n)$ 和 $\boldsymbol{y}(n)$ 中元素间的互相关函数矩阵定义为

$$\boldsymbol{R}_{xy}(m) = E[\boldsymbol{y}(n+m)\boldsymbol{x}^{\mathrm{T}}(n)] \tag{A5.15}$$

其傅里叶变换等于 $\boldsymbol{S}_{xx}(\mathrm{e}^{j\omega T})$。

这些自相关和互相关函数的矩阵的 $z$ 变换可以表示为长度趋于无穷时这些独立采样数据的 $z$ 变换的期望的形式,从而再一次使用前面所介绍的期望运算,有

$$\boldsymbol{S}_{xx}(z) = E[\boldsymbol{x}(z)\boldsymbol{x}^{\mathrm{T}}(z^{-1})] \tag{A5.16}$$

(Grimble 和 Johnson,1988),和

$$\boldsymbol{S}_{xy}(z) = E[\boldsymbol{y}(z)\boldsymbol{x}^{\mathrm{T}}(z^{-1})] \tag{A5.17}$$

## A6　矩阵和向量的二次方程

可利用复数矩阵的迹的导数的性质计算控制滤波器系数的最优矩阵 $\boldsymbol{W}_{opt}$,其最小化多通道反馈控制问题中均方差的和,如在第 5 章中的应用。这涉及将式(A5.4)所给出的矩阵的迹关于误差信号向量最小化,即

$$J = \mathrm{trace}[\boldsymbol{S}_{ee}(\mathrm{e}^{j\omega T})] \tag{A6.1}$$

其中

$$\boldsymbol{e}(\mathrm{e}^{j\omega T}) = \boldsymbol{d}(\mathrm{e}^{j\omega T}) + \boldsymbol{G}(\mathrm{e}^{j\omega T})\boldsymbol{W}(\mathrm{e}^{j\omega T})\boldsymbol{x}(\mathrm{e}^{j\omega T}) \tag{A6.2}$$

式中:$\boldsymbol{d}(\mathrm{e}^{j\omega T})$ 为干扰谱向量,$\boldsymbol{G}(\mathrm{e}^{j\omega T})$ 为系统频率响应矩阵,$\boldsymbol{W}(\mathrm{e}^{j\omega T})$ 为控制器频率响应矩阵,$\boldsymbol{x}(\mathrm{e}^{j\omega T})$ 为参考信号谱向量。为了简洁,将与($\mathrm{e}^{j\omega T}$)有关的显而易见关系去掉,使用式(A6.1)和前面的谱密度矩阵的定义,式(A6.2)可以表示为矩阵二次方程,其形式为

$$J = \mathrm{trace}[E(\boldsymbol{e}\boldsymbol{e}^{\mathrm{H}})] = \mathrm{trace}[\boldsymbol{G}\boldsymbol{W}\boldsymbol{S}_{xx}\boldsymbol{W}^{\mathrm{H}}\boldsymbol{G}^{\mathrm{H}} + \boldsymbol{G}\boldsymbol{W}\boldsymbol{S}_{xd}^{\mathrm{H}} + \boldsymbol{S}_{xd}\boldsymbol{W}^{\mathrm{H}}\boldsymbol{G}^{\mathrm{H}} + \boldsymbol{S}_{dd}] \tag{A6.3}$$

利用式(A4.23)与式(A4.25)可以得到式(A6.1)关于 $\boldsymbol{W}$ 的实部和虚部的导数为

$$\frac{\partial J}{\partial \boldsymbol{W}_{\mathrm{R}}}+j\frac{\partial J}{\partial \boldsymbol{W}_{\mathrm{I}}}=2\boldsymbol{G}^{\mathrm{H}}\boldsymbol{G}\boldsymbol{W}\boldsymbol{S}_{xx}+2\boldsymbol{G}^{\mathrm{H}}\boldsymbol{S}_{xd} \tag{A6.4}$$

假定$\boldsymbol{G}^{\mathrm{H}}\boldsymbol{G}$和$\boldsymbol{S}_{xx}$均为非奇异阵，可将式(A6.4)置零，且最优控制器响应的解等于

$$\boldsymbol{W}_{\mathrm{opt}}=-[\boldsymbol{G}^{\mathrm{H}}\boldsymbol{G}]^{-1}\boldsymbol{G}^{\mathrm{H}}\boldsymbol{S}_{xd}\boldsymbol{S}_{xx}^{-1} \tag{A6.5}$$

可以利用这些迹函数的导数的简化形式计算 Hermitian 二次形式的向量的导数。在第 2 章，多通道噪声控制问题中的复数误差信号向量可以复数控制信号$\boldsymbol{u}$表示

$$\boldsymbol{e}=\boldsymbol{d}+\boldsymbol{G}\boldsymbol{u} \tag{A6.6}$$

以及目的为最小化关于$\boldsymbol{u}$中的元素的实部与虚部，形式为$\boldsymbol{e}$的内积形式的性能函数为

$$J=\boldsymbol{e}^{\mathrm{H}}\boldsymbol{e}=\boldsymbol{u}^{\mathrm{H}}\boldsymbol{G}^{\mathrm{H}}\boldsymbol{G}\boldsymbol{u}+\boldsymbol{u}^{\mathrm{H}}\boldsymbol{G}^{\mathrm{H}}\boldsymbol{d}+\boldsymbol{d}^{\mathrm{H}}\boldsymbol{G}\boldsymbol{u}+\boldsymbol{d}^{\mathrm{H}}\boldsymbol{d} \tag{A6.7}$$

利用外积的迹的性质，性能函数可以表示为

$$J=\mathrm{trace}(\boldsymbol{e}^{\mathrm{H}}\boldsymbol{e})=\mathrm{trace}(\boldsymbol{G}\boldsymbol{u}\boldsymbol{u}^{\mathrm{H}}\boldsymbol{G}^{\mathrm{H}}+\boldsymbol{G}\boldsymbol{u}\boldsymbol{d}^{\mathrm{H}}+\boldsymbol{d}\boldsymbol{u}^{\mathrm{H}}\boldsymbol{G}^{\mathrm{H}}+\boldsymbol{d}\boldsymbol{d}^{\mathrm{H}}) \tag{A6.8}$$

再次使用式(A4.23)和式(A4.25)，$J$关于$u$的实部和虚部的导数向量可以表示为

$$\frac{\partial J}{\partial \boldsymbol{u}_{\mathrm{R}}}+j\frac{\partial J}{\partial \boldsymbol{u}_{\mathrm{I}}}=2\boldsymbol{G}^{\mathrm{H}}\boldsymbol{G}\boldsymbol{u}+2\boldsymbol{G}^{\mathrm{H}}\boldsymbol{d} \tag{A6.9}$$

从而，给定$\boldsymbol{G}^{\mathrm{H}}\boldsymbol{G}$非奇异时，可以通过将上式置零，得到控制信号的最优向量

$$\boldsymbol{u}_{opt}=-[\boldsymbol{G}^{\mathrm{H}}\boldsymbol{G}]^{-1}\boldsymbol{G}^{\mathrm{H}}\boldsymbol{d} \tag{A6.10}$$

即使面向解析目的，方程(A6.10)为最小二乘问题提供了一个有效的解，但可以通过对$\boldsymbol{G}$进行$\boldsymbol{QR}$分解得到一种更为有效和鲁棒性的解，如 Noble 和 Daniel(1977)所做的研究。

Hermitian 二次型可以表示的更加简洁为

$$J=\boldsymbol{x}^{\mathrm{H}}\boldsymbol{A}\boldsymbol{x}+\boldsymbol{x}^{\mathrm{H}}\boldsymbol{b}+\boldsymbol{b}^{\mathrm{H}}\boldsymbol{x}+\boldsymbol{c} \tag{A6.11}$$

式中：$\boldsymbol{A}$为 Hermitian 矩阵。从而，$J$关于$\boldsymbol{x}$的实部和虚部的导数为(Nelson 和 Elliot,1992)

$$\frac{\partial J}{\partial \boldsymbol{x}_{\mathrm{R}}}+j\frac{\partial J}{\partial \boldsymbol{x}_{\mathrm{I}}}=2\boldsymbol{A}\boldsymbol{x}+2\boldsymbol{b} \tag{A6.12}$$

即前文中所说的复数梯度向量$\boldsymbol{g}$。

通过将此向量置零，可以得到$J$的最小值，同时假定$\boldsymbol{A}$非奇异，则有

$$\boldsymbol{x}_{\text{opt}} = -\boldsymbol{A}^{-1}\boldsymbol{b} \tag{A6.13}$$

多通道定则控制方程的最优控制信号向量是方程(A6.13)的一个特殊情况。可以通过将式(A6.13)代入到式(A6.11)中得到 Hermitian 二次型向量的最小值

$$J_{\min} = c - \boldsymbol{b}^{\mathrm{H}}\boldsymbol{A}^{-1}\boldsymbol{b} \tag{A6.14}$$

## A7　特征值和特征向量分解

可通过解以下方程得到 $N\times N$ 方阵 $\boldsymbol{A}$ 的特征值 $\lambda_i$ 和其对应的特征向量 $\boldsymbol{q}_i$

$$\boldsymbol{A}\boldsymbol{q}_i = \lambda_i\boldsymbol{q}_i \tag{A7.1}$$

仅当式(A7.2)中的行列式为零时,有特解

$$\det(\boldsymbol{A} - \lambda_i\boldsymbol{I}) = 0 \tag{A7.2}$$

得到的 $\lambda_i$ 方程称为特征方程。若特征值不同,即两两互异,则特征向量相互独立。若矩阵的特征值均相同,则称其为退化或瑕疵矩阵。特征向量可以表示为矩阵 $\boldsymbol{Q}$ 的列的形式,即

$$\boldsymbol{Q} = [\boldsymbol{q}_1, \boldsymbol{q}_2, \cdots, \boldsymbol{q}_N] \tag{A7.3}$$

且特征值可以表示为矩阵 $\boldsymbol{\Lambda}$ 的对角线元素的形式,即

$$\boldsymbol{\Lambda} = \begin{bmatrix} \lambda_1 & 0 & \cdots & 0 \\ 0 & \lambda_2 & & \\ \vdots & & & \\ 0 & & & \lambda_N \end{bmatrix} \tag{A7.4}$$

此时,方程可以表示为

$$\boldsymbol{A}\boldsymbol{Q} = \boldsymbol{Q}\boldsymbol{\Lambda} \tag{A7.5}$$

若特征值不同,则特征向量线性无关,$\boldsymbol{Q}$ 的逆也存在,有

$$\boldsymbol{A} = \boldsymbol{Q}\boldsymbol{\Lambda}\boldsymbol{Q}^{-1} \tag{A7.6}$$

和

$$\boldsymbol{\Lambda} = \boldsymbol{Q}^{-1}\boldsymbol{A}\boldsymbol{Q} \tag{A7.7}$$

矩阵 $\boldsymbol{A}$ 的特征值自乘 $p$ 次($\boldsymbol{A}^p$),从而有 $\lambda_i^p$。当 $p = -1$ 时此性质仍然成立,此时 $\boldsymbol{A}^{-1}$ 的特征值为 $\lambda_i^{-1}$。逆存在的条件为特征值均非零,此时的方阵满秩。若一个方阵不满秩,则奇异。即使 $\boldsymbol{A}$ 中的任意特征值均非零,当 $\boldsymbol{A}$ 中的任意特征值接近于零时,$\boldsymbol{A}^{-1}$ 中也将出现非常大的项,称这样的矩阵为病态矩阵。

$\boldsymbol{A}$ 中所有特征值的和与乘积分别为其迹和行列式,即

$$\text{trace}(\boldsymbol{A}) = \sum_{n=1}^{N} \lambda_n \tag{A7.8}$$

$$\det(\boldsymbol{A}) = \lambda_1 \lambda_2 \cdots \lambda_N \tag{A7.9}$$

矩阵 $\boldsymbol{A}$ 的第 $i$ 个特征值有时表示为 $\lambda_i(\boldsymbol{A})$，使用这种表示方式，特征值的其他性质可以写为

$$\lambda_i(\boldsymbol{I} + \boldsymbol{A}) = 1 + \lambda_i(\boldsymbol{A}) \tag{A7.10}$$

从而

$$\det(\boldsymbol{I} + \boldsymbol{A}) = (1 + \lambda_1)(1 + \lambda_2)\cdots(1 + \lambda_N) \tag{A7.11}$$

具有最大模的特征值称为矩阵的谱半径，为

$$\rho(\boldsymbol{A}) = \max_i |\lambda_i(\boldsymbol{A})| \tag{A7.12}$$

若 $\boldsymbol{A}$ 为 $M \times N$ 矩阵，$\boldsymbol{B}$ 为 $N \times M$ 矩阵，则 $M \times M$ 矩阵 $\boldsymbol{AB}$ 与 $N \times N$ 矩阵 $\boldsymbol{BA}$ 具有相同的非零特征值。若 $M > N$，则 $\boldsymbol{AB}$ 与 $\boldsymbol{BA}$ 具有相同的 $N$ 个特征值，此时也是满秩的，且 $M - N$ 个特征值为零。若 $\boldsymbol{A}$ 和 $\boldsymbol{B}$ 对应于反馈回路的频率响应的矩阵，则有时称 $\boldsymbol{AB}$ 的特征值为回路传递函数 $\boldsymbol{AB}$ 的特征增益。特征增益对当输入和输出信号的向量均与 $\boldsymbol{AB}$ 的单个特征向量成比例时的回路增益进行量化。从而，特征值为广义增益的简单测量，这个性能在多通道系统中对于分析系统的稳定性非常重要。

Hermitian 矩阵的特征值全为实数，而且当矩阵正定时，特征值都将大于零（Noble 和 Daniel，1977），从而，正定矩阵是非奇异阵。Hermitian 矩阵或对称阵中对应不同特征值的特征向量可以正则化为

$$\boldsymbol{q}_i^{\mathrm{H}} \boldsymbol{q}_j = 1, \text{若 } i = j \text{，否则 } \boldsymbol{q}_i^{\mathrm{H}} \boldsymbol{q}_j = 0 \tag{A7.13}$$

且特征向量形成一个正交集。从而，在式（A7.3）中 $\boldsymbol{Q}$ 的特征向量矩阵为单位阵，即

$$\boldsymbol{Q}^{\mathrm{H}} \boldsymbol{Q} = \boldsymbol{Q} \boldsymbol{Q}^{\mathrm{H}} = \boldsymbol{I} \tag{A7.14}$$

即

$$\boldsymbol{A} = \boldsymbol{Q} \boldsymbol{\Lambda} \boldsymbol{Q}^{\mathrm{H}} \tag{A7.15}$$

$$\boldsymbol{\Lambda} = \boldsymbol{Q}^{\mathrm{H}} \boldsymbol{A} \boldsymbol{Q} \tag{A7.16}$$

若 $\boldsymbol{A}$ 为实对称阵，式（A7.13）到式（A7.14）仍然成立，却是用标准转置替代 Hermitian 转置。

最后，我们回到二项式的矩阵形式［式（A3.16）］，为

$$[\boldsymbol{I} + \boldsymbol{\Delta}]^{-1} = \boldsymbol{I} - \boldsymbol{\Delta} + \boldsymbol{\Delta}^2 - \boldsymbol{\Delta}^3 + \cdots \tag{A7.17}$$

注意，若 $\boldsymbol{\Delta}$ 中的所有特征值的幅值均小于 1，即 $\rho(\boldsymbol{\Delta}) \ll 1$，则 $\boldsymbol{\Delta}^2$ 的幅值将远小于 $\boldsymbol{\Delta}$，即

$$[\boldsymbol{I}+\boldsymbol{\Delta}]^{-1} \approx \boldsymbol{I}-\boldsymbol{\Delta} \tag{A7.18}$$

## A8　奇异值分解

任意 $L \times M$ 复数矩阵 $\boldsymbol{A}$ 均可使用奇异值分解为

$$\boldsymbol{A} = \boldsymbol{U\Sigma V}^{\mathrm{H}} \tag{A8.1}$$

其中，$L \times L$ 矩阵 $\boldsymbol{U}$ 和 $M \times M$ 矩阵 $\boldsymbol{V}$ 通常为复数阵，却是单位阵，即 $\boldsymbol{U}^{\mathrm{H}}\boldsymbol{U} = \boldsymbol{UU}^{\mathrm{H}} = \boldsymbol{I}$ 和 $\boldsymbol{V}^{\mathrm{H}}\boldsymbol{V} = \boldsymbol{VV}^{\mathrm{H}} = \boldsymbol{I}$，而且若 $L > M$，则 $L \times M$ 矩阵 $\Sigma$ 可表示为

$$\boldsymbol{\Sigma} = \begin{bmatrix} \sigma_1 & 0 & \cdots & 0 \\ 0 & \sigma_2 & & \vdots \\ \vdots & \cdots & \ddots & \vdots \\ 0 & \cdots & \cdots & \sigma_M \\ 0 & \cdots & \cdots & 0 \\ \vdots & & & \vdots \\ 0 & \cdots & \cdots & 0 \end{bmatrix} \tag{A8.2}$$

式中：$\sigma_i$ 为 $\boldsymbol{A}$ 的非负奇异值，整理为

$$\sigma_1 \geqslant \sigma_2 \cdots \geqslant \sigma_M \tag{A8.3}$$

矩阵 $\boldsymbol{A}$ 的第 $i$ 个奇异值为 $\sigma_i(\boldsymbol{A})$。最大的奇异值 $\sigma_1$ 有时表示为 $\bar{\sigma}$，最小的奇异值为 $\sigma_M$，有时表示 $\underline{\sigma}$。

矩阵 $\boldsymbol{A}$ 的秩等于式（A8.2）中非零奇异值的数目。若 $\boldsymbol{A}$ 为方阵，则它的非零特征值的数目也是如此。在上面的例子中，$\boldsymbol{A}$ 为 $L \times M$ 矩阵，且 $L > M$，从而若 $\boldsymbol{A}$ 具有 $N$ 个非零奇异值，则 $\sigma_{N+1}, \cdots, \sigma_M$ 为零，它的秩为 $N$。若此时 $\boldsymbol{A}$ 的秩小于 $M$，则其不满秩。假定 $\boldsymbol{A}$ 满秩，则 $N = M$，从而 $\boldsymbol{A}$ 和 $\boldsymbol{A}^{\mathrm{H}}\boldsymbol{A}$ 满秩，且 $(\boldsymbol{A}^{\mathrm{H}}\boldsymbol{A})^{-1}$ 存在，但 $\boldsymbol{AA}^{\mathrm{H}}$ 不满秩，从而其为奇异阵。

若 $L > M$，则矩阵 $\boldsymbol{A}$（假设满秩）的奇异值为 $M \times M$ 矩阵 $\boldsymbol{A}^{\mathrm{H}}\boldsymbol{A}$ 的特征值的平方根，即

$$\sigma_i(\boldsymbol{A}) = [\lambda_i(\boldsymbol{A}^{\mathrm{H}}\boldsymbol{A})]^{1/2} \tag{A8.4}$$

我们也可以写为

$$\boldsymbol{A}^{\mathrm{H}}\boldsymbol{A} = \boldsymbol{V\Sigma}^{\mathrm{T}}\boldsymbol{\Sigma V}^{\mathrm{H}} \tag{A8.5}$$

其中，$V$ 等于 Hermitian 矩阵 $\boldsymbol{A}^{\mathrm{H}}\boldsymbol{A}$ 的特征向量的单位向量，而且 $\Sigma^{\mathrm{T}}\Sigma$ 为其 $M$ 个特征值的 $M \times M$ 对角阵。同样地，$L \times L$ 矩阵 $\boldsymbol{AA}^{\mathrm{H}}$ 可以写为

$$\boldsymbol{AA}^{\mathrm{H}} = \boldsymbol{U\Sigma\Sigma}^{\mathrm{T}}\boldsymbol{U}^{\mathrm{H}} \tag{A8.6}$$

式中：$\boldsymbol{U}$ 为 $\boldsymbol{A}\boldsymbol{A}^{\mathrm{H}}$ 特征向量的矩阵，$L \times L$ 对角阵 $\boldsymbol{\Sigma}\boldsymbol{\Sigma}^{\mathrm{T}}$ 具有 $M$ 个等于 $\boldsymbol{A}^{\mathrm{H}}\boldsymbol{A}$ 的特征值的元素和 $L-M$ 个对角元素为零。

对于一个满秩的方阵其奇异值的进一步性质为

$$\bar{\sigma}(\boldsymbol{A}^{-1}) = 1/\underline{\sigma}(\boldsymbol{A}) \tag{A8.7}$$

更一般的有

$$\bar{\sigma}(\boldsymbol{AB}) = \bar{\sigma}(\boldsymbol{A})\,\bar{\sigma}(\boldsymbol{B}) \tag{A8.8}$$

$$\bar{\sigma}(\boldsymbol{A}) \geqslant |\lambda_i(\boldsymbol{A})| \geqslant \underline{\sigma}(\boldsymbol{A}) \tag{A8.9}$$

和

$$\rho(\boldsymbol{AB}) \geqslant \bar{\sigma}(\boldsymbol{A})\,\bar{\sigma}(\boldsymbol{B}) \tag{A8.10}$$

若 $L \times M$ 矩阵 $\boldsymbol{A}$ 的秩为 $N$，则其奇异值分解可以写为

$$\boldsymbol{A} = \boldsymbol{U}\sum \boldsymbol{V}^{\mathrm{H}} = \sum_{n=1}^{N} \boldsymbol{\sigma}_n \boldsymbol{u}_n \boldsymbol{v}_n^{\mathrm{H}} \tag{A8.11}$$

式中：$\boldsymbol{u}_n$ 和 $\boldsymbol{v}_n$ 分别是 $\boldsymbol{U}$ 和 $\boldsymbol{V}$ 的第 $n$ 列向量，满足正交性，而且被称为输出和输入奇异向量。注意，在式(A8.11)中，当 $n>N$ 时，则没有输出和输入奇异向量。从而 $\boldsymbol{A}$ 可以表示为简化或经济型的奇异值分解形式(Skogestad 和 Postlethwaite，1996)，为

$$\boldsymbol{A} = \boldsymbol{U}_r \sum\nolimits_r \boldsymbol{V}_r^{\mathrm{H}} \tag{A8.12}$$

其中，$\boldsymbol{A}$ 的尺度可以为 $L \times M$，若其秩为 $N$，则 $\boldsymbol{U}_r$ 的尺度为 $L \times N$，$\boldsymbol{\Sigma}_r$ 的尺度为 $N \times N$，$\boldsymbol{V}_r^{\mathrm{H}}$ 的尺度为 $N \times M$。注意，若 $L>M$，则矩阵满秩，在式(A8.12)中，$\boldsymbol{U}_r$ 的尺度为 $L \times M$，$\boldsymbol{\Sigma}_r$ 的尺度为 $M \times M$，$\boldsymbol{V}_r$ 的尺度为 $M \times M$，其具有类似 Maciejowski (1989)所使用的奇异值分解形式。

$L \times M$ 矩阵 $\boldsymbol{A}$ 的 Moore－Penrose 广义逆或伪逆的定义为 $M \times L$ 矩阵 $\boldsymbol{A}^{\div}$，即

$$\boldsymbol{A}^{\div} = \boldsymbol{V}\sum{}^{\div}\boldsymbol{U}^{\mathrm{H}} \tag{A8.13}$$

其中

$$\sum{}^{\div} = \begin{bmatrix} 1/\sigma_1 & 0 & \cdots & \cdots & \cdots & \cdots & \cdots & 0 \\ 0 & 1/\sigma_2 & & & & & & \vdots \\ \vdots & & \ddots & & & & & \vdots \\ \vdots & & & 1/\sigma_N & & & & \vdots \\ \vdots & & & & 0 & & & \vdots \\ \vdots & & & & & \ddots & & \vdots \\ 0 & & & & & & 0\cdots & 0 \end{bmatrix} \tag{A8.14}$$

注意，$\boldsymbol{\Sigma}$ 中的 $N$ 个非零值已经在 $\boldsymbol{\Sigma}^{\div}$ 中被求逆，但在 $\boldsymbol{\Sigma}$ 中为零的奇异值在 $\boldsymbol{\Sigma}^{\div}$ 中仍然为零。实践中，即使潜在的矩阵不满秩，从测量数据得到的矩阵的最低阶奇异值几乎很少。这个问题的严重性可通过矩阵 $\boldsymbol{A}$ 的条件数获得，在此其被定义为最大和最小奇异值的比

$$\kappa(\boldsymbol{A}) = \frac{\sigma_1}{\sigma_M}\frac{\overline{\sigma}(\boldsymbol{A})}{\underline{\sigma}(\boldsymbol{A})} \tag{A8.15}$$

若条件数非常大，则矩阵 $\boldsymbol{A}$ 接近于不满秩。

在对伪逆进行数值计算时，通常需要对 $\boldsymbol{A}$ 的奇异值定义一个阈值或容许残留值；若奇异值大于此值，则认为是有效数据并利用式（A8.14）求逆，反之则认为是噪声并将其归零。若数据中的不确定度由数值预测效果产生，则阈值可通过预测数值计算出来，且超过此阈值的奇异值被称为矩阵的数值秩（Golub 和 Van Loan，1996）。另外，在求逆之前可在每个奇异值上加上一个小的正数对解进行调整。奇异值的阈值水平或调整参数与测量数据的信噪比有关，通过选择合适的阈值水平，可在计算伪逆时对测量和计算的噪声具有鲁棒性。

在第 4 章的多通道最小二乘问题中伪逆非常重要，若系统矩阵满秩，则伪逆可直接表示为系统矩阵本身的函数，如在表 4.1 中过定、满定和欠定三种情况。然而，若矩阵不满秩，仍然可用式（A8.13）所给出的伪逆的广义形式计算最小二乘解。虽然它们对于分析最小二乘问题的解有用，但 *SVD* 和伪逆需要大量的计算时间，而且有别的方法可以用于求最小二乘的解，如使用 $\boldsymbol{QR}$ 分解，如 Golub 和 Van Loan（1996）所研究的。

奇异值给出多通道系统中“增益”的较好测量值。假定 $\boldsymbol{A}$ 为这样的系统在单频下的频率响应矩阵，则将式（A8.1）表示为

$$\boldsymbol{AV} = \boldsymbol{U\Sigma} \tag{A8.16}$$

使用单独的奇异值和输入、输出奇异向量，我们可以写出

$$\boldsymbol{A v}_n = \boldsymbol{\sigma}_n \boldsymbol{u}_n \tag{A8.17}$$

从而，输入 $\boldsymbol{v}_n$ 以“增益”$\boldsymbol{\sigma}_n$ 产生输出 $\boldsymbol{v}_n$。对比特征值，从奇异值得到的“增益”并没有假定输入和输出向量相等；从而，对于具有频率响应矩阵 $\boldsymbol{A}$ 的系统可给出更加精确的性能指示。

## A9　向量和矩阵的范数

矩阵 $\boldsymbol{A}$ 的范数为实数标量，通常表示为 $\|\boldsymbol{A}\|$，是 $\boldsymbol{A}$ 的幅值或大小的测量值。对于向量和矩阵有几种类型的范数，但其都满足以下条件。

(1) $\|A\| \geqslant 0$,即范数非负。

(2) $\|A\| = 0$,当且仅当 $A$ 中的元素全部为零时成立,范数为正。

(3) $\|\alpha A\| = |\alpha| \|A\|$,对于所有的复数 $\alpha$ 成立,范数满足齐次性。

(4) $\|A+B\| \leqslant \|A\| + \|B\|$,从而范数满足三角不等式。

另一个性质,其不适用于向量范数,但一些研究人员却将其作为矩阵范数的的另一个性质(如 Golub 和 Van Loan,1996),或一些人把其当作矩阵范数的定义(如 Skogestad 和 Postlethwaite,1996)。

(5) $\|AB\| \leqslant \|A\| \|B\|$,即所谓的乘法性质或一致性条件。

接下来将使用的所有矩阵范数均满足此条件,但范数同时用于量化系统的响应,而且这些诱导算子或系统范数没必要满足条件(5)。不幸的是,对矩阵范数的表示不可能保持一致,从而容易产生混淆,因为,相同的符号可以用于表示矩阵范数和诱导或系统范数。

我们首先定义一个常复数向量 $x$ 的范数,其 $p$ 范数为

$$\|x\|_p = \left(\sum_{n=1}^{N} |x_n|^p\right)^{1/p} \tag{A9.1}$$

当 $p=2$ 时,为一个重要的范数,即 2 范数,又称为欧几里得范数,其平方值为

$$\|x\|_2^2 = \sum_{n=1}^{N} |x_n|^2 \tag{A9.2}$$

也被写作内积 $x^{\mathrm{H}}x$。向量的无穷范数,或最大范数可以表示为 $\|x\|_\infty$,但在此处表示为

$$\|x\|_{\max} = \max_n |x_n| \tag{A9.3}$$

常数矩阵经常使用的范数为弗洛比尼斯或欧几里得范数,其等于其元素的模的平方和的平方根,从而对于式(A2.1)中的 $L \times M$ 矩阵,为

$$\|A\|_{\mathrm{F}} = \sqrt{\sum_{l=1}^{L}\sum_{m=1}^{M} |a_{lm}|^2} \tag{A9.4}$$

这也等于 $A^{\mathrm{H}}A$ 的迹的均方根,也即 $A$ 的奇异值平方和的平方根,从而对于秩为 $N$ 的矩阵有

$$\|A\|_{\mathrm{F}} = \sqrt{\sum_{n=1}^{N} \sigma_n^2(A)} \tag{A9.5}$$

也有许多被称为诱导范数的矩阵范数;这与上面所定义的向量范数有关,且应用于多通道系统的信号放大中。单频下,这种系统的复数形式的输出向量为

$$\boldsymbol{y} = \boldsymbol{A}\boldsymbol{x} \tag{A9.6}$$

其中,$\boldsymbol{A}$ 为此频率下的频率响应矩阵,$\boldsymbol{x}$ 为此频率下的复数信号输入向量。在此单频下对于所有的等幅值输入定义系统的最大放大很重要,但这需要 $\boldsymbol{x}$ 和 $\boldsymbol{y}$ 的幅值的定义。若使用 $p$ 范数定义 $\boldsymbol{x}$ 和 $\boldsymbol{y}$ 的幅值,则最大放大为对于所有的 $x$ 不为零的 $\|\boldsymbol{y}\|_p / \|\boldsymbol{x}\|_p$ 的最大值。这个量被称为方程中矩阵 $\boldsymbol{A}$ 的诱导 $p$ 范数,为

$$\|\boldsymbol{A}\|_{ip} = \max_{\boldsymbol{x}\neq 0} \frac{\|\boldsymbol{A}\boldsymbol{x}\|_p}{\|\boldsymbol{x}\|_p} \tag{A9.7}$$

这些诱导范数满足本节开始处定义的乘法性质,因为式(A9.7)暗含

$$\|\boldsymbol{y}\|_p \leqslant \|\boldsymbol{A}\|_{ip} \|\boldsymbol{x}\|_p \tag{A9.8}$$

若在式(A9.6)中对输入和输出信号使用向量2范数,则系统的诱导2范数等于

$$\|\boldsymbol{A}\|_{i2} = \|\boldsymbol{A}\|_S = \bar{\sigma}(\boldsymbol{A}) \tag{A9.9}$$

其即所谓的奇异值,Hilbert或谱范数。更一般的,我们可以看到输入和输出奇异向量正交

$$\sigma_n(\boldsymbol{A}) = \frac{\|\boldsymbol{A}\boldsymbol{v}_n\|_2}{\|\boldsymbol{v}_n\|_2} \tag{A9.10}$$

式中:$\boldsymbol{v}_n$ 为第 $n$ 个奇异向量。从而,除了方程(A9.9)[当 $\boldsymbol{x}=\boldsymbol{v}_1$ 满足式(A9.7)]以外,当 $\boldsymbol{x}=\boldsymbol{v}_N$ 时,也有

$$\underline{\sigma}(\boldsymbol{A}) = \min_{\boldsymbol{x}\neq 0} \frac{\|\boldsymbol{A}\boldsymbol{x}\|_2}{\|\boldsymbol{x}\|_2} \tag{A9.11}$$

而且对于所有的 $\boldsymbol{x}$,有

$$\bar{\sigma}(\boldsymbol{A}) \geqslant \frac{\|\boldsymbol{A}\boldsymbol{x}\|_2}{\|\boldsymbol{x}\|_2} \geqslant \bar{\sigma}(\boldsymbol{A}) \tag{A9.12}$$

若对输入和输出信号使用向量的∞范数,则系统的诱导∞范数为

$$\|\boldsymbol{A}\|_{i\infty} = \max_{l} \left( \sum_{m=1}^{M} |a_{lm}| \right) \tag{A9.13}$$

或最大的行叠加和。

当考虑一段频率范围内系统激励产生的信号放大或“增益”时,必须引入其他类型的范数,即所谓的系统范数或算子范数。我们将暂时回到连续单通道系统,若其冲击响应为 $a(t)$,则输出为

$$y(t) = \int_{-\infty}^{\infty} a(\tau)\, x(t-\tau)\mathrm{d}\tau \tag{A9.14}$$

式中:$x(t)$为输入。假定其收敛,则我们定义系统的临时 $p$ 范数或 $l_p$ 范数为

$$\| y(t) \|_p = \left(\int_{-\infty}^{\infty} | y(\tau) |^p \mathrm{d}\tau\right)^{1/p} \tag{A9.15}$$

从而,具有有限能量的实信号的 $l_2$ 范数或平方的积分值为

$$\| y(t) \|_2 = \sqrt{\int_{-\infty}^{\infty} y(\tau)^2 \mathrm{d}\tau} \tag{A9.16}$$

根据 Parseval 的理论,输出信号的临时 2 范数可以表示为

$$\| y(t) \|_2 = \left(\frac{1}{2\pi}\int_{-\infty}^{\infty} | Y(j\omega) |^2 \mathrm{d}\omega\right) \tag{A9.17}$$

式中:$Y(j\omega)$为 $y(t)$的傅里叶变换。根据式(A9.14),$Y(j\omega)$也等于

$$Y(j\omega) = A(j\omega)X(j\omega) \tag{A9.18}$$

式中:$A(j\omega)$为系统的频率响应,$X(j\omega)$为输入的谱,从而

$$\| y(t) \|_2^2 = \frac{1}{2\pi}\int_{-\infty}^{\infty} | A(j\omega) |^2 | X(j\omega) |^2 \mathrm{d}\omega \tag{A9.19}$$

若我们假定$|X(j\omega)|^2$ 与频率保持一致,这是输入为 delta 函数时的情况,则输出的均方与

$$\| A(s) \|_2 = \left(\frac{1}{2\pi}\int_{-\infty}^{\infty} | A(j\omega) |^2 \mathrm{d}\omega\right)^{1/2} \tag{A9.20}$$

成比例。其中,$A(s)$为连续系统在拉普拉斯域的传递函数,$\| A(s) \|_2$ 为所谓的系统传递函数的 $H_2$ 范数,为系统的平均增益的测量值。

另外,若我们不了解输入信号的谱,并且希望通过给定输入的临时 2 范数计算输出的"最坏"临时 2 范数,则这等于

$$\| A(s) \|_\infty = \sup_{\omega} | A(j\omega) | \tag{A9.21}$$

给出的系统传递函数的 $H_\infty$ 范数。其中 sup 指上确界或最小上限。$H_\infty$ 范数的性质为

$$\| A(s) \|_\infty = \max_{x(t)\neq 0} \frac{\| y(t) \|_2}{\| x(t) \|_2} \tag{A9.22}$$

$H_2$ 和 $H_\infty$ 范数来自使用符号 $H$ 表示的硬空间(Skogestad 和 Postlethwaite, 1996)。给定 $A(s)$稳定和严格合适,即$\lim\limits_{\omega\to\infty} A(j\bar{\omega}) = 0$,$H_2$ 是有限的,给定 $A(s)$是

稳定的和合适的，即$\lim\limits_{\omega\to\infty}A(j\overline{\omega})<\infty$，$H_\infty$是有限的。

对于多通道系统，传递函数矩阵的算子$H_2$范数等于（Skogestad 和 Postlethwaite，1996）

$$\|A(s)\|_2=\left(\frac{1}{2\pi}\int_{-\infty}^{\infty}\mathrm{trace}[\boldsymbol{A}^{\mathrm{H}}(j\omega)\boldsymbol{A}(j\omega)]\mathrm{d}\omega\right)^{1/2} \tag{A9.23}$$

使用矩阵的迹和其奇异值的性质，这个可以写为

$$\|A(s)\|_2=\left(\frac{1}{2\pi}\int_{-\infty}^{\infty}\sum_{n=0}^{N}\sigma_n^2[\boldsymbol{A}(j\omega)]\mathrm{d}\omega\right)^{1/2} \tag{A9.24}$$

或

$$\|A(s)\|_2=\left(\frac{1}{2\pi}\int_{-\infty}^{\infty}\sum_{l=1}^{L}\sum_{m=1}^{M}|a_{lm}(j\omega)|\mathrm{d}\omega\right)^{1/2} \tag{A9.25}$$

然而，需要注意的是，这个范数并不满足乘法性质，从而不是一个真正的矩阵范数。多通道模拟系统的算子$H_\infty$范数等于

$$\|A(s)\|_\infty=\sup_{\omega}\overline{\sigma}[\boldsymbol{A}(j\omega)] \tag{A9.26}$$

对于采样信号，相关的算子范数的定义为

$$\|A(z)\|_2=\left(\frac{1}{2\pi}\int_{-\pi}^{\pi}\sum_{n=0}^{N}\sigma_n^2[\boldsymbol{A}(\mathrm{e}^{j\omega T})]\mathrm{d}\omega T\right)^{1/2} \tag{A9.27}$$

和

$$\|A(z)\|_\infty=\sup_{\omega T}\overline{\sigma}[\boldsymbol{A}(\mathrm{e}^{j\omega T})] \tag{A9.28}$$

如在第6章讨论的。

# 参考文献

[1] Abarbanel HDI, Frison EW, Tsimring LS. Obtaining order in a world of chaos—time – domain analysis of nonlinear and chaotic signals. IEEE Signal Processing Magazine, 1998, 15(3): 49 – 65.

[2] Agnello A. 16 – bit conversion paves the way to high – quality audio for PCs. Electric Design, 1990, July 26.

[3] Aguirre LA, Billings SA. Nonlinear chaotic systems: approaches and implications for science and engineering—a survey. Applied Signal Processing, 1995, 2: 224 – 248.

[4] Aguirre LA, Billings SA. Closed – loop suppression of chaos in nonlinear driven oscillators. Journal of Nonlinear Science, 1995, 3: 189 – 206.

[5] Akiho M, Haseyama M, Kitajima H. Virtual reference signals for active noise cancellation system. Journal of the Acoustical Society of Japan, 1989, 19(2): 95 – 103.

[6] Anderson BDO, Moore JB. Optimal Control, Linear Quadratic Methods. Prentice Hall, 1989.

[7] Arelhi R, Wilkie J, Johnson MA. On stable LQG controllers and cost function values. UKACC International Conference on Control, CONTROL' 96, 1996: 270 – 275.

[8] Arzamasov SN, Mal' tsev AA. Adaptive algorithm for active attenuation of broadband random wave fields. Isvestiga Vyssikh Vchebuyka Zavedenn, 1985, 28(8): 1008 – 1016 (in Russian).

[9] Asano F, Suzuki Y, Swanson DC. Optimisation of control system configuration in active control systems using Gram – Schmidt orthogonalisation. IEEE Transactions on Speech and Audio Processing, 1999, 7. 213 – 220.

[10] Astrom KJ. Adaptive feedback control. Proc. IEEE, 1987, 75: 185 – 217.

[11] Astrom KJ, Wittenmark B. Adaptive Control. Addison – Wesley, 1995.

[12] Astrom KJ, Wittenmark B. Computer Controlled Systems: Theory and Design, 3rd edn, Prentice Hall, 1997.

[13] Auspitzer T, Guicking D, Elliott SJ. Using a fast – recursive – least squared algorithm in a feedback controller. Proc. IEEE Workshop on Applications of Signal Processing to Audio and Acoustics, New Paltz, NY, 1995.

[14] Baek K-H. Non-linear optimisation problems in active control. PhD thesis, University of Southampton, 1996.

[15] Baek K – H, Elliott SJ. Natural algorithms for choosing source locations in active control systems. Journal of Sound and Vibration, 1995, 186: 245 – 267.

[16] Baek K – H, Elliott SJ. Unstructured uncertainty in transducer selection for multichannel active control systems. Digest IEE Colloquium on Active Sound and Vibration Control, London, 1997, 97/385, 3/1 – 3/5.

[17] Baek K – H, Elliott SJ. The effects of plant and disturbance uncertainties in active control systems on the placement of transducers. Journal of Sound and Vibration, 2000, 230: 261 – 289.

[18] Bai M, Lee D. Implementation of an active headset by using the H robust control theory. Journal of the Acoustical Society of America, 1997, 102(4): 2184 - 2190.

[19] Banks SP. Control Systems Engineering. Prentice Hall, 1986.

[20] Bao C, Sas P, van Brussel H. A novel filtered - x LMS algorithm and its application to active noise control. Proceeding of Eusipco 92, 6th Euopean Signal Processing Conference, 1992:1709 - 1712.

[21] Bardou O, Gardonio P, Elliott SJ, et al. Active power minimisation and power absorption in a panel with force and moment excitation. Journal of Sound and Vibration, 1997, 208: 111 - 151.

[22] Baruh H. Placement of sensors and actuators in structural control. Control and Dynamic Systems, 52 (ed. C. T. Leondes). Academic Press, 1992.

[23] Baumann WT, Saunders WR, Robertshaw HH. Active Suppression of acoustic radiation from impulsively excited structures. Journal of the Acoustical Society of America, 1991, 88: 3202 - 3208.

[24] BDTI. Berkley Design Technology Inc. www. bdti. com, 1999.

[25] Beatty LG. Acoustic impedance in a rigid - walled cylindrical sound channel terminated at both ends with active transducers. Journal of the Acoustic Society of America, 1964, 36: 1081 - 1089.

[26] Beaufays F. Transform - domain adaptive filters: an analytical approach. IEEE Trans on Signal Processing, 1995, 43: 422 - 431.

[27] Beaufays F, Wan EA. Relating real - time back propagation and backpropagation - through - time: An application of flow graph interreciprocity. Neural Computation, 1994, 6: 296 - 306.

[28] Bendat JS, Piersol AG. Random Data, 2nd edn. Wiley, 1986.

[29] Benzaria E, Martin V. Secondary source location in active noise control: selection or optimization? Journal of Sound and Vibration, 1994. 173: 137 - 144.

[30] Berkman F, Coleman R, Watters B, et al An example of a fully adaptive SISO feedback controller for integrated narrowband/broadband active vibration isolation of complex structures. Proceedings of ASME Winter Meeting, 1992.

[31] Bershad N, Macchi O. Comparison of RLS and LMS algorithms for tracking a chirped signal. Proc. Int. Conf. on Acoustics, Speech and Signal Processing ICASSP89, 1998, 2: 896 - 899.

[32] Bies DA, Hansen CH. Engineering Noise Control, 2nd, edn, Unwin Hyman, 1996.

[33] Billet L. Active noise control in ducts using adaptive digital filters. MPhil thesis, University of Southampton, 1992.

[34] Billings SA. Identification of nonlinear systems—a survey. IEE Proc. 1980, D - 127(6).

[35] Billings SA, Chen S. The determination of multivariable nonlinear models for dynamic systems. Control and Dynamic Systems, Vol. 7 (ed. C. T. Lenodes). Academic Press, 1998, 231 - 277. B

[36] Billings SA, Voon WSF. Least aquares Parameter estimation algorithms for nonlinear systems. International Journal of Systems Science, 1984, 15: 601 - 615.

[37] Billout G, Galland MA, Sunyach M. The use of time algorithms for realization of an active sound attenuator. Proc. Int. Conf. on Acoustics, Speech and Signal Processing ICASSP89, 1989, A2. 1, 2025 - 2028.

[38] Billout G, Galland MA, Rossetti DJ. System de controle actif de brut Lord NVX pour avions d' affaire Beechcraft Kingair, un concept devanu produit. Proc . Active Control Conference, Cenlis, 1995.

[39] Billout G, Galland MA, Huu CH, et al Adaptive control of instabilities. Proc. First Conference on Recent Advances in the Active Control of Sound and Vibration, 1991: 95 - 107.

[40] Bjarnason E. Active noise cancellation using a modified form of the filtered – x LMS algorithm. Proceedings of Eusipco 92, 6th European Signal Processing Conference,1992: 1053 –1056.

[41] Black MW. Stabilised feedback amplifiers. Bell Systems Technical Journal,1934 (13): 1 –18.

[42] Blondel LA, Elliott SJ. Electropneumatic transducers as secondary actuators for active noise control. Part Ⅰ Theoretical analysis; Part Ⅱ Experimental analysis of the subsonic source; Part Ⅲ Experimental control in ducts with the subsonic source. Journal of Sound and Vibration,1999: 219, 405 –427, 429 –449, 451 –481.

[43] Bode HW, Shannon CE. A simplified derivation of linear least square smoothing and prediction theory. Proc. IRE,1950, 38: 417 –425.

[44] Bode MW. Network Analysis and Feedback Amplifier Design. Van Nostrand,1995.

[45] Bodson M, Douglas SC. Adaptive algorithms for the rejection of sinusoidal disturbances with unknown frequency. Automatica,1997, 33(12): 2213 –2221.

[46] Bongiorno JJ. Minimum sensitivity design of linear multivariable feedback control systems by matrix spectral factorisation on Automatic Control,1969, AC – 14, 665 –673.

[47] Borchers IU, et al. Advanced study of active noise control in aircraft (ASANCA), in Advances in Acoustics Technology (ed. J. M. M. Hernandez). Wiley,1994.

[48] Borgiotti GV. The power radiated by a vibrating body in an acoustic fluid and its determination from boundary measurements. Journal of the Acoustical Society of America,1990, 88: 1884 –1893.

[49] Bouchard M, Paillard B. A transform domain optimization to increase the convergence time of the multichannel filtered – x least – mean – square algorithm. Journal of the Acoustical Society of America,1996, 100, 3203 –3214.

[50] Bouchard M, Paillard B. An alternative feedback structure for the adaptive active control of periodic and time – varying periodic disturbances. Journal of Sound and Vibration,1998: 210, 517 –527.

[51] Bouchard M, Paillard B, Le Dinh CT. Improved training of neural networks for the nonlinear active control of sound and vibration. IEEE Transactions on Neural Networks,1999: 10, 391 –401.

[52] Boucher CC. The behaviour of multichannel active control systems for the control of periodic sound. PhD thesis, University of Southampton,1992.

[53] Boucher CC, Elliott SJ, Baek K – H. Active control of helicopter rotor tones. Proceedings of InterNoise 96, 1996: 1179 –1182.

[54] Boucher CC, Elliott SJ, Nelson PA. The effect of errors in the plant model on the performance of algorithms for adaptive feedforward control. Proceedings IEE – F,1991: 138, 313 –319.

[55] Boyd SP, Balakrishnan V, Barratt CH,et al A new CAD method and associated architectures for linear controllers. IEEE Transactions on Automatic Control,1988: 33, 268 –283.

[56] Boyd SP, Barratt CH. Linear Controller Design, Limits of Performance. Prentice Hall,1991.

[57] Boyd SP, Vandenberghe L. Introduction to convex optimization with engineering applications. Lecture notes for EE392X, Electrical Engineering Department, Stanford University,1995.

[58] Braiman Y, Goldhirsch I. Taming chaotic dynamics with weak periodic perturbations. 1991.

[59] Brammer AJ, Pan GJ, Crabtree RB. Adaptive feedforward active noise reduction headset for low frequency noise. Proc. ACTIVE97, Budapest,1997: 365 –372.

[60] Bravo T, Elliott SJ. The selection of robust and efficient transducer locations for active control. ISVR Tech-

nical Memorandum No. 843,1999.

[61] Brennan MJ, Eilliott SJ, Pinnington RJ. Strategies for the active control of flexural vibration on a beam. Journal of Sound and Vibration,1995: 186, 657 -688.

[62] Brennan MJ, Eilliott SJ, Pinnington RJ. A non - intrustive fluid - wave actuator and sensor pair for the active control of fluid - borne vibrations in pipe. Smart Material and Structures,1996: 5, 281 -296.

[63] Brennan MJ, Pinnington RJ, Eilliott SJ. Mechanisms of noise transmission through gearbox support struts. Transactions of the American Society of Mechanical Engineering Journal of Vibration and Acoustics,1994: 116, 548 -554.

[64] Bronzel M. Aktive Beeinflussung Nicht_stationarer schallfelder mid adaptive Digitalfiltern. 1993.

[65] Broomhead DS, King GP. Extracting qualitative dynamics from experimental data. Physica D,1986: 20, 217 -236.

[66] Broomhead DS, Lowe D. Multivariable function interpolation and adaptive networks. Complex Systems 2, 1988:321 -355.

[67] Brown M, Harris CJ. Neuro - Fuzzy Adaptive Modelling and Control. Prentice Hall,1995.

[68] Buckinghan MJ. Noise in Electronic Devices and Systems. Ellis Horwood,1983.

[69] Bullmore AJ, Nelson PA, Elliott SJ,et al Models for evaluating the performance of propeller aircraft active noise control systems. Proceedings of the AIAA 11th Aeroacoustics Conference , Palo Alto, CA, Paper AIAA -87 -2704,1987.

[70] Burdisso RA, Thomas RH, Fuller CR,et al Active control of radiated inlet noise from turbofan engines. Proc. Second Conference on Recent Advances in the Active Control of Sound Vibration,1993: 840 -860.

[71] Burgess JC. Active adaptive sound control in a duct: a computer simulation. Journal of the Acoustical Society of America,1981:70, 715 -726.

[72] Cabell RH. A principle component algorithm for feedforward active noise and vibration control. PhD thesis, Virginia Tech. Blacksburg,1998.

[73] Caraiscos C, Liu B. A roundoff error analysis of the LMS adaptive algorithms. IEEE Transactions on Acoustics Speech and Signal Processing, ASSP -32,1984: 34 -41.

[74] Carme C. Absorption acoustique active dans les cavites. These Presentee Pour obtenir le titre of Docteur de I' Universite d' Aix - Mazeille Ⅱ, Faculte des Sciences de Luminy,1987.

[75] Carneal JP, Fuller CR. A biologically inspired controller. Journal of the Acoustical Society of America, 1995: 98, 386 -396.

[76] Casali DG, Robinson GS. Narrow - band digital active noise reduction in a siren - cancelling headser: real - ear and acoustic manikin insertion loss. Noise Control Engineering Journal, 1994:42, 101 -115.

[77] Casavola A, Mosca E. LQG multivariable regulation and tracking problems for general system configurations. Polynomial Methods for Control Systems Design, ( ed. M. J. Grimble and V. Kucera). Springer,1996.

[78] Cerny V. Thermogynamical approach to the travelling salesman problem: an efficient simulation algorithm. Journal of Optimisation Theory and Applications,1985 (45): 41 -51.

[79] Chaplin GBB. Anti - sound - - - the Essex breakthrough. Chartered Mechanical Engineer, 1983: 30, 41 -47.

[80] Chen G, Dong X. From chaos to order—perspectives and methodologies in controlling chaotic nonlinear dy-

namical systems. International Journal of Bifurcation and Chaos,1993, 3(6), 1363 - 1409.

[81] Chen G - S, Bruno RJ, Salama M. Optimal placement of active/passing members in truss structures using simulated annealing. AIAA Journal,1991 (29): 1327 - 1334.

[82] Chen S, Billings SA. Representations of nonlinear systems: the NARMAX model. International Journal of Control,1989: 49, 1013 - 1032.

[83] Chen S, Billings SA, Grant PM. Recursive hybrid algorithms for non - linear system identification using radial basis function networks. International Journal of Control,1992 55(5): 1051 - 1070.

[84] Cioffi JM. Limited - precision effects in adaptive filtering. IEEE Transactions on Circuits and Systems, CAS - 72,1987:821 - 833.

[85] Clark GA, Mitra SK, Parker SR. Block adaptive filtering. Proc. IEEE Int. Symp. Circuits and Systems, 1980: 384 - 387.

[86] Clark GA, Mitra SK, Parker SR. Block implementation of adaptive digital filters. IEEE Transaction on Circuits and Systems, CAS - 28,1981: 584 - 592.

[87] Clark RL. Adaptive feedforward modal space control. Journal of the Acoustic Society of America,1995: 98, 2639 - 2650.

[88] Clark RL, Bernstein DS. Hybrid control: separation in design. Journal of Sound and Vibration,1998: 214, 784 - 791.

[89] Clark RL, Fuller CR. Optimal placement of piezoelectric actuators and ployvinylidiene floride sensors in active structural acoustic control approaches. Journal of the Acoustical Society of America, 1992:92,1521 - 1533.

[90] Clark RL, Saunders WR, Gibbs GP. Adaptive Structures. Dynamics and Control. Wiey,1998.

[91] Clarkson PM. Optimal and Adaptive Signal Processing. CRC Press,1993.

[92] Coleman R. B, Berkman EF. Probe shaping for on - line plant identification. Proc. ACTIVE 95,1995: 1161 - 1170.

[93] Concilio A, Lecce L, Ovallesco A. Position and number optimization of actuators and sensors in an active noise control system by genetic algorithms . Proc. CEAS/AIAA Aeroacoustics Conference 95 - 084,1995: 633 - 642.

[94] Conover WB. Fighting noise with noise. Noise Control,1956: 2, 78 - 82.

[95] Cook JG, Elliott SJ. Connection between multichannel prediction error filter and spectral factorization. Electronics Letters,1999: 35, 1218 - 1220.

[96] Crabtree RB, Rylands JM. Benefits of active noise reduction to noise exposure in high - rise environments. Proc. Inter - Noise '92,1992: 295 - 298.

[97] Crawford DH, Stewart RW. Adaptive IIR filtered - v algorithm for active noise control. Journal of the Acoustical Society of America,1997: 101, 2097 - 2103.

[98] Crawford DH, Stewart RW, Toma E. A novel adaptive IIR filter for active noise control. Proc. Int. Conf. on Acoustics, Speech and Signal Processing ICASSP96,1996: 3, 1629 - 1632.

[99] Cremer L, Heckl M. Structure - Borne Sound. 2nd edn. (trans. E. E. Ungar). Springer - Verlag,1998.

[100] Cunefare KA. The minimum multimodal radiation efficiency of baffled finite beams. Journal of the Acoustical Society of America,1991: 90, 2521 - 2529.

[101] Curtis ARD, Nelson PA, Elliott SJ,et al Active suppression of acoustic resonance. Journal of the Acous-

tical Society of America,1987: 81, 624 –631.

[102] Darbyshire EP, Kerry CJ. A real – time computer for active control. GEC Journal of Research,1996: 13, 138 –145.

[103] Darlington P. Applications of adaptive filters in active noise control. PhD thesis, University of Southampton,1987.

[104] Darlington P. Performance surface of minimum effort estimators and controllers. IEEE Transaction on Signal Processing,1995: 43, 536 –539.

[105] Darlington P, Nicholson GC. Theoretical and practical constraints on the implementation of active acoustic boundary elements. Proc. 2nd Inc. Congress on Recent Developments in Air and Structure – borne Sound and Vibration,1992.

[106] Datta A. Adaptive Internal Model Control. Springer,1998.

[107] Datta A, Ochoa J. Adaptive Internal model control: Design and stability analysis. Automatica,1996: 32, 261 –266.

[108] Datta A, Ochoa J. Adaptive Internal model control: H2 optimisation for stable plant. Automatica,1998: 34, 75 –82.

[109] Datta BN. Numerical Linear Algebra and Applications. Brooks/Cole Publishing Co,1995.

[110] Davis MC. Factoring the spectral matrix. IEEE Transactions on Automatic Control, AC – 8, 1963:296 –305.

[111] Dehandschutter W, Herbruggen JV, Swevers J,et al Real – time enhancement of reference signals for feedforward control of random noise due to multiple uncorrelated sources. IEEE Transactions on Signal Processing,1998, 46(1): 59 –69.

[112] Ditto WL, Rauseo SN, Spano ML. Experimental control of chaos. Physical Review Letters, 1990. 65 (26): 3211 –3214.

[113] Doelman N. Design of systems for active sound control. PhD thesis, Technische Universiteit Delft, The Netherlands,1993.

[114] Doelman NJ. A unified control strategy for the active reduction of sound and vibration. Journal of Intelligent Materials, System and Structures,1991: 2, 558 –580.

[115] Dorf RC. Modern Control Systems, 6th edn. Addison – Wesley,1990.

[116] Dorling CM, Eatwell GP, Hutchins SM,et al. A demonstration of active noise reduction in an aircraft cabin. Journal of Sound and Vibration, 1989:128, 358 –360.

[117] Dougherty KM. Analogue – to – Digital Conversion. McGraw – Hill,1997.

[118] Douglas SC. Adaptive filters employing partial updates. IEEE Transactions on Circuits and Systems Ⅱ Analog and Digital Signal Processing,1997: 44, 209 –216.

[119] Douglas SC. Fast implementations of the filtered – x LMS and LMS algorithms for multichannel active noise control. IEEE Transactions on Speech and Audio Processing,1999, 7(4): 454 –465.

[120] Douglas SC, Olkin JA. Multiple – input multiple – error adaptive feedforward control using the filtered – z normalized LMS algorithm. Proc. Second Conference on Recent Advances in the Active Control of Sound and Vibration,1993: 743 –754.

[121] Doyle JC. Synthesis of robust controllers and filters. Proc. IEEE Conference on Decision and Control, 1983:109 –114.

[122] Doyle JC, Stein G. Robustness with observers. IEEE Transactions on Automatic Control, AC-24,1979: 607-611.

[123] Doyle JC, Francis BA, Tannenbaum AR. Feedback Control Theory. Maxwell MacMillan Intrnational,1992.

[124] Eatwell GP. Tonal noise control using harmonic filters. Proceedings of ACTIVE'95, Newport Beach, CA, USA, 1995:1087-1096.

[125] EDN Electronic Design News. 1999. www.ednmag.com.

[126] Elk A. Monty Python's Flying Circus, Just the Words, Volume Ⅱ. Methuen ,1989.

[127] Elliott SJ. DSP in the active control of sound and vibration. Proc. Audio Engineering Soc. UK DSP Conference, London,1992: 196-209.

[128] Elliott SJ. Active control of structure-borne sound. Proceedings of the Institute of Acoustics,1993: 15, 93-120.

[129] Elliott SJ. Active control of sound and vibration. Proc. ISMA 19,1994.

[130] Elliott SJ. Active noise and vibration control. Journal of Applied Mathematics and Computer Science, 1998: 8, 213-251.

[131] Elliott SJ. Adaptive methods in active control. Proc. MOVIC'98, Zurich,1998: 41-48.

[132] Elliott SJ. Filtered reference and filtered error LMS algorithms for adaptive feedforward control. Mechanical Systems and Signal Processing,1998: 12, 769-781.

[133] Elliott SJ. Active control of nonlinear systems. Proc. ACTIVE99,1999: 3-44.

[134] Elliott SJ. Optimum controllers and adaptive controllers for multichannel active control of stochastic disturbances. IEEE Trans. Signal Processing,2000: 48, 1053-1060.

[135] Elliott SJ, Baek K-H. Effort constraints in adaptive feedforward contrl. IEEE Signal Processing Letters, 1996: 3, 7-9.

[136] Elliott SJ, Boucher CC. Interaction between multiple feedforward active control systems. IEEE Transactions on Speech and Audio Processing,1994: 2, 521-530.

[137] Elliott SJ, Darlington P. Adaptive cancellation of periodic, synchronously sampled interface. IEEE Transactions on Acoustics Speech and Signal Processing, ASSP-33,1985: 715-717.

[138] Elliott SJ, David A. A virtual microphone arrangement for local active sound control. Proc. 1st Int. Conf. on Motion and Vibration Control (MOVIC),1992: 1027-1031.

[139] Elliott SJ, Johnson ME. Radiation modes and the active control of sound power. Journal of the Acoustical Society of America,1993: 94, 2194-2204.

[140] Elliott SJ, Nelson PA. Models for describing active noise control in ducts. ISVR Technical Report No, 1984: 127.

[141] Elliott SJ, Nelson PA. Algorithm for multichannel LMS adaptive filtering. Electronics Letters,1985:21, 979-981.

[142] Elliott SJ, Nelson PA. The active minimisation of sound fields. Proc. InterNoise85,1985: 583-586.

[143] Elliott SJ, Nelson PA. Algorithm for the active control of periodic sound and vibration. ISVR Technical Memorandum No. 769, University of Southampton,1986.

[144] Elliott SJ, Nelson PA. Multiple point equalization in a room using adaptive digital filters. Journal of the Audio Engineering Society,1989, 37(11): 899-908.

[145] Elliott SJ, Nelson PA. Active noise control. IEEE Signal Processing Magazine, October 1993: 12 – 35.

[146] Elliott SJ, Rafaely B. Frequency – domain adaptation of feedforward and feedback controllers. Proc. ACTIVE97, 1997: 771 – 788.

[147] Elliott SJ, Rafaely B. Frequency – domain adaptation of causal digital filters. IEEE Transaction on Signal Processing, 2000: 48, 1354 – 1364.

[148] Elliott SJ, Rex J. Adaptive algorithms for underdetermined active control problems. Proc. Int. Conf. on Acoustics, Speech and Signal Processing ICASSP92, 1992: 237 – 240.

[149] Elliott SJ, Sutton RJ. Performance of feedforward and feedback systems for active control. IEEE Transactions on Speech and Audio Processing, 1996: 4, 214 – 223.

[150] Elliott SJ, Boucher CC, Nelson PA. The behaviour of a multiple channel active control system. IEEE Transactions on Signal Processing, 1992: 40, 1041 – 1052.

[151] Elliott SJ, Boucher CC, Sutton TJ. Active control of rotorcraft interior noise. Proceedings of the Conference on Innovations in Rotorcraft Technology, Royal Aeronautical Society, London, 1997: 15.1 – 15.6.

[152] Elliott SJ, Joseph P, Bullmore A J, et al. Active cancellation at a point in a pure tone diffuse filed. Journal of Sound and Vibration, 1988: 120, 183 – 189.

[153] Elliott SJ, Joseph P, Nelson PA, et al. Power output minimisation and power absorption in the active control of sound. Journal of the Acoustical Society of America, 1991: 90, 2501 – 2512.

[154] Elliott SJ, Nelson PA, Stothers IM, et al. Preliminary results of in – flight experiments on the active control of propeller – included cabin noise. Journal of Sound and Vibration, 1989: 128, 355 – 357.

[155] Elliott SJ, Nelson PA, Stothers IM, et al. In – flight experiments on the active control of propeller – included cabin noise. Journal of Sound and Vibration, 1990: 140, 219 – 238.

[156] Elliott SJ, Stothers IM, Nelson P A. A multiple error LMS algorithm and its application to the active control of sound and vibration. IEEE Transaction on Acoustics, Speech and Signal Processing, ASSP – 35, 1987: 1423 – 1434.

[157] Elliott SJ, Sutton TJ, Rafaely B et al. Design of feedback controllers using a feedforward approach. Proc. Int. Symp. On Active Control of Sound and Vibration, ACTIVE 95, 1995: 561 – 572.

[158] Emborg U, Ross CF. Active control in the SAAB 340, Proceedings of Recent Advances in the Active Control of Sound and Vibration, 1993: 567 – 573.

[159] Eriksson LJ. Development of the filtered – u algorithm for active noise control. Journal of the Acoustical Society of America, 1991: 89, 257 – 265.

[160] Eriksson LJ. Recursive algorithms for active noise control. Proc. Int. Symposium on Active Control of Sound and Vibration, Tokyo, 1991: 137 – 146.

[161] Eriksson LJ, Allie MC, Greiner RA. The selection and application of an IIR adaptive filter for use in active sound attenuation. IEEE Transaction. IEEE Transaction on Acoustics, Speech and Signal Processing, ASSP – 35, 1987: 433 – 437.

[162] Eriksson LJ, Allie MC, Hoops RH, et al. Higher order mode cancellation in ducts using active noise control. Proc. InterNoise 89, 1989: 495 – 500.

[163] Eriksson LJ, Allie MC. Use of random noise for on – line transducer modeling in an adaptive active attenuation system. Journal of the Acoustical Society of America, 1989: 85, 797 – 802.

[164] Fedorynk MV. The suppression of sound in acoustic waveguides. Soviet Physics Acoustics, 1975: 21,

174 - 176.

[165] Feintuch PL. An adaptive recursive LMS filter. Proc IEEE,1976:64, 1622 - 1624.

[166] Ferrara ER. Fast implementation of LMS adaptive filters. IEEE Transactions on Acoustics, Speech and Signal Processing, ASSP - 28,1980: 474 - 475.

[167] Ferrara ER. (Frequency - domain adaptive filtering. Adaptive Filters (ed. C. F. N Cowan and P. M. Grant). Prentice Hall, 1985:145 - 179.

[168] Feuer A,Cristi R. On the steady performance of frequency domain LMS algorithms. IEEE Transactions on Signal Processing, 1993:41, 419 - 423.

[169] Ffowcs - Williams JE. Review Lecture: Anti - Sound, Proceedings of the Royal Society of London, A395, 1984:63 - 88.

[170] Ffowcs - Williams JE The aerodynamic potential of anti - sound. Journal of Theoretical and Applied Mechanics. Special Supplement to Volume 6,1984:1 - 21.

[171] Ffowcs - Williams JE, Roebuk I, Ross CF. Antiphase noise reduction, physics in Technology, 1985: 6, 19 - 24.

[172] Fletcher R. Practical Methods of Optimisation. Wiley,1987.

[173] Flockton SJ. Gradient - based adaptive algorithms for systems with external feedback paths. IEE Proceedings F,1991:138, 308 - 312.

[174] Flockton SJ. Fast adaptation algorithms in active noise control. Proc. Second Conference on Recent Advances in the Active Control of Sound and Vibration,1993:802 - 810.

[175] Fogel DB. What is evolutionary computation. IEEE Spectrum Magazine,2000,37(2):26 - 32.

[176] Forsythe SE, McCollum MD,McCleary AD. Stabilization of a digitally controlled active - isolation system. Proc. First Conference on Recent Advances in Active Control of Sound and Vibration, Virginia, 1991:879 - 889.

[177] Franklin GF, Powell JD,Emani - Naeini A. Feedback Control of Dynamic Systems, 3rd edn. Addison - Wesley,1994.

[178] Franklin GF, Powell JD,Workman ML. Digital Control of Dynamic Systems, 2nd edn. Addison - Wesley, 1990.

[179] Freudenberg JS,Looze DP. Right hand plane poles and zeros and design trade - offs in feedback systems. IEEE Transactions on Automatic Control. AC - 30,1985:555 - 565.

[180] Friedlander B. Lattice filters for adaptive processing. Proc. IEEE,1982:70, 829 - 867.

[181] Fuller CR. Experiments on reduction of America,1985:78(S1), S88.

[182] Fuller C. R. Analysis of active control of sound radiation from elastic plates by force inputs. Processings of Inter - Noise '88, Avignon,1988:2, 1061 - 1064.

[183] Fuller CR. Active control of cabin noise - lessons learne? Proc. Fifth International Congress on Sound and Vibration, Adelaide,1997.

[184] Fuller CR,Maillard JP, Meradal M, et al. Control of aircraft interior noise using globally detuned vibration absorbers. Proceedings of the First Joint CEAS/AIAA Aeroacousticss Conference, Munich, Germany, Paper CEAS/AIAA - 95 - 082,1995:615 - 623.

[185] Fuller CR, Cabell RH, Gibbs GP,et al. A neural network adaptive controller for nonlinear systems. Proc. Internoise 91,1991:169 - 172.

[186] Fuller CR, Elliott SJ,Nelson PA. Active Control of Vibration. Academic Press,1996.

[187] Furuya H,Haftka RT. Genetic algorithms for placing actuators on space structures. Proc. 5th Int. Conf. on Genetic Algorithms,1993:536 – 543.

[188] Gabor D, Wilby WPL,Woodcock R. A universal non – linear filter, predictor and simulator which optimizes itself by a learning process. Proc. IEE(B), 1961:108, 422 – 439.

[189] Gao FX,Snelgrove WM. Adaptive linearization of a loudspeaker. Proc. Int. Conf. on Acoustics, Speech and Signal Processing (ICASSP),1991:3589 – 3592.

[190] Garcia – Bonito J, Elliott SJ. Local active control of vibration in a diffuse bend wave held. ISVR Technical Memorandum No,1996:790.

[191] Garcia – Bonito J, Elliott SJ,Boucher CC. Generation of zones of quiet using a virtual microphone arrangement. Journal of the Acoustical Society of America,1997:101, 3498 – 3516.

[192] Garfinkel A, Spano ML, Ditto WL,et al. Controlling cardiac chaos. Science,1992:257, 1230 – 1235.

[193] Gitlin RD, Mazo JE,Taylor MG. On the design of gradient algorithms for digitally implemented adaptive filters. IEEE Transactions on Circuit Theory, CT – 20,1973:125 – 136.

[194] Glentis G – O, Berberidis K,Theodoridis S. Efficient least squares adaptive algorithms for FIR transverals filtering. IEEE Signal Processing Magazine, July 1999.

[195] Glover JR. Adaptive noise cancellation applied to sinusoidal noise interferences. IEEE Transactions on Acoustics, Speech and Signal Processing, ASSP – 25,1977:484 – 491.

[196] Goldberg DE. Genetic Algorithms in Search, Optimisation and Machine Learning. Addison Wesley,1989.

[197] Golnaraghi MF, Moon FC. Experimental evidence for chaotic response in a feedback system. Journal of Dynamic Systems. Measurement and Control,1991:113, 183 – 187.

[198] Golub GH,Van Loan CF. Matrix Computations, 3rd edn. The Johns Hopkins University Press,1996.

[199] Gonzalez A, Albiol A,Elliott SJ. Minimisation of the maximum error signal in active control. IEEE Transactions on Speech and Audio Processing, 1998:6, 268 – 281.

[200] Gonzalez A, Elliott SJ. Adaptive minimisation of the maximum error signal in an active control system. IEEE Workshop in Applications of Signal Processing to Audio and Acoustics, Mohonk, New paltz, New York,1995.

[201] Goodman SD. Electronic design considerations for active noise and vibration control systems, Proc. Second Conference on Recent Advances in Active Control of Sound and Vibration,1993:519 – 526.

[202] Goodwin GC,Sin KS. Adaptive Filtering Prediction and Control. Prentice Hall,1984.

[203] Gray RM. On the asymptotic eigenvalue distribution of Toeplitz matrices. IEEE Transactions on Information Theory, IT – 18,1972:725 – 730.

[204] Grimble M J,Johnson MA. Optimal Control and Stochastic Estimation. Vols 1 and 2. Wiley,1988.

[205] Gudvangen S, Flockton SJ. Modelling of acoustic transfer functions for echo cancellers. IEE Proc. Vision, Image and Signal Processing,1995:142,47 – 51.

[206] Guicking D,Karcher K Active impedance control for one – dimensional sound. American Society of Mechanical Engineers Journal of Vibration, Acoustics, Stress and Reliability in Design, 1984: 106, 393 – 396.

[207] Guigou C,Berry A. Design strategy for PVDF sensors in the active control of simply supported plates. Internal Report, GAUS, Dept. of Mechanical Engineering. Sherbrooke University,1993.

[208] Gustavsson I, Ljung L, Soderstrom T. Survey paper: Identification of Processes in closed loop – identifiability and accuracy aspects. Automatica, 1997:13, 59 – 75.

[209] Hac A, Liu L. Sensor and actuator locations in motion control of flexible structures. Journal of Sound and Vibration, 1993:167, 239 – 261.

[210] Hakim S, Fuchs MB. Quasistatic optimal actuator placement with minimum worst case distortion criterion. Journal of the American Institute of Aeronautics and Astronautics, 1996:34(7), 1505 – 1511.

[211] Hamada H. Signal processing for active control—Adaptive signal processing . Proc. Int. Symp. On Active Control of Sound and Vibration, Tokyo, 1991:33 – 44.

[212] Hamada H, Takashima N, Nelson PA. Genetic algorithms used for active control of sound – search and identification of noise sources. Proc. ACTIVE95, the 1995 Int. Symp. on Active Control of Sound and Vibration, 1995:33 – 37.

[213] Hansen CH, Snyder SD. Active Control of Noise & Vibration. E&FN Spon, 1997.

[214] Harp SA, Samad T. Review of Goldberg (1989). IEEE Transactions on Neural Networks, 1991:2, 542 – 543.

[215] Harteneck M, Stewart RW. A fast converging algorithm for Landau's output – error method. Proc. MMAR, Poland, 1996:625 – 630.

[216] Hauser MW. Principles of oversampling A/D conversion. Journal of the Audio Engineering Society, 1991: 39, 3 – 26.

[217] Haykin S. Adaptive Fliter Theory, 3rd edn. Prentice Hall, 1996.

[218] Haykin S. Neural Networks. A Comprehensive Foundation. 2th edn. Macmillan, 1999.

[219] Heatwole CM, Bernhard RJ. The selection of active noise control reference transducers based on the convergence speed of the LMS algorithm. Proc. Inter – Noise '94, 1994:1377 – 1382.

[220] Heck LP, Olkin JA, Naghshineh K. Transducer placement for briadband ative vibration control using a novel multidimensional QR factorization. ASME Journal of Vibration and Acoustics, 1998:120, 663 – 670.

[221] Heck LP. Broadband sensor and actuator selection for active control of smart strutures. Proc. SPIE Conference on Mathematics and Control in Smart Structures, Vol. 2442, 1995:292 – 303.

[222] Heck LP. Personal communication, 1999.

[223] Hermanski M, Kohn K – U, Ostholt H. An adaptive spectral compensation algorithm for avoiding flexural vibrations of pringting cylinders. Journal of Sound and Vibration. 1995: 187, 185 – 193.

[224] Hon J, Bernstein DS. Bode integral constrains, collocation and spillover in active noise and vibration control. IEEE Transactions on Control Systems Technology, 6(1), 1998:111 – 120.

[225] Horowitz P, Hill W. The Art of Electronics, 2nd edn. Cambridge University Press, 1989.

[226] Hunt KJ, Sbarbaro D. Neural networks for nonlinear internal model controller. IEE Proceedings – D, 1991:138, 431 – 438.

[227] Hush DR, Horne BG. Progress in supervised neural networks. IEEE Signal Processing Magazine, January 1993, 8 – 38.

[228] IEC Standard 651(1979) Sound level meters.

[229] IEEE Transactions on Automatic Control, AC – 21, 194 – 202.

[230] IEEE(1987) Proceedings of the First International Conference on Neural Networks.

[231] Imai H, Hamada H. Active noise control system based on the hybrid design of feedback and feedforward

control. Proc, ACTIVE95, 1995: 875 – 880.

[232] Jessel MJM. Sur les absorbeurs actifs. Proc. 6th International Confrence on Acoustics, 1968.

[233] Johnson CRJr, Larimore MG. Comments on and additions to 'An adaptive recursive LMS filter'. Proc. IEEE, 1997: 65, 1399 – 1401.

[234] Johnson CRJr. Lectures on Adaptive Parameter Estimation. Prentice Hall, 1988.

[235] Johnson CRJr. On the interaction of adaptive filtering, identification snd control. IEEE Signal Processing Magazine, 1995: 12(2), 22 – 37.

[236] Johnson ME, Elliontt SJ. Experiments on the active control of sound radiation using volume and velocity sensor. Proc. SPIE, North American Conference on Smart Structures and Materials, 1995: 2443, 658 – 669.

[237] Johnson ME, Elliott SJ. Volume velocity sensors for active control. Proceedings of the Institute of Acoustics, 1993: 15(3), 411 – 420.

[238] Johnson ME, Elliott SJ. Active control of sound radiation using volume velocity cancellation. Jouenal of the Acoustical Society of America, 1995: 98, 2174 – 2186.

[239] Jolly MR, Rossetti DJ. The effects of model error on model – based adaptive control systems. Proceedings of ACTIVE' 95. Newport Beach, CA, 1995: 1107 – 1116.

[240] Jolly MR. On the calculus of conplex matrices. Int. Journal of Control, 1995: 61, 749 – 755.

[241] Joseph P, Nelson PA, Fisher MJ. Active control of fan tones radiated from turbofan engines. I: External error sensors, and, II: In – duct error sensors. Journal of the Acoustical Society of America, 1999: 106, 766 – 778 and 779 – 786.

[242] Joseph, Nelson PA, Fisher MJ. An in – duct sensor array for the active control of sound radiated by circular flow ducts . Proc. InterNoise 96, 1996: 1035 – 1040.

[243] Kabal P. The stability of adaptive minimum mean – square error equalsers using delayed adjustment. IEEE Transaactions on Communications, COM – 31, 1983: 430 – 432.

[244] Kadanoff LP. Roads to chaos. Physics Today, December 1983: 46 – 53.

[245] Kailath T. A view of three decades of linear filter theory. IEEE Transactions on Information Theory, , IT – 20, 1974: 146 – 181.

[246] Kailath T. Lectures on Wiener and Kalman Filtering. Springer, 1981.

[247] Kailath T, Sayed AM, Hassibi B. Linear estimation. Prentice Hall, 2000.

[248] Kawato M, Uno Y, Isobe M, et al. Hierarchical neural network model for voluntary movements with application to robotics. IEEE Control Systems Magazine, April 1988: 8 – 16.

[249] Keane AJ. Experiences with optimisers in structural design. Proc. Conference on Adaptive Computing in Engineering Design and Control, 1994.

[250] Kewley DL, Clark RL, Southwood SC. Feedforward control using the higher – harmonic, time – averaged gradient desent algorithm. Journal of the Acoustical Society of America, 1995: 97, 2892 – 2905.

[251] Kim IS, Na HS, Kim KJ, et al. Constraint filtered – x and filtered – u least – mean – square algorithms for the active control of noise in ducts. Journal of the Acoustical Society of America 95, 1994: 3379 – 3389.

[252] Kinsler LE, Frey AR, Coppens AB, et al. Fundamentals of Acoustics, 3rd edn, 1982.

[253] Kirkeby O, Nelson PA, Hamada H, et al、Fast deconvolution of multichannel systems using regularisation. IEEE Transactions on Speech and Audio Processing, 1998: 6, 189 – 194.

[254] Kirkpatrick S, Gelatt C D, Vecchi MP. Optimisation by simulated annealing. Science, 1983: 220,671 -680.

[255] Kittel C,Kroemer H. Thermal Physics,2nd edn. W. H. Freeman and Co,1980.

[256] Klippel WJ. Active attenuation of nonlinear sound. Proc. ACTIVE95, Newport Beach,1995:413 -422.

[257] Klippel WJ. Adaptive nonlinear control of loudspeaker systems. Journal of the Audio Enineering Society, 1998:46,939 -954.

[258] Knyazev AS,Tartakovskii BD. Abatement of radiation from flexurally vibrating plates by means of active local vibration dampers. Soviet Physics Acoustics,1967:13,115 -116.

[259] Konaev SI, Lebedev VI, Fedorynk MV, Discrete approximations of a spherical Huggens surface. Soviet Physics Acoustics,1977: 23,373 -374.

[260] Kucera V. Diophantine equations in control —a survey. Automatica,1993:29,1361 -1375.

[261] Kucera V. The algebraic approach to control system design. Polynomial Methods in Optimal Control and Filtering. (ed. K. J. Hunt). Peter Peregrinus Ltd,1993.

[262] Kuo B C. Digital Control Systems. Holt,Rinehart and Wilson,1980.

[263] Kuo S M,Morgan DR. Active Noise Control Systems, Algorithms and DSP Implementations. Wiley,1996.

[264] Kwakernaak H,Sivan R. Linear Optimal Control Systems. Wiley,1972.

[265] Lammering R,Jianhu J,Rogers CA. Optimal placement of piezoelectric actuators in adaptive truss structures. Journal of Sound and Vibration,1994:171,67 -85.

[266] Landau ID. Unbiased recursive identification using model reference adaptive techniques,1976.

[267] Langley A. Personal communication,1997.

[268] Laugesen S. A study of online plant modelling methods for active control of sound and vibration. Inter - Noise 96,1996:1109 -1114.

[269] Lee CK, Moon FC. Modal sensors/actuators. American Society of Mechanical Engineers Journal of Applied Mechanics,1990:57,434 -441.

[270] Levinson N. The Wiener rms (root mean - square) error criterion in filter design and prediction. Journal of Mathematical Physics,1947:25,261 -278.

[271] Liavas AP,Regalia PA. Acoustic echo cancellation: do IIR models offer better modeling capabilities than their FIR counterparts. IEEE Transactions on Signal Processing, 1998:46, 2499 -2504.

[272] Lin S. Computer solutions to the travelling salesman problem. Bell System Technical Journal,1965:44, 2245 -2269.

[273] Lippman R P. An introduction to computing with neural networks. IEEE Signal Processing Magazine, April 1987: 4 -22.

[274] Ljung L. System Identification: Theory for the User, 2nd edn. Prentice Hall,1999.

[275] Ljung L,Sjoberg J. A system identification perspective on neural nets. Proc. IEEE Conf. on Neural Networks for Signal Processing Ⅱ, Copenhagen,1992: 423 -435.

[276] Long G, Ling F,Proakis JG. The LMS algorithm with delayed coefficient adaptation. IEEE Transactions on Acoustics, Speech and Signal Processing,1989:37, 1397 -1405. See also IEEE Transactions on Signal Processing, SP -40, 230 -232.

[277] Lueg P. Process of silencing sound oscillations. U. S. Patent, No. 2, 043, 1936:416.

[278] Luenberger OG. Introduction to Linear and Nonlinear Programming. Addison - Wesley,1973.

[279] Macchi O. Adaptive Processing, the Least Mean – Squares Approach with Applications in Transmission. Wiley, 1995.

[280] Maciejowski JM. Multivariable Feedback Design. Addison – Wesley, 1989.

[281] Maeda Y, Yoshida T. An active noise control without estimation of secondary – path – ANC using simultaneous perturbation. Proc ACTIVE99, Fort Lauderdale, FL, 1999: 985 – 994.

[282] Mangiante G. The JMC method for 3D active absorption: A numerical simulation. Noise Control Engineering, 1994: 41, 1293 – 1298.

[283] Mangiante G. An introduction to active noise control, International Workshop on Active Noise and Vibration Control in Industrial Applications, CETIM, Senlis, France, Paper A, 1996.

[284] Marcos S, Macchi O, Vigant C, et al. A united framework for gradient algorithms used for filter adaptation and neural network training. International Journal of Circuit Theory and Applications, 1992: 20, 159 – 200.

[285] Mareels IMY, Bitmead RR. Non – linear dynamics in adaptive control: chaos and periodic stabilization. Automatica, 1986: 22, 641 – 655.

[286] Markel JD, Gray AH Jr. Linear Prediction of Speech. Springer, 1976.

[287] Martin V, Benzaria E. Active noise control: optimization of secondary source locations (harmonic linear range). Journal of Low Frequency Noise and Vibration, 1994: 13, 133 – 138.

[288] Martin V, Groniner C. Minimum attenuation guaranteed by an active noise control system in the presence of errors in the spatial distribution of the primary field. Journal of Sound and Vibration, 1998: 215, 827 – 852.

[289] Marvin C, Ewers G. A Simple Approach to Digital Signal Processing. Texas Instruments, 1993.

[290] Matsuura T, Hiei T, Itoh H, et al. Active noise control by using prediction of time series data with a neural network. Proc. IEEE Conf. on Systems. Man and Cybernetics, 1995: 2070 – 2075.

[291] Maurer M. An orthogonal algorithm for the active control of sound and the effects of realistic changes in the plant. MSc thesis. University of Southampton, 1996.

[292] Meeker WF. Active ear defender systems: Component considerations and theory. WADC Technical Report, 1958: 57 – 368 ( Ⅰ ).

[293] Meeker WF. Active ear defender systems: Development of a laboratory model. WADC Technical Report, 1959: 57 – 368 ( Ⅱ ).

[294] Meirovitch L. Dynamics and Control of Structures. Wiley, 1990.

[295] Metrolopolis N, Rosenbluth AW, Rosenbluth MN, et al. Equation of state calculations by fast computing machines. Journal of Chemical Physics. 1953: 21, 1087 – 1092.

[296] Metzer FB. Strategies for reducing propeller aircraft cabin noise. Automotive Engineering, 1981: 89, 107 – 113.

[297] Meucci R, Gadomski W, Giofini M, et al. Experimental control of chaos by means of weak parametric perturbations. Physical Review E, 1994: 49, 2528 – 2531.

[298] Meurers AT, Veres SM. Stability analysis of adaptive FSF – based controller tuning. Proc. ACTIVE99, 1999.

[299] Moon FC. Chaotic and Fractal Dynamics. Wiley, 1992.

[300] Moon FC, Holmas PJ. A magnetoelastic strange attractor. Journal of Sound and Vibration, 1979:

65, 275 -296.

[301] Moore DF. The Friction of Pneumatic Tyres. Elsevier,1975.

[302] Morari M,Zafiriou E. An analysis of multiple correlation cancellation loops with a filter in the auxiliary path. IEEE Transactions on Acoustics Speech and Signal Processing, ASSP -28,1989:454 -467.

[303] Morgan DR. A hierarchy of performance analysis techniques for adaptive active control of sound and vibration. Journal of the Acoustical Society of America,1991,89(5):2362 -2369.

[304] Morgan DR. An adaptive modal - based active control system. Journal of the Acoustical Society of America,1991:89, 248 -256.

[305] Morgan DR. Slow asymptotic convergence of LMS acoustic echo cancellers, IEEE Transactions on Speech and Audio Processing, SAP -3,1995:126 -136.

[306] Morgan DR. Personal communication,1999.

[307] Morgan DR,Sanford C. A control theory approach to the stability and transient response of the filtered - x LMS adaptive notch filter. IEEE Transactions on Signal Processing,1992:40, 2341 -2346.

[308] Morgan DR,Thi JC. A delayless subband adaptive filter architecture. IEEE Trans. Signal Processing, 1995: 43, 1819 -1830.

[309] Morkholt J, Elliott SJ,Sors TC. A comparison of state - space LQG, Wiener IMC and polynomial LQG discrete - time feedback control for active vibration control purpose. ISVR Technical Memorandum No, 823, University of Southampton,1997.

[310] Morse PM. Vibration and Sound, 2nd edn. McGraw - Hill (reprinted 1981 by the Acoustical Society of America),1948.

[311] Narayan SS, Petersen AM, Narasimha MJ. Transform domain LMS algorithm. IEEE Transactions on Speech and Audio Processing, ASSP -31,1983: 609 -615.

[312] Narendra KS,Parthasarthy K. Identification and control of dynamic systems using neural networks. IEEE Transactions on Neural Networks, 1990,1(1): 4 -27.

[313] Nayroles B, Touzot G,Villon P. Using the diffuse approximation for optimizing the locations of anti - sound sources. Journal of Sound and Vibration,1994:171, 1 -21.

[314] NCT "Noise - buster" active headset literature,1995.

[315] Nelson PA. Acoustical prediction Proceedings Internoise 96,1996:11 -50.

[316] Nelson PA,Elliott SJ. Active Control of Sound. Academic Press,1992.

[317] Nelson PA, Curtis ARD, Elliott SJ, et al . The minimum power output of freefield point sources and the active control of sound. Journal of Sound and Vibration,1987:116, 397 -414.

[318] Nelson PA, Sutton TJ,Elliott SJ. Performance limits for the active control of random sound fields from multiple primary sources. Proceedings of the Institute of Acoustics,1990:12, 677 -687.

[319] Netland DE. An Introduction to Random Vibrations, Spectral and Wavelet Analysis, 3rd edn. Longman Scientific and Technical,1993.

[320] Netto SL, Dines PSR,Agathoklis P. Adaptive IIR filtering algorithms for system identification: a general framework. IEEE Transactions on Education. E38,1995:54 -66.

[321] Newton GC, Gould LA, Kaiser JF. Analytical Design of Linear Feedback Controls. Wiley,1957.

[322] Nguyen DH,Widrow B. Neural networks for self learning control systems. IEEE Control Systems Magazine, 1990:10(3): 18 -33.

[323] Noble B, Daniel JW. Applied Linear Algebra. 2nd edn, Prentice Hall, 1977.

[324] Norton JP. An Introduction to Identification. Academic Press, 1986.

[325] Nowlin WC, Guthart GS, Toth GK. Noninvastiv system identification for the multichannel broadband active noise control. Journal of the Acoustical Society of America, 2000:107, 2049 – 2060.

[326] Nyquist M. Regeneration theory. Bell Systems Technical Journal, 1932: 11, 126 – 147.

[327] Olsen HF. Electronic control of noise, reverberation, and vibration. Journal of the Acoustical Society of America, 1956: 28, 966 – 972.

[328] Olsen HF, May EG. Electronic sound absorber. Journal of the Acoustical Society of America, 1953:25, 1130 – 1136.

[329] Omoto A, Elliott SJ. The effect of structured uncertainly in multichannel feedforward control systems. Proc. Int. Conf. on Acoustics, Speech and Signal Processing ICASSP96, 1996:965 – 968.

[330] Omoto A, Elliott SJ. The effect of structured uncertainly in the acoustic plant on multichannel feedforward control systems. IEEE Transactions on Speech and Audio Processing, SAP – 7, 1999:204 – 213.

[331] Onoda J, Hannawa Y. Actuator placement optimization by genetic and improved simulated annealing algorithms. AIAA Journal, 1993:31, 1167 – 1169.

[332] Openheim AV, Shafer RW. Digital Signal Processing. Prentice Hall, 1975.

[333] Openheim AV, Weinstein E, Zangi KC, et al. Single – sensor active noise cancellation. IEEE Transactions on Speech and Audio Processing, 1994: 2(2):285 – 290.

[334] Orduna – Bustamante F. Digital signal processing for multi – channel sound reproduction. PhD thesis, University of Southampton, 1995.

[335] Orduna – Bustamante F, Nelson PA. An adaptive controller for the active absorption of sound. Journal of the Acoustical Society of America, 1991:91, 2740 – 2747.

[336] Ott E. Chaos in Dynamical Systems Cambridge University Press, 1993.

[337] Ott E, Grebogi C, Yorke A. Controlling chaos. Physical Review Letters, 1990:64 (11):1196 – 1199.

[338] Padula SL, Kincaid RK. Optimisation strategies for sensor and actuator placement. NASA/TM – 1999 – 209126.

[339] Pan J, Hansen CH. Active control of total vibratory flow in a beam, I: Physical system analysis. Journal of the Acoustical Society of America, 1991:89, 200 – 209.

[340] Papoulis A. Signal Analysis. McGraw Hill, 1977.

[341] Park YC, Sommerfeldt SD. A fast adaptive noise control algorithm based on the lattice structure. Applied Acoustics, 1996: 47, 1 – 25.

[342] Petitjean B, Legrain I. Feedback controllers for broadband active noise reduction. Proc. Second European Conference on Smart Structures and Materials, Glasgow, 1994.

[343] Photiadis DM. The relationship of singular value decomposition to wave – vector filtering in sound radiation problems. Journal of the Acoustical Society of America, 1990:88, 1152 – 1159.

[344] Physical Review Letters, 66(20), 2545 – 2548.

[345] Piedra RM, Fritsch A. Digital signal processing comes of age. IEEE Spectrum. May 1996:70 – 74.

[346] Popovich. A simplified parameter update for identification of multiple input multiple output systems. Proceedings of Inter – Noise 94, 1994:1229 – 1232.

[347] Popovich SR. An efficient adaptation structure for high speed tracking in tonal cancellation systems. Proc.

Inter - noise 96,1996:2825 - 2828.

[348] Press WH, Flannery BP, Tenkolsky SA, et al. Numerical Recipes in C. Cambrdege University Press. 1987. See also www. ulib. org/WebRoot/Books/Numerical_Recipes Preumont A. Vibration Control of Active Structures, An Introduction. Kluwer Academic Publishers,1997.

[349] Priestley M B. Nonlinear and Nonstationary Time Series Analysis. Academic Press,1988.

[350] Proceedings of ICSPAT 2000, International Conference on Signal Processing Applications and Technology.

[351] Proceedings of the International Conference on Genetic Algorithms, 1987 onwards.

[352] Psaltis D, Sideris A, Yamamura AA. A multilayered neural network controller. IEEE Control Systems Magazine, April 1988: 17 - 21.

[353] Quershi SKM, Newhall EE. An adaptive receiver for data transmission of time dispersive channels IEEE Transactions on Information Theory, IT - 19,1973:448 - 459.

[354] Rabaey JM, Gass W, Brodersen R, et al. VLSI design and implementation fuels the signal processing revolution. IEEE Signal Processing Magazine, January 1998:15:22 - 37.

[355] Rabiner LR,Gold B. Theory and Application of Digital Signal Processing. Prentice Hall,1975.

[356] Rafaely B. Feedback control of sound. PhD thesis. University of Southampton,1997.

[357] Rafaely B,Elliott SJ. Adaptive plant modeling in an internal model controller for active control of sound and vibration Proc. Identification in Engineering Systems Conference,1996.

[358] Rafaely B,Elliott SJ. Adaptive internal model controller—stability analysis. Proc. Inter - Noise 96,1996: 983 - 988.

[359] Rafaely B, Elliott SJ. $H_2/H_1$ active control of sound in a headrest: design and implementation. IEEE Transactions on Control System Technology, 1999:7, 79 - 84.

[360] Rafaely B, Elliott SJ,Garcia - Bonito J. Broadband performance of an active headrest. Journal of the Acoustical Society of America,1999:102, 787 - 793.

[361] Rafaely B, Garcia - Bonito J,Elliott SJ. Feedback control of sound in headrests. Proc. ACTIVE97,1999: 445 - 456.

[362] Rao SS,Pan T - S. Optimal placement of actuators in actively controlled structures using genetic algorithms. AIAA Journal,1991: 29, 942 - 943.

[363] Rayner PJW, Lynch MR. A new connectionist model based on a nonlinear adaptive filter. Proc. Int. Conf. on Acoustics, Speech and Signal Processing ICASSP89 Paper D7. 10,1989:1191 - 1194.

[364] Reichard KM,Swanson DC. Frequency - domain implementation of the filtered - x algorithm with on - line system identification. Proc. Second Conference on Recent Advances in Active Control of Sound and Vibration, 1993:562 - 573.

[365] Ren W,Kumar PR. Adaptive active noise control structures, algorithms and convergence analysis. Proc. InterNoise 89, 1989:435 - 440.

[366] Ren W,Kumar PR. Stochastic parallel model adaptation: Theory and applications to active noise cancelling, feedforward control, IIR filtering and identification. IEEE Transactions on Automatic Control,1992: 37, 566 - 578.

[367] Rex J,Elliott SJ. The QWSIS—a new sensor for structural radiation control. Proceedings of the International Conference on Motion and Vibration Control (MOVIC), Yokohama,1992:339 - 343.

[368] Robinson EA. Multichannel Time Series Analysis with Digital Computer Programs (Revised edition).

Holden – Day,1978.

[369] Ross CF. An algorithm for designing a broadband active sound control systems. Journal of Sound and Vibration, 1982:80, 373 –380.

[370] Ross CF,Purver MRJ. Active cabin noise control. Proc. ACTIVE 97, xxxlx – xlvi,1997.

[371] Rossetti DJ, Jolly MR,Southward SC. Control effort weighting in adaptive feedforward control. Journal of the Acoustical Society of America,1996:99, 2955 –2964.

[372] Roure A. Self adaptive broadband active noise control system. Journal of Sound and Vibration,1985:101, 429 –441.

[373] Roy R, Murphy TW, Maier TD, et al. Dynamic control of a chaotic laser: Experimental stabilization of a globally coupled system. Physical Review Letters,1992:68, 1259 – 1262.

[374] Rubenstein SP, Saunders WR, Ellis , et al. Demonstration of a LQG vibration controller for a simply – supported plate. First Conference on Recent Advances in Active Control of Sound and Vibration,1991: 618 –630.

[375] Ruckman CE,Fuller CR. Optimising actuator locations in active noise control systems using subset selection. Journal of Sound and Vibration,1995:186, 395 –406.

[376] Rumelhart DE,McClelland JL. Parallel Distributed Processing. MIT Press,1986.

[377] Rupp M,Sayed AH. Robust FxLMS algorithms with improved convergence performance. IEEE Transactions on Speech and Audio Processing,1998:6, 78 –85.

[378] Safonov MG,Sideris A. Unification of Wiener Hopf and state space approaches to quadratic optimal control. Digital Techniques in Simulation Communication and Control (ed. S. G. Tzafestas). Elsever Science Publishers,1985.

[379] Saito N,Sone T. Influence of modeling error on noise reduction performance of active noise control systems using filtered – X LMS algorithm. Journal of the Acoustical Society of Japan, 1996:17, 195 –202.

[380] Saunders TJ, Sutton TJ,Stothers IM. Active control of random sound in enclosures. Proceeding of the 2nd International Conference on Vehicle Comfort, Bologna, Italy,1992:749 –753.

[381] Saunders WR, Robertshaw HW,Burdisso RA. A hybrid structural control approach for narrow – band and impulsive disturbance rejection. Noise Control Engineering Journal,1996:44, 11 –21.

[382] Schiff SJ, Jerger K, Duong DH, et al. Controlling chaos in the brain. Nature,1994:370, 615 –620.

[383] Schroeder M. Fractals, Chaos, Power Laws, W. H. Freeman,1990.

[384] Sergen P, Duhamel D. Optimum placement of sources and sensors with the minimax criterion for active control of a one – dimensional sound field. Journal of Sound and Vibration,1997:207, 537 –566.

[385] Serrand M,Elliott SJ. Multichannel feedback control of base – excited vibration. Journal of Sound and Vibration,2000.

[386] Shaw EAG,Thiessen GJ. Acoustics of circumaural ear phones. Journal of the Acoustical Society of America,1962:34, 1233 – 1246.

[387] Shen Q,Spanias A. Time and frequency domain x – block LMS algorithms for single channel active noise control. Proc. 2nd International Congress on Recent Developments in Air and Structure Borne Sound and Vibration,1992:353 –360.

[388] Shinbrot T. Progress in the control of chaos. Advances in Physics,1995:44, 73 – 111.

[389] Shinbrot T,Grebogi C, Ott E,et al. Using small perturbations to control chaos. Nature,1993:363, 411 –

417.

[390] Shinbrot T, Ott E, Grebogi, C, et al. Using chaos to direct trajectories to targets. Physical Review Letters, 1990:65, 3215 - 3218.

[391] Shynk JJ. Adaptive IIR Filtering. IEEE Signal Processing Magazine, April, 1989:4 - 21.

[392] Shynk JJ. Frequency domain and multirate adaptive filtering. IEEE Signal Processing Magazine, January, 1992:14 - 37.

[393] Sievers LA, Von Flotow AH. Comparison and extension of control methods for narrowband disturbance rejection. IEEE Transactions on Signal Processing, 1992:40, 2377 - 2391.

[394] Sifakis M, Elliott SJ. Strategies for the control of chaos in a Duffing - Holmes oscillator. Mechanical Systems and Signal Processing (in press), 2000.

[395] Silcox RJ, Elliott SJ. Active control of multi - dimensional random sound in ducts. NASA Technical Memorandum 102653, 1990.

[396] Simpson MT, Hansen CH. Use of genetic algorithms to optimize vibration actuator placement for active control of harmonic interior noise in a cylinder with floor structure. Noise Control Engineering Journal, 1996: 44, 169 - 184.

[397] Simshauser ED, Hawley ME. The noise cancelling headset - an active ear defender. Journal of the Acoustical Society of America, 27, 207 (Abstract), 1995.

[398] Sjoberg J, Ljung L. Overtraining, regularization and searching for minimum in neural networks. Proc. Symp. on Adaptive Systems in Control & Signal Processing, 1992:73 - 78.

[399] Skelton RE. Dynamic System Control. Wiley, 1988.

[400] Skogestad S, Postlethwaite I. Multivariable Feedback Control, Analysis and Design. Wiley, 1996.

[401] Smith RA, Chaplin GBB. A comparison of some Essex algorithms for major industrial applications. Processing Internoise 83, 1983: 1, 407 - 410.

[402] Snyder SD. Microprocessors for active control: bigger is not always enough. Proc. ACTIVE99, 1999:45 - 62.

[403] Snyder SD, Hansen CH. Using multiple regression to optimize active noise control design. Journal of Sound and Vibration, 1990:148, 537 - 542.

[404] Snyder SD, Hansen CH. The influence of transducer transfer functions and acoustic time delays on the LMS algorithm in active noise control design. Journal of Sound and Vibration, 1990:140, 409 - 424.

[405] Snyder SD, Hansen CH. The effect of transfer function estimation errors on the filtered - x LMS algorithm. IEEE Transactions on Signal Processing, 1994:42, 950 - 953.

[406] Snyder SD, Tanaka N. Active vibration control using a neural network. Proc. 1st International Conf. on Motion and Vibration Control (MOVIC), 1992:86 - 73.

[407] Snyder SD, Tanaka N. Algorithm adaptation rate in active control: is faster necessarily better. IEEE Transactions on Speech and Audio Processing, 1997: 5, 378 - 381.

[408] Sommerfeldt SD, Nasif PJ. An adaptive filtered - x algorithm for energy - based active control. Journal of the Acoustical Society of America, 1994: 96, 300 - 306.

[409] Sommerfeldt SD, Tichy J. Adaptive control of two - stage vibration isolation mount. Journal of the Acoustical Society of America, 1990:88, 938 - 944.

[410] Sondhi MM. An adaptive echo canceller. Bell Systems Technical Journal, 1967:46, 497 - 511.

[411] Spano ML, Ditto WL, Ranseo SN. Exploitation of chaos for active control: an experiment. Proc. First Conference on Recent Advances in Active Control of Sound and vibration, 1991:348 - 359.

[412] Stearns SD. Error surface for adaptive recursive filters. IEEE Transactions on Acoustics Speech and Signal Processing, ASSP - 28, 1981:763 - 766.

[413] Stell JD, Bernhard RJ. Active control of higher - order acoustic modes in semi - infinite waveguides. Transactions of the American Society of Mechanical Engineering Journal of Vibration and Acoustics. 113, 1991:523 - 531.

[414] Stonick VL. Time - varying performance surfaces for adaptive IIR filters: geometric properties and implications for filter instability. IEEE Transactions on Signal Processing, 1995: 43, 383 - 394.

[415] Stonthers IM, Quinn DC, Saunder TJ. Computationally efficient LMS based hybrid algorithm applied to the cancellation of road noise. Proceedings of Active 95, 1995:727 - 734.

[416] Stonthers IM, Saunder TJ, McDonald AM, et al. Adaptive feedback control of sunroof flow oscillations. Proceedings of the Institute of Acoustics, 1993, 15(3):383 - 394.

[417] Strauch P, Mulgrew B. Nonlinear active noise control in a linear duct. Proc. Int. Conf. on Acoustics, Speech and Signal Processing ICASSP97, 1997:1, 395 - 398.

[418] Sutton TJ, Elliott SJ. Frequency and time - domain controllers for the attenuation of vibration in nonlinear structural systems. Proceedings of the Institute of Acoustics 15, 1993:775 - 784.

[419] Sutton TJ, Elliott SJ. Active attenuation of periodic vibration in nonlinear systems using an adaptive harmonic controller. ASME Journal of Vibration and Acoustics 117, 1995:355 - 362.

[420] Sutton TJ, Elliott SJ, McDonald AM. Active control of road noise inside vehicles Noise Control Engineering Journal, 1994:42, 137 - 147.

[421] Sutton TJ, Elliott SJ, Brennan MJ, et al. Active isolation of multiple structural waves on a helicopter gearbox support strut. Journal of Sound and Vibration, 1997:205, 81 - 101.

[422] Swinbanks MA. The active control of sound propagating in long ducts. Journal of Sound and Vibration, 1973:27, 411 - 436.

[423] Takens F. Detecting strange attractors in turbulence. Dynamic Theory and Turbulence (ed. D. A. Rand and L. S. Young). Springer Lecture Notes in Mathematics, 1980: 898, 366 - 381.

[424] Tang KS, Man KF, Kwon S, et al. Genetic algorithms and their application. IEEE Signal Processing Magazine, 1996:13(6), 22 - 37.

[425] Tapia J, Kuo SM. New adaptive on - line modeling techniques for active noise control systems. Proceeding IEEE International Conference on Systems Engineering, 1990:280 - 283.

[426] Tay TT, Moore JB. Enhancement of fixed controllers via adaptive - Q disturbance estimate feedback. Automatica, 1991:27, 39 - 53.

[427] Therrien CW. Discrete Random Signals and Statistical Signal Processing. Prentice Hall, 1992.

[428] Tichy J. Active systems for sound attenuation in ducts. Proc. Int. Conf. on Acoustics, Speech and Signal Processing ICASSP88, 1998:2602 - 2605.

[429] Titterton PJ, Olkin JA. A practical method for constrained optimization controller design $H_2$ or $H_1$ optimisation with multiple $H_2$ and/or $H_1$ constraints. Proc. 29th IEEE Asilomer Conf. on Signals Systems and Computing, 1995:1265 - 1269.

[430] Tohyama M, Koike T. Fundamentals of Acoustic Signal Processing. Academic Press, 1998.

[431] Tokhi MO, Hossain MA., Baxter MJ, et al. Heterogeneous and homogeneous parallel architectures for real - time active vibration control. IEEE Proceeding on Control Theory Applications, 1995: 142, 625 - 632.

[432] Tokyo. Paper F - 5 - 6, 82.

[433] Treichler JR. Adaptive algorithms for infinite impulse response filters. Adaptive Filters (ed. C. F. N. Cowan and P. M. Grant). Prentice Hall, 1985: 60 - 90.

[434] Treichler JR, Johnson CR Jr, Larimore MG. Theory and Design of Adaptive Filters. Wiley, 1987.

[435] Tsahalis DT, Katsikas SK, Manolas DA. A genetic algorithm for optimal positioning of actuators in active noise control: results from the ASANCA project. Proc. Inter - Noise '93, 1993: 83 - 88.

[436] Tseng W - K, Rafaely B, Elliott SJ. Combined feedback - feedforward active control of sound in a room. Journal of the Acoustical Society of America, 1998, 104(6): 3417 - 3425.

[437] Tsutsui S, Ghosh A. Genetic algorithms with a robust solution searching scheme. IEEE Transcactions on Evolutionary Computation, 1997, 1(3): 201 - 208.

[438] Twiney RC, Holden AJ, Salloway AJ. Some transducer design considerations for earphone active noise reduction systems. Proceedings of the Institute of Acousitcs, 1985: 7, 95 - 102.

[439] Van der Maas HLJ, Vershure PFMJ, Molenaer PCM. A note on the chaotic behavior in simple neural networks. Neural Networks 3, 1990: 119 - 122.

[440] Veight I. A lightweight headset with active noise compensation. Proc. Inter - Noise '88, 1988: 1087 - 1090.

[441] Vincent TL. Control using chaos. IEEE Control Systems Magazine. December 1997: 65 - 76.

[442] Walach E, Widrow B. Adaptive signal processing for adaptive control. Proc. IFAC Workshop on Adaptive Systems in Control and Signal Processing, 1983.

[443] Wallace CE. Radiation resistance of a rectangular panel. Journal of the Acoustical Society of America, 1972: 51, 946 - 952.

[444] Wan EA. Finite impulse response neural network with applications in time series prediction PhD thesis, Stanford University, 1993.

[445] Wan EA. Adjoint LMS: an efficient alternative to the filtered - x LMS and multiple error LMS algorithms. Proc. Int. Conf. on Acoustics, Speech and Signal Processing ICASSP96, 1996: 1842 - 1845.

[446] Wang AK, Ren W. Convergence analysis of the filtered - u algorithm for active noise control. Signal Processing, 1999: 73, 255 - 266.

[447] Wang AK, Ren W. Convergence analysis of the multi - variable filtered - x LMS algorithm with application to active noise control. IEEE Transactions on Signal Processing, 1999: 47, 1166 - 1169.

[448] Watkinson J. The Art of Digital Audio, 2nd end. Focus Press, 1994.

[449] Wellstead PE, Zarrop MB. Self - tuning Systems Control and Signal Processing. Wiley, 1991.

[450] Wheeler PD. Voice communications in the cockpit noise environment - the role of active noise reduction. PhD thesis, University of Southampton, 1986.

[451] Wheeler PD. The role of noise cancellation techniques in aircrew voice communications systems. Proc. Royal Aero. Soc. Symposium on Helmets and Helmet - mounted Displays, 1987.

[452] White SA. An adaptive recursive digital filter. Proc. 9th Asilomar Conference on Circuits, Systems and Computing, 1975: 21 - 25.

[453] Whittle P. On the fitting of multivariate autoregressions and the approximate canonical factorization of a spectral density matrix. Biometrika,1963:50, 129 – 134.

[454] Widrow B. A study of rough amplitude quantization by means of the Nyquist sampling theory. IRE Transactions on Circuit Theory, CT – 3,1956:266 – 276.

[455] Widrow B. Adaptive inverse control. Second IFAC Workshop on Adaptive Systems in Control and Signal Processing,1986.

[456] Widrow B,Hoff M. Adaptive switching circuits. Proc. IRE WESCON Convention Record. Part 4, Session 16,1960:96 – 104.

[457] Widrow B,Lehr MA. 30 years of adaptive neural networks: Perceptron. Madaline. And Backpropagation. Proceedings IEEE, 1990:78(9):1415 – 1441.

[458] Widrow B, McCool JM. Comments on an adaptive recursive LMS filter. Proc. IEEE, 1977: 65, 1402 – 1404.

[459] Widrow B,Stearns SD. Adaptive Signal Processing, Prentice Hall,1985.

[460] Widrow B, Walach E. Adaptive Inverse Control. Prentice Hall,1996.

[461] Widrow B,Shur D, Shaffer S. On adaptive inverse control. Proc. 15th ASILOMAR Conference on Circuits. Systems and Computers, 1981:185 – 195.

[462] Widrow B, Winter RG, Baxter RA. Layered neural nets for pattern recognition. IEEE Transactions on Acoustics Speech and Signal Processing,1988,36(7):1109 – 1118.

[463] Wiener N. Extrapolation. Interpolation and Smoothing of Stationary Time Series. Wiley,1949.

[464] Wiggins RA,Robinson EA. Recursive solution to the multichannel filtering problem. Journal of Geophysical Research,1965: 70, 1885 – 1991.

[465] Wilby JF, Rennison DC, Wilby EG, et al. Noise control prediction for high speed propeller – driven aircraft. Proceedings of American Institute of Aeronautics and Astronautics 6th Aeroacoustic Conference, Paper AIAA – 80 – 0999,1980.
Wiley.

[466] Williams RJ,Zipser D. A learning algorithm for continually running fully recurrent neural networks. Neural Computation, 1989:1(2): 270 – 280.

[467] Wilson GT. The factorization of matricial spectral densities. SIAM Journal of Applied Mathematics,1972: 32, 420 – 426.

[468] Winkler J, Elliott SJ. Adaptive control of broadband sound in ducts using a pair of loudspeakers. Acustica, 1995:81, 475 – 488.

[469] Wright MCM. Active control in changing environments. MEng Project Report, ISVR, University of Southampton,1989.

[470] Yang TC, Tseng CH, Ling SF. Constrained optimization of active noise control systems in enclosures. Journal of the Acoustical Society of America,1994:95, 3390 – 3399.

[471] Youla DC. On the factorization of rational matrices. IRE Transactions on Information Theory, IT – 7, 1961:172 – 189.

[472] Youla DC, Bongiorno JJ,Jabr MA. Modern Wiener – Hopf design of optimal controllers. Part I – The single input – output case. IEEE Transactions on Automatic Control, AC – 21, 1976:3 – 13.

[473] Youla DC, Bongiorno JJ,Jabr MA. Modern Wiener – Hopf design of optimal controllers. Part II – The sin-

gle input – output case. IEEE Transactions on Automatic Control, AC – 21, 1976:319 – 338.

[474] Yuret D, de la Maza M. Dynamic hill climbing: overcoming the limitations of optimization techniques. Proc. 2nd Turkish Symposium of Artificial Intelligence and Artificial Neural Networks, 1992:254 – 260; see also Yuret D. From genetic algorithms to efficient optimization. MSc Thesis MIT, 1994.

[475] Zadek LA, Ragazzini JR. An extension of Wiener's theory of prediction. Journal of Applied Physics, 1950:21, 645 – 655.

[476] Zames G. Feedback and optimum sensitivity: model reference transformations, multiplicative seminorms and approximate inverses. IEEE Transactions on Automatic Control, AC – 26, 1981: 301 – 320.

[477] Zander AC, Hansen CH. Active Control of higher – order acoustic modes in ducts. Journal of the Acoustical Society of America, 1992:92, 244 – 257.

[478] Zavadskaya MP, Popov AV, Egelskii BL. Approximations of wave potentials in the active suppression of sound fields by the Malyuzhinets method. Soviet Physics Acoustics, 1976:33, 622 – 625.

[479] Zhou K, Doyle JC, Glover K. Robust and Optimal Control. Prentice Hall, 1996.

[480] Zimmerman DC. A Darwinian approach to the actuator number and placement problem with non – negligible actuator mass. Mechanical Systems and Signal Processing, 1993:74, 363 – 374.